高等代数学
（第2版）

张贤科　许甫华　编著

U0398455

清华大学出版社
北京

内容简介

本书主要内容为线性代数，包括数与多项式，行列式，线性方程组，矩阵，线性空间，二次型，线性变换，空间分解，矩阵相似，欧空间和酉空间，双线性型；选学内容有正交几何与辛几何，Hilbert 空间，张量积与外积等. 内容较深厚，便于读者打下优势基础；观点较新，便于读者适应现代数学. 还有若干介绍性内容. 可作为高校数学、物理、计算机与电子信息等理工专业的教材，或供其他专业参阅. 本书成书于作者长期在中国科学技术大学和清华大学讲授此课及从事代数学方面的研究工作，编写时参阅了国外若干著名教材. 书中配有难易不等的丰富例题与习题，书后有答案与提示，附录，中英文名词索引，及参考书目.

本书封面贴有清华大学出版社防伪标签，无标签者不得销售

版权所有，侵权必究. 举报：010-62782989，beiqinquan@tup.tsinghua.edu.cn.

图书在版编目(CIP)数据

高等代数学 / 张贤科，许甫华编著. —2 版. —北京：清华大学出版社，2004.7(2025.3 重印)
ISBN 978-7-302-08227-9

Ⅰ. 高… Ⅱ. ①张… ②许… Ⅲ. 高等代数—高等学校—教材 Ⅳ. O15

中国版本图书馆 CIP 数据核字(2004)第 017360 号

责任编辑：刘　颖
责任印制：沈　露

出版发行：清华大学出版社
网　　址：https://www.tup.com.cn，https://www.wqxuetang.com
地　　址：北京清华大学学研大厦 A 座　　**邮　　编**：100084
社 总 机：010-83470000　　**邮　　购**：010-62786544
投稿与读者服务：010-62776969，c-service@tup.tsinghua.edu.cn
质 量 反 馈：010-62772015，zhiliang@tup.tsinghua.edu.cn
印 装 者：三河市龙大印装有限公司
经　　销：全国新华书店
开　　本：185mm×230mm　　**印　　张**：28.5　　**字　　数**：586 千字
版　　次：2004 年 7 月第 2 版　　**印　　次**：2025 年 3 月第 16 次印刷
定　　价：79.90 元

产品编号：009375-05

目　录

第Ⅱ部分　深入内容

第Ⅲ部分 选学内容

引　言

本书内容的主体也称为线性代数学，含数与多项式、线性代数常有内容，以及多种内积空间，张量积和外积等. 并配有大量例题、习题，及答案与提示. 书后有附录，中英文名词索引等. 本书内容较深厚，基础训练有所加强，以便使各专业的学习者都能在此重要课程中，为将来的发展打下牢固的根基. 书中也包含了一些进一步的内容，采用了较新的理论观点，以便于学习者日后适应现代科学的发展和应用. 此外，不少章节尽量独立，较难部分标以 * 号，便于使用时对内容作各种配置取舍，以适应不同的教学环境需要(如两学期或一学期)，也便于参考.

作者长期在中国科学技术大学和清华大学讲授高等代数和从事代数学方面的研究工作，这是本书的基础. 以本书初稿印刷的讲义已在清华大学数学系、计算机系本科生教学中使用多次，也已在全校性实验班、辅修学位班等多次使用. 此次又作了系统的修改和补充. 在教学和编写本书过程中，参阅了国外一些著名大学新近的教材和研究生教材，及国内一些主要教材，并试图体现作者在多年学习、教学和研究工作中的一些感悟. 叙述上，力求由浅入深，简洁明确. 全书强调了基础训练和基本概念. 一方面，坐标和矩阵方法使用较多，因为有简洁直接性、可算性，也有助于对以后抽象概念的理解领悟. 另一方面，对于映射和变换等概念和方法，也有较充分论述，这是进一步学习和阅读现代文献的基础. 编写时，为了适应理论和应用两方面的新需求，采用了较新的理论角度，也写进了一些一般书中不常有的内容，一些地方试探了新的、可能更自然的发展脉路和证法. 例如全书以一般域为基域(特别可为有限域)，而不只限于(实)数域. 这对以后的理论学习很有好处，而且对于越来越重要的计算机和通信应用十分必要. 又如新增"线性表示介绍"一节作为选读内容，不仅本身非常有趣味，而且是一门十分重要的现代数学分支的萌芽. 再如，书中少量使用了群、环等名词术语，有助于对内容提纲挈领地理解把握. 极力避免这些名词是不明智的，国外许多文献已经在大量使用. 开始使用这些名词并不难，在不断的使用中其含义就逐渐具体明晰了. 还比如，对偶空间一节有对偶性，将来会遇到许多抽象的对偶性，例如阿贝尔群与其特征群的对偶，Galois 理论等. 而现在的对偶有直观的几何意义(正交补)，较容易懂. 书中还定会有许多不足或错误之处，特别是有些处理上不太一般的地方，恳请读者和教师提出批评指正.

本书主要是为高等院校数学、物理、计算机科学与技术或电子信息与电气等学科而编写的教材(周 4 学时两学期),讲授时,可略去部分内容(尤其是带 * 号部分)供将来参考. 对大学一年级学生可将较难的第 1 章放在第 6 章之后讲解或略去. 第 7 章中,1～6 节和 7～9 节是两种证明路线,可以只取其中一种,第二种较易接受且实用. 本书也可以作为其他专业学生的教材(只讲一学期),可只讲第 2～6 章及二次型(即第 8 章前 4 节),或再对某些内容作些介绍(如约当标准形和欧几里得空间). 本书还可作为一些院校的研究生教材. 也可供数学工作者、科技工作人员、教师、研究生等参考. 事实上,在作者主持的一个讨论班上(椭圆曲线的数论),常引用本书作参考(例如一族自伴变换的同时对角化和公共特征向量,不变因子,对偶等). 作者也遇到过一些非数学工作者询问外积(Grassmann 代数),张量,及空间分解等本书可以解决的不少问题.

书中各章内容特点简述如下. 第 1 章 3～6 节讲述多项式(及整数)的唯一因子分解,以后是根与重根,整系数多项式的分解,和对称多项式. 本章还介绍了群和环的定义(可以先只作为名词使用). 选学内容有整数的同余,以及因子分解定理的推广. 本章内容不仅是代数的,也是整个数学的重要基础. 对实用也很重要.

第 2 章是行列式的丰富内容,也引入了矩阵及其简单运算.

第 3 章以线性方程组为线索,引入了矩阵的秩、行向量空间等最基础的内容.

第 4 章是矩阵方法的基础,例题很多.

第 5～6 章是线性代数最重要的基础内容,商空间为选学内容.

第 7 章,7.1～7.6 节和 7.7～7.9 节是两种路线,理论上都有重要前景,数学专业学生应都掌握(难点在 7.5 节). 非数学专业学生可只学后一种,便于计算应用.

第 8 章前 4 节很浅易,8.5～8.7 节是本书在第 7 章之后的第二个较难部分.

张量积第 1 节是简介,其余各节对张量及外积的各方面论述甚详.

各章习题有基本的和较难的两种. 一般教学掌握基本习题和正文即可. 书末有答案与提示,但建议读者不要轻易去看. 因为无论在学习上,还是在心理上,独立攻克一个难题会受益良多.

初学代数学的人有的感到不能很快适应,会提出为何与别的学科感觉不同,有何用途等问题. 按 N. Bourbaki 的数学结构主义,全部数学基于三种母结构: 代数结构、顺序结构、拓扑结构. 它们相互组合分化,构筑起数学巨厦. 如代数数论、代数几何、模形式(自守函数)、算术代数几何、代数 K-理论、同调代数、代数拓扑、泛函分析、范畴、格论、拓扑代数、Lie 群与 Lie 代数、群与代数表示论,等等,都是代数学起重要作用的充满生机的现代数学分支. 代数学在数学的现代发展中作用特别突出. 随着电子计算机和信息通信的革命性大潮,代数学(离散数学)的应用发展更为惊人.

代数学的历史当然可以追溯到人文之初. 它的西文名称(Algebra)源于阿拉伯数学和天文学家花拉子米(al-Khowārizmī)公元 820 年的书名《al-jabr w'al muqabala》(移项与

并项).在中国1835年由李善兰译为代数学.但从数学发展史意义上可以说,代数学的本意就是"用符号代替(未知)数"并参加运算得出解答,这源于印度.后来发展到"用符号代替一般表达式"(法国F. Viete, 1540—1603).现在可以说,代数学就是"用符号代替各种事物(称为元素)并研究其间关系"的学问,也就成为研究各种代数系统(即元素间有一定运算关系的集合,如群、环、域、线性空间,及各种推广)的一个数学分支.这些代数系统是现实世界无数真实对象的高度抽象概括(符号"代替").

代数学的这一高度抽象概括的特性,不同于其他数学学科.这也是有些初学者感到不具体直观的原因.从这种意义上说,高等代数正是代数学的大门和基础.高等代数学的对象,如线性方程组、矩阵、多项式,还是比较具体的.再如线性空间、内积、变换等与中学立体几何中的空间、内积、旋转等也很相近.人类的认识总是要经过具体——抽象——具体(思维中的具体)的过程.只要不断努力,量变引发质变,抽象的理论是完全可以被掌握的.在登山的征途上,没有平坦的大道可走,只有那在陡峭的山路攀登上能体味欢乐的人,有希望到达光辉的顶点.只有山路的陡长,才有顶峰的辉煌."会当凌绝顶,一览众山小".愿以七绝逍遥游一首,赠给有志奋斗的青年:

鲲鹏怒化垂天翼,
海运扶摇九万击.
野马息吹抟视下,
苍苍正色上至极.

编写过程中参阅了许多国内外文献(见参考文献),在此深表感谢.

林小雁同志在教学中多次使用本教材,给出许多习题的答案与提示.深表感谢.

北京大学赵春来教授给本书提出了宝贵的意见,张量积一章就是听取他的意见增加的.深表感谢.作者也对中国科大和清华大学同仁们的热情支持深表感谢.

清华大学教务处和出版社对本书的出版给予了大力支持,在此一并深表感谢.

最后,愿借此机会对30多年前大学的代数老师曾肯成教授致谢.曾先生毕业于清华大学,工作于中国科大,以学问和师德闻名.现将先生66岁时,作者书赠的七言一首录此以致深深谢意:

曾吟水木清华园,
肯为英材倾玉泉.
成就文宣千代业,
师法至圣一大贤.

作 者

1997年2月于清华园

再版引言

此次再版重写了部分内容，使更易理解．也增写了新内容，并将全书分为三部分．

第Ⅰ部分，基础内容（第1～6章）．可作为高校各专业的线性代数教材，讲授1学期（可略去第1章，适当介绍二次型）．此次重写了矩阵的广义逆，增写了最小二乘法（参考内容）．

第Ⅱ部分，深入内容（第7～9章）．可作为高校理工科，如数学、物理、计算机科学与技术、电子信息与电气等学科的第2学期教材．此次将欧几里得和酉空间两章合并，改写了正交相似相抵．参考内容中，重写了模的分解，增写了群表示和特征（变换族），以及无限维空间．

第Ⅲ部分，选学内容（第10～12章）．增加了两章：正交几何与辛几何，Hilbert空间．都是欧几里得和酉空间的发展．前者的基域可以是任意域（例如二元域$\mathbb{F}_2$），“内积”可以是对称的，交错的，奇异（退化）的；而Hilbert空间即是无限维的完备的酉空间．这些内容在科学和技术的众多领域很重要，清华大学李大法教授等多次建议作者加以介绍．连同张量积和外积，此三章内容精简，宜作选读．一般不在基础课课内详讲，或仅作介绍．也可供有关人士参考．本书的第二，三部分也可用作一些高校高年级本科生和研究生的教材．

此外，应双语（包括海外）人士的建议，增写了英—中文名词索引以便于查阅．附录中增加了拓扑基础．还增加了一些习题．与本书配套编写了《高等代数解题方法》（清华大学出版社），给出了全部习题的分析解答，便于读者自学．

自本书出版以来收到众多反映，作者在此对各方支持深表感谢．此次再版参考了一些国内外文献（见参考书目），尤其是S. Roman，J. Weidmann，B. Jacob等的书，深表感谢．

现代数学，尤其是代数，对初识者往往暗显出挑战性．可它是如此的重要和美妙，令任谁都欲罢不能：

数学王子高斯（C. Gauss）有名言：“数学是科学之王，数论是数学的皇后”．

数学奇才、全才爱尔特希（P. Erdös）说“数学乃是人类所从事的唯一一种永恒的活动”．

微分拓扑奠基人惠特尼（H. Whitney）说：“创造性的数学工作并非少数天才的特权，它可以是我们之中有强烈愿望和充分自主性的任何人的顺乎自然的活动”．

数论大家赛尔伯格(A. Selberg)感慨到："我很同情非数学家，我觉得他们失去了一种最激动人心的、丰富的智力活动的回报". 他还指出，"今天的数学主要关心的是结构以及结构之间的关系，而不是数之间的关系. 这种情况最初发生在1800年左右，首次的突破是抽象群概念的引入，目前它在数学领域中无所不在."

法国大数学家嘉当(H. Cartan)指出："我们目睹了代数在数学中名副其实的到处渗透"，"日益清楚的意识到代数概念在数学的几乎所有分支中所起的作用"，"随着目前数学的这种代数化，任何研究人员再也不能无视近世代数这一必不可少的工具了".

我国古哲有言："水之积也不厚，则其负大舟也无力. 风之积也不厚，则其负大翼也无力.""适千里者三月聚粮". 深厚的数学基础，对于科学的远行人，是载送航船的海水，是举托鹏翼的扶摇."自强不息，厚德载物"，正是清华的校训和传统. 校训源自《易经》中"乾"和"坤"的象传："天行健，君子以自强不息"，"地势坤，君子以厚德载物". 它承传了古贤对宇宙万物的观历感悟，法乎天地，合于乾坤，成就了多少有志"君子". 引发"君子以自强不息"的"乾"的主文共六句话，可解释为对一事物(以"龙"指称)的发生—发展—兴盛—衰落过程的深刻辩证揭示，"君子"的人生尤其如此：初潜勿用，次现宜行. 中当自强，虽危无咎. 进机或跃，勿须忧惧. 德合天地，与时腾飞. 高极必反，悔之未晚. 我初中母校正好在青龙山山坡上，涧绕山环. 去年50年校庆时应校长之令，写下《青龙颂》一诗. 借题发挥，在此送给自强不息的青年"君子"：

青龙潜卧隐壑山，
夕惕若厉日乾乾.
或跃在渊咎何有，
数及九五飞在天.

作 者
2003年5月于清华园

第1部分　基础内容

第1章

数 与 多 项 式

1.1 数的进化与代数系统

自然数 1,2,3,…的发现史可能与人类史同样古老.自然数全体记为$\mathbb{N}$,其中有加法和乘法两种运算,但对二者的逆运算(减法和除法)均不封闭.人类在实践中逐渐接受了零和负数为“数”,于是由自然数发展出**整数**(即正负自然数和零).整数全体记为$\mathbb{Z}$(源于德文 Zahl),对加法及其逆运算封闭.人类又接受分数为数,发展出**有理数**.全体有理数记为$\mathbb{Q}$(源于 quotient),对加法和乘法及它们的逆运算均封闭(0 不作除数).在很长时期内,人们认为有理数就是世上仅可能有的数了,在实用中似乎也足够了.后来为了极限的完备性(即 Cauchy 序列均有极限存在;直观上表现为任意线段都能有数表其长),人类终于承认无限不循环小数也是数,于是发展出**实数**.实数全体记为$\mathbb{R}$(源于 real),对极限是完备的,对加、乘法及它们的逆运算也都是封闭的.很久以后为了解代数方程的需要,例如解方程$x^2+1=0$,人类终于承认$\sqrt{-1}$等虚数为数,由此发展出**复数**.复数全体记为$\mathbb{C}$(源于 complex),任意(复系数)代数方程在$\mathbb{C}$中均有解(见图 1.1).

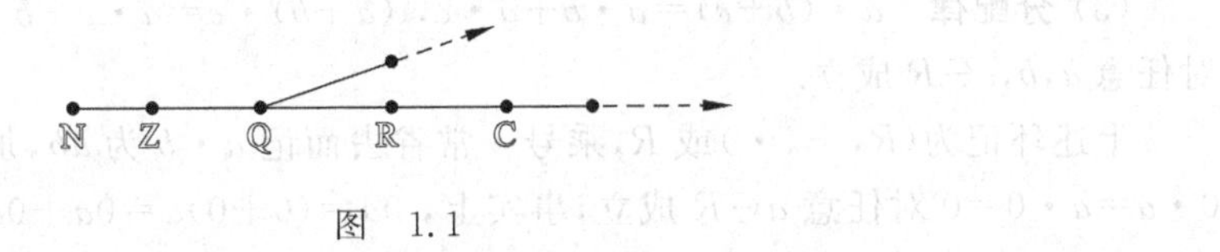

图 1.1

由此可见,数的概念随人类的进步是不断进化的.人们后来又发展出其他许多“数”.而且,更重要的是,人们由这些数的发展得到启示,概括抽象出群、环、域等概念,使数学进入了新天地.

为了使用清楚方便,以下我们给出群、环、域的定义和术语,这对阅读本书已足够.尽早熟悉这些定义和术语,对学习和应用近代数学甚有益处.

定义 1.1 一个**群**(group)即是一个非空集合 G,在其元素之间有着一个二元运算 $*$(即对 G 中任意元素 a,b,有 G 中唯一元素(记为 $a*b$)与之对应),且满足如下条件:

(1) **封闭性**:对任意 $a,b\in G$,总有 $a*b\in G$;

(2) **结合律**：$a*(b*c)=(a*b)*c$ （对任意 $a,b,c\in G$）；

(3) **存在恒元**：存在 $e\in G$，使 $e*a=a$ 对所有 $a\in G$ 成立；

(4) **存在逆元**：对任意 $a\in G$，总存在 $b\in G$，使 $b*a=e$.

上述群常记为$(G,*)$或 G. (4)中的 b 称为 a 的**逆元**，记为 a^{-1}. e 称为**恒元**，也称为**单位元**. 有时也称运算 $*$ 为“乘法”运算，事实上它可以是满足上述 4 个条件的任意二元运算，并不一定是普通意义下的数的乘法. 此外注意，上述定义中的恒元和逆元都是乘在左边的，但可以证明乘在右边也具有同样的性质，也就是说，对任意 $a\in G$，有

$$a*a^{-1}=e,\qquad a*e=a.$$

事实上，由 $a^{-1}=e*a^{-1}=(a^{-1}*a)*a^{-1}=a^{-1}*(a*a^{-1})$，两边在左方均再乘以 $(a^{-1})^{-1}$ 即得 $e=a*a^{-1}$. 又显然有 $a*e=a*(a^{-1}*a)=(a*a^{-1})*a=e*a$.

如果群$(G,*)$还满足**交换律**，即 $a*b=b*a$ 对任意 $a,b\in G$ 成立，则该群称为 **Abel 群**或**交换群**. Abel 群的运算经常记为加法（用+代替 $*$ 作为运算符），恒元常记为 0 称为**零元**，a 的逆元常记为 $-a$ 称为 a 的**负元**.

简言之，群就是具有一个运算及其逆运算的集合（满足 4 个条件，运算不一定可交换）. 乘法群即是可作乘除的集合. 加法群即是可作加减的集合.

例 1.1 $(\mathbb{Z},+)$，$(\mathbb{Q},+)$，$(\mathbb{R},+)$，$(\mathbb{C},+)$均为 Abel 群，这里加法(+)均指普通数的加法.

定义 1.2 一个**环**(ring)是一个集合 R，其元素间有两个二元运算，分别记为加法(+)和乘法($\cdot$)，且满足：

(1) $(R,+)$是 Abel 群；

(2) $(R,\cdot)$是半群，即满足封闭性和结合律；

(3) **分配律** $a\cdot(b+c)=a\cdot b+a\cdot c$，$(a+b)\cdot c=a\cdot c+b\cdot c$

对任意 $a,b,c\in R$ 成立.

上述环记为$(R,+,\cdot)$或 R，乘号 $\cdot$ 常省去而记 $a\cdot b$ 为 ab，加法零元常记为 0. 注意 $0\cdot a=a\cdot 0=0$ 对任意 $a\in R$ 成立，事实上，$0a=(0+0)a=0a+0a$，即得 $0a=0$.

简言之，环就是具有加、减、乘运算的集合.

如果环 R 对乘法有恒元 e，即有 $e\in R$ 使 $ae=ea=a$ 对任意 $a\in R$ 成立，则称 R 为**含幺环**. 在含幺环 R 中，对 $c\in R$，若存在 $x\in R$ 使得 $xc=cx=e$，则称 x 为 c 的**逆元**，称 c 是**可逆的**（或称 c 为 R 的**单位**）. 如果一个环 R 中乘法满足交换律，则称 R 为**交换环**.

定义 1.3 一个**域**(field)即是一个环$(F,+,\cdot)$，且要求 F 的非 0 元全体 F^* 对乘法是 Abel 群. 详言之，域即是有两个二元运算(+)和($\cdot$)的集合 F，且满足

(1) $(F,+)$是 Abel 群；

(2) $(F^*,\cdot)$是 Abel 群；

(3) 分配律.

简言之，域就是具有加、减、乘、除运算的集合.

例 1.2 $(\mathbb{Z},+,\cdot)$是环，称为**整数环**，这是很重要的一个环（这里运算是普通加法和乘法）.

例 1.3 $\mathbb{Q}$，$\mathbb{R}$，$\mathbb{C}$对通常加法和乘法均是域，分别称为**有理数域**、**实数域**和**复数域**. 这是常用到的也是最重要的域.

例 1.4 $\mathbb{Q}(\sqrt{5})=\{a+b\sqrt{5}\mid a,b\in\mathbb{Q}\}$是域.

若域 F 的子集合 K 对于 F 中的原运算仍是一个域，则称 K 是 F 的**子域**，F 是 K 的**扩域**. 类似有**子群**、**子环**的定义.

复数域$\mathbb{C}$的子域被称作**数域**，上述 3 例中的域均是数域. 数域有很多（无穷多个），是重要的域. 注意任一数域中总含有自然数 1，从而含有$\mathbb{Z}$，从而含有$\mathbb{Q}$. 故有理数域$\mathbb{Q}$是最小的数域，是任一数域的子域. 数域以外的域也有很多（无穷多个），且很重要. 下例即是信息编码中很重要的"**二元域**"：

例 1.5 $\boldsymbol{F}_2=\{\bar{0},\bar{1}\}$对于如下定义的加法和乘法是域：

$$\bar{0}+\bar{0}=\bar{0},\ \bar{0}+\bar{1}=\bar{1}+\bar{0}=\bar{1},\ \bar{1}+\bar{1}=\bar{0},\ \bar{0}\cdot\bar{0}=\bar{0},\ \bar{0}\cdot\bar{1}=\bar{1}\cdot\bar{0}=\bar{0},\ \bar{1}\cdot\bar{1}=\bar{1}.$$

今后常以 0 和 1 分别记一个域 F 中的加法和乘法单位元. 记 $1+1=2\cdot 1=2$，$1+1+1=3\cdot 1=3$ 等，均为 F 中的元素. 高等代数学中要经常以一个域 F 为基础，研究 F 上的函数、多项式、向量等. 比较早期的初等教程中常设基础域 F 为实数域$\mathbb{R}$. 本书的大部分论述是在一般的基础域 F 上展开，以适应数学进一步发展的理论需要和计算机信息通信等多方面的实际应用需求. 对一般的域 F，我们常常把其中的元素也称为数（虽然并不一定是复数或实数），这是相对于 F 上的多项式和向量等而言的.

*1.2 整数的同余与同余类

整数环$\mathbb{Z}$的一个重要性质，是其中可进行**带余除法**，即若 $m,n\in\mathbb{Z}$ 且 $m\neq 0$，则必存在 $q,r\in\mathbb{Z}$ 使得

$$n=mq+r,\qquad 且\ 0\leqslant r<|m|;$$

这里 q 称为 n 除以 m 的**商**，r 称为**余数**. 若 $r=0$，则称 m **整除** n，记为 $m\mid n$. 由$\mathbb{Z}$的带余除法性质可导出$\mathbb{Z}$的许多其他性质，例如算术基本定理（即任一整数可唯一分解为素数之积，将在 1.6 节中证明，本节利用此性质讨论整数的同余）.

若整数 a 与 b 除以 m 的余数相同，则称 a 与 b 对模 m **同余**（congruent modulo m），记为

$$a\equiv b\ (\mathrm{mod}\ m),$$

这恰相当于 $m\mid a-b$，也恰相当于 $a=b+mk$ 对某 $k\in\mathbb{Z}$ 成立. 符号"$\equiv$"称为**同余号**，读为"同余于"，上面的表达式称为**同余式**（congruence）. 同余与相等有如下类似性质（对任意

$a,b,c,d\in\mathbb{Z}$)：

(1)(**传递性**)若 $a\equiv b\ (\mathrm{mod}\ m)$，$b\equiv c\ (\mathrm{mod}\ m)$，则 $a\equiv c\ (\mathrm{mod}\ m)$.

(2)(**对称性**)若 $a\equiv b\ (\mathrm{mod}\ m)$，则 $b\equiv a\ (\mathrm{mod}\ m)$.

(3)(**反身性**)总有 $a\equiv a\ (\mathrm{mod}\ m)$.

(4)(**同余式相加**)若 $a\equiv b\ (\mathrm{mod}\ m)$，$c\equiv d\ (\mathrm{mod}\ m)$，则 $a+c\equiv b+d\ (\mathrm{mod}\ m)$.

(5)(**同余式相乘**)若 $a\equiv b\ (\mathrm{mod}\ m)$，$c\equiv d\ (\mathrm{mod}\ m)$，则 $ac\equiv bd\ (\mathrm{mod}\ m)$.

(6)(**同余式约化**)① 若 $a\equiv b\ (\mathrm{mod}\ m)$，且 $d|a$，$d|b$，d 与 m 互素，则

$$\frac{a}{d}\equiv\frac{b}{d}\ (\mathrm{mod}\ m).$$

② 若 $a\equiv b\ (\mathrm{mod}\ m)$，且 d 为 a,b,m 的公因子，则

$$a/d\equiv b/d\ (\mathrm{mod}\ m/d).$$

同余概念首先由高斯(Gauss)引入，有重要的意义. 模数 m 通常取为正整数.

例 1.6(弃九法) 记正整数 a 的十进位表示的各位数字之和除以 9 的余数为 $\bar{a}$. 例如 $\overline{72982}=1$. 则"弃九法"断言，若 $a\times b=c$ 则$\overline{\bar{a}\times\bar{b}}=\bar{c}$；若 $a+b=c$ 则 $\overline{\bar{a}+\bar{b}}=\bar{c}$. 这可用来初检运算的正确性. 例如对$72982^2=5326372334$，因右方弃九后为 2，可知等式有误. 为了证明弃九法，只需注意 $10\equiv 1(\mathrm{mod}\ 9)$，故若 a 的十进位表示为 $a=a_n10^n+\cdots+a_1 10+a_0$，则 $a\equiv a_n+\cdots+a_1+a_0\equiv\bar{a}\ \ (\mathrm{mod}\ 9)$. 故若 $ab=c$，则应有$\bar{a}\,\bar{b}\equiv\bar{c}(\mathrm{mod}\ 9)$，此即弃九法.

记集合 $m\mathbb{Z}=\{mk\,|\,k\in\mathbb{Z}\}$，整数全体可以分成 m 个类：$l+m\mathbb{Z}=\{l+mk\,|\,k\in\mathbb{Z}\}$($l=0,1,\cdots,m-1$)，即

$$\mathbb{Z}=m\mathbb{Z}\cup(1+m\mathbb{Z})\cup\cdots\cup(m-1+m\mathbb{Z}).$$

每一个类 $l+m\mathbb{Z}$ 中的数对模 m 均同余于 l，称为一个**同余类**，我们记

$$\bar{l}=l+m\mathbb{Z}=\{l+mk\mid k\in\mathbb{Z}\}.$$

注意，$\bar{a}=\bar{b}\Leftrightarrow a\equiv b\ (\mathrm{mod}\ m)$.

定理 1.1 整数对模 m 的 m 个同余类构成的集合记为

$$\mathbb{Z}/m\mathbb{Z}=\{l+m\mathbb{Z}\,|\,l=0,1,\cdots,m-1\}=\{\bar{0},\bar{1},\cdots,\overline{m-1}\},$$

它对如下定义的加法和乘法是一个交换环：

$$\overline{l_1}+\overline{l_2}=\overline{l_1+l_2}\qquad(\text{或即}(l_1+m\mathbb{Z})+(l_2+m\mathbb{Z})=l_1+l_2+m\mathbb{Z}),$$

$$\overline{l_1}\cdot\overline{l_2}=\overline{l_1l_2}\qquad(\text{或即}(l_1+m\mathbb{Z})\cdot(l_2+m\mathbb{Z})=l_1l_2+m\mathbb{Z}).$$

证明 首先验证运算定义的合理性，若取 $l_1'\in\overline{l_1}$，$l_2'\in\overline{l_2}$，则 $l_1'=l_1+k_1m$，$l_2'=l_2+k_2m(k_1,k_2\in\mathbb{Z})$，于是 $l_1'+l_2'=l_1+l_2+m(k_1+k_2)$与 l_1+l_2 同在一类. $l_1'l_2'=l_1l_2+l_1k_2m+l_2k_1m+k_1k_2m^2$ 也与 l_1l_2 同余. 这就证明了运算结果不依赖于代表元的选取(一个同余类 $l+m\mathbb{Z}$ 中的任一元 l'都称为该类的代表元，此类也可写为 $l'+m\mathbb{Z}$)，其余关于环

的条件容易验证. ■

例 1.7 $\mathbb{Z}/2\mathbb{Z}=\{\overline{0},\overline{1}\}$不仅是交换环,而且是域(即上节的二元域). 可以验证$\mathbb{Z}/7\mathbb{Z}$也是域. 而$\mathbb{Z}/8\mathbb{Z}$不是域,例如$\overline{2}$不可逆,否则若$\overline{2x}=\overline{1}$,乘以$\overline{4}$,知$\overline{4}\cdot\overline{2x}=\overline{4}$,即得$\overline{0}=\overline{4}$,矛盾. 有趣的是$\mathbb{Z}/8\mathbb{Z}$中的可逆元全体

$$(\mathbb{Z}/8\mathbb{Z})^{*}=\{\overline{1},\overline{3},\overline{5},\overline{7}\}$$

是一个乘法群,且$\overline{3}\cdot\overline{3}=\overline{1}$, $\overline{3}\cdot\overline{7}=\overline{5}$,等等.

定理 1.2 (1) 当 $m=p$ 为素数时, $\mathbb{Z}/p\mathbb{Z}=\mathbb{F}_p$是域.

(2) 当 m 不是素数时, $\mathbb{Z}/m\mathbb{Z}$ 不是域. 此时 $\overline{l}$ 可逆当且仅当 l 与 m 互素.

证明 首先设 m 不是素数, l 与 m 不互素,设 $d>1$ 为 l 与 m 的公因子,于是

$$\overline{l}\,\overline{\left(\frac{m}{d}\right)}=\overline{\left(\frac{l}{d}\right)m}=\overline{0},$$

故 $\overline{l}$ 是零因子 (若 a,b 均非 0 而 $ab=0$, 则称 a 和 b 为**零因子**). 此时 $\overline{l}$ 必不可逆,否则,由$\overline{lk}=\overline{0}$ 两边同乘以 $\overline{l}$ 的逆,则得 $\overline{k}=\overline{0}$,矛盾. 定理的其余部分依赖于下述引理,其证明将在不久给出. ■

引理 1.1 若整数 l 与 m 互素,则存在 $s,t\in\mathbb{Z}$ 使得

$$sl+tm=1.$$

由此引理可知, $\overline{1}=\overline{sl+tm}=\overline{sl}+\overline{tm}=\overline{s}\,\overline{l}$, 即 $\overline{l}$ 可逆. 当 m 为素数时,小于 m 的正整数均与 m 互素,故$\mathbb{Z}/m\mathbb{Z}$ 的非 0 元均可逆,故$\mathbb{Z}/m\mathbb{Z}$ 是域. ■

因此对每个素数 p 均有一个域

$$\mathbb{F}_p=\mathbb{Z}/p\mathbb{Z}=\{\overline{0},\overline{1},\cdots,\overline{p-1}\},$$

称为 **p 元(有限)域**. 这是一种很重要的域. 与数域不同的是,对$\mathbb{F}_p$中任一元$\overline{a}$,自身相加 p 次(或称 p 倍)总为 0 元: $\overline{a}+\cdots+\overline{a}=\overline{pa}=\overline{p}\ \overline{a}=\overline{0}$. 这样的域称为**特征是 p 的域**.

*__定理 1.3__(Fermat) $\mathbb{F}_p$的元素 x 均满足

$$x^p=x.$$

证明 当 $x=\overline{1}$ 时命题显然. 现设 $x=\overline{l}$ 时命题成立,则

$$(l+1)^p=l^p+pl^{p-1}+\cdots+\frac{p(p-1)\cdots(p-k+1)}{k!}l^{p-k}+\cdots+pl+1,$$

注意当 $k\neq1$ 和 p 时, $p\,|\,C_p^k$(因为分子中的 p 不可能被分母约去),故

$$(l+1)^p\equiv l^p+1(\bmod p),\text{即}\overline{(l+1)}^p=\overline{l}^p+\overline{1}=\overline{l}+\overline{1}=\overline{l+1}.$$

■

同余式 $a\equiv b\ (\bmod m)$与环$\mathbb{Z}/m\mathbb{Z}$中的等式 $\overline{a}=\overline{b}$ 是同一事实的两种表述方法. 因此

定理 1.3 也可表述为

$$a^p \equiv a \pmod{p} \qquad (a \in \mathbf{Z}).$$

当 $p|a$ 时，此式显然. 当 $p\nmid a$ 时，a 与 p 互素，两边同乘 $x=\bar{a}$ 的逆，即知定理 1.3 相当于

$$a^{p-1} \equiv 1 \pmod{p} \qquad (a \in \mathbf{Z},\ p \nmid a).$$

有限域 $\mathbb{F}_p$ 中的 p 个元素也常常记为 0,1,2,…,$p-1$(即数字上省略一横). 此时要注意，它们是 $\mathbb{F}_p$ 中的元素，而不是 $\mathbb{Z}$ 中的整数.

1.3 多项式形式环

定义 1.4 (1) 设 F 为域(乘法单位元记为 1)，X 为不属于 F 的任一个符号. 则形如

$$a_nX^n + a_{n-1}X^{n-1} + \cdots + a_1X + a_0 \qquad (a_i \in F(i=0,\cdots,n),\ 0 \leqslant n \in \mathbb{Z},\ a_n \neq 0)$$

的表达式称为域 F 上 X 的一个**多项式形式**(polynomial form in X over F). 整数 n 称为其次数，a_i 称为其 i 次系数，a_iX^i 称为其 i 次项.

(2) 两个多项式形式相等规定为二者的次数和各同次系数均相等.

多项式形式的系数为 0 的项可以不写出，多项式形式也常称为**多项式**.

由上述定义可知，字母 X 只是一个符号，它与域 F 中元素的积与和都是形式的，故 X 称为**不定元**(indeterminate).

注记 1 字母 X 的意义在数学中是不断进化的. 在初等代数中，X 作为“未知数”被首先引入，这时它虽是待求的，但其实是一个很具体的数. 后来在函数中，X 表示变量，但取值范围还是较确定的(如在实轴上). 在上述定义 1.4 中，X 已不被附加任何限定，成为不定元.

多项式形式 f 的次数(degree)记为 $\deg f$，域 F 的零元 0 也视为多项式，常设 $\deg 0 = -\infty$. 多项式形式 f 的最高次非 0 项称为**首项**(leading term). 若首项系数为 1，则称为首一多项式. 多项式形式 f 也记为 $f(X)$，以指明不定元是 X.

定理 1.4 域 F 上 X 的多项式形式全体 $F[X]$ 按如下运算成为交换环(称为多项式形式环)：

$$\sum_{i=0}^{n} a_iX^i + \sum_{i=0}^{n} b_iX^i = \sum_{i=0}^{n} (a_i + b_i)X^i,$$

$$\left(\sum_{i=0}^{n} a_iX^i\right)\left(\sum_{i=0}^{m} b_iX^i\right) = \sum_{k=0}^{m+n}\left(\sum_{i+j=k} a_ib_j\right)X^k.$$

当 $g = \sum_{i=0}^{m} b_iX^i$ 而 $m < n$ 时，可对 $m+1 \leqslant i \leqslant n$ 令 $b_i = 0$，从而记 $g = \sum_{i=0}^{n} b_iX^i$.

证明 按定义要验证以下各项：(1) $F[X]$ 对加法是 Abel 群，即满足封闭性、结合律、

有零元、有负元、有交换律；(2) $F[X]$对乘法是交换半群，即满足封闭性、结合律、交换律；(3) 乘法对加法满足分配律. 这些都易验证，例如乘法结合律的验证

$$\left[\left(\sum_{i=0}^{n}a_iX^i\right)\left(\sum_{j=0}^{u}b_jX^j\right)\right]\left(\sum_{k=0}^{v}c_kX^k\right)=\left[\sum_{s=0}^{n+u}\left(\sum_{i+j=s}a_ib_j\right)X^s\right]\left(\sum_{k=0}^{v}c_kX^k\right)$$

$$=\sum_{m=0}^{n+u+v}\left[\sum_{s+k=m}\left(\sum_{i+j=s}a_ib_j\right)c_k\right]X^m$$

$$=\sum_{m=0}^{n+u+v}\left(\sum_{i+j+k=m}a_ib_jc_k\right)X^m.$$

注意最后一个式子中 i,j,k 地位平等，故同理可知

$$\left(\sum_{i=0}^{n}a_iX^i\right)\left[\left(\sum_{j=0}^{u}b_jX^j\right)\left(\sum_{k=0}^{v}c_kX^k\right)\right]$$

也等于上式. 结合律得证. ■

对于多项式形式 f,g，注意 fg 的首项恰为 f 与 g 的首项之积. 所以总有

$$\deg(fg)=\deg(f)+\deg(g).$$

系 多项式形式环 $F[X]$中**消去律**成立，即若 $fg=fh$ 且 $f\neq 0$，则 $g=h$（对任意$f,g,h\in F[X]$）.

证明 由 $fg=fh$ 知 $f(g-h)=0$. 若 $g-h$ 非零，则其首项(非零)与 f 的首项(非零)之积应为$f(g-h)$的首项(非零)，与 $f(g-h)=0$ 矛盾. 故 $g-h=0$，即 $g=h$. ■

有消去律的含幺交换环称为**整环**或**整区**(domain). 故$\mathbb{Z}$ 和 $F[X]$均为整环. 注意$F[X]$中的可逆元集为 F^*（即 F 中的非 0 元）. F 中的元素也称为常数或数值.

正像由整环$\mathbb{Z}$ 发展出有理数域$\mathbb{Q}$ 一样，也可由整环 $F[X]$发展出一个域. 对任意$f(X),g(X)\in F[X]$，$g(X)\neq 0$，称如下的表达式为一个**有理式形式**：

$$\frac{f(X)}{g(X)}.$$

两有理式形式$\dfrac{f(X)}{g(X)}$与$\dfrac{f_1(X)}{g_1(X)}$相等，定义为 $f(X)g_1(X)=f_1(X)g(X)$（作为多项式形式相等）. 又定义二者的和及积为

$$\frac{f(X)}{g(X)}+\frac{f_1(X)}{g_1(X)}=\frac{f(X)g_1(X)+f_1(X)g(X)}{g(X)g_1(X)},$$

$$\frac{f(X)}{g(X)}\,\frac{f_1(X)}{g_1(X)}=\frac{f(X)f_1(X)}{g(X)g_1(X)}.$$

定理 1.5 域 F 上有理式形式全体 $F(X)$是一个域(称为以 X 为不定元的**有理式形式域**或**有理函数域**).

*__注记 2__ 注意多项式形式与多项式函数有本质的不同. 例如多项式形式 X^2 和 X 是

不相等的.但x^2与x作为定义在二元域F_2上的函数却是相等的(因为F_2中只有两个元素0和1,而x取0或1时,总有$x^2=x$).不过以后会看到,无限域(例如数域)上的多项式函数与多项式形式的区别不是本质的.

注记3　在定义1.4中,也可以用一个交换环R取代域F,其余规定均不变.这样得到的多项式形式全体$R[X]$也是一个交换环.不过$R[X]$将不具有$F[X]$的许多性质.

注记4　若$ab=0$而$a\neq 0,b\neq 0$,则称a和b为**零因子**(zero divisor).若环R中不含零因子,则称R为**无零因子环**.例如在$\mathbb{Z}/8\mathbb{Z}$中,$\overline{2}\cdot\overline{4}=\overline{0}$,故$\overline{2}$和$\overline{4}$均为零因子.域$F$中总是无零因子的.环$\mathbb{Z}$中无零因子.容易证明:环$R$中**无零因子**当且仅当$R$中**消去律**成立.事实上,若$R$中有零因子,比如说$ab=0$而$a$和$b$均非0,如果消去律成立,则由$ab=a0$中消去$a$,得到$b=0$,矛盾.反之,设$R$中无零因子,若$ab=ab_1$而$a\neq 0$,则因$a(b-b_1)=0$,故必然$b-b_1=0$, $b=b_1$.

所以**整环**也可定义为**无零因子的含幺交换环**.

1.4　带余除法与整除性

整环$\mathbb{Z}$和$F[X]$有许多相似之处,比如二者中均可作带余除法.

定理1.6(带余除法)　对域F上任意两个多项式形式$f,g\in F[X]$,若$g\neq 0$,则存在多项式形式$q,r\in F[X]$使

$$f=gq+r,\qquad \deg r<\deg g \text{ 或 } r=0,$$

且q和r由f,g唯一地决定.

证明　先证q和r的存在性.若$\deg f<\deg g$,则令$q=0$, $r=f$即可.否则设$f=a_mX^m+\cdots+a_0$, $g=b_nX^n+\cdots+b_0$, $m\geqslant n$,且a_m与b_n非0.令

$$q_1=\frac{a_m}{b_n}X^{m-n},$$

则q_1g与f有相同的首项,故$f-q_1g=f_1$的次数比f低.再对f_1作同样讨论可知,存在$q_1,\cdots,q_s$使$f-q_1g-q_2g-\cdots-q_sg=f_s$的次数比$g$低.令$f_s=r$, $q_1+\cdots+q_s=q$即可.

现证唯一性,设$f=gq+r=gq_1+r_1$, $\deg r_1<\deg g$或$r_1=0$.于是$g(q-q_1)=r_1-r$.若两边均非0,则由

$$\deg(g(q-q_1))\geqslant \deg g>\deg(r_1-r)$$

可知有矛盾,故$q=q_1$, $r=r_1$,唯一性得证. ∎

定理1.6中,q称为f除以g的**商**(quotient),r称为**余元**(remainder).有带余除法的环称为**Euclid环**.因此$\mathbb{Z}$和$F[X]$均为**Euclid整环**.上述证明中求q和r的过程,通常称为

长除法(long division).

定义 1.5 设 $f,g\in F[X]$, $g\neq 0$. 如果存在 $q\in F[X]$ 使

$$f = gq \quad (\text{也即余元为 } 0),$$

则称 g **整除** f,记为 $g|f$. 此时称 g 是 f 的**因子**(**或因式**),f 是 g 的**倍**或**倍式**(multiple).

整除性显然有如下性质($f,g,h\in F[X]$):

(1) 传递性:若 $g|f$, $f|h$, 则 $g|h$;

(2) 反身性:$g|g$;

(3) 互伴性:若 $g|f$ 且 $f|g$, 则 $f=cg$ 对某 $c\in F^*$ 成立;

(4) 若 $g|f_i$, $i=1,2,\cdots,r$, 则 $g|h_1f_1+\cdots+h_rf_r$ 对任意 $h_1,\cdots,h_r\in F[X]$成立.

证明均较简单,如(3):由 $g|f$ 知 $f=gq$, 由 $f|g$ 知 $g=fq_1$, 故 $f=gq=fq_1q$,比较双方次数知 $\deg(q_1q)=0$,即 q 和 q_1 均为 F 中元.

例 1.8 (带余除法)$f(X)=3X^4+X^3+X+3$, $\quad g(X)=2X^2+X+1\in\mathbb{Q}[X]$.

$$
\begin{array}{r|l|l}
g(X) & f(X) & q(X) \\
2X^2+X+1 & 3X^4+X^3+0X^2+X+3 & \frac{3}{2}X^2-\frac{X}{4}-\frac{5}{8} \\
 & 3X^4+\frac{3}{2}X^3+\frac{3}{2}X^2 & \\
\hline
 & -\frac{1}{2}X^3-\frac{3}{2}X^2+X+3 & \\
 & -\frac{2}{4}X^3-\frac{1}{4}X^2-\frac{1}{4}X & \\
\hline
 & -\frac{5}{4}X^2+\frac{5}{4}X+3 & \\
 & -\frac{5}{4}X^2-\frac{5}{8}X-\frac{5}{8} & \\
\hline
 & \frac{15}{8}X+\frac{29}{8} &
\end{array}
$$

故 $\quad 3X^4+X^3+X+3=(2X^2+X+1)\left(\frac{3}{2}X^2-\frac{X}{4}-\frac{5}{8}\right)+\frac{15}{8}X+\frac{29}{8}.$

一般地,在带余除法步骤(即长除法)中,被除式的次数每步都降低一次或多次,故带余除法总会在不超过 $\deg f$ 步之后结束. 其次我们看到,$q(X)$和 $r(X)$的系数由 $f(X)$和 $g(X)$的系数作+、−、×、÷运算而得.

例 1.9 $f(X)=4X^4+3X^3+2X^2+X+1$, $g(X)=X-5\in\mathbb{Q}[X]$.

$$
\begin{array}{r|llll|l}
X-5 & 4X^4+3X^3+2X^2+X+1 & & & & 4X^3+23X^2+117X \\
 & 4 \quad -4\times 5 & & & & +117\times 5+1 \\
\cline{2-2}
 & \quad 23X^3 & & & & \\
 & \quad 23 \quad -5\times 23 & & & & \\
\cline{2-3}
 & & 117X^2 & & & \\
 & & 117 \quad -117\times 5 & & & \\
\cline{3-4}
 & & & 117\times 5+1 & & \\
 & & & 117\times 5+1 \quad -(117\times 5+1)\times 5 & & \\
\cline{4-5}
 & & & & 2931 &
\end{array}
$$

故 $X-5$ 除 $f(X)$ 的商和余式可如下得出(称为简写除式):

$$
\begin{array}{c|ccccc}
5 & 4 & 3 & 2 & 1 & 1 \\
 & & +5\times 4 & +5\times 23 & +5\times 117 & +5\times 586 \\
\cline{3-6}
 & & 23 & 117 & 586 & 2931
\end{array}
$$

于是 $q(X)=4X^3+23X^2+117X+586$, $r(X)=f(5)=2931$.

1.5　最大公因子与辗转相除法

设 $F[X]$ 为域 F 上的多项式形式环, F 的加法和乘法单位元记为 0 和 1.

定义 1.6　设 $f,g\in F[X]$.

(1) 若 $h\in F[X]$ 满足 $h|f$ 且 $h|g$, 则称 h 为 f 与 g 的**公因子**.

(2) 若 $d\in F[X]$ 是 f 和 g 的公因子, 且 d 是 f 和 g 任意一个公因子的倍, 则称 d 为 f 和 g 的**最大公因子**(greatest common divisor).

(3) 若 f 与 g 的公因子仅为 $F[X]$ 中的可逆元(即 F^* 中元), 则称 f 与 g **互素**. f 与 g 的首一(即首项系数为 1)最大公因子记为 (f,g).

引理 1.2　若 $f=g\cdot q+r$, 则 $(f,g)=(r,g)$(这里 $f,g,q,r\in F[X]$).

证明　由 $(f,g)|f$, $(f,g)|g$ 知 $(f,g)|r$, 故 $(f,g)|(r,g)$. 同理可知 $(r,g)|(f,g)$. 由于二者皆是首一的, 故 $(f,g)=(r,g)$. ■

上述引理提供了求最大公因子 (f,g) 的方法, 它说明在求最大公因子时, 余元 r 可以用来代替 f, 这样就降低了次数. 事实上, 还可反过来再以 r 除 g, 如此不断反复进行下去, 而得 f 与 g **辗转相除**(**Euclidean algorithm**):

$$
\begin{aligned}
f &= gq_1 + r_1, && \deg r_1 < \deg g && (r_1 \neq 0),\\
g &= r_1 q_2 + r_2, && \deg r_2 < \deg r_1 && (r_2 \neq 0),\\
&\cdots\cdots\\
r_{s-2} &= r_{s-1} q_s + r_s, && \deg r_s < \deg r_{s-1} && (r_s \neq 0),\\
r_{s-1} &= r_s q_{s+1}.
\end{aligned}
$$

由于 $r_1, r_2, \cdots$ 的次数逐渐递降，可知辗转相除步骤在有限多步之内必然结束，即存在 s 使余元 $r_{s+1}=0$.

由第一个除式逐个往后看，则易知

$$(f,g)=(g,r_1)=(r_1,r_2)=\cdots=(r_{s-1},r_s)=c\,r_s,$$

其中 $c\in F^*$，cr_s 为首一多项式.

定理 1.7　域 F 上任意两个不全为 0 的多项式形式 $f,g\in F[X]$ 的最大公因子 d 存在且唯一(不计常数倍意义下)，它就是 f 与 g 辗转相除的最后一个非 0 余元. 而且存在 $u,v\in F[X]$ 使

$$uf+vg=d \qquad (\textbf{Bezout 等式}).$$

证明　只需再证明 Bezout 等式，由辗转相除的最后等式逐个向前看有

$$
\begin{aligned}
r_s &= r_{s-2} - r_{s-1} q_s,\\
r_{s-1} &= r_{s-3} - r_{s-2} q_{s-1},\\
&\cdots\cdots
\end{aligned}
$$

即知 r_s 是 r_{s-2} 和 r_{s-1} 的"线性组合"，而 r_{s-1} 又是 r_{s-2} 和 r_{s-3} 的"线性组合"，把下式代入上式，……，由此逐个代入可得 r_s 是 f 和 g 的"线性组合"，即 Bezout 等式. ■

系 1　f 与 $g(\in F[X])$ 互素当且仅当存在 $u,v\in F[X]$ 使得

$$uf+vg=1.$$

例 1.10　设 $f=X^4+X^2-2$，　$g=X^3+X^2-2X-2\in\mathbb{Q}[X]$.

作辗转相除：

	g	f	q
$q_2=\frac{1}{4}X+\frac{1}{4}$	X^3+X^2-2X-2	$X^4+0X^3+X^2+0X-2$	$q_1=X-1$
	$X^3 \quad -X$	$X^4+X^3-2X^2-2X$	
	X^2-X-2	$-X^3+3X^2+2X-2$	
	$X^2 \quad -1$	$-X^3-X^2+2X+2$	
	$r_2=-X-1$	$r_1=4X^2-4$	$q_3=-4(X-1)$

即

$$f = gq_1 + r_1,$$
$$g = r_1 q_2 + r_2,$$
$$r_1 = r_2 q_3.$$

于是

$$(f,g) = -r_2 = X + 1,$$

且有

$$\begin{aligned}(f,g) &= X + 1 = -r_2 = -(g - r_1 q_2)\\ &= -(g - (f - gq_1)q_2)\\ &= q_2 f - (1 + q_1 q_2) g\\ &= f \cdot \left(\frac{1}{4}X + \frac{1}{4}\right) - g \cdot \left(\frac{1}{4}X^2 + \frac{3}{4}\right).\end{aligned}$$

最大公因子的存在和性质蕴含着整除性的一系列性质，以下3个系中，均设 $f,g,h \in F[X]$.

系2　若 $h|fg$，$(h,g)=1$，则 $h|f$.

系3　若 $(f,g)=1$，$(f,h)=1$，则 $(f,gh)=1$.

系4　若 $f|h, g|h$，$(f,g)=1$，则 $fg|h$.

系2证明　由 $uh+vg=1$，知 $ufh+vfg=f$，即知 $h|f$. ■

系3证明　由 $uf+vg=1$，$sf+th=1$，相乘得

$$(ufs + uth + vsg)f + vtgh = 1,\ \text{故知}(f,gh) = 1.$$ ■

系4证明　设 $h=fq$，由 $g|h$ 及 $(f,g)=1$ 知 $g|q$. 记 $q=gq_1$，则 $h=fq=fgq_1$，故 $fg|h$. ■

最大公因子的概念可以推广到有限多个多项式. 若 d 为 $f_1,\cdots,f_n \in F[X]$ 的公因子，且是它们任意公因子的倍，则称 d 为 $f_1,\cdots,f_n$ 的**最大公因子**；若 d 是首一的，则记为 $(f_1,\cdots,f_n)=d$.

系5　设 $f_1,\cdots,f_n \in F[X]$，则其最大公因子 $d=(f_1,\cdots,f_n)$ 存在且唯一，并且存在 $u_1,\cdots,u_n \in F[X]$ 使得

$$u_1 f_1 + \cdots + u_n f_n = d \qquad (\text{Bezout 等式}).$$

证明　先证存在性. 用归纳法. 若 $(f_1,\cdots,f_{n-1})$ 存在，令 $d=(f_1,\cdots,f_n)=((f_1,\cdots,f_{n-1}),f_n)$ 即可：$d|(f_1,\cdots,f_{n-1})$，故 $d|f_i$；而若 $h|f_i (1\leqslant i\leqslant n)$，则 $h|(f_1,\cdots,f_{n-1})$，故 $h|d$. 唯一性可由两个最大公因子必相互整除得到. 再设 $(f_1,f_2)=u_1 f_1+u_2 f_2$，$((f_1,f_2),f_3)=w_1(f_1,f_2)+w_2 f_3$，则

$$(f_1,f_2,f_3) = ((f_1,f_2),f_3) = w_1 u_1 f_1 + w_1 u_2 f_2 + w_2 f_3.$$

如此续行即知 $(f_1,\cdots,f_n)=v_1 f_1+\cdots+v_n f_n$，$v_i \in F[X]\ (1\leqslant i\leqslant n)$. ■

1.6 唯一析因定理

定义 1.7 若域 F 上的非常数多项式形式 $f\in F[X]$ 可表为

$$f = gh \qquad (g,h \in F[X] \text{ 均非常数}),$$

则称 f 在 F 上(或在 $F[X]$ 中)是**可约的**(reducible);否则称 f 是不可约的(irreducible).

注意可约性与所在的域关系密切,例如 X^2-2 在 $\mathbb{Q}$ 上不可约,但在 $\mathbb{R}$ 上可约.一次多项式是次数最低的不可约多项式.又若 f 不可约,则 $cf(c\in F^*)$ 也不可约.

引理 1.3 设 $p\in F[X]$ 不可约.若 $p|f_1f_2$,则 $p|f_1$ 或 $p|f_2$(其中 $f,f_1,f_2\in F[X]$).

证明 按定义,p 不可约意味着 p 的因子只有 1 和 p(不计常数倍),故 $(p,f_1)=1$ 或 p.若 $(p,f_1)\neq 1$,即知 $(p,f_1)=p$,即 $p|f_1$.若 $(p,f_1)=1$,则由上节系 2 知 $p|f_2$,故总有 $p|f_1$ 或 $p|f_2$. ■

定理 1.8 域 F 上的多项式形式环 $F[X]$ 是**唯一析因整环**(UFD).也就是说,任一非常数多项式 $f\in F[X]$ 均可表示为一些不可约多项式 $p_1,\cdots,p_s\in F[X]$ 的乘积(称为析因或不可约因子分解),即

$$f = p_1p_2\cdots p_s,$$

且若不计常数倍及 p_i 的次序,此表示是唯一的.

证明 (1) 先证分解(析因)的存在性.若 f 不可约,则取 $f=p_1$ 即可.若 f 可约,设 $f=f_1f_2$,此时因 $\deg f_i<\deg f\ (i=1,2)$,故由归纳法可设 f_1 与 f_2 的分解存在,即 $f_1=p_1\cdots p_s$,$f_2=q_1\cdots q_t$,则 $f=f_1f_2=p_1\cdots p_sq_1\cdots q_t$ 即为 f 的分解式.

(2) 再证分解的唯一性.设 f 有两种不可约因子分解:

$$f = p_1p_2\cdots p_s = q_1q_2\cdots q_t \qquad (s\geqslant t).$$

于是 $p_s|q_1\cdots q_t$,由引理 1.3 知 $p_s|(q_1\cdots q_{t-1})$ 或 $p_s|q_t$,故用归纳法可知存在 i 使 $p_s|q_i(1\leqslant i\leqslant t)$,不妨设 $p_s|q_t$,因 q_t 不可约,由 q_t 与 p_s 不互素知 $q_t|p_s$.故不计常数倍可设 $p_s=q_t$.于是有

$$p_1p_2\cdots p_{s-1} = q_1q_2\cdots q_{t-1}$$

如此续行,可得 $p_1\cdots p_{s-t}=c\in F$.故只能是 $s=t$.因此在不计常数倍和次序意义下有 $p_1=q_1,\cdots,p_s=q_t$. ■

由定理 1.8,每个多项式形式 $f\in F[X]$ 均可唯一表为

$$f = \prod_{i=1}^{s} p_i^{n_i}, \qquad 1\leqslant n_i\in\mathbb{Z},$$

其中 $p_i\in F[X]$ 不可约且两两互异$(i=1,\cdots,s)$.若 $f=\prod\limits_{i=1}^{t}p_i^{n_i}$,$g=\prod\limits_{i=1}^{t}p_i^{m_i}$,$n_i,m_i\geqslant 0$,

则最大公因子为
$$(f,g)=c\prod_{i=1}^{t}p_i^{\min(n_i,m_i)},\qquad c\in F.$$
而首一多项式
$$[f,g]=c'\prod_{i=1}^{t}p_i^{\max(n_i,m_i)},\qquad c'\in F,$$
称为最小公倍.

注记　以上两节对环 $F[X]$ 的讨论,对环 $\mathbb{Z}$ 也都适用.需注意的是 $F[X]$ 中的可逆元群是 F^*,$\mathbb{Z}$ 的可逆元群为 $\{\pm1\}$.特别地,$\mathbb{Z}$ 中有辗转相除法、Bezout 等式,且有如下定理.

定理 1.9(算术基本定理)　整数环 $\mathbb{Z}$ 是唯一析因环.即任一整数 $n(>1)$ 均可表为素数的乘积 $n=p_1\cdots p_s$,若不计正负号和素数的次序,则此表示是唯一的.

事实上,我们可以引入下述更一般的定义,用上两节的方法得出更一般的结果.

* **定义 1.8**　(1) 设 D 为整环,若存在环 D 到非负整数集 $\mathbb{N}$ 的映射 ε,使对任意 f,$g(\neq0)\in D$ 均存在 $q,r\in D$ 满足 $f=gq+r$ 且 $\varepsilon(r)<\varepsilon(g)$,则 D 称为**欧几里得整环**(Euclidean domain, ED).ε 称为欧几里得映射,$f=gq+r$ 称为带余除法.

(2) 记整环 D 的**可逆元**(也称为**单位**)全体为 D^*.若 $f\in D$(非零非单位)可表示为 $f=gh$ 且 $g,h\notin D^*$(即 g,h 均非单位),则称 f 为**可约的**;否则称为**不可约的**.

(3) 若整环 D 中任一元素 f(非 0,非单位)可表为不可约元素之积:$f=p_1p_2\cdots p_s$,且 $p_1,\cdots,p_s$ 在不计单位的倍和次序意义下是唯一的,则称 D 为**唯一析因整环**(UFD, unique factorization domain).

对 $\mathbb{Z}$ 取 $\varepsilon(a)=|a|$;对 $F[X]$ 取 $\varepsilon(a)=2^{\deg a}$,则得下面的定理.

* **定理 1.10**　整数环 $\mathbb{Z}$ 和域 F 上多项式形式环 $F[X]$ 均为欧几里得环.

上两节实际上已证明了,在欧几里得环中有辗转相除法、Bezout 等式.特别有下面的定理.

* **定理 1.8′**　欧几里得整环必为唯一析因整环.

在考虑环 R 中的整除性或因子分解问题时,R 中的单位(即可逆元)是无关紧要的.例如在整数环 $\mathbb{Z}$ 中,整数乘以 ±1 并不影响整除性.在 $F[X]$ 中,多项式乘以非 0 常数并不影响相互整除性.例如在 $\mathbb{Q}[X]$ 中,$X+2$ 整除 X^4-4,同样有 $3X+6$ 整除 X^4-4.由于这一原因,通常只考虑正素数因子,常考虑首一多项式.有下述定义.

定义 1.9　设 f,g 为环 R 中元素,若有环 R 中的单位(可逆元)c 使

$$f = cg,$$

则称 f 和 g 是互为**结合的**(associate). 若 f_1 是 f 的因子(即 $f=f_1f_2$)而 f_1 不是与 1 和 f 结合的,则称 f_1 是 f 的**真因子**.

*** 补充阅读内容**

初学者可不必阅读以下内容.

*** 定义 1.10** 交换环 R 的一个**理想** I 是指 R 的一个子集,它满足:

(1) I 是 R 的加法子群;

(2) (**吸收律**)对任意 $a\in I$, $r\in R$, 总有 $ra\in I$.

例如 $Ra+Rb=\{ra+sb\mid r, s\in R\}$ 是环 R 的理想,称为由 a,b 生成的理想. 类似可以定义 s 个元素 $a_1,\cdots,a_s$ 生成的理想 $Ra_1+\cdots+Ra_s$. 由一个元素生成的理想称为**主理想**.

例如 $7\mathbb{Z}=\{7k\mid k\in\mathbb{Z}\}$ 是 $\mathbb{Z}$ 的一个主理想.

*** 定义 1.11** 若整环 R 的任一理想 I 均为主理想,则 R 称为**主理想整环**(PID, principal ideal domain).

注意,设 R 是 PID, $a,b\in R$, 则理想 $Ra+Rb=\{ra+sb\mid r, s\in R\}$ 应是主理想. 设 $Ra+Rb=Rd$, 则显然 $(a,b)=d$, 即 d 是 a,b 的最大公因子(因 $a\in Ra+Rb$, 故 $a=dq$, 即 $d\mid a$; 同理 $d\mid b$. 又因存在 $u,v\in R$ 使 $ua+vb=d$, 故 d 是公因子中最大者). 这也证明了 PID 中成立 Bezout 等式.

上两节实际上已证明了以下定理,只是这里的记号稍一般化些.

*** 定理 1.11** 设 D 为整环,则

$$D\text{ 是 ED}\overset{(1)}{\Longrightarrow}D\text{ 是 PID}\overset{(2)}{\Longrightarrow}D\text{ 是 UFD}.$$

证明 (1) 设 I 是 D 的任一理想,若 $I=0$, 则 $I=D0$. 若 $I\neq 0$, 则欧几里得映射 $\varepsilon(b)$ $(b\in I-\{0\})$ 有极小值(自然数的良序性),设 $\varepsilon(b_0)$ 最小. 对任意一个 $a\in I$, 有带余除法

$$a=b_0q+r,\qquad \varepsilon(r)<\varepsilon(b_0).$$

由于 $r=a-b_0q\in I$ 而 $r\notin I-\{0\}$ (因 $\varepsilon(r)<\varepsilon(b_0)$), 故 $r=0$, 即知 $a=b_0q$. 故 $I=Db_0$, 从而 D 为 PID.

(2) ① (分解的存在性) 若 $f\in D$ 不可约,则分解已存在. 设 f 可约,即 $f=f_1f_1^*$, $f_1,f_1^*\in D$ 均非单位. 若 f_1,f_1^* 均不可约,则存在性已证; 否则设 f_1 可约,则 $f_1=f_2f_2^*$. 如此续行,则可得一个元素序列

$$f_0=f, f_1, f_2, f_3, \cdots, \text{其中 } f_{i+1} \text{ 是 } f_i \text{ 的真因子}(i=0,1,2,\cdots).$$

只要证明任何这种序列都只能是有限长的,也就证明了不可约因子分解的存在性. 考虑理想

$$I = Df_0 \cup Df_1 \cup Df_2 \cup \cdots$$

因 D 是PID,所以 $I=Dd$, $d\in I$. 故存在 i 使 $d\in Df_i$, 当 $j>i$ 时,对 Df_j 中任一元素 b,因 $b\in I=Dd$,故 $b=rd\in Df_i(r\in D)$, 故 $Df_j\subset Df_i$, 即 $f_j=r'f_i(r'\in D)$. 这与 f_j 是 f_i 的真因子矛盾. 所以上述真因子序列只能是有限长的,因子分解存在性得证.

②(分解的唯一性)　由于PID中最大公因子存在且有Bezout等式,故可像对 $F[X]$ 一样证明.

1.7　根与重根

定义 1.12　设 $f(X)=a_nX^n+\cdots+a_0\in F[X]$ 是域 F 上多项式(形式), $c\in F$,则 $f(c)=a_nc^n+\cdots+a_0\in F$ 称为 $f(X)$ **在 c 点的值**. 如果 $f(c)=0$,则称 c 为 $f(X)$ 在 F 中的**根或零点**,或称 c 为方程 $f(X)=0$ 的**解或根**.

由带余除法知道,对于 $f(X)\in F[X]$ 和 $c\in F$,存在唯一的 $q(X)\in F[X]$ 和 $r\in F$ 使得

$$f(X) = (X-c)q(X) + r,$$

于是

$$f(c) = (c-c)q(c) + r = r.$$

故有以下定理.

定理 1.12　设 $f(X)\in F[X]$, $c\in F$,则有:

(1)(**余数定理**) $f(X)$ 除以 $X-c$ 的余式为 $f(c)$.

(2)(**零点-因子定理**) $X-c$ 整除 $f(X)$ 的充分必要条件为 $f(c)=0$. 也就是说, c 为 $f(X)$ 的零点当且仅当 $X-c$ 是 $f(X)$ 的因子.

定理1.12说明, c 为 $f(X)$ 的根当且仅当 $f(X)=(X-c)q(X)$. 设

$$f(X) = (X-c)^m g(X)\quad (g(X)\in F[X],\ c\in F,\ g(c)\neq 0,\ m\geqslant 1),$$

则称 c 为 $f(X)$ 的 **m 重根**(或重零点),当 $m\geqslant 2$ 时称 c 为**重根**,当 $m=1$ 时称 c 为**单根**.

定理 1.13　域 F 上的 $n(\geqslant 0)$ 次多项式 $f(X)\in F[X]$ 在 F 中最多有 n 个根(重根按重数计入).

证明　设 $f(X)$ 在 $F[X]$ 中的不可约因子分解为

$$f(X) = p_1(X)p_2(X)\cdots p_s(X),$$

则由定理1.12(2)知 $f(X)$ 在 F 中根的个数即为 $p_i(X)(i=1,\cdots,s)$ 是一次因子的个数,此个数 $r\leqslant s\leqslant n$. ■

定理 1.14 若次数小于 n 的两个多项式形式 $f(X),g(X)\in F[X]$，在 n 个不同点 $c_1,c_2,\cdots,c_n\in F$ 的值均相同，即

$$f(c_i)=g(c_i)\qquad(1\leqslant i\leqslant n),$$

则 $f(X)=g(X)$ 是同一多项式形式.

证明 令 $h(X)=f(X)-g(X)$，其次数小于 n，而 $c_1,\cdots,c_n$ 是 $h(X)$ 的零点，由定理 1.13 知道 $h(X)=0\in F[X]$，即 $f(X)=g(X)$. ■

定理 1.15 （Lagrange 插值） 设 $f(X)\in F[X]$ 次数小于 n 且在 n 个互异点 $a_1,\cdots,a_n\in F$ 的值为 $b_1,\cdots,b_n$，则

$$f(X)=\sum_{i=1}^{n}\frac{(X-a_1)\cdots(X-a_{i-1})(X-a_{i+1})\cdots(X-a_n)}{(a_i-a_1)\cdots(a_i-a_{i-1})(a_i-a_{i+1})\cdots(a_i-a_n)}b_i.$$

证明 显然 $f(a_i)=b_i(i=1,\cdots,n)$. 再由定理 1.14 即知 $f(X)$ 唯一. ■

*__注记 1__ 在这里容易看出多项式形式与多项式函数的区别与联系. 对于多项式形式 $f(X)\in F[X]$，如果把不定元 X 换为在 F 上取值的变量 x，那么 $f(x)$ 就是 F 上的函数，即 F 到 F 的映射，$f(x)$ 称为由 $f(X)$ 决定的**多项式函数**.

(1) 当 F 为无限域时，不同的多项式形式所决定的多项式函数也是不同的. 也就是说，若 $f(X)$ 与 $g(X)$ 是不同的多项式形式，则由定理 1.14 知道必存在 $c\in F$ 使 $f(c)\neq g(c)$. 因此这时候多项式形式与多项式函数并无本质的区别.

(2) 当 F 为有限域时，总存在不同的多项式形式，所决定的函数是相同的. 例如 $\prod\limits_{a\in F}(x-a)$ 与 0 是同一函数.

*__注记 2__ 现在看一下**域的分类**. 以 0 和 1 记域 F 的加法单位元和乘法单位元，于是记 $1+1=2\cdot1=2$，$1+1+1=3\cdot1=3$ 等，它们均为 F 中的元素.

如果存在 p 使得 $\overbrace{1+\cdots+1}^{p}=0$，且设 p 是有此性质的最小正整数，则称 F 的**特征**为 p（容易证明 p 必为素数：若 $p=mn$，则由 $0=(mn)\cdot1=(1+\cdots+1)(1+\cdots+1)=(m\cdot1)(n\cdot1)$，知 $m\cdot1=0$ 或 $n\cdot1=0$.）；否则称 F 的**特征**为 0. 当 F 的特征为 p 时，显然 1 通过加、减、乘、除生成与 $\mathbb{Z}/p\mathbb{Z}=\mathbb{F}_p$ 结构相同的子域，通常即记此子域为 $\mathbb{F}_p$，故可以认为 $F\supset\mathbb{F}_p$. 类似可知，当 F 的特征为 0 时，$\mathbb{Q}$ 是 F 的最小子域. 因而有以下分类.

$$域\begin{cases}特征为 0(必无限)：\mathbb{Q},\mathbb{R},\mathbb{C},\mathbb{Q}(\sqrt{5}),\mathbb{Q}(t)等；\\ 特征为 p\begin{cases}无限：\mathbb{F}_p(t)等；\\ 有限：\mathbb{F}_p等.\end{cases}\end{cases}$$

其中 $F(t)$ 表示 F 上以 t 为不定元的有理式形式域.

本书的绝大部分内容对一般的域都是适用的. 个别地方对域有限制(例如二次型部分一般设域特征不等于2),均特别说明. 初学者可以认为域 F 总是数域(即$\mathbb{C}$的子域),或总是实数域$\mathbb{R}$,并不影响对基本内容的掌握.

当 $f(X)$ 的因子分解不易明显求得时,需用别的方法判断它是否有重根,为此引入下面的定义.

定义 1.13　多项式形式 $f(X)=a_nX^n+a_{n-1}X^{n-1}+\cdots+a_1X+a_0$ 的(**形式**)**微商**定义为

$$f'(X)=na_nX^{n-1}+(n-1)a_{n-1}X^{n-2}+\cdots+a_1.$$

也记 $f'(X)$ 为 f' 或 $f(X)'$. $f(X)$ 的 ***k* 阶微商**归纳地定义为 $f^{(k)}(X)=(f^{(k-1)}(X))'$.

注意多项式系数是域 F 中元素. 例如若 $f(X)=X^9+X^7+4X^2\in\mathbb{F}_7[X]$ 为7元域 $\mathbb{F}_7$ 上多项式,则 $f'(X)=9X^8+7X^6+8X=2X^8+X$. 这是因为系数9作为 $\mathbb{F}_7$ 中元素实为 $9=9\cdot1=2$.

容易直接验证以下性质(对于 $f,g\in F[X]$,　$c\in F$):

(1) $(cf)'=cf'$.

(2) $(f+g)'=f'+g'$.

(3) $(fg)'=f'g+fg'$.

(4) $(f^n)'=nf^{n-1}f'$.

定理 1.16　设 $f(X)\in F[X]$, $c\in F$.

(1) c 为 $f(X)$ 的重根当且仅当 $f(c)=f'(c)=0$;

(2) c 为 $f(X)$ 的重根当且仅当 c 为 $(f(X),f'(X))$ 的根;

(3) 若 $(f,f')=1$,则 $f(X)$ 无重根(在 F 或其任意扩域中);

(4) 若 $f(X)$ 在 F 上不可约且 $f'(X)\neq0$,则 $f(X)$ 无重根(在 F 或其任意扩域中). 特别,数域上不可约多项式在$\mathbb{C}$中无重根.

证明　(1) 设 $f(X)=(X-c)^mg(X)$. $g(c)\neq0$,于是

$$f'(X)=m(X-c)^{m-1}g(X)+(X-c)^mg'(X),$$

若 c 为重根,即 $m\geqslant2$,显然 $f'(c)=0$. 若 c 为单根即 $m=1$,则

$$f'(X)=g(X)+(X-c)g'(X),\text{ 故 } f'(c)=g(c)\neq0.$$

(2)和(3)由(1)立得. 注意若域 $E\supset F$,则 $f(X)\in F[X]\subset E[X]$.

(4) 由于 $\deg f'(X)<\deg f(X)$,且 $f'(X)\neq0$,故 $(f,f')=1$,从而 $f(X)$ 无重根. ■

*__注记 3__　当 F 的特征为0时(例如数域),非常数多项式 $p(X)$ 的微商必非0(因

$\deg p'(X)=\deg p(X)-1$；故由上述(4)可知，不可约多项式 $p(X)$在任何扩域中必无重根．但当 F 的特征为 p 时，情形就不同了．例如 $F=\mathbb{F}_p(t)$时，$f(X)=X^p-t\in F[X]$不可约，但 $f'=pX^{p-1}=0$．事实上，$\alpha=\sqrt[p]{t}$是 $f(X)$在 $E=F(\sqrt[p]{t})$中的 p 重根，因为 $X^p-t=X^p-\alpha^p=(X-\alpha)^p$(这里 t 表示$\mathbb{F}_p$上的不定元，$F(\alpha)$表示含 α 的 F 的最小扩域.)

以上结果可以推广到重因子.

定义 1.14 不可约多项式 $p(X)$称为多项式 $f(X)$的 m **重因子**，如果 $p(X)^m\mid f(X)$，而 $p(X)^{m+1}\nmid f(X)$．此时也记为 $p(X)^m\parallel f(X)$．当 $m\geqslant 2$ 时，称 $p(X)$为 $f(X)$的重因子.

显然，若 $f(X)=p_1(X)^{n_1}\cdots p_s(X)^{n_s}$ 为 $f(X)$在 F 上的不可约因子分解，则 $p_i(X)$为 $f(X)$的 n_i 重因子．用与证明定理 1.16 同样的方法可证明下面的定理.

定理 1.17 设 $f(X),p(X)\in F[X]$，$p(X)$不可约.

(1) $p(X)$为 $f(X)$的重因子当且仅当 $p(X)$为 $f(X)$与 $f'(X)$的公因子.

(2) 若$(f,f')=1$，则 $f(X)$无重因子，反之亦然.

如果域 F 的特征为 0，当 $p(X)$是 $f(X)$的 m 重因子时，则可断言 $p(X)$是 $f'(X)$的 $m-1$重因子，且 $p(X)$是 $f'(X),\cdots,f^{m-1}(X)$的因子，但不是 $f^{(m)}(X)$的因子．事实上，因 $p(X)$是 $f(X)$的 m 重因子，故

$$f(X)=p(X)^m g(X),\qquad (p(X)\nmid g(X)),$$

从而

$$f'(X)=p(X)^{m-1}(mg(X)p'(X)+p(X)g'(X)).$$

因 $p(X)\nmid mg(X)p'(X)$，故 $p(X)^{m-1}\parallel f'(X)$．于是可归纳地得出上述断言.

由于最大公因子(f,f')可用辗转相除法求得，所以 $f(X)\in F[X]$是否(在某扩域上)有重因子可只在系数域 F 上运算决定，只依赖于系数域．这一点与 $f(X)$是否有根很不一样，后者要看是在哪个域中.

当 F 的特征为 0 时，$f(X)/(f(X),f'(X))$有与 $f(X)$相同的不可约因子集而无任何重因子.

1.8 $\mathbb{C}[X]$ 与 $\mathbb{R}[X]$

古典代数学基本定理 任一非常数复系数多项式在复数域中总有一根.

由于这一性质，复数域被称为“**代数封闭域**”．这一定理有多种证明，其中利用复变量函数的证明很简单.

如果 n 次多项式 $f(X)$ 有根 $a\in\mathbb{C}$，则由零点定理知 $X-a\mid f(X)$，故 $f(X)=(X-a)f_1(X)$其中 $\deg f_1=n-1$. 以此续行，知 $f(X)$恰有 n 个复数根，由此得下面的定理.

定理 1.18 n 次复系数多项式$(n\geqslant 1)f(X)$在复数域$\mathbb{C}$中恰有 n 个根，且总可以唯一分解为一次因子的乘积：

$$f(X)=c(X-z_1)^{n_1}(X-z_2)^{n_2}\cdots(X-z_s)^{n_s}\quad (c,z_i\in\mathbb{C}).$$

现在讨论实系数多项式 $f(X)\in\mathbb{R}[X]$，当然 $f(X)$也可看作复系数多项式，有 $n=\deg f$ 个复数根. 注意，实系数多项式 $f(X)$的复根总是成共轭对出现：若 $\alpha=a+bi$ 是其根，则复共轭 $\bar{\alpha}=a-bi$ 也是其根. 事实上，设 $f(X)=a_nX^n+\cdots+a_0\in\mathbb{R}[X]$，$f(\alpha)=a_n\alpha^n+\cdots+a_0=0$，则 $f(\bar{\alpha})=a_n\bar{\alpha}^n+\cdots+a_0=\overline{a_n\alpha^n+\cdots+a_0}=\overline{f(\alpha)}=0$. 其次注意，若 α 是虚数(即 $\alpha\in\mathbb{C}\setminus\mathbb{R}$)，则

$$(X-\alpha)(X-\bar{\alpha})=X^2-(\alpha+\bar{\alpha})X+\alpha\bar{\alpha}\in\mathbb{R}[X]$$

在$\mathbb{R}$上不可约(否则必有实根)，故得下面的定理.

定理 1.19 实系数多项式(次数$\geqslant 1$)$f(X)$在实数域上总可以唯一分解为一次和二次不可约因子之积：

$$f(X)=a(X-a_1)^{n_1}\cdots(X-a_s)^{n_s}(X^2-b_1X+c_1)^{e_1}\cdots(X^2-b_tX+c_t)^{e_t}.$$

由此易知，实系数的奇次多项式至少有一个实根(因为复根成对出现).

例 1.11 $X^n-1=\prod\limits_{k=0}^{n-1}(X-\zeta_n^k)$，这里 $\zeta_n=\exp(2\pi i/n)=\cos(2\pi/n)+i\sin(2\pi/n)$是 n 次本原单位根(即满足 $\zeta_n^n=1$ 而 $\zeta_n^k\neq 1$(当 $0<k<n$ 时)). 当然$(X-\zeta_n^k)(X-\zeta_n^{n-k})=X^2-2X\cos(2k\pi/n)+1$，故在$\mathbb{R}$上有分解

$$X^n-1=(X-1)\prod_{k=1}^{(n-1)/2}(X^2-2X\cos(2k\pi/n)+1)\quad(\text{当 } n \text{ 奇}),$$

$$X^n-1=(X^2-1)\prod_{k=1}^{n/2-1}(X^2-2X\cos(2k\pi/n)+1)\quad(\text{当 } n \text{ 偶}).$$

对 X^n+1 也有类似的分解.

1.9 $\mathbb{Q}[X]$ 与 $\mathbb{Z}[X]$

以整数为系数的多项式形式

$$a_nX^n+a_{n-1}X^{n-1}+\cdots+a_1X+a_0,\qquad a_i\in\mathbb{Z}\quad(i=0,\cdots,n),$$

全体记为$\mathbb{Z}[X]$. $\mathbb{Z}[X]$是有理数域上多项式形式环$\mathbb{Q}[X]$的子环. 注意$\mathbb{Z}$不是域，$\mathbb{Z}[X]$

中不再有前述带余除法，因而前面关于域 F 上多项式环 $F[X]$的讨论对$\mathbb{Z}[X]$不再适用. 不过$\mathbb{Z}[X]$与$\mathbb{Q}[X]$关系密切，许多讨论可借助于$\mathbb{Q}[X]$进行.

定义 1.15 若 $f(X)\in\mathbb{Z}[X]$且其系数为互素的整数，则称 $f(X)$是**本原**的(primitive).

引理 1.4(Gauss) 本原多项式之积仍为本原多项式.

证明 设 $fg=h$，其中 f，g 为本原多项式. 设

$$f=\sum_i a_iX^i,\qquad g=\sum_i b_iX^i.$$

对任一固定素数 p，设 a_m 和 b_n 分别为 f 和 g 的最高次不能被 p 整除的系数，于是 h 的 $m+n$ 次系数为

$$\begin{aligned}c_{m+n}&=a_mb_n+a_{m-1}b_{n+1}+a_{m-2}b_{n+2}+\cdots+a_0b_{n+m}\\&\quad+a_{m+1}b_{n-1}+a_{m+2}b_{n-2}+\cdots+a_{m+n}b_0.\end{aligned}$$

由于 $p\nmid a_mb_n$，故 $p\nmid c_{m+n}$. 即知 h 为本原多项式. ■

注：证明的实质如下：视$\mathbb{Z}[X]$中多项式 f 为$\mathbb{F}_p[X]$上多项式$\bar{f}$(即系数模 p 或作映射$a\longmapsto\bar{a}$). f 本原相当于 $\bar{f}\neq 0$(对任意 p). 故由 $\bar{f}\neq 0$，$\bar{g}\neq 0$ 可得$\overline{fg}=\bar{f}\cdot\bar{g}\neq 0$(看首项).

引理 1.5 任一非 0 多项式 $f(X)\in\mathbb{Q}[X]$可唯一(不计±1 倍)表为

$$f(X)=c_ff^*(X)\qquad(c_f\in\mathbb{Q},\ f^*\text{ 本原}).$$

c_f 称为 $f(X)$的容量，f^* 称为 f 的**相伴本原多项式**.

证明 表示的存在性显然. 现证唯一性. 若 $c_ff^*=d_fg^*=f$，设$\dfrac{c_f}{d_f}=\dfrac{c_1}{c_2}$，$c_1,c_2\in\mathbb{Z}$且互素，则 $c_1f^*=c_2g^*$. 由 c_1,c_2 互素知 c_1 整除 g^* 的每个系数，而 g^* 本原，故 $c_1=\pm 1$. 同样 $c_2=\pm 1$，故 $f^*=\pm g^*$，$c_f=\pm d_f$. ■

定理 1.20 设 $f(X)\in\mathbb{Z}[X]$. 若在$\mathbb{Q}[X]$中有分解 $f=gh$，则在$\mathbb{Z}[X]$中有分解 $f=c_fg^*h^*$.

证明 按引理 1.5 有 $f=c_ff^*$，$g=c_gg^*$，$h=c_hh^*$($c_f\in\mathbb{Z}$，c_g，$c_h\in\mathbb{Q}$，f^*，g^*，h^* 本原). 故由 $f=gh$ 知

$$c_ff^*=c_gc_hg^*h^*.$$

由 Gauss 引理知 g^*h^* 本原，由引理 1.5 的唯一性知 $c_f=\pm c_gc_h$，$f^*=\pm g^*h^*$，故 $f=\pm c_fg^*h^*$ 即是在$\mathbb{Z}[X]$中的分解. ■

这一定理说明多项式在$\mathbb{Z}$与$\mathbb{Q}$上的可分解性及分解是一致的(相差常数倍)，从而把$\mathbb{Z}[X]$中多项式的分解问题归结为$\mathbb{Q}[X]$中的分解问题. 进而有下面的定理.

定理 1.21　$\mathbb{Z}[X]$是唯一析因整环，即任意一个$f(X)\in\mathbb{Z}[X](f\neq 0,\pm 1)$可唯一表为若干素数和(在$\mathbb{Z}$和$\mathbb{Q}$上均)不可约的本原多项式之积.

证明　先在$\mathbb{Q}[X]$中分解$f(X)=q_1(X)\cdots q_s(X)$，$q_i(X)\in\mathbb{Q}[X]$不可约.由定理1.20知

$$f=c_f q_1^*(X)\cdots q_s^*(X),$$

再分解$c_f\in\mathbb{Z}$即得到f在$\mathbb{Z}[X]$中的分解.

再证明分解的唯一性.设f可分解为两种形式：

$$p_1\cdots p_r q_1(X)\cdots q_s(X)=p_1'\cdots p_{r'}' q_1'(X)\cdots q_{s'}'(X).$$

视为$\mathbb{Q}[X]$中分解,可知$s=s'$，$q_i=q_i' c_i$，$c_i\in\mathbb{Q}$.但q_i与q_i'皆本原,由引理1.5的唯一性知$c_i=\pm 1$.于是

$$p_1\cdots p_r=\pm p_1'\cdots p_{r'}',$$

由$\mathbb{Z}$中分解的唯一性即知$r=r'$，$p_i=\pm p_i'$. ■

***注记 1**　一个整环D中的非零不可逆元素a称为(在D中)是**不可约的**,是指若$a=bc(b,c\in D)$则b或c为D中可逆元.我们来看$\mathbb{Z}[X]$中的不可约元.任意一个$f\in\mathbb{Z}[X]$可表为$f(X)=c_f f^*(X)$，$c_f\in\mathbb{Z}$，$f^*(X)$本原.故若$f(X)$在$\mathbb{Z}[X]$中不可约,则c_f或$f^*(X)$为$\mathbb{Z}[X]$中可逆元(即± 1).故$\mathbb{Z}[X]$中的不可约元只可能是两种:$\mathbb{Z}$中的素数,或不可约本原多项式f^*(即f^*不能分解为两个低次多项式的乘积(在$\mathbb{Z}[X]$或$\mathbb{Q}[X]$中)).

***注记 2**　按上述同样方法可证明如下定理1.21′及系1(用归纳法)：

***定理 1.21′**　若D是唯一析因整环,则$D[X]$是唯一析因整环.

***系 1**　域F上多元多项式环$F[X_1,\cdots,X_n]=F[X_1][X_2]\cdots[X_n]$是唯一析因整环.

***注记 3**　$\mathbb{Z}[X]$或$F[X_1,\cdots,X_n]$中不再成立Bezout等式,当然最大公因子还是有的.例如$\mathbb{Z}[X]$中2与X互素,但我们不能指望存在$u,v\in\mathbb{Z}[X]$使$u\cdot 2+v\cdot X=1$,因两边常数项不同.

系 2　若整系数多项式$f(X)=a_nX^n+\cdots+a_1X+a_0\in\mathbb{Z}[X]$有有理根$\frac{b}{a}\in\mathbb{Q}$，$(a,b)=1$,则$a\mid a_n$，$b\mid a_0$.

证明　由$f\left(\frac{b}{a}\right)=0$知$\left(X-\frac{b}{a}\right)\Big| f(X)$，故存在$g(X)\in\mathbb{Q}[X]$使

$$f(X)=(aX-b)g(X).$$

由于$aX-b$是本原的，故$c_g=c_f\in\mathbb{Z}$，即$g(X)\in\mathbb{Z}[X]$.记$g(X)=b_mX^m+\cdots+b_0$，则$a_n=ab_m$，$a_0=-bb_0$.即得系2. ■

定理 1.22(Eisenstein 判别法) 设

$$f(X)=a_nX^n+\cdots+a_1X+a_0\in\mathbb{Z}[X],$$

若有素数 p 使 $p\nmid a_n$, $p\mid a_i(i=0,\cdots,n-1)$, $p^2\nmid a_0$, 则 $f(X)$在$\mathbb{Q}[X]$中不可约.

证明 用反证法证明. 设 $f(X)=g(X)h(X)$, 其中

$$g(X)=g_mX^m+\cdots+g_0,\qquad h(X)=h_lX^l+\cdots+h_0$$

均非常数, 则因 $p^2\nmid a_0=g_0h_0$, 故可设$p\nmid h_0$; 设 $g(X)$的不含因子 p 的最低次系数为g_k, 则

$$a_k=g_kh_0+g_{k-1}h_1+\cdots+g_0h_k,$$

由 $p\nmid g_k,h_0$ 而 $p\mid g_{k-1},\cdots,g_0$, 故 $p\nmid a_k$, 与 $k\leqslant m<n$ 矛盾. ■

注记 4 证明实质可由 mod p 看出: 由 $f\equiv gh(\bmod p)$知 $a_nX^n\equiv gh(\bmod p)$, 注意左方只有一项, 故知右方的乘积也只能有首项一项非零, 即知 $g\equiv g_mX^m$, $h\equiv h_lX^l(\bmod p)$, 及 $g_0\equiv h_0\equiv 0(\bmod p)$, 与 $p^2\nmid a_0$ 矛盾.

于是我们可以随手写出任意次的不可约多项式:

$$X^n+p,\qquad X^n+pX+p, \text{等}.$$

例 1.12 $f=X^{p-1}+X^{p-2}+\cdots+X+1=\dfrac{X^p-1}{X-1}$在$\mathbb{Z}[X]$中不可约($p$ 为素数).

证明 令 $X=Y+1$, 则

$$\begin{aligned}f(X)&=f(Y+1)=\frac{(Y+1)^p-1}{Y}\\&=Y^{p-1}+pY^{p-2}\cdots+\frac{p(p-1)\cdots(p-k+1)}{k!}Y^{p-k-1}+\cdots+p,\end{aligned}$$

故由 Eisenstein 判别法知, $g(Y)=f(Y+1)\in\mathbb{Z}[Y]$不可约. 这就证明了 $f(X)$在$\mathbb{Z}[X]$中不可约(否则由 $f(X)=f_1(X)f_2(X)$有 $f(Y+1)=f_1(Y+1)f_2(Y+1)$). ■

例 1.13 $f(X)=(X-a_1)\cdots(X-a_n)-1\quad(a_1,\cdots,a_n\in\mathbb{Z}$ 互异)在$\mathbb{Z}[X]$中不可约.

证明 设 $f(X)=(X-a_1)\cdots(X-a_n)-1=g(X)h(X)$, $g(X)$, $h(X)\in\mathbb{Z}[X]$非常数. 于是 $g(a_i)h(a_i)=-1$, 故 $g(a_i)$, $h(a_i)=\pm1$ 且二者反号, 故

$$g(a_i)+h(a_i)=0\qquad(i=1,2,\cdots,n),$$

于是 $g(X)+h(X)$次数低于 n 而有 n 个零点, 故 $g(X)+h(X)=0$, 即 $f(X)=-g(X)^2$, 与 $f(X)$首项系数为 1 矛盾. ■

***注记 5** 定义映射 $\rho:\mathbb{Z}[X]\to\mathbb{F}_p[X]$, $f(X)\to\overline{f}(X)$为

$$\rho(a_nX^n+\cdots+a_0)=\overline{a}_nX^n+\cdots+\overline{a}_0,$$

其中 $\overline{a}=a+p\mathbb{Z}\in\mathbb{F}_p$. 容易验证 $\rho(f+g)=\rho(f)+\rho(g)$, $\rho(fg)=\rho(f)\rho(g)$. 故若 $f=gh$ 则 $\overline{f}=\overline{g}\ \overline{h}$. 故有下面的定理.

***定理 1.23** 设 $f(X)=a_nX^n+\cdots+a_0\in\mathbb{Z}[X]$. 若存在素数 $p\nmid a_n$ 且 $\overline{f}(X)$ 在 $\mathbb{F}_p[X]$ 中不可约，则 $f(X)$ 在 $\mathbb{Q}[X]$ 中不可约.

1.10 多元多项式

设 $F[X]$ 为域 F 上的多项式形式环. 我们可以构作环 $F[X][Y]$，即不定元 Y 的以 $F[X]$ 中元素为系数的多项式. 显然每个这样的多项式 $f\in F[X][Y]$ 可以重新写为以 X 为不定元，系数属于 $F[Y]$ 的多项式，即也有 $f\in F[Y][X]$. 例如

$$(X^2+1)Y^2+X^2Y+X=(Y^2+Y)X^2+X+Y^2,$$

因此 $F[X][Y]=F[Y][X]$，记为 $F[X,Y]$，称为域 F 上不定元 X 和 Y 的多项式环. 同样可以定义 $F[X_1,X_2,\cdots,X_n]$，称为域 F 上不定元 $X_1,X_2,\cdots,X_n$ 的多项式(形式)环，或 n **元多项式(形式)环**.

$F[X_1,X_2,\cdots,X_n]$ 中如下形式的元素

$$aX_1^{k_1}X_2^{k_2}\cdots X_n^{k_n}\qquad(0\leqslant k_i\in\mathbb{Z}\,(i=1,\cdots,n),\ a\in F)$$

称为**单项式**(形式)，a 称为其系数，经常记 $a=a_{k_1\cdots k_n}$ 以便指明它是哪一个单项式的系数，$k_1+\cdots+k_n$ 称为其次数. $F[X_1,\cdots,X_n]$ 中任一多元多项式是有限多个**单项式**的和：

$$f(X_1,\cdots,X_n)=\sum_{k_1,\cdots,k_n}a_{k_1\cdots k_n}X_1^{k_1}\cdots X_n^{k_n},$$

每个单项式称为 $f(X_1,\cdots,X_n)$ 的一项，诸项的次数的最大值称为 f 的次数，记为 $\deg f$. 两个多项式相等当且仅当其对应项的系数均相等($aX_1^{k_1}\cdots X_n^{k_n}$ 与 $bX_1^{m_1}\cdots X_n^{m_n}$ 对应是指 $k_1=m_1,\cdots,k_n=m_n$，此时这两项也称为同类项). 多项式相加、相乘按结合律、交换律、分配律进行，然后合并同类项.

各个单项式的排列顺序应有定规，下述**字典排序法**是常用的.

定义 1.16 (1) 若 $k_1=l_1,\cdots,k_{i-1}=l_{i-1}$，而 $k_i>l_i$ 对某 i 成立($1\leqslant i\leqslant n$)，则称有序数组 $(k_1,\cdots,k_n)$ 先于(或大于) $(l_1,\cdots,l_n)$，记为 $(k_1,\cdots,k_n)>(l_1,\cdots,l_n)$. 也称 $(l_1,\cdots,l_n)$ 后于(或小于) $(k_1,\cdots,k_n)$ 或记为 $(l_1,\cdots,l_n)<(k_1,\cdots,k_n)$.

(2) 单项式 $aX_1^{k_1}\cdots X_n^{k_n}$ 先于 $bX_1^{l_1}\cdots X_n^{l_n}$ 是指 $(k_1,\cdots,k_n)$ 先于 $(l_1,\cdots,l_n)$.

按上述"字典排序法"把一个多项式的各项排序后，第一项称为该多项式的**首项**. 值得注意的是首项不必是最高次项. 例如

$$f(X_1,X_2,X_3)=X_1^5X_2X_3+4X_1^4X_2^6X_3^8+6X_1^4X_3^{18},$$

引理 1.6 多项式的积 fg 的首项等于 f 的首项与 g 的首项之积.

证明 设 f 的首项为 $aX_1^{p_1}\cdots X_n^{p_n}$，$g$ 的首项为 $bX_1^{q_1}\cdots X_n^{q_n}$，两首项之积为 $abX_1^{p_1+q_1}\cdots X_n^{p_n+q_n}$. 而 fg 的其余一般项形如 $cX_1^{l_1+k_1}\cdots X_n^{l_n+k_n}$，其中

$$(p_1,\cdots,p_n)>(l_1,\cdots,l_n),\quad (q_1,\cdots,q_n)>(k_1,\cdots,k_n),$$

或者二者中有一个是相等关系(设为前者),故

$$(p_1+q_1,\cdots,p_n+q_n)\geqslant(l_1+q_1,\cdots,l_n+q_n)>(l_1+k_1,\cdots,l_n+k_n),$$

即知 f 与 g 的首项之积先于其余项的积,引理得证. ■

若 $f_s(X_1,\cdots,X_n)\in F[X_1,\cdots,X_n]$的各项的次数均为 s,则 f_s 称为 s 次齐次多项式. 显然任意 n 次多项式 f 可以写成 $f=f_n+f_{n-1}+\cdots+f_0$,其中 f_i 为 i 次齐次多项式,称为 f 的 i 次齐次成分. 显然 n 次和 m 次齐次多项式的积是 $n+m$ 次齐次多项式. 故对于 $f,g\in F[X_1,\cdots,X_n]$,也有

$$\deg(fg)=\deg f+\deg g.$$

由引理1.6知环 $F[X_1,\cdots,X_n]$中无零因子,故有消去律. 它又是含幺交换环,故也是整环.

* **注记** 像在$\mathbb{Z}[X]$中一样,可以证明 $F[X_1,\cdots,X_n]$是唯一析因整环. 但它不再是主理想整环. 例如,虽然 X_1 与 X_2 互素,但不可能存在 $u,v\in F[X_1,\cdots,X_n]$使 $uX_1+vX_2=1$,因为左方两项次数均大于或等于1.

1.11 对称多项式

定义 1.17 $f(X_1,\cdots,X_n)\in F[X_1,\cdots,X_n]$称为对称多项式,如果对任意 $1\leqslant i,j\leqslant n$,均有 $f(X_1,\cdots,X_i,\cdots,X_j,\cdots,X_n)=f(X_1,\cdots,X_j,\cdots,X_i,\cdots,X_n)$. 即对换 X_i 与 X_j 不改变 $f(X_1,\cdots,X_n)$.

记

$$\begin{aligned}&(X-X_1)(X-X_2)\cdots(X-X_n)\\&=X^n-\sigma_1X^{n-1}+\sigma_2X^{n-2}+\cdots+(-1)^k\sigma_kX^{n-k}+\cdots+(-1)^n\sigma_n,\end{aligned}$$

于是

$$\begin{aligned}\sigma_1&=X_1+X_2+\cdots+X_n,\\\sigma_2&=X_1X_2+X_1X_3+\cdots+X_1X_n+\cdots+X_{n-1}X_n,\\&\cdots\cdots\\\sigma_k&=X_1X_2\cdots X_k+\cdots+X_{n-k+1}\cdots X_n=\sum_{1\leqslant i_1<\cdots<i_k\leqslant n}X_{i_1}\cdots X_{i_k}\\&\cdots\cdots\\\sigma_n&=X_1\cdots X_n.\end{aligned}$$

显然$\sigma_1,\cdots,\sigma_n\in F[X_1,\cdots,X_n]$均为对称多项式,称为 $X_1,\cdots,X_n$ 的**初等对称多项式**.

显然,两个对称多项式的和、差、积以及一个对称多项式的齐次成分均仍为对称多项式. 又若 $f_1,\cdots,f_m\in F[X_1,\cdots,X_n]$是对称多项式,$g$ 是任意 m 元多项式,则 $g(f_1,\cdots,f_m)$

是 n 变元 $X_1,\cdots,X_n$ 的对称多项式. 称之为"对称多项式的多项式仍为对称多项式". 我们有"**对称多项式基本定理**".

定理 1.24 对任意 n 元对称多项式 $f(X_1,\cdots,X_n)$, 总存在唯一的 n 元多项式 $\varphi(Y_1,\cdots,Y_n)$ 使得 $f(X_1,\cdots,X_n)=\varphi(\sigma_1,\cdots,\sigma_n)$. 也就是说, 对称多项式总可唯一地表为初等对称多项式的多项式.

证明 设按字典排序法, $f(X_1,\cdots,X_n)$ 的首项为

$$L_f = aX_1^{l_1}X_2^{l_2}\cdots X_n^{l_n} \qquad (a\neq 0),$$

它作为对称多项式 f 的首项必满足 $l_1\geqslant l_2\geqslant\cdots l_n\geqslant 0$. 事实上, 若 $l_i<l_{i+1}$, 则由 f 的对称性知 f 必含有一项为 $aX_1^{l_1}\cdots X_i^{l_{i+1}}X_{i+1}^{l_i}\cdots X_n^{l_n}$, 但按字典排序法则来看, 此项应先于上述 f 的首项, 这就导致矛盾. 令

$$\varphi_1 = a\sigma_1^{l_1-l_2}\sigma_2^{l_2-l_3}\cdots\sigma_{n-1}^{l_{n-1}-l_n}\sigma_n^{l_n}. \qquad (*)$$

因 σ_k 的首项为 $X_1\cdots X_k$, 故 φ_1 的首项为

$$L_{\varphi_1} = aX_1^{l_1-l_2}\cdot(X_1X_2)^{l_2-l_3}\cdots(X_1X_2\cdots X_n)^{l_n} = L_f,$$

与 f 的首项相同, 于是 $f_1=f-\varphi_1$ 的首项"后于" f 的首项. 若 $f_1\neq 0$ 则对 f_1 重复上述对 f 的步骤, 如此继续做下去, 则得到一系列对称多项式:

$$f_0=f,\ f_1=f_0-\varphi_1,\ f_2=f_1-\varphi_2,\cdots,\ f_k=f_{k-1}-\varphi_k,\cdots$$

其中首项一个比一个"后". 故序列 $f_0,f_1,f_2,f_3,\cdots$ 是有限的. 设 $f_k=0$, 则

$$\begin{aligned} f &= \varphi_1+f_1 \\ &= \varphi_1+\varphi_2+f_2 \\ &= \varphi_1+\varphi_2+\cdots+\varphi_k. \end{aligned}$$

再证 φ 的唯一性. 假设有不同的 $\varphi,\tilde{\varphi}\in F[Y_1,\cdots,Y_n]$ 使得

$$f=\varphi(\sigma_1,\cdots,\sigma_n)=\tilde{\varphi}(\sigma_1,\cdots,\sigma_n).$$

于是 $\Phi(\sigma_1,\cdots,\sigma_n)=\varphi(\sigma_1,\cdots,\sigma_n)-\tilde{\varphi}(\sigma_1,\cdots,\sigma_n)=0$(作为 $X_1,\cdots,X_n$ 的多项式为 0). 因 $\Phi(Y_1,\cdots,Y_n)=\varphi-\tilde{\varphi}\neq 0\in F[Y_1,\cdots,Y_n]$(即作为 $Y_1,\cdots,Y_n$ 的多项式形式非 0), 任取其一项 $aY_1^{k_1}\cdots Y_n^{k_n}$, 则此项以 $Y_i=\sigma_i\,(i=1,2,\cdots,n)$ 代入展开为 $X_1,\cdots,X_n$ 的多项式时, 首项为

$$(a\sigma_1^{k_1}\cdots\sigma_n^{k_n})=aX_1^{k_1+\cdots+k_n}X_2^{k_2+\cdots+k_n}\cdots X_n^{k_n}.$$

故由 $\Phi(Y_1,\cdots,Y_n)$ 的诸不同项这样产生的诸首项都不是同类项, 因为当 $(k_1,\cdots,k_n)\neq(k_1',\cdots,k_n')$ 时, 有 $(k_1+\cdots+k_n,\cdots,k_n)\neq(k_1'+\cdots+k_n',\cdots,k_n')$. 这些不同类的项中最"先"者, 即为 $\Phi(\sigma_1,\cdots,\sigma_n)$ 的首项(作为 $X_1,\cdots,X_n$ 多项式), 这与 $\Phi(\sigma_1,\cdots,\sigma_n)=0$ 矛盾. ■

上述关于 φ 的存在性的证明, 同时也就给出了求 φ 的具体方法. 不过实际计算时, 计算量仍较大, 常用下述待定系数法. 为此注意在上述证明中, $\varphi_1,\varphi_2,\cdots$ 依次是由 $f,f_1,f_2,\cdots$ 的首项决定的. 若记 f 的首项为 $aX_1^{i_1}\cdots X_n^{i_n}$, f_i 的首项为 $b_iX_1^{l_1}\cdots X_n^{l_n}$, 则应有

$$(i_1,\cdots,i_n)\geqslant(l_1,\cdots,l_n) \text{ 及 } l_1\geqslant l_2\geqslant\cdots\geqslant l_n,$$

前者是因 f_i 的首项应排在 f 的首项之后，后者是对称多项式 f_i 的首项性质. 因此我们可以写出所有可能出现的这种 $(l_1,\cdots,l_n)$，按(*)式构作出所有可能的 φ_i，再待定系数求得 φ. 具体如下.

表对称多项式 $f(X_1,\cdots,X_n)$ 为初等对称多项式的多项式 $\varphi(\sigma_1,\cdots,\sigma_n)$ 的方法：

(1) 表 f 为齐次对称多项式之和：$f=f_n+f_{n-1}+\cdots+f_0$，先对每个 m 次齐次多项式 f_m 按下述步骤表出，再合而得 f 的表示.

(2) 设 f_m 首项为 $aX_1^{i_1}X_2^{i_2}\cdots X_n^{i_n}$，写出满足以下 3 个条件的所有可能数组 $(l_1,l_2,\cdots,l_n)$：

① $(i_1,i_2,\cdots,i_n)\geqslant(l_1,l_2,\cdots,l_n)$，

② $l_1\geqslant l_2\geqslant\cdots\geqslant l_n$，

③ $l_1+l_2+\cdots+l_n=m$.

(3) 令 $f_m(X_1,\cdots,X_n)=\sum\limits_{(l_1,\cdots,l_n)}A_{(l_1,\cdots,l_n)}\sigma_1^{l_1-l_2}\sigma_2^{l_2-l_3}\cdots\sigma_n^{l_n}$，

其中 $(l_1,\cdots,l_n)$ 是满足(2)中 3 个条件的数组，$A_{(l_1,\cdots,l_n)}$ 为待定系数.

(4) 取 $(X_1,\cdots,X_n)$ 的若干特殊值(例如 $(1,1,\cdots,1,0,0,\cdots,0)$)代入上式定出各系数 $A_{(l_1,\cdots,l_n)}$，即得出 f_m.

例 1.14 表 $f(X_1,X_2,X_3)=X_1^3+X_2^3+X_3^3$ 为初等对称多项式的多项式.

解 f 是 $m=3$ 次齐次对称多项式，首项为 X_1^3，$(i_1,i_2,i_3)=(3,0,0)$. 满足 $(3,0,0)\geqslant(l_1,l_2,l_3)$，$l_1\geqslant l_2\geqslant l_3$ 和 $l_1+l_2+l_3=3$ 的数组 (l_1,l_2,l_3) 全体为 $(3,0,0)$，$(2,1,0)$，和 $(1,1,1)$. 故令

$$f=X_1^3+X_2^3+X_3^3=\sigma_1^3+A\sigma_1\sigma_2+B\sigma_3,$$

取

$$(X_1,X_2,X_3)=(1,1,0),\text{ 有 } 2=2^3+A\cdot 2,\text{ 知 } A=-3.$$

取

$$(X_1,X_2,X_3)=(1,1,1),\text{ 有 } 3=27+(-3)\times 3\times 3+B,\text{ 知 } B=3.$$

故

$$X_1^3+X_2^3+X_3^3=\sigma_1^3-3\sigma_1\sigma_2+3\sigma_3.$$

例 1.15 设 $f(X)=X^n+a_1X^{n-1}+\cdots+a_{n-1}X+a_n\in F[X]$ 有 n 个根 $x_1,\cdots,x_n$ (在 F 的某扩域中). 令

$$D=\prod_{i<j}(x_i-x_j)^2,$$

则 D 可表为 f 的系数的多项式 $\Delta(f)$，称为 f 的**判别式**(f 有重根当且仅当 $\Delta(f)=0$). 对 $n\leqslant 3$ 求出 $\Delta(f)$.

解 显然 $f(X)=(X-x_1)\cdots(X-x_n)$. 我们先考虑 $n+1$ 元多项式

$$\Phi(X,X_1,\cdots,X_n)=(X-X_1)\cdots(X-X_n)=X^n-\sigma_1X^{n-1}+\cdots+(-1)^n\sigma_n,$$

然后作代换 $X_i\to x_i(1\leqslant i\leqslant n)$即可. $D(X_1,\cdots,X_n)=\prod\limits_{i<j}(X_i-X_j)^2$ 是 $X_1,\cdots,X_n$ 的对称多项式,应可表为初等对称多项式 $\sigma_1,\cdots,\sigma_n$ 的多项式,从而表为 $a_1,\cdots,a_n$ 的多项式.

当 $n=2$ 时,记 $f(X)=x^2+bx+c$,则

$$D(X_1,X_2)=(X_1-X_2)^2=(X_1+X_2)^2-4X_1X_2=\sigma_1^2-4\sigma_2.$$

故

$$\Delta(f)=D(x_1,x_2)=b^2-4c.$$

再看 $n=3$ 的情形:

$$D=(X_1-X_2)^2(X_1-X_3)^2(X_2-X_3)^2,$$

D 是 6 次齐次式,首项为 $X_1^4X_2^2$,从而满足 3 个条件

$$(4,2,0)\geqslant(l_1,l_2,l_3),\quad l_1\geqslant l_2\geqslant l_3,\quad l_1+l_2+l_3=6$$

的(l_1,l_2,l_3)全体为$(4,2,0),(4,1,1),(3,3,0),(3,2,1),(2,2,2)$(可以先分拆 6 为三数和:$6=5+1=4+2=4+1+1=3+3=3+2+1=2+2+2$). 于是

$$D=\sigma_1^2\sigma_2^2+A\sigma_1^3\sigma_3+B\sigma_2^3+C\sigma_1\sigma_2\sigma_3+E\sigma_3^2.$$

取

$$(X_1,X_2,X_3)=(1,1,0),(1,1,1),(1,1,-1),(1,0,-1),$$

得

$$A=-4,\ B=-4,\ C=18,\ E=-27.$$

故

$$D=\sigma_1^2\sigma_2^2-4\sigma_1^3\sigma_3-4\sigma_2^3+18\sigma_1\sigma_2\sigma_3-27\sigma_3^2,$$

$$\Delta(f)=a_1^2a_2^2-4a_1^3a_3-4a_2^3+18a_1a_2a_3-27a_3^2.$$

特别知 $f=X^3+pX+q$ 的判别式为

$$\Delta(f)=-4p^3-27q^2.$$

习　题　1

1. 自然数全体$\mathbb{N}$对加法是否成群?对乘法呢?

2. $\mathbb{Z}$是否为域?含$\mathbb{Z}$的最小域是什么?为什么?

3. 举出$(\mathbb{Z},+)$中 3 个子群例子.

4. 在$\mathbb{F}_2$中计算:$(a+b)^2,(a-b)^4,(a+b)^{32}\quad(a,b\in\mathbb{F}_2)$.

5. 举出一些群、环、域的例子.

6. 分别找出 3,9,4,5,8,7,11,13 整除一个整数 n 的判则,并证明之.

7. 证明 $641\mid 2^{32}+1$.

8. 域$\mathbb{F}_p=\mathbb{Z}/p\mathbb{Z}$的特征是多少?计算$(a+b)^{p^k}(a,b\in\mathbb{F}_p)$.

9. 列出$\mathbb{Z}/7\mathbb{Z}$和$\mathbb{Z}/8\mathbb{Z}$的乘法表.

10. 把下列多项式形式 $f(X)\in\mathbb{F}_7[X]$ 化为降幂排列形式：

(1) $f(X)=(4X^3+2X+6)(3X^3-4X^2-3)$；

(2) $f(X)=(3X^5+5X^3-2)(4X^4+6X+5)$.

11. $\frac{1}{3}+\frac{1}{5}X^{\frac{1}{2}}+4X^5+\frac{1}{2}X^7$ 是否是$\mathbb{Q}$上多项式？

12. 作 $f(X)$除以 $g(X)$的带余除法：

(1) $f(X)=X^5+4X^4+X^2+2X+3$，　$g(X)=X-2$；

(2) $f(X)=X^n-1$，　$g(X)=X-a$；

(3) $f(X)=X^6-1$，　$g(X)=X^3+X+1$.

13. 求下列各对多项式的首一最大公因子(f,g)及 Bezout 等式：

(1) $f(X)=X^5+X^4-X^3-2X^2+X$，$g(X)=X^4+2X^3-3X$；

(2) $f(X)=X^5+2X^4-3X^2-X+1$，$g(X)=X^3+2X^2-X-2$；

(3) $f(X)=X^4+3X^3+3X^2+3X+2$，$g(X)=X^3-3X+2$.

14. (1) 求第 13 题中前 4 个多项式的首一最大公因子及 Bezout 等式.

(2) 求第 13 题中后 4 个多项式的首一最大公因子及 Bezout 等式.

15. 试求实数 a 与 b 使 $X^2-2aX+2$ 整除 X^4+3X^2+aX+b.

16. 试证明 X^2+X+1 整除 $X^{3m}+X^{3n+1}+X^{3p+2}$　(m,n,p 为任意正整数).

17. 试证明$(f(X),g(X))h(X)=(f(X)h(X),g(X)h(X))$　($h(X)$为首一多项式).

18. 设 $d(X)=(f(X),g(X))\neq 0$，试证明$\left(\frac{f(X)}{d(X)},\frac{g(X)}{d(X)}\right)=1$.

19. 试证明$((f(X),g(X)),h(X))=(f(X),(g(X),h(X)))=(f(X),g(X),h(X))$.

20. 设 $d(X)=(f(X),g(X))$，试证明在 Bezout 等式 $uf+vg=d$ 中可以选取 u,v 使 $\deg u<\deg g$，$\deg v<\deg f$.

21. 设 a,b 为正整数，试证明数集 $ma+nb$(m,n 过正整数)包含(a,b)的大于 ab 的所有倍数.

22. (1) 试证明，若$(f,h)=(g,h)=1$ 则$(fg,h)=1$；

(2) 试证明，若$(f,h)=d$，$f|g$，$h|g$，则 $fh|gd$；

(3) 试证明，最小公倍$[f,h]=fh/(f,h)$.

23. 设 $f(X)=f_1(X)f_2(X)$且$(f_1,f_2)=1$，其中 f_1 和 f_2 为非常数多项式. 试证明若 $\deg g(X)<\deg f(X)$，则存在$u_i(X)$，使

$$g(X)=u_2(X)f_1(X)+u_1(X)f_2(X),$$

且 $\deg u_i<\deg f_i$(对 $i=1,2$).

24. 试证明若 $g(X)$，$p(X)\neq 0$，则存在 e 及 $a_i(X)(i=0,1,\cdots,e)$，使 $\deg a_i<\deg p$ 且

$$g(X)=a_0(X)+a_1(X)p(X)+\cdots+a_{e-1}(X)p(X)^{e-1},$$

$$\frac{g(X)}{p(X)^e}=\frac{a_0(X)}{p(X)^e}+\frac{a_1(X)}{p(X)^{e-1}}+\cdots+\frac{a_{e-1}(X)}{p(X)}.$$

25. 若 $f(X),g(X)\in\mathbb{R}[X]$，$\deg g<\deg f$，试证明分式 $g(X)/f(X)$可被分解为形如 $a/(X-r)^e$ 或 $(bX+c)/(X^2+sX+t)^e$ 的部分分式之和(这里设 X^2+sX+t 在$\mathbb{R}[X]$中不可约). 详言之，若 $f(X)=\prod_{i=1}^{m}(x-r_i)^{e_i}\prod_{j=1}^{n}(X^2+s_jX+t_j)^{d_j}$，其中二次多项式均在$\mathbb{R}[X]$不可约，则 $g(X)/f(X)$可被表为

$$\sum_{i=1}^{m}\sum_{k_i=1}^{e_i}\frac{a_{ik_i}}{(x-r_i)^{k_i}}+\sum_{j=1}^{n}\sum_{e_j=1}^{d_j}\frac{b_{je_j}X+c_{je_j}}{(X^2+s_jX+t_j)^{e_j}}.$$

(可用以下事实：$\mathbb{R}[X]$中不可约多项式只能是一次或二次的).

26. (Taylor 公式)设 $f(X)$是数域 F 上次数不超过 n 的多项式，$c\in F$,则

$$f(X)=\sum_{j=0}^{n}\frac{f^{(j)}(c)}{j!}(X-c)^j,$$

其中 $f^{(j)}(c)$是 $f(X)$的 j 次形式微商在 c 的值.

27. 设 $f(X)$是数域 F 上多项式，$\deg f\leqslant n$,则 $c\in F$ 是 $f(X)$的 m 重根的充要条件为

$$\begin{cases}f^{(j)}(c)=0 & (0\leqslant j\leqslant m-1),\\ f^{(m)}(c)\neq 0.\end{cases}$$

28. 若多项式 $f(X)$与 $g(X)$互素，则 $f(X)^2+g(X)^2$ 的重根是 $f'(X)^2+g'(X)^2$ 的根.(这里设多项式的系数域的特征不是 2)

29. 多项式 $f(u(X),v(X))$的 $n(>1)$重根是 $f(u'(X),v'(X))$的 $n-1$ 重根，其中 $u(X),v(X)$是互素多项式，$u'(X),v'(X)$互素，$f(X,Y)$是没有一次重因子的齐次多项式.

30. 用 $X-a$, $X-b$, $X-c$ 除 $f(X)$的余式依次为 r,s,t. 试求用 $g=(X-a)(X-b)(X-c)$除 $f(X)$的余式.

31. 试求 7 次多项式 $f(X)$，使 $f(X)+1$ 能被$(X-1)^4$ 整除，而 $f(X)-1$ 能被$(X+1)^4$ 整除.

32. 试求 p,q,n 使 X^4+pX^n+q 有三重根$(0<n<4)$.

33. 在$\mathbb{R}[X]$中分解：$X^{2n}-1$，$X^{2n+1}-1$，$X^{2n+1}+1$，$X^{2n}+1$.

34. 证明：$\cos\frac{\pi}{2n+1}\cos\frac{2\pi}{2n+1}\cdots\cos\frac{n\pi}{2n+1}=\frac{1}{2^n}$.

35. 证明：$\sin\frac{\pi}{2n}\sin\frac{2\pi}{2n}\cdots\sin\frac{(n-1)\pi}{2n}=\sqrt{n}/2^{n-1}$.

36. $X^n-1\mid X^m-1$ 的条件是什么？证明之.

37. 求 a,b 使 $X^4+2X^3-21X^2+aX+b$ 的根为等差数列，并求出此数列.

38. 求 p,q,r 间的关系，使 X^3+pX^2+qX+r 的根为等比数列.

39. 把下列多项式分解为有理数及$\mathbb{Z}[X]$中本原多项式的积：

$$3X^2+12X+21,\quad X^3/2+X^2/3+X+5.$$

40. 在$\mathbb{Z}[X]$中求 $12X^2+6X-6$ 的所有因子.

41. 求出下列多项式在$\mathbb{Q}[X]$中的不可约因子：$X^3-1001X^2-1$，X^4+50X^2+2.

***42.** 设 $f(X)$，$g(X)$ 是 $F[X]$ 中互素多项式，求证 $Yf(X)+g(X)$ 在 $F[X,Y]$ 中不可约.

43. 下列多项式中哪些是在$\mathbb{Q}$上不可约的？

$$X^3+2X^2+8X+2,\ X^3+2X^2+2X+4,\ X^{17}-37,\ X^4+21.$$

44. 证明：若 $f(X)\in F[X]$不可约，则 $f(X+a)$也不可约$(a\in F)$.

45. 设 $f(X)=\sum_{i=0}^{n}a_iX^i\in\mathbb{Z}[X]$，$\deg f=n>k$，且对素数 p 满足：

$$a_n\not\equiv 0,\ a_k\not\equiv 0,\ a_{k-1}\equiv\cdots\equiv a_0\equiv 0\pmod p,\ a_0\not\equiv 0\pmod{p^2},$$

试证明 $f(X)$有一个次数至少为 k 的不可约因子.

*46. 设 $f(X)=\sum_{i=0}^{2n+1}a_iX^i\in\mathbb{Z}[X]$，次数为 $2n+1$，p 为素数，试证明由下列条件可知 $f(X)$ 不可约：$a_{2n+1}\not\equiv 0\pmod p$，$a_{2n}\equiv\cdots\equiv a_{n+1}\equiv 0\pmod p$，$a_n\equiv\cdots\equiv a_0\equiv 0\pmod{p^2}$，$a_0\not\equiv 0\pmod{p^3}$.

*47. (1) 设 $f(X)\in\mathbb{Z}[X]$ 为首一多项式，若 $f(X)\pmod p$ 不可约，则 $f(X)$ 不可约（p 为素数）.

(2) 设 $g(X)$ 是 $f(X)$ 在 $\mathbb{Z}[X]$ 中的因子，则 $g(X)\pmod p$ 是 $f(X)\pmod p$ 的因子；

(3) 证明以下多项式在 $\mathbb{Q}$ 上不可约：

$$X^3+6X^2+5X+25,\ X^3+6X^2+11X+8,\ X^4+8X^3+X^2+2X+5.$$

**48. (1) 设 $R=F[t]$ 是 t 的多项式形式环. 试把 Eisenstein 定理推广到 $R[X]$ 中多项式，并证明之.

(2) 用(1)中结果证明 $X^3+3t^5X^2+5t^2X^2+t^7X+32t+t^3$ 在 $F[t,X]$ 中不可约.

*49. 设 $f(X)=a_0+\cdots+a_nX^n\in\mathbb{Z}[X]$，$|a_0|>|a_1|+\cdots+|a_n|$，$a_0$ 为素数（或 $\sqrt{|a_0|}-\sqrt{|a_n|}<1$），则 $f(X)$ 在 $\mathbb{Z}$ 上不可约.

50. 设 $f(X)=a_0+\cdots+a_nX^n\in\mathbb{Z}[X]$，而 a_0，$a_0+\cdots+a_n$，$a_0-a_1+\cdots+(-1)^na_n$ 均非 3 的倍数，则 $f(X)$ 无整数根.

51. 设 n 为正整数，试证明 X^4+n 在 $\mathbb{Q}$ 上可约当且仅当 $n=4m^4$（$m\in\mathbb{Z}$）.

52. (1) 记 $f_n(X)=X^n+a_1X^{n-1}+\cdots+a_n$，其诸复数根的 k 次幂之和记为 $S_k(f_n)$ 或 S_k. 试证明当 $m\leqslant n$ 时，$S_k(f_n)=S_k(f_m)\ (1\leqslant k\leqslant m)$；

(2) 试证明当 $m\leqslant n$ 时，有（**牛顿**）公式：

$$S_m+a_1S_{m-1}+\cdots+a_{m-1}S_1+ma_m=0;$$

(3) 试证明当 $m>n$ 时，有（**牛顿**）公式：

$$S_m+a_1S_{m-1}+\cdots+a_nS_{m-n}=0;$$

(4) 记 $\sigma_k=(-1)^ka_k$（假定读者已知行列式算法，见第 2 章），则

$$S_m=\begin{vmatrix}\sigma_1 & 1 & & & \\ 2\sigma_2 & \sigma_1 & 1 & & \\ 3\sigma_3 & \sigma_2 & \sigma_1 & \ddots & \\ \vdots & \vdots & \vdots & & 1\\ m\sigma_m & \sigma_{m-1} & \sigma_{m-2} & \cdots & \sigma_1\end{vmatrix},\quad \sigma_m=\frac{1}{m!}\begin{vmatrix}S_1 & 1 & & & \\ S_2 & S_1 & 2 & & \\ \vdots & \ddots & \ddots & \ddots & \\ S_{m-1} & \ddots & \ddots & \ddots & m-1\\ S_m & S_{m-1} & \cdots & S_2 & S_1\end{vmatrix}.$$

53. 对下列多项式的根，求相应指出的对称多项式的值：

(1) X^5-3X^3-5X+1，　$\sum X_i^4$；

(2) X^3+3X^2-X-7，　$\sum X_i^6$；

(3) X^3-X-1，　$\sum X_i(X_j-X_k)^2$　（$\{i,j,k\}=\{1,2,3\}$，对各种可能求和）；

(4) X^4-5X^2-2X+1，　$\sum(X_i-X_j)^2(X_u-X_v)^2$　（$\{i,j,u,v\}=\{1,2,3,4\}$）；

(5) $X^n+\cdots+X+1$，　$\sum(X_i^3X_j^3X_k^3)$　（$\{i,j,k\}=\{1,2,3\}$，$n>8$）.

54. 用初等对称函数表示下列对称多项式：

(1) $(X_1+X_2+X_1X_2)(X_2+X_3+X_2X_3)(X_1+X_3+X_1X_3)$；

(2) $(X_1^2+X_2X_3)(X_2^2+X_1X_3)(X_3^2+X_1X_2)$；

(3) $X_1^3X_2X_3+X_1X_2^3X_3+X_1X_2X_3^3$;

(4) $X_1^3X_2^3X_3X_4+\cdots+X_1X_2X_3^3X_4^3$.

55. 在$\mathbb{Z}[X]$中分解因式:

$$X^6-1,\ X^8-1,\ X^{12}-1,\ X^{32}-1.$$

***56.** 设F为域,考虑F上的无限序列

$$f=(a_i)=(a_0,a_1,a_2,\cdots),\qquad (a_i\in F)$$

两个序列$f=(a_i)$和$g=(b_i)$的和定义为

$$(a_i)+(b_i)=(a_i+b_i),$$

积定义为 $(a_i)(b_i)=(c_i)$,其中

$$c_i=a_0b_i+a_1b_{i-1}+\cdots+a_{i-1}b_1+a_ib_0,$$

试证明:

(1) F上序列全体是含幺(乘法单位元)交换环;

(2) $f=(a_i)$可逆当且仅当$a_0\neq0$;

(3) 记

$$X=(0,1,0,0,\cdots),$$

则

$$X^2=(0,0,1,0,\cdots);$$

$$X^3=(0,0,0,1,0,\cdots);$$

记

$$X^0=(1,0,0,\cdots),$$

则任一序列f可写为

$$f=(a_i)=\sum_{i=0}^{\infty}a_iX^i=a_0X^0+a_1X+a_2X^2+\cdots$$

(于是F上无穷序列全体记为$F[[X]]$,称为**形式幂级数环**);

(4) 设映射φ: $F\to F[[X]]$, $\varphi(a)=aX^0$.则φ是单射,且保持F的加法和乘法,即$\varphi(a+b)=\varphi(a)+\varphi(b)$, $\varphi(ab)=\varphi(a)\varphi(b)$.(由此可把$F$与$\varphi(F)\subset F[[X]]$等同,即把$a$和$aX^0$等同,从而$F[[X]]=\{f=a_0+a_1X+a_2X^2+\cdots\mid a_i\in F\}$);

(5) $F[X]$是$F[[X]]$的子环.

***57.** 设A是$F[X]$的非空子集且满足:(1) 若$f,g\in A$,则$f-g\in A$;(2) 若$f\in A$, $h\in F[X]$,则$hf\in A$.这样的子集A称为$F[X]$的一个**理想**.

(1) 试证明,条件(1)等价于A是Abel群;

(2) 举出$F[X]$的两个理想例子;

(3) 证明:对$F[X]$中任意多个多项式$\{f_i\}_{i\in s}$,集合

$$\langle f_i\rangle_{i\in s}=\left\{\sum_{i\in s}h_if_i\mid h_i\in F[X]\right\}$$

是$F[X]$的理想(称为$\{f_i\}$**生成的理想**);

(4) 证明$F[X]$的任一理想A必是某多项式$d[X]$的倍全体:

$$A=\{hd\mid h\in F[X]\}=\langle d\rangle,$$

且$d(X)$是A中多项式的最大公因子.

*58. 设 $m(X)\in F[X]$ 为非零多项式. $f,g\in F[X]$ 称为**同余**(模 $m(X)$)的意思是指 $m(X)\mid(f-g)$(亦即 f 和 g 被 m 除的余式相同),记为

$$f\equiv g(\bmod m),$$

试证明:

(1) 模 $m(X)$ 同余是一种等价关系,即 $f\equiv f(\bmod m)$;若 $f\equiv g$ 则 $g\equiv f(\bmod m)$;若 $f\equiv g$, $g\equiv h$,则 $f\equiv h(\bmod m)$.

(2) 若 $f\equiv g(\bmod m)$, $f_1\equiv g_1(\bmod m)$,则 $f+f_1\equiv g+g_1(\bmod m)$, $ff_1\equiv gg_1(\bmod m)$. 若 $f\equiv g(\bmod m)$,d 是 f,g,m 的公因子则 $f/d\equiv g/d(\bmod m/d)$. 若 $f\equiv g(\bmod m)$,h 是 f,g 的公因子,而与 m 互素,则 $f/h\equiv g/h(\bmod m)$.

(3) 按照(1),$F[X]$ 中多项式可按模 $m(X)$ 同余关系分为若干类(称为同余类):同余者在同一类,不同余者不在同一类.则每个同余类可写为

$$f(X)+F[X]m(X)=\{f(X)+g(X)m(X)\mid g(X)\in F[X]\},$$

其中 $f(X)$ 是该类中任一多项式.

(4) 记 $\overline{f}=f+F[X]m$,定义两个同余类的加法和乘法如下:

$$\overline{f}+\overline{g}=\overline{f+g},\qquad \overline{f}\cdot\overline{g}=\overline{f\cdot g}.$$

试证明此定义是合理的,且 $F[X]$ 模 $m(X)$ 同余类全体 $F[X]/\langle m(X)\rangle$ 构成一个环.

(5) 对 $a\in F$, $a\to\overline{a}\in F[X]/\langle m\rangle$ 是单射. 从而常可记 $\overline{a}$ 为 a,即视二者为等同.

(6) 设 $\deg m(X)=n$,则

$$F[X]/\langle m\rangle=\{a_0+a_1\overline{X}+\cdots+a_{n-1}\overline{X}^{n-1}\mid a_i\in F\}.$$

(7) 当 $m(X)=p(X)$ 为不可约多项式时,$F[X]/\langle p(X)\rangle=E$ 是域,且包含 F.

(8) $\overline{X}\in E$ 是 $p(X)$ 的一个根. 记 $\alpha=\overline{X}$,则

$$\begin{aligned}E&=\{a_0+a_1\alpha+\cdots+a_{n-1}\alpha^{n-1}\}=\{f(\alpha)\mid f(X)\in F[X]\}\\&=\left\{\frac{f(\alpha)}{g(\alpha)}\,\middle|\, f,g\in F[X],\ g(\alpha)\neq 0\right\},\end{aligned}$$

因此 E 也称为添加 $p(X)$ 的一个根到 F 生成.

(9) 对 $F=\mathbb{R}$, $p(X)=m(X)=X^2+1$,具体写出(6)至(8). $E=\mathbb{R}[X]/\langle X^2+1\rangle$ 是你熟悉的域吗?

59. 判断下列多项式在 $\mathbb{Q}$ 上是否可约(p 为奇素数):

$$f=X^p+pX+1,\quad g=X^p-pX+1$$

60. 是否存在正整数 n,使 $7\mid 2^n+1$?

61. 是否存在整数 b,使 $7\mid 2^n+b$ 对任意正整数 n 成立?

62. 已知 $f(X),g(X)\in F[X]$,且不全为零,若存在 $u(X),v(X)\in F[X]$,使得 $uf+vg=(f,g)$,试证:$u(X),v(X)$ 必互素.

第2章

行　列　式

2.1 排　列

定义 2.1 (1) 由 $1,2,\cdots,n$ 这 n 个数组成的任一个有序数组 $i_1,i_2,\cdots,i_n$(或记为 $i_1 i_2 \cdots i_n$)称为 $1,2,\cdots,n$ 的一个(n 级)**排列**(arrangement). $12\cdots n$ 称为自然排列.

(2) 对一个排列 $i_1 i_2 \cdots i_n$,若 $i_p > i_q$,而 $1 \leqslant p < q \leqslant n$,则$(i_p, i_q)$称为该排列的一个**逆序**. 排列 $i_1 i_2 \cdots i_n$ 的逆序总数记为 $\tau(i_1 i_2 \cdots i_n)$,称为此排列的**逆序数**.

(3) 排列 $i_1 i_2 \cdots i_n$ 称为奇排列是指 $\tau(i_1 i_2 \cdots i_n)$为奇数,否则称为偶排列.

(4) 互换(或称互变)一对数(或对象)的操作称为**对换**.

比如 3 级排列全体为 123,132,213,231,312,321,共 6 个. 一般地,n 级排列共 $n!=n\cdot(n-1)\cdots 2\cdot 1$($n$ 的阶乘)个. 这是因为若从前往后考查 $i_1,i_2,\cdots,i_n$,那么 i_1 有 n 种取法,i_1 取定后 i_2 有 $n-1$ 种取法等. 显然 $\tau(123)=0$;$\tau(231)=2$,其中$(2,1)$,$(3,1)$是两个逆序,它们都是偶排列. $\tau(213)=1$ 故 213 是奇排列. 注意对换排列 123 中的 1,2,就得到排列 213.

定理 2.1 排列经一次对换后奇偶性改变.

证明 首先,把排列中相邻的两个数 i_k, i_{k+1} 对换,那么改变前后次序的只有一个数对(i_k, i_{k+1}),因此排列的逆序数增加或减少 1,排列的奇偶性改变. 其次考虑把不相邻的两个数 i_p, i_{p+s} 对换. 这种对换可经一系列相邻数的对换来实现,例如先把 i_p 与 i_{p+1} 对换,再与 i_{p+2} 对换,等等. 逐步把 i_p 向右方移动,经 s 次相邻对换即可把数 i_p 移到 i_{p+s} 的右邻位. 再把 i_{p+s} 经相邻对换向左移动,经 $s-1$ 次移到 i_{p+1} 左邻位. 也就是说,经过 $2s-1$ 次相邻对换就实现了 i_p 与 i_{p+s} 的对换. 由于每次相邻对换改变排列的奇偶性,故经奇数 $2s-1$ 次相邻对换也改变排列的奇偶性.

■

定理 2.2 任一排列 $i_1 i_2 \cdots i_n$ 总可由排列 $12\cdots n$ 经一系列对换得到,且对换的次数与 $\tau(i_1 i_2 \cdots i_n)$的奇偶性相同.

证明 考虑排列 $12\cdots n$，若 $1\neq i_1$，则对换此排列中的 1 与 i_1；若 $2\neq i_2$，则再对换 2 与 i_2. 如此续行，则可经对换得到 $i_1i_2\cdots i_n$. 因 $12\cdots n$ 是偶排列，每经一次对换后改变一次奇偶性(定理 2.1)，故最后得到的排列 $i_1i_2\cdots i_n$ 的奇偶性与对换次数的奇偶性相同. ■

****注记** 集合 $\{1,2,\cdots,n\}$ 到自身的一个双射 f 称为一个 (n 级) **置换**，f 常记为 $\begin{pmatrix}1 & 2 & \cdots & n\\ f(1) & f(2) & \cdots & f(n)\end{pmatrix}$.

例如 $f=\begin{pmatrix}1 & 2 & 3\\ 2 & 3 & 1\end{pmatrix}$ 是一个 3 级置换，$f(1)=2$，$f(2)=3$，$f(3)=1$. 3 级置换共有 6 个，全体记为 S_3，于是

$$S_3=\{f_1,f_2,f_3,f_4,f_5,f_6\},$$

其中

$$f_1=\begin{pmatrix}1 & 2 & 3\\ 1 & 2 & 3\end{pmatrix},\quad f_2=\begin{pmatrix}1 & 2 & 3\\ 2 & 1 & 3\end{pmatrix},\quad f_3=\begin{pmatrix}1 & 2 & 3\\ 3 & 2 & 1\end{pmatrix},$$

$$f_4=\begin{pmatrix}1 & 2 & 3\\ 1 & 3 & 2\end{pmatrix},\quad f_5=\begin{pmatrix}1 & 2 & 3\\ 2 & 3 & 1\end{pmatrix},\quad f_6=\begin{pmatrix}1 & 2 & 3\\ 3 & 1 & 2\end{pmatrix}.$$

两个 n 级置换 f 和 g 的积 fg 定义为其复合(置换)，仍是 n 级置换，即定义

$$(fg)(k)=f(g(k))\quad(\text{对任意 }1\leqslant k\leqslant n).$$

例如 S_3 中 $f_2f_5=\begin{pmatrix}1 & 2 & 3\\ 2 & 1 & 3\end{pmatrix}\begin{pmatrix}1 & 2 & 3\\ 2 & 3 & 1\end{pmatrix}=\begin{pmatrix}1 & 2 & 3\\ 1 & 3 & 2\end{pmatrix}=f_4$. 容易看出 S_3 是群，f_1 是单位元，f_2,f_3,f_4 的逆都是自身，f_5 与 f_6 互为逆. S_3 是非 Abel 群，比如 $f_2f_5=f_4\neq f_3=f_5f_2$. 同样可知 n 级置换全体 S_n 是一个群，称为 n 级**对称群**(或**全置换群**). S_n 是非交换群(当 $n\geqslant 3$ 时).

因此每个 n 级置换 f 对应着唯一的排列 $f(1)\cdots f(n)$，此排列的奇偶性即称为 f 的奇偶性，记为 $\tau(f)=1$(奇)或 0(偶)，对换是一种特别的置换，它只改变两个数. 显然每个对换是一个奇置换.

定理 2.1 说明对于任意置换 f 和对换 t，总有 tf 和 f 的奇偶性相反.

定理 2.2 说明每个置换 f 总可表为一些对换 $t_1,t_2,\cdots,t_s$ 的积 $f=t_s\cdots t_2t_1$，且 s 与 f 同奇偶. 例如

$$\begin{pmatrix}1 & 2 & 3\\ 3 & 1 & 2\end{pmatrix}=\begin{pmatrix}1 & 2 & 3\\ 2 & 1 & 3\end{pmatrix}\begin{pmatrix}1 & 2 & 3\\ 3 & 2 & 1\end{pmatrix}.$$

2.2 行列式的定义

设 F 为任意一个域. 先引入矩阵(matrix)的定义.

定义 2.2 由 $m\times n$ 个数 a_{ij} (属于域 F，$1\leqslant i\leqslant m$，$1\leqslant j\leqslant n$)排成的数表

$$A=\begin{bmatrix}a_{11} & a_{12} & \cdots & a_{1n}\\ a_{21} & a_{22} & \cdots & a_{2n}\\ \cdots & \cdots & \cdots & \cdots\\ a_{m1} & a_{m2} & \cdots & a_{mn}\end{bmatrix}$$

称为 F 上一个 $m\times n$ **矩阵**，也记为 $A=(a_{ij})_{m\times n}$，a_{ij} 称为其 (i,j) 位置上**元素**或**系数**(entry，coefficient). 有序数组 $(a_{i1},\cdots,a_{in})$ 称为其第 i **行**(row)，纵列数组 $\begin{bmatrix}a_{1j}\\ \vdots\\ a_{mj}\end{bmatrix}$ 称为其第 j **列**(column). $n\times n$ 矩阵也称为 n 阶**方阵**，$a_{11},a_{22},\cdots,a_{nn}$ 称为其(**主**)**对角**(**线上**)元素.

两个 $m\times n$ 矩阵 $A=(a_{ij})$ 与 $B=(b_{ij})$ 的和定义为 $A+B=(a_{ij}+b_{ij})$. 数 $\lambda\in F$ 与矩阵 $A=(a_{ij})$ 的"数乘"定义为 $\lambda A=(\lambda a_{ij})$. 以 $M_{m\times n}(F)$ 记元素属于 F 的 $m\times n$ 矩阵全体. 记 n 阶方阵全体为 $M_n(F)=M_{n\times n}(F)$.

定义 2.3 F 上方阵 $A=\begin{bmatrix}a_{11} & \cdots & a_{1n}\\ \cdots & \cdots & \cdots\\ a_{n1} & \cdots & a_{nn}\end{bmatrix}$ 的**行列式**(determinant)定义为 F 中数

$$\det A=\sum_{j_1j_2\cdots j_n}(-1)^{\tau(j_1j_2\cdots j_n)}a_{1j_1}a_{2j_2}\cdots a_{nj_n},$$

其中 $j_1j_2\cdots j_n$ 过(即取遍)$12\cdots n$ 的所有排列. $\det A$ 称为 $n\times n$ 行列式或 n 阶(或级)行列式.

上述行列式也常用以下符号表示：

$$\det A=\det\begin{bmatrix}a_{11} & \cdots & a_{1n}\\ \cdots & \cdots & \cdots\\ a_{n1} & \cdots & a_{nn}\end{bmatrix}=\det(a_{ij})$$

$$=\begin{vmatrix}a_{11} & \cdots & a_{1n}\\ \cdots & \cdots & \cdots\\ a_{n1} & \cdots & a_{nn}\end{vmatrix}=|A|.$$

注意行列式 $\det A$ 是 $n!$ 项乘积的代数和，每一项 $a_{1j_1}a_{2j_2}\cdots a_{nj_n}$ 由取自 A 中不同行且不同列的 n 个元素相乘(这样的乘积也只有 $n!$ 个)，每一项的符号为正或负依 $\tau(j_1j_2\cdots j_n)$ 的偶奇而定.

例 2.1 $\begin{vmatrix}a & b\\ c & d\end{vmatrix}=ad-bc.$

例 2.2 $\begin{vmatrix}a_{11} & a_{12} & a_{13}\\ a_{21} & a_{22} & a_{23}\\ a_{31} & a_{32} & a_{33}\end{vmatrix}$

$$=a_{11}a_{22}a_{33}+a_{12}a_{23}a_{31}+a_{13}a_{21}a_{32}-a_{13}a_{22}a_{31}-a_{12}a_{21}a_{33}-a_{11}a_{23}a_{32}.$$

例 2.3 设 $A=\begin{bmatrix} a_{11} & & & \\ & a_{22} & & \\ & & \ddots & \\ & & & a_{nn} \end{bmatrix}$(矩阵或行列式中为 0 的元素常常省略不写). 对角线以外的元素均为 0 的方阵称为**对角形方阵**. 显然有 $\det A=a_{11}a_{22}\cdots a_{nn}$. 这是由于不同行又不同列的 n 个元素的乘积只有一项可非 0,同样知

$$\det\begin{bmatrix} & & & a_1 \\ & & a_2 & \\ & \cdot^{\cdot^{\cdot}} & & \\ a_n & & & \end{bmatrix}=(-1)^{n(n-1)/2}a_1a_2\cdots a_n,$$

这是由于排列 $n(n-1)\cdots 321$ 的逆序数为 $(n-1)+(n-2)+\cdots+1=\dfrac{n(n-1)}{2}$.

例 2.4 设 $A=\begin{bmatrix} a_{11} & a_{12} & \cdots & a_{1n} \\ & a_{22} & \cdots & a_{2n} \\ & & \ddots & \vdots \\ & & & a_{nn} \end{bmatrix}$,

A 称为**上三角方阵**,选取不同行又不同列的元素作乘积,非 0 的只可能有一项 $a_{11}a_{22}\cdots a_{nn}$,这是由于若要乘积非 0,第 1 列只能取 a_{11},于是第 2 列只能取 a_{22},…,第 n 列只能取 a_{nn},故

$$\det A=a_{11}\cdots a_{nn}.$$

方阵 A 的行、列、(对角线)元素分别称为行列式 $\det A$ 的行、列、(对角线)元素.

我们定义一些记号,$1\times n$ 矩阵

$$\alpha=(a_1,a_2,\cdots,a_n)\quad (a_i\in F)$$

称为 F 上(n 数组)**行向量**,全体记为 F^n. 行向量的**和**定义为

$$(a_1,\cdots,a_n)+(b_1,\cdots,b_n)=(a_1+b_1,\cdots,a_n+b_n).$$

数 $\lambda\in F$ 乘行向量定义为:$\lambda(a_1,\cdots,a_n)=(\lambda a_1,\cdots,\lambda a_n)$. $\lambda\alpha$ 称为 α 的**倍**(**数**)或**常数倍**. 类似可以定义(n 数组)**列向量**,即 $n\times 1$ 矩阵

$$\beta=\begin{bmatrix} a_1 \\ a_2 \\ \vdots \\ a_n \end{bmatrix},$$

全体记为 $F^{(n)}$. 若记行向量 $\alpha_i=(a_{i1},\cdots,a_{in})$,则方阵 A 可表示为

$$A=\begin{bmatrix}\alpha_1\\ \vdots\\ \alpha_n\end{bmatrix}.$$

又记

$$I=\begin{bmatrix}1 & & \\ & \ddots & \\ & & 1\end{bmatrix},$$

称为**单位方阵**，n 阶单位方阵也记为 I_n 或 $I_{n\times n}$. 显然 $\det I=1$，$\det(\lambda I)=\lambda^n$.

矩阵或行列式的行(或列)也称为行向量(或列向量).

对每个 n 阶方阵 $A\in M_n(F)$，有唯一的行列式值 $\det A\in F$. 所以说，行列式运算实际上是由 $M_n(F)$(n 阶方阵集)到 F 的一个映射(或函数)，即

$$\det:\quad M_n(F)\longrightarrow F,$$
$$A\longmapsto \det A.$$

这一映射称为**行列式映射**，有许多有趣的性质及应用.

2.3 行列式的性质

设方阵 $A=(a_{ij})=\begin{bmatrix}\alpha_1\\ \vdots\\ \alpha_n\end{bmatrix}=(\beta_1,\cdots,\beta_n)$，其中 α_i,β_i 分别为 A 的行和列($i=1,\cdots,n$). 行列式 $\det A$ 是 n^2 个变元 a_{ij} 的函数，也可看作 n 个行变元 $\alpha_i\in F^n$ 的函数，或看作 n 个列变元 $\beta_i\in F^{(n)}$ 的函数. 以下先看作 n 个行变元的函数.

定理 2.3 (1) 行列式对行有**多线性**. 也就是说对任意 $i(1\leqslant i\leqslant n)$ 及行向量 α_i, $\alpha_i^*\in F^n$，和常数 $\lambda,\mu\in F$，总有

$$\det\begin{bmatrix}\alpha_1\\ \vdots\\ \alpha_{i-1}\\ \lambda\alpha_i+\mu\alpha_i^*\\ \alpha_{i+1}\\ \vdots\\ \alpha_n\end{bmatrix}=\lambda\det\begin{bmatrix}\alpha_1\\ \vdots\\ \alpha_{i-1}\\ \alpha_i\\ \alpha_{i+1}\\ \vdots\\ \alpha_n\end{bmatrix}+\mu\det\begin{bmatrix}\alpha_1\\ \vdots\\ \alpha_{i-1}\\ \alpha_i^*\\ \alpha_{i+1}\\ \vdots\\ \alpha_n\end{bmatrix};$$

(2) 行列式对行有**交错性**，即若有两行相同则行列式值为 0；

(3) (**规范性**) $\det I=1$；

(4) 对换两行，则行列式变号；

(5) 将一行的倍数加到另一行上去，行列式值不变；

(6) 把行列式某一行元素皆乘以数 $\lambda\in F$，则行列式值是原值 λ 倍，即

$$\det\begin{bmatrix}\alpha_1\\ \vdots\\ \lambda\alpha_i\\ \vdots\\ \alpha_n\end{bmatrix}=\lambda\det\begin{bmatrix}\alpha_1\\ \vdots\\ \alpha_i\\ \vdots\\ \alpha_n\end{bmatrix};$$

(7) 若有两行成比例(即一行是另一行的倍数)，则行列式值为 0，即

$$\det\begin{bmatrix}\vdots\\ \alpha_i\\ \vdots\\ \lambda\alpha_i\\ \vdots\end{bmatrix}=0;$$

(8) $\det A=\det A^{\mathrm{T}}$，这里 A^{T} 为 A 的**转置**(transpose)，即若 $A=(a_{ij})_{n\times n}$，则 $A^{\mathrm{T}}=(b_{ij})_{n\times n}$，其中 $b_{ij}=a_{ji}(1\leqslant i,j\leqslant n)$.

转置 A^{T} 也记为 A'，上述性质 $\det A=\det A^{\mathrm{T}}$ 说明行列式中行与列的地位是相同的，特别关于行的性质(1)至(7)对于列也都成立.

例 2.5 我们以 3 阶行列式为例，解释定理 2.3. 设

$$A=\begin{bmatrix}a&b&c\\ d&e&f\\ g&h&i\end{bmatrix};$$

(1) $$\det\begin{bmatrix}a&b&c\\ \lambda d+\mu d_1&\lambda e+\mu e_1&\lambda f+\mu f_1\\ g&h&i\end{bmatrix}=\lambda\det\begin{bmatrix}a&b&c\\ d&e&f\\ g&h&i\end{bmatrix}+\mu\det\begin{bmatrix}a&b&c\\ d_1&e_1&f_1\\ g&h&i\end{bmatrix}.$$

注意两种特别情形：① $\lambda=\mu=1$，② $\mu=0$.

(2) $$\det\begin{bmatrix}a&b&c\\ d&e&f\\ d&e&f\end{bmatrix}=0.$$

(3) $$\det\begin{bmatrix}1&0&0\\ 0&1&0\\ 0&0&1\end{bmatrix}=1.$$

(4) $\det\begin{bmatrix} a & b & c \\ d & e & f \\ g & h & i \end{bmatrix} = -\det\begin{bmatrix} d & e & f \\ a & b & c \\ g & h & i \end{bmatrix}$.

(5) $\det\begin{bmatrix} a & b & c \\ d & e & f \\ g & h & i \end{bmatrix} = \det\begin{bmatrix} a & b & c \\ d+\lambda a & e+\lambda b & f+\lambda c \\ g & h & i \end{bmatrix}$.

(6) $\det\begin{bmatrix} a & b & c \\ \lambda d & \lambda e & \lambda f \\ g & h & i \end{bmatrix} = \lambda \det A$.

(7) $\det\begin{bmatrix} a & b & c \\ d & e & f \\ \lambda d & \lambda e & \lambda f \end{bmatrix} = 0$.

(8) $\det A = \det\begin{bmatrix} a & d & g \\ b & e & h \\ c & f & i \end{bmatrix}$.

定理 2.3　证明　(1) 记 $\alpha_i=(a_{i1},\cdots,a_{in})$，$\alpha_i^*=(b_{i1},\cdots,b_{in})$，则由行列式定义知

$$\det\begin{bmatrix} \alpha_1 \\ \vdots \\ \lambda\alpha_i+\mu\alpha_i^* \\ \vdots \\ \alpha_n \end{bmatrix} = \sum_{j_1\cdots j_n}(-1)^{\tau(j_1\cdots j_n)}a_{1j_1}\cdots(\lambda a_{ij_i}+\mu b_{ij_i})\cdots a_{nj_n}$$

$$= \sum_{j_1\cdots j_n}(-1)^{\tau(j_1\cdots j_n)}a_{1j_1}\cdots(\lambda a_{ij_i})\cdots a_{nj_n} + \sum_{j_1\cdots j_n}(-1)^{\tau(j_1\cdots j_n)}a_{1j_1}\cdots(\mu b_{ij_i})\cdots a_{nj_n}$$

$$= \lambda\det\begin{bmatrix} \alpha_1 \\ \vdots \\ \alpha_i \\ \vdots \\ \alpha_n \end{bmatrix} + \mu\det\begin{bmatrix} \alpha_1 \\ \vdots \\ \alpha_i^* \\ \vdots \\ \alpha_n \end{bmatrix}.$$

(2) 若 $n=2$ 易知 $\det A$ 的两项为 $a_{11}a_{22}$ 和 $-a_{12}a_{21}$ 由于 $a_{11}=a_{21}$，$a_{22}=a_{12}$，故两项之和为0. 一般地，设 $\det A=\det(a_{ij})$ 的第 i 行与第 k 行相同，即

$$(a_{i1},\cdots,a_{in})=(a_{k1},\cdots,a_{kn}),$$

于是 $\det A$ 的 $n!$ 项中可成对分组，即

$$(-1)^{\tau(j_1\cdots j_i\cdots j_k\cdots j_n)}a_{1j_1}\cdots a_{ij_i}\cdots a_{kj_k}\cdots a_{nj_n}$$

与

$$(-1)^{\tau(j_1\cdots j_k\cdots j_i\cdots j_n)}a_{1j_1}\cdots a_{ij_k}\cdots a_{kj_i}\cdots a_{nj_n}$$

两项中在第 i 及 k 行选的元素分别来自第 j_i 和 j_k 列，及第 j_k 和 j_i 列，其余元素均相同，由于 $a_{ij_i}=a_{kj_i}$，$a_{kj_k}=a_{ij_k}$，而排列 $j_1\cdots j_i\cdots j_k\cdots j_n$ 与 $j_1\cdots j_k\cdots j_i\cdots j_n$ 奇偶性相反，故这两项反号，其和为 0. 因此 $\det A=0$.

(3) 显然.

(4) 由(1)和(2)知

$$0=\det\begin{bmatrix}\alpha+\beta\\ \alpha+\beta\\ \vdots\end{bmatrix}=\det\begin{bmatrix}\alpha\\ \alpha+\beta\\ \vdots\end{bmatrix}+\det\begin{bmatrix}\beta\\ \alpha+\beta\\ \vdots\end{bmatrix}$$

$$=\det\begin{bmatrix}\alpha\\ \alpha\\ \vdots\end{bmatrix}+\det\begin{bmatrix}\alpha\\ \beta\\ \vdots\end{bmatrix}+\det\begin{bmatrix}\beta\\ \alpha\\ \vdots\end{bmatrix}+\det\begin{bmatrix}\beta\\ \beta\\ \vdots\end{bmatrix}$$

$$=\det\begin{bmatrix}\alpha\\ \beta\\ \vdots\end{bmatrix}+\det\begin{bmatrix}\beta\\ \alpha\\ \vdots\end{bmatrix}.$$

故对换第 1,2 行则行列式变号. 同理可知对换任意两行均使行列式变号.

(5) 由(1)和(2)知：

$$\det\begin{bmatrix}\alpha+\lambda\beta\\ \beta\\ \vdots\end{bmatrix}=\det\begin{bmatrix}\alpha\\ \beta\\ \vdots\end{bmatrix}+\lambda\det\begin{bmatrix}\beta\\ \beta\\ \vdots\end{bmatrix}=\det\begin{bmatrix}\alpha\\ \beta\\ \vdots\end{bmatrix}.$$

(6) 这是(1)的特别情形.

(7) 由(1)和(2)即得 $\det\begin{bmatrix}\alpha\\ \lambda\alpha\\ \vdots\end{bmatrix}=\lambda\det\begin{bmatrix}\alpha\\ \alpha\\ \vdots\end{bmatrix}=0.$

(8) 我们知道，$\det A$ 的每一项由取自不同行又不同列的 n 个元素相乘而得，打乱次序后，每一项均形如

$$\pm a_{i_1j_1}a_{i_2j_2}\cdots a_{i_nj_n}\quad (i_1\cdots i_n, j_1\cdots j_n \text{ 是 } 1\cdots n \text{ 的两个排列}).$$

为了决定该项的符号，设经 s 次对换把此项按行标顺序排列为

$$\pm a_{1j_1'}a_{2j_2'}\cdots a_{nj_n'}.$$

注意这 s 次对换也就把排列 $i_1\cdots i_n$ 变为 $12\cdots n$，且把排列 $j_1\cdots j_n$ 变为 $j_1'\cdots j_n'$，故

$$\tau(i_1\cdots i_n) \text{ 与 } s \text{ 同奇偶},$$

$$\tau(j_1\cdots j_n)+s \text{ 与 } \tau(j_1'\cdots j_n') \text{ 同奇偶}.$$

故 $\tau(j_1'\cdots j_n')$ 与 $\tau(i_1\cdots i_n)+\tau(j_1\cdots j_n)$ 同奇偶，故此项的符号为

$$(-1)^{\tau(j_1'\cdots j_n')}=(-1)^{\tau(i_1\cdots i_n)+\tau(j_1\cdots j_n)}.$$

特别知

$$\det A=\sum_{i_1\cdots i_n}(-1)^{\tau(i_1\cdots i_n)}a_{i_11}a_{i_22}\cdots a_{i_nn},$$

因此,由 $A^{\mathrm{T}}=(b_{ij})$, $b_{ij}=a_{ji}\quad(i,j=1,\cdots,n)$,知

$$\begin{aligned}\det A^{\mathrm{T}}&=\sum_{i_1\cdots i_n}(-1)^{\tau(i_1\cdots i_n)}b_{1i_1}b_{2i_2}\cdots b_{ni_n}\\&=\sum_{i_1\cdots i_n}(-1)^{\tau(i_1\cdots i_n)}a_{i_11}a_{i_22}\cdots a_{i_nn}\\&=\det A.\end{aligned}$$

■

系 1　在 n 阶行列式 $\det(a_{ij})$ 的展开式中,任意一项 $a_{i_1j_1}a_{i_2j_2}\cdots a_{i_nj_n}$ 前的符号为

$$(-1)^{\tau(i_1\cdots i_n)+\tau(j_1\cdots j_n)}$$

定理2.3中行列式的性质(1),(2),(3)具有特别的重要性,我们已经看到它们蕴含着其余性质.事实上这三条性质完全定义了行列式.

定理 2.4　定义在 n 阶方阵集上,对于方阵的行有多线性、交错性、规范性的函数,存在且唯一,它就是行列式.详言之,设有映射(函数)

$$D:M_n(F)\longrightarrow F,$$

且函数 D 满足:

(1) 对方阵的行有多线性,即

$$D\begin{bmatrix}\vdots\\\lambda\alpha_i+\mu\alpha_i^*\\\vdots\end{bmatrix}=\lambda D\begin{bmatrix}\vdots\\\alpha_i\\\vdots\end{bmatrix}+\mu D\begin{bmatrix}\vdots\\\alpha_i^*\\\vdots\end{bmatrix}$$

对任意 $i,\alpha_i,\alpha_i^*\in F^n,\lambda,\mu\in F$ 均成立;

(2) 对方阵的行有交错性,即若 A 有两行相同则 $D(A)=0$;

(3) 规范性,即 $D(I)=1$;

则必有 $D=\det$,即对任意 $A\in M_n(F)$ 有 $D(A)=\det A$.

证明　设 D 是这样的函数,记方阵 $A=(a_{ij})_{n\times n}$,并记

$$\varepsilon_j=(0,\cdots,0,1,0,\cdots,0)\text{(即只有第 } j \text{ 分量为 1)},$$

则 A 的第 i 行可表为

$$\alpha_i=(a_{i1},\cdots,a_{in})=a_{i1}\varepsilon_1+\cdots+a_{in}\varepsilon_n;$$

于是

$$D(A)=D\begin{bmatrix}\alpha_1\\\vdots\\\alpha_n\end{bmatrix}=D\begin{bmatrix}a_{11}\varepsilon_1+\cdots+a_{1n}\varepsilon_n\\\alpha_2\\\vdots\\\alpha_n\end{bmatrix}=\sum_{j=1}^{n}a_{1j}D\begin{bmatrix}\varepsilon_j\\\alpha_2\\\vdots\\\alpha_n\end{bmatrix}$$

$$=\sum_{j=1}^{n}\sum_{k=1}^{n}a_{1j}a_{2k}D\begin{bmatrix}\varepsilon_j\\ \varepsilon_k\\ \alpha_3\\ \vdots\\ \alpha_n\end{bmatrix}=\cdots=\sum_{1\leqslant j_1,\cdots,j_n\leqslant n}a_{1j_1}a_{2j_2}\cdots a_{nj_n}D\begin{bmatrix}\varepsilon_{j_1}\\ \vdots\\ \varepsilon_{j_n}\end{bmatrix}.$$

由交错性知，当 $\varepsilon_{j_k}=\varepsilon_{j_l}(k\neq l)$ 时，$D\begin{bmatrix}\varepsilon_{j_1}\\ \vdots\\ \varepsilon_{j_n}\end{bmatrix}=0$，故求和实际上是对互异的 $j_1,\cdots,j_n$ 进行，亦即对排列 $j_1\cdots j_n$ 进行. 又因交错性导致对换两行则 D 的值变号，故

$$D\begin{bmatrix}\varepsilon_{j_1}\\ \vdots\\ \varepsilon_{j_n}\end{bmatrix}=(-1)^{\tau(j_1\cdots j_n)}D\begin{bmatrix}\varepsilon_1\\ \varepsilon_2\\ \vdots\\ \varepsilon_n\end{bmatrix}=(-1)^{\tau(j_1\cdots j_n)}D(I)=(-1)^{\tau(j_1\cdots j_n)},$$

即知 $D(A)=\det A$. ■

由上述证明可知，若去掉规范性限制，则有下面的结论.

系 2 定义于 n 阶方阵集上，对方阵的行有多线性、交错性的函数 f 必为行列式的 $f(I)$ 倍. 也就是说，若映射（函数）f: $M_n(F)\to F$ 对方阵的行有多线性和交错性，则 $f(A)=c\det A$ 对任意方阵 A 成立，$c=f(I)$ 为常数.

以上所有关于方阵的行的性质，对列也都是成立的. 这是由于 $\det A=\det A^{\mathrm{T}}$.

例 2.6 $\det\begin{bmatrix}A & B\\ 0 & C\end{bmatrix}=\det A\cdot\det C$.

这里设 $A=(a_{ij})_{n\times n}$，$C=(c_{ij})_{m\times m}$，$B=(b_{ij})_{n\times m}$，而 $\begin{bmatrix}A & B\\ 0 & C\end{bmatrix}$ 表示方阵

$$M=\begin{bmatrix}a_{11} & \cdots & a_{1n} & b_{11} & \cdots & b_{1m}\\ \vdots & & \vdots & \vdots & & \vdots\\ a_{n1} & \cdots & a_{nn} & b_{n1} & \cdots & b_{nm}\\ & & & c_{11} & \cdots & c_{1m}\\ & 0 & & \vdots & & \vdots\\ & & & c_{m1} & \cdots & c_{mm}\end{bmatrix}.$$

我们固定 A,B，而视 c_{ij} 为变数. 则 $\det M=D(C)$ 是方阵 C 的行向量的多线性、交错性函数（不一定规范）. 故由系 2 可知

$$\det M=\det C\cdot D(I)=\det C\cdot\det\begin{bmatrix}A & B\\ 0 & I\end{bmatrix}.$$

再因 $\det\begin{bmatrix}A & B\\0 & I\end{bmatrix}$ 对方阵 A 的列有多线性、交错性，故

$$\det\begin{bmatrix}A & B\\0 & I\end{bmatrix}=\det A\cdot\det\begin{bmatrix}I & B\\0 & I\end{bmatrix}=\det A.$$ ■

2.4 Laplace 展开

定义 2.4 设 $1\leqslant i_1<i_2\cdots<i_p\leqslant n$，$1\leqslant j_1<j_2<\cdots<j_p\leqslant n$. n 阶方阵 $A=(a_{ij})$ 中位于第 $i_1,\cdots,i_p$ 行和第 $j_1,\cdots,j_p$ 列交叉处的元素按原序排成的方阵称为 A 的一个 p 阶**子方阵**(submatrix)，记为

$$A\begin{pmatrix}i_1\cdots i_p\\j_1\cdots j_p\end{pmatrix},$$

其行列式

$$\det A\begin{pmatrix}i_1\cdots i_p\\j_1\cdots j_p\end{pmatrix}$$

称为 $\det A$ 的 p 阶**子式**(minor). 从 A 中删去第 $i_i,\cdots,i_p$ 行和第 $j_i,\cdots,j_p$ 列所余下的元素按原序排成的 $n-p$ 阶方阵称为 $A\begin{pmatrix}i_1\cdots i_p\\j_1\cdots j_p\end{pmatrix}$ 的**余子方阵**，记为

$$A^c\begin{pmatrix}i_1\cdots i_p\\j_1\cdots j_p\end{pmatrix}=A\begin{pmatrix}i_{p+1}\cdots i_n\\j_{p+1}\cdots j_n\end{pmatrix},$$

这里设 $i_1\cdots i_n$ 及 $j_1\cdots j_n$ 是 $1\cdots n$ 的排列，且 $i_{p+1}<\cdots<i_n$，$j_{p+1}<\cdots<j_n$. 余子方阵的行列式称为**余子式**(complementary minor)；余子式带上适当的正负号后，即

$$(-1)^{i_1+\cdots+i_p+j_1+\cdots+j_p}\det A\begin{pmatrix}i_{p+1}\cdots i_n\\j_{p+1}\cdots j_n\end{pmatrix}$$

称为 $\det A\begin{pmatrix}i_1\cdots i_p\\j_1\cdots j_p\end{pmatrix}$ 的**代数余子式**，也记为 $\det A^{ac}\begin{pmatrix}i_1\cdots i_p\\j_1\cdots j_p\end{pmatrix}$.

注意：$i_1+\cdots+i_p+j_1+\cdots+j_p$ 恰与把第 $i_1,\cdots,i_p$ 行和第 $j_1,\cdots,j_p$ 列都换到第 $1\cdots p$ 位所需的相邻对换个数有相同的奇偶性，这也说明位于左上角处(即 $i_1\cdots i_p=j_1\cdots j_p=1\cdots p$)的子式的余子式即为其代数余子式.

例 2.7 一阶子式 $\det A\begin{pmatrix}i\\j\end{pmatrix}=a_{ij}$，其代数余子式为 $(-1)^{i+j}\det A^c\begin{pmatrix}i\\j\end{pmatrix}$，常记为 A_{ij}，称为 a_{ij} 的代数余子式.

例 2.8 位于第 $i_1,\cdots,i_p$ 行的 p 阶子式共有 $C_n^p=\dfrac{n!}{p!\,(n-p)!}$(个).

定理 2.5(Laplace 展开) 任意取定行列式的某 p 行,位于这些行上的所有可能的 C_n^p 个 p 阶子式与各自的代数余子式乘积的和,等于原行列式.也就是说,对任意固定的 $i_1,\cdots,i_p(1\leqslant i_1<i_2\cdots<i_p\leqslant n)$,$n$ 阶行列式 $\det A$ 的值为

$$\det A=\sum_{1\leqslant j_1<\cdots<j_p\leqslant n}\det A\begin{pmatrix}i_1\cdots i_p\\ j_1\cdots j_p\end{pmatrix}\det A\begin{pmatrix}i_{p+1}\cdots i_n\\ j_{p+1}\cdots j_n\end{pmatrix}(-1)^{i_1+\cdots+i_p+j_1+\cdots+j_p},$$

其中 $i_1\cdots i_n$ 与 $j_1\cdots j_n$ 为 $1\cdots n$ 的排列且 $i_{p+1}<\cdots<i_n$, $j_{p+1}<\cdots<j_n$.

证明 (1) 先设 $i_1\cdots i_p=1\cdots p$. 我们先写出一系列等式再分别作解释:

$$\det A=\det(a_{ij})\overset{①}{=}\sum_{t_1\cdots t_n\text{过}1\cdots n\text{的排列}}(-1)^{\tau(t_1\cdots t_n)}a_{1t_1}\cdots a_{nt_n}$$

$$\overset{②}{=}\sum_{1\leqslant j_1<\cdots<j_p\leqslant n}\ \sum_{t_1\cdots t_p\text{过}j_1\cdots j_p\text{的排列}}\ \sum_{\substack{t_{p+1}\cdots t_n\text{过}\\ j_{p+1}\cdots j_n\text{的排列}}}(-1)^{\tau(t_1\cdots t_n)}a_{1t_1}\cdots a_{nt_n}$$

$$\overset{③}{=}\sum_{1\leqslant j_1<\cdots<j_p\leqslant n}\Big(\sum_{\substack{t_1\cdots t_p\text{过}\\ j_1\cdots j_p\text{的排列}}}(-1)^{\tau\binom{j_1\cdots j_p}{t_1\cdots t_p}}a_{1t_1}\cdots a_{pt_p}\Big)$$

$$\cdot\Big[\Big(\sum_{\substack{t_{p+1}\cdots t_n\text{过}\\ j_{p+1}\cdots j_n\text{的排列}}}(-1)^{\tau\binom{j_{p+1}\cdots j_n}{t_{p+1}\cdots t_n}}a_{p+1,t_{p+1}}\cdots a_{nt_n}\Big)(-1)^{1+\cdots+p+j_1+\cdots+j_p}\Big]$$

$$\overset{④}{=}\sum_{1\leqslant j_1<\cdots<j_p\leqslant n}\det A\begin{pmatrix}1\cdots p\\ j_1\cdots j_p\end{pmatrix}\cdot\det A\begin{pmatrix}p+1,\cdots,n\\ j_{p+1},\cdots,j_n\end{pmatrix}(-1)^{1+\cdots+p+j_1+\cdots+j_p}.$$

现在分别解释等号①~④.

等号①,这是行列式定义.

等号②,这是由于如下事实:$t_1\cdots t_n$ 过 $1\cdots n$ 的排列,相当于"对任意固定的 $1\leqslant j_1<\cdots j_p\leqslant n$,$t_1\cdots t_p$ 过 $j_1\cdots j_p$ 的排列,$t_{p+1}\cdots t_n$ 过 $j_{p+1}\cdots j_n$ 的排列(这里 $j_1\cdots j_n$ 是 $1\cdots n$ 的一个排列而 $j_{p+1}<\cdots<j_n$),然后再令 $j_1,\cdots,j_p$ 取满足 $1\leqslant j_1<\cdots<j_p\leqslant n$ 的所有可能值".事实上 $t_1\cdots t_n$ 过 $1\cdots n$ 排列共 $n!$ 种可能,而后者的可能为 $p!\,(n-p)!\,C_n^p=n!$(种).

等号③,记 $\tau\begin{pmatrix}j_1\cdots j_p\\ t_1\cdots t_p\end{pmatrix}$ 为把 $j_1\cdots j_p$ 变为 $t_1\cdots t_p$ 所用对换个数(只计奇偶意义下),那么

$$\tau(t_1\cdots t_n)=\tau\begin{pmatrix}1\cdots n\\ t_1\cdots t_n\end{pmatrix}\equiv\tau\begin{pmatrix}1\cdots n\\ j_1\cdots j_n\end{pmatrix}+\tau\begin{pmatrix}j_1\cdots j_n\\ t_1\cdots t_n\end{pmatrix}\pmod 2.$$

这是因为要把 $1\cdots n$ 变为 $t_1\cdots t_n$,可先变为 $j_1\cdots j_n$ 再变为 $t_1\cdots t_n$(对任意固定的排列 $j_1\cdots j_n$).

我们已知 $t_1\cdots t_p$ 是 $j_1\cdots j_p$ 的排列，而 $t_{p+1}\cdots t_n$ 是 $j_{p+1}\cdots j_n$ 的排列，故

$$\tau\begin{pmatrix}j_1\cdots j_n\\t_1\cdots t_n\end{pmatrix}=\tau\begin{pmatrix}j_1\cdots j_p\\t_1\cdots t_p\end{pmatrix}+\tau\begin{pmatrix}j_{p+1}\cdots j_n\\t_{p+1}\cdots t_n\end{pmatrix}.$$

为了计算 $\tau\begin{pmatrix}1\ 2\cdots n\\j_1\,j_2\cdots j_n\end{pmatrix}$，考虑 $12\cdots n$ 经对换变为 $j_1\cdots j_n$. 这只要把 $12\cdots n$ 中的 j_1 经 j_1-1 次相邻对换换到第一位，j_2 经 j_2-2 次换到第 2 位，…，j_p 经 j_p-p 次换到第 p 位即可（$12\cdots n$ 中剩下的数自然就是 $j_{p+1}<\cdots<j_n$），故

$$\tau\begin{pmatrix}12\cdots n\\j_1\cdots j_n\end{pmatrix}=(j_1-1)+\cdots+(j_p-p)\equiv 1+\cdots+p+j_1+\cdots+j_p\pmod 2.$$

总之有

$$\tau(t_1\cdots t_n)\equiv\tau\begin{pmatrix}j_1\cdots j_p\\t_1\cdots t_p\end{pmatrix}+\tau\begin{pmatrix}j_{p+1}\cdots j_n\\t_{p+1}\cdots t_n\end{pmatrix}+1+\cdots+p+j_1+\cdots+j_p\pmod 2.$$

再用乘法分配律（比如 $\left(\sum_{i=1}^n x_i\right)\left(\sum_{j=1}^n y_j\right)=\sum_{i=1}^n\sum_{j=1}^n(x_iy_j)$）即得.

等号④，由行列式定义.

(2) 再考虑一般情形 $1\leqslant i_1<\cdots<i_p\leqslant n$. 经 $(i_1-1)+\cdots+(i_p-p)$ 次相邻对换即可把第 $i_1,\cdots,i_p$ 行换到第 $1,\cdots,p$ 行，化为情形 1. 按情形 1 展开后，代数余子式上再乘以对换行引起的符号即知其符号为

$$(-1)^{1+\cdots+p+j_1+\cdots+j_p}\cdot(-1)^{(i_1-1)+\cdots+(i_p-p)}=(-1)^{i_1+\cdots+i_p+j_1+\cdots+j_p}.\qquad\blacksquare$$

系 1　设 $A=(a_{ij})$ 为 n 阶方阵，A_{ij} 为 a_{ij} 的代数余子式，则

(1) $\det(a_{ij})=\sum_{j=1}^n a_{ij}A_{ij}$　（这称为**按第 i 行展开**）.

(2) $\sum_{j=1}^n a_{kj}A_{ij}=0$　（当 $k\neq i$）.

证明　(1) 这是定理 2.5 的特别情形，即按某一行展开（$p=1$）.

(2) 把方阵 A 的第 i 行换为它的第 k 行而得方阵 B，于是 B 有两行相同（第 i,k 行均为 A 的第 k 行）. 记 $B=(b_{ij})$，按第 i 行展开 $\det B$ 则得

$$0=\det B=\sum_j b_{ij}B_{ij}=\sum_j a_{kj}A_{ij}.\qquad\blacksquare$$

定理 2.5 中的展开称为**按第 $i_1,\cdots,i_p$ 行的展开**. 同理可知也可按某些列进行 Laplace 展开. 按某一行（或列）展开行列式，是计算行列式的较常用方法，当然应尽量选取非 0 元素少的行或列.

系 2　$\det\begin{bmatrix}A&B\\0&C\end{bmatrix}=\det\begin{bmatrix}A&0\\D&C\end{bmatrix}=(\det A)(\det C)$，

其中 A,C,B,D 是 $n\times n,m\times m,n\times m,m\times n$ 子矩阵（注意 A 与 C 不必是同阶的）.

2.5 Cramer 法则与矩阵乘法

定理 2.6(Cramer 法则) 设 n 个变量 $x_1,\cdots,x_n$ 的线性方程组

$$\begin{cases}a_{11}x_1+a_{12}x_2+\cdots+a_{1n}x_n=b_1,\\ \cdots\cdots\\ a_{n1}x_1+a_{n2}x_2+\cdots+a_{nn}x_n=b_n\end{cases}$$

的系数方阵 $A=(a_{ij})$ 的行列式非零，则此方程组有唯一解

$$x_j=\frac{D_j}{|A|}\qquad(j=1,\cdots,n),$$

其中 D_j 是把 A 的第 j 列换为 $(b_1,\cdots,b_n)^{\mathrm{T}}$ 后所得方阵的行列式.

证明 按第 j 列展开 D_j 得 $D_j=\sum\limits_{k=1}^{n}b_kA_{kj}$，故

$$\begin{aligned}&a_{i1}D_1+a_{i2}D_2+\cdots+a_{in}D_n\\ =&\sum_{j=1}^{n}a_{ij}D_j=\sum_{j=1}^{n}a_{ij}\Big(\sum_{k=1}^{n}b_kA_{kj}\Big)\\ =&\sum_{k=1}^{n}b_k\Big(\sum_{j=1}^{n}a_{ij}A_{kj}\Big)=\sum_{k=1}^{n}b_k\delta_{ik}\mid A\mid=b_i\mid A\mid,\end{aligned}$$

这里 $\delta_{ik}=0$(当 $i\neq k$)或 1(当 $i=k$). 因此知 $\left(\dfrac{D_1}{|A|},\cdots,\dfrac{D_n}{|A|}\right)$ 确为一解.

再证解的唯一性. 设 $(x_1,\cdots,x_n)$ 与 $(x_1',\cdots,x_n')$ 为两解. 令 $y_j=x_j-x_j'$，则 $\sum\limits_{j=1}^{n}a_{ij}y_j=0\ (i=1,\cdots,n)$，以 A_{ik} 记 a_{ik} 的代数余子式. 于是对任意 k 有

$$\begin{aligned}0&=\sum_{i=1}^{n}\Big(\sum_{j=1}^{n}a_{ij}y_j\Big)A_{ik}=\sum_{j=1}^{n}y_j\Big(\sum_{i=1}^{n}a_{ij}A_{ik}\Big)\\ &=\sum_{j=1}^{n}y_j\delta_{jk}\mid A\mid=y_k\mid A\mid.\end{aligned}$$

故 $y_k=0$，即 $x_k=x_k'\quad(k=1,\cdots,n)$ ■

为了更能看清 Cramer 法则的本质，须引入矩阵的乘法运算，这种运算在线性代数中有着基本的重要性. 我们先定义行向量 $\alpha=(a_1,a_2,\cdots,a_n)$ 与列向量 $\beta=(b_1,b_2,\cdots,b_n)^{\mathrm{T}}$ 的(不可交换的)乘积为

$$\alpha\beta=a_1b_1+a_2b_2+\cdots+a_nb_n.$$

定义 2.5 设 $A=(a_{ij})$，$B=(b_{ij})$ 分别为 $m\times s$ 和 $s\times n$ 矩阵，其乘积定义为 $m\times n$ 矩阵

$AB=C=(c_{ij})$，其中 c_{ij} 是 A 的第 i 行与 B 的第 j 列之积，即

$$c_{ij}=a_{i1}b_{1j}+a_{i2}b_{2j}+\cdots+a_{is}b_{sj}.$$

从定义中可以看出，$AB=C$ 的第 j 列是由 A 的诸行与 B 的第 j 列逐一相乘而得. C 的第 i 行是由 A 的第 i 行与 B 的各列相乘而得.

显然矩阵乘法不满足交换律，一方面交换后二者可能不可相乘；另一方面，即使允许相乘其结果也可能不等，例如

$$\begin{bmatrix}1 & 1\\0 & 0\end{bmatrix}\begin{bmatrix}0 & 1\\0 & 1\end{bmatrix}=\begin{bmatrix}0 & 2\\0 & 0\end{bmatrix},$$

而

$$\begin{bmatrix}0 & 1\\0 & 1\end{bmatrix}\begin{bmatrix}1 & 1\\0 & 0\end{bmatrix}=\begin{bmatrix}0 & 0\\0 & 0\end{bmatrix}.$$

这个例子还说明矩阵的乘法是有零因子的，即 $A\neq 0$，$B\neq 0$，但可 $AB=0$.

另外注意两个同阶方阵总可相乘，积仍为方阵. $m\times n$ 矩阵与 $n\times 1$ 矩阵（即列向量，又称 n 数组列）可相乘，积为列向量. 而 $1\times m$ 矩阵（即行向量，又称 m 数组行）与 $m\times n$ 矩阵总可乘，积为行向量.

定理 2.7 矩阵的乘法满足结合律，对加法的分配律，并且与数乘可交换. 即若 A，B，C 分别为 $m\times n$，$n\times p$，$p\times q$ 矩阵，A_1 为 $m\times n$ 矩阵，B_1 为 $n\times p$ 矩阵，$\lambda\in F$ 为任意常数，则总有

$$(AB)C=A(BC),$$
$$(A+A_1)B=AB+A_1B,$$
$$A(B+B_1)=AB+AB_1,$$
$$\lambda(AB)=(\lambda A)B=A(\lambda B).$$

证明 设 $A=(a_{ij})$，$B=(b_{ij})$，$C=(c_{ij})$，$A_1=(a'_{ij})$，$B_1=(b'_{ij})$. 于是 $(AB)C$ 的 (i,j) 位元素为

$$\sum_{l=1}^{p}\Big(\sum_{k=1}^{n}a_{ik}b_{kl}\Big)c_{lj}=\sum_{k=1}^{n}a_{ik}\Big(\sum_{l=1}^{p}b_{kl}c_{lj}\Big),$$

恰为 $A(BC)$ 的 (i,j) 位元素. 而 $(A+A_1)B$ 的 (i,j) 位元素为

$$\sum_{k=1}^{n}(a_{ik}+a'_{ik})b_{kj}=\sum_{k=1}^{n}a_{ik}b_{kj}+\sum_{k=1}^{n}a'_{ik}b_{kj},$$

恰为 $AB+A_1B$ 的 (i,j) 位元素. 其余易类似地证明. ■

对任意 $m\times n$ 矩阵 A 总有

$$I_mA=A,\quad AI_n=A.$$

对常数 $\lambda\in F$，矩阵

$$\lambda I = \begin{bmatrix} \lambda & & \\ & \ddots & \\ & & \lambda \end{bmatrix}$$

称为**纯量方阵**. 数乘也可以看作纯量方阵与矩阵的乘法：

$$\lambda A = (\lambda I)A = A(\lambda I),$$

也常记 $A(\lambda I) = A\lambda$.

现设 A 为方阵，若存在方阵 B 使

$$AB = BA = I,$$

则称方阵 A **可逆**，称 B 为 A 的**逆**，记为 $B = A^{-1}$.

定理 2.8 若方阵 $A=(a_{ij})$ 的行列式 $|A| \neq 0$，则 A 可逆，其逆为

$$A^{-1} = |A|^{-1} A^*,$$

其中 $A^* = (A_{ji})$ 称为 A 的**古典伴随方阵**，A^* 的 (i,j) 位元素是 a_{ji} 的代数余子式 A_{ji}.

（读者应把这里的古典伴随与第 8,9,10 章中的伴随相区别）

证明 记 $AA^* = (c_{ij})$，则由上节系 1 知

$$c_{ij} = \sum_{k=1}^{n} a_{ik} A_{jk} = \delta_{ij} |A|,$$

故

$$AA^* = \begin{bmatrix} |A| & & \\ & \ddots & \\ & & |A| \end{bmatrix} = |A| I, \quad 即 A(|A|^{-1}A^*) = I.$$

同样可证 $(|A|^{-1}A^*)A = I$. ■

由矩阵乘法，定理 2.6 中的线性方程组可写为

$$Ax = b,$$

其中 $A=(a_{ij})$ 称为方程组的系数方阵，$x=(x_1, \cdots, x_n)^{\mathrm{T}}$，$b=(b_1, \cdots, b_n)^{\mathrm{T}}$.

因 $|A| \neq 0$，故 $A^{-1} = \frac{A^*}{|A|}$，方程两边同乘以 A^{-1}，则得方程组的解为

$$x = A^{-1}b = \frac{1}{|A|} A^* b,$$

两边都是列向量，其第 j 个分量为

$$x_j = \frac{1}{|A|}\left(\sum_{k=1}^{n} A_{kj} b_k\right) = \frac{D_j}{|A|} \qquad (j = 1, \cdots, n),$$

这是因为 $\sum_{k=1}^{n} A_{kj} b_k$ 恰为 D_j 按第 j 列的展开式. 这就是 Cramer 法则.

2.6 矩阵的乘积与行列式

定理 2.9 (Binet-Cauchy) 设 A 与 B 分别为 $n\times s$ 与 $s\times n$ 矩阵,则

$$\det(AB)=\begin{cases}0, & \text{当 } n>s;\\ \det A\cdot\det B, & \text{当 } n=s;\\ \displaystyle\sum_{1\leqslant k_1<k_2<\cdots<k_n\leqslant s}\det A\begin{pmatrix}1\ 2\cdots n\\ k_1k_2\cdots k_n\end{pmatrix}\cdot\det B\begin{pmatrix}k_1k_2\cdots k_n\\ 1\ 2\cdots n\end{pmatrix}, & \text{当 } n<s.\end{cases}$$

对定理2.9先作如下解释:

(1) 若 A,B 均为方阵,则 $\det(AB)=\det A\cdot\det B$

(2) 若积 AB 的尺寸比 A 或 B 大,则 $\det(AB)=0$.(对 $n\times s$ 矩阵,$n\times s$ 称为它的**尺寸**或**大小**).这也就是说,两矩阵相乘后,若膨大了,则行列式为0.

(3) 若积 AB 的尺寸比 A 或 B 小,则 $\det(AB)$是多项之和.此时必然是 A 的行数 n 小于列数 s(故 A 低而宽,B 高而瘦).则 $\det(AB)$等于:A 的所有"满行子式"(共 C_s^n 个)与 B 的对应(同位)"满列子式"相乘之和.这也就是说,两矩阵相乘后,若压缩了,则行列式是 C_s^n 个"满子式"乘积之和.

例 2.9 $\det\left(\begin{bmatrix}a\\ b\\ c\end{bmatrix}(a_1,b_1,c_1)\right)=0.$

例 2.10 $\det\left(\begin{bmatrix}a & b\\ c & d\end{bmatrix}\begin{bmatrix}a_1 & b_1\\ c_1 & d_1\end{bmatrix}\right)=\begin{vmatrix}a & b\\ c & d\end{vmatrix}\begin{vmatrix}a_1 & b_1\\ c_1 & d_1\end{vmatrix}.$

例 2.11 $\det\left((a\ b\ c)\begin{bmatrix}a_1\\ b_1\\ c_1\end{bmatrix}\right)=aa_1+bb_1+cc_1.$

例 2.12 $\det\left(\begin{bmatrix}a & b & c\\ d & e & f\end{bmatrix}\begin{bmatrix}a_1 & d_1\\ b_1 & e_1\\ c_1 & f_1\end{bmatrix}\right)$

$$=\begin{vmatrix}a & b\\ d & e\end{vmatrix}\begin{vmatrix}a_1 & d_1\\ b_1 & e_1\end{vmatrix}+\begin{vmatrix}a & c\\ d & f\end{vmatrix}\begin{vmatrix}a_1 & d_1\\ c_1 & f_1\end{vmatrix}+\begin{vmatrix}b & c\\ e & f\end{vmatrix}\begin{vmatrix}b_1 & e_1\\ c_1 & f_1\end{vmatrix}.$$

定理 2.9 证明 设 $A=(a_{ij}),B=(b_{ij}),AB=C=(c_{ij})$.令 $n+s$ 阶方阵

$$M=\begin{bmatrix}A & 0\\ -I & B\end{bmatrix}$$

其中 $A,B,-I,0$ 皆为 M 的子矩阵. 以下用两种方法计算 $\det M$.

(一) 分别把 M 的第 $n+1,n+2,\cdots,n+s$ 行的 $a_{11},a_{12},\cdots,a_{1s}$ 倍均加到第 1 行上去，于是第 1 行化为 $(0,\cdots,0,c_{11},c_{12},\cdots,c_{1n})$. 再把 M 的第 $n+1,n+2,\cdots,n+s$ 行的 a_{21}, $a_{22},\cdots,a_{2s}$ 倍均加到第 2 行上去，则第 2 行化为 $(0,\cdots,0,c_{21},\cdots,c_{2n})$. 如此对 M 的第 $3,\cdots,n$ 行进行，则 M 化为

$$\widetilde{M}=\begin{bmatrix}0 & C\\ -I & B\end{bmatrix}.$$

对 $\det\widetilde{M}$ 的前 n 行作 Laplace 展开，则

$$\det M=\det\widetilde{M}=\delta_1\det C=\delta_1\det(AB),$$

其中 $\delta_1=\det(-I_s)\cdot(-1)^{1+\cdots+n+(s+1)+\cdots+(s+n)}=(-1)^{s+ns}$.

(二) 对 $\det M$ 的前 n 行 Laplace 展开，则：

(1) 当 $n>s$ 时，M 的前 n 行的子式均为 0，故 $\det M=0$. 由上述即知 $\det(AB)=0$；

(2) 当 $n=s$ 时，M 的前 n 行只一个可能的非零子式 $\det A$，故

$$\det(AB)=\det C=\det M=\det A\cdot\det B;$$

(3) 当 $n<s$ 时，M 的前 n 行共 C_s^n 个可能非零子式 $\det M\begin{pmatrix}1\cdots n\\ k_1\cdots k_n\end{pmatrix}$，其中 $1\leqslant k_1<\cdots<k_n\leqslant s$，每个这样的子式的代数余子式为

$$\det M^{ac}\begin{pmatrix}1\cdots n\\ k_1\cdots k_n\end{pmatrix}=\delta_2\det(-\tilde{I},B),$$

这里 $\delta_2=(-1)^{1+\cdots+n+k_1+\cdots+k_n}$，而 $-\tilde{I}$ 为 $-I$ 中删去第 $k_1,\cdots,k_n$ 列所得矩阵. 于是 $-\tilde{I}$ 的第 $k_1,\cdots,k_n$ 行为 0 行，故若按第 $k_1,\cdots,k_n$ 行展开 $\det(-\tilde{I},B)$，则只有一个子式可能非零，即 B 的第 $k_1,\cdots,k_n$ 行构成的子式，故

$$\det(-\tilde{I},B)=\delta_3\det B\begin{pmatrix}k_1\cdots k_n\\ 1\cdots n\end{pmatrix},$$

其中 $\delta_3=(-1)^{s-n}\cdot(-1)^{k_1+\cdots+k_n+(s-n+1)+\cdots+(s-n+n)}$，故

$$\begin{aligned}\det(AB)=\det C&=\delta_1\det M=\delta_1\sum_{1\leqslant k_1<\cdots<k_n\leqslant s}\det M\begin{pmatrix}1\cdots n\\ k_1\cdots k_n\end{pmatrix}\det M^{ac}\begin{pmatrix}1\cdots n\\ k_1\cdots k_n\end{pmatrix}\\ &=\delta_1\sum_{1\leqslant k_1<\cdots<k_n\leqslant s}\det A\begin{pmatrix}1\cdots n\\ k_1\cdots k_n\end{pmatrix}\det B\begin{pmatrix}k_1\cdots k_n\\ 1\cdots n\end{pmatrix}\delta_2\delta_3.\end{aligned}$$

注意到 $\delta_1\delta_2\delta_3=1$ 即得定理. ■

还可以决定出乘积 $AB=C$ 的子式(子方阵的行列式).

定理 2.10 设 $AB=C$，其中 A,B 分别为 $n\times s, s\times m$ 矩阵，则乘积 C 的子式

$$\det C\begin{pmatrix} i_1\cdots i_r \\ j_1\cdots j_r \end{pmatrix} = \begin{cases} \sum\limits_{1\leqslant k_1<\cdots<k_r\leqslant s} \det A\begin{pmatrix} i_1\cdots i_r \\ k_1\cdots k_r \end{pmatrix}\det B\begin{pmatrix} k_1\cdots k_r \\ j_1\cdots j_r \end{pmatrix}, & \text{当 } r\leqslant s; \\ 0, & \text{当 } r>s. \end{cases}$$

也就是说，C 的位于第 $i_1,\cdots,i_r$ 行及第 $j_1,\cdots,j_r$ 列的 r 阶子式，等于 A 的第 $i_1,\cdots,i_r$ 行上所有可能的 r 阶子式，与 B 的第 $j_1,\cdots,j_r$ 列上相应位置子式乘积的和.

证明 注意由矩阵乘法定义可知

$$C\begin{pmatrix} i_1\cdots i_r \\ j_1\cdots j_r \end{pmatrix} = A\begin{pmatrix} i_1\cdots i_r \\ 1\cdots s \end{pmatrix}B\begin{pmatrix} 1\cdots s \\ j_1\cdots j_r \end{pmatrix},$$

即子方阵 $C\begin{pmatrix} i_1\cdots i_r \\ j_1\cdots j_r \end{pmatrix}$ 等于 A 中第 $i_1,\cdots,i_r$ 行所构成的子矩阵与 B 中第 $j_1,\cdots,j_r$ 列构成的子矩阵的乘积，于是由定理 2.9 即得定理 2.10. ■

例 2.13 设 a_i,b_i 为实数 $(i=1,\cdots,n)$，证明

$$(a_1b_1+\cdots+a_nb_n)^2\leqslant(a_1^2+\cdots+a_n^2)(b_1^2+\cdots+b_n^2).$$

证明 令 $A=\begin{bmatrix} a_1 & a_2 & \cdots & a_n \\ b_1 & b_2 & \cdots & b_n \end{bmatrix}$ 为 $2\times n$ 矩阵. 则

$$\begin{aligned}\det(AA^{\mathrm{T}}) &= \det\begin{bmatrix} a_1^2+\cdots+a_n^2 & a_1b_1+\cdots+a_nb_n \\ a_1b_1+\cdots+a_nb_n & b_1^2+\cdots+b_n^2 \end{bmatrix} \\ &= (a_1^2+\cdots+a_n^2)(b_1^2+\cdots+b_n^2)-(a_1b_1+\cdots+a_nb_n)^2.\end{aligned}$$

而由定理 2.9 知

$$\begin{aligned}\det(AA^{\mathrm{T}}) &= \sum_{1\leqslant k_1<k_2\leqslant 2}\det A\begin{pmatrix} 1 & 2 \\ k_1 & k_2 \end{pmatrix}\det A\begin{pmatrix} 1 & 2 \\ k_1 & k_2 \end{pmatrix} \\ &= \begin{vmatrix} a_1 & a_2 \\ b_1 & b_2 \end{vmatrix}^2 + \begin{vmatrix} a_1 & a_3 \\ b_1 & b_3 \end{vmatrix}^2 + \cdots + \begin{vmatrix} a_{n-1} & a_n \\ b_{n-1} & b_n \end{vmatrix}^2 \geqslant 0\end{aligned}$$

即证得. ■

2.7 行列式的计算

行列式的计算主要利用前几节的定理，结合具体情况运用，也还有递归关系等其他方法，本节主要依实例说明.

最基本的方法就是对方阵作行、列变换，把它化为上三角形或下三角形. 域 F 上矩阵的以下三种变换称为“行的初等变换”：

(1) 交换两行；

(2) 把某行乘以 F 中非零常数；

(3) 把一行的常数倍加到另一行上去.

显然，三种变换都是可逆的，即可通过同类变换再返回原矩阵.

通过行的初等变换可以把方阵变为上三角方阵. 事实上，若方阵 $A=(a_{ij})$ 的第一列非零，则通过交换两行可设 $a_{11}\neq 0$，于是把第一行的适当倍加到其余行上去可把第一列其余元素化为零. 再对 A 的右下角 $n-1$ 阶子方阵进行同样的讨论，如此续行，则可化 A 为上三角. 若再用"列的初等变换"，则可把方阵化为更简形式. 为了行文方便，以 r_i，c_j 表示第 i 行，第 j 列，以 λr_i+r_k 表示把第 i 行的 λ 倍加到第 k 行，等等.

例 2.14 $|A|=\begin{vmatrix} 1 & 2 & \cdots & n-1 & n \\ 2 & 3 & \cdots & n & 1 \\ \vdots & \vdots & & \vdots & \vdots \\ n & 1 & \cdots & n-2 & n-1 \end{vmatrix}$.

解 $$|A| \underset{\substack{-c_j+c_{j+1}\\(j=n-1,\cdots,1)}}{=} \begin{vmatrix} 1 & 1 & 1 & \cdots & 1 & 1 \\ 2 & 1 & 1 & \cdots & 1 & 1-n \\ 3 & 1 & 1 & \iddots & 1-n & 1 \\ \vdots & \vdots & \iddots & \iddots & 1 & 1 \\ n-1 & 1 & 1-n & \iddots & \vdots & \vdots \\ n & 1-n & 1 & \cdots & 1 & 1 \end{vmatrix}$$

$$\underset{\substack{-r_1+r_i\\(i=2,\cdots,n)}}{=} \begin{vmatrix} 1 & 1 & \cdots & 1 & 1 \\ 1 & 0 & \cdots & 0 & -n \\ 2 & \vdots & \iddots & -n & 0 \\ \vdots & 0 & \iddots & \iddots & \vdots \\ n-1 & -n & 0 & \cdots & 0 \end{vmatrix}$$

$$\underset{\substack{\frac{1}{n}r_i+r_1\\(i=2,\cdots,n)}}{=} \frac{1}{n}\begin{vmatrix} 1+\cdots+n & 0 & \cdots & 0 & 0 \\ 1 & 0 & \cdots & 0 & -n \\ 2 & \vdots & \iddots & -n & 0 \\ \vdots & 0 & \iddots & \iddots & \vdots \\ n-1 & -n & 0 & \cdots & 0 \end{vmatrix}$$

$$\underset{\text{按第一行展开}}{=}\frac{1}{n}\frac{n(n+1)}{2}(-n)^{n-1}(-1)^{\frac{(n-1)(n-2)}{2}}=\frac{n+1}{2}n^{n-1}(-1)^{\frac{n(n-1)}{2}}.$$

例 2.15　(Vandermonde 行列式)

$$V_n(x_1,\cdots,x_n)=\begin{vmatrix}1 & 1 & \cdots & 1\\ x_1 & x_2 & \cdots & x_n\\ x_1^2 & x_2^2 & \cdots & x_n^2\\ \vdots & \vdots & & \vdots\\ x_1^{n-1} & x_2^{n-1} & \cdots & x_n^{n-1}\end{vmatrix}.$$

解

$$V_n(x_1,\cdots,x_n)\underset{\substack{-x_1r_i+r_{i+1}\\(i=n-1,\cdots,1)}}{=}\begin{vmatrix}1 & 1 & \cdots & 1\\ 0 & x_2-x_1 & \cdots & x_n-x_1\\ 0 & x_2^2-x_1x_2 & \cdots & x_n^2-x_1x_n\\ \vdots & \vdots & & \vdots\\ 0 & x_2^{n-1}-x_1x_2^{n-2} & \cdots & x_n^{n-1}-x_1x_n^{n-2}\end{vmatrix}$$

$$=(x_2-x_1)\cdots(x_n-x_1)\begin{vmatrix}1 & 0 & \cdots & 0\\ 0 & 1 & \cdots & 1\\ 0 & x_2 & \cdots & x_n\\ \vdots & \vdots & & \vdots\\ 0 & x_2^{n-2} & \cdots & x_n^{n-2}\end{vmatrix}$$

$$=(x_2-x_1)\cdots(x_n-x_1)V_{n-1}(x_2\cdots x_n).$$

这就建立了行列式的递归公式(一级递归),由此立刻得到

$$V_n(x_1,\cdots,x_n)=\prod_{1\leqslant j<i\leqslant n}(x_i-x_j).$$

注记 1　我们可以利用域 F 上多元多项式环 $F[X_1,\cdots,X_n]$ 是唯一析因环这一事实求出 Vandermonde 行列式. 视 $V_n(X_1,\cdots,X_n)$ 为 $X_1,\cdots,X_n$ 的多项式,显然当 $X_i=X_j$ 时 $(i>j)$,$V_n(X_1,\cdots,X_n)=0$. 这说明 $V_n(X_1,\cdots,X_n)$ 含因子 X_i-X_j,故

$$V_n(X_1,\cdots,X_n)=\prod_{1\leqslant j<i\leqslant n}(X_i-X_j)\cdot f(X_1,\cdots,X_n),$$

其中 f 是 $X_1,\cdots,X_n$ 的多项式. 我们按 $X_n,X_{n-1},\cdots,X_1$ 的次序按字典排列法排列 $V_n(X_1,\cdots,X_n)$ 的各项,行列式对角线各元素的积 $X_n^{n-1}X_{n-1}^{n-2}\cdots X_2$ 显然是 V_n 的首项. 而 $\prod\limits_{1\leqslant j<i\leqslant n}(X_i-X_j)$ 的首项也为 $X_n^{n-1}X_{n-1}^{n-2}\cdots X_2$, 故 $f(X_1,\cdots,X_n)=1$.

例 2.16 （超 Vandermonde 行列式）

$$D_{n,i}=\begin{vmatrix}1 & 1 & \cdots & 1\\ x_1 & x_2 & \cdots & x_n\\ \vdots & \vdots & & \vdots\\ x_1^{i-1} & x_2^{i-1} & \cdots & x_n^{i-1}\\ x_1^{i+1} & x_2^{i+1} & \cdots & x_n^{i+1}\\ \vdots & \vdots & & \vdots\\ x_1^n & x_2^n & \cdots & x_n^n\end{vmatrix}.$$

解 注意此行列式与 Vandermonde 行列式的区别在于 x_j 的幂跳过 x_j^i，我们自然会想到把缺了的幂补起来，再利用 Vandermonde 行列式. 故令

$$\begin{aligned}V_{n+1}(x_1,\cdots,x_n,Z)&=\begin{vmatrix}1 & \cdots & 1 & 1\\ x_1 & \cdots & x_n & Z\\ \vdots & & \vdots & \vdots\\ x_1^i & \cdots & x_n^i & Z^i\\ \vdots & & \vdots & \vdots\\ x_1^n & \cdots & x_n^n & Z^n\end{vmatrix}\\ &=(Z-x_1)\cdots(Z-x_n)V_n(x_1,\cdots,x_n)\\ &=V_n(x_1,\cdots,x_n)\sum_{i=0}^{n}(-1)^{n-i}\sigma_{n-i}Z^i.\end{aligned}$$

另一方面，对 $V_{n+1}(x_1,\cdots,x_n,Z)$ 按最后一列进行 Laplace 展开，可知 Z^i 的代数余子式即是 $D_{n,i}(-1)^{n+i}$. 因此，视 $V_{n+1}(x_1,\cdots,x_n,Z)$ 为 Z 的多项式，则 $D_{n,i}(-1)^{n+i}$ 应是 Z^i 的系数. 故

$$D_{n,i}=(-1)^{n+i}\cdot(Z^i\text{ 的系数})=\sigma_{n-i}V_n(x_1,\cdots,x_n).$$

注记 2 ① 利用如例 2.16 中的添加一些行和列的方法，还可计算跳过两个幂的超 Vandermonde 行列式，及其他行列式.

② 注意当 $x_k=x_j$ 时 $D_{n,i}=0$，故 $D_{n,i}$ 也含因子 x_k-x_j，特别知

$$D_{n,i}=V_n(x_1,\cdots,x_n)\cdot f(x_1,\cdots,x_n).$$

因 $D_{n,i}$ 和 $V_n(x_1,\cdots,x_n)$ 皆是齐次反对称多项式，故 $f(x_1,\cdots,x_n)$ 应是 $n-i$ 次齐次对称多项式. 按 $x_n,\cdots,x_1$ 的次序字典排列时，$D_{n,i}$ 的首项为 $x_nx_{n-1}\cdots x_{i+1}$（V_n 的首项），故知 f 的首项为 $x_nx_{n-1}\cdots x_{i+1}$，由此可猜出 $f=\sigma_{n-i}$.

例 2.17　求 n 阶行列式

$$D_n = \begin{vmatrix} a & b & & & \\ c & a & b & & \\ & c & a & \ddots & \\ & & \ddots & \ddots & b \\ & & & c & a \end{vmatrix} \quad (a,b,c \in \mathbb{R}).$$

解　按第一行展开得

$$D_n = aD_{n-1} - bcD_{n-2}.$$

这称为**二阶递归式**，不像一阶递归那样可直接导出 D_n. 先改写为

$$D_n - aD_{n-1} + bcD_{n-2} = 0.$$

设方程 $X^2 - aX + bc = 0$ 的两根(可能是复数)为 α,β，则 $\alpha+\beta=a$，$\alpha\beta=bc$，故

$$D_n - (\alpha+\beta)D_{n-1} + \alpha\beta D_{n-2} = 0,$$

$$(D_n - \alpha D_{n-1}) = \beta(D_{n-1} - \alpha D_{n-2}).$$

记 $D_n - \alpha D_{n-1} = d_n$，则 $d_n = \beta d_{n-1}$，这就化成了一级递归式. 故

$$d_n = \beta^2 d_{n-2} = \cdots = \beta^{n-2} d_2 = \beta^{n-2}(D_2 - \alpha D_1) = \beta^n.$$

即知

$$\begin{aligned} D_n &= \beta^n + \alpha D_{n-1} = \beta^n + \alpha\beta^{n-1} + \alpha^2 D_{n-2} = \cdots \\ &= \beta^n + \alpha\beta^{n-1} + \alpha^2\beta^{n-2} + \cdots + \alpha^{n-1} D_1, \\ D_n &= \beta^n + \alpha\beta^{n-1} + \alpha^2\beta^{n-2} + \cdots + \alpha^{n-1}\beta + \alpha^n. \end{aligned}$$

也即

$$D_n = \begin{cases} \dfrac{\alpha^{n+1} - \beta^{n+1}}{\alpha - \beta}, & \text{当 } \alpha \neq \beta \text{ (即 } a^2 \neq 4bc\text{) 时;} \\ (n+1)a^n/2^n, & \text{当 } \alpha = \beta \text{ (即 } a^2 = 4bc\text{) 时.} \end{cases}$$

注记 3　对于高阶递归式，除像上述那样逐步降阶处理外，**母函数方法**是一个很好的方法，我们以上式为例说明此方法. 首先为了计算方便，按上述递归关系我们令 $D_0 = 1$.

为了求序列 $D_n(n=0,1,2,\cdots)$，令幂级数

$$f(X) = \sum_{n=0}^{\infty} D_n X^n$$

($f(X)$称为$\{D_n\}$的**母函数**). 按递归关系

$$D_n - aD_{n-1} + bcD_{n-2} = 0,$$

经简单计算可知

$$f(X) - af(X)X + bcf(X)X^2 = 1,$$

即

$$f(X)(1 - aX + bcX^2) = 1.$$

故

$$f(X) = \frac{1}{1 - aX + bcX^2} = \frac{1}{(1-\alpha X)(1-\beta X)}$$

$$= \left(\frac{\alpha}{1-\alpha X} - \frac{\beta}{1-\beta X}\right)\frac{1}{\alpha-\beta} \quad (设\ \alpha \neq \beta)$$

$$= \left(\alpha\sum_{n=0}^{\infty}\alpha^n X^n - \beta\sum_{n=0}^{\infty}\beta^n X^n\right)\frac{1}{\alpha-\beta}$$

$$= \sum_{n=0}^{\infty}\frac{\alpha^{n+1}-\beta^{n+1}}{\alpha-\beta}X^n.$$

故

$$D_n = \frac{\alpha^{n+1}-\beta^{n+1}}{\alpha-\beta} \quad (当\ \alpha \neq \beta).$$

当 $\alpha=\beta$ 时，由 $f(X)=1/(1-\alpha X)^2=\left(\sum_{n=0}^{\infty}\alpha^n X^n\right)^2$，也易算得 $D_n=(n+1)\alpha^n=\frac{(n+1)a^n}{2^n}$.
(此处用到形式幂级数运算，如 $(1-X)^{-1}=1+X+X^2+\cdots$，见习题 1 第 56 题)

例 2.18 求循环方阵 A 的行列式，这里

$$A = \begin{bmatrix} a_0 & a_1 & a_2 & \cdots & a_{n-1} \\ a_{n-1} & a_0 & a_1 & \cdots & a_{n-2} \\ \vdots & \vdots & \vdots & & \vdots \\ a_1 & a_2 & a_3 & \cdots & a_0 \end{bmatrix} \quad (a_{ij} \in \mathbb{C}).$$

解 首先注意，若 u 为 n 次单位根（即 $u^n=1$），则

$$A\begin{bmatrix} 1 \\ u \\ u^2 \\ \vdots \\ u^{n-1} \end{bmatrix} = \begin{bmatrix} a_0 + a_1 u + \cdots + a_{n-1}u^{n-1} \\ a_{n-1} + a_0 u + \cdots + a_{n-2}u^{n-1} \\ \vdots \\ a_1 + a_2 u + \cdots + a_0 u^{n-1} \end{bmatrix} = f(u)\begin{bmatrix} 1 \\ u \\ u^2 \\ \vdots \\ u^{n-1} \end{bmatrix},$$

其中 $f(u)=a_0+a_1u+\cdots+a_{n-1}u^{n-1}$，这里用到 $1=u^n$，$u=u^{n+1}$ 等.

我们设 $\omega=\exp(2\pi i/n)$ 为 n 次本原单位根（于是 $\omega^n=1$，$\omega^k\neq 1$（当 $0<k<n$））. 于是 1，$\omega^1,\omega^2,\cdots,\omega^{n-1}$ 互异且均为单位根，记

$$W_j = \begin{bmatrix} 1 \\ \omega^j \\ \omega^{2j} \\ \omega^{3j} \\ \vdots \\ \omega^{(n-1)j} \end{bmatrix}, \qquad 方阵\ W=(W_0,W_1,\cdots,W_{n-1}),$$

则由上述知 $AW_j=f(\omega^j)W_j$，故

$$\begin{aligned} AW &= (AW_0, AW_1, \cdots, AW_{n-1}) \\ &= (f(\omega^0)W_0, f(\omega)W_1, \cdots, f(\omega^{n-1})W_{n-1}) \end{aligned}$$

$$=(W_0,\cdots,W_{n-1})\begin{bmatrix}f(\omega^0)&&\\&\ddots&\\&&f(\omega^{n-1})\end{bmatrix}$$

$$=W\begin{bmatrix}f(1)&&&\\&f(\omega)&&\\&&\ddots&\\&&&f(\omega^{n-1})\end{bmatrix}.$$

因$|W|$是 Vandermonde 行列式，$|W|$非零，故上述方阵等式两边取行列式后知

$$|A|=f(1)f(\omega)\cdots f(\omega^{n-1}).$$

上述**循环行列式**还有多种变形，例如主对角线以下的元素都加上负号，或者主对角线以下元素都乘以λ. 只要把ω换为$\exp(\pi i/n)\omega$或$\sqrt[n]{\lambda}\omega$，仍按上述方法即可.

注意当$(a_0,a_1,\cdots,a_{n-1})=(1,2,\cdots,n)$时，对单位根$u=\omega^k\neq 1$总有

$$f(u)=1+2u+3u^2+\cdots+nu^{n-1},$$

$$f(u)-uf(u)=1+u+u^2+\cdots+u^{n-1}-n=-n,$$

故

$$f(u)=\frac{-n}{1-u},$$

而由$\dfrac{X^n-1}{X-1}=\prod\limits_{k=1}^{n-1}(X-\omega^k)$，知$\prod\limits_{k=1}^{n-1}(1-\omega^k)=n$，故由例 2.17 知，此时

$$\begin{aligned}|A|&=f(1)f(\omega)\cdots f(\omega^{n-1})\\&=\frac{n(n+1)}{2}\cdot(-n)^{n-1}\Big/\prod_{k=1}^{n-1}(1-\omega^k)\\&=\frac{n+1}{2}(-n)^{n-1}.\end{aligned}$$

这正好与例 2.14 中的行列式值一致(二者相差符号$(-1)^{\frac{(n-1)(n-2)}{2}}$).

例 2.19

$$D=\det\left(\frac{1}{a_i+b_j}\right)\underset{(i=1,\cdots,n-1)}{\overset{-c_n+c_i}{=\!=}}\begin{vmatrix}\dfrac{b_n-b_1}{(a_1+b_1)(a_1+b_n)}&\cdots&\dfrac{1}{a_1+b_n}\\\vdots&&\vdots\\\dfrac{b_n-b_1}{(a_n+b_1)(a_n+b_n)}&\cdots&\dfrac{1}{a_n+b_n}\end{vmatrix}$$

$$=\frac{(b_n-b_1)\cdots(b_n-b_{n-1})}{(a_1+b_n)\cdots(a_n+b_n)}\begin{vmatrix}\dfrac{1}{a_1+b_1}&\cdots&\dfrac{1}{a_1+b_{n-1}}&1\\\vdots&&\vdots&\vdots\\\dfrac{1}{a_n+b_1}&\cdots&\dfrac{1}{a_n+b_{n-1}}&1\end{vmatrix}$$

$$\underset{(i=1,\cdots,n-1)}{\overset{}{\underset{-r_n+r_i}{=}}} \frac{(b_n-b_1)\cdots(b_n-b_{n-1})}{(a_1+b_n)\cdots(a_n+b_n)} \cdot \begin{vmatrix} \frac{a_n-a_1}{(a_1+b_1)(a_n+b_1)} & \cdots & \frac{a_n-a_1}{(a_1+b_{n-1})(a_n+b_{n-1})} & 0 \\ \vdots & & \vdots & \\ \frac{a_n-a_{n-1}}{(a_{n-1}+b_1)(a_n+b_1)} & \cdots & \frac{a_n-a_{n-1}}{(a_{n-1}+b_{n-1})(a_n+b_{n-1})} & 0 \\ \frac{1}{a_n+b_1} & \cdots & \frac{1}{a_n+b_{n-1}} & 1 \end{vmatrix}$$

$$= \frac{\prod\limits_{j=1}^{n-1}(b_n-b_j)(a_n-a_j)}{\prod\limits_{i=1}^{n}(a_i+b_n)\prod\limits_{j=1}^{n-1}(a_n+b_j)} D_{n-1}$$

$$= \frac{\prod\limits_{1\leqslant j<i\leqslant n}(a_i-a_j)(b_i-b_j)}{\prod\limits_{1\leqslant i,j\leqslant n}(a_i+b_j)}.$$

例 2.20 $D=\begin{vmatrix} \sin\theta_1 & \sin 2\theta_1 & \cdots & \sin n\theta_1 \\ \vdots & \vdots & & \vdots \\ \sin\theta_n & \sin 2\theta_n & \cdots & \sin n\theta_n \end{vmatrix}$.

解 记 $\varepsilon_k=\cos\theta_k+\sqrt{-1}\sin\theta_k$，则 $\sin l\theta_k=\dfrac{\varepsilon_k^l-\bar{\varepsilon}_k^l}{2\sqrt{-1}}$，$\varepsilon_k\bar{\varepsilon}_k=1$. 故

$$D=\frac{1}{(2\sqrt{-1})^n}\begin{vmatrix} \varepsilon_1-\bar{\varepsilon}_1 & \varepsilon_1^2-\bar{\varepsilon}_1^2 & \cdots & \varepsilon_1^n-\bar{\varepsilon}_1^n \\ \vdots & \vdots & & \vdots \\ \varepsilon_n-\bar{\varepsilon}_n & \varepsilon_n^2-\bar{\varepsilon}_n^2 & \cdots & \varepsilon_n^n-\bar{\varepsilon}_n^n \end{vmatrix}$$

$$=\frac{(\varepsilon_1-\bar{\varepsilon}_1)\cdots(\varepsilon_n-\bar{\varepsilon}_n)}{(2\sqrt{-1})^n}\begin{vmatrix} 1 & \varepsilon_1+\bar{\varepsilon}_1 & \cdots & \varepsilon_1^{n-1}+\varepsilon_1^{n-2}\bar{\varepsilon}_1+\cdots+\varepsilon_1\bar{\varepsilon}_1^{n-2}+\bar{\varepsilon}_1^{n-1} \\ \vdots & \vdots & & \vdots \\ 1 & \varepsilon_n+\bar{\varepsilon}_n & \cdots & \varepsilon_n^{n-1}+\varepsilon_n^{n-2}\bar{\varepsilon}_n+\cdots+\varepsilon_n\bar{\varepsilon}_n^{n-2}+\bar{\varepsilon}_n^{n-1} \end{vmatrix}.$$

注意

$$\begin{aligned} &\varepsilon_1^{n-1}+\varepsilon_1^{n-2}\bar{\varepsilon}_1+\varepsilon_1^{n-3}\bar{\varepsilon}_1^2+\cdots+\varepsilon_1^2\bar{\varepsilon}_1^{n-3}+\varepsilon_1\bar{\varepsilon}_1^{n-2}+\bar{\varepsilon}_1^{n-1} \\ =&\varepsilon_1^{n-1}+\varepsilon_1^{n-3}+\varepsilon_1^{n-5}+\cdots+\bar{\varepsilon}_1^{n-5}+\bar{\varepsilon}_1^{n-3}+\bar{\varepsilon}_1^{n-1} \\ =&(\varepsilon_1^{n-1}+\bar{\varepsilon}_1^{n-1})+(\varepsilon_1^{n-3}+\bar{\varepsilon}_1^{n-3})+(\varepsilon_1^{n-5}+\bar{\varepsilon}_1^{n-5})+\cdots, \end{aligned}$$

故若把第 $n-2$ 列的 -1 倍加到最后一列去，再把第 $n-3$ 列的 -1 倍加到第 $n-1$ 列，等等，则

$$D=\frac{(\varepsilon_1-\bar{\varepsilon}_1)\cdots(\varepsilon_n-\bar{\varepsilon}_n)}{(2\sqrt{-1})^n}\begin{vmatrix}1 & \varepsilon_1+\bar{\varepsilon}_1 & \varepsilon_1^2+\bar{\varepsilon}_1^2 & \cdots & \varepsilon_1^{n-1}+\bar{\varepsilon}_1^{n-1}\\ \vdots & \vdots & \vdots & & \vdots\\ 1 & \varepsilon_n+\bar{\varepsilon}_n & \varepsilon_n^2+\bar{\varepsilon}_n^2 & \cdots & \varepsilon_n^{n-1}+\bar{\varepsilon}_n^{n-1}\end{vmatrix}.$$

按同样的理由可知

$$\begin{aligned}D&=\frac{(\varepsilon_1-\bar{\varepsilon}_1)\cdots(\varepsilon_n-\bar{\varepsilon}_n)}{(2\sqrt{-1})^n}\begin{vmatrix}1 & \varepsilon_1+\bar{\varepsilon}_1 & (\varepsilon_1+\bar{\varepsilon}_1)^2 & \cdots & (\varepsilon_1+\bar{\varepsilon}_1)^{n-1}\\ \vdots & \vdots & \vdots & & \vdots\\ 1 & \varepsilon_n+\bar{\varepsilon}_n & (\varepsilon_n+\bar{\varepsilon}_n)^2 & \cdots & (\varepsilon_n+\bar{\varepsilon}_n)^{n-1}\end{vmatrix}\\ &=\sin\theta_1\cdots\sin\theta_n\prod_{1\leqslant j<i\leqslant n}(\varepsilon_i+\bar{\varepsilon}_i-\varepsilon_j-\bar{\varepsilon}_j)\\ &=\sin\theta_1\cdots\sin\theta_n\prod_{j<i}2(\cos\theta_i-\cos\theta_j)\\ &=2^{n(n-1)/2}\sin\theta_1\cdots\sin\theta_n\prod_{1\leqslant j<i\leqslant n}(\cos\theta_i-\cos\theta_j).\end{aligned}$$

习 题 2

1. 试计算下列排列的逆序数,从而决定它们的奇偶性.

(1) 1 3 5 2 4 8 6 7;

(2) 9 5 3 8 4 6 2 1 7;

(3) 7 1 6 2 5 3 4.

2. 在下列由 1,2,3,4,5,6,7,8,9 这 9 个自然数组成的 9 级排列中,选择 i,k 使

(1) (1 4 2 5 i 7 k 9 6)为奇排列; (2) (3 7 2 9 i 1 4 k 5)为偶排列.

3. 在数 $1,2,\cdots,n$ 组成的任意一个 n 级排列中,逆序数和正序数的和等于多少?

4. 已知排列 $a_1,a_2,\cdots,a_n$ 的逆序数等于 k,问:排列 $a_n,a_{n-1},\cdots,a_2,a_1$ 的逆序数等于多少?

5. 在由自然数 $1,2,\cdots,n$ 组成的所有 n 级排列中,一共有多少个逆序?

6. 证明:在 n 级排列中,奇偶排列各半.

7. 选取 i,k 的值使乘积 $a_{62}a_{i5}a_{34}a_{k3}a_{41}a_{26}$ 含于六阶行列式且带有正号.

8. n 阶行列式 $\det(a_{ij})$ 的反对角线元素之积(即 $a_{1n}a_{2,n-1}\cdots a_{n1}$)一项有怎样的正负号?

9. 如果 n 阶行列式中所有元素变号,则行列式值如何变化?

10. 如果行列式中每一个元素 a_{ik} 乘以 $c^{i-k}(c\neq 0)$,问行列式值有什么变化?

11. 计算下列行列式:

(1) $\begin{vmatrix}1 & 0 & 0 & 0 & 0\\ 2 & 3 & 0 & 0 & 0\\ 4 & 5 & 6 & 0 & 0\\ 7 & 8 & 9 & 1 & -2\\ 10 & 11 & 12 & 3 & 4\end{vmatrix}$; (2) $\begin{vmatrix}0 & 1 & 0 & \cdots & 0\\ 0 & 0 & 2 & \ddots & \vdots\\ \vdots & \vdots & \ddots & \ddots & 0\\ 0 & 0 & \cdots & 0 & n-1\\ n & 0 & \cdots & 0 & 0\end{vmatrix}$;

$$(3)\ \begin{vmatrix} 0 & \cdots & 0 & 2 & 0 \\ \vdots & \iddots & 3 & 0 & 0 \\ 0 & \iddots & \iddots & \vdots & \vdots \\ n & 0 & 0 & \cdots & 0 \\ 0 & 0 & \cdots & 0 & 1 \end{vmatrix};\quad (4)\ \begin{vmatrix} -a_1 & -a_2 & \cdots & -a_{n-1} & -a_n \\ 1 & 0 & \cdots & 0 & 0 \\ 0 & 1 & 0 & \cdots & 0 \\ \vdots & \ddots & \ddots & \ddots & \vdots \\ 0 & \cdots & 0 & 1 & 0 \end{vmatrix}.$$

12. 由行列式定义计算

$$f(x)=\begin{vmatrix} 4x & 3x & 2 & 1 \\ 1 & x & 1 & -1 \\ 3 & 2 & 2x & 1 \\ 1 & 0 & 1 & x \end{vmatrix}$$

中 x^4，x^3 的系数.

13. 设 α,β,γ 是方程 $x^3-1=0$ 的根，求行列式

$$\begin{vmatrix} \alpha & \beta & \gamma \\ \gamma & \alpha & \beta \\ \beta & \gamma & \alpha \end{vmatrix}$$

的值.

14. 计算行列式：

$$(1)\ \begin{vmatrix} a & b & c \\ a & a+b & a+b+c \\ a & 2a+b & 3a+2b+c \end{vmatrix};\quad (2)\ \begin{vmatrix} -3 & 1 & 2 \\ 2 & 3 & -1 \\ 1 & -2 & 3 \end{vmatrix};\quad (3)\ \begin{vmatrix} 46 & 24 & 36 \\ 80 & 34 & 70 \\ 124 & 44 & 114 \end{vmatrix};$$

$$(4)\ \begin{vmatrix} 5 & 6 & 7 & 8 \\ 6 & 7 & 8 & 5 \\ 7 & 8 & 5 & 6 \\ 8 & 5 & 6 & 7 \end{vmatrix};\quad (5)\ \begin{vmatrix} (a-1)^2 & a^2 & (a+1)^2 & 1 \\ (b-1)^2 & b^2 & (b+1)^2 & 1 \\ (c-1)^2 & c^2 & (c+1)^2 & 1 \\ (d-1)^3 & d^2 & (d+1)^2 & 1 \end{vmatrix};\quad (6)\ \begin{vmatrix} 1 & -1 & 1 & 1 \\ 1 & -1 & -1 & -1 \\ 1 & 1 & -1 & -1 \\ 1 & 1 & 1 & -1 \end{vmatrix};$$

$$(7)\ \begin{vmatrix} 7 & 6 & 5 \\ 1 & 2 & 1 \\ 3 & -2 & 1 \end{vmatrix};\quad (8)\ \begin{vmatrix} 2 & 1 & 3 & 2 \\ 3 & 0 & 1 & -2 \\ 1 & -1 & 4 & 3 \\ 2 & 2 & -1 & 1 \end{vmatrix}.$$

15. 如果 $\begin{vmatrix} x & y & z \\ 3 & 0 & 2 \\ 1 & 1 & 1 \end{vmatrix}=1$，计算下面各行列式之值：

$$(1)\ \begin{vmatrix} 2x & 2y & 2z \\ \frac{3}{2} & 0 & 1 \\ 1 & 1 & 1 \end{vmatrix};\quad (2)\ \begin{vmatrix} x & y & z \\ 3x+3 & 3y & 3z+2 \\ x+1 & y+1 & z+1 \end{vmatrix};\quad (3)\ \begin{vmatrix} x-1 & y-1 & z-1 \\ 4 & 1 & 3 \\ 1 & 1 & 1 \end{vmatrix}.$$

16. 计算 n 阶行列式

(1) $\begin{vmatrix} 1 & 2 & \cdots & n-1 & n \\ 2 & 3 & \cdots & n & n \\ \vdots & \vdots & \iddots & \vdots & \vdots \\ n-1 & n & \cdots & n & n \\ n & n & \cdots & n & n \end{vmatrix}$；(2) $\begin{vmatrix} 1 & 1 & 1 & \cdots & 1 & 1 \\ b_1 & a_1 & a_1 & \cdots & a_1 & a_1 \\ b_1 & b_2 & a_2 & \cdots & a_2 & a_2 \\ \vdots & \vdots & \vdots & \ddots & \vdots & \vdots \\ b_1 & b_2 & b_3 & \cdots & a_{n-1} & a_{n-1} \\ b_1 & b_2 & b_3 & \cdots & b_n & a_n \end{vmatrix}$；

(3) $\begin{vmatrix} \alpha & \beta & \beta & \cdots & \beta \\ \beta & \alpha & \beta & \cdots & \beta \\ \beta & \beta & \alpha & \ddots & \vdots \\ \vdots & \vdots & \ddots & \ddots & \beta \\ \beta & \beta & \cdots & \beta & \alpha \end{vmatrix}$；　(4) $\begin{vmatrix} 1 & 2 & 3 & \cdots & n-1 & n \\ 1 & 3 & 3 & \cdots & n-1 & n \\ 1 & 2 & 5 & \cdots & n-1 & n \\ \vdots & \vdots & \vdots & \ddots & \vdots & \vdots \\ 1 & 2 & 3 & \cdots & 2n-3 & n \\ 1 & 2 & 3 & \cdots & n-1 & 2n-1 \end{vmatrix}$.

17. 如果对从第二列开始的每一列加上它前面的一列，同时对第一列加上原先最后面的一列，问行列式值如何变化？

18. 如果在行列式中，偶数号码各行的和等于奇数号码各行的和，问行列式值等于什么？

19. 如果除最后一行外，从每一行减去后面的一行，而从最后一行减去原先的第一行，问行列式值如何变化？

20. 证明：对实数域上奇数阶的行列式 $\det(a_{ij})$，如果 $a_{ij}=-a_{ji}$ 对任意 i,j 成立，则 $\det(a_{ij})=0$.

21. 证明：如果行列式关于主对角线对称的元素是共轭复数，则行列式值是实数.

22. 一个 n 阶行列式的元素由条件 $a_{ij}=\max(i,j)$ 给定，试计算此行列式.

23. 设 A 为 n 阶方阵，α 为 $n\times 1$ 矩阵，β 为 $1\times n$ 矩阵，且 $\begin{vmatrix} A & \alpha \\ \beta & b \end{vmatrix}=0$. 求证：$\begin{vmatrix} A & \alpha \\ \beta & c \end{vmatrix}=(c-b)\det A$.

24. 计算行列式

(1) $\begin{vmatrix} 1 & 1 & 1 & 1 & 1 & 1 \\ 1 & 1 & 1 & -1 & -1 & -1 \\ 1 & 1 & -1 & -1 & 1 & 1 \\ 1 & -1 & -1 & 1 & -1 & 1 \\ 1 & -1 & 1 & -1 & 1 & 1 \\ 1 & -1 & -1 & 1 & 1 & -1 \end{vmatrix}$；　(2) $\begin{vmatrix} 1 & 1 & 1 & 1 \\ a & b & c & d \\ a^2 & b^2 & c^2 & d^2 \\ a^4 & b^4 & c^4 & d^4 \end{vmatrix}$；

(3) $\begin{vmatrix} 1 & 0 & \cdots & 0 & \beta_1 \\ 0 & \ddots & \ddots & \vdots & \beta_2 \\ \vdots & \ddots & \ddots & 0 & \vdots \\ 0 & \cdots & 0 & 1 & \beta_n \\ \alpha_1 & \alpha_2 & \cdots & \alpha_n & 0 \end{vmatrix}$；　(4) $\begin{vmatrix} x & y & 0 & \cdots & 0 \\ 0 & x & y & \ddots & \vdots \\ \vdots & 0 & \ddots & \ddots & 0 \\ 0 & \vdots & \ddots & x & y \\ y & 0 & \cdots & 0 & x \end{vmatrix}_{n\times n}$；

(5) $\begin{vmatrix} 1 & 1 & \cdots & 1 \\ x_1 & x_2 & \cdots & x_n \\ x_1^2 & x_2^2 & \cdots & x_n^2 \\ \vdots & \vdots & & \vdots \\ x_1^{n-2} & x_2^{n-2} & \cdots & x_n^{n-2} \\ x_1^n & x_2^n & \cdots & x_n^n \end{vmatrix}$； (6) $\begin{vmatrix} a_{11} & 1 & a_{12} & 1 & \cdots & a_{1n} & 1 \\ 1 & 0 & 1 & 0 & \cdots & 1 & 0 \\ a_{21} & x_1 & a_{22} & x_2 & \cdots & a_{2n} & x_n \\ x_1 & 0 & x_2 & 0 & \cdots & x_n & 0 \\ a_{31} & x_1^2 & a_{32} & x_2^2 & \cdots & a_{3n} & x_n^2 \\ x_1^2 & 0 & x_2^2 & 0 & \cdots & x_n^2 & 0 \\ \vdots & \vdots & \vdots & \vdots & & \vdots & \vdots \\ a_{n1} & x_1^{n-1} & a_{n2} & x_2^{n-1} & \cdots & a_{nn} & x_n^{n-1} \\ x_1^{n-1} & 0 & x_2^{n-1} & 0 & \cdots & x_n^{n-1} & 0 \end{vmatrix}$.

25. 设 n 阶行列式 $\det A$ 的元素 a_{ij} 都是变数 t 的可微函数. 试证明**行列式的微分**可如下计算：

(1) $\dfrac{\mathrm{d}(\det A)}{\mathrm{d}t}=\det A_1+\cdots+\det A_n$，其中 A_i 为对 A 的第 i 行微分（其余行不变）所得方阵（$i=1,\cdots,n$）；

(2) $\dfrac{\mathrm{d}(\det A)}{\mathrm{d}t}=\displaystyle\sum_{i,j=1}^{n}\frac{\mathrm{d}a_{ij}(t)}{\mathrm{d}t}A_{ij}$.

26. 设 $\det A=\begin{vmatrix} a_{11} & a_{12} & \cdots & a_{1n} \\ a_{21} & a_{22} & \cdots & a_{2n} \\ \vdots & \vdots & & \vdots \\ a_{n-1,1} & a_{n-1,2} & \cdots & a_{n-1,n} \\ 1 & 1 & \cdots & 1 \end{vmatrix}$，

用 $\det A_j$（$j=1,2,\cdots,n$）表示把 $\det A$ 中第 j 列元素换为 $x_1,x_2,\cdots,x_{n-1},1$ 后而得到的新行列式. 试证：

$$\sum_{j=1}^{n}\det A_j=\det A.$$

27. 如果 $a_{ii}>0(i=1,2,\cdots,n)$，$a_{ij}<0(i\neq j)$，又设 $\displaystyle\sum_{i=1}^{n}a_{ij}>0(j=1,2,\cdots,n)$. 试证行列式

$$\begin{vmatrix} a_{11} & \cdots & a_{1n} \\ \vdots & & \vdots \\ a_{n1} & \cdots & a_{nn} \end{vmatrix}>0.$$

28. 用 Cramer 法则解线性方程组

(1) $\begin{cases} 2x_1+x_2-5x_3+x_4=8 \\ x_1-3x_2-6x_4=9 \\ 2x_2-x_3+2x_4=-5 \\ x_1+4x_2-7x_3+6x_4=0 \end{cases}$； (2) $\begin{cases} x_2+x_3+x_4=1 \\ x_1+x_3+x_4=2 \\ x_1+x_2+x_4=3 \\ x_1+x_2+x_3=4 \end{cases}$；

(3) $\begin{cases} 2x_1+3x_2+11x_3+5x_4=2 \\ x_1+x_2+5x_3+2x_4=1 \\ 2x_1+x_2+3x_3+2x_4=-3 \\ x_1+x_2+3x_3+4x_4=-3 \end{cases}$； (4) $\begin{cases} 3x_1+4x_2+x_3+2x_4+3=0 \\ 3x_1+5x_2+3x_3+5x_4+6=0 \\ 6x_1+8x_2+x_3+5x_4+8=0 \\ 3x_1+5x_2+3x_3+7x_4+8=0 \end{cases}$.

29. 设 $a_1,a_2,\cdots,a_n$ 是数域 F 中互不相同的数，$b_1,b_2,\cdots,b_n$ 是数域 F 中任一组给定的数，用 Cramer 法则证明：存在唯一的数域 F 上次数小于 n 的多项式 $f(X)$，使

$$f(a_i)=b_i.$$

30. 用古典伴随矩阵求下列方阵的逆：

$$\begin{bmatrix} a & b \\ c & d \end{bmatrix};\quad \begin{bmatrix} 2 & 3 & 2 \\ 6 & 0 & 3 \\ 4 & 1 & -1 \end{bmatrix};\quad \begin{bmatrix} \cos\theta & 0 & -\sin\theta \\ 0 & 1 & 0 \\ \sin\theta & 0 & \cos\theta \end{bmatrix}.$$

31. 求下列矩阵的积：

$$\begin{bmatrix} a & -b \\ b & a \end{bmatrix}^4;\quad \begin{bmatrix} \cos\theta & -\sin\theta \\ \sin\theta & \cos\theta \end{bmatrix}^4;\quad \begin{bmatrix} 1 & 1 \\ -1 & 1 \end{bmatrix}\begin{bmatrix} 1 & -1 \\ 1 & 1 \end{bmatrix};$$

$$\begin{bmatrix} a & e & u \\ b & f & v \\ c & g & w \end{bmatrix}\begin{bmatrix} x \\ y \\ z \end{bmatrix};\quad \begin{bmatrix} a & e & u \\ b & f & v \\ c & g & w \end{bmatrix}\begin{bmatrix} x & i \\ y & i \\ z & k \end{bmatrix};$$

$$(x,y,z)\begin{bmatrix} a & b & c \\ e & f & g \\ u & v & w \end{bmatrix};\quad \begin{bmatrix} x & y & z \\ i & j & k \end{bmatrix}\begin{bmatrix} a & b & c \\ e & f & g \\ u & v & w \end{bmatrix}.$$

32. 设

$$A=\begin{bmatrix} \lambda_1 & & \\ & \ddots & \\ & & \lambda_n \end{bmatrix},$$

$B=(b_{ij})$，求 AB，BA.

33. (1) 证明两个上三角形方阵的积仍为上三角形($A=(a_{ij})$为上三角形是指当 $i>j$ 时 $a_{ij}=0$).

(2) 证明两个下三角形方阵的积仍为下三角形(若当 $i<j$ 时 $a_{ij}=0$ 则称 A 为下三角形).

34. 计算 n 阶行列式 $\det(a_{ij})$，它的元素由条件 $a_{ij}=|i-j|$ 所给定.

35. 设 n 阶方阵 A 的元素全为 1 或 -1，求证：$\det A$ 被 2^{n-1} 整除.

36. 计算 n 阶行列式

(1) $\begin{vmatrix} 2n & n & 0 & \cdots & 0 \\ n & 2n & n & \ddots & \vdots \\ 0 & n & \ddots & \ddots & 0 \\ \vdots & \ddots & \ddots & 2n & n \\ 0 & \cdots & 0 & n & 2n \end{vmatrix}$；　(2) $\begin{vmatrix} a+b & ab & 0 & \cdots & 0 \\ 1 & a+b & ab & \ddots & \vdots \\ 0 & 1 & \ddots & \ddots & 0 \\ \vdots & \ddots & \ddots & a+b & ab \\ 0 & \cdots & 0 & 1 & a+b \end{vmatrix}$；

(3) $\begin{vmatrix} 1+x_1 & 1+x_1^2 & \cdots & 1+x_1^n \\ 1+x_2 & 1+x_2^2 & \cdots & 1+x_2^n \\ \vdots & \vdots & & \vdots \\ 1+x_n & 1+x_n^2 & \cdots & 1+x_n^n \end{vmatrix}$；　(4) $\begin{vmatrix} \lambda & & & -a_{n-1} \\ -1 & \ddots & & \vdots \\ & \ddots & \lambda & -a_1 \\ & & -1 & \lambda-a_0 \end{vmatrix}$；

(5) $\begin{vmatrix} C_0^m & C_1^m & \cdots & C_{n-1}^m \\ C_0^{m+1} & C_1^{m+1} & \cdots & C_{n-1}^{m+1} \\ \vdots & \vdots & & \vdots \\ C_0^{m+n-1} & C_1^{m+n-1} & \cdots & C_{n-1}^{m+n-1} \end{vmatrix}$；　(6) $\begin{vmatrix} a_1b_1 & a_1b_2 & a_1b_3 & \cdots & a_1b_n \\ a_1b_2 & a_2b_2 & a_2b_3 & \cdots & a_2b_n \\ a_1b_3 & a_2b_3 & a_3b_3 & \cdots & a_3b_n \\ \vdots & \vdots & \vdots & & \vdots \\ a_1b_n & a_2b_n & a_3b_n & \cdots & a_nb_n \end{vmatrix}$.

37. Fibonacci 数(费波那奇数)F_i 由条件 $F_0=F_1=1, F_2=2, F_n=F_{n-1}+F_{n-2}(n\geqslant 3)$所定义，求证：

$$F_n=\begin{vmatrix} 1 & 1 & 0 & \cdots & 0 \\ -1 & 1 & 1 & \ddots & \vdots \\ 0 & -1 & \ddots & \ddots & 0 \\ \vdots & \ddots & \ddots & 1 & 1 \\ 0 & \cdots & 0 & -1 & 1 \end{vmatrix}_{n\times n} \quad (n\geqslant 1).$$

38. 计算 n 阶行列式

$$\begin{vmatrix} 1 & a_1 & \cdots & a_1^k & a_1^{k+3} & \cdots & a_1^{n+1} \\ 1 & a_2 & \cdots & a_2^k & a_2^{k+3} & \cdots & a_2^{n+1} \\ \vdots & \vdots & & \vdots & \vdots & & \vdots \\ 1 & a_n & \cdots & a_n^k & a_n^{k+3} & \cdots & a_n^{n+1} \end{vmatrix}.$$

39. 设 a_{ij}，b_{ij} 分别为 n 阶行列式 $\det A$，$\det B$ 的元素，且满足 $b_{ij}=\sum\limits_{k=1}^{n}a_{ik}-a_{ij}(i=1,\cdots,n, j=1, 2\cdots n)$，试证明：

$$\det B=(-1)^{n-1}(n-1)\det A.$$

40. 设 $\det A$ 元素为 a_{ij}，行列式

$$D=\begin{vmatrix} a_{11}+x & a_{12}+x & \cdots & a_{1n}+x \\ a_{21}+x & a_{22}+x & \cdots & a_{2n}+x \\ \vdots & \vdots & & \vdots \\ a_{n1}+x & a_{n2}+x & \cdots & a_{nn}+x \end{vmatrix},$$

试证 $D=\det A+x\sum\limits_{i,j=1}^{n}A_{ij}$，其中 A_{ij} 为 a_{ij} 在 $\det A$ 中的代数余子式.

41. 设 $A=(\alpha_{ij})$，A_{ij} 是 α_{ij} 在 $\det A$ 中的代数余子式，求证

$$\begin{vmatrix} \alpha_{11}-\alpha_{12} & \alpha_{12}-\alpha_{13} & \cdots & \alpha_{1\,n-1}-\alpha_{1n} & 1 \\ \alpha_{21}-\alpha_{22} & \alpha_{22}-\alpha_{23} & \cdots & \alpha_{2\,n-1}-\alpha_{2n} & 1 \\ \vdots & \vdots & & \vdots & \vdots \\ \alpha_{n1}-\alpha_{n2} & \alpha_{n2}-\alpha_{n3} & \cdots & \alpha_{n\,n-1}-\alpha_{nn} & 1 \end{vmatrix}=\sum_{i,j=1}^{n}A_{ij}.$$

42. 计算 n 阶行列式

(1) $\begin{vmatrix} a_1+b_1 & a_1+b_2 & \cdots & a_1+b_n \\ a_2+b_1 & a_2+b_2 & \cdots & a_2+b_n \\ \vdots & \vdots & & \vdots \\ a_n+b_1 & a_n+b_2 & \cdots & a_n+b_n \end{vmatrix}$；　(2) $\begin{vmatrix} \sin 2\alpha_1 & \sin(\alpha_1+\alpha_2) & \cdots & \sin(\alpha_1+\alpha_n) \\ \sin(\alpha_2+\alpha_1) & \sin 2\alpha_2 & \cdots & \sin(\alpha_2+\alpha_n) \\ \vdots & \vdots & & \vdots \\ \sin(\alpha_n+\alpha_1) & \sin(\alpha_n+\alpha_2) & \cdots & \sin 2\alpha_n \end{vmatrix}$；

(3) $\begin{vmatrix} \lambda & 2 & 3 & \cdots & n \\ 1 & \lambda+1 & 3 & \cdots & n \\ 1 & 2 & \lambda+2 & \cdots & \vdots \\ \vdots & \vdots & \vdots & \ddots & n \\ 1 & 2 & 3 & \cdots & \lambda+n-1 \end{vmatrix}$；(4) $\begin{vmatrix} a_0 & a_1 & a_2 & \cdots & a_{n-1} \\ \mu a_{n-1} & a_0 & a_1 & \ddots & \vdots \\ \mu a_{n-2} & \mu a_{n-1} & \ddots & \ddots & a_2 \\ \vdots & \vdots & \ddots & a_0 & a_1 \\ \mu a_1 & \cdots & \cdots & \mu a_{n-1} & a_0 \end{vmatrix}$，其中 μ 为任一数；

(5) $\begin{vmatrix} a_1 & a_2 & a_3 & \cdots & a_n \\ -a_n & a_1 & a_2 & \cdots & a_{n-1} \\ -a_{n-1} & -a_n & a_1 & \ddots & \vdots \\ \vdots & \vdots & \ddots & \ddots & a_2 \\ -a_2 & -a_3 & \cdots & -a_n & a_1 \end{vmatrix}$.

43. 设 $s_k=\lambda_1^k+\lambda_2^k+\cdots+\lambda_n^k(k=1,2,\cdots)$，求证：

$$\begin{vmatrix} n & s_1 & s_2 & \cdots & s_{n-1} \\ s_1 & s_2 & s_3 & \cdots & s_n \\ \vdots & \vdots & \vdots & & \vdots \\ s_{n-1} & s_n & s_{n+1} & \cdots & s_{2n-2} \end{vmatrix} = \prod_{1\leqslant j<i\leqslant n}(\lambda_i-\lambda_j)^2.$$

44. 计算行列式

$$\begin{vmatrix} 1+a_1+b_1 & a_1+b_2 & \cdots & a_1+b_n \\ a_2+b_1 & 1+a_2+b_2 & \cdots & a_2+b_n \\ \vdots & \vdots & \ddots & \vdots \\ a_n+b_1 & a_n+b_2 & \cdots & 1+a_n+b_n \end{vmatrix}.$$

45. 计算 n 阶行列式

$$\begin{vmatrix} 1+a_1 & 1 & \cdots & 1 \\ 1 & 1+a_2 & \ddots & \vdots \\ \vdots & \ddots & \ddots & 1 \\ 1 & \cdots & 1 & 1+a_n \end{vmatrix}.$$

第3章

线 性 方 程 组

3.1 Gauss消元法

设 F 为任一域，考虑线性方程组

$$\begin{cases} a_{11}x_1 + a_{12}x_2 + \cdots + a_{1n}x_n = b_1, \\ \quad\cdots\cdots \\ a_{m1}x_1 + a_{m2}x_2 + \cdots + a_{mn}x_n = b_m. \end{cases} \tag{3.1.1}$$

其中 $a_{ij} \in F$ 称为方程组系数，$b_i \in F$ 称为常数项 $(1 \leqslant i \leqslant m, 1 \leqslant j \leqslant n)$，$x_1, \cdots, x_n$ 称为**未知元**(或**变元**)．此方程组称为域 F 上的 n(变)元 m 个方程的方程组．$m \times n$ 矩阵 $A = (a_{ij})$ 称为**系数矩阵**．此方程组也可记为

$$Ax = b, \tag{3.1.1$'$}$$

其中 $x = (x_1, \cdots, x_n)^{\mathrm{T}}$ 为**未知元列**，$b = (b_1, \cdots, b_m)^{\mathrm{T}}$ 为**常数项列**．若 $x_i = t_i (i = 1, \cdots, n)$ 为方程组的解(即代入方程组(3.1.1)之后方程均为恒等式)，则称 $t = (t_1, \cdots, t_n)^{\mathrm{T}}$ 为方程组的**解**，**解列**，或**解(列)向量**．

对方程组的**初等变换**是指以下三种方程组的变形：

(1) 交换两个方程的位置；

(2) 用非零常数 $\lambda \in F$ 乘某方程的两边；

(3) 把一个方程的常数倍加到另一方程上去．

显然这三种变换都是**可逆的**，且用同种变换可以变回原来的方程组．例如第三种变换“把第 i 个方程的 λ 倍加到第 j 个方程”的逆为“把第 i 个方程的 $(-\lambda)$ 倍加到第 j 个方程．”而且，这三种初等变换都不改变方程组的解．解相同的两个方程组称为**同解方程组**．

以下希望运用三种初等变换来尽量简化方程组(3.1.1)

例如对方程组

$$\begin{cases} x_1 + 2x_2 + 3x_3 = 1, \\ 2x_1 + 5x_2 + 4x_3 = 3, \\ 2x_1 + 4x_2 + 6x_3 = 2. \end{cases}$$

将第 1 个方程的 -2 倍加到第 2,3 个方程,再将第 2 个方程的 -2 倍加到第 1 个方程,则原方程组化为

$$\begin{cases} x_1 + 0x_2 + 7x_3 = -1, \\ x_2 - 2x_3 = 1, \\ 0 = 0. \end{cases}$$

其解为 $x_1 = -7t-1$, $x_2 = 2t+1$, $x_3 = t$ (t 任意取值).

再如,方程组

$$\begin{cases} x_1 + 2x_2 + 3x_3 = 1, \\ 2x_1 + 4x_2 + 6x_3 = 3. \end{cases}$$

可化为

$$\begin{cases} x_1 + 2x_2 + 3x_3 = 1, \\ 0 = 1. \end{cases}$$

可知此方程组是无解的.

对于一般的方程组(3.1.1),首先看 x_1 的系数 $a_{11}, a_{21}, \cdots, a_{m1}$,如果全为零,我们转而看 x_2 的系数;如果不全为零,经第 1 种初等变换后可设 $a_{11} \neq 0$;再经第 2 种初等变换后可设 $a_{11} = 1$;再经第 3 种初等变换,即把第 1 个方程的 $(-a_{i1})$ 倍加到第 i 个方程上去,可设

$$(a_{11}, a_{21}, \cdots, a_{m1}) = (1, 0, \cdots, 0).$$

于是再看 x_2 的系数 $a_{22}, \cdots, a_{m2}$,若不全为零,则按上述同样方法对第 $2, \cdots, n$ 个方程进行初等变换后,可设 $(a_{22}, a_{32}, \cdots, a_{m2}) = (1, 0, \cdots, 0)$,再把第 2 个方程的 $(-a_{12})$ 倍加到第一个方程后,可设 $a_{12} = 0$. 如此下去,对 $x_3, \cdots, x_n$ 的系数以及常数项,依次按上述同样方法处理后,可把方程组(3.1.1)化为如下形式(最后一个方程也可能没有,这常被归于 $b'_{r+1} = 0$ 的情形):

$$\begin{cases} x_{i_1} + a'_{1(i_1+1)} x_{i_1+1} + \cdots + 0x_{i_2} + \cdots + 0x_{i_r} + \cdots + a'_{1n} x_n = b'_1, \\ x_{i_2} + \cdots + 0x_{i_r} + \cdots + a'_{2n} x_n = b'_2, \\ \cdots\cdots \\ x_{i_r} + \cdots + a'_{rn} x_n = b'_r, \\ 0 = b'_{r+1}. \end{cases} \tag{3.1.2}$$

这样的方程组称为**(既约)阶梯形方程组**. 此时有两种情形:(1) 若 $b'_{r+1} \neq 0$,则最后一个方程 $0 = b'_{r+1}$ 不能成立,故方程组(3.1.2)无解;从而方程组(3.1.1)无解;(2) 若 $b'_{r+1} = 0$,则方程组(3.1.2)实际上只有 r 个方程,$x_{i_1}, \cdots, x_{i_r}$ 之外的 $n-r$ 个未知元均可任意取值,称为**自由变元**或**自由未知元**,且自由未知元的值唯一地决定着 $x_{i_1}, \cdots, x_{i_r}$ 的值. 此时称方程组(3.1.2)有 $n-r$ 个自由度的解. 特别当 $n-r=0$ 时,方程组(3.1.2)或(3.1.1)有唯一解;当 $n-r>0$ 时,方程组(3.1.2)或(3.1.1)有多解(当 F 为无限域时,方程组在 F 中

有无限多解). 上述步骤称为 **Gauss 消元法**,因而我们证明了下面的定理.

注意,有理数域$\mathbb{Q}$上的线性方程组当然也是实数域$\mathbb{R}$或复数域$\mathbb{C}$上的方程组(即我们可以设 $F=\mathbb{Q}$,$\mathbb{R}$ 或$\mathbb{C}$),故自由未知元也可取实数值或复数值. 一般地,当线性方程组 $Ax=b$有自由未知元(即 $n>r$)时,自由未知元可在含方程组系数的任一域中取值;但当无自由未知元(即 $n=r$)时,方程组的唯一解必在系数域(即含系数的最小域)中,可由系数加减乘除得到(由 Gauss 消元法或 Cramer 法则).

定理 3.1 (Gauss 消元法) n 元线性方程组(3.1.1)经过初等变换可化为同解的阶梯形方程组(3.1.2). 此时若 $b'_{r+1}\neq 0$(即存在着未知元系数全为零而常数项非零的方程),则方程组(3.1.1)无解;若 $b'_{r+1}=0$,则方程组有解,且恰有 $n-r$ 个自由未知元(r 为非零方程个数).

例 3.1 $\begin{cases}x_1+2x_2+x_3=0,\\2x_1+5x_2+x_3=1,\\0x_1-3x_2+3x_3=b_3.\end{cases}$

经初等变换化为阶梯形方程组

$$\begin{cases}x_1+0x_2+3x_3=-2,\\ \qquad\quad x_2-x_3=1,\\ \qquad\qquad\quad 0=b_3+3.\end{cases}$$

故若 $b_3\neq -3$,则方程组无解. 若 $b_3=-3$,则方程组有解,x_3 可自由选取,

$$\begin{cases}x_1=-2-3x_3,\\x_2=1+x_3.\end{cases}\qquad (x_3\ 任意)$$

方程的**一般解**可表为

$$\begin{cases}x_1=-2-3t,\\x_2=1+t,\\x_3=t.\end{cases}\qquad (t\ 任意取值)$$

或表为

$$\begin{bmatrix}x_1\\x_2\\x_3\end{bmatrix}=\begin{bmatrix}-2-3t\\1+t\\t\end{bmatrix}=\begin{bmatrix}-2\\1\\0\end{bmatrix}+t\begin{bmatrix}-3\\1\\1\end{bmatrix}\qquad (t\ 任意取值).$$

例 3.2 $\begin{cases}x_1+x_3+2x_5+x_6=1,\\x_1+x_2+2x_3+3x_5+4x_6=3,\\x_1+x_3+x_4+2x_6=4,\\2x_1+2x_3-x_4+6x_5+x_6=-1.\end{cases}$

用 Gauss 消元法化为

$$\begin{cases} x_1 + 0 + x_3 + 0 + 2x_5 + x_6 = 1, \\ x_2 + x_3 + 0 + x_5 + 3x_6 = 2, \\ x_4 - 2x_5 + x_6 = 3. \end{cases}$$

故知方程组有解．自由未知元 x_3, x_5, x_6 可任意取值，设依次取值为 t_1, t_2, t_3，则得到方程组的一般解.

当方程组(3.1.1)中常数项均为零时，即为方程组

$$Ax = 0; \tag{3.1.3}$$

此线性方程组称为是**齐次的**．注意齐次方程组经初等变换后仍为齐次的，故在阶梯形方程组(3.1.2)中必有 $b'_{r+1}=0$. 故对于齐次线性方程组来说，当 $n=r$ 时只有零解．当 $n>r$ 时必有非零解. 特别有下面的结论.

系 未知元数多于方程个数的齐次线性方程组定有非零解．

3.2 方程组与矩阵的秩

上节讨论的 n 个变量 m 个方程构成的线性方程组 $Ax=b$ 对应着域 F 上两个矩阵：A 和 (A,b)，分别称为方程组的**系数矩阵**和**增广矩阵**，后者由 A 再增加一个常数项列构成．对方程组的 3 种初等变换相当于对增广矩阵 (A,b) 作以下 3 种变换：

(1) 交换矩阵的两行；

(2) 以 F 中非零常数乘以矩阵某行；

(3) 把矩阵某行的非零常数倍加到另一行上去．

这 3 种变换称为对矩阵的**初等行变换**(elementary row operators). 类似可定义**初等列变换**. 由上节结果，我们知道有下面的定理.

定理 3.2 每个矩阵均可经行的初等变换化为如下形式(最后的 0 可能为零子方阵，也可能没有)：

$$\begin{bmatrix} 0 & \cdots & 0 & 1 & \cdots & 0 & \cdots & 0 & \cdots \\ & & & & & 1 & \cdots & 0 & \cdots \\ & & & & & & \cdots & \cdots & \cdots \\ & & & & & & & 1 & \cdots \\ & & & & & & & & 0 \end{bmatrix}$$

称为**行既约阶梯形**(row-reduced echelon)矩阵，其特点为：

(1) 非 0 行的最左非 0 元素为 1，且此 1 所在列的其余元素为 0.

(2) 各非 0 行最左非 0 元素 1 的位置，随行号增加而右移，若有零行均排在最后.

定义 3.1 矩阵 M 的**秩**即其最高阶非零子式的阶数，记为 $\mathrm{rank}(M)$ 或 $\mathrm{r}(M)$.

引理 3.1 矩阵 M 的秩为 r 当且仅当 M 有 r 阶非零子式而无 $r+1$ 阶非零子式.

证 若 M 的 $r+1$ 阶子式均为 0，则因 M 的 $r+2$ 阶子式按一行展开后为 $r+1$ 阶子式的线性组合，故知 $r+2$ 阶子式均为 0. 由此可知 M 的 $r+2, r+3, \cdots$ 阶子式均为零. 故 $\mathrm{r}(M)=r$.

定理 3.3 行的初等变换不改变矩阵的秩.

证明 第 1 种(交换两行)和第 2 种(某行乘以非 0 常数)行的初等变换显然均不改变矩阵的秩. 现在看第 3 种. 设矩阵 M 的秩为 r，把第 k 行的 λ 倍加到第 i 行上，从而化 M 为 N. 则 N 的任意一个 $r+1$ 阶子式 N_1 显然为 0，因为 N_1 或者就是 M 的 $r+1$ 阶子式，或者就是 M 的 $r+1$ 阶子式之倍的和(分别当 N_1 不含或含第 i 行元素). 故 $\mathrm{r}(N)\leqslant r=\mathrm{r}(M)$. 同理可知 $\mathrm{r}(M)\leqslant \mathrm{r}(N)$(因为第三种变换的逆仍为第三种变换)，故知 $\mathrm{r}(M)=\mathrm{r}(N)$. ■

上节方程组(3.1.1)经初等变换化为方程组(3.1.2)，方程组(3.1.1)的增广矩阵 (A,b) 经初等行变换化为

$$\begin{bmatrix} 0 & 1 & \cdots & 0 & \cdots & 0 & \cdots & b_1' \\ & & & 1 & \cdots & 0 & \cdots & b_2' \\ & & & & & \cdots & \cdots & \vdots \\ & & & & & 1 & \cdots & b_r' \\ & & & & & & 0 & b_{r+1}' \\ & & & & & & & 0 \end{bmatrix},$$

记为 $(\widetilde{A},\tilde{b})$，其中 $\tilde{b}$ 为列向量.

显然 $\mathrm{r}(\widetilde{A})=r$，因为由每行第一个非零元 1 构成的子式

$$\det\widetilde{A}\begin{pmatrix} 1 & 2 & \cdots & r \\ i_1 & i_2 & \cdots & i_r \end{pmatrix}=\det\begin{bmatrix} 1 & & \\ & \ddots & \\ & & 1 \end{bmatrix}=1,$$

而高于 r 阶的 $\widetilde{A}$ 的子式均含 0 行. 当 $b_{r+1}'=0$ 或非 0 时，$\mathrm{r}(\widetilde{A},\tilde{b})$ 分别为 r 或 $r+1$. 因由定理 3.1 和定理 3.3 知：$Ax=b$ 有解 $\Leftrightarrow b_{r+1}'=0 \Leftrightarrow \mathrm{r}(\widetilde{A})=\mathrm{r}(\widetilde{A},\tilde{b}) \Leftrightarrow \mathrm{r}(A)=\mathrm{r}(A,b)$. 故有下面的定理.

定理 3.4 n 元线性方程组 $Ax=b$ 有解的充分必要条件是系数矩阵与增广矩阵的秩相同，即 $\mathrm{r}(A)=\mathrm{r}(A,b)$. 而且当方程组 $Ax=b$ 有解时，解由 $n-\mathrm{r}(A)$ 个自由未知元决定.

系 n 元齐次线性方程组 $Ax=0$ 有非零解的充分必要条件是 $n-\mathrm{r}(A)>0$.

特别地，当 A 为方阵时，$Ax=0$ 有非零解的充分必要条件是 $\mathrm{r}(A)<n$，即 $\det A=0$.

例 3.3 在上节例 3.1 方程组 $Ax=b$ 中，有

$$A=\begin{bmatrix}1 & 2 & 1\\ 2 & 5 & 1\\ 0 & -3 & 3\end{bmatrix},\quad b=\begin{bmatrix}0\\ 1\\ b_3\end{bmatrix}.$$

因 $\det A=0$ 而 A 有 2 阶子式非 0，故 $\mathrm{r}(A)=2$，当 $b_3\neq-3$ 时，$\mathrm{r}(A,b)=3\neq\mathrm{r}(A)$，方程组无解. 而当 $b_3=-3$ 时，$\mathrm{r}(A,b)=2=\mathrm{r}(A)$，方程组有解.

矩阵的秩是矩阵的一个重要不变量(在行或列的初等变换下)，需仔细讨论.

定理 3.5 $\mathrm{r}(AB)\leqslant\min\{\mathrm{r}(A),\mathrm{r}(B)\}$，其中 A,B 为任意矩阵(只要乘积有意义).

证明 我们知道，$C=AB$ 的任意 r 阶子式 $\det C\begin{pmatrix}i_1\cdots i_r\\ j_1\cdots j_r\end{pmatrix}$ 均可表为

$$\det C\begin{pmatrix}i_1\cdots i_r\\ j_1\cdots j_r\end{pmatrix}=\sum_{k_1<\cdots<k_r}\det A\begin{pmatrix}i_1\cdots i_r\\ k_1\cdots k_r\end{pmatrix}\cdot\det B\begin{pmatrix}k_1\cdots k_r\\ j_1\cdots j_r\end{pmatrix}.$$

因此，如果 A 的所有 r 阶子式均为 0，则 C 的所有 r 阶子式也必为 0，故 $\mathrm{r}(C)\leqslant\mathrm{r}(A)$，同理可知 $\mathrm{r}(C)\leqslant\mathrm{r}(B)$. ■

定义 3.2 设 A 为方阵，如果存在方阵 B 使

$$AB=BA=I,$$

则称 A 是**可逆的**，(或**非奇异的**，或**满秩的**)，此时称 B 为 A 的**逆**，记为 $B=A^{-1}$.

定理 3.6 n 阶方阵 A 可逆的充分必要条件为 $\det A\neq0$，这也相当于 $\mathrm{r}(A)=n$. 且当 A 可逆时，其逆必为 $|A|^{-1}A^*$，是唯一的.

证明 若 $\det A=|A|\neq0$，则已知 $|A|^{-1}A^*$ 是 A 的逆. 反之若 A 可逆，即存在方阵 B 使 $AB=BA=I$，取行列式知 $|A||B|=1$，故 $|A|\neq0$. 由秩的定义，可知 $|A|\neq0$ 当且仅当 $\mathrm{r}(A)=n$. 又若 B 与 B_1 均为 A 的逆，则 $AB=AB_1=I$，在左边均乘以 B，由 $BA=I$ 即知 $B=B_1$. ■

逆方阵有如下性质：

(1) $(A^{-1})^{-1}=A$;

(2) $(A^{\mathrm{T}})^{-1}=(A^{-1})^{\mathrm{T}}$;

(3) $(AB)^{-1}=B^{-1}A^{-1}$;

(4) $(\lambda A)^{-1}=\lambda^{-1}A^{-1} \qquad (\lambda\in F,\lambda\neq 0)$;

(5) $\det(A^{-1})=(\det A)^{-1}$.

我们只证明(2),其余可类似证明．首先

$$(AB)^{\mathrm{T}} = B^{\mathrm{T}}A^{\mathrm{T}}.$$

事实上,$(AB)^{\mathrm{T}}$ 的(i,j)位元素是 AB 的(j,i)位元素,故是 A 的第 j 行与 B 的第 i 列元素相乘,也就是 B^{T} 的 i 行与 A^{T} 的 j 列元素的积. 故$(AB)^{\mathrm{T}}=B^{\mathrm{T}}A^{\mathrm{T}}$. 于是

$$(A^{-1})^{\mathrm{T}}A^{\mathrm{T}} = (AA^{-1})^{\mathrm{T}} = I^{\mathrm{T}} = I, \quad A^{\mathrm{T}}(A^{-1})^{\mathrm{T}} = I.$$ ■

注意,$(AB)^{-1}=B^{-1}A^{-1}$, $(AB)^{\mathrm{T}}=B^{\mathrm{T}}A^{\mathrm{T}}$,即乘积求逆(或转置)后的次序与原来的次序相反,称之为**脱衣原则**.

定理 3.7 若 P 是可逆方阵,则对任意矩阵(只要乘积有意义)有

$$\mathrm{r}(PA) = \mathrm{r}(A), \quad \mathrm{r}(BP) = \mathrm{r}(B).$$

证明 由定理 3.5 知, $\mathrm{r}(PA)\leqslant\mathrm{r}(A)=\mathrm{r}(P^{-1}PA)\leqslant\mathrm{r}(PA)$,故等号成立. 同理可证 $\mathrm{r}(BP)=\mathrm{r}(B)$. ■

我们已经看到,可以由行的初等变换把矩阵化为阶梯形,从而求得矩阵的秩,所以矩阵的秩应当与矩阵的行向量有密切关系,以下仔细研究.

3.3 行向量空间和列向量空间

设 F 为任一域,F 中的 n 个数组成的有序数组

$$(a_1,a_2,\cdots,a_n) \qquad (a_i\in F,\ 1\leqslant i\leqslant n)$$

称为 F 上的一个 n **数组行向量**,a_i 称为其第 i 分量$(1\leqslant i\leqslant n)$. 全体 n 数组行向量记为 F^n. 规定两行向量$(a_1,\cdots,a_n)$与$(b_1,\cdots,b_n)$相等意义为 $a_i=b_i(1\leqslant i\leqslant n)$. 行向量间的**加法**定义为

$$(a_1,\cdots,a_n)+(b_1,\cdots,b_n) = (a_1+b_1,\cdots,a_n+b_n),$$

域 F 的元素也称为常数. $\lambda\in F$ 与行向量的乘法称为**数乘**(scalar multiplication),定义为

$$\lambda(a_1,\cdots,a_n) = (\lambda a_1,\cdots,\lambda a_n).$$

显然 F^n 中行向量的加法和数乘满足如下规律:

1. 行向量集 F^n 对加法成 Abel 群,即满足:

(1) 加法交换律:$\alpha+\beta=\beta+\alpha$,

(2) 加法结合律：$(\alpha+\beta)+\gamma=\alpha+(\beta+\gamma)$，

(3) 存在零元素 $0=(0,\cdots,0)$ 使得 $0+\alpha=\alpha$，

(4) 任一向量 $\alpha=(a_1,\cdots,a_n)$ 有负元 $-\alpha=(-a_1,\cdots,-a_n)$ 使 $-\alpha+\alpha=0$，

2. 数乘满足(与域 F 的运算及向量加法的协合性)；

(1) $\lambda(\alpha+\beta)=\lambda\alpha+\lambda\beta$，

(2) $(\lambda_1+\lambda_2)\alpha=\lambda_1\alpha+\lambda_2\alpha$，

(3) $(\lambda_1\lambda_2)\alpha=\lambda_1(\lambda_2\alpha)$，

(4) $1\alpha=\alpha$.

(对任意 $\lambda_1,\lambda_2,\lambda\in F$， $\alpha,\beta,\gamma\in F^n$).

域 F 上 n 数组行向量集合 F^n 对于上述定义的加法和数乘(及其满足的8条性质)称为域 F 上的 n 数组**行向量空间**(或 n 维行向量空间).(n-tuple vector space over F).

类似地，可以定义 n 数组**列向量空间** $F^{(n)}$，即 $F^{(n)}=\{(a_1,\cdots,a_n)^{\mathrm{T}}\mid a_1,\cdots,a_n\in F\}$.

对 n 数组空间 F^n 有一个几何解释，例如当 $F=\mathbb{R}$ 为实数域而 $n=3$ 时，在立体几何的(三维)空间中取定一组坐标轴后，我们把三数组 $\alpha=(a_1,a_2,a_3)$ 与从原点 O 出发到以 a_1，a_2，a_3 为坐标的终点 P 间的有向线段 $\overrightarrow{OP}$ (称为**几何向量**)对应起来. 这样 $\mathbb{R}^3=\{(a_1,a_2,a_3)\}$ 就与几何向量集 $\{\overrightarrow{OP}\}$ 之间 1∶1 对应，二者可以视为等同. $\mathbb{R}^3$ 中的加法就等同于几何向量的平行四边形相加原则，$\mathbb{R}^3$ 中的数乘就等同于几何向量的伸缩或反向. 当 $n=2$ 时，$\mathbb{R}^2$ 对应于平面上的几何向量.

定义 3.3 (1) 行向量 $\beta\in F^n$ 称为是 F^n 中行向量 $\alpha_1,\cdots,\alpha_s$ 的**线性组合**(linear conbination)，是指存在常数 $\lambda_1,\cdots,\lambda_s\in F$ 使

$$\beta=\lambda_1\alpha_1+\cdots+\lambda_s\alpha_s,$$

此时也称 β 可由 $\alpha_1,\cdots,\alpha_s$ **线性表出**.

(2) 行向量组 $S_1\subset F^n$ 称为可由向量组 $S_2\subset F^n$ 线性表出，是指 S_1 中每个向量均可由 S_2 中有限个向量线性表出.

(3) 若行向量组 S_1 与 S_2 可以互相线性表出，则称二者(**线性**)**等价**，记为 $S_1\sim S_2$.

显然零向量可由任意一组向量线性表出. **单位向量组** $\varepsilon_1=(1,0,\cdots,0),\cdots,\varepsilon_n=(0,\cdots,0,1)$ 可以线性表出任一向量. 也容易看到：若向量组 S_1 可由向量组 S_2 表出，S_2 又可由向量组 S_3 表出，那么 S_1 可由 S_3 表出. 由此可知向量组之间的等价关系满足：

(1) 反身性：每个向量组均与自身等价；

(2) 对称性：若 $S_1\sim S_2$ 则 $S_2\sim S_1$；

(3) 传递性：若 $S_1\sim S_2$， $S_2\sim S_3$， 则 $S_1\sim S_3$.

定义 3.4 向量组 $\alpha_1,\cdots,\alpha_s\in F^n(s\geqslant 1)$ 称为**线性相关的**(linearly dependent)，如果存在不全为0的常数 $\lambda_1,\cdots,\lambda_s\in F$ 使

$$\lambda_1\alpha_1+\cdots+\lambda_s\alpha_s=0;$$

否则称 $\alpha_1,\cdots,\alpha_s$ 是**线性无关的**或**线性独立的**. 无限多个向量称为线性相关当且仅当其中有某有限个向量线性相关;否则称为线性无关.

所以 $\alpha_1,\cdots,\alpha_s$ 线性无关意味着:若 $\lambda_1\alpha_1+\cdots+\lambda_s\alpha_s=0$,则必有 $\lambda_1=\cdots=\lambda_s=0$.

引理 3.2 向量组 $\alpha_1,\cdots,\alpha_s\in F^n$ 线性相关当且仅当其中某一个向量可表为该组其余向量的线性组合.

证明显然.

若向量组 S 的某个子集是线性相关的,则显然 S 线性相关. 若向量组 S_1 是线性无关的,那么其子集也显然都是线性无关的.

例 3.4 一个向量 α 构成的向量组线性相关当且仅当 $\alpha=0$.

例 3.5 两个向量构成的向量组 $\{\alpha,\beta\}$ 线性相关当且仅当二者相差常数倍,或称成比例,即 $\alpha=\lambda\beta$ 或 $\beta=\lambda\alpha$, $\lambda\in F$. 对 $F^n=\mathbb{R}^3$ 情形,α 与 β 线性相关相当于二者共线.

例 3.6 三个向量线性相关当且仅当其中一个可由另两个线性表出. 对 $F^n=\mathbb{R}^3$ 情形,三个向量线性相关相当于三者共面.

例 3.7 单位向量 $\varepsilon_i=(0,\cdots,0,1,0,\cdots,0)$ $(1\leqslant i\leqslant n$,第 i 分量为 1,其余为 0)构成线性无关向量组.

引理 3.3 (1) 若向量组 $\alpha_i=(a_{i1},\cdots,a_{in})\in F^n(1\leqslant i\leqslant s)$ 线性无关,则"接长"的向量组 $\tilde{\alpha}_i=(a_{i1},\cdots,a_{in},a_{i(n+1)},\cdots,a_{im})$ $(1\leqslant i\leqslant s)$ 仍线性无关.

(2) 若向量组 $\beta_i=(b_{i1},\cdots,b_{in})\in F^n$ $(1\leqslant i\leqslant s)$ 线性相关,则"截短"的向量组 $\beta_i^*=(b_{i1},\cdots,b_{ik})\in F^k$(这里 $k<n$)$(1\leqslant i\leqslant s)$ 也线性相关.

证明 (1) 把 $\lambda_1\tilde{\alpha}_1+\cdots+\lambda_s\tilde{\alpha}_s=0$ 按分量写出,考虑其前 n 个分量即可.

(2) 把 $\lambda_1\beta_1+\cdots+\lambda_s\beta_s=0$ 按分量写出,考虑前 k 个分量即可. ■

定理 3.8 若 t 个向量 $\alpha_1,\cdots,\alpha_t$ 可由 $s(<t)$ 个向量线性表出,则这 t 个向量 $\alpha_1,\cdots,\alpha_t$ 线性相关.

证明 设 $\alpha_1,\cdots,\alpha_t$ 可由向量 $\beta_1,\cdots,\beta_s$ 线性表出,即设 $\alpha_j=c_{1j}\beta_1+\cdots+c_{sj}\beta_s$ $(1\leqslant j\leqslant t)$, $s<t$. 于是 $\alpha_1,\cdots,\alpha_t$ 的线性组合可化为 $\beta_1,\cdots,\beta_s$ 的线性组合:

$$\sum_{j=1}^{t}x_j\alpha_j=\sum_{j=1}^{t}x_j\sum_{i=1}^{s}c_{ij}\beta_i=\sum_{i=1}^{s}\Big(\sum_{j=1}^{t}x_jc_{ij}\Big)\beta_i.$$

考虑齐次线性方程组 $\sum_{j=1}^{t}x_jc_{ij}=0$ $(1\leqslant i\leqslant s)$,其变元个数大于方程个数$(t>s)$. 故有不全为 0 的解 $x_1,\cdots,x_t$,即知 $\alpha_1,\cdots,\alpha_t$ 线性相关. ■

系 1 若线性无关的向量组 $\alpha_1,\cdots,\alpha_t$ 可由 $\beta_1,\cdots,\beta_s$ 线性表出,则 $t\leqslant s$.

系2 F^n 中任意 $n+1$ 个向量必定线性相关.

证明 这 $n+1$ 个向量均可由 n 个单位向量 $\varepsilon_1,\cdots,\varepsilon_n$ 线性表出，由定理3.8即得. ■

系3 两个等价的线性无关的向量组具有相同的向量个数.

定义3.5 设 S 是一个向量组，T 是 S 的子集. 如果 T 是线性无关的，且 S 中没有包含 T 的更大的线性无关子集，则称 T 是 S 的**极大无关组**或**极大线性无关组**.

由系2知 S 的极大无关组存在(S 非空且不等于$\{0\}$时)，但不一定是唯一的. 注意 S 可由其极大无关组 T 线性表出. 事实上，对任意 $\alpha\in S$，按上述定义可知向量组 $T\cup\{\alpha\}$ 是线性相关的，故有不全为0的常数 $\lambda_0,\lambda_1,\cdots,\lambda_r$ 使

$$\lambda_0\alpha+\lambda_1\alpha_1+\cdots+\lambda_r\alpha_r=0 \qquad (\alpha_1,\cdots,\alpha_r\in T).$$

若 $\lambda_0=0$，则此式说明 T 是线性相关的，矛盾. 故 $\lambda_0\neq 0$，故

$$\alpha=-\frac{\lambda_1}{\lambda_0}\alpha_1-\cdots-\frac{\lambda_r}{\lambda_0}\alpha_r,$$

故知 S 可由 T 线性表出，亦即任一向量组 S 与其极大无关组 T 是等价的. 特别同一向量组 S 的两个不同极大无关组 T 与 T' 是等价的，即有下面的定理.

定理3.9 一个向量组 S 的各个极大线性无关组相互等价，含有向量的个数相同(此个数称为向量组 S 的**秩**，记为 $\mathrm{r}(S)$).

显然，等价的向量组 S_1 与 S_2 具有相同的秩 $\mathrm{r}(S_1)=\mathrm{r}(S_2)$. 但反之不真，例如$\mathbb{R}^3$中$\{\varepsilon_1\}$与$\{\varepsilon_2\}$的秩均为1，但并非等价.

定义3.6 设 W 是 F^n 的一个非空子集且对 F^n 中的加法及数乘封闭，则称 W 是 F^n 的**子空间**. W 的极大线性无关组称为 W 的**基**，W 的秩称为 W 的**维数**，记为 $\dim(W)$. 对列向量空间 $F^{(n)}$ 可作同样的定义.

注意，W 对 F^n 中的加法及数乘封闭的意思是，对任意 $\alpha,\beta\in W$ 及 $\lambda\in F$，均有 $\alpha+\beta\in W$，$\lambda\alpha\in W$. 显然 F^n 是自身的子空间，故可以说 F^n 的维数是 n，而单位向量 $\varepsilon_1,\cdots,\varepsilon_n$ 是 F^n 的基. 容易看出子空间 W 也满足3.3节中列出的 F^n 满足的8条性质，例如由 $0\alpha=0$，$(-1)(a_1,\cdots,a_n)=(-a_1,\cdots,-a_n)$可知 W 对加法也是Abel群. $0=\{0\}$和 F^n 称为 F^n 的**平凡子空间**，其余的子空间称为**真子空间**.

例3.8 我们回忆，$\mathbb{R}^3$可与取定了坐标系的立体几何的(三维)空间中从原点出发的有向线段(几何向量)全体等同. $\mathbb{R}^3$的子空间即为：零空间(原点)；过原点的一条直线(上所有有向线段)；或过原点的一张平面(上所有有向线段)；$\mathbb{R}^3$自身. 注意，不过原点的直线或平面(意思是指终点在此直线或平面上的几何向量集)均不为子空间，但可以写成一个子空间与一个固定向量的和，例如

$$W=\{(a,a,0)\mid a\in\mathbb{R}\}$$

是平面上过原点一条直线，是子空间. 记 $v_0=(1,0,0)$，则

$$v_0+W=\{v_0+v \mid v\in W\}=\{(1+a,a,0)\mid a\in\mathbb{R}\}$$

是不过原点的直线，不是子空间.

例 3.9 $\alpha_1,\cdots,\alpha_s\in F^n$ 的线性组合全体

$$W=\{\lambda_1\alpha_1+\cdots+\lambda_s\alpha_s \mid \lambda_1,\cdots,\lambda_s\in F\}$$

是一子空间，称为由 $\alpha_1,\cdots,\alpha_s$（在 F 上线性）**生成**的子空间，或**张成**的子空间，记为

$$W=F\alpha_1+\cdots+F\alpha_s \quad 或 \quad \mathrm{span}\{\alpha_1,\cdots,\alpha_s\}.$$

特别知 $F\alpha=\mathrm{span}\{\alpha\}$ 是子空间. 注意，两个向量组 S_1 和 S_2（线性）等价意味着 $\mathrm{span}(S_1)=\mathrm{span}(S_2)$.

以上的讨论和结果对于列向量空间 $F^{(n)}$ 同样适用，只需把行换为列即可.

3.4 矩阵的行秩和列秩

定义 3.7 设 A 为域 F 上 $m\times n$ 矩阵. A 的行向量集称为其**行向量组**. A 的行向量组张成的 F^n 的子空间称为 A 的**行(子)空间**，记为 $\mathrm{span_r}(A)$，行子空间的维数，即行向量组的秩，称为 A 的**行秩**，记为 $\mathrm{r_r}(A)$. 同样定义 A 的**列(子)空间** $\mathrm{span_c}(A)$，列秩 $\mathrm{r_c}(A)$.

按定义，$\mathrm{r_r}(A)=r$ 意味着 A 的行向量组的极大线性无关组由 r 个行向量构成；也就是说，A 有 r 个行向量，它们线性无关，而其余行均可由它们线性表出.

定理 3.10 行的初等变换不改变矩阵的行秩，也不改变列秩. 更进一步，行的初等变换不改变矩阵任意列间的线性相关性，即若矩阵的第 $j_1,\cdots,j_s$ 列原是线性无关（或相关）的，则行初等变换后这些列仍是线性无关（或相关）的.

证明 (1) 先证明行的初等变换不改变矩阵 $A=(a_{ij})_{m\times n}$ 的行秩. 记 A 的行为 $\alpha_1,\cdots,\alpha_m$，经行的初等变换后变为 $\widetilde{A}$ 的行 $\widetilde{\alpha}_1,\cdots,\widetilde{\alpha}_m$. 显然向量组 $\{\alpha_1,\cdots,\alpha_m\}$ 与 $\{\widetilde{\alpha}_1,\cdots,\widetilde{\alpha}_m\}$ 可以相互线性表出，这只要分别考查每一种行初等变换即可：交换两行；某行乘以非 0 常数；一行的常数倍加到另一行上去. 由此即知此两向量组等价，即 A 和 $\widetilde{A}$ 的行空间相等，行秩相等.

(2) 为了书写简单，我们不妨只证明 $A=(a_{ij})$ 的第 $1,2,\cdots,s$ 列 $\beta_1,\beta_2,\cdots,\beta_s$ 的线性相关性不随行的初等变换改变. 对于 $\lambda_1,\lambda_2,\cdots,\lambda_s\in F$，

$$\lambda_1\beta_1+\lambda_2\beta_2+\cdots+\lambda_s\beta_s=0,$$

相当于

$$\begin{cases}\lambda_1a_{11}+\lambda_2a_{12}+\cdots+\lambda_sa_{1s}=0,\\ \lambda_1a_{21}+\lambda_2a_{22}+\cdots+\lambda_sa_{2s}=0,\\ \cdots\cdots\\ \lambda_1a_{m1}+\lambda_2a_{m2}+\cdots+\lambda_sa_{ms}=0.\end{cases}$$

对 A 的行进行初等变换对应着对此方程组的初等变换，这些变换不改变方程组的解集 $\lambda_1,\lambda_2,\cdots,\lambda_s$，即不影响 $\lambda_1,\lambda_2,\cdots,\lambda_s$ 是否只能全为 0，亦即不改变 $\beta_1,\beta_2,\cdots,\beta_s$ 的线性相关性. ■

定理 3.11　矩阵的秩、行秩和列秩三者相等.

证明　矩阵 A 经行的初等变换可变为标准阶梯形阵 $\widetilde{A}$，由定理 3.10 知 A 与 $\widetilde{A}$ 的秩、行秩、列秩分别相等. 由 $\widetilde{A}$ 的特别形式，显然有 $\mathrm{r}(\widetilde{A})=\mathrm{r}_r(\widetilde{A})=\mathrm{r}_c(\widetilde{A})$，故 $\mathrm{r}(A)=\mathrm{r}_r(A)=\mathrm{r}_c(A)$. ■

系 1　$\det A=0$ 当且仅当 A 的行向量组线性相关.

注记　定理 3.10 的第二部分提供了求向量组 S 的极大线性无关组的极好方法，即把 S 中向量作为列向量排成矩阵 A，对 A 作行的初等变换化为阶梯形矩阵 $\widetilde{A}$，易定出 $\widetilde{A}$ 的列向量组的极大无关组，设为第 $j_1,\cdots,j_r$ 列，则 A 的第 $j_1,\cdots,j_r$ 亦为其列向量组(即 S)的极大无关组.

值得注意的是，若矩阵 A 的秩为 r，其 r 阶子式 $\det A\begin{pmatrix} i_1\cdots i_r \\ j_1\cdots j_r \end{pmatrix}\neq 0$，则 A 的第 $i_1,\cdots,i_r$ 行是线性无关的，是 A 的行向量组的极大线性无关组；同理，A 的第 $j_1,\cdots,j_r$ 列也是线性无关的. 事实上，子方阵 $A\begin{pmatrix} i_1,\cdots,i_r \\ j_1,\cdots,j_r \end{pmatrix}$ 的第 $i_1,\cdots,i_r$ 行是线性无关的，而 A 的第 $i_1,\cdots,i_r$ 行不过是它们的接长.

3.5　线性方程组解的结构

定理 3.12　(1) 设 $Ax=0$ 为域 F 上 n 元齐次线性方程组，W_A 为其在 F 中的解(列)向量全体，则 W_A 是列向量空间 $F^{(n)}$ 的 $n-\mathrm{r}(A)$ 维子空间，称为**解(子)空间**.

(2) 设 $Ax=b$ 为域 F 上 n 元非齐次线性方程组，则其在 F 中的解(列)向量全体为

$$x_0+W_A=\{x_0+x\mid x\in W_A\}$$

其中 x_0 是 $Ax=b$ 的任一固定解(称为**特解**)，W_A 是相应齐次方程组 $Ax=0$ 的解子空间(x_0+W_A 称为 $Ax=b$ 的**解陪集**).

证明　(1) 设 $\alpha,\beta\in W_A$，则 $A(\alpha+\beta)=A\alpha+A\beta=0$，$A(\lambda\alpha)=\lambda(A\alpha)=0$，故 $\alpha+\beta$，$\lambda\alpha\in W_A$，即知 W_A 是子空间. 由 Gauss 消元法可化 $Ax=0$ 为阶梯形方程组，只含 $r=\mathrm{r}(A)$ 个非零方程，这些方程的第一个非零项的未知元依次为 $x_{i_1},\cdots,x_{i_r}$，不妨设这些未知元为

$x_1, x_2, \cdots, x_r$. 于是 $x_{r+1}, \cdots, x_n$ 为自由未知元. 自由未知元组的每组取值决定着方程组的唯一一个解,且方程组的解都可如此得到. 现在让自由未知元组取如下 $n-r$ 个特殊值:

$$(x_{r+1}\cdots, x_n)^{\mathrm{T}} = (1,0,\cdots,0)^{\mathrm{T}}, \cdots, (0,\cdots,0,1)^{\mathrm{T}},$$

由此得到 $Ax=0$ 的 $n-r$ 个特殊解:

$$\eta_1 = (b_{11}, \cdots, b_{1r}, 1, 0, \cdots, 0)^{\mathrm{T}},$$

$$\cdots\cdots$$

$$\eta_{n-r} = (b_{n-r,1}, \cdots, b_{n-r,r}, 0, 0, \cdots, 0, 1)^{\mathrm{T}},$$

$\eta_1, \cdots, \eta_{n-r}$ 就是解空间 W_A 的基,称为**基础解系**. 事实上, $\eta_1, \cdots, \eta_{n-r}$ 显然线性无关. 而若 $\alpha = (a_1, \cdots, a_r, \cdots, a_n)^{\mathrm{T}}$ 是 $Ax=0$ 的一个解,则必有

$$\alpha = a_{r+1}\eta_1 + a_{r+2}\eta_2 + \cdots + a_n\eta_{n-r},$$

这是因为二者的自由未知元取值是一样的: $x_{r+1}=a_{r+1}, \cdots, x_n=a_n$. 而自由未知元组的一个取值决定唯一的解(其余未知元可由自由未知元算出).

(2) 设 $x_1 \in W_A$, 即 $Ax_1=0$, 则 $A(x_0+x_1)=Ax_0+Ax_1=b$, 故 x_0+x_1 是 $Ax=b$ 的解. 反之, 若 x 是 $Ax=b$ 的一个解, 则 $A(x-x_0)=Ax-Ax_0=b-b=0$, 故 $x-x_0 \in W_A$, 即 $x \in x_0+W_A$. ■

例 3.10 对于例 3.2 中的方程组 $Ax=b$,其对应齐次方程组 $Ax=0$ 的自由未知元组为 (x_3, x_5, x_6),依次取为 $(1,0,0)$, $(0,1,0)$, $(0,0,1)$,则得 W_A 的基为

$$\eta_1 = (-1,-1,1,0,0,0)^{\mathrm{T}},$$

$$\eta_2 = (-2,-1,0,2,1,0)^{\mathrm{T}},$$

$$\eta_3 = (-1,-3,0,-1,0,1)^{\mathrm{T}}.$$

令 $(x_3, x_5, x_6)=(0,0,0)^{\mathrm{T}}$,则得 $Ax=b$ 的特解 $x_0=(1,2,0,3,0,0)^{\mathrm{T}}$.

例 3.11 考虑 $\mathbb{R}$ 上三元方程组 $Ax=b$ 如下:

$$\begin{cases} x_1 - x_2 + x_3 = 1, \\ 2x_1 - 2x_2 + x_3 = 2, \\ 3x_1 - 3x_2 + 2x_3 = 3. \end{cases}$$

经初等变换化为同解方程组

$$\begin{cases} x_1 - x_2 + 0x_3 = 1, \\ x_3 = 0. \end{cases} \text{或} \begin{cases} x_1 = 1 + x_2, \\ x_3 = 0. \end{cases}$$

故 $Ax=b$ 有特解 $x_0=(1,0,0)^{\mathrm{T}}$. 而齐次方程组 $Ax=0$ 有一个自由未知量 x_2,取 $x_2=1$ 则得 $Ax=0$ 的解

$$\eta = (1,1,0)^{\mathrm{T}},$$

η 生成 $Ax=0$ 的解空间 $W=\mathbb{R}\eta=\{(a,a,0)^{\mathrm{T}} \mid a \in \mathbb{R}\}$,这是 x_1x_2 平面上的直线 $x_2=x_1$.

$Ax=b$ 的每个解 $x=(x_1,x_2,x_3)^{\mathrm{T}}$ 由其自由未知量 x_2 的取值唯一决定，设取值为 $x_2=a_2$，则因 $x_1-x_2=1$，故 $x_1=1+x_2=1+a_2$，即 $x=(1+a_2,a_2,0)^{\mathrm{T}}$. 故 $Ax=b$ 的解集为

$$\{(1+a_2,a_2,0)^{\mathrm{T}}\mid a_2\in\mathbb{R}\}=x_0+W,$$

这是平行于 W 的一条直线(见图 3.1).

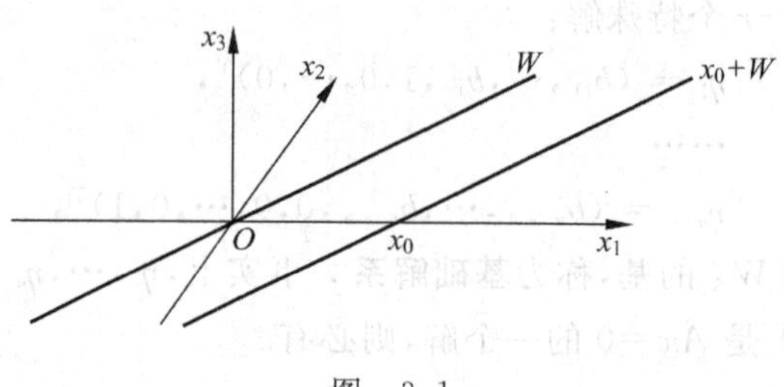

图　3.1

在考虑有关矩阵的问题时，有考虑矩阵的行向量组、列向量组，或者子式三个不同的角度，变换角度可有不同的意境，适合不同情况.

首先，对方程组 $Ax=b$ 考查 A 的列向量组 $\beta_1,\cdots,\beta_n$. 由矩阵乘法知，$Ax=b$ 当且仅当

$$x_1\beta_1+x_2\beta_2+\cdots+x_n\beta_n=b.$$

因此，$Ax=b$ 有解当且仅当 b 可表为 A 的各列 $\beta_1,\cdots,\beta_n$ 的线性组合(即 b 属于 A 的列空间). 故 $Ax=b$ 有解当且仅当 $\mathrm{r}(A)=\mathrm{r}(A,b)$. 特别地，$Ax=0$ 有非零解相当于 $\beta_1,\cdots,\beta_n$ 有系数不全为零的线性组合为零，即 $\beta_1,\cdots,\beta_n$ 线性相关，亦即 $\mathrm{r}(A)<n$.

其次，考虑 A 的行向量 $\alpha_1,\cdots,\alpha_m$，记 $\alpha_i=(a_{i1},\cdots,a_{in})$，则 $Ax=0$ 相当于

$$\alpha_ix=a_{i1}x_1+\cdots+a_{in}x_n=0\qquad(i=1,\cdots,m).$$

注意，当 $n=3$ 而 $F=\mathbb{R}$ 时，α_ix 是两向量的内积，$\alpha_ix=0$ 相当于"α_i 与 x"正交(垂直). 对一般的 n 和 F 也可同样定义内积与正交. 于是 x 是 $Ax=0$ 的解当且仅当 x 与 A 的行向量 $\alpha_1,\cdots,\alpha_m$ 均正交. 即与 A 的行子空间正交. A 的行子空间与 $Ax=0$ 的解子空间是相互正交的两个子空间. 维数分别为 r 和 $n-r$.

对于非齐次方程组 $Ax=b$，x 为解相当于

$$\alpha_ix=b_i\qquad(i=1,\cdots,m).$$

α_ix 的几何意义为"向量 x 到 α_i 的投影的 $|\alpha_i|$ 倍"，其中 $|\alpha_i|$ 表示向量 α_i 的长度(当 $n\leqslant 3$，$F=\mathbb{R}$ 时见解析几何. 对一般情形类似定义，第 8 章将详述). 所以，到各 α_i 的投影等于定值 $(b_i/|\alpha_i|)$ 的向量 x 即为 $Ax=b$ 的解. 例如在例 3.12 中，行子空间由 $(1,-1,0)$ 和 $(0,0,1)$ 张成(因为行的初等变换不改变行空间)，这是过 x_3 轴而与 x_1 轴交 $-45°$ 的平面. $Ax=0$ 的解子空间 W 为正交于行子空间平面的过原点的直线. 而 $Ax=b$ 的解陪集是 W 的平移直线 x_0+W(上点为终点的向量全体).

再考虑 A 的子式. 不妨设 A 的 $r=\mathrm{r}(A)$ 阶非零子式在左上角(否则调整 $Ax=0$ 的各

方程次序和未知元标号即可). 此时方程组的后 $m-r$ 个方程可以删去,因为它们均为前 r 个方程的线性组合(增广矩阵的行向量组的最大无关组是前 r 行),故 $Ax=b$ 与其前 r 个方程形成的方程组

$$(A_1,A_2)x = b^*.$$

同解. 记 $x=\begin{pmatrix} y_1 \\ y_2 \end{pmatrix}$,其中 y_1 是 x 的前 r 个分量,则方程化为

$$A_1 y_1 + A_2 y_2 = b^*,$$

即得

$$y_1 = A_1^{-1}(b^* - A_2 y_2).$$

y_2 的分量为自由未知元,任意取值后即可由上式算出 y_1,从而得出解 $x=(y_1,y_2)^{\mathrm{T}}$.

3.6 例　题

例 3.12　设矩阵 A 的秩为 r,则其任意 r 个线性无关行与 r 个线性无关列交叉处元素形成的子式定非 0.

证明　不妨设 A 的前 r 行及前 r 列线性无关,于是 A 可记为

$$A = \begin{bmatrix} A_1 & A_2 \\ A_3 & A_4 \end{bmatrix},$$

其中 A_1 为 r 阶子方阵. 由于 A 的秩为 r,故 $\begin{bmatrix} A_2 \\ A_4 \end{bmatrix}$ 的列向量均可由 $\begin{bmatrix} A_1 \\ A_3 \end{bmatrix}$ 的列向量线性表出. 于是 A_2 的列可由 A_1 的列线性表出,故 $\mathrm{r_c}(A_1)=\mathrm{r_c}(A_1,A_2)=\mathrm{r_r}(A_1,A_2)=r$,即 $\mathrm{r}(A_1)=r$,故 $\det A_1\neq 0$. ■

注记　在此例中若 A 的秩大于 r,则结论不成立(例如 $A=\begin{bmatrix} 0 & 1 \\ 1 & 0 \end{bmatrix}$,其第 1 行与第 1 列交叉处的子式为 0).

例 3.13　对称方阵 A 定有 $\mathrm{r}(A)$ 阶非 0 主子式(主子式即子式对角线在原方阵对角线上的子式,方阵 A 对称是指 $A=A^{\mathrm{T}}$).

证明　由例 3.12.

例 3.14　矩阵 A 的秩为 r 当且仅当 A 有一个 r 阶非 0 子式 $\det A_1\neq 0$,而所有含 A_1 的 $r+1$ 阶子式均为 0.

证法 1　必要性显然. 现证充分性. 不妨设 $A=(a_{ij})_{m\times n}$ 的左上角 r 阶子式 $\det A\begin{pmatrix} 12\cdots r \\ 12\cdots r \end{pmatrix}\neq 0$,则 $\det A\begin{pmatrix} 12\cdots rk \\ 12\cdots rt \end{pmatrix}=0$ 对任意 k,t 成立. 如果 $\mathrm{r}(A)>r$,则存在 i 使第 $1,2,\cdots,r,i$ 行线性无关,这 $r+1$ 行所成子矩阵的列秩为 $r+1$,故存在 j 使其第 $1,2,\cdots,r,j$

列线性无关，于是知 $\det A\begin{pmatrix}1\cdots ri\\1\cdots rj\end{pmatrix}\neq 0$，矛盾．

证法 2　仍设 $\det A\begin{pmatrix}1\cdots r\\1\cdots r\end{pmatrix}\neq 0$，而 $\det A\begin{pmatrix}1\cdots ri\\1\cdots rj\end{pmatrix}=0$ 对任意 i,j 成立．按最后一行展开后一行列式，得

$$a_{i1}\mid B_{1j}\mid+a_{i2}\mid B_{2j}\mid+\cdots+a_{ir}\mid B_{rj}\mid+a_{ij}\mid A_1\mid=0\quad(i=1,\cdots,m),$$

其中 $|B_{1j}|,\cdots,|B_{rj}|$ 是 $A\begin{pmatrix}1\cdots r\\1\cdots rj\end{pmatrix}$ 分别删去第 $1,\cdots,r$ 列后的行列式加上适当正负号．$|A_1|=\det A\begin{pmatrix}1\cdots r\\1\cdots r\end{pmatrix}$．记 A 的第 j 列为 $\alpha_j(1\leqslant j\leqslant n)$，则上式说明

$$\alpha_1\mid B_{1j}\mid+\alpha_2\mid B_{2j}\mid+\cdots+\alpha_r\mid B_{rj}\mid+\alpha_j\mid A_1\mid=0,$$

即 $\alpha_1,\cdots,\alpha_r,\alpha_j$ 线性相关（对任意 j）．故知 $\mathrm{r}(A)=r$．■

例 3.15　（五猴分桃问题）　在一个荒岛上，五只猴子一起采集了一整天桃子后入睡．一只猴子先醒了，决定先拿走自己的一份桃子．它把桃子均分为五份还剩一个，就把多余的一个扔了，藏好了自己的一份后仍回去睡觉．后来又有第二只猴子醒了，也扔了一个然后正好五等份，它也拿走了自己的一份后又去睡觉．剩下的猴子依次醒来分别做了同样的事．试问原来至少有几个桃子？

解　设原有 x_0 个桃子，第 i 只猴拿走了 x_i 个（$i=1,\cdots,5$），则有 6 元方程组

$$\begin{cases}x_0=5x_1+1,\\4x_1=5x_2+1,\\4x_2=5x_3+1,\\4x_3=5x_4+1,\\4x_4=5x_5+1.\end{cases}$$

若令 $x_1=x_2=\cdots=x_5$，则立得方程组的特解 $\alpha_0=(-4,-1,-1,-1,-1,-1)^{\mathrm{T}}$．与原方程组相应的齐次方程组为

$$\begin{cases}x_0=5x_1,\\4x_1=5x_2,\\4x_2=5x_3,\\4x_3=5x_4,\\4x_4=5x_5.\end{cases}$$

显然系数矩阵 A 的秩为 5，故有 $6-5=1$ 个自由未知量，易知 x_5 是自由未知量，各齐次方程两边均相乘，得

$$4^4x_0=5^5x_5,$$

故可取自由未知量 $x_5=4^4$　（注意 x_i 均为整数），得齐次方程组的解

$$\eta = (5^5, \cdots, 4^4)^{\mathrm{T}}.$$

故原方程组的解集即为

$$\alpha_0 + \mathbb{R}\eta = \{(k \cdot 5^5 - 4, \cdots, k \cdot 4^4 - 1) \mid k \in \mathbb{R}\},$$

即 $x_0 = 5^5 k - 4$，故 x_0 的最小正整数解为

$$x_0 = 5^5 - 4 = 3121.$$

例 3.16 无限域 F 上的线性空间 $F^{(n)}$ 不能被其任意有限多个真子空间 $V_1, \cdots, V_s$ 覆盖，即必存在 $x_0 \in F^{(n)}$ 使 $x_0 \notin V_i$ 对任意 i 成立($1 \leqslant i \leqslant s$).

证明 不妨设 V_i 均为 $n-1$ 维子空间(不然将 V_i 扩大即可). 于是 V_i 是一个齐次线性方程的解子空间，记此方程为

$$a_{i1}x_1 + a_{i2}x_2 + \cdots + a_{in}x_n = 0 \quad (1 \leqslant i \leqslant s). \qquad (*)$$

令不定元 T 的多项式

$$f_i(T) = a_{i1}T^{n-1} + a_{i2}T^{n-2} + \cdots + a_{in} \qquad (1 \leqslant i \leqslant s).$$

每个 $f_i(T)$ 最多有 $n-1$ 个根，故这些多项式($1 \leqslant i \leqslant s$)最多有 $(n-1)s$ 个根，而 F 中有无限多元素，故存在 $\lambda \in F$ 使 $f_i(\lambda) \neq 0 \quad (1 \leqslant i \leqslant s)$，即

$$a_{i1}\lambda^{n-1} + a_{i2}\lambda^{n-2} + \cdots + a_{in} \cdot 1 \neq 0 \quad (1 \leqslant i \leqslant s).$$

令

$$x_0 = (\lambda^{n-1}, \lambda^{n-2}, \cdots, 1)^{\mathrm{T}},$$

则 x_0 不是方程($*$)的解，故 $x_0 \notin V_i \quad (1 \leqslant i \leqslant s)$. ■

另一证明 不妨设 $V_1 \not\subset V_2 \cup \cdots \cup V_s$，任取 $\alpha_1 \in V_1$ 而不属于 $V_2, \cdots, V_s$. 取 $F^{(n)}$ 中 $\alpha_2 \notin V_1$. 令 $L = \alpha_1 + F\alpha_2$. 我们只需证明直线 L 不能被覆盖. V_1 仅盖住 L 的一个向量 α_1，事实上若 $\alpha_1 + k\alpha_2 \in V_1$，则 $k\alpha_2 \in V_1$，从而 $k=0$. $V_i(i \neq 1)$ 最多仅能盖住 L 的一个向量. 事实上若 $\alpha_1 + k_1\alpha_2 \in V_i$，$\alpha_1 + k_2\alpha_2 \in V_i$，则 $k_2\alpha_1 + k_1k_2\alpha_2$ 和 $k_1\alpha_1 + k_1k_2\alpha_2$ 属于 V_i，从而 $(k_2 - k_1)\alpha_1 \in V_i$，即 $k_2 = k_1$. 故 $V_1, \cdots, V_s$ 最多盖住 L 中的 s 个向量，而 L 有无限多向量. ■

例 3.17 设 $A = (a_{ij})$ 为 n 阶实系数方阵且 $|a_{ii}a_{jj}| > \left(\sum_{k \neq i} |a_{ik}|\right)\left(\sum_{l \neq j} |a_{jl}|\right)$ 对任意 $i, j(i \neq j)$ 成立，则 $\det A \neq 0$.

证明 若 $\det A = 0$，则 $Ax = 0$ 有非零解 $x = (x_1, \cdots, x_n)^{\mathrm{T}} \neq 0$. 不妨设

$$|x_i| \geqslant |x_j| \geqslant \cdots \geqslant |x_t| \geqslant \cdots,$$

则由 $\sum_k a_{ik}x_k = 0$ 知

$$|a_{ii}x_i| \cdot |a_{jj}x_j| = \left|\sum_{k \neq i} a_{ik}x_k\right| \cdot \left|\sum_{l \neq j} a_{jl}x_l\right|$$

$$\leqslant \left(|x_j| \sum_{k \neq i} |a_{ik}|\right) \cdot \left(|x_i| \sum_{l \neq j} |a_{jl}|\right),$$

故当 $x_j \neq 0$ 时有

$$|a_{ii}a_{jj}| \leqslant \left(\sum_{k \neq i} |a_{ik}|\right) \cdot \left(\sum_{l \neq j} |a_{jl}|\right),$$

与题设矛盾．当 $x_j=0$ 时，只有一个分量 x_i 非 0，故 A 的第 1 列为 0 列，与题设不等式矛盾． ■

*3.7 结式与消去法

我们已经看到，线性方程组的求解理论基础是 Gauss 消元法．对高次方程组的求解，也要用消元法(或称为消去法)，即结式理论．这种古典理论在机器证明等现代科技中成为基础之一．

先从域 F 上单变元多项式(形式) $f(x)$，$g(x)$ 说起(这里设 x 为不定元)．因 $F[x]$ 是唯一析因环，故 f 与 g 的最大公因子 $d(x)$ 与最小公倍 $M(x)$ 有关系

$$M(x)d(x)=f(x)g(x).$$

故

$$M(x)=\left(\frac{g(x)}{d(x)}\right)f(x)=\left(\frac{f(x)}{d(x)}\right)g(x).$$

引理 3.4 域 F 上两个非零多项式

$$\begin{aligned} f(x) &= a_0x^n+a_1x^{n-1}+\cdots+a_n, \\ g(x) &= b_0x^m+b_1x^{m-1}+\cdots+b_m, \end{aligned} \qquad (a_0,b_0 \text{ 不全为 } 0),$$

不互素(即有非常数公因子)的充分必要条件为：存在不全为零的两多项式 $u(x),v(x)\in F[x]$ 使得

$$u(x)f(x)=v(x)g(x),$$

其中

$$\deg u(x)<m,\ \deg v(x)<n.$$

证明 必要性上面已证过．现证充分性．不妨设 $a_0\neq0$，因 $uf=vg$ 是 f 与 g 的公倍，故 $\deg M\leqslant\deg(vg)=\deg v+\deg g<n+\deg g=\deg(fg)$，即知 $\deg d(x)\geqslant1$． ■

可把引理 3.3 改写，记

$$\begin{aligned} u(x) &= u_0x^{m-1}+u_1x^{m-2}+\cdots+u_{m-1}, \\ v(x) &= v_0x^{n-1}+v_1x^{n-2}+\cdots+v_{n-1}, \end{aligned}$$

(注意 u_0,v_0 可以为 0)，记 $U=(u_0,\cdots,u_{m-1})$，$V=(v_0,\cdots,v_{n-1})$，

$$A=\begin{bmatrix} a_0 & a_1 & \cdots & a_n & & & \\ & a_0 & a_1 & \cdots & a_n & & \\ & & \ddots & \ddots & \ddots & \ddots & \\ & & & a_0 & a_1 & \cdots & a_n \end{bmatrix}_{m\times(m+n)},\quad B=\begin{bmatrix} b_0 & \cdots & b_m & & \\ & \ddots & & \ddots & \\ & & b_0 & \cdots & b_m \end{bmatrix}_{n\times(m+n)}.$$

把等式 $u(x)f(x)-v(x)g(x)=0$ 的各项系数依次写出，即知此等式等价于

$$UA-VB=0,$$

即 $\quad (U,-V)\begin{bmatrix} A \\ B \end{bmatrix}=0$，或

$$\begin{bmatrix} A \\ B \end{bmatrix}^{\mathrm{T}} (U, -V)^{\mathrm{T}} = 0.$$

这是以$(U,-V)^{\mathrm{T}}=(u_0,\cdots,u_{m-1},-v_0,\cdots,-v_{n-1})^{\mathrm{T}}$为未知列(向量),以$\begin{bmatrix} A \\ B \end{bmatrix}^{\mathrm{T}}$为系数矩阵的线性方程组,$m+n$个未知量,由$m+n$个方程组成. 于是"存在不全为0的$u(x)$,$v(x)$使得$u(x)f(x)=v(x)g(x)$"当且仅当此线性方程组有非零解,其充分必要条件是系数方阵行列式$\det\begin{bmatrix} A \\ B \end{bmatrix}=0$. $\det\begin{bmatrix} A \\ B \end{bmatrix}$称为$f(x)$与$g(x)$的结式(resultant). 我们证明了下面的定理.

定理 3.13 域F上两非零多项式$f(x)=a_0x^n+\cdots+a_n$, $g(x)=b_0x^m+\cdots+b_m$ (a_0,b_0不全为零)不互素(即有公因子$d(x)\notin F$)的充分必要条件为如下定义的**结式**为0:

$$R(f,g)=\det\begin{bmatrix} A \\ B \end{bmatrix}=\det\begin{bmatrix} a_0 & \cdots & a_n & & \\ & \ddots & & \ddots & \\ & & a_0 & \cdots & a_n \\ b_0 & \cdots & b_m & & \\ & \ddots & & \ddots & \\ & & b_0 & \cdots & b_m \end{bmatrix}\begin{matrix} \left.\vphantom{\begin{matrix}a\\a\\a\end{matrix}}\right\} m\text{行} \\ \left.\vphantom{\begin{matrix}a\\a\\a\end{matrix}}\right\} n\text{行} \end{matrix}.$$

注意结式$R(f,g)$是f和g的系数$a_0,\cdots,a_n$和$b_0,\cdots,b_m$的多项式. 在证明定理3.12过程中我们并没用到域F中的除法(即F中非零元素的可逆性),故定理3.12(和引理3.3)当F不是域而是唯一析因整环时仍成立.

当$F\subset C$时,我们可以在C中把$f(x)$和$g(x)$分解为一次因子之积:

$$\begin{aligned} f(x) &= a_0(x-x_1)\cdots(x-x_n), \\ g(x) &= b_0(x-y_1)\cdots(x-y_m), \end{aligned} \qquad (a_0b_0\neq 0)$$

(当F不属于C时,可以证明也存在域$C_F\supset F$,使f,g可在C_F完全分解为一次因子之积). 于是$f(x)$的系数a_i是$x_1,\cdots,x_n$的初等对称函数σ_i的$(-1)^ia_0$倍, $g(x)$的系数b_i是$y_1,\cdots,y_m$的i次初等对称函数的$(-1)^ib_0$倍. 在定义结式的行列式中把前m行中的a_0和后n行的b_0提出,则

$$R(f,g)=a_0^mb_0^nR(f_1,g_1),$$

其中$f_1=f(x)/a_0$, $g_1=g(x)/b_0$均为首一多项式. 我们假定根$x_1,\cdots,x_n,y_1,\cdots,y_m$为不定元, $R(f_1,g_1)$是这些不定元的多项式. 由定理3.13知,当$x_1=y_1$(即f与g有公因子$(x-x_1)$)时,结式为0,故知结式含因子x_1-y_1,同样可知也含因子$x_i-y_j(i,j=1,\cdots,n)$,故知

$$R(f,g)=a_0^m b_0^n \prod_{\substack{1\leqslant i\leqslant n\\ 1\leqslant j\leqslant m}}(x_i-y_j)\cdot h.$$

其中 h 为 $x_1,\cdots,x_n,y_1,\cdots,y_m$ 的多项式.

由 $g(x_i)=b_0\prod\limits_{j=1}^{m}(x_i-y_j)$，又有

$$R(f,g)=a_0^m\prod_{i=1}^{n}g(x_i)\cdot h.$$

由于 $g(x_i)=b_0x_i^m+b_1x_i^{m-1}+\cdots+b_m$ 是 $b_0,\cdots,b_m$（视为不定元）的一次齐次多项式，故 $\prod\limits_{i=1}^{n}g(x_i)$ 是 $b_0,\cdots,b_m$ 的 n 次齐次多项式. 由 $R(f,g)$ 的定义行列式显然可见 $R(f,g)$ 是 $b_0,\cdots,b_m$ 的 n 次齐次多项式（恰后 n 行含 $b_0,\cdots,b_m$），故知 h 不依赖于 $b_0,\cdots,b_m$，亦即不依赖于 $y_1,\cdots,y_m$. 同理知 h 不依赖于 $x_1,\cdots,x_n$，故 h 为常数. 又显然 $a_0^m\prod\limits_{i=1}^{n}g(x_i)$ 所含的 b_m 的最高次项为 $a_0^m b_m^n$，与 $R(f,g)$ 的相应项相同（主对角线），故知 $h=1$，我们得到了下面的结论.

定理 3.14 两个多项式 $f(x)=a_0(x-x_1)\cdots(x-x_n)$，$g(x)=b_0(x-y_1)\cdots(x-y_m)$ 的结式

$$\begin{aligned}R(f,g)&=a_0^m b_0^n\prod_{\substack{1\leqslant i\leqslant n\\ 1\leqslant j\leqslant m}}(x_i-y_j)\\&=a_0^m\prod_{i=1}^{n}g(x_i)\\&=(-1)^{mn}b_0^n\prod_{j=1}^{m}f(y_j).\end{aligned}$$

结式与判别式有很有趣的关系. 多项式 $f(x)=a_0(x-x_1)\cdots(x-x_n)$ 的**判别式**定义为

$$\operatorname{disc}(f)=a_0^{2n-2}\prod_{1\leqslant i<j\leqslant n}(x_i-x_j)^2.$$

因此 $f(x)$ 有重根当且仅当其判别式 $\operatorname{disc}(f)=0$. 但 $f(x)$ 有重根当且仅当 $f(x)$ 与微商 $f'(x)$ 不互素，也即当且仅当 $R(f,f')=0$. 事实上由 $R(f,f')=a_0^{n-1}\prod\limits_{i=1}^{n}f'(x_i)$ 及

$$f'(x)=a_0\sum_{j=1}^{n}\frac{(x-x_1)\cdots(x-x_n)}{x-x_j},$$

故

$$R(f,f')=a_0^{2n-1}\prod_{i=1}^{n}\prod_{\substack{j=1\\ j\neq i}}^{n}(x_i-x_j)=a_0^{2n-1}\prod_{i\neq j}(x_i-x_j)=\operatorname{disc}(f)a_0(-1)^{n(n-1)/2}.$$

定理 3.15 $f(x)\in F[x]$的判别式是 F 中元素，且

$$\operatorname{disc}(f)=R(f,f')/a_0(-1)^{n(n-1)/2}.$$

结式可用来逐步消去未知元求解**高次方程组**. 首先注意当 $F=\mathbb{C}$ 时，$f(x)$，$g(x)\in\mathbb{C}[X]$均可分解为一次因子之积，故二者不互素当且仅当有公共根，此时定理 3.13 可改述如下：

系 对 $f(x),g(x)\in\mathbb{C}[X]$，方程组$\begin{cases}f(x)=0\\g(x)=0\end{cases}$有复数解当且仅当结式 $R(f,g)=0$.

这就把一元方程组是否有解归纳为一个常数 R 是否为 0.

现设 $f(x,y),g(x,y)\in F[X,Y]$为二变元多项式，欲解方程

$$\begin{cases}f(x,y)=0,\\g(x,y)=0.\end{cases}$$

可以把 f 和 g 看作不定元 x 的(以 y 的多项式为系数的)多项式，即

$$\begin{cases}f(x,y)=a_0(y)x^n+\cdots+a_n(y)\in F[y][x],\\g(x,y)=b_0(y)x^m+\cdots+b_m(y)\in F[y][x].\end{cases}$$

于是由定理 3.13(注意当 F 换为 $F[y]$时，定理 3.13 仍然正确，这是因为证明过程中只用到 F 中的乘法运算及 $F[X]$是唯一析因环的性质，而未涉及 F 中元素的逆)，我们把 f,g 视为 x 的多项式求其结式

$$R_x(f,g)=\begin{vmatrix}a_0(y)\cdots a_n(y) & & \\ \ddots & & \ddots \\ & a_0(y)\cdots a_n(y) & \\ b_0(y)\cdots b_m(y) & & \\ \ddots & & \ddots \\ & b_0(y)\cdots b_m(y) & \end{vmatrix}$$

$R_x(f,g)$是 y 的多项式，由定理 3.13 知有

定理 3.16 复数域上二元高次方程组$\begin{cases}f(x,y)=0\\g(x,y)=0\end{cases}$的求解问题归结为其结式 $R_x(f,g)=0$的求解(变元为 y)，即 y_0 是结式的零点当且仅当$\begin{cases}f(x,y_0)=0\\g(x,y_0)=0\end{cases}$有解 x_0 或者$a_0(y_0)=b_0(y_0)=0$，这里 $a_0(y),b_0(y)$是 $f(x,y)$和 $g(x,y)$作为 x 多项式的首项.

为了解方程组$\begin{cases}f(x,y)=0,\\g(x,y)=0,\end{cases}$ 可以先解单变元方程 $R_x(f,g)=0$，求得解 y_0 后，再代

入原方程求出 x_0.

这种消元法始于 Euler,一般称为 Sylvester **消去法**(elimination method)

上述方法可以推广到多个变元多个方程的方程组,例如若 $f_1,\cdots,f_s$ 是变元 x_1, $x_2,\cdots,x_t$ 的多项式,可以把 f_i 两两结合(视为 x_1 的多项式)求得结式,从而消去 x_1,再从这些结式中逐步消去 x_2,x_3 等.

例 3.18 求解 $\begin{cases} x^2+y^2=1, \\ x^2-y^2=1. \end{cases}$

$$R_x=\begin{vmatrix} 1 & 0 & y^2-1 & \\ & 1 & 0 & y^2-1 \\ 1 & 0 & -y^2-1 & \\ & 1 & 0 & -y^2-1 \end{vmatrix}=\begin{vmatrix} 1 & y^2-1 \\ 1 & -y^2-1 \end{vmatrix}^2=4y^4,$$

其中第二个等号由第 1,3 行 Laplace 展开得到. 故 $y_0=0$,代入解得 $x_0=\pm 1$,故原方程有两解 $(1,0),(-1,0)$. 这与消元法所得结果完全一致.

习 题 3

1. 用 Gauss 消元法解下列方程组.

(1) $\begin{cases} 2x_1+x_2+x_3=2, \\ x_1+3x_2+x_3=5, \\ x_1+x_2+5x_3=-7, \\ 2x_1+3x_2-3x_3=14; \end{cases}$

(2) $\begin{cases} 6x_1+6x_2+5x_3+18x_4+20x_5=14, \\ 10x_1+9x_2+7x_3+24x_4+30x_5=18, \\ 12x_1+12x_2+13x_3+27x_4+35x_5=32, \\ 8x_1+6x_2+6x_3+15x_4+20x_5=16, \\ 4x_1+5x_2+4x_3+15x_4+15x_5=11; \end{cases}$

(3) $\begin{cases} 2x_1+7x_2+3x_3+x_4=5, \\ x_1+3x_2+5x_3-2x_4=3, \\ x_1+5x_2-9x_3+8x_4=1, \\ 5x_1+18x_2+4x_3+5x_4=12; \end{cases}$

(4) $\begin{cases} 2x_1-x_2+x_3-x_4=3, \\ 4x_1-2x_2-2x_3+3x_4=2, \\ 2x_1-x_2+5x_3-6x_4=1, \\ 2x_1-x_2-3x_3+4x_4=5. \end{cases}$

2. a,b 取什么值时,方程组

$$\begin{cases}3x_1+2x_2+x_3+x_4-3x_5=a,\\5x_1+4x_2+3x_3+3x_4-x_5=b,\\x_1+x_2+x_3+x_4+x_5=1,\\x_2+2x_3+2x_4+6x_5=3\end{cases}$$

有解,并求出它的解.

3. 对下列各矩阵,求 λ 的值,使矩阵秩最小.

(1) $\begin{bmatrix}3&1&1&4\\\lambda&4&10&1\\1&7&17&3\\2&2&4&3\end{bmatrix}$;　(2) $\begin{bmatrix}1&\lambda&-1&2\\2&-1&\lambda&5\\1&10&-6&1\end{bmatrix}$.

4. 证明:如果矩阵包含 m 行并且秩为 r,则它的任何 s 行组成一个秩不小于 $r+s-m$ 的矩阵.

5. 用行的初等变换把下列矩阵化为既约阶梯形并求矩阵的秩:

(1) $\begin{bmatrix}25&31&17&43\\75&94&53&132\\75&94&54&134\\25&32&20&48\end{bmatrix}$;　(2) $\begin{bmatrix}24&19&36&72&-38\\25&21&37&75&-42\\73&59&98&219&-118\\47&36&71&141&-72\end{bmatrix}$;

(3) $\begin{bmatrix}1&0&1&0\\3&1&2&1\\1&2&-1&2\\-1&0&-1&0\\0&-1&1&-1\end{bmatrix}$.

6. 举出一个无解的线性方程组的例子,并化为阶梯形(要求 3 个变元以上).

7. 研究下列方程组的相容性并求其通解和一个特解.

(1) $\begin{cases}3x_1+4x_2+x_3+2x_4=3,\\6x_1+8x_2+2x_3+5x_4=7,\\9x_1+12x_2+3x_3+10x_4=13;\end{cases}$　(2) $\begin{cases}3x_1-5x_2+2x_3+4x_4=2,\\7x_1-4x_2+x_3+3x_4=5,\\5x_1+7x_2-4x_3-6x_4=3;\end{cases}$

(3) $\begin{cases}2x_1+5x_2-8x_3=8,\\4x_1+3x_2-9x_3=9,\\2x_1+3x_2-5x_3=7,\\x_1+8x_2-7x_3=12.\end{cases}$

8. 求线性方程组 $\begin{cases}2x_1-x_2+3x_3+4x_4=5,\\4x_1-2x_2+5x_3+6x_4=7,\\6x_1-3x_2+7x_3+8x_4=9,\\\lambda x_1-4x_2+9x_3+10x_4=11,\end{cases}$

依赖于参数 λ 的通解.

9. 设 A 为实矩阵，试证：$\mathrm{r}(A^{\mathrm{T}}A)=\mathrm{r}(A)$.

10. 举出矩阵 A,B 的例子，分别使

(1) $\mathrm{r}(AB)<\min\{\mathrm{r}(A),\mathrm{r}(B)\}$，

(2) $\mathrm{r}(AB)=\min\{\mathrm{r}(A),\mathrm{r}(B)\}$.

11. 判断下列行向量组是否线性相关.

(1) $(1,2,3)$，$(4,8,12)$，$(3,0,1)$，$(4,5,8)$；

(2) $(1,2,3,4,5,6)$，$(1,0,1,0,1,0)$，$(-1,1,1,-1,1,1)$，$(-2,3,2,3,4,7)$；

(3) $(1,2,3,4)$，$(1,0,1,0)$，$(-1,1,1,-1)$，$(-2,3,2,3)$；

(4) $(1,0,0,2,3,1)$，$(0,1,0,4,6,2)$，$(0,0,1,-2,-3,-1)$；

(5) $(2,-3,1)$，$(3,-1,5)$，$(1,-4,3)$；

(6) $(4,-5,2,6)$，$(2,-2,1,3)$，$(6,-3,3,9)$，$(4,-1,5,6)$；

(7) $(1,0,0,2,5)$，$(0,1,0,3,4)$，$(0,0,1,4,7)$，$(2,-3,4,11,12)$.

12. 对上题中每组向量，求出一个极大线性无关组.

13. 求满足下列等式的行向量 x：

(1) $\alpha_1+2\alpha_2+3\alpha_3+4x=0$，

其中 $\alpha_1=(5,-8,-1,2)$，$\alpha_2=(2,-1,4,-3)$，$\alpha_3=(-3,2,-5,4)$.

(2) $3(\alpha_1-x)+2(\alpha_2+x)=5(\alpha_3+x)$，

其中 $\alpha_1=(2,5,1,3)$，$\alpha_2=(10,1,5,10)$，$\alpha_3=(4,1,-1,1)$.

14. 证明向量组 S 的极大线性无关组可这样选取：先任取非零向量 $\alpha_1\in S$；次取 α_2，使之非 α_1 的线性组合；再取 α_3，使之非 α_1,α_2 的线性组合；如此下去，直到取得了 $\alpha_1,\alpha_2,\cdots,\alpha_s$，而不再能取得 α_{s+1} 非 $\alpha_1,\cdots,\alpha_s$ 的线性组合. 则 $\alpha_1,\cdots,\alpha_s$ 即为 S 的极大线性无关组.

15. 设有 s 个行向量 $\alpha_i=(a_{i1},\cdots,a_{in})$ $(1\leqslant i\leqslant s,s\leqslant n)$，其分量满足 $|a_{jj}|>\sum\limits_{\substack{i=1\\i\neq j}}^{s}|a_{ij}|$ $(1\leqslant j\leqslant s)$，则这 s 个向量线性无关.

16. 若向量组 $\alpha_1,\cdots,\alpha_k$ 线性无关，而 $\alpha_1,\cdots,\alpha_k,\alpha_{k+1}$ 线性相关，则 α_{k+1} 可由 $\alpha_1,\cdots,\alpha_k$ 线性表出.

17. 如果在有序线性无关向量组 $\alpha_1,\alpha_2,\cdots,\alpha_k$ 的前面再添写一个向量 β，则在所得到的向量组中，能用其前面向量线性表示的向量不多于一个.

18. 证明：如果3个向量 $\alpha_1,\alpha_2,\alpha_3$ 线性相关，且向量 α_3 不能用向量 α_1 和 α_2 线性表示，则向量 α_1 和 α_2 仅差一数值因子.

19. 证明：若向量 a,b,c 线性无关，则向量 $a+b,b+c,c+a$ 也线性无关.

20. 若向量组 $\alpha_1,\cdots,\alpha_s$ 的秩为 r，证明其中任意 r 个线性无关向量都构成它的一个极大无关组.

21. 对第1题中每个线性方程组的增广矩阵，求出其列向量组的两个极大无关组，再求出其行向量组的一个极大无关组.

22. 证明：矩阵的非零子式所在的行向量组和列向量组均是线性无关的.

23. 第22题的逆命题是否成立，即位于线性无关行向量组及线性无关列向量组交叉处的子式是否一定非零？证明之.

24. 设法运用“矩阵的行秩、列秩、秩三者相等”这一事实，尽量清楚地解释线性方程组解的理论.

25. 写出通过点$(1,1,1)$,$(1,1,-1)$,$(1,-1,1)$,$(-1,0,0)$的球面方程,并求其中心和半径.

26. 写出通过5点$M_1(0,1)$,$M_2(2,0)$,$M_3(-2,0)$,$M_4(1,-1)$,$M_5(-1,-1)$的二次曲线的方程并确定其位置和大小范围.

27. 怎样的线性方程组,给出空间中3个没有公共点但两两相交的平面?

28. 给以下事实以几何解释:在3个未知量4个方程的某一线性方程组中,任意3个方程未知量的系数所组成的矩阵的秩,以及增广矩阵的秩都等于3.

29. 求4个平面

$$a_1x+b_1y+c_1z+d_1=0,$$
$$a_2x+b_2y+c_2z+d_2=0,$$
$$a_3x+b_3y+c_3z+d_3=0,$$
$$a_4x+b_4y+c_4z+d_4=0.$$

共点的充分必要条件.

30. 在$\mathbb{R}^2$和$\mathbb{R}^3$中画出下列方程组的解子空间或解陪集.

(1) $\begin{cases} x-2y=0, \\ -3x+6y=0; \end{cases}$　　(2) $\begin{cases} 2x-3y=1, \\ -6x+9y=-3; \end{cases}$

(3) $\begin{cases} x-y+2z=0, \\ 4x+y-5z=0, \\ 3x+2y-7z=0; \end{cases}$　　(4) $\begin{cases} 2x-y-2z=1, \\ -6x+3y+6z=-3, \\ -8x+4y+8z=-4. \end{cases}$

31. 设$\alpha_1=(1,1,0)$,$\alpha_2=(2,1,2)$,$\alpha_3=(3,2,2)$.

(1) 求出并画出$\alpha_1,\alpha_2,\alpha_3$在$\mathbb{R}^3$中生成的子空间$W$.

(2) 求出并画出陪集x_0+W,其中$x_0=(2,1,0)$.

32. 设

$$A=\begin{bmatrix} 3 & -6 & 2 & -1 \\ -2 & 4 & 1 & 3 \\ 0 & 0 & 1 & 1 \\ 1 & -2 & 1 & 0 \end{bmatrix}.$$

对于什么样的$b=(b_1,b_2,b_3,b_4)^{\mathrm{T}}$,$Ax=b$有解?

33. 已知线性方程组

$$\begin{bmatrix} 1 & 2 & 1 \\ 2 & 3 & \lambda+2 \\ 1 & \lambda & -2 \end{bmatrix}\begin{bmatrix} x_1 \\ x_2 \\ x_3 \end{bmatrix}=\begin{bmatrix} 1 \\ 3 \\ 0 \end{bmatrix}.$$

(1) 试求:当λ为何值时,方程组无解?

(2) 若方程组有唯一解,则λ值如何?

34. 设$A=\begin{bmatrix} 1 & 2 & -2 \\ 4 & t & 3 \\ 3 & -1 & 1 \end{bmatrix}$,$B$为三阶非零矩阵,且$AB=0$,则$t$值如何?

35. 已知$\alpha_1=(0,1,0)^{\mathrm{T}}$,$\alpha_2=(-3,2,2)^{\mathrm{T}}$是线性方程组

$$\begin{cases} x_1 - x_2 + 2x_3 = -1, \\ 3x_1 + x_2 + 4x_3 = 1, \\ ax_1 + bx_2 + cx_3 = d \end{cases}$$

的两个解，求此方程组的全部解.

36. 试证明：$\mathrm{r}(AB)=\mathrm{r}(B)$当且仅当方程组$ABx=0$的解均为$Bx=0$的解.

37. 设$\mathrm{r}(AB)=\mathrm{r}(B)$，试证明对任意可乘的矩阵$C$，均有$\mathrm{r}(ABC)=\mathrm{r}(BC)$.

38. 试证明：若有正整数k使$\mathrm{r}(A^k)=\mathrm{r}(A^{k+1})$则$\mathrm{r}(A^k)=\mathrm{r}(A^{k+j})(j=1,2,3,\cdots)$.

39. 设矩阵$A_{n\times r}$的列向量空间是某齐次线性方程组的解子空间. 试证明：$C_{n\times r}$的列向量空间也为该方程组的解子空间的充分必要条件为$C=AB$（B为某r阶可逆方阵，其中$r=\mathrm{r}(A)=\mathrm{r}(C)$）.

40. 设向量组$\{\beta_1,\cdots,\beta_m\}$线性无关且可由向量组$\{\alpha_1,\cdots,\alpha_n\}$线性表出，则存在$\alpha_k$ $(1\leqslant k\leqslant n)$使$\{\alpha_k,\beta_2,\cdots,\beta_m\}$线性无关.

41. 试证明斜对称方阵的秩是偶数(斜对称方阵是指满足$A^{\mathrm{T}}=-A$的方阵，又称反对称方阵).

42. 求证对两个二次多项式的结式R，有

$$4R=(2a_0b_2-a_1b_1+2a_2b_0)^2-(4a_0a_2-a_1^2)(4b_0b_2-b_1^2).$$

43. 若$y_1,\cdots,y_{n-1}$是$f(x)$的微商$f'(x)$的零点，则

$$\mathrm{disc}(f)=(-1)^{n(n-1)/2}n^na_0^n\prod_k f(y_k).$$

44. (1) 求$f(x)=x^n+ax+b$的判别式；

(2) 求$f(x)=x^n+ax^k+b$的判别式.

45. 求结式：(1) x^n+x+1与x^2-3x+2；

(2) x^n+1与$(x-1)^n$；

(3) x^n-1与x^m-1.

46. 解方程组：

(1) $\begin{cases} x^3+y^3=7(x+y), \\ x^2+y^2=13; \end{cases}$

(2) $\begin{cases} -ay+x(1-x^2-y^2)=0, \\ ax+y(1-x^2-y^2)=a; \end{cases}$

(3) $\begin{cases} x^3-y^3-z^3=3xyz, \\ x^2=2(y^2+z^2) \end{cases}$ （仅求正整数解).

47. 试判定以下方程组无有理数解.

$$\begin{cases} y^2+2x^2y-1=0, \\ 6x^2-y^2-3y=0. \end{cases}$$

48. 试计算下列多项式$f(x)$的判别式：

(1) $f(x)=x^n+a$；

(2) $f(x)=\dfrac{x^n-1}{x-1}$；

(3) $f(x)=x^n+ax^{n-1}+ax^{n-2}+\cdots+a$.

第4章

矩阵的运算与相抵

4.1 矩阵的运算

设 F 为域，$M_{m\times n}(F)$ 为 F 上的(即元素取自 F) $m\times n$ 矩阵全体. 两个 $m\times n$ 矩阵 $A=(a_{ij})$, $B=(b_{ij})$ 的加法，定义为

$$A+B=(a_{ij}+b_{ij}).$$

$M_{m\times n}(F)$ 对此加法成 Abel 群，$A=(a_{ij})$ 的负元为 $-A=(-a_{ij})$，加法恒元(单位元)为零矩阵 0. 域 F 中元素 λ 与矩阵 $A=(a_{ij})$ 的乘法(数乘)定义为

$$\lambda A=(\lambda a_{ij}),$$

数乘对于矩阵加法及 F 中的加法和乘法是"和谐的"，即对任意 $\lambda_1,\lambda_2,\lambda\in F$ 及 $A,B\in M_{m\times n}(F)$ 有

$$\lambda(A+B)=\lambda A+\lambda B,$$

$$(\lambda_1+\lambda_2)A=\lambda_1 A+\lambda_2 A,$$

$$(\lambda_1\lambda_2)A=\lambda_1(\lambda_2 A),$$

$$1A=A.$$

容易看出，$M_{m\times n}(F)$ 对加法与数乘像行向量空间一样满足那 8 条规律(见第 3 章 3.3 节)，因而对加法和数乘来说，$M_{m\times n}(F)$ 与 $F^{m\times n}$ 只是写法不同，也是向量空间.

乘法是矩阵的很重要的运算，我们回忆，$A=(a_{ij})\in M_{m\times s}(F)$ 与 $B=(b_{ij})\in M_{s\times n}(F)$ 的积 $C=(c_{ij})\in M_{m\times n}(F)$ 由下式定义：

$$c_{ij}=\sum_{k=1}^{s}a_{ik}b_{kj}\quad(1\leqslant i\leqslant m,1\leqslant j\leqslant n).$$

注意矩阵乘法一般不能交换，有零因子(即当 $A\neq 0$, $B\neq 0$ 时可能 $AB=0$)，无消去律(即 $AB=AC$ 并不意味着 $B=C$). 我们已经知道矩阵乘法满足结合律，对加法的分配律，并且与数乘可交换(见第 2 章 2.5 节).

定理 4.1 域 F 上 n 阶方阵全体 $M_n(F)$ 对方阵加法和乘法是一个环(称为 n 阶**全方阵环**).

证明　$M_n(F)$对加法为Abel群,对乘法封闭,有结合律、分配律,故构成环. ■

***注记1**　$M_n(F)$是非交换环(当$n>1$).最简单的例子有

$$\begin{bmatrix}0&0\\1&0\end{bmatrix}\begin{bmatrix}1&0\\0&0\end{bmatrix}=\begin{bmatrix}0&0\\1&0\end{bmatrix}\neq\begin{bmatrix}0&0\\0&0\end{bmatrix}=\begin{bmatrix}1&0\\0&0\end{bmatrix}\begin{bmatrix}0&0\\1&0\end{bmatrix}.$$

它也是有零因子环,不满足消去律的环,但它有单位元I_n.

$M_n(F)$除了是环之外,还是F上向量空间,且数乘与乘法之间有关系

$$\lambda(AB)=(\lambda A)B=A(\lambda B)$$

$(\lambda\in F,\quad A,B\in M_n(F))$,因此$M_n(F)$被称为域$F$上的$n$阶**全方阵代数**.

方阵

$$\lambda I=\begin{bmatrix}\lambda&&\\&\ddots&\\&&\lambda\end{bmatrix}\qquad(\lambda\in F)$$

常称为纯量(或数量)方阵.数乘可通过纯量方阵乘法实现:

$$\lambda A=(\lambda I)A=A(\lambda I).$$

由此我们也可以定义"在右面的数乘":

$$A\lambda=A(\lambda I)=(\lambda I)A=\lambda A,$$

因此有$A(\lambda B)=(A\lambda)B=(\lambda A)B=\lambda(AB)$(这里$A,B\in M_n(F)$, $\lambda\in F$).

矩阵的另一重要运算是**转置**,设$A=(a_{ij})\in M_{m\times n}(F)$, $b_{ij}=a_{ji}$,则A的转置为

$$A^{\mathrm T}=A'=(b_{ij})\in M_{n\times m}(F).$$

转置有性质$(AB)^{\mathrm T}=B^{\mathrm T}A^{\mathrm T}$, $(A^{-1})^{\mathrm T}=(A^{\mathrm T})^{-1}$, $(A+B)^{\mathrm T}=A^{\mathrm T}+B^{\mathrm T}$, $(\lambda A)^{\mathrm T}=\lambda A^{\mathrm T}$等.

n阶方阵$A=(a_{ij})$的(主)对角线上元素是指$a_{11},\cdots,a_{nn}$.若A的主对角线以外的元素均为0,则称A为**对角形方阵**,此时A也写为

$$\mathrm{diag}(a_{11},a_{22},\cdots,a_{nn}).$$

方阵环$M_n(F)$到F上有函数det(行列式),这是积性函数(即$\det(AB)=(\det A)(\det B)$).$M_n(F)$到$F$上还有一个重要的加性函数,即如下定义的迹:

定义4.1　方阵$A=(a_{ij})\in M_n(F)$的**迹**(trace)即为其主对角线上元素的和

$$\mathrm{tr}(A)=a_{11}+a_{22}+\cdots+a_{nn}.$$

定理4.2　设$A,B\in M_n(F)$,$\lambda\in F$,则:

(1) $\mathrm{tr}(A+B)=\mathrm{tr}(A)+\mathrm{tr}(B)$,　$\mathrm{tr}(\lambda A)=\lambda\mathrm{tr}(A)$, $\mathrm{tr}(A^{\mathrm T})=\mathrm{tr}A$;

(2) $\mathrm{tr}(AB)=\mathrm{tr}(BA)$(对$A_{m\times s}$,$B_{s\times m}$也成立);

(3) $\mathrm{tr}(A\overline{A}^{\mathrm T})=0$当且仅当$A=0$(这里设$F=\mathbb{C}$,$\overline{a}$是$a$的复共轭,$\overline{(a_{ij})}=(\overline{a_{ij}})$).

证明 (1) 显然.

(2) 设 $A=(a_{ij})$，$B=(b_{ij})$，则

$$\operatorname{tr}(AB)=\sum_i\Big(\sum_k a_{ik}b_{ki}\Big)=\sum_k\Big(\sum_i b_{ki}a_{ik}\Big)=\operatorname{tr}(BA).$$

(3)
$$\operatorname{tr}(A\overline{A}^{\mathrm{T}})=\sum_i\Big(\sum_k a_{ik}\overline{a}_{ik}\Big)=\sum_i\sum_k|a_{ik}|^2,$$

其中$|a_{ik}|^2$为复数a_{ik}的模(长度)平方，非负，故得定理. ■

注记 2 以上讨论的矩阵$A=(a_{ij})\in M_{m\times n}(F)$的系数$a_{ij}$均属于一个域$F$. 也可以讨论系数$a_{ij}$属于某一个环$R$(或其他代数系统)的矩阵，例如，整数系数矩阵(系数为整数)或多项式系数矩阵. **环上的矩阵**的加法、数乘、乘法等运算可与域上矩阵同样定义并有类似性质，但有些性质不完全相同，因为环中元素不一定可逆，乘法也不一定可交换.

4.2 矩阵的分块运算

设$A=(a_{ij})$为$m\times n$矩阵，设想在A的某些行间和列间插入若干直线，把A分割为许多子矩阵，例如

$$A=\left[\begin{array}{cc:c:cc}1&2&3&4&5\\6&7&8&9&0\\ \hdashline a&b&c&d&e\\0&0&1&1&2\end{array}\right].$$

这些分割出的子矩阵都由相邻行、列的元素构成，称为A的**块**(block)，这样对A的分割称为对A分块. 分别把这些块用符号表示，就可把A表为由块构成的矩阵，称为**分块矩阵**. 例如上例中，

$$A=\begin{bmatrix}A_{11}&A_{12}&A_{13}\\A_{21}&A_{22}&A_{23}\end{bmatrix}=(A_{ij})\qquad(1\leqslant i\leqslant 2,\ 1\leqslant j\leqslant 3),$$

其中$A_{11}=\begin{bmatrix}1&2\\6&7\end{bmatrix}$，$A_{12}=\begin{bmatrix}3\\8\end{bmatrix}$，$A_{13}=\begin{bmatrix}4&5\\9&0\end{bmatrix}$，$A_{21}=\begin{bmatrix}a&b\\0&0\end{bmatrix}$，$A_{22}=\begin{bmatrix}c\\1\end{bmatrix}$，$A_{23}=\begin{bmatrix}d&e\\1&2\end{bmatrix}$. 若把$A$的行分割为$p$组(即插入$p-1$条直线)，每组行数依次为$m_1,m_2,\cdots,m_p$；而列分割为$q$组，每组列数依次为$n_1,\cdots,n_q$；则$A$被分割为$pq$块，这些块排成$p$行(称为块行)，及$q$个块列，位于第$i$块行及第$j$块列的块$A_{ij}$是$m_i\times n_j$矩阵.

下列定理说明，在作矩阵乘法时，对矩阵的块可以像对矩阵的元素一样对待(不过要注意这些块的不可交换性，$A_{uk}B_{kx}\neq B_{kx}A_{uk}$).

定理 4.3　设 $A=(a_{ij})$，$B=(b_{ij})$ 分别为 $m\times s$ 和 $s\times n$ 矩阵，把 A 和 B 分块为 $A=(A_{uv})$，$B=(B_{wx})$，且 A 的列与 B 的行分割方式相同（即分组数相同，各组成员数依次相同）($1\leqslant u\leqslant p$，$1\leqslant v\leqslant q$，$1\leqslant w\leqslant q$，$1\leqslant x\leqslant r$)，则 A，B 的积 $C=(C_{ux})$，其中

$$C_{ux}=\sum_{k=1}^{q}A_{uk}B_{kx}\qquad(1\leqslant u\leqslant p,\ 1\leqslant x\leqslant r).$$

例如把矩阵 B 如下分块

$$B=\left[\begin{array}{c:c:cc} a & 0 & 7 & 1\\ b & 1 & 7 & 2\\ \hdashline c & 3 & 8 & 3\\ \hdashline d & 2 & 8 & 4\\ e & 1 & 8 & 5\end{array}\right]=\begin{bmatrix}B_{11} & B_{12} & B_{13}\\ B_{21} & B_{22} & B_{23}\\ B_{31} & B_{32} & B_{33}\end{bmatrix}.$$

注意 B 的行与上述例中 A 的列有相同的分割方式，那么按定理 4.3，则有

$$AB=\begin{bmatrix}C_{11} & C_{12} & C_{13}\\ C_{21} & C_{22} & C_{23}\end{bmatrix},$$

其中

$$C_{11}=A_{11}B_{11}+A_{12}B_{21}+A_{13}B_{31},$$

$$\cdots\cdots$$

$$C_{23}=A_{21}B_{13}+A_{22}B_{23}+A_{23}B_{33}.$$

例如 $C=(c_{ij})$ 的(3,4)位置元素 c_{34}，按矩阵乘法有

$$\begin{aligned}c_{34}&=a_{31}b_{14}+a_{32}b_{24}+a_{33}b_{34}+a_{34}b_{44}+a_{35}b_{54}\\&=(1a+2b)+3c+(4d+5e).\end{aligned}$$

而 c_{34} 是 C_{23} 的(1,2)位元素，C_{23} 的三项 $A_{21}B_{13}$，$A_{22}B_{23}$，$A_{23}B_{33}$ 的(1,2)位置元素恰为$1a+2b$，$3c$，$4d+5e$.

定理 4.3 的证明　设 A_{uk} 的列数 $=B_{kx}$ 的行数 $=s_k$ $(k=1,\cdots,q)$. 记 $C=(c_{ij})$，则按矩阵乘法知

$$c_{ij}=\sum_{h=1}^{s}a_{ih}b_{hj}=\sum_{k=1}^{q}\sum_{h=s_1+\cdots+s_{k-1}+1}^{s_1+\cdots+s_k}a_{ih}b_{hj}.$$

设 C 的 (i,j) 位置处于 C_{ux} 的 (i_0,j_0) 位置，由于

$$C_{ux}=\sum_{k=1}^{q}A_{uk}B_{kx},$$

可知 C_{ux} 的 (i_0,j_0) 位元素为 $A_{uk}B_{kx}$ 的 (i_0,j_0) 元素之和 $(k=1,\cdots,q)$，而 $A_{uk}B_{kx}$ 的 (i_0,j_0) 位元素恰为

$$\sum_{h=s_1+\cdots+s_{k-1}+1}^{s_1+\cdots+s_k} a_{ih}b_{hj}.$$

这就证明了定理 4.3. ■

例 4.1 把 A 按列分块,即 $A=(A_1,\cdots,A_n)$,其中 A_i 为 A 的列. 设 $y=(y_1,\cdots,y_n)^{\mathrm{T}}$ 为列向量,则按矩阵分块乘法知

$$Ay=(A_1,\cdots,A_n)\begin{bmatrix}y_1\\\vdots\\y_n\end{bmatrix}=y_1A_1+\cdots+y_nA_n.$$

同样,若记 $\beta_1,\cdots,\beta_m$ 为 B 的行,$x=(x_1,\cdots,x_m)$为行向量,则

$$xB=(x_1,\cdots,x_m)\begin{bmatrix}\beta_1\\\vdots\\\beta_m\end{bmatrix}=x_1\beta_1+\cdots+x_m\beta_m.$$

例 4.2 记矩阵 $A=(a_{ij})$的列为 $A_1,\cdots,A_n$,行为 $\alpha_1,\cdots,\alpha_m$. 记矩阵 $B=(b_{ij})$的列为 $B_1,\cdots,B_s$,行为 $\beta_1,\cdots,\beta_n$. 则积

$$AB=A(B_1,\cdots,B_s)=(AB_1,\cdots,AB_s),$$

$$AB_j=(A_1,\cdots,A_n)\begin{bmatrix}b_{1j}\\\vdots\\b_{nj}\end{bmatrix}=b_{1j}A_1+\cdots+b_{nj}A_n,$$

$$AB=\begin{bmatrix}\alpha_1\\\vdots\\\alpha_m\end{bmatrix}B=\begin{bmatrix}\alpha_1B\\\vdots\\\alpha_mB\end{bmatrix},$$

$$\begin{aligned}\alpha_iB&=(a_{i1},\cdots,a_{in})\begin{bmatrix}\beta_1\\\vdots\\\beta_n\end{bmatrix}\\&=a_{i1}\beta_1+\cdots+a_{in}\beta_n.\end{aligned}$$

因而我们有下面的结论.

系 (1) 矩阵 A 与列向量 y 的积,是 A 的各列的线性组合,组合系数为 y 的各分量.

(2) 行向量 x 与矩阵 B 的积是 B 的各行的线性组合,组合系数为 x 的各分量.

(3) AB 的第 j 列是 A 的各列的线性组合,组合系数是 B 的第 j 列元素.

(4) AB 的第 i 行是 B 的各行的线性组合,线合系数是 A 的第 i 行元素.

例 4.3 设 $A_1,\cdots,A_n$ 为 A 的列, $\alpha_1,\cdots,\alpha_m$ 为 A 的行,则

$$A\begin{bmatrix}\lambda_1&&\\&\ddots&\\&&\lambda_n\end{bmatrix}=(A_1,\cdots,A_n)\begin{bmatrix}\lambda_1&&\\&\ddots&\\&&\lambda_n\end{bmatrix}$$

$$=(\lambda_1 A_1,\cdots,\lambda_n A_n),$$

$$\begin{bmatrix}\lambda_1 & & \\ & \ddots & \\ & & \lambda_n\end{bmatrix}A=\begin{bmatrix}\lambda_1 & & \\ & \ddots & \\ & & \lambda_n\end{bmatrix}\begin{bmatrix}\alpha_1\\ \vdots\\ \alpha_n\end{bmatrix}=\begin{bmatrix}\lambda_1\alpha_1\\ \vdots\\ \lambda_n\alpha_n\end{bmatrix}.$$

例 4.4

$$\begin{bmatrix}I_m & B\\ 0 & I_n\end{bmatrix}^{-1}=\begin{bmatrix}I_m & -B\\ 0 & I_n\end{bmatrix}.$$

设方阵 A 分块为$(A_{uv})(1\leqslant u,v\leqslant m)$，$A_{uv}$是 A 的块. 则 $A_{11},\cdots,A_{mm}$ 称为 A 的对角线块. 若 A 只有对角线块非零,则称 A 为**准对角形**,记为

$$A=\mathrm{diag}(A_{11},\cdots,A_{mm}).$$

若 A 的对角线以下的块皆为零,则称 A 为**准上三角形**. 类似地定义**准下三角形**. 注意对于分块矩阵(A_{uv}),其转置为(A_{vu}^{T}),即每个块均要转置且转换位置.

4.3 矩阵的相抵

定义 4.2 以下三种方阵称为域 F 上初等方阵(elementary matrix).

(1) 第一种:

$$P_{ij}=\begin{bmatrix}1 & & & & & & & & \\ & \ddots & & & & & & & \\ & & 1 & & & & & & \\ & & & 0 & & & 1 & & \\ & & & & 1 & & & & \\ & & & & & \ddots & & & \\ & & & & & & 1 & & \\ & & & 1 & & & 0 & & \\ & & & & & & & 1 & \\ & & & & & & & & \ddots & \\ & & & & & & & & & 1\end{bmatrix};$$

(2) 第二种:

$$P_i(c)=\begin{bmatrix}1 & & & & & & \\ & \ddots & & & & & \\ & & 1 & & & & \\ & & & c & & & \\ & & & & 1 & & \\ & & & & & \ddots & \\ & & & & & & 1\end{bmatrix}\quad(c\neq 0);$$

(3) 第三种：

$$P_{ij}(c)=\begin{bmatrix}1 & & & & & & \\ & \ddots & & & & & \\ & & 1 & & c & & \\ & & & \ddots & & & \\ & & & & 1 & & \\ & & & & & \ddots & \\ & & & & & & 1\end{bmatrix}\quad (c\neq 0).$$

其中 $c\in F$，P_{ij} 的非对角线上两个 1 在第 i 和第 j 行，$P_i(c)$的 c 在第 i 行，$P_{ij}(c)$的 c 在(i,j)位置.

也就是说，P_{ij} 是由单位方阵 I 交换第 i,j 行(或列)得到，$P_i(c)$是将 I 的第 i 行(或列)乘以 c 得到，$P_{ij}(c)$是将 I 的第 j 行乘以 c 加到第 i 行得到(或第 i 列乘以 c 加到第 j 列得到)，由此可知初等方阵均可逆，而且逆是同种初等方阵.

引理 4.1 初等方阵从左边乘矩阵 A 相当于对 A 作行的初等变换；初等方阵从右边乘矩阵 A 相当于对 A 作列的初等变换.

证明 行的初等变换有三种：(1) 交换第 i,j 行；(2) 第 i 行乘以 c；(3) 第 j 行乘以 c 加到第 i 行. 显然三种变换分别相当于左乘以同种的初等方阵 P_{ij}，$P_i(c)$，$P_{ij}(c)$. 对列的初等变换同样可证. ■

定义 4.3 矩阵 A 与 B **相抵**(equivalent，记为 $A\sim B$，或称为等价)是指对 A 作行和列的有限次初等变换后可得到 B，亦即存在初等方阵 $P_1,\cdots,P_s,Q_1,\cdots,Q_t$，使得

$$P_s\cdots P_1AQ_1\cdots Q_t=B.$$

定理 4.4 任一矩阵 A 相抵于 $\begin{bmatrix}I_r & 0\\ 0 & 0\end{bmatrix}$，其中 $r=\operatorname{rank}(A)$ $\left(\begin{bmatrix}I_r & 0\\ 0 & 0\end{bmatrix}\text{称为 }A\text{ 的相抵标准形}\right)$.

证明 由 Gauss 消元法知道，对矩阵 A 进行有限次行的初等变换，可化 A 为标准阶梯形，即

$$A\sim\begin{bmatrix}0\cdots 0\ 1\cdots 0\cdots 0 & \cdots \\ 1\cdots 0 & \cdots \\ \cdots\cdots & \\ 1 & \cdots \\ & 0\end{bmatrix}.$$

再进行列的初等变换，显然可得 $A\sim\begin{bmatrix}I_r & 0\\0 & 0\end{bmatrix}$. ■

注意两个 $m\times n$ 矩阵相抵，则它们的秩相等. 故一个矩阵 A 的相抵标准形 $\begin{bmatrix}I_r & 0\\0 & 0\end{bmatrix}$ 是唯一的. $m\times n$ 矩阵全体 $M_{m\times n}(F)$ 按相抵关系分类，相抵者归于一类，每类含一个标准形 $\begin{bmatrix}I_r & 0\\0 & 0\end{bmatrix}$，共分为 $\min\{m,n\}+1$ 类.

当 A 为可逆方阵时，由定理 4.4 知存在初等方阵 $P_1,\cdots,P_s$ 及 $Q_1,\cdots,Q_t$ 使得

$$P_s\cdots P_1AQ_1\cdots Q_t=I,$$

即

$$A=P_1^{-1}\cdots P_s^{-1}Q_t^{-1}\cdots Q_1^{-1}.$$

注意 P_i^{-1},Q_j^{-1} 为初等方阵，故得下面的结论.

系 1 域 F 上方阵 A 可逆当且仅当 A 是初等方阵之积.

系 2 对任一矩阵 A，存在可逆方阵 P,Q 使得

$$PAQ=\begin{bmatrix}I_r & 0\\0 & 0\end{bmatrix}.$$

注记 由系 1 知，矩阵 A 与 B 相抵可定义为存在可逆方阵 P,Q 使得 $PAQ=B$.

系 3 任一可逆方阵 A 经有限次行的初等变换能够化为单位方阵 I.

证明 由系 1 知 $A=P_1P_2\cdots P_s$（P_i 为初等方阵），故 $P_s^{-1}\cdots P_2^{-1}P_1^{-1}A=I$.

系 4 （方阵求逆方法）设 A 为 n 阶可逆方阵. 对 $n\times 2n$ 方阵 (A,I_n) 作行的初等变换化 A 为 I_n，则右方单位阵同时化为 A^{-1}.

证明 作行的初等变换相当于在左边乘以若干初等方阵，亦即乘一个可逆方阵 P，于是 $P(A,I)=(PA,PI)$，由于 $PA=I$，故 $PI=A^{-1}$. ■

例 4.5 求 $A=\begin{bmatrix}1 & 0 & -2\\-1 & -1 & 2\\0 & 2 & 1\end{bmatrix}$ 的逆.

解

$$\left[\begin{array}{ccc|ccc}1 & 0 & -2 & 1 & 0 & 0\\-1 & -1 & 2 & 0 & 1 & 0\\0 & 2 & 1 & 0 & 0 & 1\end{array}\right]\sim\left[\begin{array}{ccc|ccc}1 & 0 & -2 & 1 & 0 & 0\\0 & -1 & 0 & 1 & 1 & 0\\0 & 2 & 1 & 0 & 0 & 1\end{array}\right]\sim$$

$$\left[\begin{array}{ccc|ccc}1 & 0 & -2 & 1 & 0 & 0\\0 & 1 & 0 & -1 & -1 & 0\\0 & 0 & 1 & 2 & 2 & 1\end{array}\right]\sim\left[\begin{array}{ccc|ccc}1 & 0 & 0 & 5 & 4 & 2\\0 & 1 & 0 & -1 & -1 & 0\\0 & 0 & 1 & 2 & 2 & 1\end{array}\right],$$

即

$$A^{-1}=\begin{bmatrix}5 & 4 & 2\\ -1 & -1 & 0\\ 2 & 2 & 1\end{bmatrix}.$$

4.4 矩阵运算举例

先介绍一类特殊而且重要的矩阵.

定义 4.4 设 C 为域 F 上的矩阵,若 C 的列向量组线性无关,则称 C 为**列独立阵**(或**列满秩阵**).若矩阵 R 的行向量组线性无关,则称 R 为**行独立阵**(或**行满秩阵**).

如果列独立阵 C 是 $m\times n$ 阵,则显然 $m\geqslant n$.列独立阵是(非零)列向量的推广,有如下重要性质:

C 为列独立阵 $\overset{(1)}{\Leftrightarrow} Cx=0$ 只有零解

$\overset{(2)}{\Leftrightarrow}$ 若 $\beta_1,\cdots,\beta_s\in F^{(n)}$ 线性无关,则 $C\beta_1,\cdots,C\beta_s$ 线性无关

$\overset{(3)}{\Leftrightarrow} C$ 有左逆 (即有矩阵 X 使 $XC=I$)

$\overset{(4)}{\Leftrightarrow} C$ 可扩充为可逆方阵 (C,B)

$\overset{(5)}{\Leftrightarrow} C^{\mathrm{T}}x=b$ 总有解 (对任意 $b\in F^{(n)}$).

这些性质可简证如下.(1) $Cx=0$ 意味着 C 的列的线性组合为 0,故 C 的列线性无关相当于组合系数(即 x 的分量)全为 0.

(2) 因 $\lambda_1C\beta_1+\cdots+\lambda_sC\beta_s=C(\lambda_1\beta_1+\cdots+\lambda_s\beta_s)$,由(1)即得.

(3) 适当调换 C 的行,可设其最上方 n 阶子式非零,即有对换方阵(第 1 类初等方阵)之积 P 使 $PC=\begin{pmatrix}C_1\\ C_2\end{pmatrix}$,$C_1$ 可逆.令 $X=C_1^{-1}(I,0)$,则 $XPC=I$.

(4) 显然.

(5) 由(3)中 $C^{\mathrm{T}}X=I$ 可知 $C^{\mathrm{T}}(Xb)=b$.反之若 $C^{\mathrm{T}}x=b$ 总有解,则 $C^{\mathrm{T}}x=e_j$ 有解 x_j,其中 e_j 是 I 的第 j 列($1\leqslant j\leqslant n$).令 $X=(x_1,\cdots,x_n)$,即得 $C^{\mathrm{T}}X=I$.

由于行独立阵 R 的转置为列独立阵.故知:

$$R \text{ 为行独立阵} \Leftrightarrow R \text{ 有右逆} \Leftrightarrow Rx=b \text{ 总有解}.$$

例 4.6 矩阵 C 为列独立阵(即其列向量线性无关)当且仅当存在可逆方阵 P 使得

$$C=P\begin{bmatrix}I\\ 0\end{bmatrix}.$$

证明 显然 $P\begin{bmatrix}I\\ 0\end{bmatrix}$ 为列独立阵.反之,若 C 为列独立阵,则其秩 $\mathrm{r}(C)$ 等于其列数 n,故

有可逆方阵 P,Q 使

$$C = P\begin{bmatrix} I \\ 0 \end{bmatrix}Q = P\begin{bmatrix} Q \\ 0 \end{bmatrix} = P\begin{bmatrix} Q & \\ & I \end{bmatrix}\begin{bmatrix} I \\ 0 \end{bmatrix}.$$ ■

例 4.7　秩为 r 的矩阵 A 可分解为 $A=CR$，其中 C,R 分别为列、行独立阵，秩均为 r. 而且若有两种这样的分解 $A=CR=C_1R_1$，则存在可逆方阵 P，使得

$$CP = C_1, \qquad P^{-1}R = R_1.$$

证明　由相抵标准形知存在可逆方阵 Q_1,Q_2，使

$$A = Q_1\begin{bmatrix} I_r & 0 \\ 0 & 0 \end{bmatrix}Q_2 = Q_1\begin{bmatrix} I_r \\ 0 \end{bmatrix}(I_r \quad 0)Q_2 = CR,$$

其中 $C=Q_1\begin{bmatrix} I_r \\ 0 \end{bmatrix}$，$R=(I_r,0)Q_2$. 现若有另一分解 $CR=C_1R_1$，因 R_1 是行独立阵，故 $R_1x=b$ 对任意 b 有解，特别知对 $b=(1,0,\cdots,0)^{\mathrm{T}},\cdots,(0,\cdots,0,1)^{\mathrm{T}}$ 有解 $x_1,\cdots,x_r$，令 $T=(x_1,\cdots,x_r)$ 知

$$R_1T = I_r,$$

故 $CRT=C_1R_1T=C_1$. 令 $P=RT$，则 $CP=C_1$. 且因 C 是列独立阵，故 $\mathrm{r}(C_1)=\mathrm{r}(CP)=\mathrm{r}(P)$，即知 P 可逆. 于是 $(CP)(P^{-1}R)=C_1R_1$，即 $C_1(P^{-1}R-R_1)=0$，因方程组 $C_1x=0$ 只有零解，故 $P^{-1}R=R_1$（若利用行独立阵 R_1 有右逆 T，列独立阵 C_1 有左逆，则可简化证明）. ■

例 4.8　设 A 为 $m\times n$ 矩阵，求矩阵 X 使

$$A^{\mathrm{T}}X = X^{\mathrm{T}}A.$$

解　要使乘法有意义及方程成立则 X 应为 $m\times n$ 矩阵.

(1) 先设 $A=\begin{bmatrix} I & 0 \\ 0 & 0 \end{bmatrix}$，对 X 相应分块为 $X=\begin{bmatrix} X_1 & X_2 \\ X_3 & X_4 \end{bmatrix}$，则由 $A^{\mathrm{T}}X=X^{\mathrm{T}}A$ 知 $\begin{bmatrix} X_1 & X_2 \\ 0 & 0 \end{bmatrix}=\begin{bmatrix} X_1^{\mathrm{T}} & 0 \\ X_2^{\mathrm{T}} & 0 \end{bmatrix}$，故 $X_1=X_1^{\mathrm{T}}$，$X_2=0$，故 $X=\begin{bmatrix} X_1 & 0 \\ X_3 & X_4 \end{bmatrix}$为方程解（其中 $X_1^{\mathrm{T}}=X_1$；X_3,X_4 任意）.

(2) 对一般 A，存在可逆方阵 P,Q，使 $A=P\begin{bmatrix} I & 0 \\ 0 & 0 \end{bmatrix}Q$，于是方程即为

$$Q^{\mathrm{T}}\begin{bmatrix} I & \\ & 0 \end{bmatrix}P^{\mathrm{T}}X = X^{\mathrm{T}}P\begin{bmatrix} I & \\ & 0 \end{bmatrix}Q,\ 即\begin{bmatrix} I & \\ & 0 \end{bmatrix}P^{\mathrm{T}}XQ^{-1} = (Q^{\mathrm{T}})^{-1}X^{\mathrm{T}}P\begin{bmatrix} I & \\ & 0 \end{bmatrix},$$

记 $Y=P^{\mathrm{T}}XQ^{-1}$，则 $\begin{bmatrix} I & \\ & 0 \end{bmatrix}Y=Y^{\mathrm{T}}\begin{bmatrix} I & \\ & 0 \end{bmatrix}$，故由(1)知 $Y=\begin{bmatrix} Y_1 & 0 \\ Y_3 & Y_4 \end{bmatrix}$，$Y_1^{\mathrm{T}}=Y_1$，故解为

$$X = (P^{-1})^{\mathrm{T}}YQ = (P^{-1})^{\mathrm{T}}\begin{bmatrix} Y_1 & 0 \\ Y_3 & Y_4 \end{bmatrix}Q,$$

其中 $Y_1^{\mathrm{T}}=Y_1$，Y_3 与 Y_4 任意.

例 4.9 （矩阵分块零化技巧）设 M 为 n 阶方阵，分块为

$$M=\begin{bmatrix}A & B\\ C & D\end{bmatrix},$$

其中 A,D 为 r 和 $n-r$ 阶方阵（B 和 C 不一定是方阵），可将 B,C 零化，化 M 为准三角形：

(a)

$$\begin{bmatrix}A & B\\ C & D\end{bmatrix}\begin{bmatrix}I & -A^{-1}B\\ 0 & I\end{bmatrix}=\begin{bmatrix}A & 0\\ C & D-CA^{-1}B\end{bmatrix}\quad（设 A 可逆）；$$

(b)

$$\begin{bmatrix}I & 0\\ -CA^{-1} & I\end{bmatrix}\begin{bmatrix}A & B\\ C & D\end{bmatrix}=\begin{bmatrix}A & B\\ 0 & D-CA^{-1}B\end{bmatrix}\quad（设 A 可逆）；$$

(c)

$$\begin{bmatrix}A & B\\ C & D\end{bmatrix}\begin{bmatrix}I & 0\\ -D^{-1}C & I\end{bmatrix}=\begin{bmatrix}A-BD^{-1}C & B\\ 0 & D\end{bmatrix}\quad（设 D 可逆）；$$

(d)

$$\begin{bmatrix}I & -BD^{-1}\\ 0 & I\end{bmatrix}\begin{bmatrix}A & B\\ C & D\end{bmatrix}=\begin{bmatrix}A-BD^{-1}C & 0\\ C & D\end{bmatrix}\quad（设 D 可逆）.$$

还可进一步化为准对角矩阵：

(a.1)

$$\begin{bmatrix}I & 0\\ -CA^{-1} & I\end{bmatrix}\begin{bmatrix}A & B\\ C & D\end{bmatrix}\begin{bmatrix}I & -A^{-1}B\\ 0 & I\end{bmatrix}=\begin{bmatrix}A & 0\\ 0 & D-CA^{-1}B\end{bmatrix}\quad（设 A 可逆）；$$

(c.1)

$$\begin{bmatrix}I & -BD^{-1}\\ 0 & I\end{bmatrix}\begin{bmatrix}A & B\\ C & D\end{bmatrix}\begin{bmatrix}I & 0\\ -D^{-1}C & I\end{bmatrix}=\begin{bmatrix}A-BD^{-1}C & 0\\ 0 & D\end{bmatrix}\quad（设 D 可逆）.$$

例 4.10 （矩阵分块与求逆） 由例 4.9 中的(a.1)和(c.1)知，有求逆公式：

$$\begin{bmatrix}A & B\\ C & D\end{bmatrix}^{-1}=\begin{bmatrix}I & -A^{-1}B\\ 0 & I\end{bmatrix}\begin{bmatrix}A^{-1} & 0\\ 0 & (D-CA^{-1}B)^{-1}\end{bmatrix}\begin{bmatrix}I & 0\\ -CA^{-1} & I\end{bmatrix};$$

$$\begin{bmatrix}A & B\\ C & D\end{bmatrix}^{-1}=\begin{bmatrix}I & 0\\ -D^{-1}C & I\end{bmatrix}\begin{bmatrix}(A-BD^{-1}C)^{-1} & 0\\ 0 & D^{-1}\end{bmatrix}\begin{bmatrix}I & -BD^{-1}\\ 0 & I\end{bmatrix}.$$

进一步，我们比较以上两等式的左上角块则得到公式：

$$(A-BD^{-1}C)^{-1}=A^{-1}+A^{-1}B(D-CA^{-1}B)^{-1}CA^{-1}.$$

特别（令 $A=I$）有公式：

$$(I-BD^{-1}C)^{-1}=I+B(D-CB)^{-1}C.$$

再令 $B=\alpha=(a_1,\cdots,a_n)^{\mathrm T}$, $C=\beta^{\mathrm T}=(b_1,\cdots,b_n)$, $D=1$,则得

$$(I-\alpha\beta^{\mathrm T})^{-1}=I+\alpha(1-\beta^{\mathrm T}\alpha)^{-1}\beta^{\mathrm T}=I+(1-a_1b_1-\cdots-a_nb_n)^{-1}\alpha\beta^{\mathrm T}.$$

例 4.11 由例 4.9 中(a)和(c)知行列式

$$\begin{vmatrix} A & B \\ C & D \end{vmatrix}=|A||D-CA^{-1}B|=|A-BD^{-1}C||D|. \tag{4.4.1}$$

若 A 与 D 是同阶方阵,则

$$\begin{aligned}\begin{vmatrix} A & B \\ C & D \end{vmatrix}&=|AD-ACA^{-1}B|=|DA-CA^{-1}BA| \\ &=|AD-BD^{-1}CD|=|DA-DBD^{-1}C|,\end{aligned} \tag{4.4.2}$$

故

$$\begin{vmatrix} A & B \\ C & D \end{vmatrix}=\begin{cases} |AD-CB|, & \text{若 } AC=CA, \quad A^{-1}\text{ 存在;} \\ |DA-CB|, & \text{若 } AB=BA, \quad A^{-1}\text{ 存在;} \\ |AD-BC|, & \text{若 } DC=CD, \quad D^{-1}\text{ 存在;} \\ |DA-BC|, & \text{若 } DB=BD, \quad D^{-1}\text{ 存在.} \end{cases} \tag{4.4.3}$$

值得注意的是上述最后 4 个公式,当考虑数域上的矩阵时,A,D 不可逆时也成立.事实上,$|A+\lambda I|=0$ 是 λ 的有限次多项式,只有有限多个零点,故除去 λ 的这有限个值之外,我们总可设 $A+\lambda I,D+\lambda I$ 可逆,于是有

$$\begin{vmatrix} A+\lambda I & B \\ C & D+\lambda I \end{vmatrix}=|(A+\lambda I)(D+\lambda I)-BC| \qquad (\text{当 } DC=CD),$$

再令 λ 趋于 0(避开 $|A+\lambda I|=|D+\lambda I|=0$ 的有限个根),则得到 $\begin{vmatrix} A & B \\ C & D \end{vmatrix}=|AD-BC|$.

这种方法称为**摄动法**.

例 4.12 $\lambda^n|\lambda I_m-AB|=\lambda^m|\lambda I_n-BA|$ 　(其中 A,B 为任意 $m\times n,n\times m$ 矩阵).特别

$$|I_m-AB|=|I_n-BA|.$$

证明 在(4.4.1)式中,令 $A=\lambda I_m,D=I_n$ 即可.也可对

$$M=\begin{bmatrix} \lambda I_m & A_{m\times n} \\ B_{n\times m} & I_n \end{bmatrix}$$

分别求 $M\begin{bmatrix} I & 0 \\ -B & I \end{bmatrix}$, $M\begin{bmatrix} I & -A/\lambda \\ 0 & I \end{bmatrix}$,再取行列式即得. ■

例 4.13 设 A,B 为方阵且 $AB^{\mathrm T}=I$.设 M 为 A 的一个 s 阶子式,N 为 M 在 B 的代数余子式(即与 M 同位置的 B 的子式 M^* 的代数余子式).则

$$M|B|=N.$$

证明 (1) 先设 M 是在左上角,于是 N 在右下角.相应记

$$A=\begin{bmatrix}A_1 & A_2\\ A_3 & A_4\end{bmatrix},\quad B=\begin{bmatrix}B_1 & B_2\\ B_3 & B_4\end{bmatrix},$$

则

$$AB^{\mathrm{T}}=\begin{bmatrix}A_1B_1^{\mathrm{T}}+A_2B_2^{\mathrm{T}} & A_1B_3^{\mathrm{T}}+A_2B_4^{\mathrm{T}}\\ A_3B_1^{\mathrm{T}}+A_4B_2^{\mathrm{T}} & A_3B_3^{\mathrm{T}}+A_4B_4^{\mathrm{T}}\end{bmatrix}=\begin{bmatrix}I & 0\\ 0 & I\end{bmatrix},$$

故

$$\begin{bmatrix}A_1 & A_2\\ 0 & I\end{bmatrix}B^{\mathrm{T}}=\begin{bmatrix}A_1B_1^{\mathrm{T}}+A_2B_2^{\mathrm{T}} & A_1B_3^{\mathrm{T}}+A_2B_4^{\mathrm{T}}\\ B_2^{\mathrm{T}} & B_4^{\mathrm{T}}\end{bmatrix}=\begin{bmatrix}I & 0\\ B_2^{\mathrm{T}} & B_4^{\mathrm{T}}\end{bmatrix}.$$

两边取行列式得

$$|A_1|\,|B|=|B_4|.$$

由于 $M=|A_1|$, $N=|B_4|$,即得所欲证.

(2) 对一般情形,设

$$M=\det A\begin{pmatrix}i_1\cdots i_s\\ j_1\cdots j_s\end{pmatrix},\quad N=\det B\begin{pmatrix}i_{s+1}\cdots i_n\\ j_{s+1}\cdots j_n\end{pmatrix}(-1)^e,$$

其中 $e=i_1+\cdots+i_s+j_1+\cdots+j_s$, $i_1\cdots i_n$ 和 $j_1\cdots j_n$ 为 $1\cdots n$ 的两个排列,且 $i_{s+1}<\cdots<i_n$, $j_{s+1}<\cdots<j_n$. 把 A 的第 i_1 行经 $i-1$ 次相邻对换后换到第 1 行去,其余行的顺序不变;同样把第 $i_2,\cdots,i_s$ 行依次经 $i_2-2,\cdots,i_s-s$ 次相邻对换到第 $2,\cdots,s$ 行. 类似地把第 $j_1,\cdots,j_s$ 列依次经$j_1-1,\cdots,j_s-1$ 相邻对换到第 $1,\cdots,s$ 列. 这样把 A 化为了 $\widetilde{A}$, M 为 $\widetilde{A}$ 的左上角子式. 按上述同样方式对换 B 的行和列,把 B 化为 $\widetilde{B}$, N 换到 $\widetilde{B}$ 的右下角. 用矩阵乘法语言即为,存在着第 1 类初等方阵 $P_1,\cdots,P_r,Q_1,\cdots,Q_t$,使

$$P_r\cdots P_1AQ_1\cdots Q_t=\widetilde{A},$$
$$P_r\cdots P_1BQ_1\cdots Q_t=\widetilde{B},$$
$$M=\det\widetilde{A}\begin{pmatrix}1\cdots s\\ 1\cdots s\end{pmatrix}=\widetilde{M},$$

$$N=\det\widetilde{B}\begin{pmatrix}s+1,\cdots,s\\ s+1,\cdots,s\end{pmatrix}(-1)^e=\widetilde{N}(-1)^e.$$

注意 $\widetilde{A},\widetilde{B}$ 仍满足 $\widetilde{A}\widetilde{B}^{\mathrm{T}}=I$,这是由于第一类初等方阵 P 有性质 $P^{\mathrm{T}}=P^{-1}=P$. 于是对 $\widetilde{A}$, $\widetilde{B}$ 用(1)中已证明的结果知

$$\widetilde{M}\,|\widetilde{B}|=\widetilde{N}.$$

注意 $|\widetilde{B}|=|B|(-1)^e$,这是因为由 B 到 $\widetilde{B}$ 经过 $(i_1-1)+(i_2-2)+\cdots+(i_s-s)+(j_1-1)+\cdots+(j_s-s)=k$ 次对换,而 k 与 e 同奇偶. 即得所欲证. ■

例 4.14 设实数域上 n 阶方阵 A 的左上角 n 个主子式均为正数,非对角线上元素均为负数,则 A^{-1} 的元素均为正数.

证明 对方阵的阶 n 归纳, $n=1$ 时,显然.

对 n 阶方阵 A,记 $A=\begin{bmatrix} A_1 & b \\ c & a_{nn} \end{bmatrix}$,其中 A_1 为 $n-1$ 阶方阵,b 为列,c 为行,$a_{nn}\in\mathbb{R}$,则

$$\begin{bmatrix} I & 0 \\ -cA_1^{-1} & 1 \end{bmatrix}\begin{bmatrix} A_1 & b \\ c & a_{nn} \end{bmatrix}\begin{bmatrix} I & -A_1^{-1}b \\ 0 & I \end{bmatrix}=\begin{bmatrix} A_1 & 0 \\ 0 & a_{nn}-cA_1^{-1}b \end{bmatrix}. \qquad (*)$$

记 $a=a_{nn}-cA_1^{-1}b\in\mathbb{R}$,则

$$A^{-1}=\begin{bmatrix} I & -A_1^{-1}b \\ 0 & 1 \end{bmatrix}\begin{bmatrix} A_1^{-1} & \\ & a^{-1} \end{bmatrix}\begin{bmatrix} I & 0 \\ -cA_1^{-1} & 1 \end{bmatrix}.$$

由($*$)式取行列式知 $|A|=|A_1|a$,故由 $|A|,|A_1|>0$ 知 $a>0$. 再因 b 与 c 的元素均为负数,由归纳法假设知 A_1^{-1} 元素均为正数,故知 A^{-1} 元素均为正数. ■

例 4.15　若 A 为幂等方阵(即 $A^2=A$),则存在可逆方阵 P 使 $P^{-1}AP=\begin{bmatrix} I_r & 0 \\ 0 & 0 \end{bmatrix}$.

证明　设有可逆方阵 P,Q 使

$$A=P\begin{bmatrix} I_r & 0 \\ 0 & 0 \end{bmatrix}Q.$$

由 $A^2=A$ 可知

$$P\begin{bmatrix} I_r & 0 \\ 0 & 0 \end{bmatrix}QP\begin{bmatrix} I_r & 0 \\ 0 & 0 \end{bmatrix}Q=P\begin{bmatrix} I_r & 0 \\ 0 & 0 \end{bmatrix}Q.$$

记 $QP=R=\begin{bmatrix} R_1 & R_2 \\ R_3 & R_4 \end{bmatrix}$,则

$$\begin{bmatrix} I_r & 0 \\ 0 & 0 \end{bmatrix}\begin{bmatrix} R_1 & R_2 \\ R_3 & R_4 \end{bmatrix}\begin{bmatrix} I_r & 0 \\ 0 & 0 \end{bmatrix}=\begin{bmatrix} I_r & 0 \\ 0 & 0 \end{bmatrix},$$

$$R_1=I_r.$$

故

$$Q=RP^{-1}=\begin{bmatrix} I_r & R_2 \\ R_3 & R_4 \end{bmatrix}P^{-1},$$

$$A=P\begin{bmatrix} I_r & 0 \\ 0 & 0 \end{bmatrix}Q=P\begin{bmatrix} I_r & 0 \\ 0 & 0 \end{bmatrix}\begin{bmatrix} I_r & R_2 \\ R_3 & R_4 \end{bmatrix}P^{-1}=P\begin{bmatrix} I_r & R_2 \\ 0 & 0 \end{bmatrix}P^{-1},$$

再令 $S=\begin{bmatrix} I_r & -R_2 \\ 0 & I \end{bmatrix}$,　则 $S^{-1}P^{-1}APS=\begin{bmatrix} I_r & 0 \\ 0 & 0 \end{bmatrix}$. ■

例 4.16　(1)(**Sylvester 不等式**)　设 A,C 为 $m\times n,n\times q$ 矩阵,则

$$\mathrm{r}(A)+\mathrm{r}(C)\leqslant \mathrm{r}(AC)+n.$$

(2)(**Frobenius 不等式**)　设 A,B,C 为 $m\times n,n\times p,p\times q$ 矩阵,则

$$\mathrm{r}(AB)+\mathrm{r}(BC)\leqslant \mathrm{r}(ABC)+\mathrm{r}(B).$$

证明 注意

$$\begin{bmatrix} I & -A \\ 0 & I \end{bmatrix}\begin{bmatrix} AB & 0 \\ B & BC \end{bmatrix}\begin{bmatrix} I & -C \\ 0 & I \end{bmatrix}=\begin{bmatrix} 0 & -ABC \\ B & 0 \end{bmatrix},$$

故由秩与非零子式的关系知

$$\mathrm{r}(AB)+\mathrm{r}(BC)\leqslant \mathrm{r}\begin{bmatrix} AB & 0 \\ B & BC \end{bmatrix}=\mathrm{r}\begin{bmatrix} 0 & -ABC \\ B & 0 \end{bmatrix}=\mathrm{r}(ABC)+\mathrm{r}(B).$$

其中第一个符号"$\leqslant$"可这样看出：在矩阵$\begin{bmatrix} AB & 0 \\ B & BC \end{bmatrix}=M$中，$AB$ 的 $\mathrm{r}(AB)$阶非零子式和 BC 的 $\mathrm{r}(BC)$阶非零子式所在位置合起来，存在着 M 的一个 $\mathrm{r}(AB)+\mathrm{r}(BC)$阶非零子式(因 M 的右上角为 0). 于是得 Frobenius 不等式. 令 $B=I_n$，则得 Sylvester 不等式. ■

例 4.17 设 A,B 分别为 $m\times n$ 和 $n\times m$ 矩阵，则 $\mathrm{r}(A)+\mathrm{r}(B)=\mathrm{r}(AB)+n$ 的充分必要条件为存在矩阵 X,Y 使得 $XA-BY=I_n$.

证明 由例 4.16 知只需证明

$$\mathrm{r}\begin{bmatrix} A & 0 \\ 0 & B \end{bmatrix}=\mathrm{r}\begin{bmatrix} A & 0 \\ I & B \end{bmatrix}\Leftrightarrow \text{存在 } X,Y \text{ 使 } XA-BY=I_n. \qquad (*)$$

($\Leftarrow$) 由下式即得：

$$\begin{bmatrix} I_m & 0 \\ -X & I_n \end{bmatrix}\begin{bmatrix} A & 0 \\ I_n & B \end{bmatrix}\begin{bmatrix} I_n & 0 \\ Y & I_m \end{bmatrix}=\begin{bmatrix} A & 0 \\ 0 & B \end{bmatrix}.$$

($\Rightarrow$) 设

$$P_1AQ_1=\begin{bmatrix} I_r & 0 \\ 0 & 0 \end{bmatrix},\qquad P_2BQ_2=\begin{bmatrix} I_s & 0 \\ 0 & 0 \end{bmatrix},$$

则

$$\begin{bmatrix} P_1 & 0 \\ 0 & P_2 \end{bmatrix}\begin{bmatrix} A & 0 \\ 0 & B \end{bmatrix}\begin{bmatrix} Q_1 & 0 \\ 0 & Q_2 \end{bmatrix}=\begin{bmatrix} P_1AQ_1 & 0 \\ 0 & P_2BQ_2 \end{bmatrix}=\begin{bmatrix} I_r & 0 & 0 & 0 \\ 0 & 0 & 0 & 0 \\ 0 & 0 & I_s & 0 \\ 0 & 0 & 0 & 0 \end{bmatrix}, \qquad (1)$$

$$\begin{bmatrix} P_1 & 0 \\ 0 & P_2 \end{bmatrix}\begin{bmatrix} A & 0 \\ I & B \end{bmatrix}\begin{bmatrix} Q_1 & 0 \\ 0 & Q_2 \end{bmatrix}=\begin{bmatrix} P_1AQ_1 & 0 \\ P_2Q_1 & P_2BQ_2 \end{bmatrix}=\begin{bmatrix} I_r & 0 & 0 & 0 \\ 0 & 0 & 0 & 0 \\ C_1 & C_2 & I_s & 0 \\ C_3 & C_4 & 0 & 0 \end{bmatrix}. \qquad (2)$$

对(2)式右端的方阵作行、列初等变换可消去 C_1,C_3,C_2，从而也就消去了 C_4(因为(1)，(2)两式右端方阵秩应相等). 把(2)式右端分块，记为

$$\begin{bmatrix} E_1 & 0 \\ C & E_2 \end{bmatrix},$$

其中
$$E_1=\begin{bmatrix} I_r & 0 \\ 0 & 0 \end{bmatrix},\quad E_2=\begin{bmatrix} I_s & 0 \\ 0 & 0 \end{bmatrix},\quad C=\begin{bmatrix} C_1 & C_2 \\ C_3 & C_4 \end{bmatrix}.$$

于是上述消去 C_1 的行变换相当于
$$\begin{bmatrix} -C_1 & 0 \\ 0 & 0 \end{bmatrix}\begin{bmatrix} I_r & 0 \\ 0 & 0 \end{bmatrix}+\begin{bmatrix} C_1 & C_2 \\ C_3 & C_4 \end{bmatrix}=\begin{bmatrix} 0 & C_2 \\ C_3 & C_4 \end{bmatrix}.$$

这样一来，上述消去 C_1，C_3，C_2（和 C_4）的初等变换就相当于有矩阵 U 和 V 使
$$UE_1+E_2V+C=0,$$
即
$$UP_1AQ_1+P_2BQ_2V=-P_2Q_1,$$
$$(P_2^{-1}UP_1)A+B(Q_2VQ_1^{-1})=-I,$$
即所欲证. ■

4.5　矩阵与映射

设 A 为域 F 上的 $m\times n$ 矩阵，$F^{(n)}$ 为 F 上 n 维列向量空间."用 A 乘"引起 $F^{(n)}$ 到 $F^{(m)}$ 的映射
$$\varphi_A: F^{(n)}\longrightarrow F^{(m)},$$
$$x\longmapsto Ax,$$
有时也记 φ_A 为 A 或 $\varphi_{A/F^{(n)}}$. 注意 φ_A 有如下性质：
$$\varphi_A(x_1+x_2)=\varphi_A(x_1)+\varphi_A(x_2)\qquad (x_1,x_2\in F^{(n)}),$$
$$\varphi_A(\lambda x)=\lambda\varphi_A(x)\qquad (\lambda\in F,\ x\in F^{(n)}).$$
满足这样性质的映射称为"**线性映射**".
$$\ker(A)=\{x\in F^{(n)}\mid Ax=0\}$$
称为映射 φ_A 的**核**(kernel)，就是线性方程组 $Ax=0$ 的解子空间($\subset F^{(n)}$)，也称为 A 的**零(化)空间**，其维数 $\dim(\ker(A))=n-\mathrm{r}(A)$，称为 A 的**零度**(null).
$$\mathrm{Im}(A)=\{Ax\mid x\in F^{(n)}\}=AF^{(n)}$$
称为映射 φ_A 的**象**(Image)，也记为 $AF^{(n)}$ 或 $\varphi_A(F^{(n)})$，是 $F^{(m)}$ 的子空间. 若记 A 的列为 $\alpha_1,\cdots,\alpha_n$，则象
$$Ax=(\alpha_1,\cdots,\alpha_n)\begin{bmatrix} x_1 \\ \vdots \\ x_n \end{bmatrix}=x_1\alpha_1+\cdots+x_n\alpha_n$$
是 A 的列的线性组合. 由于 x 可取 $F^{(n)}$ 中任意向量，故象空间 $\mathrm{Im}(A)$ 等于 A 的列生成的子空间(称为 A 的**列空间**)：

$$\mathrm{Im}(A)=F\alpha_1+\cdots+F\alpha_n=\mathrm{span}(A).$$

特别地,象空间维数等于 A 的秩,即

$$\dim(\mathrm{Im}(A))=\mathrm{r}\{\alpha_1,\cdots,\alpha_n\}=\mathrm{r}(A).$$

我们看到象空间维数与核子空间的维数之和是 n,即

$$\dim(\mathrm{Im}(A))+\dim(\ker(A))=n.$$

线性映射有一个有趣现象,即任一 $y\in\mathrm{Im}(A)$的**原象**(集合)

$$\varphi_A^{-1}(y)=\{x\in F^{(n)}\mid Ax=y\}\qquad(\text{即方程 } Ax=y \text{ 的解集})$$

恰为核的平移(陪集)$x_0+\ker(A)$,其中 x_0 是 y 的任意一个原象. 事实上,对任一 $x\in\ker(A)$,显然 $A(x_0+x)=Ax_0+Ax=Ax_0=y$,即 $x_0+x\in\varphi_A^{-1}(y)$. 反之,对任一 $x\in\varphi_A^{-1}(y)$,显然 $A(x-x_0)=y-y=0$,即 $x-x_0\in\ker(A)$,故 $x\in x_0+\ker(A)$. 因此由上节列独立阵性质,立得

> **定理 4.5** 记 φ_A 为"乘 A 映射": $F^{(n)}\to F^{(m)}$, $x\longmapsto Ax$,则:
>
> (1) φ_A 为单射当且仅当 A 为列独立阵(即 A 的列向量组线性无关);
>
> (2) φ_A 为满射当且仅当 A 为行独立阵(即 A 的行向量组线性无关);
>
> (3) φ_A 为双射当且仅当 A 为可逆方阵.

证明 (1) 若 A 为列独立阵,则 $\ker A=\{x\in F^{(n)}\mid Ax=0\}=0$,故 φ_A 为单射. 当 A 不是列独立阵时,$\ker A\neq 0$,故 φ_A 不是单射.

(2) φ_A 为满射$\Leftrightarrow\mathrm{Im}(A)=F^{(m)}\Leftrightarrow\dim(\mathrm{Im}(A))=m\Leftrightarrow\mathrm{r}(A)=m\Leftrightarrow A$ 为行独立阵.

(3) 由(1)和(2)即得. ■

例 4.18 设 $A=(1,0,0)$,则 $Ax=(1,0,0)\begin{bmatrix}x_1\\x_2\\x_3\end{bmatrix}=x_1\in F^{(1)}$. 当 $F=\mathbb{R}$ 时,映射 φ_A 就是 $\mathbb{R}^3$ 中(从原点出发)的向量到 x_1 轴上的投影,是满射.

例 4.19 设 $A=\begin{bmatrix}1\\0\\0\end{bmatrix}$,则 $Ax=\begin{bmatrix}1\\0\\0\end{bmatrix}x_1=\begin{bmatrix}x_1\\0\\0\end{bmatrix}\in F^{(3)}$. 当 $F=\mathbb{R}$ 时,φ_A 就是把 x_1 轴嵌入到空间 $\mathbb{R}^3$ 中去,是单射.

例 4.20 设 $A=\begin{bmatrix}\cos\theta & -\sin\theta\\ \sin\theta & \cos\theta\end{bmatrix}$, $F^{(n)}=F^{(m)}=\mathbb{R}^{(2)}$. 显然 φ_A 把 $\varepsilon_1=\begin{pmatrix}1\\0\end{pmatrix}\in\mathbb{R}^2$ 映为 $\begin{bmatrix}\cos\theta\\ \sin\theta\end{bmatrix}\in\mathbb{R}^2$,把 $\varepsilon_2=\begin{bmatrix}0\\1\end{bmatrix}$ 映为 $\begin{bmatrix}-\sin\theta\\ \cos\theta\end{bmatrix}$. 因而 φ_A 是把 $\mathbb{R}^2$ 中(从原点出发的)向量均绕原点旋转 θ 角,φ_A 是双射.

注意对于任一向量组 $\alpha_1,\cdots,\alpha_s\in F^{(n)}$，若 $\alpha_1,\cdots,\alpha_s$ 线性相关，则其象 $A\alpha_1,\cdots,A\alpha_s$ 必定线性相关；但当 $\alpha_1,\cdots,\alpha_s$ 线性无关时，$A\alpha_1,\cdots,A\alpha_s$ 仍可能线性相关. 故总有

$$\mathrm{r}(A\alpha_1,\cdots,A\alpha_s)\leqslant \mathrm{r}(\alpha_1,\cdots,\alpha_s).$$

但当 $A=C$ 是列独立阵时，亦即 φ_A 是单射时，二者是相等的，即

$$\mathrm{r}(C\alpha_1,\cdots,C\alpha_s)=\mathrm{r}(\alpha_1,\cdots,\alpha_s)$$

当 $n=m$ 时，方阵 A 定义了 $F^{(n)}$ 到自身的线性映射 φ_A，称为**线性变换**，此时 φ_A 是单射 $\Leftrightarrow\varphi_A$ 是满射 $\Leftrightarrow\varphi_A$ 是双射 $\Leftrightarrow\det A\neq 0$.

现设 V 是 $F^{(n)}$ 的一个子空间，则 φ_A 限制到 V 上给出映射 $\varphi_{A/V}=\psi_A$，即

$$\psi_A: V\longrightarrow F^{(m)},$$
$$x\longmapsto Ax.$$

定理 4.5 对于 ψ_A 一般不再成立，例如当 $V=0$ 时，无论 A 如何 ψ_A 总是单射. 但对任意 V 有如下重要的**维数定理**.

定理 4.6 $\dim(\ker\psi_A)+\dim(\mathrm{Im}\psi_A)=\dim V$.

即核 $\{x\in V\mid Ax=0\}$ 的维数与象 AV 的维数之和，等于原空间的维数.

证明 取 $\ker\psi_A$ 的基 $\alpha_1,\cdots,\alpha_s$，扩充为 V 的基 $\alpha_1,\cdots,\alpha_s,\cdots,\alpha_d$. 我们断言，$A\alpha_{s+1},\cdots,A\alpha_d$ 即为象空间 AV 的基. 首先，AV 中任一向量 y 应是某 $x=x_1\alpha_1+\cdots+x_s\alpha_s+\cdots+x_d\alpha_d$ 的象，即 $Ax=y$，于是由于 $\alpha_1,\cdots,\alpha_s$ 是核中元素，故

$$\begin{aligned}y=Ax&=x_1A\alpha_1+\cdots+x_sA\alpha_s+\cdots+x_dA\alpha_d\\&=x_{s+1}A\alpha_{s+1}+\cdots+x_dA\alpha_d.\end{aligned}$$

其次若有不全为零的 $\lambda_{s+1},\cdots,\lambda_d\in F$ 使

$$\lambda_{s+1}A\alpha_{s+1}+\cdots+\lambda_dA\alpha_d=0,$$

则

$$A(\lambda_{s+1}\alpha_{s+1}+\cdots+\lambda_d\alpha_d)=0.$$

故

$$\lambda_{s+1}\alpha_{s+1}+\cdots+\lambda_d\alpha_d\in\ker\psi_A,$$

矛盾. 故知 $A\alpha_{s+1},\cdots,A\alpha_d$ 是 AV 的基，也即 $\dim(AV)=d-s$. ■

例 4.21 设 A,B,C 分别为域 F 上 $m\times n$, $n\times p$, $p\times q$ 矩阵.

(1) (**Sylvester 不等式**) $\mathrm{r}(A)+\mathrm{r}(B)\leqslant\mathrm{r}(AB)+n$.

(2) (**Frobenius 不等式**) $\mathrm{r}(AB)+\mathrm{r}(BC)\leqslant\mathrm{r}(ABC)+\mathrm{r}(B)$.

证明 (1) A 作用于 B 的列空间 $\mathrm{span}(B)=BF^{(p)}$ 上，引起线性映射

$$\varphi_{A/B}: BF^{(p)}\longrightarrow ABF^{(p)}\subset F^{(m)},\quad Bx\longmapsto ABx.$$

其象 $\mathrm{Im}\varphi_{A/B}=ABF^{(p)}$ 即 AB 的列空间(列的线性组合全体)，故维数 $\dim(\mathrm{Im}\varphi_{A/B})=$

r(AB). 而 $BF^{(p)}$ 的维数为 r(B)，故由维数公式

$$\dim(BF^{(p)}) = \dim(\mathrm{Im}\varphi_{A/B}) + \dim(\ker\varphi_{A/B}),$$

即知

$$\begin{aligned} \mathrm{r}(B) &= \mathrm{r}(AB) + \dim(\ker\varphi_{A/B}) \\ &\leqslant \mathrm{r}(AB) + \dim(\ker\varphi_{A/F^{(n)}}) \\ &= \mathrm{r}(AB) + (n - r(A)), \end{aligned}$$

其中小于等于号是因为 $BF^{(p)} \subset F^{(n)}$，故 $\ker\varphi_{A/B} \subset \ker\varphi_{A/F^{(n)}}$.

(2) A 作用于 BC 的列空间 $\mathrm{span}(BC) = BCF^{(q)}$，引起线性映射

$$\varphi_{A/BC}: BCF^{(q)} \longrightarrow ABCF^{(q)} \subset F^{(m)},\ BCx \longmapsto ABCx.$$

其象 $ABCF^{(q)}$ 是 ABC 的列空间，维数为 r(ABC). 而 $BCF^{(q)}$ 的维数是 r(BC)，故

$$\begin{aligned} \mathrm{r}(BC) &= \mathrm{r}(ABC) + \dim(\ker\varphi_{A/BC}) \\ &\leqslant \mathrm{r}(ABC) + \dim(\ker\varphi_{A/B}) \\ &= \mathrm{r}(ABC) + \dim BF^{(p)} - \dim\mathrm{Im}\varphi_{A/B} \\ &= \mathrm{r}(ABC) + \mathrm{r}(B) - \mathrm{r}(AB), \end{aligned}$$

其中小于等于号是因为 $BCF^{(q)} \subset BF^{(p)}$.

*4.6 矩阵的广义逆

E. H. Moore 在 1920 年提出矩阵的广义逆概念. R. Penrose 在 1955 年进一步提出满足 4 个条件的唯一的广义逆. 此后广义逆应用很广泛.

定义 4.5 设 A 为 $m \times n$ 复(或实)矩阵. 满足如下 4 个条件的矩阵 A^+ 称为 A 的**加号(或 Moore-Penrose)广义逆**：

(1) $AA^+A = A$；

(2) $A^+AA^+ = A^+$；

(3) $(\overline{AA^+})^{\mathrm{T}} = AA^+$；

(4) $(\overline{A^+A})^{\mathrm{T}} = A^+A$ (即 AA^+, A^+A 均为 Hermite 方阵).

定理 4.7 任意复矩阵 A 的加号(Moore-Penrose)广义逆 A^+ 存在且唯一. 事实上，设 $A = CR$，其中 C, R 为列、行独立阵(见例 4.7)，则

$$A^+ = \overline{R}^{\mathrm{T}}(R\overline{R}^{\mathrm{T}})^{-1}(\overline{C}^{\mathrm{T}}C)^{-1}\overline{C}^{\mathrm{T}}.$$

证明 当 $A = C$ 为列独立(列满秩)阵时，C 有左逆 X 使 $XC = I$，当然左逆不一定是唯一的. 显然下式为 C 的一个左逆：

$$C^+ = (\overline{C}^{\mathrm{T}}C)^{-1}\overline{C}^{\mathrm{T}}.$$

（注意 $\overline{C}^{\mathrm{T}}C$ 可逆，这是因为 $\det(\overline{C}^{\mathrm{T}}C)=\sum_i \overline{d}_i d_i=\sum |d_i|^2>0$，$d_i$ 是 C 的 C_m^n 个 n 阶子式） C 的这个左逆 C^+ 显然满足定义 4.5，就是 C 的加号广义逆.

同样可知，行独立阵 $A=R$ 有如下右逆 R^+，它就是 R 的加号广义逆：

$$R^+=\overline{R}^{\mathrm{T}}(R\overline{R}^{\mathrm{T}})^{-1}.$$

设 $A=CR$，显然 $A^+=R^+C^+$ 满足定义 4.5. 即得定理中的加号广义逆 A^+.

再证 A^+ 的唯一性. 设 X_1 和 X_2 均为 A 的加号广义逆，则

$$\begin{aligned}X_1&=X_1AX_1=X_1AX_2AX_1=X_1(\overline{AX_2})^{\mathrm{T}}(\overline{AX_1})^{\mathrm{T}}=X_1(\overline{AX_1AX_2})^{\mathrm{T}}\\&=X_1(\overline{AX_2})^{\mathrm{T}}=X_1AX_2.\end{aligned}$$

由对称性，同理可推知 $X_1AX_2=X_2$，即得 $X_1=X_2$. 详细写出为

$$\begin{aligned}X_2&=X_2AX_2=X_2AX_1AX_2=(\overline{X_2A})^{\mathrm{T}}(\overline{X_1A})^{\mathrm{T}}X_2\\&=(\overline{X_1AX_2A})^{\mathrm{T}}X_2=(\overline{X_1A})^{\mathrm{T}}X_2=X_1AX_2.\end{aligned}$$

■

引理 4.2　(1) $(A^+)^+=A$，即 A 与 A^+ 互为加号广义逆.

(2) $\mathrm{r}(A)=\mathrm{r}(A^+)=\mathrm{r}(A^+A)=\mathrm{r}(AA^+)$.

证明　(1)由定义即知. (2)由 $A=AA^+A$ 和 $A^+=A^+AA^+$，知 $\mathrm{r}(A)\leqslant\mathrm{r}(AA^+)\leqslant\mathrm{r}(A^+)$ 和 $\mathrm{r}(A^+)\leqslant\mathrm{r}(AA^+)\leqslant\mathrm{r}(A)$ 即得. ■

例 4.22　$0^+=0$，　$\mathrm{diag}(\lambda_1,\cdots,\lambda_r,0,\cdots,0)^+=\mathrm{diag}(\lambda_1^{-1},\cdots,\lambda_r^{-1},0,\cdots,0)$，

$$\begin{bmatrix}I_r&\\&0\end{bmatrix}^+=\begin{bmatrix}I_r&\\&0\end{bmatrix},\quad \begin{bmatrix}I_r\\0\end{bmatrix}^+=(I_r,0),\quad (I_r,0)^+=\begin{bmatrix}I_r\\0\end{bmatrix}.$$

定义 4.6　满足 $AA^-A=A$ 的矩阵 A^- 称为 A 的**减号广义逆**，或**(一般)广义逆**.

定理 4.8　设复矩阵 A 相抵于 $PAQ=\begin{bmatrix}I_r&\\&0\end{bmatrix}$，则 A 的所有(减号)广义逆为

$$A^-=Q\begin{bmatrix}I_r&Y_2\\Y_3&Y_4\end{bmatrix}P,$$

其中 Y_2,Y_3,Y_4 的元素为任意复数. 故 A^- 不唯一，其秩也不唯一(除非 A 可逆).

证明　$AA^-A=A$ 相当于

$$(PAQ)(Q^{-1}A^-P^{-1})(PAQ)=PAQ.$$

记 $Q^{-1}A^-P^{-1}=\begin{bmatrix}Y_1&Y_2\\Y_3&Y_4\end{bmatrix}$，则为

$$\begin{bmatrix}I_r&\\&0\end{bmatrix}\begin{bmatrix}Y_1&Y_2\\Y_3&Y_4\end{bmatrix}\begin{bmatrix}I_r&\\&0\end{bmatrix}=\begin{bmatrix}I_r&\\&0\end{bmatrix},\quad 即\begin{bmatrix}Y_1&\\&0\end{bmatrix}=\begin{bmatrix}I_r&\\&0\end{bmatrix},$$

故 $Y_1=I_r$. 即得定理. ■

类似地，满足定义 4.5 中条件(1)和(3)的矩阵记为 A_ℓ^-，称为 A 的最小二乘广义逆. 满足条件(1)和(4)的矩阵记为 A_m^-，称为 A 的极小范数广义逆. A_ℓ^-，A_m^-，A^+ 三种广义逆，都可在一般广义逆 A^- 的形式(定理 4.8)的基础上，继续代入各自的约束条件求得. 特别地，定理 4.7 可另证：将定理 4.8 中 A^- 代入定义 4.5 的后 3 个条件，即可得 A^+.

定理 4.9 (1) 齐次线性方程组 $Ax=0$ 的解全体为

$$x=(I-A^-A)z,$$

其中 A^- 过(即遍历)A 的广义逆，z 过列向量.

(2) 非齐次线性方程组 $Ax=b$ 有解当且仅当 $b=AA^-b$(A^- 为某广义逆)；有解时解全体为 $x=A^-b$，A^- 过 A 的广义逆.

证明 (1) 因 $0=A-AA^-A=A(I-A^-A)$，故知 $(I-A^-A)z$ 均为解. 反之设 x 为 $Ax=0$ 的解，则 $x=x-A^-Ax=(I-A^-A)x$ 为定理中形式.

(2) 若 $b=AA^-b$，则 $A(A^-b)=AA^-b=b$，故 A^-b 为 $Ax=b$ 的解. 反之，若 $Ax=b$ 有解，则 $AA^-b=AA^-(Ax)=(AA^-A)x=Ax=b$. 现只要再证当 $Ax=b$ 有解 x 时，则存在 A 的某广义逆 A^- 使 $x=A^-b$.

若设 $A=P\begin{bmatrix}I_r & 0\\ 0 & 0\end{bmatrix}Q$，则 $A^-=Q^{-1}\begin{bmatrix}I_r & Y_2\\ Y_3 & Y_4\end{bmatrix}P^{-1}$，其中 Y_2,Y_3,Y_4 的元素可任取. 于是由 $Ax=b$ 知

$$\begin{bmatrix}I_r & 0\\ 0 & 0\end{bmatrix}Qx=P^{-1}b.$$

若要 $x=A^-b$，则需

$$\begin{aligned}Qx&=QA^-b=\begin{bmatrix}I_r & Y_2\\ Y_3 & Y_4\end{bmatrix}P^{-1}b\\ &=\begin{bmatrix}I_r & Y_2\\ Y_3 & Y_4\end{bmatrix}\begin{bmatrix}I_r & 0\\ 0 & 0\end{bmatrix}Qx=\begin{bmatrix}I_r & 0\\ Y_3 & 0\end{bmatrix}Qx.\end{aligned}$$

记列向量 $Qx=\begin{bmatrix}S_1\\ S_2\end{bmatrix}$，则上式相当于

$$\begin{bmatrix}S_1\\ S_2\end{bmatrix}=\begin{bmatrix}I_r & 0\\ Y_3 & 0\end{bmatrix}\begin{bmatrix}S_1\\ S_2\end{bmatrix}, \text{即 } S_2=Y_3S_1.$$

注意 $\begin{bmatrix}S_1\\ 0\end{bmatrix}=P^{-1}b\neq 0$，故 $S_1\neq 0$，设 $S_1=\begin{bmatrix}c_1\\ c_2\\ \vdots\end{bmatrix}$，其中 $c_i\neq 0$，则只需取矩阵 Y_3 的第 i 列为 $c_i^{-1}S_2$，其余列均为 0，便有 $Y_3S_1=S_2$. 对这样的 Y_3 便有 $x=A^-b$. ■

*4.7 最小二乘法

当线性方程组 $Ax=b$ 无解时，希望求出近似解. 最小二乘法就是求近似解的一种方法. 设 A 为 $m\times n$ 实矩阵. 仿照三维空间 $\mathbb{R}^{(3)}$，定义 $\mathbb{R}^{(n)}$ 中 $\alpha=(a_1,a_2,\cdots,a_n)^{\mathrm{T}}$ 与 $\beta=(b_1,b_2,\cdots,b_n)^{\mathrm{T}}$ 的内积为 $\langle\alpha,\beta\rangle=\sum\limits_{i=1}^{n}a_ib_i$. 若 $\langle\alpha,\beta\rangle=0$，则称 α 与 β **正交**，记为 $\alpha\perp\beta$. 定义 α 的长度为 $\|\alpha\|=\langle\alpha,\alpha\rangle^{1/2}$，$\alpha$ 与 β 的距离为 $d(\alpha,\beta)=\|\alpha-\beta\|$（详见第9章）.

记 A 的列为 $\{\beta_1,\cdots,\beta_n\}$，$x=(x_1,\cdots,x_n)^{\mathrm{T}}$，则 $Ax=x_1\beta_1+\cdots+x_n\beta_n$ 是 A 的列的线性组合，故 $Ax\in\mathrm{span}(A)$（A 的列空间）. $Ax=b$ 有解当且仅当 $b\in\mathrm{span}(A)$.

若 $Ax=b$ 无解，我们希望求得近似解（称为**最小二乘解**）x' 使 $\|Ax'-b\|$ 最小，即求出 $\hat{b}=Ax'\in\mathrm{span}(A)$ 使它距 b 最近. 这相当于 b 到 $\mathrm{span}(A)$ 的投影是 Ax'，即 $(Ax'-b)\perp\mathrm{span}(A)$，就是 $A^{\mathrm{T}}(Ax'-b)=0$，亦即

$$A^{\mathrm{T}}Ax'=A^{\mathrm{T}}b. \qquad (4.7.1)$$

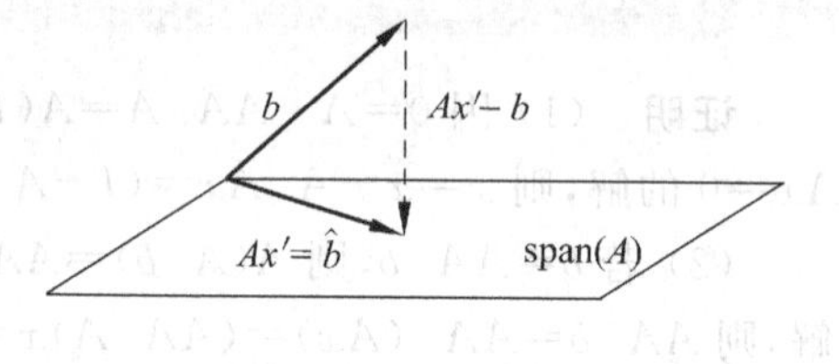

图 4.1

这称为**正则方程**. $\hat{b}=Ax'$ 是 b 到 $\mathrm{span}(A)$ 的**正交投影**，也称为 b 的在 $\mathrm{span}(A)$ 的最佳逼近（见图4.1）.

定理 4.10 （1）x' 是 $Ax=b$ 的最小二乘解 $\Leftrightarrow\|Ax'-b\|$ 最小 $\Leftrightarrow A^{\mathrm{T}}Ax'=A^{\mathrm{T}}b\Leftrightarrow Ax'=\hat{b}$ 是 b 到 $\mathrm{span}(A)$ 的正交投影.

（2）当 A 为列独立（列满秩）阵时，$Ax=b$ 有唯一最小二乘解 $x'=(A^{\mathrm{T}}A)^{-1}A^{\mathrm{T}}b$，且 b 到 $\mathrm{span}(A)$ 的投影为

$$\hat{b}=Ax'=A(A^{\mathrm{T}}A)^{-1}A^{\mathrm{T}}b.$$

特别，当 $A=a$ 为列向量时，$ax=b$ 有唯一最小二乘解 $x'=a^{\mathrm{T}}b/(a^{\mathrm{T}}a)$（单变量最小二乘法）.

（3）当 A 不是列独立阵时，$Ax=b$ 的最小二乘解不唯一，长度最小者（称为**最优最小二乘解**）唯一，恰为唯一属于 $\mathrm{span}(A^{\mathrm{T}})$ 的最小二乘解，即是 $x'=A^{+}b$，其中 $A^{+}=R^{\mathrm{T}}(RR^{\mathrm{T}})^{-1}(C^{\mathrm{T}}C)^{-1}C^{\mathrm{T}}$ 为 A 的 Moore-Penrose 广义逆（这里设 $A=CR$，而 C,R 分别为列独立阵、行独立阵）.

证明 （2）此时 $A^{\mathrm{T}}A$ 可逆，故正则方程 $A^{\mathrm{T}}Ax'=A^{\mathrm{T}}b$ 有唯一解 $x'=(A^{\mathrm{T}}A)^{-1}A^{\mathrm{T}}b$（唯一性另证：$A$ 的列线性无关，表出投影 $\hat{b}=Ax'$ 的组合系数 x' 是唯一的）.

(3) 齐次方程组 $Ax=0$ 的解空间 W_A 与 $\mathrm{span}(A^{\mathrm{T}})$ 相互正交(见 3.5 节)，维数分别为 r 和 $n-r$(这里记 $r=\mathrm{r}(A)$, $\mathrm{span}(A^{\mathrm{T}})$ 为 A^{T} 的列空间)，故有“正交直和分解”

$$\mathbb{R}^{(n)}=\mathrm{span}(A^{\mathrm{T}})\oplus W_A$$

(意即可在 $\mathrm{span}(A^{\mathrm{T}})$ 和 W_A 中分别取正交基，合而为 $\mathbb{R}^{(n)}$ 的正交基). 任取一最小二乘解 x_0'(即 $Ax'=\hat{b}$ 的解)，有分解 $x_0'=\rho_0+w_0$, $\rho_0\in\mathrm{span}(A^{\mathrm{T}})$ 与 $w_0\in W_A$ 正交. 由 $A(\rho_0+w_0)=A\rho_0+0=\hat{b}$ 知 ρ_0 也是最小二乘解. 故任意最小二乘解 x'(即 $Ax'=\hat{b}$ 的解)均可表为

$$x'=\rho_0+w,\qquad w\in W_A$$

(即特解加齐次解)，此即 x' 的正交直和分解. 这说明所有最小二乘解的在 $\mathrm{span}(A^{\mathrm{T}})$ 的分量同为 ρ_0. 长度平方 $\|x'\|^2=\langle\rho_0+w,\rho_0+w\rangle=\|\rho_0\|^2+\|w\|^2$(因 $\rho_0\perp w$)，故长度最短的最小二乘解是 $x'=\rho_0\in\mathrm{span}(A^{\mathrm{T}})$，是唯一的.

再证 $x'=A^+b$ 是最小二乘解. 而这需证 $Ax'=AA^+b$ 是 b 在 $\mathrm{span}(A)$ 的正交投影. 而 $Ax'=AA^+b=CRR^{\mathrm{T}}(RR^{\mathrm{T}})^{-1}(C^{\mathrm{T}}C)^{-1}C^{\mathrm{T}}b=C(C^{\mathrm{T}}C)^{-1}C^{\mathrm{T}}b$，故由已证的情形(2)(对列独立阵 C)知，此 Ax' 是 b 在 $\mathrm{span}(C)$ 的正交投影. 而 $\mathrm{span}(C)=\mathrm{span}(A)$；事实上，$A=CR$ 的列均为 C 的列的线性组合，$\mathrm{span}(A)\subset\mathrm{span}(C)$，而二者维数均是 $\mathrm{r}(A)$.

最后，记 $x'=A^+b=R^{\mathrm{T}}(RR^{\mathrm{T}})^{-1}(C^{\mathrm{T}}C)^{-1}C^{\mathrm{T}}b=R^{\mathrm{T}}B$，因 $R^{\mathrm{T}}B$ 的列是 R^{T} 的列的线性组合，故 $x'\in\mathrm{span}(R^{\mathrm{T}})=\mathrm{span}(A^{\mathrm{T}})$(因 $A^{\mathrm{T}}=R^{\mathrm{T}}C^{\mathrm{T}}$)，即知此 x' 最短. ■

方程个数增加时，可有简捷算法. 设对 $Ax=b$，A 为列独立阵，已得出唯一最小二乘解 $x'=(A^{\mathrm{T}}A)^{-1}A^{\mathrm{T}}b$. 若为改进结果又新做了一次实验，得出新方程 $\alpha x=c$(这里 α 是行向量，c 为常数). 于是连同原来的方程，就有了新方程组

$$\begin{bmatrix}A\\ \alpha\end{bmatrix}x=\begin{bmatrix}b\\ c\end{bmatrix},\qquad \text{记为}\quad A_1X=b_1,\tag{4.7.2}$$

其中 $A_1=\begin{bmatrix}A\\ \alpha\end{bmatrix}$ 也是列独立阵，故新方程组 $A_1X=b_1$ 的唯一最小二乘解应为

$$y'=(A_1^{\mathrm{T}}A_1)^{-1}A_1^{\mathrm{T}}b_1=(A^{\mathrm{T}}A+\alpha^{\mathrm{T}}\alpha)^{-1}(A^{\mathrm{T}}b+\alpha^{\mathrm{T}}c).$$

所以问题归结为求 $A_1^{\mathrm{T}}A_1=A^{\mathrm{T}}A+\alpha^{\mathrm{T}}\alpha$ 的逆. 因 $A^{\mathrm{T}}A$ 的逆原已求过，故用 4.4 节例 4.10 最后的公式可简捷求出：由 $A^{\mathrm{T}}A+\alpha^{\mathrm{T}}\alpha=A^{\mathrm{T}}A(I+(A^{\mathrm{T}}A)^{-1}\alpha^{\mathrm{T}}\alpha)$，得

$$(A^{\mathrm{T}}A+\alpha^{\mathrm{T}}\alpha)^{-1}=\left(I-\frac{(A^{\mathrm{T}}A)^{-1}\alpha^{\mathrm{T}}\alpha}{1+\alpha(A^{\mathrm{T}}A)^{-1}\alpha^{\mathrm{T}}}\right)(A^{\mathrm{T}}A)^{-1}.$$

本节的讨论可推广到复系数方程组和 $\mathbb{C}^n$，只需将矩阵的转置 X^{T} 都改为复共轭转置 $\overline{X}^{\mathrm{T}}$. 也易推广到 Hilbert 空间(见第 11 章).

习 题 4

1. 对下列矩阵计算 AB,BA.

(1) $A=\begin{bmatrix}-1&-2&-4\\-1&-2&-4\\1&2&4\end{bmatrix}$, $B=\begin{bmatrix}1&2&3\\2&4&6\\3&6&9\end{bmatrix}$;

(2) $A=\begin{bmatrix}2&1&0\\1&1&2\\-1&2&1\end{bmatrix}$, $B=\begin{bmatrix}3&1&-2\\3&-2&4\\-3&5&-1\end{bmatrix}$.

2. 设 $A=\begin{bmatrix}a_{11}&a_{12}&a_{13}\\a_{21}&a_{22}&a_{23}\\a_{31}&a_{32}&a_{33}\end{bmatrix}$, $N=\begin{bmatrix}0&1&0\\0&0&1\\0&0&0\end{bmatrix}$,

$$P_1=\begin{bmatrix}1&0&0\\0&0&1\\0&1&0\end{bmatrix},\quad P_2=\begin{bmatrix}1&0&0\\0&2&0\\0&0&1\end{bmatrix},\quad P_3=\begin{bmatrix}1&0&0\\0&1&c\\0&0&1\end{bmatrix}.$$

计算 P_1A,P_2A,P_3A,NA,AN.

3. 计算

(1) $\begin{bmatrix}\cos\varphi&-\sin\varphi\\\sin\varphi&\cos\varphi\end{bmatrix}^n$; (2) $\begin{bmatrix}0&1&0&0\\0&0&1&0\\0&0&0&1\\0&0&0&0\end{bmatrix}^3$;

(3) $\begin{bmatrix}\lambda&1&0&0\\0&\lambda&1&0\\0&0&\lambda&1\\0&0&0&\lambda\end{bmatrix}^n$; (4) $\begin{bmatrix}1&\alpha&\beta\\&1&\alpha\\&&1\end{bmatrix}^{n+1}$

4. 证明:如果 A 是对角形阵且主对角线上的元素互异,则任一与 A 可交换的矩阵也是对角形阵.

5. 求平方等于单位阵的所有二阶方阵.

6. 设 $A=(a_{ij})$为 n 阶上三角形方阵且对角线元素均为0,求 A^{n-1},A^n.

7. 证明:对任意 n 阶方阵 A,B,等式 $AB-BA=I_n$ 都不成立.

8. 求 A^{-1}:

(1) $A=\begin{bmatrix}2&0&7\\-1&4&5\\3&1&2\end{bmatrix}$; (2) $A=\begin{bmatrix}1&3&-5&7\\0&1&2&-3\\0&0&1&2\\0&0&0&1\end{bmatrix}$;

(3) $A=\begin{bmatrix}1&1&1&1\\1&1&-1&-1\\1&-1&1&-1\\1&-1&-1&1\end{bmatrix}$; (4) $A=\begin{bmatrix}a&b\\c&d\end{bmatrix}$,其中 $ad-bc=1$;

(5) $A=\begin{bmatrix}1 & a & a^2 & \cdots & a^n \\ 0 & 1 & a & \cdots & a^{n-1} \\ 0 & 0 & 1 & \ddots & \vdots \\ \vdots & \vdots & \ddots & \ddots & a \\ 0 & 0 & \cdots & 0 & 1\end{bmatrix}$；(6) $A=\begin{bmatrix}1 & 2 & 3 & \cdots & n \\ 0 & 1 & 2 & \cdots & n-1 \\ 0 & 0 & 1 & \ddots & \vdots \\ \vdots & \vdots & \ddots & \ddots & 2 \\ 0 & 0 & \cdots & 0 & 1\end{bmatrix}$.

9. 解下列矩阵方程：

(1) $X\begin{bmatrix}2 & 0 & 0 \\ 0 & 2 & 5 \\ 0 & 3 & 8\end{bmatrix}=\begin{bmatrix}1 & -1 & 1 \\ 2 & -3 & 1 \\ 3 & -4 & 1\end{bmatrix}$；

(2) $\begin{bmatrix}4 & 6 \\ 6 & 9\end{bmatrix}X=\begin{bmatrix}1 & 1 \\ 1 & 1\end{bmatrix}$；

(3) $\begin{bmatrix}2 & -3 & 1 \\ 4 & -5 & 2 \\ 5 & -7 & 3\end{bmatrix}X\begin{bmatrix}9 & 7 & 6 \\ 1 & 1 & 2 \\ 1 & 1 & 1\end{bmatrix}=\begin{bmatrix}2 & 0 & -2 \\ 18 & 12 & 9 \\ 23 & 15 & 11\end{bmatrix}$；

(4) $\begin{bmatrix}1 & \cdots & \cdots & 1 \\ 0 & 1 & \cdots & 1 \\ \vdots & \ddots & \ddots & \vdots \\ 0 & \cdots & 0 & 1\end{bmatrix}X=\begin{bmatrix}1 & 2 & 3 & \cdots & n \\ 0 & 1 & 2 & \cdots & n-1 \\ 0 & 0 & 1 & \ddots & \vdots \\ \vdots & \vdots & \ddots & \ddots & 2 \\ 0 & 0 & \cdots & 0 & 1\end{bmatrix}$.

10. 求所有与下列方阵 A 可交换的 B(即满足 $AB=BA$)：

(1) $A=\begin{bmatrix}0 & 1 \\ 0 & 0\end{bmatrix}$；　　(2) $A=\begin{bmatrix}0 & 1 & 0 & 0 \\ 0 & 0 & 1 & 0 \\ 0 & 0 & 0 & 1 \\ 0 & 0 & 0 & 0\end{bmatrix}$；

(3) $A=\begin{bmatrix}1 & 1 & 0 & 0 \\ 0 & 1 & 0 & 0 \\ 0 & 0 & 1 & 1 \\ 0 & 0 & 0 & 1\end{bmatrix}$；　　(4) $A=\begin{bmatrix}1 & & & \\ & 1 & & \\ & & 2 & \\ & & & 2\end{bmatrix}$.

11. 设多项式 $f(\lambda)=a_n\lambda^n+\cdots+a_1\lambda+a_0$，对任意方阵 A，定义 $f(A)=a_nA^n+\cdots+a_1A+a_0I$，对下列 $f(\lambda)$ 和 A，求 $f(A)$：

(1) $f(\lambda)=\lambda^2+3\lambda+2$，　$A=\begin{bmatrix}1 & 2 & -1 \\ 3 & 2 & 1 \\ 0 & 1 & 3\end{bmatrix}$；

(2) $f(\lambda)=\lambda^7+8\lambda^6+9\lambda^5+\lambda^3+\lambda^2-\lambda+1$，　$A=\begin{bmatrix}0 & 1 & \\ & 0 & 1 \\ & & 0\end{bmatrix}$；

(3) $f(\lambda)=4\lambda^3+2\lambda^2-\lambda-1$，　$A=\begin{bmatrix}c & 1 & 0 \\ & c & 1 \\ & & c\end{bmatrix}$.

12. 设 E_{ij} 为 (i,j) 位元素为 1，而其余元素均为零的方阵，求所有与 E_{ij} 可交换的方阵 B.

13. 设 $A=\begin{bmatrix}\lambda_1 I & & \\ & \ddots & \\ & & \lambda_s I\end{bmatrix}$，$\lambda_1,\cdots,\lambda_s$ 互异，求与 A 可交换的所有方阵 B.

14. 证明：与所有 n 阶方阵均可交换的 n 阶方阵必为纯量方阵.

15. 证明：如果 A 为实对称阵，且 $A^2=0$，那么 $A=0$.

16. 证明：若 $A^2=I$，且 $A\neq I$，则 $A+I$ 非可逆阵.

17. 设 A 是 n 阶方阵，A^* 为其古典伴随方阵，试证明：

(1) 当 A 可逆时，A^{T} 和 A^* 都是可逆阵，且

$$(A^{\mathrm{T}})^{-1}=(A^{-1})^{\mathrm{T}},\qquad (A^*)^{-1}=(A^{-1})^*;$$

(2) $(A^*)^{\mathrm{T}}=(A^{\mathrm{T}})^*$.

18. 设 A,B 都是 n 阶对称方阵，证明：AB 也是对称方阵的充分必要条件是 A,B 可交换.

19. 令 $R=\begin{bmatrix}A & B\\ C & D\end{bmatrix}$，其中 A 是非奇异 n 阶方阵. 证明：R 的秩等于 n 当且仅当 $D=CA^{-1}B$.

20. 设 A 是秩为 1 的 $n\times m$ 矩阵，证明：存在 n 维列向量 α，和 m 维行向量 β，使得 $A=\alpha\beta$.

21. 方阵 A 称为**幂等方阵**，如果 $A^2=A$；方阵 B 称为**对合方阵**，如果 $B^2=I$，证明：A 是幂等方阵的充要条件是：$B=2A-I$ 为对合方阵.

22. 求如下方阵的逆 A^{-1}：

$$A=\begin{bmatrix}0 & 0 & \cdots & 0 & \alpha_n\\ \alpha_1 & 0 & 0 & \cdots & 0\\ 0 & \alpha_2 & 0 & \cdots & 0\\ \vdots & \ddots & \ddots & \ddots & \vdots\\ 0 & \cdots & 0 & \alpha_{n-1} & 0\end{bmatrix},\quad \alpha_i\neq 0,\quad i=1,2,\cdots,n.$$

23. 设 $\alpha=(a_1,\cdots,a_n)$，$0\neq a_i\in\mathbb{R}$ $(1\leqslant i\leqslant n)$，$A=\mathrm{diag}\{a_1,\cdots,a_n\}$；试求 $\det(A-\alpha^{\mathrm{T}}\alpha)$.

24. 计算行列式

$$\begin{vmatrix}1+x_1y_1 & x_1y_2 & \cdots & x_1y_n\\ x_2y_1 & 1+x_2y_2 & \cdots & x_2y_n\\ \vdots & \vdots & \ddots & \vdots\\ x_ny_1 & x_ny_2 & \cdots & 1+x_ny_n\end{vmatrix}.$$

25. 设 A 为 n 阶可逆阵，$\alpha=(a_1,a_2,\cdots,a_n)^{\mathrm{T}}$. 证明：

$$\det(A-\alpha\alpha^{\mathrm{T}})=(1-\alpha^{\mathrm{T}}A^{-1}\alpha)\cdot\det A.$$

26. 试求第 1 题中 4 个方阵的相抵标准形.

27. 试求可逆方阵 P,Q 使 PAQ 为 A 的相抵标准形，其中

$$A=\begin{bmatrix}1 & -2 & 3\\ 3 & -6 & 9\\ 2 & 1 & 5\end{bmatrix},\quad \begin{bmatrix}0 & 0 & 1\\ 0 & 1 & 0\\ 0 & 1 & 1\end{bmatrix}.$$

28. 设 A,B 为同阶实方阵，求证：

(1) $\begin{vmatrix}A & B\\ B & A\end{vmatrix}=|A+B||A-B|$；　　(2) $\begin{vmatrix}A & -B\\ B & A\end{vmatrix}=|\det(A+\sqrt{-1}B)|^2$.

29. 设 $A_{n\times n}=(B_{n\times k},C)$ 为实方阵，求证 $|A|^2\leqslant|B^{\mathrm T}B||C^{\mathrm T}C|$.

30. 设 B 和 C 为 $n\times k$ 和 $n\times(n-k)$ 实矩阵，求证：

$$\begin{vmatrix} B^{\mathrm T}B & B^{\mathrm T}C \\ C^{\mathrm T}B & C^{\mathrm T}C \end{vmatrix} \leqslant |B^{\mathrm T}B||C^{\mathrm T}C|.$$

31. 证明：任一秩为 r 的矩阵可以表为 r 个秩为 1 的矩阵的和，但不能表为少于 r 个这种矩阵的和.

32. 设 A,B 为 n 阶方阵，证明：如果 $AB=0$，则 $\mathrm r(A)+\mathrm r(B)\leqslant n$.

33. 设 A 是 n 阶方阵($n\geqslant2$)，A^* 为其古典伴随方阵，证明：

$$\mathrm r(A^*)=\begin{cases} n, & \text{当 } \mathrm r(A)=n; \\ 1, & \text{当 } \mathrm r(A)=n-1; \\ 0, & \text{当 } \mathrm r(A)<n-1. \end{cases}$$

34. 证明：

(1) $\mathrm r(AB)\leqslant\min(\mathrm r(A),\mathrm r(B))$；

(2) $\mathrm r(A,B)\leqslant\mathrm r(A)+\mathrm r(B)$；

(3) $\mathrm r(A+B)\leqslant\mathrm r(A)+\mathrm r(B)$.

35. 设 A 是 n 阶方阵，证明：

(1) $A^2=I$ 成立的充分必要条件是 $\mathrm r(A+I)+\mathrm r(A-I)=n$；

(2) $A^2=A$ 成立的充分必要条件是 $\mathrm r(A)+\mathrm r(A-I)=n$.

36. 设 A 是 n 阶方阵，且 $\mathrm r(A)=r$，证明：存在 n 阶可逆方阵 P 使 PAP^{-1} 的后 $n-r$ 行全为零.

37. 求下列矩阵 A 的广义逆 A^- 和 A^+：

$$(a,b,c);\quad \begin{bmatrix} a \\ b \\ c \end{bmatrix};\quad \begin{bmatrix} a & 0 & 0 \\ 0 & b & 0 \\ 0 & 0 & 0 \end{bmatrix};\quad \begin{bmatrix} a & b \\ 2a & 2b \end{bmatrix};\quad \begin{bmatrix} a & b & c \\ e & f & g \\ 0 & 0 & 0 \end{bmatrix};\quad \begin{bmatrix} a & e & 0 \\ b & f & 0 \\ c & g & 0 \end{bmatrix};$$

$$\begin{bmatrix} a & b & c \\ 2a & 2b & 2c \\ 3a & 3b & 3c \end{bmatrix};\quad \begin{bmatrix} 0 & 1 & & \\ & 0 & \ddots & \\ & & \ddots & 1 \\ & & & 0 \end{bmatrix};\quad \begin{bmatrix} 0 & \cdots & 0 & 1 \\ 0 & \cdots & 0 & 0 \\ \vdots & & \vdots & \vdots \\ 0 & \cdots & 0 & 0 \end{bmatrix}.$$

38. 试证明，若 C 为实数列独立阵，则 $\det C^{\mathrm T}C>0$.

39. 试证明若 C 为 $n\times r$ 列独立阵，则存在列独立阵 X 使 $C^{\mathrm T}X=0$ 且 X 列数 $\leqslant n-r$.

40. 试证明，若 C 为列独立阵，$CA=B$，则 B 的第 $j_1,\cdots,j_s$ 列线性相关(或无关)当且仅当 A 的第 $j_1,\cdots,j_s$ 列线性相关(或无关)，特别 A 与 B 的列向量组的极大无关组相互对应，A 与 B 的秩相同.

41. 设 A 为对合方阵(即满足 $A^2=I$)，则存在可逆方阵 P，使

$$P^{-1}AP=\begin{bmatrix} I_r & 0 \\ 0 & -I_s \end{bmatrix}.$$

42. 设 A 为二次幂零方阵(即满足 $A^2=0$)，则存在可逆方阵 P，使得

$$P^{-1}AP=\begin{bmatrix} 0 & I_r & 0 \\ 0 & 0 & 0 \end{bmatrix}.$$

43. 交换 n 阶单位方阵 I 的两行得到的方阵称为**对换方阵**，对换方阵的乘积称为**置换矩阵**. 试证明：

对于任意 n 阶可逆方阵 A，存在置换矩阵 P，使得

$$PA = LU,$$

其中 L 是对角元都是 1 的下三角阵，U 是上三角阵.

44. (**三角形分解**)设 A 是 n 阶非奇异方阵. 试证：存在对角元为 1 的下三角阵 L 和上三角阵 T 使得

$$A = LT$$

的充分必要条件是 A 的各阶顺序主子式均不为零. 且上述分解式中 L,T 均是唯一的.

45. (**三角形分解**)设 A 是 n 阶可逆方阵. 试证：A 可分解为

$$A=LDT$$

(其中 L,T 是对角元为 1 的上、下三角形方阵，D 为对角形阵)的充分必要条件是 A 的各阶顺序主子式均非零。且上述分解中 L,D,T 均是唯一的.

46. 求平方为零的所有三阶方阵.

第5章

线性(向量)空间

5.1 线性(向量)空间

定义 5.1 设 F 是域，V 是一集合，如果 V 中定义了一种运算称为加法(即对任意 $x,y\in V$,唯一定义有 z(记为 $x+y$)$\in V$ 与之对应),F 与 V 之间定义了数乘(即对任意 $\lambda\in F,x\in V$,唯一定义有 y(记为 λx)$\in V$ 与之对应),且满足如下性质,则称 V 是域 F 上的**线性空间或向量空间**(linear space or vector space):

1. V 对加法成 Abel 群,即满足:

(1)(交换律)　$x+y=y+x$;

(2)(结合律)　$(x+y)+z=x+(y+z)$;

(3)(零元素)　存在元素 $0\in V$,使对任意 $x\in V$ 均有 $0+x=x$;

(4)(负元素)　对任意 $x\in V$,存在 $y\in V$ 使 $y+x=0$;

2. 数乘满足:

(1) $\lambda(x+y)=\lambda x+\lambda y$;

(2) $(\lambda+\mu)x=\lambda x+\mu x$;

(3) $(\lambda\mu)x=\lambda(\mu x)$;

(4) $1x=x$;

其中 x,y,z 为 V 中任意元素,λ,μ 为 F 中任意元素,1 是 F 的乘法单位元.

域 F 称为向量空间 V 的**系数域或基域**,F 中元素称为**纯量或数量**(scalar),V 中元素称为**向量**(vector).数乘积 λx 有时也记为 $x\lambda$,不加区分.

当系数域 F 为实数域$\mathbb{R}$ 时,V 称为**实线性(向量)空间**.当 $F=\mathbb{C}$ 时,V 称为**复线性(向量)空间**.

例 5.1　$F^n=\{(a_1,\cdots,a_n)\mid a_i\in F\}$按加法$(a_1,\cdots,a_n)+(b_1,\cdots,b_n)=(a_1+b_1,\cdots,a_n+b_n)$,和数乘$\lambda(a_1,\cdots,a_n)=(\lambda a_1,\cdots,\lambda a_n)$,是 F 上线性空间.同样知 n 数组列向量集 $F^{(n)}$ 是 F 上线性空间.

例 5.2　$M_{m\times n}(F)$,即域 F 上 $m\times n$ 矩阵全体,按矩阵的加法与数乘是 F 上线性空间.

例 5.3 设 E 为包含域 F 的域(即 E 为 F 的扩域),则按域 E 中加法和乘法,E 是 F 上的线性空间,特别:

(1) $\mathbb{C}$ 是 $\mathbb{R}$ 上的线性空间;

(2) $\mathbb{Q}(\sqrt{2})=\{a+b\sqrt{2}\mid a,b\in\mathbb{Q}\}$ 是 $\mathbb{Q}$ 上的线性空间;

(3) $\mathbb{R}$ 是 $\mathbb{Q}$ 上的线性空间;

(4) 设 $p(X)$ 是 $\mathbb{Q}$ 上 n 次不可约多项式,θ 是 $p(X)$ 的一个复根,则

$$\mathbb{Q}(\theta)=\{a_0+a_1\theta+\cdots+a_{n-1}\theta^{n-1}\mid a_0,\cdots,a_{n-1}\in\mathbb{Q}\}$$

是 $\mathbb{Q}$ 上线性空间.

例 5.4 域 F 上次数小于 n 的多项式形式 $a_0+a_1X+\cdots+a_{n-1}X^{n-1}$ 全体是 F 上线性空间.

例 5.5 连续实变函数全体按函数的加法和数与函数的乘法是 $\mathbb{R}$ 上线性空间.

例 5.6 多项式全体 $F[X]$ 是域 F 上线性空间.

以下是线性空间一些简单性质:

(1) 零元素(或称零向量)$0\in V$ 是唯一的.

(2) V 中任一向量 x 的负元素(或称负向量)是唯一的,记为 $-x$.

(3) $\lambda x=0(\lambda\in F,x\in V)$ 当且仅当 $\lambda=0$ 或 $x=0$.

(4) $(-\lambda)x=-(\lambda x)=\lambda(-x)$.

(5) $\lambda\left(\sum_{i=1}^{n}x_i\right)=\sum_{i=1}^{n}\lambda x_i,\quad\left(\sum_{i=1}^{n}\lambda_i\right)x=\sum_{i=1}^{n}\lambda_i x.$

证明 (1) 若 0_1 和 0_2 是两个零向量,则按零向量定义,即 $0+x=x+0=x$,有

$$0_1=0_1+0_2=0_2.$$

(2) 设 $x+y=0=x+z$,则

$$y=y+0=y+(x+z)=(y+x)+z=0+z=z.$$

(3) 首先由数乘的分配律知

$$\lambda x=(\lambda+0)x=\lambda x+0x,\quad 故\ 0x=0,$$

$$\lambda x=\lambda(x+0)=\lambda x+\lambda 0,\quad 故\ \lambda 0=0.$$

现若 $\lambda x=0$,而 $\lambda\neq 0$,则

$$1\cdot x=(\lambda^{-1}\lambda)x=\lambda^{-1}(\lambda x)=\lambda^{-1}(0)=0,\quad 故\ x=0.$$

(4) $(-\lambda)x+\lambda x=(-\lambda+\lambda)x=0$, 故 $(-\lambda)x=-\lambda x$,

$\lambda(-x)+\lambda x=\lambda(-x+x)=\lambda 0=0$, 故 $\lambda(-x)=-\lambda x$.

(5) 用归纳法易知. ■

定义 5.2 (1) 设 V 是域 F 上线性空间,$\alpha_1,\cdots,\alpha_r$ 是 V 中向量. V 中向量 α 称为向量 $\alpha_1,\cdots,\alpha_r$ 的**线性组合**(linear combination)是指 α 可写为

$$\alpha=\lambda_1\alpha_1+\cdots+\lambda_r\alpha_r\qquad(\lambda_1,\cdots,\lambda_r\in F),$$

这也称为 α 可由 $\alpha_1,\cdots,\alpha_r$ **线性表出**($\lambda_1,\cdots,\lambda_r$ 称为组合系数).

(2) 设 V 是线性空间,S 是 V 中一个向量组(可以有无限多向量),$\alpha\in V$ 称为 S 的**线性组合**(或由 S **线性表出**,**线性生成**)是指 α 可由 S 中的某**有限多个**向量线性表出.

(3) 设 S_1,S_2 是线性空间 V 的两个向量组,若 S_2 中任一向量均可由 S_1 线性表出,则称 S_2 可由 S_1 线性表出,若 S_1 与 S_2 可相互线性表出,则称 S_1 与 S_2 等价或**线性等价**.

(4) 若线性空间 V 可由其向量组 S 线性表出,则 S 称为 V 的一个生成元系.若 V 有一个有限(元素个数的)生成元系.则 V 称为**有限生成**的.

注意若 S_2 可由 S_1 线性表出.S_3 可由 S_2 线性表出.则 S_3 可由 S_1 线性表出.

定义 5.3　线性空间 V 中的向量 $\alpha_1,\alpha_2,\cdots,\alpha_r(r\geqslant 1)$ 称为**线性相关**(linear dependent),如果存在不全为 0 的 $\lambda_1,\cdots,\lambda_r\in F$ 使

$$\lambda_1\alpha_1+\cdots+\lambda_r\alpha_r=0.$$

若 $\alpha_1,\cdots,\alpha_r$ 不线性相关,则称为**线性无关**(或线性独立,independent).也就是说,$\alpha_1,\cdots,\alpha_r$ 线性无关意味着 $\lambda_1\alpha_1+\cdots+\lambda_r\alpha_r=0$ 只有在 $\lambda_1=\cdots=\lambda_r=0$ 时才成立.无限向量组 S **线性相关**是指其某有限部分组线性相关,否则称为**线性无关**.

我们注意,n 数组行向量空间 F^n(第 3 章)中向量相关和无关的定义与上述是完全一样的.而且关于向量组的秩和极大无关组等的所有结论和论证都仅只用到了 F^n 中运算的 8 条性质,因而完全适用于一般线性空间 V.我们总述如下,就不再证明了:

(1) 一个向量 α 线性相关当且仅当 $\alpha=0$.有两个以上向量的向量组线性相关,当且仅当其中一个向量可以表为其余向量的线性组合(进一步可推知,$\alpha_1,\cdots,\alpha_r$ 线性相关当且仅当存在 $\alpha_i(1\leqslant i\leqslant r)$,可由 $\alpha_1,\cdots,\alpha_{i-1}$ 线性表出).

(2) 若向量组 $\alpha_1,\alpha_2,\cdots,\alpha_r$ 线性无关,且可由向量组 $\beta_1,\cdots,\beta_s$ 线性表出,则 $r\leqslant s$.

(3) 一个向量组 S 的**极大(线性)无关组** S_M 是 S 的一个子集,满足①S_M 是线性无关的,②S 可由 S_M 线性表出(或若 $S_1\supsetneqq S_M$ 则 S_1 线性相关).S_M 的元素个数或基数称为 S 的**秩**,由 S 唯一决定,记为 $\mathrm{r}(S)$或 $\mathrm{rank}(S)$.

(4) 若 S_2 可由 S_1 线性表出,则 $\mathrm{r}(S_2)\leqslant\mathrm{r}(S_1)$.等价的向量组有相同的秩.

整个线性空间 V 的极大线性无关组称为 V 的**基**(basis),其秩称为 V 的**维数**(dimension),记为 $\dim(V)$.

定义 5.4　线性空间 V 的一个**基**是 V 中一个向量组,它线性无关并且可以(通过有限的线性组合)线性表出 V.基中向量的个数(或基数)称为 V 的**维数**.

当线性空间 V 中含有无限多个线性无关的向量时,V 是无限维的.可以证明,任何非零线性空间均有基(见附录).我们将首先讨论有限维的向量空间.

引理 5.1　设 V 是 n 维线性空间.(1) V 中任意 n 个线性无关的向量必构成基.

(2) V 中任意能线性表出 V 的 n 个向量必构成基.

证明　(1) 设 $\alpha_1,\cdots,\alpha_n\in V$ 线性无关,则对任意 $\alpha\in V$,向量组 $\alpha_1,\cdots,\alpha_n,\alpha$ 必线性相

关(因 V 的维数为 n),故存在不全为零的 $\lambda_1,\cdots,\lambda_n,\lambda\in F$ 使

$$\lambda_1\alpha_1+\cdots+\lambda_n\alpha_n+\lambda\alpha=0.$$

若 $\lambda=0$,则上式说明 $\alpha_1,\cdots,\alpha_n$ 线性相关,故 $\lambda\neq 0$. 即知 α 可由 $\alpha_1,\cdots,\alpha_n$ 线性表出. 故 $\alpha_1,\cdots,\alpha_n$ 为基.

(2) 设 V 可由 $\alpha_1,\cdots,\alpha_n$ 线性表出,只需证明 $\alpha_1,\cdots,\alpha_n$ 线性无关. 若 $\alpha_1,\cdots,\alpha_n$ 线性相关,$\alpha_{i_1},\cdots,\alpha_{i_r}$ 是其极大线性无关组,则 $\alpha_{i_1},\cdots,\alpha_{i_r}$ 可线性表出 $\alpha_1,\cdots,\alpha_n$,从而可线性表出 V,故 $\alpha_{i_1},\cdots,\alpha_{i_r}$ 是 V 的基. 故 $n=r$. 即 $\alpha_1,\cdots,\alpha_n$ 是 V 的基. ■

定义 5.5　设 $\alpha_1,\cdots,\alpha_n$ 是 F 上线性空间 V 的基,$\alpha\in V$ 且

$$\alpha=a_1\alpha_1+\cdots+a_n\alpha_n\qquad(a_1,\cdots,a_n\in F),$$

则 $(a_1,\cdots,a_n)$ 称为 α 在基 $\alpha_1,\cdots,\alpha_n$ 下的**坐标**. 有时要区分**坐标行**和**坐标列**,分别是指 $(a_1,\cdots,a_n)$ 和 $(a_1,\cdots,a_n)^{\mathrm{T}}$. 当要强调基 $\alpha_1,\cdots,\alpha_n$ 中的向量按如此给定次序排列时,称其为**有序基**. 此基也可记为 $\{\alpha_i\}(1\leqslant i\leqslant n)$ 或 $\{\alpha_i\}$.

显然,给定(有序)基 $\alpha_1,\cdots,\alpha_n$ 之后,一个向量 α 的坐标是唯一的.

例 5.7　(1) F^n 是 F 上 n 维线性空间,$\varepsilon_1=(1,0,\cdots,0),\cdots,\varepsilon_n=(0,\cdots,0,1)$ 是其一基. 常称为其**自然基**. 因为在此基下,行向量本身即其坐标行. 对 $F^{(n)}$ 也类似.

(2) $M_{m\times n}(F)$ 是 F 上 $m\times n$ 维线性空间,基可取为 $\{E_{ij}\}(1\leqslant i\leqslant m,1\leqslant j\leqslant n)$,其中 E_{ij} 的 (i,j) 位置系数为 1,其余为 0.

(3) ① $\mathbb{C}$ 是 $\mathbb{R}$ 上二维线性空间,基可取为 $\{1,\sqrt{-1}\}$. 另一方面,$\mathbb{C}$ 又是 $\mathbb{C}$ 上一维线性空间,基可取为任一非零复数.

② $\mathbb{Q}(\sqrt{2})$ 是 $\mathbb{Q}$ 上二维线性空间,基可取为 $\{1,\sqrt{2}\}$.

③ $\mathbb{R}$ 是 $\mathbb{Q}$ 上无限维线性空间(见附录).

④ $F[X]$ 在 F 上是无限维的,基可取为 $1,x,x^2,\cdots$.

定义 5.6　设 V 是 F 上线性空间,W 是 V 的非空子集合,若 W 在原有 V 中加法和数乘运算下是 F 上线性空间,则称 W 是 V 的**子空间**(subspace).

例如,$\{0\}$ 是 V 的子空间,记为 0. V 也是 V 的子空间. 0 和 V 称为 V 的**平凡子空间**. 其余子空间称为**真子空间**.

对 V 的子集合 S,由 S 线性生成的子空间(即 S 中任意有限个向量线性组合全体)称为由 S **生成**(或**张成**)的子空间. 记为 $\mathrm{span}(S)$. 当 $S=\{\alpha_1,\cdots,\alpha_s\}$ 为有限集时,

$$\mathrm{span}(S)=\mathrm{span}\{\alpha_1,\cdots,\alpha_s\}=F\alpha_1+\cdots+F\alpha_s.$$

引理 5.2　F 上线性空间 V 的非空子集合 W 是 V 的子空间当且仅当 W 对加法和数乘封闭,即对任意 $\alpha,\beta\in W,\lambda\in F$,总有 $\alpha+\beta\in W,\quad\lambda\alpha\in W$.

证明　由条件即知:$0=0\alpha\in W,-\alpha=(-1)\alpha\in W$,其余条件显然满足. ■

5.2 线性映射与同构

定义 5.7 设 V_1 和 V_2 是域 F 上两个线性空间,若映射

$$\varphi: V_1 \longrightarrow V_2$$

满足:

(1) $\varphi(\alpha+\beta)=\varphi(\alpha)+\varphi(\beta)$, (2) $\varphi(\lambda\alpha)=\lambda\varphi(\alpha)$ (对任意 $\alpha,\beta\in V_1$, $\lambda\in F$).

则 φ 称为**线性映射**(linear mapping)(当 $V_2=F$ 时,φ 也称为**线性函数**).线性空间 V 到自身的线性映射 $\varphi: V\to V$ 称为**线性变换**(linear transformation, operator).

例 5.8 求导映射 $\mathscr{D}: F[X]\to F[X]$, $f(x)\to f'(x)$,是线性映射.

例 5.9 设 A 为 F 上 $m\times n$ 矩阵,则 n 数组列空间到 m 数组列空间的映射

$$\mathscr{A}: \quad F^{(n)} \longrightarrow F^{(m)}, \qquad x \longmapsto Ax$$

显然是线性映射.由前章 4.5 节知,当且仅当 A 是列独立阵时,$\mathscr{A}$ 是单射.当且仅当 A 是行独立阵时,$\mathscr{A}$ 是满射. $\ker\mathscr{A}$ 即为 $Ax=0$ 的解空间; $\mathrm{Im}\mathscr{A}$ 即为 A 的列向量空间.

例 5.10 复数全体到 2×2 实方阵全体的映射

$$\varphi: \mathbb{C} \longrightarrow M_2(\mathbb{R}),$$

$$a+b\sqrt{-1} \longmapsto \begin{pmatrix} a & -b \\ b & a \end{pmatrix}$$

显然是线性映射,而且是单射(这一映射还满足: $\varphi(z_1z_2)=\varphi(z_1)\varphi(z_2)$).

线性映射 φ 显然有以下性质:

① $\varphi(0)=0$.事实上, $\varphi(0)=\varphi(0+0)=\varphi(0)+\varphi(0)$,故 $\varphi(0)=0$.

② $\varphi\left(\sum_{i=1}^{m}\lambda_i\alpha_i\right)=\sum_{i=1}^{m}\lambda_i\varphi(\alpha_i)$,对任意 m 成立.

③ 若 $\alpha_1,\cdots,\alpha_m\in V_1$ 线性相关,则 $\varphi(\alpha_1),\cdots,\varphi(\alpha_m)\in V_2$ 线性相关.事实上,由

$$\lambda_1\alpha_1+\cdots+\lambda_m\alpha_m=0 \quad \text{可知 } \lambda_1\varphi(\alpha_1)+\cdots+\lambda_m\varphi(\alpha_m)=0.$$

(但要注意,虽然 $\beta_1,\cdots,\beta_m$ 线性无关,但 $\varphi(\beta_1),\cdots,\varphi(\beta_m)$ 仍可能线性相关).

④ 核

$$\ker\varphi=\{\alpha\in V_1 \mid \varphi\alpha=0\}$$

是 V_1 的子空间,核的维数称为 φ 的**零度**.任一向量 $\beta\in V_2$ 在 V_1 的**原象**(全体)为

$$\varphi^{-1}(\beta)=\alpha_0+\ker\varphi=\{\alpha_0+\alpha\in V_1 \mid \varphi\alpha=0\},$$

其中 $\alpha_0\in V_1$ 使 $\varphi\alpha_0=\beta$(即 α_0 是 β 的任一固定原象).特别

$$\varphi \text{ 是单射} \Leftrightarrow \ker\varphi=0.$$

⑤ **象**(集合)

$$\mathrm{Im}\varphi = \varphi V_1 = \{\varphi\alpha \mid \alpha \in V_1\}$$

是 V_2 的子空间.象 $\mathrm{Im}\varphi$ 的维数称为 φ 的秩.若 $\alpha_1,\cdots,\alpha_n$ 是 V_1 的基,则 $\varphi\alpha_1,\cdots,\varphi\alpha_n$ 生成 $\mathrm{Im}\varphi$. 特别知 φ 的秩等于 $\varphi\alpha_1,\cdots,\varphi\alpha_n$ 的秩.

定义 5.8 (**映射的复合**)设 $\varphi: S_1\to S_2$, $\psi: S_2\to S_3$ 分别是集合 S_1 到 S_2 和 S_2 到 S_3 的映射,则 φ 与 ψ 的**复合**或**乘积**(composite, product)记为 $\psi\circ\varphi$ 或 $\psi\varphi$, 定义为

$$\psi\circ\varphi: S_1 \longrightarrow S_3, \quad \psi\circ\varphi(x) = \psi(\varphi(x)).$$

引理 5.3 线性映射的复合仍为线性映射.

定义 5.9 设 $\varphi: V_1\to V_2$ 是域 F 上线性空间 V_1 到 V_2 的线性映射,若 φ 是双射,则称 φ 为**同构**(**映射**)(isomorphism),且称 V_1 与 V_2 是同构的,记为 $V_1\cong V_2$.线性空间 V 到自身的同构映射 $\varphi: V\to V$ 称为**自同构**(**映射**)(automorphism).

例 5.11 行数组空间到列数组空间的如下映射显然为一同构映射:

$$\varphi: F^n \longrightarrow F^{(n)},$$
$$(a_1,\cdots,a_n) \longmapsto (a_1,\cdots,a_n)^{\mathrm{T}}.$$

例 5.12 次数小于 n 的 F 上多项式全体 $F[X]_n$ 到 F^n 有如下同构映射:

$$\varphi: \quad F[X]_n \longrightarrow F^n,$$
$$a_0 + a_1X + \cdots + a_{n-1}X^{n-1} \longmapsto (a_0,\cdots,a_{n-1}).$$

例 5.13 若 $\varphi: V_1\to V_2$ 是单射线性映射,则 V_1 与 φ 的象同构.

定理 5.1 设 $\varphi: V_1 \xrightarrow{\cong} V_2$ 是线性空间的同构映射,$\alpha_1,\cdots,\alpha_s$ 是 V_1 中任意向量,则 $\varphi\alpha_1,\cdots,\varphi\alpha_s$ 线性相关当且仅当 $\alpha_1,\cdots,\alpha_s$ 线性相关.

证明 若 $\alpha_1,\cdots,\alpha_s$ 线性相关.显然 $\varphi\alpha_1,\cdots,\varphi\alpha_s$ 线性相关.现若 $\varphi\alpha_1,\cdots,\varphi\alpha_s$ 线性相关,则存在不全为零的纯量 $\lambda_1,\cdots,\lambda_s$ 使 $\lambda_1(\varphi\alpha_1)+\cdots+\lambda_s(\varphi\alpha_s)=0$,即 $\varphi(\lambda_1\alpha_1+\cdots+\lambda_s\alpha_s)=0$,因 φ 是单射,故知 $\lambda_1\alpha_1+\cdots+\lambda_s\alpha_s=0$,即 $\alpha_1,\cdots,\alpha_s$ 线性相关. ■

系 设 $\varphi: V_1\to V_2$ 是线性空间的同构,那么

(1) 若 $\alpha_1,\cdots,\alpha_n$ 是 V_1 的基,则 $\varphi\alpha_1,\cdots,\varphi\alpha_n$ 是 V_2 的基.

(2) $\dim V_1 = \dim V_2$.

证明 (1) 由定理 5.1 知 $\varphi\alpha_1,\cdots,\varphi\alpha_n$ 线性无关,只要再证明任意 $\beta\in V_2$ 均可由 $\varphi\alpha_1,\cdots,\varphi\alpha_n$ 线性表出.由于 φ 是双射,故有唯一的 $\alpha\in V_1$ 使 $\varphi\alpha=\beta$,于是 α 可由 V_1 的基 $\alpha_1,\cdots,\alpha_n$ 线性表出:$\alpha=\lambda_1\alpha_1+\cdots+\lambda_n\alpha_n$,故

$$\beta = \varphi\alpha = \varphi(\lambda_1\alpha_1 + \cdots + \lambda_n\alpha_n) = \lambda_1\varphi\alpha_1 + \cdots + \lambda_n\varphi\alpha_n.$$

(2) 由(1)即知. ■

引理 5.4 若 $\varphi: V_1 \to V_2$ 是线性空间的同构,则其逆映射 $\varphi^{-1}: V_2 \to V_1$ 也是同构(线性映射). 若 $\varphi: V_1 \to V_2$, $\psi: V_2 \to V_3$ 均为线性空间的同构,则复合映射 $\psi \circ \varphi: V_1 \to V_3$ 也是同构(线性映射).

证明 双射 $\varphi: V_1 \to V_2$ 的逆映射定义为 $\varphi^{-1}(\varphi(\alpha)) = \alpha$,仍为双射. 再由 $\varphi^{-1}(\varphi(\alpha_1) + \varphi(\alpha_2)) = \varphi^{-1}(\varphi(\alpha_1 + \alpha_2)) = \alpha_1 + \alpha_2$, $\varphi^{-1}(\lambda\varphi(\alpha)) = \varphi^{-1}(\varphi(\lambda\alpha)) = \lambda\alpha$, 知 φ^{-1} 为线性映射,故 φ^{-1} 为同构. 复合映射也记为 $\psi \circ \varphi = \psi\varphi$,定义为 $(\psi\varphi)(\alpha) = \psi(\varphi(\alpha))$,容易直接验证定理其余部分. ■

定理 5.2 域 F 上任意 n 维线性空间 V 均同构于 F 上 n 数组行向量空间 F^n. 特别知,域 F 上两个有限维线性空间同构当且仅当二者维数相等.

证明 取定 V 的基 $\varepsilon_1, \varepsilon_2, \cdots, \varepsilon_n$. 将向量对应到其坐标行,即令

$$\begin{aligned} \varphi: V &\longrightarrow F^n, \\ a_1\varepsilon_1 + \cdots + a_n\varepsilon_n &\longmapsto (a_1, \cdots, a_n). \end{aligned}$$

则显然 φ 是同构,故知 $V \cong F^n$. 现若 F 上线性空间 $V_1 \cong V_2$,则显然 $\dim V_1 = \dim V_2$. 反之,若 $\dim V_1 = \dim V_2 = n$,则 $V_1 \cong F^n \cong V_2$,故知 $V_1 \cong V_2$. ■

由定理 5.2 可知,行向量空间 F^n 有一般意义,对任意线性空间 V 的研究,在取定一组基之后,归结为 F^n 的研究.

5.3 基变换与坐标变换

设 V 是域 F 上 n 维线性空间, $\varepsilon_1, \cdots, \varepsilon_n$ 是 V 的一个基(即 n 个线性无关的向量). V 的基一般不是唯一的,我们设 $\eta_1, \cdots, \eta_n$ 是 V 的另一个基,每个向量 η_i 当然可由 $\varepsilon_1, \cdots, \varepsilon_n$ 线性表出,设

$$\begin{cases} \eta_1 = a_{11}\varepsilon_1 + a_{21}\varepsilon_2 + \cdots + a_{n1}\varepsilon_n \\ \quad\cdots\cdots \\ \eta_n = a_{1n}\varepsilon_1 + a_{2n}\varepsilon_2 + \cdots + a_{nn}\varepsilon_n \end{cases} \quad (a_{ij} \in F, \quad 1 \leqslant i, j \leqslant n) \qquad (5.3.1)$$

或者利用(以向量为系数的)矩阵乘法(见第 4 章 4.1 节),可记为

$$(\eta_1, \cdots, \eta_n) = (\varepsilon_1, \cdots, \varepsilon_n)A, \qquad (5.3.1')$$

其中 $A = (a_{ij})$ 为 $n \times n$ 方阵,(5.3.1)式或(5.3.1′)式刻画了两个基的关系. 注意 $\det A \neq 0$,因为 A 的各列即是 $\eta_1, \cdots, \eta_n$ 的坐标列. 由 $\eta_1, \cdots, \eta_n$ 线性无关知其坐标列也线性无关(定理 5.2). 因此由(5.3.1′)有

$$(\varepsilon_1, \cdots, \varepsilon_n) = (\eta_1, \cdots, \eta_n)A^{-1}. \qquad (5.3.1'')$$

这说明两个基 $\varepsilon_1,\cdots,\varepsilon_n$ 和 $\eta_1,\cdots,\eta_n$ 有对等的关系. 方阵 A 称为由基 $\varepsilon_1,\cdots,\varepsilon_n$ 到 $\eta_1,\cdots,\eta_n$ 的**过渡方阵**.

现在考察同一个向量在不同基下的坐标的关系. 设 α 在基 $\varepsilon_1,\cdots,\varepsilon_n$ 下的坐标列为 $x=(x_1,\cdots,x_n)^{\mathrm{T}}$, α 在基 $\eta_1,\cdots,\eta_n$ 下的坐标列为 $y=(y_1,\cdots,y_n)^{\mathrm{T}}$, 于是

$$\alpha=(\varepsilon_1,\cdots,\varepsilon_n)\begin{bmatrix}x_1\\ \vdots\\ x_n\end{bmatrix}=(\eta_1,\cdots,\eta_n)\begin{bmatrix}y_1\\ \vdots\\ y_n\end{bmatrix}. \tag{5.3.2}$$

把(5.3.1′)代入(5.3.2), 则有

$$\alpha=(\varepsilon_1,\cdots,\varepsilon_n)A\begin{bmatrix}y_1\\ \vdots\\ y_n\end{bmatrix}.$$

由于 $\varepsilon_1,\cdots,\varepsilon_n$ 线性无关, 故

$$\begin{bmatrix}x_1\\ \vdots\\ x_n\end{bmatrix}=A\begin{bmatrix}y_1\\ \vdots\\ y_n\end{bmatrix},\quad \text{即 } x=Ay, \tag{5.3.3}$$

或

$$\begin{bmatrix}y_1\\ \vdots\\ y_n\end{bmatrix}=A^{-1}\begin{bmatrix}x_1\\ \vdots\\ x_n\end{bmatrix},\quad \text{即 } y=A^{-1}x. \tag{5.3.3′}$$

(5.3.3)或(5.3.3′)式称为**坐标变换公式**, 它给出了同一向量在不同基下坐标之间的关系.

注记1　坐标变换公式(5.3.3)中 A 的意义由(5.3.1)式决定; 也可由(5.3.3)式本身读出, 事实上, 令 $(y_1,\cdots,y_n)=(1,0,\cdots,0)$, 即 $\alpha=\eta_1$, 于是由(5.3.3)式知 x 为 A 的第1列, 也就是说, A 的第1列为 η_1 在 $\varepsilon_1,\cdots,\varepsilon_n$ 下的坐标. 同样可知, A 的第 j 列为 η_j 在 $\varepsilon_1,\cdots,\varepsilon_n$ 下的坐标列 $(j=1,\cdots,n)$.

例 5.14　在 $\mathbb{R}^2$ 中基 $\varepsilon_1=(1,0)$, $\varepsilon_2=(0,1)$ 与基 $\eta_1=(\cos\theta,\sin\theta)$, $\eta_2=(-\sin\theta,\cos\theta)$ 的关系为

$$(\eta_1,\eta_2)=(\varepsilon_1,\varepsilon_2)\begin{bmatrix}\cos\theta & -\sin\theta\\ \sin\theta & \cos\theta\end{bmatrix}.$$

故若 α 在基 $\varepsilon_1,\varepsilon_2$ 下的坐标为 x_1,x_2, 在基 η_1,η_2 下的坐标为 y_1,y_2, 则

$$\begin{bmatrix}y_1\\ y_2\end{bmatrix}=\begin{bmatrix}\cos\theta & -\sin\theta\\ \sin\theta & \cos\theta\end{bmatrix}^{-1}\begin{bmatrix}x_1\\ x_2\end{bmatrix}$$

$$=\begin{bmatrix}\cos\theta & \sin\theta\\ -\sin\theta & \cos\theta\end{bmatrix}\begin{bmatrix}x_1\\ x_2\end{bmatrix}.$$

5.4 子空间的和与直和

定义 5.10 设 V 是域 F 上线性空间，W_1 和 W_2 是 V 的两个子空间，W_1 与 W_2 的**交**即是向量集

$$W_1 \cap W_2 = \{\alpha \mid \alpha \in W_1, \alpha \in W_2\}.$$

W_1 与 W_2 的**和**为

$$W_1 + W_2 = \{\alpha_1 + \alpha_2 \mid \alpha_1 \in W_1, \alpha_2 \in W_2\}$$

引理 5.5 两个线性子空间的交与和均为线性子空间.

例 5.15 $V\cap V=V$, $V+V=V$, $0+V=V$.

例 5.16 设$\mathbb{R}^3$的基为 $\varepsilon_1=(1,0,0)$, $\varepsilon_2=(0,1,0)$, $\varepsilon_3=(0,0,1)$. $W_1=\mathrm{span}\{\varepsilon_1,\varepsilon_2\}$ 和 $W_2=\mathrm{span}\{\varepsilon_1,\varepsilon_3\}$分别为 ε_1 与 ε_2 生成的子空间和 ε_1 与 ε_3 生成的子空间（常称 W_1 为 X_1X_2 平面，W_2 为 X_1X_3 平面）. 则 $W_1+W_2=\mathbb{R}^3$, $W_1\cap W_2=\mathbb{R}\varepsilon_1$（即 X_1 轴）.

显然交及和有如下性质（对子空间 W_1,W_2,W_3）：

$$W_1 \cap W_2 = W_2 \cap W_1,\ (W_1 \cap W_2) \cap W_3 = W_1 \cap (W_2 \cap W_3).$$

$$W_1 + W_2 = W_2 + W_1,\ (W_1 + W_2) + W_3 = W_1 + (W_2 + W_3).$$

由此可定义多个子空间 $W_1,W_2,\cdots,W_s$ 的交及和为

$$\bigcap_{i=1}^{s} W_i = W_1 \cap W_2 \cap \cdots \cap W_s,$$

$$\sum_{i=1}^{s} W_i = W_1 + W_2 + \cdots + W_s.$$

例 5.17 n 元线性方程组 $Ax=0$ 与 $Bx=0$ 的解空间 W_1 与 W_2 的交即为 n 元线性方程组 $\begin{bmatrix} A \\ B \end{bmatrix} x=0$ 的解空间. 特别线性方程组 $Ax=0$ 的解空间 W 是其 m 个方程 $a_{i1}x_1+\cdots+a_{in}x_n=0$ 的解空间 $V_i(i=1,\cdots,m)$的交（这里设 $A=(a_{ij})$为 $m\times n$ 矩阵）.

定理 5.3 设 V_1,V_2 是线性空间 V 的两个子空间，则

$$\dim(V_1+V_2)=\dim(V_1)+\dim(V_2)-\dim(V_1\cap V_2).$$

证明 设 $\alpha_1,\cdots,\alpha_r$ 是 $V_1\cap V_2$ 的基，于是可把它扩充为 V_1 的基 $\alpha_1,\cdots,\alpha_r,\alpha_{r+1},\cdots,\alpha_m$；也可扩为 V_2 的基 $\alpha_1,\cdots,\alpha_r,\beta_{r+1},\cdots,\beta_n$（即设 $\dim(V_1\cap V_2)=r$, $\dim(V_1)=m$, $\dim(V_2)=n$），我们只需证明向量组

$$\alpha_1,\cdots,\alpha_r,\alpha_{r+1},\cdots,\alpha_m,\beta_{r+1},\cdots,\beta_n$$

恰好是 V_1+V_2 的基，而这又只需证明它们线性无关（因为显然 V_1+V_2 中任一向量可表为它们的线性组合）. 设

$$\lambda_1\alpha_1+\cdots+\lambda_r\alpha_r+\cdots+\lambda_m\alpha_m+\mu_{r+1}\beta_{r+1}+\cdots+\mu_n\beta_n=0, \qquad (*)$$

则向量

$$\lambda_1\alpha_1+\cdots+\lambda_r\alpha_r+\cdots+\lambda_m\alpha_m=-\mu_{r+1}\beta_{r+1}-\cdots-\mu_n\beta_n$$

既属于V_1(由左边表示)又属V_2(由右边表示),故属于$V_1\cap V_2$,即可表示为$\alpha_1,\cdots,\alpha_r$的线性组合,亦即存在$\nu_1,\cdots,\nu_r$使

$$\nu_1\alpha_1+\cdots+\nu_r\alpha_r=-\mu_{r+1}\beta_{r+1}-\cdots-\mu_n\beta_n,$$

或

$$\nu_1\alpha_1+\cdots+\nu_r\alpha_r+\mu_{r+1}\beta_{r+1}+\cdots+\mu_n\beta_n=0.$$

由于$\alpha_1,\cdots,\alpha_r,\beta_{r+1},\cdots,\beta_n$是$V_2$的基,故$\nu_1=\cdots=\nu_r=\mu_{r+1}=\cdots=\mu_n=0$,代入($*$)式知$\lambda_1=\cdots=\lambda_m=0$(因为$\alpha_1,\cdots,\alpha_m$是$V_1$的基). ■

定义 5.11　设$W=W_1+W_2$是线性空间V的子空间W_1与W_2的和,若W中每个元素α表为W_1与W_2中元素的和的方法是唯一的,即由

$$\alpha=\alpha_1+\alpha_2=\beta_1+\beta_2 \quad (\alpha_1,\beta_1\in W_1;\ \ \alpha_2,\beta_2\in W_2),$$

必有$\alpha_1=\beta_1$,$\alpha_2=\beta_2$,那么W称为W_1与W_2的**直和或内直和**(inner direct sum),记为

$$W=W_1\oplus W_2.$$

例 5.18　设$\varepsilon_1,\cdots,\varepsilon_n$是$V$的基,$W_1=\mathrm{span}\{\varepsilon_1,\cdots,\varepsilon_s\}$,$W_2=\mathrm{span}\{\varepsilon_{s+1},\cdots,\varepsilon_n\}$,则$V=W_1\oplus W_2$.

定理 5.4　设W_1与W_2是线性空间V的子空间,$W=W_1+W_2$,则以下各断言等价:

(1) $W=W_1\oplus W_2$;

(2) 0表为W_1与W_2中元素和的方法唯一(即$0=0+0$);

(3) $W_1\cap W_2=0$;

(4) $\dim(W)=\dim(W_1)+\dim(W_2)$.

证明　((2)⇒(1))若$\alpha=\alpha_1+\alpha_2=\beta_1+\beta_2(\alpha_1,\beta_1\in W_1;\ \alpha_2,\beta_2\in W_2)$,则$0=(\alpha_1-\beta_1)+(\alpha_2-\beta_2)$,故$\alpha_1-\beta_1=0$,$\alpha_2-\beta_2=0$,即$\alpha_1=\beta_1$,$\alpha_2=\beta_2$.

((3)⇒(2))若$0=\alpha_1+\alpha_2(\alpha_1\in W_1,\ \alpha_2\in W_2)$,则$-\alpha_1=\alpha_2$,既属于$W_1$(由左边表示)也属于$W_2$(由右边表示),故$-\alpha_1=\alpha_2\in W_1\cap W_2=\{0\}$,即知$\alpha_1=\alpha_2=0$.

((4)⇒(3)) $\dim(W_1\cap W_2)=\dim(W_1)+\dim(W_2)-\dim(W_1+W_2)=0$.

((1)⇒(4)) 若$\dim(W)\neq\dim(W_1)+\dim(W_2)$,则$\dim(W_1\cap W_2)\neq 0$,故$W_1\cap W_2\neq\{0\}$.取$0\neq\alpha\in W_1\cap W_2$,则$0=\alpha+(-\alpha)=0+0$是0的两种表示,故$W\neq W_1\oplus W_2$. ■

注意　对线性空间V的任一子空间W,总存在子空间W^*使$V=W\oplus W^*$,W^*称为W在V中的**补子空间**(complementary subspace),并不唯一.

定义 5.12　设$W=W_1+\cdots+W_s$,W_i是线性空间V的子空间($i=1,\cdots,s$).W称为

$W_1,\cdots,W_s$ 的**直和**或**内直和**（记为 $W=W_1\oplus\cdots\oplus W_s=\bigoplus_{i=1}^{s}W_i$），如果每个 $\alpha\in W$ 表为 $W_1,\cdots,W_s$中元素和的方法是唯一的，即由

$$\alpha=\alpha_1+\cdots+\alpha_s=\beta_1+\cdots+\beta_s\qquad(\alpha_i,\beta_i\in W_i,\quad i=1,\cdots,s),$$

必有 $\alpha_i=\beta_i\quad(i=1,\cdots,s)$.

定理 5.5 设 $W_1,\cdots,W_s$ 是线性空间 V 的子空间，$W=W_1+\cdots+W_s$，则以下断言等价：

(1) $W=W_1\oplus W_2\oplus\cdots\oplus W_s$；

(2) 0 表为 $W_1,\cdots,W_s$ 元素和的方法唯一（即 $0=0+\cdots+0$）；

(3) $W_i\cap\sum\limits_{j\neq i}W_j=0\quad(1\leqslant i\leqslant s)$；

(4) $\dim(W)=\sum\limits_{i=1}^{s}\dim(W_i)$.

证明与 $s=2$ 时类似，留作习题.

满足定理 5.5 中（任一）条件的子空间 $W_1,\cdots,W_s$ 称为相互（**线性**）**独立的**. 容易看出有以下事实：若子空间 $W_1,\cdots,W_s$ 相互独立，则从每个 W_i 取一些线性无关的向量合成的向量组 S 必线性无关；反之亦然. 事实上，若 S 线性相关，即其中向量的线性组合为 0，则由定理 5.5(2)可知其中每个 W_i 的部分也为 0，从而与其取出的向量无关性矛盾. 反之，若 $W_1,\cdots,W_s$ 不是相互独立的，则不妨设 $W_1\cap(W_2+\cdots+W_s)\neq0$，则有非零向量

$$\alpha_1=\alpha_2+\cdots+\alpha_s\qquad(\alpha_i\in W_i).\qquad(*)$$

再设 $\alpha_2,\cdots,\alpha_r$ 非零，而 $\alpha_{r+1}=\cdots=\alpha_s=0$. 现从 $W_1,\cdots,W_s$ 中取 $\alpha_1,\cdots,\alpha_r,\beta_{r+1},\cdots,\beta_s$（其中 β_i 是 W_i 中任意非零向量），则由(*)式知 $S=\{\alpha_1,\cdots,\alpha_r,\beta_{r+1},\cdots,\beta_s\}$线性相关.

定理 5.6 设 V_1 与 V_2 是域 F 上两个线性空间，令

$$V=\{(\alpha,\beta)\mid\alpha\in V_1,\beta\in V_2\},$$

且定义

$$(\alpha_1,\beta_1)+(\alpha_2,\beta_2)=(\alpha_1+\alpha_2,\beta_1+\beta_2),$$

$$\lambda(\alpha,\beta)=(\lambda\alpha,\lambda\beta)\quad(\alpha_i\in V_1,\beta_i\in V_2,\lambda\in F),$$

则 V 是 F 上线性空间（称为 V_1 与 V_2 的**外直和**(external direct sum)），记为 $V=V_1\oplus V_2$). 且若 $\alpha_1,\cdots,\alpha_m$ 是 V_1 的基，$\beta_1,\cdots,\beta_n$ 是 V_2 的基，则 $(\alpha_1,0),\cdots,(\alpha_m,0),(0,\beta_1),\cdots,(0,\beta_n)$是 V 的基，特别

$$\dim(V)=\dim(V_1)+\dim(V_2).$$

例 5.19 设 $V_1=F^m,V_2=F^n$，则 $V=V_1\oplus V_2=F^{m+n}$.

例 5.20　设 $V_1=M_2(F)$，$V_2=F[X]_n$（即次数小于 n 的多项式全体），则

$$V=V_1\oplus V_2=\left\{\left(\begin{bmatrix}a & b\\ c & d\end{bmatrix},\ a_0+a_1x+\cdots+a_{n-1}x^{n-1}\right)\ \middle|\ \begin{array}{l}a,b,c,d\in F\\ a_0,\cdots,a_{n-1}\in F\end{array}\right\}.$$

定理 5.6 的证明　容易验证 V 是线性空间且容易看出

$$(\alpha_1,0),\cdots,(\alpha_m,0),(0,\beta_1),\cdots,(0,\beta_n)$$

可线性表出 V，只需再证明它们线性无关. 事实上，若

$$\lambda_1(\alpha_1,0)+\cdots+\lambda_m(\alpha_m,0)+\mu_1(0,\beta_n)+\cdots+\mu_n(0,\beta_n)=0,$$

则

$$(\lambda_1\alpha_1+\cdots+\lambda_m\alpha_m,\ \mu_1\beta_1+\cdots+\mu_n\beta_n)=0.$$

注意 V 的零元素为 $0=(0,0)$，故 $\lambda_1\alpha_1+\cdots+\lambda_m\alpha_m=0\in V_1$，　$\mu_1\beta_1+\cdots+\mu_n\beta_n=0\in V_2$，故 $\lambda_1=\cdots=\lambda_m=\mu_1=\cdots=\mu_n=0$. ■

注记　在定理 5.6 的情形下，令

$$W_1=\{(\alpha,0)\mid\alpha\in V_1\}\subset V,$$
$$W_2=\{(0,\beta)\mid\beta\in V_2\}\subset V.$$

则显然 W_1，W_2 是 V 的两个子空间，且

$$V=W_1\oplus W_2\quad(\text{内直和}).$$

注意有自然同构 $W_1\cong V_1$，$W_2\cong V_2$，故外直和与内直和并无本质上的差异.

设线性空间 V 是其子空间 $W_1,\cdots,W_s$ 的直和，$V=W_1\oplus\cdots\oplus W_s$. 于是每个向量 α 可唯一表示为 $\alpha=\alpha_1+\cdots+\alpha_s$，$\alpha_i\in W_i$. 对任一固定的 $1\leqslant i\leqslant s$，作线性映射

$$\pi_i:\ V\longrightarrow V,\ \alpha\longmapsto\alpha_i.$$

此映射的象 $\pi_i(V)=W_i$，核 $\ker\pi_i=W_1\oplus\cdots\oplus W_{i-1}\oplus W_{i+1}\cdots\oplus W_s$，且

$$\pi_i\circ\pi_i=\pi_i,\ \text{或记为}$$
$$\pi_i^2=\pi_i,$$
$$\pi_i\pi_j=0(\text{当 } i\neq j),$$
$$\pi_1+\cdots+\pi_s=1.$$

这 s 个线性映射 π_i 称为关于直和 $V=W_1\oplus\cdots\oplus W_s$ 的**典型**(或**正则**)**投射**(**投影**).

也可以考虑无限多个线性空间的直和. 例如，设 $\{V_i\mid i\in\mathbb{N}\}$ 是域 F 上的一族线性空间（$\mathbb{N}$ 为自然数集），它们的(**外**)**直和** $\bigoplus\limits_{i\in N}V_i$ 即为序列

$$(\alpha_i)=(\alpha_1,\alpha_2,\alpha_3,\cdots)\quad(\text{只有有限个 }\alpha_i\text{ 非 }0,\ \ \alpha_i\in V_i,\ \ i\in\mathbb{N})$$

全体，加法定义为 $(\alpha_i)+(\beta_i)=(\alpha_i+\beta_i)$，数乘定义为 $c(\alpha_i)=(c\alpha_i)$.

类似可考虑无限个子空间的内直和. 设 $V_i(i\in\mathbb{N})$ 均为某线性空间 V 的子空间，它们的和 $\sum\limits_{i=1}^{\infty}V_i$ 即为有限和

$$\sum_{i=1}^{\infty}\alpha_i \quad (\text{只有有限个 } \alpha_i \text{ 非零}, \alpha_i \in V_i)$$

全体. 若 $\sum_{i=1}^{\infty}V_i$ 中每个元素表示为 $\sum\alpha_i$ 的方法是唯一的, 即 $\sum\alpha_i=\sum\beta_i$ 导致 $\alpha_i=\beta_i(i\in\mathbb{Z})$, 则称 $\sum_{i=1}^{\infty}V_i$ 为 $V_i(i\in\mathbb{N})$ 的(内)**直和**, 记为 $\bigoplus_{i=1}^{\infty}V_i$ 或 $\bigoplus_{i\in\mathbb{N}}V_i$. 可以证明 $\sum V_i$ 为直和的充分必要条件为

$$V_i\cap\left(\sum_{j\neq i}V_j\right)=0 \qquad (i\in\mathbb{N}).$$

类似地, 可以定义**群和环的直和**. 设 G_1 和 G_2 是两个加法群, 记 $G_1\oplus G_2=\{(g_1,g_2)\mid g_1\in G_1, g_2\in G_2\}$, 规定 $(g_1,g_2)+(g_1',g_2')=(g_1+g_1',g_2+g_2')$, 则易知 $G_1\oplus G_2$ 为加法群, 称为 G_1 与 G_2 的(外)直和.

若 R_1 和 R_2 是两个环, 作为加法群作直和 $R_1\oplus R_2$, 再定义乘法 $(r_1,r_2)\cdot(r_1',r_2')=(r_1r_1',r_2r_2')$, 则 $R_1\oplus R_2$ 为环, 称为 R_1 与 R_2 的直和, 例如 $\mathbb{Z}\oplus\mathbb{Z}$, $\mathbb{Z}/2\mathbb{Z}\oplus\mathbb{Z}/2\mathbb{Z}$.

*5.5 商 空 间

设 V 是域 F 上线性空间, W 是 V 的子空间. V 中的向量 α 和 β 称为**模 W 同余**(或同类), 是指 $\alpha-\beta\in W$(即 $\alpha=\beta+w$, 其中 $w\in W$), 记为

$$\alpha\equiv\beta \pmod W.$$

与 α 同余$(\bmod W)$的向量全体为

$$\bar{\alpha}=\alpha+W=\{\alpha+w\mid w\in W\},$$

这称为模 W 的一个**同余类**, α 称为此类的**代表元**. 注意 $\beta\in\alpha+W\Leftrightarrow\alpha-\beta\in W\Leftrightarrow\bar{\alpha}=\bar{\beta}$.

于是 V 被划分为许多同余类的并:

$$V=W\cup(\alpha_1+W)\cup(\alpha_2+W)\cup\cdots.$$

以同余类作为元素构成的集合, 记为

$$\frac{V}{W}=V/W=\{\bar{0},\bar{\alpha}_1,\bar{\alpha}_2,\cdots\}.$$

在 V/W 中定义加法和数乘如下(对 $\alpha_1,\alpha_2\in V$, $c\in F$):

$$\bar{\alpha}_1+\bar{\alpha}_2=\overline{\alpha_1+\alpha_2}, \quad \text{即}(\alpha_1+W)+(\alpha_2+W)=(\alpha_1+\alpha_2)+W,$$

$$c\bar{\alpha}=\overline{(c\alpha)}, \quad \text{即}\, c(\alpha+W)=c\alpha+W.$$

定理 5.7 设 W 是域 F 上线性空间 V 的子空间, V/W 是 V 模 W 的同余类全体. 则:

(1) V/W 是域 F 上线性空间(称为**商空间**(quotient space)).

(2) 设 $\varepsilon_1,\cdots,\varepsilon_r$ 是 W 的基, 扩展为 V 的基 $\varepsilon_1,\cdots,\varepsilon_n$, 则 $\bar{\varepsilon}_{r+1},\cdots,\bar{\varepsilon}_n$ 是 V/W 的基. 特别知

$$\dim V/W=\dim V-\dim W.$$

(3) 映射

$$\varphi_W:\ V \longrightarrow V/W$$
$$\alpha \longmapsto \bar{\alpha}$$

是满线性映射(称为自然(或典型)线性映射),且 $\ker\varphi_W = W$.

证明 (1) 首先要证明加法和数乘的定义是合理的,即与代表元的选取无关.事实上,设$\bar{\alpha}_1=\bar{\beta}_1,\bar{\alpha}_2=\bar{\beta}_2$,则

$$\bar{\alpha}_1+\bar{\alpha}_2=\bar{\beta}_1+\bar{\beta}_2=\overline{\beta_1+\beta_2}=\overline{\alpha_1+\alpha_2}.$$

最后一个等号是由于$(\alpha_1+\alpha_2)-(\beta_1+\beta_2)=(\alpha_1-\beta_1)+(\alpha_2-\beta_2)\in W$.其余均易验证.

(2) V/W 中任一元素可写为$\bar{\alpha}$, $\alpha\in V$.设

$$\alpha=\lambda_1\varepsilon_1+\cdots+\lambda_r\varepsilon_r+\cdots+\lambda_n\varepsilon_n,$$

则

$$\bar{\alpha}=\lambda_1\bar{\varepsilon}_1+\cdots+\lambda_r\bar{\varepsilon}_r+\cdots+\lambda_n\bar{\varepsilon}_n$$
$$=\lambda_{r+1}\bar{\varepsilon}_{r+1}+\cdots+\lambda_n\bar{\varepsilon}_n,$$

这是由于 $\bar{\varepsilon}_1=\cdots=\bar{\varepsilon}_r=\bar{0}$.故只需再证明 $\bar{\varepsilon}_{r+1},\cdots,\bar{\varepsilon}_n$ 线性无关.设有 $c_{r+1},\cdots,c_n\in F$ 使

$$c_{r+1}\bar{\varepsilon}_{r+1}+\cdots+c_n\bar{\varepsilon}_n=\bar{0},$$

则

$$c_{r+1}\varepsilon_{r+1}+\cdots+c_n\varepsilon_n\in W,$$

故可由 $\varepsilon_1,\cdots,\varepsilon_r$ 线性表出,于是存在 $c_1,\cdots,c_r\in F$,使

$$c_{r+1}\varepsilon_{r+1}+\cdots+c_n\varepsilon_n=c_1\varepsilon_1+\cdots+c_r\varepsilon_r.$$

由于 $\varepsilon_1,\cdots,\varepsilon_n$ 线性无关,故 $c_1=\cdots=c_r=\cdots=c_n=0$.这证明了 $\bar{\varepsilon}_{r+1},\cdots,\bar{\varepsilon}_n$ 线性无关.

(3) 显然,φ_W 是满射.$\varphi_W(\alpha)=\bar{\alpha}=\bar{0}$ 正好意味着 $\alpha\in W$,故 $\ker\varphi_W=W$. ■

例 5.21 设 $V=\mathbb{R}^3$, $W=\mathbb{R}\varepsilon_3$,这里 $\varepsilon_1,\varepsilon_2,\varepsilon_3$ 是$\mathbb{R}^3$的自然基.几何上看,ε_i 是 x_i 轴上单位向量,W 是 x_3 轴(上向量全体).模 W 的每个同余类可表为$(a_1,a_2,0)+W=\{(a_1,a_2,x_3)\mid x_3\in\mathbb{R}\}$,以 x_1x_2 平面上向量$(a_1,a_2,0)$为代表元.(注意(a_1,a_2,a_3)与(b_1,b_2,b_3)同类当且仅当$(a_1,a_2,a_3)-(b_1,b_2,b_3)\in W$,即 $a_1=b_1,a_2=b_2$).于是 x_1x_2 平面(上的向量)与模 W 类集$\mathbb{R}^3/\mathbb{R}\varepsilon_3$ 之间有一一对应:

$$(a_1,a_2,0)\longmapsto\{(a_1,a_2,x_3)\mid x_3\in\mathbb{R}\}.$$

事实上,这一对应给出线性空间的同构:

$$\mathbb{R}^2\cong\mathbb{R}^3/\mathbb{R}\varepsilon_3.$$

定理 5.8 **(线性映射基本(第一同构)定理)**.设有域 F 上线性空间 V_1 到 V_2 的线性映射

$$\psi:\ V_1\longrightarrow V_2,$$

核 $\ker\psi=W$.则 ψ 诱导出线性空间的同构

$$\bar{\psi}: V_1/\ker\psi \xrightarrow{\cong} \mathrm{Im}\psi,$$
$$\bar{\alpha} \longmapsto \psi(\alpha).$$

证明　先验证 $\bar{\psi}$ 是线性映射：

$$\bar{\psi}(\bar{\alpha}+\bar{\beta}) = \bar{\psi}(\overline{\alpha+\beta}) = \psi(\alpha+\beta) = \psi(\alpha)+\psi(\beta) = \bar{\psi}(\bar{\alpha})+\bar{\psi}(\bar{\beta}),$$
$$\bar{\psi}(\lambda\bar{\alpha}) = \bar{\psi}(\overline{\lambda\alpha}) = \psi(\lambda\alpha) = \lambda\psi(\alpha) = \lambda\bar{\psi}(\bar{\alpha}),$$

$(\alpha,\beta\in V,\lambda\in F)$. 再由 $\bar{\psi}(\bar{\alpha})=\bar{0}$ 知 $\psi(\alpha)=0$，即 $\alpha\in W$，$\bar{\alpha}=\bar{0}$，故 $\bar{\psi}$ 是单射. 对任意的 $\beta\in \mathrm{Im}\psi$，设 $\psi(\alpha)=\beta\ (\alpha\in V_1)$，则 $\bar{\psi}(\bar{\alpha})=\psi(\alpha)=\beta$，故 $\bar{\psi}$ 是满射. 从而知 $\bar{\psi}$ 是同构映射. ■

系 1　设 $\psi: V_1\to V_2$ 是线性映射，则

$$\dim V_1 = \dim(\ker\psi)+\dim(\mathrm{Im}\psi).$$

系 2　设 W_1,W_2 是 V 的子空间，则

$$(W_1\oplus W_2)/W_2 \cong W_1.$$

证明　令 $\psi: W_1\oplus W_2\to W_1$，$\alpha_1+\alpha_2\longmapsto\alpha_1$，则易知 $\ker\psi=W_2$. 由定理 5.8 即得. ■

由定理 5.7(3)可知，从 V 转化到商空间 V/W 的过程，实际上是一个运算(即映射 φ_W)，即将 W 化为零(将 $\alpha+W$ 化为 $\bar{\alpha}$). 这个过程称为模 W，就是零化 W. 反之，V 上以 W 为核(零化)的任意一个线性映射 ψ，其映射过程就是模 W 的过程，ψ 的象其实就是商空间(即定理 5.8).

现若线性映射 $\sigma: V_1\longrightarrow V_2$ 的核 $\ker\sigma\supset W$，即 σ 将 W 零化(但零化的可能不止 W). 可以设想，应当可先零化 W(模 W)，再作进一步零化，即有如下的定理.

定理 5.9　设线性映射 $\sigma: V_1\longrightarrow V_2$ 的核含 V_1 的子空间 W(即 $\ker\sigma\supset W$). 则存在唯一的线性映射 $\sigma': V_1/W\longrightarrow V_2$，使 $\sigma=\sigma'\varphi_W$(其中 $\varphi_W: V_1\longrightarrow V_1/W$，$\alpha\longmapsto\bar{\alpha}$ 是典型线性映射).

(此定理常被叙述为：当 $\ker\sigma\supset W$ 时，σ 可通过 φ_W 分解(factored through φ_W).

证明　令 $\sigma'(\bar{\alpha})=\sigma(\alpha)$，则此定义是合理的，即不依赖于代表元 α 的选取：如果 $\bar{\beta}=\bar{\alpha}$，则 $\beta=\alpha+w\ (w\in W)$，从而 $\sigma(\beta)=\sigma(\alpha)+\sigma(w)=\sigma(\alpha)$. 显然 σ' 是线性映射，且 $(\sigma'\varphi_W)(\alpha)=\sigma'(\varphi_W\alpha)=\sigma'(\bar{\alpha})=\sigma(\alpha)$，故 $\sigma'\varphi_W=\sigma$. 如果线性映射 $\sigma^*: V_1/W\longrightarrow V_2$ 也满足 $\sigma=\sigma^*\varphi_W$，则对任意 $\alpha\in V_1$ 总有 $(\sigma^*\varphi_W)(\alpha)=\sigma(\alpha)=(\sigma'\varphi_W)(\alpha)$，故 $\sigma^*(\varphi_W\alpha)=\sigma'(\varphi_W\alpha)$. 因为 φ_W 是满射，$\varphi_W\alpha$ 可遍历 V_1/W，故 $\sigma^*=\sigma'$. ■

定理 5.10(第 2 同构定理)　设 W_1 和 W_2 是线性空间 V 的子空间，则有(自然)同构：

$$\frac{W_1+W_2}{W_2} \overset{\sigma}{\cong} \frac{W_1}{W_1\cap W_2}.$$

证明　W_1+W_2 中向量均可表为 $\alpha=\alpha_1+\alpha_2(\alpha_i\in W_i)$，其模 W_2 同余类 $\bar{\alpha}=\bar{\alpha}_1+\bar{\alpha}_2=\bar{\alpha}_1$ 可以 $\alpha_1\in W_1$ 为代表元. 作映射

$$\sigma:\quad \bar{\alpha}\longmapsto \bar{\bar{\alpha}}_1=\alpha_1+W_1\cap W_2.$$

容易看出 σ 的定义是合理的：若 $\alpha=\alpha_1'+\alpha_2'(\alpha_i'\in W_i)$，则 $\alpha_1-\alpha_1'=\alpha_2'-\alpha_2\in W_1\cap W_2$，故 $\bar{\bar{\alpha}}_1=\bar{\bar{\alpha}}_1'$. σ 是单射：若 $\bar{\bar{\alpha}}_1=0$，则 $\alpha_1\in W_1\cap W_2$，从而 $\bar{\alpha}=\bar{\alpha}_1=0$. σ 是满射：对任意 α_1，显然，$\sigma(\bar{\alpha}_1)=\bar{\bar{\alpha}}_1$.（说明：定理5.10的本质是，$W_1+W_2$ 模 W_2 即是"零化"W_2，这一过程不仅将 W_2 化为零，也将 W_1 中的 $W_1\cap W_2$ 部分零化了，即成为 $W_1/(W_1\cap W_2)$）. ■

定理 5.11（第3同构定理）　设 $S\subset W$ 均是线性空间 V 的子空间. 则有（自然）同构

$$\frac{V}{W}\cong\frac{V/S}{W/S}.$$

证明　在作商空间时，可以先模较小子空间，再继续模较大子空间，即由定理5.9知 $\varphi_W:V\longrightarrow V/W$ 可分解为 $\varphi_W=\sigma'\varphi_S$，其中

$$\sigma':\quad V/S\longrightarrow V/W,\ \alpha+S\longmapsto \alpha+W.$$

显然 σ' 是满射，核为 W/S（即 $\alpha+S\in W\Rightarrow\alpha\in W$）. 由第一同构定理即得到本定理. ■

如果 $V=V_1\oplus V_2$ 有子空间 $W=W_1\oplus W_2$（均为直和），易知有自然同构

$$\frac{V_1\oplus V_2}{W_1\oplus W_2}\cong\frac{V_1}{W_1}\oplus\frac{V_2}{W_2}.$$

事实上，由 $\sigma(\alpha_1+\alpha_2)=(\alpha_1+W_1,\alpha_2+W_2)$ 给出线性满映射 σ: $V_1\oplus V_2\longrightarrow V_1/W_1\oplus V_2/W_2$，显然 $\ker\sigma=W_1\oplus W_2$.

注记　**商群**是类似于商空间的更基本的概念. 设 V 是加法(Abel)群，W 是其子群. V 中元素 α,β 称为模 W 同余，是指 $\alpha-\beta\in W$，或 $\alpha=\beta+w(w\in W)$，记为 $\alpha\equiv\beta(\text{mod } W)$. 于是 V 划分为模 W 的同余类之并，每个同余类形如 $\bar{\alpha}=\alpha+W$. 这些同余类全体构成一个加法群，记为 V/W，称为 V 模 W 的**商群**，运算为 $\bar{\alpha}+\bar{\beta}=\overline{\alpha+\beta}$. 如果 V 是环，W 是其理想（即加法子群且满足吸收律：$\alpha w\in W$（对任意 $\alpha\in V,w\in W$）），则加法商群 V/W 也是环，称为**商环**，乘法运算为 $\bar{\alpha}\cdot\bar{\beta}=\overline{\alpha\beta}$. 例如 $\mathbb{Z}/7\mathbb{Z}$. 商群和商环也有本节所述商空间的类似性质.

习　题　5

1. (1) 不利用向量空间中加法的可交换性，证明：左负元也是右负元，左零元也是右零元；

(2) 利用(1)证明：向量加法的可交换性可从线性空间的其他公理推出.

2. 令 $\mathbb{R}$ 是实数域，而 V 是定义于区间 $[a,b]$ 上取正值的所有函数的集合，我们定义

$$f\oplus g=fg,\quad \lambda\odot f=f^{\lambda},\quad (f,g\in V,\lambda\in\mathbb{R});$$

(1) 证明：在上述运算之下，V 是域 $\mathbb{R}$ 上的线性空间；

(2) 证明：空间 V 同构于空间 V'，其中 V' 是定义于区间 $[a,b]$ 上的所有的实函数，其函数加法及数

乘如常；

(3) 求空间 V 的维数.

3. 判断下列集合是否为相应向量空间的线性子空间.

(1) n 维向量空间中，坐标是整数的所有向量；

(2) 三维空间中，终点不位于一给定直线上的所有向量；

(3) 平面上，终点位于第一象限的所有向量；

(4) $\mathbb{R}^n$ 中坐标满足方程 $x_1+x_2+\cdots+x_n=0$ 的所有向量；

(5) $\mathbb{R}^n$ 中坐标满足方程 $x_1+x_2+\cdots+x_n=1$ 的所有向量.

4. 证明：函数组 $e^{\lambda_1 x},\cdots,e^{\lambda_n x}$ 线性无关，其中 $\lambda_1,\cdots,\lambda_n$ 是互异实数，线性空间定义如例 5.5.

5. 证明：$\alpha_1,\alpha_2,\alpha_3$ 为 $\mathbb{R}^3$ 的一组基，并求向量 x 在该组基下的坐标：

(1) $\alpha=(1,1,1)$，　$\alpha_2=(1,1,2)$，　$\alpha_3=(1,2,3)$；　$x=(6,9,14)$；

(2) $\alpha_1=(2,1,-3)$，　$\alpha_2=(3,2,-5)$，　$\alpha_3=(1,-1,1)$；　$x=(6,2,-7)$.

6. 试证明域 F 上形式幂级数全体 $F[[X]]$ 是 F 上线性空间.

7. 设 V 由实数对 (x,y) 全体构成，定义

$$(x,y)+(x_1,y_1)=(x+y_1,y+y_1),\quad \lambda(x,y)=(\lambda x,y),$$

那么 V 对此二运算是否是 $\mathbb{R}$ 上的线性空间？

8. 在 n 维行向量空间 $\mathbb{R}^n$ 中另外定义运算

$$\alpha\oplus\beta=\alpha-\beta,\quad \lambda*\alpha=-\lambda\alpha$$

(等式右方为通常运算)，那么 $(\mathbb{R}^n,\oplus,*)$ 满足向量空间定义中的哪几条公理？

9. 设 V 由实数对 (x,y) 全体构成，定义

$$(x,y)+(x_1,y_1)=(x+x_1,0),\quad \lambda(x,y)=(\lambda x,0),$$

对此二运算 V 是否是 $\mathbb{R}$ 上线性空间？

10. 试证明线性空间 V 的任意多个子空间的交仍为子空间.

11. 设 W_1,W_2 是线性空间 V 的两个子空间.

(1) $W_1\cup W_2$ 是否为 V 的子空间，举数例说明；

(2) 证明包含 W_1 和 W_2 的最小子空间为

$$W_1+W_2=\{\alpha_1+\alpha_2\mid \alpha_1\in W_1,\ \alpha_2\in W_2\};$$

(3) 设 $W_1\cap W_2=\{0\}$，证明 W_1+W_2 中任一向量 α 表为 $\alpha=\alpha_1+\alpha_2\ (\alpha_1\in W_1,\ \alpha_2\in W_2)$ 的方法是唯一的.

12. 设 V 是迹为 0 的二阶复方阵全体.

(1) 证明 V 是 $\mathbb{R}$ 上线性空间(对通常矩阵加法与数乘)；

(2) 求 V 在 $\mathbb{R}$ 上的一个基；

(3) 设 $W=\{(a_{ij})\in V\mid a_{21}=-\overline{a_{12}}\}$，证明 W 是 V 的子空间，并求出 W 的一个基.

13. 设域 E 包含域 F，E 作为 F 上的线性空间有一基 $x_1,\cdots,x_m$，设 V 是 E 上线性空间，在 E 上有基 $y_1,\cdots,y_n$，证明 V 是 F 上线性空间，维数是 mn，基为 $\{x_iy_j\}\ (1\leqslant i\leqslant m,1\leqslant j\leqslant n)$.

14. 证明：如果 n 维线性空间的两个子空间的维数之和大于 n，则这两个子空间有公共的非零向量.

15. 证明：$\mathbb{R}^n$中下列向量集合组成它的线性子空间，并分别求出一个基和维数.

(1) 第一个和最后一个坐标相等的所有n维向量；

(2) 偶数号码坐标等于零的所有n维向量；

(3) 偶数号码的坐标相等的所有n维向量；

(4) 形如$(a,b,a,b,a,b,\cdots)$的所有n维向量(n为偶数)，其中a,b为任意实数.

16. 证明：所有n阶对称方阵构成n阶方阵空间的一个线性子空间，求这子空间的一组基和维数.

17. 证明：所有n阶斜对称方阵A(即$A^{\mathrm{T}}=-A$)构成n阶方阵空间的一个线性子空间，求它的一组基和维数.

18. 设L是由其坐标满足方程$x_1+x_2+\cdots+x_n=0$的向量所组成的$\mathbb{R}^n$的子空间，试求它的一组基和维数.

19. 求线性方程组，使得它的解是由下列向量组所张成的线性子空间.

(1) $\alpha_1=(1,-1,1,0)^{\mathrm{T}}$，　$\alpha_2=(1,1,0,1)^{\mathrm{T}}$，　$\alpha_3=(2,0,1,1)^{\mathrm{T}}$；

(2) $\alpha_1=(1,-1,1,-1,1)^{\mathrm{T}}$，　$\alpha_2=(1,1,0,0,3)^{\mathrm{T}}$，　$\alpha_3=(3,1,1,-1,7)^{\mathrm{T}}$，

$\alpha_4=(0,2,-1,1,2)^{\mathrm{T}}$.

20. 设$P_{m\times m},Q_{n\times n}$是域$F$上固定方阵，$M_{m\times n}(F)$是$F$上$m\times n$矩阵全体，对其中任一矩阵$A$，定义$\varphi(A)=PAQ$，试证明$\varphi$是$F$上线性空间$M_{m\times n}(F)$到自身的线性映射，$\varphi$是否为同构？

21. 设V是连续实函数全体，看作$\mathbb{R}$上线性空间，对$f\in V$令

$$(\varphi f)(x)=\int_0^x f(t)\mathrm{d}t,$$

试证明φ是V到自身的线性映射.

22. 求线性空间的同构映射：

(1) φ: $F^n\to F^{(n)}$；

(2) φ: $M_{m\times n}(F)\to F^{m\times n}$；

(3) φ: $M_{2\times 2}(\mathbb{C})\to M_{2\times 4}(\mathbb{R})$.

23. 对于下列线性映射φ: $\mathbb{R}^3\to\mathbb{R}^4$，求$\varphi(x_1,x_2,x_3)$：

(1) $\varphi(1,0,0)=(1,0,0,0)$，　$\varphi(0,1,0)=(0,0,1,0)$，　$\varphi(0,0,1)=(0,0,0,1)$；

(2) $\varphi(1,0,0)=(1,1,1,1)$，　$\varphi(0,1,0)=(4,2,1,1)$，　$\varphi(0,0,1)=(3,1,0,0)$；

(3) $\varphi(1,1,1)=(1,2,3,1)$，　$\varphi(1,2,1)=(0,1,2,1)$，　$\varphi(1,1,0)=(1,1,1,0)$.

24. 证明如下映射是线性映射，并求出其核与象：

(1) φ: $\mathbb{R}^2\to\mathbb{R}^1,(x,y)\to x$；

(2) φ: $\mathbb{R}^2\to\mathbb{R}^1,(x,y)\to x-y$；

(3) φ: $\mathbb{R}^{(2)}\to\mathbb{R}^{(3)},(x,y)^{\mathrm{T}}\to(x+y,x+y,2x+3y)^{\mathrm{T}}$；

(4) 设W是$\mathbb{R}^{(3)}$中点(x_1,y_1,z_1)和(x_2,y_2,z_2)决定的过原点$(0,0,0)$的平面，对任一点$\alpha=(x,y,z)$，记过α而平行于W的平面交x轴于$\bar{\alpha}\in\mathbb{R}$，作映射$\varphi$: $\mathbb{R}^{(3)}\to\mathbb{R}$，$\alpha\to\bar{\alpha}$.

25. 设W是$V=\mathbb{R}^{(3)}$中过原点$(0,0,0)$的一个平面，平行于W的平面全体记为$\bar{V}_W$，对$\pi_1,\pi_2\in\bar{V}_W$，$k\in\mathbb{R}$，任取点$\alpha_1\in\pi_1,\alpha_2\in\pi_2$，若$\alpha_1+\alpha_2\in\pi_3,k\alpha_1\in\pi_4$，则定义：$\pi_1+\pi_2=\pi_3,k\pi_1=\pi_4$. 证明$\bar{V}_W$是$\mathbb{R}$上线性空间. 再证明$\bar{V}_W\cong\mathbb{R}^{(1)}$，并给出同构映射.

26. (1)设φ: $\mathbb{R}^{(3)}\to\mathbb{R}^{(1)}$是一个满线性映射，证明$W=\ker\varphi$是过原点的平面；

(2) 证明：任意一个 $x\in\mathbb{R}^{(1)}$ 的原象 $\varphi^{-1}(x)$是平行于 W 的平面.

27. 在$\mathbb{R}^4$中，求由基 $\alpha_1,\alpha_2,\alpha_3,\alpha_4$ 到基 $\beta_1,\beta_2,\beta_3,\beta_4$ 的过渡矩阵，并求向量 x 在指定基下的坐标：

(1) $\alpha_1=(1,1,1,1)$，　　$\alpha_2=(1,1,-1,-1)$，

$\alpha_3=(1,-1,1,-1)$，　　$\alpha_4=(1,-1,-1,1)$；

$\beta_1=(1,2,-1,-2)$，　　$\beta_2=(2,3,0,-1)$，

$\beta_3=(1,2,1,4)$，　　$\beta_4=(1,3,-1,0)$；

并求 $x=(7,14,-1,2)$在 $\beta_1,\beta_2,\beta_3,\beta_4$ 下的坐标；

(2) $\alpha_1=(0,0,1,0)$，　　$\alpha_2=(0,0,0,1)$

$\alpha_3=(1,0,0,0)$，　　$\alpha_4=(0,1,0,0)$；

$\beta_1=(1,0,-1,0)$，　　$\beta_2=(-1,0,-1,0)$，

$\beta_3=(0,1,0,-1)$，　　$\beta_4=(0,-1,0,-1)$；

并求 $x=(1,4,-3,2)$在 $\beta_1,\beta_2,\beta_3,\beta_4$ 下的坐标；

(3) $\alpha_1=(1,1,1,1)$，　　$\alpha_2=(1,2,1,1)$，

$\alpha_3=(1,1,2,1)$，　　$\alpha_4=(1,3,2,3)$；

$\beta_1=(1,0,3,3)$，　　$\beta_2=(-2,-3,-5,-4)$，

$\beta_3=(2,2,5,4)$，　　$\beta_4=(-2,-3,-4,-4)$；

并求 $x=(0,-3,0,-2)$在 $\alpha_1,\alpha_2,\alpha_3,\alpha_4$ 下的坐标.

28. 设 P_n 是 F 上次数不超过 n 的多项式全体，求由基

$$\alpha_1=1,\ \alpha_2=X,\ \alpha_3=X^2,\cdots,\ \alpha_{n+1}=X^n$$

到基 $\beta_1=1$，$\beta_2=(X-a)$，$\beta_3=(X-a)^2,\cdots$，$\beta_{n+1}=(X-a)^n$ 的过渡矩阵，并求多项式 $f(X)=a_0+a_1X+\cdots+a_nX^n$ 在这两组基下的坐标.

29. 求由向量组 $\alpha_1,\alpha_2,\alpha_3$ 和 β_1,β_2,β_3 所张成的两个线性子空间的和与交的基.

(1) $\alpha_1=(1,2,1)$，　$\alpha_2=(1,1,-1)$，　$\alpha_3=(1,3,3)$；

$\beta_1=(2,3,-1)$，　$\beta_2=(1,2,2)$，　$\beta_3=(1,1,-3)$；

(2) $\alpha_1=(1,2,1,-2)$，　$\alpha_2=(2,3,1,0)$，　$\alpha_3=(1,2,2,-3)$；

$\beta_1=(1,1,1,1)$，　$\beta_2=(1,0,1,-1)$，　$\beta_3=(1,3,0,-4)$；

(3) $\alpha_1=(1,1,0,0)$，　$\alpha_2=(0,1,1,0)$，　$\alpha_3=(0,0,1,1)$；

$\beta_1=(1,0,1,0)$，　$\beta_2=(0,2,1,1)$，　$\beta_3=(1,2,1,2)$.

30. 证明：线性子空间 L_1 和 L_2 的和 S 是直和当且仅当至少有一个向量 $x\in S$ 唯一地表为形式 $x=x_1+x_2$，其中 $x_1\in L_1$，$x_2\in L_2$.

31. 证明：所有 n 阶方阵空间是线性子空间 L_1 和 L_2 的直和，其中 L_1 是对称方阵子空间，L_2 是斜对称方阵子空间.

32. 证明：每一个 n 维线性空间都可以表示成 n 个一维子空间的直和.

33. 证明：和 $\sum_{i=1}^{s}V_i$ 是直和的充分必要条件是

$$V_i\cap\sum_{j=1}^{i-1}V_j=\{0\}\qquad(i=2,\cdots,s).$$

34. 令 V 是 X 的次数不超过 $n(n\geqslant 1)$的实系数多项式全体所构成的线性空间.

(1) 证明：V 中有给定实根 c 的全体多项式的集合 L 是 V 的一个子空间；

(2) 求 L 的维数；

(3) 对 V 中有 k 个不同实根 $c_1,\cdots,c_k$（不计重数）的全体多项式的集合 $L_k(1\leqslant k\leqslant n)$，证明同样的问题.

35. 设 X^2+1 的倍式全体为 $\langle X^2+1\rangle=\{(X^2+1)g(X)\mid g(X)\in\mathbb{R}[X]\}$，这是 $\mathbb{R}[X]$ 的一个子空间.

(1) 描述商空间 $E=\mathbb{R}[X]/\langle X^2+1\rangle$，证明 E 是 $\mathbb{R}$ 上二维线性空间，$\{\overline{1},\overline{X}\}$ 为其一基，其中 $\overline{h(X)}$ 表示 $h(X)$ 代表的同余类，即 $\overline{h(X)}=h(X)+\langle X^2+1\rangle$；

(2) 在 E 中定义乘法 $\overline{\alpha_1}\,\overline{\alpha_2}=\overline{\alpha_1\alpha_2}$，证明 E 是一个域. 求 $2\cdot\overline{1}+3\overline{X}$ 的逆；

(3) 证明 φ：$\mathbb{R}\to\overline{\mathbb{R}}$，$a\mapsto\overline{a}$ 是域的同构映射（即 φ 为双射且 $\varphi(a_1+a_2)=\varphi(a_1)+\varphi(a_2)$，$\varphi(a_1a_2)=\varphi(a_1)\varphi(a_2)$），其中 $\overline{\mathbb{R}}=\{\overline{a}\mid a\in\mathbb{R}\}$. 于是 $\mathbb{R}$ 与 $\overline{\mathbb{R}}$ 可视为等同，从而 $E\supset\mathbb{R}$ 是 $\mathbb{R}$ 的扩域；

(4) 证明 $\overline{X}\in E$ 是 X^2+1 在 E 中的根. 因此若记 $\overline{X}=\mathrm{i}$，可知 $\mathrm{i}^2=-1$.

* **36.** 设 $p(X)$ 为域 F 上 n 次不可约多项式，记 $\langle p(X)\rangle=\{p(X)g(X)\mid g(X)\in F[X]\}$，称为 $p(X)$ 的倍式全体. 证明 $\langle p(X)\rangle$ 是 $F[X]$ 的子空间.

(1) 描述商空间 $E=F[X]/\langle p(X)\rangle$，求其维数、基；

(2) 适当定义乘法使 E 成为域，如何求 E 中一个非零元的逆？

(3) 证明 φ：$F\to\overline{F}$，$a\mapsto\overline{a}$ 是域的同构映射（定义见上题(3)），其中 $\overline{F}=\{\overline{a}\mid a\in F\}$. 因此 F 与 $\overline{F}$ 可视为等同，$E\supset F$.

(4) 证明 E 中有 $p(X)$ 的至少一个根；

(5) 如果上述 $p(X)$ 代之以可约多项式 $f(X)$，情况有何不同，为什么？

37. 设 $W_1=\left\{\begin{pmatrix}a&0&c\\a&0&0\\c&b&0\end{pmatrix}\middle|\, a,b,c\in\mathbb{R}\right\}$，$W_2=\left\{\begin{pmatrix}x&0&0\\0&y&0\\0&z&z\end{pmatrix}\middle|\, x,y,z\in\mathbb{R}\right\}$，

(1) 试求 W_1+W_2；

(2) 记 $W=W_1+W_2$，试求子空间 W_3，使得 $M_3(\mathbb{R})=W\oplus W_3$，并说明理由.

38. 设 W_1,W_2 是线性空间 $V_n(F)$ 的两个非平凡子空间.

证明：存在 $\alpha\in V$，使 $\alpha\notin W_1$ 且 $\alpha\notin W_2$.

第6章 线性变换

6.1 线性映射及其矩阵表示

首先回顾线性映射的已知结果(见4.5,5.2节).设 V_1 和 V_2 是域 F 上的线性空间,若映射

$$\varphi: V_1 \longrightarrow V_2$$

满足 $\varphi(\alpha+\beta)=\varphi(\alpha)+\varphi(\beta)$, $\varphi(\lambda\alpha)=\lambda\varphi(\alpha)$, $(\alpha,\beta\in V,\lambda\in F)$,则称 φ 为**线性映射**.其核 $\ker\varphi$,象 $\operatorname{Im}\varphi=\varphi V_1$ 均为子空间. φ 为单射当且仅当 $\ker\varphi=0$.

定理 6.1(维数定理) 设 $\varphi: V_1\to V_2$ 是 F 上两线性空间 V_1 到 V_2 的线性映射,则

$$\dim V_1=\dim(\ker\varphi)+\dim(\operatorname{Im}\varphi).$$

由于此定理的重要性,我们在这里给出一个直接证明,取 $\ker\varphi$ 的基 $\alpha_1,\cdots,\alpha_r$,再将其扩充为 V_1 的基 $\alpha_1,\cdots,\alpha_r,\alpha_{r+1},\cdots,\alpha_n$.我们只要证明 $\varphi(\alpha_{r+1}),\cdots,\varphi(\alpha_n)$ 是 $\operatorname{Im}\varphi$ 的基.对任意 $\beta\in\operatorname{Im}\varphi$,存在 $\alpha\in V_1$,使 $\beta=\varphi(\alpha)$,于是存在 $\lambda_1,\cdots,\lambda_n\in F$,使

$$\begin{aligned}\beta&=\varphi(\alpha)=\varphi(\lambda_1\alpha_1+\cdots+\lambda_n\alpha_n)\\&=\lambda_1\varphi(\alpha_1)+\cdots+\lambda_r\varphi(\alpha_r)+\lambda_{r+1}\varphi(\alpha_{r+1})+\cdots+\lambda_n\varphi(\alpha_n)\\&=\lambda_{r+1}\varphi(\alpha_{r+1})+\cdots+\lambda_n\varphi(\alpha_n).\end{aligned}$$

我们只需再证明 $\varphi(\alpha_{r+1}),\cdots,\varphi(\alpha_n)$ 线性无关,设有 $\mu_{r+1},\cdots,\mu_n\in F$ 使

$$\mu_{r+1}\varphi(\alpha_{r+1})+\cdots+\mu_n\varphi(\alpha_n)=0,$$

则

$$\varphi(\mu_{r+1}\alpha_{r+1}+\cdots+\mu_n\alpha_n)=0,$$

故

$$\mu_{r+1}\alpha_{r+1}+\cdots+\mu_n\alpha_n\in\ker\varphi,$$

故存在 $\mu_1,\cdots,\mu_r\in F$ 使

$$\mu_{r+1}\alpha_{r+1}+\cdots+\mu_n\alpha_n=\mu_1\alpha_1+\cdots+\mu_r\alpha_r,$$

即

$$\mu_1\alpha_1+\cdots+\mu_r\alpha_r-\mu_{r+1}\alpha_{r+1}-\cdots-\mu_n\alpha_n=0,$$

从而知 $\mu_1=\cdots=\mu_n=0$. ■

一个最典型的情形是 $V_1=F^{(n)}$, $V_2=F^{(m)}$ 为列向量空间,而 φ 由一个 $m\times n$ 矩阵定

义：$\varphi(\alpha)=A\alpha$. 此时 $\ker\varphi$ 即为 $Ax=0$ 的解空间(称为 A 的零空间)，φ 为单射当且仅当 A 为列独立阵. $\mathrm{Im}\varphi$ 即是 A 的列向量(生成的)空间，φ 为满射当且仅当 A 为行独立阵，定理 6.1 即为 $n=(n-\mathrm{r}(A))+\mathrm{r}(A)$.

我们将看到，任意线性空间的线性映射都可归结为上述这种用矩阵乘的映射. 我们来证明这一点. 为此设

$$\mathscr{A}:\quad V_1 \longrightarrow V_2$$

是线性映射，V_1 和 V_2 是域 F 上的 n 维和 m 维线性空间. 取定 V_1 和 V_2 的(有序)基 $\alpha_1,\cdots,\alpha_n$ 和 $\beta_1,\cdots,\beta_m$，设 $\mathscr{A}$ 在基上的作用为：

$$\mathscr{A}\alpha_j=a_{1j}\beta_1+\cdots+a_{mj}\beta_m$$

$$=(\beta_1,\cdots,\beta_m)\begin{bmatrix}a_{1j}\\ \vdots\\ a_{mj}\end{bmatrix}\qquad (j=1,\cdots,n).$$

这可记为：

$$\mathscr{A}(\alpha_1,\cdots,\alpha_n)=(\mathscr{A}\alpha_1,\cdots,\mathscr{A}\alpha_n)=(\beta_1,\cdots,\beta_m)A,\tag{6.1.1}$$

其中 $A=(a_{ij})$ 是 $m\times n$ 矩阵. 注意 A 的第 j 列是 $\mathscr{A}\alpha_j$ 的坐标. 对 V_1 中任一向量

$$\alpha=x_1\alpha_1+\cdots+x_n\alpha_n=(\alpha_1,\cdots,\alpha_n)x,$$

其中 $x=(x_1,\cdots,x_n)^{\mathrm{T}}$ 为其坐标列，则有

$$\mathscr{A}\alpha=x_1\mathscr{A}\alpha_1+\cdots+x_n\mathscr{A}\alpha_n=(\mathscr{A}\alpha_1,\cdots,\mathscr{A}\alpha_n)\begin{bmatrix}x_1\\ \vdots\\ x_n\end{bmatrix}$$

$$=\mathscr{A}(\alpha_1,\cdots,\alpha_n)\begin{bmatrix}x_1\\ \vdots\\ x_n\end{bmatrix}$$

$$=(\beta_1,\cdots,\beta_m)A\begin{bmatrix}x_1\\ \vdots\\ x_n\end{bmatrix},\tag{6.1.2}$$

也就是说 $\beta=\mathscr{A}\alpha$ 的坐标列 y 为

$$\begin{bmatrix}y_1\\ \vdots\\ y_m\end{bmatrix}=A\begin{bmatrix}x_1\\ \vdots\\ x_n\end{bmatrix},\quad \text{或 } y=Ax.\tag{6.1.3}$$

如果我们以 $\mathscr{I}(\alpha)$ 记向量 α 的坐标列，则上述说明 $\mathscr{A}\alpha$ 的坐标列为 Ax，即

$$\mathscr{I}(\mathscr{A}\alpha)=A(\mathscr{I}\alpha)$$

其中 $m\times n$ 矩阵

$$A=(\mathscr{I}(\mathscr{A}\alpha_1),\cdots,\mathscr{I}(\mathscr{A}\alpha_n))=(a_{ij}). \tag{6.1.4}$$

A 称为线性映射 $\mathscr{A}$ 的**矩阵表示**.也就是说,我们有如下交换图(见图 6.1):

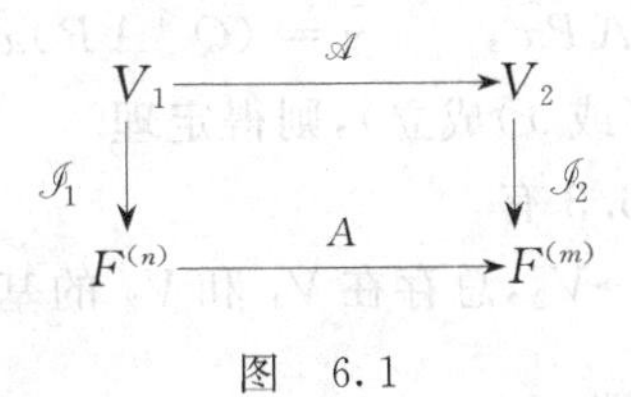

图 6.1

其中 $\mathscr{I}_1,\mathscr{I}_2$ 均为取坐标引起的 V_1,V_2 与列向量空间的同构.映射 A: $F^{(n)}\to F^{(m)}$ 由 $x\longmapsto Ax$ 定义.上图是交换图的意思为,对任意 $\alpha\in V_1$ 有

$$\mathscr{I}_2\mathscr{A}\alpha=A\mathscr{I}_1\alpha \tag{6.1.5}$$

与(6.1.4)式一致.上图很直观地说明了,映射 $V_1\xrightarrow{\mathscr{A}}V_2$ 归结为 $F^{(n)}\xrightarrow{A}F^{(m)}$.

定理 6.2 设 $\mathscr{A}$: $V_1\to V_2$ 为域 F 上线性空间 V_1 到 V_2 的线性映射,在 V_1 和 V_2 中分别取定(有序)基 $\alpha_1,\cdots,\alpha_n$ 和 $\beta_1,\cdots,\beta_m$ 之后,以 $\mathscr{A}\alpha_1,\cdots,\mathscr{A}\alpha_n$ 的坐标列为列作矩阵 A,亦即

$$\mathscr{A}(\alpha_1,\cdots,\alpha_n)=(\beta_1,\cdots,\beta_m)A.$$

则对任意 $\alpha\in V_1$,$\beta=\mathscr{A}\alpha$ 当且仅当

$$y=Ax,$$

其中 x,y 分别为 α,β 的坐标列(A 称为 $\mathscr{A}$ 的**矩阵表示**).

系 1 记号同定理 6.2,则

(1) $\dim(\ker\mathscr{A})=n-\mathrm{r}(A)$ (称为 $\mathscr{A}$ 或 A 的**零度**(nullity));

(2) $\dim(\mathrm{Im}\mathscr{A})=\mathrm{r}(A)$ (称为 $\mathscr{A}$ 或 A 的**秩**(rank));

(3) $\mathscr{A}$ 为单射$\Leftrightarrow\ker\mathscr{A}=0\Leftrightarrow A$ 为列独立阵;

(4) $\mathscr{A}$ 为满射$\Leftrightarrow\mathscr{A}V_1=V_2\Leftrightarrow A$ 为行独立阵;

(5) $\mathscr{A}$ 为双射$\Leftrightarrow A$ 为可逆方阵.

定理 6.3 线性映射 $\mathscr{A}$: $V_1\to V_2$ 在 V_1 和 V_2 不同基之下的矩阵表示 A 与 B 相抵.事实上,设 $\mathscr{A}$ 在 V_1 和 V_2 的基$\{\alpha_i\}$,$\{\beta_i\}$下的矩阵表示为 A,在基$\{\tilde{\alpha}_i\}$,$\{\tilde{\beta}_i\}$下的矩阵表示为 B,若$(\tilde{\alpha}_1,\cdots,\tilde{\alpha}_n)=(\alpha_1,\cdots,\alpha_n)P$,$(\tilde{\beta}_1,\cdots,\tilde{\beta}_m)=(\beta_1,\cdots,\beta_m)Q$,则

$$B=Q^{-1}AP.$$

证明 设 $\alpha,\beta=\mathscr{A}\alpha$ 在$\{\alpha_i\}$,$\{\beta_i\}$下的坐标分别为 x,y,而在$\{\tilde{\alpha}_i\}$及$\{\tilde{\beta}_i\}$下的坐标为 $\tilde{x}$,$\tilde{y}$,于是

$$y = Ax, \qquad \tilde{y} = B\tilde{x}.$$

由坐标变换关系可知 $x=P\tilde{x}$, $y=Q\tilde{y}$,代入上述第一式知

$$Q\tilde{y} = AP\tilde{x}, \qquad \tilde{y} = (Q^{-1}AP)\tilde{x},$$

与上述右式比较(注意是对任意 α(或 x)成立),则得定理.

由矩阵的相抵标准形和定理6.3有

系2　对任一线性映射 $\mathscr{A}: V_1 \to V_2$,总存在 V_1 和 V_2 的基 $\varepsilon_1, \cdots, \varepsilon_n$ 和 $\eta_1, \cdots, \eta_m$,使得 $\mathscr{A}$ 的矩阵表示为 $A=\begin{bmatrix} I_r & 0 \\ 0 & 0 \end{bmatrix}$,亦即 $\mathscr{A}\varepsilon_1=\eta_1, \cdots, \mathscr{A}\varepsilon_r=\eta_r, \mathscr{A}\varepsilon_{r+1}=\cdots=\mathscr{A}\varepsilon_n=0$.若 α 的坐标为 $(a_1, a_2, \cdots, a_n)^{\mathrm{T}}$,则 $\mathscr{A}\alpha$ 坐标为 $(a_1, a_2, \cdots, a_r, 0, \cdots, 0)^{\mathrm{T}}$.

6.2　线性映射的运算

我们以 $\mathrm{Hom}(V_1, V_2)$ 记 V_1 到 V_2 的线性映射全体,这里 V_1 和 V_2 是域 F 上的线性空间,维数分别为 n 和 m.

定理6.4　$\mathrm{Hom}(V_1, V_2)$ 在以下加法和数乘定义下是 F 上线性空间:对 $\mathscr{A}, \mathscr{B} \in \mathrm{Hom}(V_1, V_2)$, $\lambda \in F$ 和 $\alpha \in V_1$ 定义

$$(\mathscr{A}+\mathscr{B})\alpha = \mathscr{A}\alpha + \mathscr{B}\alpha,$$
$$(\lambda\mathscr{A})\alpha = \lambda(\mathscr{A}\alpha).$$

证明　$\mathscr{A}+\mathscr{B}: V_1 \to V_2$ 显然还是线性映射,同样 $\lambda\mathscr{A}$ 也是线性映射,零映射0(把 V_1 中任一向量映为0)是零元素,$(-1)\mathscr{A}$ 为 $\mathscr{A}$ 的负元素,故易验证 $\mathrm{Hom}(V_1, V_2)$ 是线性空间. ■

定理6.5　设 V_1, V_2 分别是域 F 上 n 维, m 维线性空间,则有线性空间的同构

$$\mathrm{Hom}(V_1, V_2) \cong M_{m\times n}(F).$$

证明　在 V_1 和 V_2 中取定基 $\alpha_1, \cdots, \alpha_n$ 和 $\beta_1, \cdots, \beta_m$ 后,把 $\mathscr{A} \in \mathrm{Hom}(V_1, V_2)$ 对应于其矩阵表示 A,即令: $\varphi: \mathscr{A} \to A$,则易验证 φ 是 $\mathrm{Hom}(V_1, V_2)$ 到 $M_{m\times n}(F)$ 的同构映射如下.

(1) φ 是满射:对任意 $A \in M_{m\times n}(F)$,由 $\mathscr{A}(\alpha_1, \cdots, \alpha_n)=(\beta_1, \cdots, \beta_m)A$,定义 $\mathscr{A}: V_1 \to V_2$,则 $\mathscr{A}$ 的矩阵表示为 A.

(2) φ 是单射:若 $A=0$,则显然 $\mathscr{A}=0$.

(3) φ 是线性映射:

$$(\mathscr{A}_1+\mathscr{A}_2)(\alpha_1, \cdots, \alpha_n) = \mathscr{A}_1(\alpha_1, \cdots, \alpha_n) + \mathscr{A}_2(\alpha_1, \cdots, \alpha_n)$$

$$= (\beta_1,\cdots,\beta_m)A_1 + (\beta_1,\cdots,\beta_m)A_2$$
$$= (\beta_1,\cdots,\beta_m)(A_1 + A_2)$$

说明 $\mathscr{A}_1+\mathscr{A}_2$ 的矩阵表示为 A_1+A_2，即 $\varphi(\mathscr{A}_1+\mathscr{A}_2)=\varphi(\mathscr{A}_1)+\varphi(\mathscr{A}_2)$. 同样可知$\varphi(\lambda\mathscr{A})=\lambda\varphi(\mathscr{A})$. ■

系 (1) 设 V 是域 F 上 n 维线性空间，则定义于 V 上的线性函数(映射) $f:V\to F$ 全体是 F 上 n 维线性空间(记为 V^*，称为 V 的**对偶空间**).

(2) 取定 V 的一个基 $\alpha_1,\cdots,\alpha_n$ 后，若 $\alpha\in V$ 的坐标为 $x_1,\cdots,x_n$，则对 $f\in V^*$ 有

$$f(\alpha)=(a_1,\cdots,a_n)\begin{bmatrix}x_1\\ \vdots\\ x_n\end{bmatrix},$$

其中 $A=(a_1,\cdots,a_n)$ 是 f 的矩阵表示，$a_i=f(\alpha_i)$.

例 6.1 考虑 $\mathrm{Hom}(V_1,V_2)$的基. 首先，$M_{m\times n}(F)$的基为$\{E_{ij}\}$ $(1\leqslant i\leqslant m,1\leqslant j\leqslant n)$，其中 $m\times n$ 矩阵 E_{ij} 的(i,j)位置系数为 1，其余系数均为 0. 由定理 6.5，设 V_1,V_2 的基分别为 $\alpha_1,\cdots,\alpha_n$ 和 $\beta_1,\cdots,\beta_m$，设 E_{ij} 是 $\mathscr{E}_{ij}\in\mathrm{Hom}(V_1,V_2)$ 的矩阵表示，那么$\{\mathscr{E}_{ij}\}$是 $\mathrm{Hom}(V_1,V_2)$的基. $\mathscr{E}_{ij}$ 的定义也可明显写出：

$$\mathscr{E}_{ij}(\alpha_j)=\beta_i,$$
$$\mathscr{E}_{ij}(\alpha_k)=0 \qquad (\text{若 } k\neq j).$$

例 6.2 将例 6.1 用于上述系中情形，即 $V=V_1$ 的基为 $\alpha_1,\cdots,\alpha_n$；$F=V_2$ 的基为 1. 那么 $V^*=\mathrm{Hom}(V,F)$的基为 $f_j=\mathscr{E}_{1j}$ $(1\leqslant j\leqslant n)$. f_j 的矩阵表示为$(0,\cdots,0,1,0,\cdots,0)$(第 j 位为 1)，其定义也可明显写出为

$$f_j(\alpha_k)=\begin{cases}1, & \text{若 } k=j;\\ 0, & \text{若 } k\neq j.\end{cases}$$

V^* 的这个基 $f_1,\cdots,f_n$ 称为 $\alpha_1,\cdots,\alpha_n$ 的**对偶基**.

6.3 线性变换

定义 6.1 设 V 是域 F 上的线性空间. V 的一个**线性变换**(linear transformation)是指 V 到自身的线性映射(即映射 $\mathscr{A}:V\to V$ 满足 $\mathscr{A}(\alpha+\beta)=\mathscr{A}(\alpha)+\mathscr{A}\beta$, $\mathscr{A}(\lambda\alpha)=\lambda\mathscr{A}(\alpha)$(对任意 $\alpha,\beta\in V,\lambda\in F$)).

例如，$V=\mathbb{R}^2$时

$$\mathscr{A}\begin{bmatrix}x_1\\ x_2\end{bmatrix}=\begin{bmatrix}\cos\theta & -\sin\theta\\ \sin\theta & \cos\theta\end{bmatrix}\begin{bmatrix}x_1\\ x_2\end{bmatrix}$$

是$\mathbb{R}^2$的一个线性变换(绕原点旋转 θ 角).

再如，$V=F[X]$为多项式形式全体时，则

$$\mathscr{D}(a_nX^n+\cdots+a_1X+a_0)=na_nX^{n-1}+\cdots+a_1$$

是 $F[X]$ 的一个线性变换(求导变换). 由上节定理知有下面的定理.

定理 6.6　设 $\mathscr{A}$ 为 F 上线性空间 V 的线性变换,在 V 中取定(有序)基 $\alpha_1,\cdots,\alpha_n$ 之后,以 $\mathscr{A}\alpha_1,\cdots,\mathscr{A}\alpha_n$ 的坐标列为列作矩阵 A,亦即

$$\mathscr{A}(\alpha_1,\cdots,\alpha_n)=(\alpha_1,\cdots,\alpha_n)A,$$

则对任意 $\alpha\in V$,$\beta=\mathscr{A}\alpha$ 当且仅当

$$y=Ax,$$

其中 x,y 分别为 α,β 的坐标列(A 称为 $\mathscr{A}$ 的**矩(方)阵表示**).

定理 6.7　设 V 是域 F 上线性空间,$\mathscr{A}$ 是 V 的线性变换,设 $\mathscr{A}$ 在 V 的基 $\alpha_1,\cdots,\alpha_n$ 和 $\tilde{\alpha}_1,\cdots,\tilde{\alpha}_n$ 下的方阵表示分别为 A 和 B,而 $(\tilde{\alpha}_1,\cdots,\tilde{\alpha}_n)=(\alpha_1,\cdots,\alpha_n)P$,则

$$B=P^{-1}AP.$$

定义 6.2　若方阵 $B=P^{-1}AP$,P 为域 F 上可逆方阵,则称方阵 A 与 B 在域 F 上**相似**(similar).

定理 6.6 与 6.7 的证明与 6.1 节定理的证明类似,只需注意 $V_1=V_2=V$,$\beta_i=\alpha_i$,$Q=P$. 以定理 6.7 为例:由

$$\mathscr{A}(\tilde{\alpha}_1,\cdots,\tilde{\alpha}_n)=(\tilde{\alpha}_1,\cdots,\tilde{\alpha}_n)B,$$

以 $(\tilde{\alpha}_1,\cdots,\tilde{\alpha}_n)=(\alpha_1,\cdots,\alpha_n)P$ 代入,则有

$$\mathscr{A}(\alpha_1,\cdots,\alpha_n)P=(\alpha_1,\cdots,\alpha_n)PB,$$

$$\mathscr{A}(\alpha_1,\cdots,\alpha_n)=(\alpha_1,\cdots,\alpha_n)PBP^{-1},$$

由 A 的定义即知 $A=PBP^{-1}$. ■

注记 1　定理 6.6 中方阵 A 的意义也可由坐标变换公式 $y=Ax$ 直接读出;取 $x=(1,0,\cdots,0)^{\mathrm{T}}$ 为 α_1 的坐标,则知 A 的第 1 列为 $\mathscr{A}\alpha_1$ 的坐标列 y.

注记 2　定理 6.7 和定义 6.2 中的 P 称为(**相似**)**变换方阵**. 注意 P 就是基的**过渡方阵**,P 的各列是"新基" $\tilde{\alpha}_j$ 在"老基" $\{\alpha_i\}$ 下的坐标列.

定义 6.3　(1) 设 E 是环,又是域 F 上线性空间(二者加法一致),且

$$\lambda(\alpha\beta)=(\lambda\alpha)\beta=\alpha(\lambda\beta)\qquad(\lambda\in F,\alpha,\beta\in E),$$

则称 E 为 F 上的**代数**(algebra).

(2) F 上两个代数 E_1 与 E_2 称为同构,是指有双射 $\varphi:E_1\to E_2$ 使得 $\varphi(\alpha+\beta)=\varphi(\alpha)+\varphi(\beta)$,$\varphi(\lambda\alpha)=\lambda\varphi(\alpha)$,$\varphi(\alpha\beta)=\varphi(\alpha)\varphi(\beta)$ 对任意 $\alpha,\beta\in E_1$ 和 $\lambda\in F$ 成立,φ 称为同构映射.

例 6.3　域 F 上 n 阶方阵全体 $M_n(F)$ 是 F 上代数(n 阶**全方阵代数**)(对方阵乘法、加

法、数乘).

定理 6.8 设 V 为域 F 上 n 维线性空间. V 上的线性变换全体 $\mathrm{End}(V)$ 对如下运算是 F 上代数,且与 n 阶全方阵代数同构:

$$\mathrm{End}(V)\cong M_n(F).$$

$\mathrm{End}(V)$ 的运算($\mathscr{A},\mathscr{B}\in\mathrm{End}(V),\lambda\in F$):

$$(\mathscr{A}\mathscr{B})(\alpha)=\mathscr{A}(\mathscr{B}(\alpha)),$$

$$(\mathscr{A}+\mathscr{B})(\alpha)=\mathscr{A}(\alpha)+\mathscr{B}(\alpha),$$

$$(\lambda\mathscr{A})(\alpha)=\lambda(\mathscr{A}(\alpha))\qquad(\alpha\in V).$$

证明 容易验证 $\mathrm{End}(V)$ 在上述运算下是 F 上代数. 现取定 V 的一个基 $\alpha_1,\cdots,\alpha_n$,把每个线性变换 $\mathscr{A}$ 对应于其矩阵表示 A,即

$$\mathscr{U}:\ \mathscr{A}\longrightarrow A,$$

则 $\mathscr{U}$ 是代数 $\mathrm{End}(V)$ 到 $M_n(F)$ 的同构. 事实上,由定理 6.5 即知二者作为线性空间是同构的,只要再证明

$$\mathscr{U}(\mathscr{A}_1\mathscr{A}_2)=A_1A_2$$

对任意线性变换 $\mathscr{A}_1,\mathscr{A}_2$ 成立(其中 A_1,A_2 分别为其矩阵表示). 事实上,由矩阵表示的定义可知

$$\begin{aligned}(\mathscr{A}_1\mathscr{A}_2)(\alpha_1,\cdots,\alpha_n)&=\mathscr{A}_1(\mathscr{A}_2(\alpha_1,\cdots,\alpha_n))\\&=\mathscr{A}_1((\alpha_1,\cdots,\alpha_n)A_2)=(\mathscr{A}_1(\alpha_1,\cdots,\alpha_n))A_2\\&=((\alpha_1,\cdots,\alpha_n)A_1)A_2=(\alpha_1,\cdots,\alpha_n)(A_1A_2),\end{aligned}$$

即知($\mathscr{A}_1\mathscr{A}_2$)的矩阵表示为($A_1A_2$).

也就是说,线性变换的和、积、数乘、逆及负元,分别对应于它们矩阵表示的和、积、数乘、逆及负矩阵. ■

容易列出如下线性变换的简单例子和性质:

(1) **零变换** 即把任一向量映为 0 的变换,矩阵表示为零方阵.

(2) **恒等变换** 记为 1 或 $\mathscr{I}$,即不改变 V 中任一元素的变换,矩阵表示为 I.

(3) **数乘(纯量)变换** 取定域 F 中数 k,将任一向量 α 映为 $k\alpha$ 的变换记为 k 或 $k\mathscr{I}$,称为数乘变换,其方阵表示为

$$kI=\begin{bmatrix}k&&\\&\ddots&\\&&k\end{bmatrix}.$$

(4) **仿射变换** 即 $\mathscr{A}$ 在 V 的某基 $\alpha_1,\cdots,\alpha_n$ 下的矩阵表示为

$$A=\begin{bmatrix}\lambda_1 & & & \\ & \lambda_2 & & \\ & & \ddots & \\ & & & \lambda_n\end{bmatrix}$$

(这相当于在基向量 α_i 的方向上伸长 λ_i 倍).

(5) **投影(射)变换** 即 $\mathscr{A}$ 在 V 的某基 $\alpha_1,\cdots,\alpha_n$ 下的矩阵表示为

$$A=\begin{bmatrix}I_r & 0\\ 0 & 0\end{bmatrix}$$

(这相当于把 V 的向量 $\alpha=\lambda_1\alpha_1+\cdots+\lambda_n\alpha_n$ 投影到基向量 $\alpha_1,\cdots,\alpha_r$ 的生成空间上).

(6) **线性变换 $\mathscr{A}$ 的多项式** 设 $f(X)=a_0X^n+a_1X^{n-1}+\cdots+a_{n-1}X+a_n\in F[X]$,则

$$f(\mathscr{A})=a_0\mathscr{A}^n+a_1\mathscr{A}^{n-1}+\cdots+a_{n-1}\mathscr{A}+a_n$$

称为 $\mathscr{A}$ 的多项式,仍为线性变换,且可与 $\mathscr{A}$ 交换(乘法),$f(\mathscr{A})$ 的矩阵表示为 $f(A)=a_0A^n+\cdots+a_nI$.

(7) V 的一个线性变换 $\mathscr{A}$ 由它在 V 的基 $\alpha_1,\cdots,\alpha_n$ 上的作用唯一决定.

换句话说,任意指定 V 的 n 个向量 $\beta_1,\cdots,\beta_n$,存在唯一的线性变换 $\mathscr{A}$ 把基 $\alpha_1,\cdots,\alpha_n$ 中向量依次映为 $\beta_1,\cdots,\beta_n$. $\mathscr{A}$ 可这样定义:

$$\mathscr{A}\Big(\sum_{i=1}^{n}\lambda_i\alpha_i\Big)=\sum_{i=1}^{n}\lambda_i\beta_i.$$

$\mathscr{A}$ 的唯一性是由于必须把 $\sum_{i=1}^{n}\lambda_i\alpha_i$ 映为 $\sum_{i=1}^{n}\lambda_i\mathscr{A}(\alpha_i)$,即 $\sum_{i=1}^{n}\lambda_i\beta_i$.

*6.4 线性表示介绍

由于线性变换有方阵表示,从而很具体又易于处理,因而在研究别的代数系 E(例如群、环、域或代数)时,就想到可否把 E 的元素 x 看作某线性空间 V 的线性变换,从而把 x 表示为方阵,把 E 表示为某种方阵的集合. 也就是说希望建立映射

$$\rho:E\longrightarrow \mathrm{End}(V)\cong M_n(F),$$

并使 ρ 保持 E 中的运算,其中 $\mathrm{End}(V)$ 是 V 的线性变换集. 这就是"**线性表示**"的最初想法,而后发展为十分重要的现代数学学科. 这里举一些实例. 将在 9.10.2 节介绍有限群的表示理论.

例 6.4 考虑复数域 $\mathbb{C}$,可否把每个复数表示为一个实矩阵? 先考虑把复数 $\mathrm{i}=\sqrt{-1}$ 表示为实矩阵. $\mathbb{C}$ 是 $\mathbb{R}$ 上二维线性空间,i 可看作是 $\mathbb{C}$ 的线性变换(记为 φ_{i} 或 i),即

$$\varphi_{\mathrm{i}}:\ \mathbb{C}\longrightarrow\mathbb{C}$$
$$x\longmapsto \mathrm{i}x(\text{复数乘法})$$

空间$\mathbb{C}$在$\mathbb{R}$上的基为 1,i,变换 φ_i 在此基下的方阵表示为

$$J=\begin{bmatrix}0 & -1\\ 1 & 0\end{bmatrix}$$

(注意 J 的列应为 $\varphi_i(1)=\mathrm{i}$ 和 $\varphi_i(\mathrm{i})=\mathrm{ii}=-1$ 的坐标列),J 就是 i 的方阵表示.

同样,每个复数 $z=a+b\mathrm{i}\ (a,b\in\mathbb{R})$ 可看作$\mathbb{C}$(作为$\mathbb{R}$上线性空间)的线性变换

$$\varphi_z:\ \mathbb{C}\longrightarrow\mathbb{C}$$
$$x\longmapsto zx,$$

φ_z 在$\mathbb{C}$的基 1,i 下的方阵表示为$\begin{bmatrix}a & -b\\ b & a\end{bmatrix}=aI+bJ$.

把 z 对应到 φ_z 的方阵表示,就得到$\mathbb{C}$的线性表示

$$\rho:\ \mathbb{C}\longrightarrow M_2(\mathbb{R})$$
$$a+b\mathrm{i}\longmapsto\begin{bmatrix}a & -b\\ b & a\end{bmatrix}=aI+bJ.$$

由 ρ 的定义易知它保加法、数乘和乘法,即:$\rho(z_1+z_2)=\rho(z_1)+\rho(z_2)$,$\rho(az)=a\rho(z)$,$\rho(z_1z_2)=\rho(z_1)\rho(z_2)\ (z_1,z_2)\in\mathbb{C},a\in\mathbb{R})$.事实上,显然 $\varphi_{z_1+z_2}=\varphi_{z_1}+\varphi_{z_2}$,$\varphi_{az}=a\varphi_z$,$\varphi_{z_1z_2}=\varphi_{z_1}\varphi_{z_2}$,再由定理 6.8 即知这些性质真确.还容易看出 ρ 是单射.因此我们得到代数同构 ρ: $\mathbb{C}\cong\mathbb{R}I+\mathbb{R}J$.

例 6.5 (**置换表示**)以 S_3 记三个不定元集合$\{X_1,X_2,X_3\}$到自身的双射全体,S_3 由 6 个元素(映射)组成:

$$(1),\ (12),\ (13),\ (23),\ (123),\ (132).$$

其中(1)表示恒等映射;(12)把 X_1 映为 X_2,把 X_2 映为 X_1,X_3 映为 X_3;(123)把 X_1 映为 X_2,把 X_2 映为 X_3,把 X_3 映为 X_1;其余类似.

在映射的复合(记为乘法)下,S_3 是群,称为 3 阶**对称群**.这是个非交换群.把 X_1,X_2,X_3 视为不定元,生成域 F 上三维线性空间

$$V=FX_1+FX_2+FX_3$$
$$=\{a_1X_1+a_2X_2+a_3X_3\mid a_1,a_2,a_3\in F\}$$

注意 X_1,X_2,X_3 是 V 的一个基.由于 S_3 中每个元素是$\{X_1,X_2,X_3\}$到自身的双射,故定义了 V 的一个线性变换.这就得到对应 ρ: $S_3\longrightarrow\mathrm{End}(V)\cong M_3(F)$.群 S_3 中各元素对应的方阵分别为:

$$(1)\longmapsto\begin{bmatrix}1 & & \\ & 1 & \\ & & 1\end{bmatrix},\quad(123)\longmapsto\begin{bmatrix}0 & 0 & 1\\ 1 & 0 & 0\\ 0 & 1 & 0\end{bmatrix},\quad(132)\longmapsto\begin{bmatrix}0 & 1 & 0\\ 0 & 0 & 1\\ 1 & 0 & 0\end{bmatrix},$$

$$(13)\longmapsto\begin{bmatrix} & & 1\\ & 1 & \\ 1 & & \end{bmatrix},\quad(12)\longmapsto\begin{bmatrix}0 & 1 & 0\\ 1 & 0 & 0\\ 0 & 0 & 1\end{bmatrix},\quad(23)\longmapsto\begin{bmatrix}1 & 0 & 0\\ 0 & 0 & 1\\ 0 & 1 & 0\end{bmatrix}.$$

S_3 的这种线性表示是保持乘法的(由上节定理).

例 6.6 考虑4个不定元集$\{X_1,X_2,X_3,X_4\}$的**对称群** S_4,由24个元素构成.视 S_4 中元素为 $V=FX_1+FX_2+FX_3+FX_4$ 的线性变换,而把每个变换对应到其矩阵表示,则得到群 S_4 的(置换)表示 ρ: $S_4 \longrightarrow \mathrm{End}(V) \cong M_4(F)$.

例如:

$$\rho(1234)=\begin{bmatrix}0&0&0&1\\1&0&0&0\\0&1&0&0\\0&0&1&0\end{bmatrix},\quad \rho((12)(34))=\begin{bmatrix}0&1&0&0\\1&0&0&0\\0&0&0&1\\0&0&1&0\end{bmatrix}.$$

例 6.7 (**四元数代数**)设 i,j,k 三个文字满足

$$i^2=j^2=k^2=-1,\quad ij=k=-ji,\quad jk=i=-kj,\quad ki=j=-ik,$$

令

$$\mathbb{H}=\{a+bi+cj+dk \mid a,b,c,d\in\mathbb{R}\},$$

$\mathbb{H}$ 中元素可以像通常实数那样相加、相乘(但应注意 i,j,k 的特殊性质).则容易验证$\mathbb{H}$ 是环,其非零元均可逆,称为可除环(但不是域,乘法不可换).这是由 W. R. Hamilton 1843 年首次构作出来的,是非交换可除环的第一个例子.还应注意$\mathbb{H}$ 是$\mathbb{R}$ 上的代数(即$\mathbb{H}$ 是$\mathbb{R}$ 上的线性空间,对$\lambda\in\mathbb{R}$ 有 $\lambda(h_1h_2)=(\lambda h_1)h_2=h_1(\lambda h_2)$, $h_1,h_2\in\mathbb{H}$),通常称$\mathbb{H}$ 为 **Hamilton 四元数代数**(algebra of quaternions)(注意$\mathbb{H}$ 不是$\mathbb{C}$ 上代数). $\mathbb{H}$ 作为$\mathbb{R}$ 上四维线性空间,基可取为 $1,i,j,k$. $\mathbb{H}$ 中每个元素 h 都定义了一个线性变换

$$\varphi_h:\ \mathbb{H}\longrightarrow\mathbb{H},\qquad x\longmapsto xh.$$

把 h 对应到 φ_h 的矩阵表示即得$\mathbb{H}$ 的一个线性表示

$$\mu:\ \mathbb{H}\longrightarrow M_4(\mathbb{R}),\qquad h\longmapsto \varphi_h \text{ 的矩阵表示}.$$

易知

$$\mu(i)=\begin{bmatrix}0&-1&&\\1&0&&\\&&0&1\\&&-1&0\end{bmatrix},\quad \mu(j)=\begin{bmatrix}&&-1&0\\&&0&-1\\1&0&&\\0&1&&\end{bmatrix},$$

$$\mu(k)=\begin{bmatrix}&&0&-1\\&&1&0\\0&-1&&\\1&0&&\end{bmatrix},$$

故

$$\mu(a+bi+cj+dk)=\begin{bmatrix} a & -b & -c & -d \\ b & a & d & -c \\ c & -d & a & b \\ d & c & -b & a \end{bmatrix}.$$

映射 μ 是单射，保持加法、乘法、数乘，故 $\mathbb{H}$ 与其象代数同构，我们可以把 $\mathbb{H}$ 等同于上述四阶实方阵 $aI+b\mu(i)+c\mu(j)+d\mu(k)$ 全体.

注记 由例 6.4 知 $\mathbb{C}\overset{\rho}{\cong}\mathbb{R}I+\mathbb{R}J$，$\rho(\sqrt{-1})=J=\begin{bmatrix} 0 & -1 \\ 1 & 0 \end{bmatrix}$. 因为例 6.7 中

$$\mu(i)=\begin{bmatrix} J & \\ & -J \end{bmatrix},\quad \mu(j)=\begin{bmatrix} & -I \\ I & \end{bmatrix},\quad \mu(k)=\begin{bmatrix} & J \\ J & \end{bmatrix},$$

记 $v=\rho^{-1}\circ\mu$，则把 i,j,k 对应到 2×2 复方阵：

$$v(i)=\begin{bmatrix} \sqrt{-1} & \\ & -\sqrt{-1} \end{bmatrix},\quad v(j)=\begin{bmatrix} & -1 \\ 1 & \end{bmatrix},\quad v(k)=\begin{bmatrix} & \sqrt{-1} \\ \sqrt{-1} & \end{bmatrix}.$$

于是有映射

$$\mathbb{H}\xrightarrow{v} M_2(\mathbb{C})$$

$$a+bi+cj+dk\to\begin{bmatrix} a+b\sqrt{-1} & -c+d\sqrt{-1} \\ c+d\sqrt{-1} & a-b\sqrt{-1} \end{bmatrix}=\begin{bmatrix} \alpha & -\bar{\beta} \\ \beta & \bar{\alpha} \end{bmatrix},$$

其中 $\alpha=a+b\sqrt{-1}$，$\beta=c+d\sqrt{-1}$. 所以我们可以把 $\mathbb{H}$ 等同于 2×2 复方阵 $\begin{bmatrix} \alpha & -\bar{\beta} \\ \beta & \bar{\alpha} \end{bmatrix}$全体.

把 $\mathbb{H}$ 以方阵表示后，许多问题易于处理. 比如易知

$$\det\begin{bmatrix} \alpha & -\bar{\beta} \\ \beta & \bar{\alpha} \end{bmatrix}=\alpha\bar{\alpha}+\beta\bar{\beta}=a^2+b^2+c^2+d^2.$$

这称为 $x=a+bi+cj+dk$ 的范，记为 $N(x)$. 故若 $x\neq 0$，则其方阵表示 $v(x)$ 可逆，且

$$v(x)^{-1}=N(x)^{-1}\begin{bmatrix} \bar{\alpha} & \bar{\beta} \\ -\beta & \alpha \end{bmatrix}\in V(\mathbb{H})$$

即知 $\mathbb{H}$ 的非 0 元均有逆. 另一有趣现象是平方 $(bi+cj+dk)^2=-b^2-c^2-d^2\leqslant 0$.

例 6.8 （**正则表示**）再考虑 3 级**对称群** S_3，记其元素为

$$e_1=(1),\quad e_2=(123),\quad e_3=(132),\quad e_4=(23),\quad e_5=(12),\quad e_6=(13).$$

令

$$V=\{a_1e_1+\cdots+a_6e_6\mid a_1,\cdots,a_6\in\mathbb{R}\},$$

是以 $e_1,\cdots,e_6$ 为基的 $\mathbb{R}$ 上 6 维线性空间. 每个 $e\in S_3$ 定义了 V 的一个线性变换.

$$\varphi_e: V\longrightarrow V$$

$$e_j \longrightarrow ee_j \qquad (j = 1, \cdots, 6)$$

则 $e_1, \cdots, e_6$ 决定的线性变换的矩阵表示依次为

$$\mu(1) = \begin{bmatrix} 1 & & & & & \\ & 1 & & & & \\ & & 1 & & & \\ & & & 1 & & \\ & & & & 1 & \\ & & & & & 1 \end{bmatrix}, \quad \mu(123) = \begin{bmatrix} 0 & 0 & 1 & & & \\ 1 & 0 & 0 & & & \\ 0 & 1 & 0 & & & \\ & & & 0 & 0 & 1 \\ & & & 1 & 0 & 0 \\ & & & 0 & 1 & 0 \end{bmatrix},$$

$$\mu(132) = \begin{bmatrix} 0 & 1 & 0 & & & \\ 0 & 0 & 1 & & & \\ 1 & 0 & 0 & & & \\ & & & 0 & 1 & 0 \\ & & & 0 & 0 & 1 \\ & & & 1 & 0 & 0 \end{bmatrix}, \quad \mu(13) = \begin{bmatrix} & & & & & 1 \\ & & & & 1 & \\ & & & 1 & & \\ & & 1 & & & \\ & 1 & & & & \\ 1 & & & & & \end{bmatrix},$$

$$\mu(12) = \begin{bmatrix} & & & 0 & 1 & 0 \\ & & & 1 & 0 & 0 \\ & & & 0 & 0 & 1 \\ 0 & 1 & 0 & & & \\ 1 & 0 & 0 & & & \\ 0 & 0 & 1 & & & \end{bmatrix}, \quad \mu(23) = \begin{bmatrix} & & & 1 & 0 & 0 \\ & & & 0 & 0 & 1 \\ & & & 0 & 1 & 0 \\ 1 & 0 & 0 & & & \\ 0 & 0 & 1 & & & \\ 0 & 1 & 0 & & & \end{bmatrix}.$$

于是

$$\mu: S_3 \to M_6(\mathbb{R})$$

把 S_3 同构地映为六阶方阵子集. 与例 6.5 细比较是很有趣的.

6.5　不变子空间

从本节开始,我们要研究一个固定的线性变换. 也就是说,设 V 是域 F 上的一个线性空间,并设 $\mathscr{A}$ 是 V 的一个线性变换,我们要系统地研究 $\mathscr{A}$ 的作用.

带一个线性变换 $\mathscr{A}$ 一同考虑的线性空间 V,表现出与以前单纯一个空间 V 不同的性质,因为现在 V 中的元素除了加法、数乘之外,还可受到 $\mathscr{A}$ 及其多项式的作用. 用形式语言来说,对于任意多项式 $f(X) \in F[X]$,我们可以定义 $f(X)$ 对 V 中向量 α 的作用为

$$f(X)\alpha = f(\mathscr{A})\alpha.$$

这种"**多项式与向量的乘法**"也满足以下与"数乘"类似的性质:

$$f(X)(\alpha+\beta)=f(X)\alpha+f(X)\beta,\quad (f(X)+g(X))\alpha=f(X)\alpha+g(X)\alpha,$$
$$(f(X)g(X))\alpha=f(X)(g(X)\alpha),\quad 1\alpha=\alpha.$$

***注记** 在考虑到这种“多项式与向量的乘法”时,带一个线性变换 $\mathscr{A}$ 的线性空间 V 被称为“环 $F[X]$上的**模**(module)”. 注意“多项式与向量的乘法”虽然与“数乘”满足类似的规律,但 $F[X]$是环而 F 是域,这就决定了研究带线性变换的空间(即模)比之一般线性空间有很不同的特性. 另一方面,现在开始的研究,基本上也适合一般的模(特别是主理想环上的模).

当考虑到线性变换 $\mathscr{A}$ 时,普通子空间概念的地位应当让位于“不变子空间”的概念.

定义 6.4 设 V 是域 F 上线性空间,$\mathscr{A}$ 是 V 的线性变换,V 的子空间 W 如果满足

$$\mathscr{A}\alpha\in W\quad(\text{对任意 }\alpha\in W),$$

则称 W 为 $\mathscr{A}$ 的**不变子空间**(invariant subspace).

例 6.9 设 $A=\begin{bmatrix}A_1 & A_3\\ 0 & A_2\end{bmatrix}$为域 F 上 n 阶方阵,A_1 为 r 阶方阵,令 $V=F^{(n)}$ 的线性变换 $\mathscr{A}$ 为

$$\mathscr{A}:\ F^{(n)}\longrightarrow F^{(n)},$$
$$\alpha\longmapsto A\alpha.$$

则 $W_1=F\varepsilon_1+\cdots+F\varepsilon_r=\{(a_1,\cdots,a_r,0,\cdots,0)^{\mathrm{T}}\mid a_1,\cdots,a_r\in F\}\cong F^{(r)}$ 是 $\mathscr{A}$ 的不变子空间,其中 $\varepsilon_1=(1,0,\cdots,0)^{\mathrm{T}},\cdots,\varepsilon_n=(0,\cdots,0,1)^{\mathrm{T}}$. 而 $A_3=0\Leftrightarrow W_2=F\varepsilon_{r+1}+\cdots+F\varepsilon_n$ 为 $\mathscr{A}$ 的不变子空间.

例 6.10 0 和 V 均为线性空间 V 在任一线性变换 $\mathscr{A}$ 下的不变子空间.

例 6.11 $\mathscr{A}$ 是 V 的线性变换,则 $\ker\mathscr{A}$ 和 $\mathrm{Im}\mathscr{A}$ 均为 $\mathscr{A}$ 的不变子空间.

例 6.12 $F[X]\alpha=F[\mathscr{A}]\alpha=\{f(\mathscr{A})\alpha\mid f\in F[X]\}$ 是 $\mathscr{A}$ 的不变子空间,其中 α 是 V 中任一向量.

引理 6.1 $\mathscr{A}$ 的两个不变子空间之和仍为不变子空间. $\mathscr{A}$ 的任意多个不变子空间的交仍为不变子空间.

引理 6.2 设 $\mathscr{A}$ 是线性空间 V 的线性变换,W 是 $\mathscr{A}$ 的不变子空间.

(1) 映射 $\mathscr{A}_W: W\longrightarrow W,\ \alpha\longmapsto\mathscr{A}\alpha$ 是不变子空间 W 的线性变换(称为 $\mathscr{A}$ 在 W 上的**限制**,记为 $\mathscr{A}_W=\mathscr{A}|_W$).

(2) 映射 $\overline{\mathscr{A}}: V/W\longrightarrow V/W,\ \overline{\mathscr{A}}(\overline{\alpha})=\overline{\mathscr{A}\alpha}$ 是商空间 V/W 的线性变换(称为 $\mathscr{A}$ **诱导的线性变换**).

以上两引理都易直接验证,留作读者练习.

定理 6.9 设 V 是域 F 上线性空间,$\mathscr{A}$ 是其线性变换. 设 $\alpha_1,\cdots,\alpha_n$ 是 V 的(有序)基. 记 $W_1=F\alpha_1+\cdots+F\alpha_r$, $W_2=F\alpha_{r+1}+\cdots+F_{\alpha_n}$. 设 $\mathscr{A}$ 在上述基下的方阵表示为

$$A=(a_{ij})=\begin{bmatrix}A_{11} & A_{12}\\ A_{21} & A_{22}\end{bmatrix},$$

其中 A_{11} 为 r 阶方阵.

(1) W_1 为 $\mathscr{A}$ 的不变子空间当且仅当 $A_{21}=0$. 当 $A_{21}=0$ 时, A_{11} 是限制线性变换 $\mathscr{A}_{W_1}=\mathscr{A}|_{W_1}$ 的方阵表示; A_{22} 是 $\mathscr{A}$ 在 V/W_1 上诱导的线性变换 $\overline{\mathscr{A}}$ 的方阵表示.

(2) W_2 为 $\mathscr{A}$ 的不变子空间当且仅当 $A_{12}=0$. 当 $A_{12}=0$ 时, A_{22} 是 $\mathscr{A}_{W_2}$ 的方阵表示, A_{11} 是 $\mathscr{A}$ 在 V/W_2 上诱导的线性变换 $\overline{\mathscr{A}}_2$ 的方阵表示.

证明　(1) W_1 为 $\mathscr{A}$ 的不变子空间 $\Leftrightarrow \mathscr{A}\alpha_j\in W_1(1\leqslant j\leqslant r)$

$\Leftrightarrow \mathscr{A}\alpha_j$ 的后 $n-r$ 个坐标均为 $0(1\leqslant j\leqslant r)$

$\Leftrightarrow A_{21}=0$(因为 A 的第 j 列是 $\mathscr{A}\alpha_j$ 的坐标列).

此时, A_{11} 的第 j 列即是 $A\alpha_j$ 在基 $\alpha_1,\cdots,\alpha_r$ 下的坐标列, 故 A_{11} 是 $\mathscr{A}_{W_1}$ 的方阵表示. 而 $\mathscr{A}\alpha_n=a_{1n}\alpha_1+\cdots+a_{nn}\alpha_n$, 故 $\overline{\mathscr{A}}(\bar{\alpha}_n)=\overline{\mathscr{A}\alpha_n}=a_{r+1,n}\bar{\alpha}_{r+1}+\cdots+a_n\bar{\alpha}_n$, 这说明 A_{22} 的最后一列是 $\overline{\mathscr{A}}(\bar{\alpha}_n)$ 的坐标列(在基 $\bar{\alpha}_{r+1},\cdots,\bar{\alpha}_n$ 下). 同理可知 A_{22} 的列恰是 $\overline{\mathscr{A}}(\bar{\alpha}_j)$ 的坐标列 $(r+1\leqslant j\leqslant n)$. 即知 A_{22} 是 $\overline{\mathscr{A}}$ 的方阵表示.

(2) 与(1)同理, 只是 W_1 与 W_2 的地位互换. ∎

系1　设线性空间 $V=W_1\oplus W_2$ 为 $\mathscr{A}$ 的不变子空间 W_1 与 W_2 的直和, 若分别取 W_1 与 W_2 的基 $\{\alpha_1,\cdots,\alpha_r\}$ 与 $\{\alpha_{r+1},\cdots,\alpha_n\}$, 合并而为 V 的基, 则 $\mathscr{A}$ 在此基下的矩阵表示为

$$A=\begin{bmatrix}A_1 & 0\\ 0 & A_2\end{bmatrix}\quad(\text{其中 } A_1 \text{ 为 } r \text{ 阶方阵}).$$

反之, 若 V 的线性变换 $\mathscr{A}$ 在某基 $\alpha_1,\cdots,\alpha_n$ 下的矩阵表示 A 有上述形式, 则 $W_1=F\alpha_1+\cdots+F\alpha_r$ 与 $W_2=F\alpha_{r+1}+\cdots+F\alpha_n$ 均为 $\mathscr{A}$ 的不变子空间, 且 $V=W_1\oplus W_2$.

定义6.5　在系1的情形下, 记 $\mathscr{A}_i=\mathscr{A}|_{W_i}$, 则称 $\mathscr{A}$ 为 $\mathscr{A}_1$ 和 $\mathscr{A}_2$ 的(外)**直和**, A 为 A_1 和 A_2 的(外)**直和**, 记为

$$\mathscr{A}=\mathscr{A}_1\oplus\mathscr{A}_2,\quad A=A_1\oplus A_2,$$

并称这种直和分解是与 V 的直和分解 $V=W_1\oplus W_2$ 相对应的.

注记　定理6.9中, 如果基中向量的次序变化, A 的形式会有表面上的变化. 设 $\alpha_1,\cdots,\alpha_n$ 是 V 的(有序)基, $W=F\alpha_{s+1}+\cdots+F\alpha_{s+t}$ 是 $\mathscr{A}$ 的不变子空间. 则按定理6.9同样的道理可知, $\mathscr{A}$ 在此基下的方阵表示形如

$$\begin{bmatrix}X_1 & 0 & X_4\\ X_2 & A_W & X_5\\ X_3 & 0 & X_6\end{bmatrix},$$

其中 A_W 为 $\mathscr{A}_W=\mathscr{A}|_W$ 的方阵表示, X_i 暂未确定.

例 6.13 设$\mathscr{A}$与$\mathscr{B}$是V的两个线性变换.若$\mathscr{A}$与$\mathscr{B}$可交换(即$\mathscr{A}\mathscr{B}=\mathscr{B}\mathscr{A}$),则$\ker\mathscr{A}$及$\mathrm{Im}\mathscr{A}$均为$\mathscr{B}$的不变子空间.

证明 设$x\in\ker\mathscr{A}$,即$\mathscr{A}x=0$;则$\mathscr{A}(\mathscr{B}x)=\mathscr{B}(\mathscr{A}x)=\mathscr{B}0=0$,故仍有$\mathscr{B}x\in\ker\mathscr{A}$,即知$\ker\mathscr{A}$是$\mathscr{B}$的不变子空间.再由$\mathscr{B}(\mathscr{A}y)=\mathscr{A}(\mathscr{B}y)\in\mathrm{Im}\mathscr{A}$可知$\mathrm{Im}\mathscr{A}$为$\mathscr{B}$的不变子空间. ■

6.6 特征值与特征向量

设V是域F上线性空间,$\mathscr{A}$为其线性变换,A是$\mathscr{A}$在基$\{\alpha_i\}$下的方阵表示.

定义 6.6 若有$\lambda\in F$及非零向量$\alpha\in V$使

$$\mathscr{A}\alpha=\lambda\alpha,$$

亦即

$$Ax=\lambda x$$

(x是α在基$\{\alpha_i\}$下的坐标列),则称λ为$\mathscr{A}$或A的**特征值**(eigenvalue 或 characteristic value)或**特征根**,α称为$\mathscr{A}$的属于λ的**特征向量**(eigenvector),x称为A的**特征(列)向量**.

若α是$\mathscr{A}$的特征向量,则α生成的子空间$F\alpha$是一维不变子空间(因为$\mathscr{A}(\mu\alpha)=\mu\mathscr{A}(\alpha)=\mu\lambda\alpha$对$\mu\in F$成立),且$F\alpha$中每个向量都是属于$\lambda$的特征向量.反之,任意一个一维不变子空间必是特征向量生成的.

注意 $Ax=\lambda x$相当于$(\lambda I-A)x=0$有非零解x,故λ是A的特征根当且仅当

$$\det(\lambda I-A)=0.$$

定义 6.7 多项式$f(\lambda)=\det(\lambda I-A)\in F[\lambda]$称为$\mathscr{A}$或$A$的**特征多项式**(characteristic polynomial for $\mathscr{A}$)(注意,由于历史的原因,这里用λ表示不定元,$F[\lambda]$表示多项式形式环.以后常是这样).

定理 6.10 设V是域F上线性空间,$\mathscr{A}$为其线性变换,A为$\mathscr{A}$在某基下的方阵表示,则:

(1) $\mathscr{A}$的特征多项式不随V的基的选取而改变(即相似方阵的特征多项式相同).

(2) $\mathscr{A}$的特征值即是其特征多项式$f(\lambda)$在F中的根.$f(\lambda)$的每个根$\lambda\in F$至少有一个所属特征向量$\alpha\in V$.

(3) $\mathscr{A}$在V中有特征向量当且仅当$\mathscr{A}$的特征多项式在F中有根.

(4) 当$F=\mathbb{C}$时,复线性空间的任一线性变换$\mathscr{A}$总有复的特征向量,因此$\mathscr{A}$总有一维不变子空间.

证明 (1) $\det(\lambda I-P^{-1}AP)=\det(P^{-1}(\lambda I-A)P)=|P|^{-1}|\lambda I-A||P|=|\lambda I-A|=\det(\lambda I-A)$,故相似方阵的特征多项式相同.由于同一线性变换$\mathscr{A}$在不同基下的矩阵表示是相似的,故$\mathscr{A}$的特征多项式不依赖于基的选取.

(2) 由$\mathscr{A}\alpha=\lambda\alpha$,即$Ax=\lambda x$,知$(\lambda I-A)x=0$有非零解$x$,故$\det(\lambda I-A)=0$,即$\lambda$是特征多项式$f(\lambda)$的根.反之若$\lambda\in F$满足$f(\lambda)=0$,即$\det(\lambda I-A)=0$,便知$F$上线性方程组$(\lambda I-A)x=0$有非零解$x\in F^{(n)}$,即$Ax=\lambda x$,于是坐标为$x$的向量为属于$\lambda$的特征向量.

(3) 与(4)显然. ■

对任一方阵A,我们称$\det(\lambda I-A)\in F[\lambda]$为其特征多项式.若$Ax=\lambda x(0\neq x\in F^{(n)}$,$\lambda\in F)$,则称$x$为$A$的特征向量,$\lambda$为$A$的特征根或特征值.

定理 6.11 设$f(\lambda)=\det(\lambda I-A)=\lambda^n-a_1\lambda^{n-1}+a_2\lambda^{n-2}+\cdots+(-1)^n a_n$是$n$阶方阵$A$的特征多项式,则:

(1) a_i是A的i阶主子式之和$(i=1,2,\cdots,n)$,特别地

$$a_1=\mathrm{tr}A,\qquad a_n=\det A.$$

(2) 若$f(\lambda)$有n个根$\lambda_1,\cdots,\lambda_n$(例如复数根),则$a_i=\sigma_i$是$\lambda_1,\cdots,\lambda_n$的$i$次初等对称多项式,特别地

$$a_1=\lambda_1+\cdots+\lambda_n,\qquad a_n=\lambda_1\lambda_2\cdots\lambda_n.$$

(3) 若$A=\begin{bmatrix}A_1 & A_3\\ 0 & A_2\end{bmatrix}$,则$f(\lambda)=f_1(\lambda)f_2(\lambda)$,其中$f_i(\lambda)$为$A_i$的特征多项式$(i=1,2)$.

(4) 若$A=\begin{bmatrix}\lambda_1 & * & *\\ & \ddots & *\\ & & \lambda_n\end{bmatrix}$为上三角阵,则$\lambda_1,\cdots,\lambda_n$为$A$的特征根.

(5) 若F为数域,则$\det A\neq 0$当且仅当其特征根(复根)均非零.

证明 (1) 注意

$$f(\lambda)=\begin{vmatrix}\lambda-a_{11} & -a_{12} & \cdots & -a_{1n}\\ -a_{21} & \lambda-a_{22} & \cdots & -a_{2n}\\ \vdots & \vdots & \ddots & \vdots\\ -a_{n1} & -a_{n2} & \cdots & \lambda-a_{nn}\end{vmatrix}.$$

设方阵$B=(b_{ij}(\lambda))$,$b_{ij}(\lambda)$是λ的函数,则由行列式定义可知,$\det B$的微商为$\det B_1+\cdots+\det B_n$,其中B_j是把B的第j列(元素分别)求微商(其余列不变)所得方阵.用此方法求出微商$f'(\lambda),f''(\lambda),\cdots,f^{(n-1)}(\lambda)$,再以$\lambda=0$代入即得$a_i(i=n-1,\cdots,2,1)$.

事实上,$f^{(n-i)}(\lambda)$的常数项为$(-1)^i(n-i)!a_i$.而将行列式$f(\lambda)=\det(\lambda I-A)$微商

$n-i$ 次后(再以 $\lambda=0$ 代入),得到 $n(n-1)\cdots(i+1)$ 项之和(每项是 A 的一个 i 阶主子式乘以 $(-1)^i$),每一个(固定的) i 阶子式在此和中计入了 $(n-i)!$ 次(因为该子式所不在的那 $n-i$ 列,可以按任意排列次序被依次微商过. 另一个计算方法是: n 阶行列式不同的 i 阶主子式的个数为 $C_n^i=C_n^{n-i}$,故每个 i 阶主子式被重复计入 $n(n-1)\cdots(i+1)/C_n^i=(n-i)!$ 次). 故 a_i 等于 i 阶主子式之和.

(2) 由 $f(\lambda)=(\lambda-\lambda_1)\cdots(\lambda-\lambda_n)$ 展开乘积即得.

(3) 由 $f(\lambda)=\det(\lambda I-A)$ 即知.

(4) 显然 $f(\lambda)=\det(\lambda I-A)=(\lambda-\lambda_1)\cdots(\lambda-\lambda_n)$.

(5) 由 $\det A=\lambda_1\lambda_2\cdots\lambda_n$. ■

值得注意的是,在一般的域 F 中,n 阶方阵 A 不一定有特征根(例如 $F=\mathbb{R}$, $\mathbb{Q}$ 时),但若 F 为数域(例如 $\mathbb{R}$), A 在 $\mathbb{C}$ 中总是有 n 个复特征根(重根按重数计入).

* **注记** 对一般的域 F,可以证明存在着域 $C_F\supset F$,使得 F 上的 n 次多项式在 C_F 中总有 n 个根,所以定理 6.11 的(2)和(5)有普遍意义.

6.7 方阵的相似

只有很特殊的一类方阵(即有 n 个线性无关的特征向量者),才能相似于对角形. 一般的复方阵,只能复相似某种简单的上(或下)三角形,称为 Jordan 标准形 J. 实方阵只能实相似于某种准上(或下)三角形,对角线上是 2 阶方阵块. 下章将深入讨论.

方阵相似的几何意义对理解问题很重要. 空间 V 的一个线性变换 $\mathscr{A}$ 在不同基下的方阵表示 A,B 是相似的,即 $B=P^{-1}AP$, P 是两基间过渡方阵. 特别地,给定方阵 A,取 $V=F^{(n)}$,及 $\mathscr{A}=\varphi_A:x\longmapsto Ax$,则 A 就是 φ_A 在自然基 $\{\varepsilon_j\}$ 下的方阵表示(ε_j 是 I 的第 j 列). 常常需要求 $F^{(n)}$ 的新基 $\{\beta_i\}$ 使 φ_A 有更简单的方阵表示 $B=P^{-1}AP$,此时 $P=(\beta_1,\cdots,\beta_n)$.

引理 6.3 (1) 若 F 上方阵 A 有特征根 $\lambda_1\in F$,则存在 F 上方阵 P 使

$$P^{-1}AP=\begin{pmatrix}\lambda_1 & X\\ 0 & B_1\end{pmatrix}.$$

(2) 若实方阵 A 有虚特征根 $\lambda_1=a+b\mathrm{i}$,设 $x_1=y+z\mathrm{i}\in\mathbb{C}^{(n)}$ 为其虚特征向量(即 $Ax_1=\lambda_1x_1$). 则 $W=\mathbb{R}y+\mathbb{R}z$ 是 A(即 φ_A)的二维不变子空间,且存在实方阵 P 使

$$P^{-1}AP=\begin{pmatrix}\begin{pmatrix}a & b\\ -b & a\end{pmatrix} & X\\ 0 & C_1\end{pmatrix}$$

(这里 $a,b\in\mathbb{R}$, $y,z\in\mathbb{R}^{(n)}$, $\mathrm{i}=\sqrt{-1}$).

证明 (1) 设 $x_1\in F^{(n)}$ 是属于 λ_1 的特征向量(即 $Ax_1=\lambda_1x_1$). 构作基 $\{x_1,\cdots,x_n\}$,

因 Fx_1 是 φ_A 的一维不变子空间，故在此基下 φ_A 的方阵表示 $P^{-1}AP$ 应形如引理所述.

另一证法：求特征向量 $x_1\in F^{(n)}$ 使 $Ax_1=\lambda_1x_1$，构作可逆方阵 $P=(x_1,\cdots,x_n)$，则

$$\begin{aligned}P^{-1}AP&=P^{-1}A(x_1,\cdots,x_n)=P^{-1}(Ax_1,\cdots,Ax_n)=P^{-1}(\lambda_1x_1,\cdots,Ax_n)\\&=(\lambda_1P^{-1}x_1,\cdots,P^{-1}Ax)=(\lambda_1\varepsilon_1,\cdots,P^{-1}Ax).\end{aligned}$$

最后等号用到 $P^{-1}x_1=\varepsilon_1=(1,0,\cdots,0)^{\mathrm T}$，这是因为 $I=P^{-1}P=(P^{-1}x_1,\cdots,P^{-1}x_n)$.

(2) 易知 y 和 z 线性无关，否则 $x_1=y+z\mathrm{i}=cx$ ($x=y$ 或 z, $c\in\mathbb{C}$), $Acx=\lambda_1cx$，$Ax=\lambda_1x$，右边为虚数矛盾. 将 $Ax_1=\lambda_1x_1$ 实虚部分开，得到

$$\begin{cases}Ay=ay-bz\\Az=by+az\end{cases},\qquad 即\quad A(y,z)=(y,z)\begin{pmatrix}a&b\\-b&a\end{pmatrix}.$$

故 $W=\mathbb{R}y+\mathbb{R}z$ 是 φ_A 的二维不变子空间. 构作 $\mathbb{R}^{(n)}$ 的基 $\{y,z,x_3,\cdots,x_n\}$，此基下 φ_A 的方阵应如 $\begin{bmatrix}A_1&X\\0&C_1\end{bmatrix}$，其中 A_1 是 φ_A 在 W 限制的方阵表示(由定理 6.9)，即得引理.

另一证法：作可逆实方阵 $P=(y,z,x_3,\cdots,x_n)$，则

$$\begin{aligned}P^{-1}AP&=P^{-1}(Ay,Az,Ax_3,\cdots,Ax_n)=P^{-1}(ay-bz,by+az,Ax_3,\cdots,Ax_n)\\&=(a\varepsilon_1-b\varepsilon_2,b\varepsilon_1+a\varepsilon_2,P^{-1}Ax_3,\cdots,P^{-1}Ax_n),\end{aligned}$$

即得引理，最后等号是因为 $I=P^{-1}P=P^{-1}(y,z,x_3,\cdots,x_n)$，故 $P^{-1}y=\varepsilon_1$, $P^{-1}z=\varepsilon_2$. ■

定理 6.12　设 A 为域 F 上 n 阶方阵.

(1) 若已知 A 在 F 中有特征根 $\lambda_1,\cdots,\lambda_t$ (可有重根)，则存在 F 上方阵 P 使

$$B=P^{-1}AP=\begin{pmatrix}T&X\\0&A_1\end{pmatrix},$$

其中 T 为上三角形方阵，对角线为 $\{\lambda_1,\cdots,\lambda_t\}$.

(2) 若 A 在 F 中有 n 个特征根 $\lambda_1,\cdots,\lambda_n$ (重根计入)，则存在 F 上方阵 P 使

$$L=P^{-1}AP=\begin{bmatrix}\lambda_1&*&*\\&\ddots&*\\&&\lambda_n\end{bmatrix}$$

为上三角形. 特别 $F=\mathbb{C}$ 时，复方阵均复相似于上三角形方阵.

(3) 设 $F=\mathbb{R}$，A 为实方阵. 则存在实方阵 P 使

$$B=P^{-1}AP=\begin{bmatrix}A_1&*&*\\&\ddots&*\\&&A_m\end{bmatrix}$$

为准上三角形，A_i 为 2 阶实方阵(无实特征根)或实数($i=1,\cdots,m$).

证明 (1) 由引理 6.3(1)，因有特征根 λ_1 故 $P_1^{-1}AP_1=\begin{pmatrix}\lambda_1 & X\\ 0 & B_1\end{pmatrix}$. 再对 B_1 应用此引理，B_1 应有特征根 λ_2，故得 $P_2^{-1}B_1P_2$ 为准上三角形，对角线为$\{\lambda_2,B_2\}$. 令 $P_3=\text{diag}(1,P_2)$，则 $P_3^{-1}P_1^{-1}AP_1P_3$ 为准上三角形，对角线为$\{\lambda_1,\lambda_2,B_2\}$. 再讨论 B_2，如此续行，即得定理.

(2) 由(1)即得.

(3) 对 A 的实或虚特征根 λ_1 分别用引理 6.3(1)或 6.3(2)，再对引理中的 B_1 或 C_1 同样讨论，如此续行，即得定理. ■

设 V 是域 F 上 n 维线性空间，$\mathscr{A}$ 是其线性变换，在基$\{\alpha_i\}$下的方阵表示为 A，特征多项式为 $f(\lambda)$. 设 $\lambda_1\in F$ 是 $f(\lambda)$的 n_1 重根，则 n_1 称为 λ_1 的**代数重数**(即 $f(\lambda)=(\lambda-\lambda_1)^{n_1}g(\lambda),g(\lambda_1)\neq 0$). 属于特征根 λ_1 的特征向量全体和零向量记为

$$V_{\lambda_1}=\{\alpha\in V\mid \mathscr{A}\alpha=\lambda_1\alpha\},$$

称为(属于)λ_1 的**特征子空间**，其维数 $d_1=\dim V_{\lambda_1}$ 称为 λ_1 的**几何重数**. V_{λ_1} 中向量的坐标列即是$(\lambda_1I-A)x=0$ 的解空间，d_1 即是解空间的维数. 例如，对 $A=\begin{pmatrix}5 & 1\\ 0 & 5\end{pmatrix}$，5 的代数重数为 2，几何重数为 1. 一般地总有下面的结论.

系 1 代数重数 $n_1\geqslant$几何重数 d_1.

证明 设 $\lambda_1\in F$ 是 $f(\lambda)$的 n_1 重根. 在定理 6.12(1)中，取 $\lambda_1=\cdots=\lambda_t,t=n_1$，则 $\mathscr{A}$ 在新基下的方阵为 $B=P^{-1}AP=\begin{pmatrix}T & X\\ 0 & A_1\end{pmatrix}$，$T$ 是 n_1 阶上三角形阵，对角线元素均为 λ_1. 故

$$\lambda_1I-B=\begin{pmatrix}\lambda_1I-T & -X\\ 0 & \lambda_1I-A_1\end{pmatrix}$$

的秩 $r\geqslant n-n_1$(因为至少 $\det(\lambda_1I-A_1)\neq 0$，否则 λ_1 作为 $f(\lambda)=\det(\lambda I-B)$的根的重数要大于 n_1). 故$(\lambda_1I-B)x=0$ 的解空间维数 $d_1\leqslant n_1$. ■

例如，当 $A=\begin{pmatrix}\begin{pmatrix}\lambda_1 & \\ 1 & \lambda_1\end{pmatrix} & \\ & \begin{pmatrix}\lambda_1 & \\ 1 & \lambda_1\end{pmatrix}\end{pmatrix}$时，$\lambda_1$ 的代数重数是 $n_1=4$，φ_A 的特征子空间 $V_{\lambda_1}=F\varepsilon_2+F\varepsilon_4$，维数是 2，故 λ_1 的几何重数 $d_1=2$.

引理 6.4 域 F 上 n 阶方阵 A 在 F 上相似于对角形(称为**可(相似)对角化**)的充分必要条件为 A 有 n 个线性无关的特征向量 $x_1,\cdots,x_n\in F^{(n)}$.

证明 先证必要性. 设 $P^{-1}AP=\text{diag}(\lambda_1,\cdots,\lambda_n)=B$. 记 $P=(x_1,\cdots,x_n)$(x_j 是 P 的

第 j 列),则由 $P^{-1}AP=B$ 知

$$AP = PB,$$

即

$$\mathcal{A}(x_1,\cdots,x_n) = (x_1,\cdots,x_n)\begin{bmatrix}\lambda_1 & & \\ & \ddots & \\ & & \lambda_n\end{bmatrix},$$

$$\mathcal{A} x_j = \lambda_j x_j,$$

故 P 的 n 个列 $x_1,\cdots,x_n$ 是 A 的线性无关的特征向量.

再证充分性. 若 $x_1,\cdots,x_n$ 是 A 的线性无关的特征向量,令 $P=(x_1,\cdots,x_n)$,则

$$AP = A(x_1,\cdots,x_n) = (A x_1,\cdots,A x_n) = (\lambda_1 x_1,\cdots,\lambda_n x_n)$$

$$= (x_1,\cdots,x_n)\begin{bmatrix}\lambda_1 & & \\ & \ddots & \\ & & \lambda_n\end{bmatrix} = P\begin{bmatrix}\lambda_1 & & \\ & \ddots & \\ & & \lambda_n\end{bmatrix}.$$

即知 $P^{-1}AP$ 为对角形. ■

当然,在一般情形下 A 并不一定有 n 个线性无关的特征向量,因此 A 不一定能相似于对角形. 但若能找到若干特征向量,还是能化简方阵的. 在一般情形下有如下结果.

定理 6.13　设 A 为域 F 上 n 阶方阵. (1) 若 $x_1,\cdots,x_s$ 是 A 的线性无关的特征向量,扩充为 $F^{(n)}$ 的基 $x_1,\cdots,x_s,\cdots,x_n$,令 $P=(x_1,\cdots,x_n)$,则

$$P^{-1}AP=\begin{bmatrix}\Lambda & A_2 \\ 0 & A_3\end{bmatrix},$$

其中 Λ 是 s 阶对角形方阵.

(2) 设 S_i 是属于 λ_i 的线性无关的特征向量集($i=1,\cdots,r$),且 $\lambda_1,\cdots,\lambda_r$ 互异,则向量集 $S_1\cup S_2\cup\cdots\cup S_r$ 线性无关. 特别可知,属于不同特征根的特征向量集 $x_1,\cdots,x_r$ 是线性无关的.

证明　(1) 若 $Ax_i=\lambda_i x_i(1\leqslant i\leqslant s)$,则

$$P^{-1}AP = P^{-1}(A x_1,\cdots,A x_s,\cdots,A x_n) = P^{-1}(\lambda_1 x_1,\cdots,\lambda_s x_s,\cdots,Ax_n)$$

$$= (\lambda_1 P^{-1} x_1,\cdots,\lambda_s P^{-1} x_s,\cdots,P^{-1}A x_n) = (\lambda_1 \varepsilon_1,\cdots,\lambda_s \varepsilon_s,\cdots,P^{-1}A x_n)$$

$$= \begin{bmatrix}\begin{bmatrix}\lambda_1 & & \\ & \ddots & \\ & & \lambda_s\end{bmatrix} & A_2 \\ 0 & A_3\end{bmatrix},$$

其中用到 $P^{-1}x_i=\varepsilon_i=(0,\cdots,1,0,\cdots,0)^{\mathrm{T}}(1\leqslant i\leqslant s)$,这是由于

$$(\varepsilon_1,\cdots,\varepsilon_n)=I=P^{-1}P=P^{-1}(x_1,\cdots,x_n)=(P^{-1}x_1,\cdots,P^{-1}x_n).$$

(2) 先设 $S_i=\{y_i\}$ 中只一个向量($i=1,\cdots,r$). 若

$$k_1y_1+\cdots+k_ry_r=0, \tag{$*$}$$

则

$$k_1Ay_1+\cdots+k_rAy_r=0,$$

即

$$k_1\lambda_1y_1+\cdots+k_r\lambda_ry_r=0. \tag{$**$}$$

不妨设 $\lambda_r\neq0$(注意 $\lambda_1,\cdots,\lambda_r$ 互异),于是($*$)式乘以 λ_r 与($**$)式相减得

$$k_1(\lambda_r-\lambda_1)y_1+\cdots+k_{r-1}(\lambda_r-\lambda_{r-1})y_{r-1}=0.$$

由对 r 的归纳法可设 $y_1,\cdots,y_{r-1}$ 线性无关,故 $k_1=\cdots=k_{r-1}=0$,从而 $k_r=0$. 故 $y_1,\cdots,y_r$ 线性无关.

再看一般情形. 如果 $S_1\cup\cdots\cup S_r$ 中的向量的线性组合为 0,即若

$$\sum_{x_1\in S_1}k_{x_1}x_1+\cdots+\sum_{x_r\in S_r}k_{x_r}x_r=0,$$

令

$$y_i=\sum_{x_i\in S_i}k_{x_i}x_i \qquad (1\leqslant i\leqslant r),$$

则

$$y_1+y_2+\cdots+y_r=0. \tag{$***$}$$

注意若 $y_i\neq0$,则 y_i 是属于 λ_i 的特征向量(因为 y_i 由 S_i 中向量组合而成). 故($***$)式中若有某些 $y_i\neq0$ 则与(1)矛盾. 故知 $y_i=0(1\leqslant i\leqslant r)$. 故

$$\sum_{x_i\in S_i}k_{x_i}x_i=0,$$

由于 S_i 中向量线性无关,故 k_{x_i} 均为 0 $(1\leqslant i\leqslant r,\ x_i\in S_i)$. ■

注记 引理 6.3 和定理 6.13(1)的证明也可这样看出:A 为 $F^{(n)}$ 的线性变换 $\mathscr{A}$: $\alpha\longmapsto A\alpha$ 在自然基下的方阵表示,$P=(x_1,\cdots,x_n)$ 为自然基到"新基"$x_1,\cdots,x_n$ 的过渡方阵. 故 $B=P^{-1}AP$ 应为 $\mathscr{A}$ 在"新基"下的方阵表示,其第 j 列应为 $\mathscr{A}x_j=Ax_j=\lambda_jx_j$ 在"新基"下的坐标列 $(0,\cdots,\lambda_j,0,\cdots,0)^{\mathrm{T}}$(这里设 x_j 为 A 的特征向量).

例 6.14 设 A,B 为复方阵(不一定同阶),则存在非零矩阵 X 使

$$AX=XB$$

的充分必要条件为 A 与 B 有公共复特征根.

证明 先证必要性. 设 $PXQ=\begin{bmatrix}I_r&0\\0&0\end{bmatrix}$, $r\geqslant1$. 则由 $AX=XB$ 知

$$(PAP^{-1})(PXQ)=(PXQ)(Q^{-1}BQ),$$

$$\begin{bmatrix} A_1 & A_2 \\ A_3 & A_4 \end{bmatrix}\begin{bmatrix} I_r & 0 \\ 0 & 0 \end{bmatrix}=\begin{bmatrix} I_r & 0 \\ 0 & 0 \end{bmatrix}\begin{bmatrix} B_1 & B_2 \\ B_3 & B_4 \end{bmatrix},$$

这里设 $PAP^{-1}=\begin{bmatrix} A_1 & A_2 \\ A_3 & A_4 \end{bmatrix}$,$Q^{-1}BQ=\begin{bmatrix} B_1 & B_2 \\ B_3 & B_4 \end{bmatrix}$. 比较上式两边知 $A_1=B_1$,$A_3=0$,$B_2=0$,即知 $A_1=B_1$ 的复特征根是 A 与 B 的公共复特征根.

再证充分性. 若 A 与 B 有公共复特征根 λ_1,则由定理 6.12 知存在 P,Q 使

$$PAP^{-1}=\begin{bmatrix} \lambda_1 & A_2 \\ 0 & A_4 \end{bmatrix},$$

$$Q^{-1}BQ=\begin{bmatrix} \lambda_1 & 0 \\ B_3 & B_4 \end{bmatrix}.$$

于是 $X=P^{-1}\begin{bmatrix} 1 & 0 \\ 0 & 0 \end{bmatrix}Q^{-1}$ 使 $AX=XB$. ■

习 题 6

1. 设线性映射 $\mathscr{A}:\mathbb{R}^{(3)}\to\mathbb{R}^{(2)}$ 定义为

$$\mathscr{A}(x_1,x_2,x_3)^{\mathrm{T}}=(x_1+2x_2,x_1-x_2)^{\mathrm{T}},$$

求 $\mathscr{A}$ 在 $\mathbb{R}^{(3)}$ 的基 $\{\alpha_1,\alpha_2,\alpha_3\}$ 和 $\mathbb{R}^{(2)}$ 的基 $\{\beta_1,\beta_2\}$ 下的矩阵表示:

(1) $\alpha_1=(1,0,0)^{\mathrm{T}}$,$\alpha_2=(0,1,0)^{\mathrm{T}}$,$\alpha_3=(0,0,1)^{\mathrm{T}}$;$\beta_1=(1,0)^{\mathrm{T}}$,$\beta_2=(0,1)^{\mathrm{T}}$;

(2) $\alpha_1=(1,1,1)^{\mathrm{T}}$,$\alpha_2=(0,1,1)^{\mathrm{T}}$,$\alpha_3=(0,0,1)^{\mathrm{T}}$;$\beta_1=(1,1)^{\mathrm{T}}$,$\beta_2=(1,0)^{\mathrm{T}}$;

(3) $\alpha_1=(1,2,3)^{\mathrm{T}}$,$\alpha_2=(0,1,-1)^{\mathrm{T}}$,$\alpha_3=(-1,-2,3)^{\mathrm{T}}$;$\beta_1=(1,2)^{\mathrm{T}}$,$\beta_2=(2,1)^{\mathrm{T}}$.

2. 设

$$A=\begin{bmatrix} 1 & 1 & -1 \\ 2 & 1 & 2 \\ -1 & 0 & 3 \end{bmatrix},$$

V_1 是 $\alpha=(1,1,1)^{\mathrm{T}}$ 和 $\alpha_2=(0,1,2)^{\mathrm{T}}$ 张成的 $\mathbb{R}^{(3)}$ 的子空间. 由 $x\longmapsto Ax$ 定义 V_1 到 $V_2=\mathbb{R}^{(3)}$ 的线性映射 φ.

(1) 求 φ 在 V_1 的基 α_1,α_2 和 V_2 的基 $(1,0,0)^{\mathrm{T}}$,$(0,1,0)^{\mathrm{T}}$,$(0,0,1)^{\mathrm{T}}$ 下的矩阵表示 B,并求 φ 的核、象及它们的维数;

(2) 求 φ 在 V_1 的基 $\{\alpha_1+\alpha_2,\alpha_1-\alpha_2\}$ 和 V_2 的上述基下的矩阵表示 C;

(3) 求 $\alpha=(3,2,1)^{\mathrm{T}}\in V_1$ 在基 α_1,α_2 下的坐标表示,并分别用(1)中矩阵表示及 $A\alpha$ 求 $\varphi(\alpha)$.

3. 设 $A=\begin{bmatrix} \cos\theta & -\sin\theta \\ \sin\theta & \cos\theta \end{bmatrix}$, $B=\begin{bmatrix} \mathrm{e}^{\mathrm{i}\theta} & 0 \\ 0 & \mathrm{e}^{-\mathrm{i}\theta} \end{bmatrix}$, θ 为实数,按如下方法找出方阵 P 使 $P^{-1}AP=B$;

(1) 定义线性映射 $\mathscr{A}:\mathbb{C}^{(2)}\to\mathbb{C}^{(2)}$, $x\longmapsto Ax$ (x 用自然基 $e_1=(1,0)^{\mathrm{T}}$, $e_2=(0,1)^{\mathrm{T}}$ 表示);

(2) 求 $\mathbb{C}^{(2)}$ 的新基 $\{\alpha_1,\alpha_2\}$,使 $\mathscr{A}$ 在新基下的方阵表示为 B;

(3) 求出自然基到新基的过渡矩阵 P,验证 $P^{-1}AP=B$.

4. 设 $\mathscr{A}$ 是 F 上二维线性空间 V 到自身的线性映射,在某基下的方阵表示为 $A=\begin{bmatrix} a & b \\ c & d \end{bmatrix}$,证明:$\mathscr{A}^2-(a+d)\mathscr{A}+(ad-bc)\mathscr{I}=0$ 为零映射($\mathscr{I}$是恒等映射).

5. 证明:$F[X]$和 $F[[X]]$均为 F 上的代数.

6. 证明:$F[X,Y]$是 F 上代数.

7. 设 V 是 F 上线性空间,$\alpha_1,\cdots,\alpha_n$ 是其一基,于是由

$$\mathscr{A}\alpha_i=\alpha_{i+1}\quad(i=1,\cdots,n-1),\quad \mathscr{A}\alpha_n=0$$

定义了 V 的一个线性变换 $\mathscr{A}$.

(1) 试求 $\mathscr{A}$ 在基 $\alpha_1,\cdots,\alpha_n$ 下的矩阵表示;

(2) 证明 $\mathscr{A}^n=0$, $\mathscr{A}^{n-1}\neq 0$;

(3) 设 $\mathscr{B}$ 是 V 的线性变换且满足 $\mathscr{B}^n=0$,$\mathscr{B}^{n-1}\neq 0$,则存在 V 的基使 $\mathscr{B}$ 的方阵表示与(1)中 $\mathscr{A}$ 的方阵表示相同;

(4) 证明:若 F 上 n 阶方阵 M,N 满足 $M^n=N^n=0$, $M^{n-1}\neq 0\neq N^{n-1}$,则 M 与 N 相似.

8. 证明:若 $\mathscr{A}$ 是$\mathbb{R}^{(2)}$上线性变换且 $\mathscr{A}^2=\mathscr{A}$,则存在基使 $\mathscr{A}$ 的方阵表示为 $0,I$,或$\begin{bmatrix} 1 & 0 \\ 0 & 0 \end{bmatrix}$.

9. 计算$\begin{bmatrix} 0 & -1 \\ 1 & 0 \end{bmatrix}^{100}$,　$\begin{bmatrix} 1 & -1 \\ 1 & 1 \end{bmatrix}^{100}$.

***10.** 用方阵表示 S_4 中元素(2314),(13),(24).

***11.** 设 $f(X)=X^3+pX+q$ 是$\mathbb{Z}[X]$中不可约多项式,α 是其一复根.

(1) 试证明:$\mathbb{Q}[\alpha]=\{g(\alpha)\mid g(x)\in\mathbb{Q}[X]\}$是$\mathbb{Q}$上线性空间,求其维数与基;

(2) 试证明:$\varphi_{f'}:\beta\longmapsto f'(\alpha)\beta$ 定义了$\mathbb{Q}[\alpha]$的一个线性变换(其中 $f'(X)$是 $f(X)$的导数,$f'(\alpha)=3\alpha^2+p$),求 $\varphi_{f'}$ 在基 $1,\alpha,\alpha^2$ 下的方阵表示 $A_{f'}$;

(3) 求 $\det A_{f'}$ 且与 $\operatorname{disc}(f)$比较.

***12.** 设 $f(X)=X^n+aX+b$ 是$\mathbb{Z}[X]$中不可约多项式,α 是其一复根.

(1) 试证明$\mathbb{Q}[\alpha]$是$\mathbb{Q}$上 n 维线性空间,求其一基;

(2) 试证明:$\varphi_{f'}:\beta\longmapsto f'(\alpha)\beta$ 定义了$\mathbb{Q}[\alpha]$的一个线性变换.求 $\varphi_{f'}$ 在某基下的方阵表示 $A_{f'}$;

(3) 求 $\det A_{f'}$,并与习题 3 中第 44(1)题 $f(x)$的判别式 $\operatorname{disc}(f)$比较.

***13.** 设 $f(X)=X^n+a_{n-1}X^{n-1}+\cdots+a_0$ 是$\mathbb{Q}[X]$中不可约多项式,α 是其一复根.

(1) 试证明$\mathbb{Q}[\alpha]=\{g(\alpha)\mid g(X)\in\mathbb{Q}[X]\}$是$\mathbb{Q}$上 n 维线性空间,$1,\alpha,\cdots,\alpha^{n-1}$ 是一基;

(2) 由 α 定义了$\mathbb{Q}[\alpha]$的线性变换 $\varphi_\alpha:\beta\longmapsto\alpha\beta$,求 φ_α 在上述基下的方阵表示 A_α 并求 $\det A_\alpha$;

(3) 设 λ 是一个有理变数(即在$\mathbb{Q}$中取值的自变量),由 $\varphi_{\lambda-\alpha}:\beta\longmapsto(\lambda-\alpha)\beta$ 定义了$\mathbb{Q}[\alpha]$中的线性变换 $\varphi_{\lambda-\alpha}$.求它在上述基下的方阵表示 $A_{\lambda-\alpha}$,并求 $\det A_{\lambda-\alpha}$.

14. 设 $\mathscr{D}$ 为多项式形式空间 $F[X]$上的"求导"变换,W 为次数不超过 n 的多项式全体,证明 W 是 $\mathscr{D}$

的不变子空间.

15. 设 $A=\begin{bmatrix}0 & -1\\ 1 & 0\end{bmatrix}$,由 $x\longmapsto Ax$ 定义了$\mathbb{R}^{(2)}$的线性变换$\mathscr{A}$.求$\mathscr{A}$的不变子空间.

16. 设$\mathscr{A}$为$\mathbb{R}^{(2)}$的线性变换,在自然基下方阵表示为 $A=\begin{bmatrix}1 & -1\\ 2 & 2\end{bmatrix}$.

(1) 证明$\mathscr{A}$的不变子空间只能为$\mathbb{R}^{(2)}$和0;

(2) 设$\mathscr{B}$是$\mathbb{C}^{(2)}$的线性变换,在自然基下的方阵表示为A,证明$\mathscr{B}$有一维不变子空间.

17. 设V是$[0,1]$上连续实函数全体所成$\mathbb{R}$上线性空间,$\mathscr{T}$为V的"不定积分"变换:

$$(\mathscr{T}f)(x)=\int_0^x f(t)\mathrm{d}t$$

多项式函数子空间是否是不变子空间?可微函数呢?以 $x=\frac{1}{2}$为零点的函数呢?

18. 证明:n维线性空间V的任一子空间W是某一线性变换$\mathscr{A}$的象集.

19. 证明:n维线性空间V的任一子空间W是某一线性变换$\mathscr{A}$的核.

20. 对任意矩阵$A_{m\times n}$和$B_{n\times m}$,证明AB与BA的非零特征根均相同.当$m=n$时,证明AB与BA的特征根相同.

21. 设$\mathscr{A}$是$\mathbb{R}^{(3)}$的线性变换,在自然基下方阵表示为

$$A=\begin{bmatrix}-9 & 4 & 4\\ -8 & 3 & 4\\ -16 & 8 & 7\end{bmatrix},$$

试求出$\mathscr{A}$的3个线性无关向量构成$\mathbb{R}^{(3)}$的基,从而求出$\mathscr{A}$的对角方阵表示.

22. 设

$$A=\begin{bmatrix}6 & -3 & -2\\ 4 & -1 & -2\\ 10 & -5 & -3\end{bmatrix},$$

A在$\mathbb{R}$上是否相似于对角形方阵?在$\mathbb{C}$上呢?

23. 设$\mathscr{A}$是$\mathbb{R}^{(4)}$的线性变换,在自然基下方阵表示为

$$A=\begin{bmatrix}0 & a & & \\ & 0 & b & \\ & & 0 & c\\ & & & 0\end{bmatrix},$$

当a,b,c取何值时$\mathscr{A}$可对角化(即有对角形方阵表示)?

24. 证明:线性变换的属于两个不同特征根的两个特征向量是线性无关的.试讨论多个特征根或多个特征向量的情形.

25. 证明:2阶对称实方阵一定在$\mathbb{R}$上相似于对角形方阵.

26. 设 2 阶复方阵 N 满足 $N^2=0$. 证明 $N=0$ 或 N 相似于 $\begin{bmatrix}0 & 1\\ 0 & 0\end{bmatrix}$.

27. 证明 2 阶复方阵 A 必复相似于 $\begin{bmatrix}a & 0\\ 0 & b\end{bmatrix}$ 或 $\begin{bmatrix}a & 1\\ 0 & a\end{bmatrix}$.

28. 设 V 是 F 上 n 阶方阵全体所成 F 上线性空间，A 为一固定的 F 上 n 阶方阵，设 V 的线性变换 φ 由"左乘以 A"定义，即 $\varphi: X \longmapsto AX$，那么 φ 与 A 是否有相同的特征值？

29. 设 A 为 3 阶实方阵，证明：若 A 不实相似于上三角形阵，则 A 复相似于对角形阵.

30. 设 V 是 F 上 n 阶方阵全体所成 F 上线性空间，A,B 为其中两固定方阵. φ_i 是 V 上线性变换，定义为 $\varphi_1(X)=AX$，$\varphi_2(X)=AX-XA$，$\varphi_3(X)=XB$，$\varphi_4(X)=AXB$. 试求 φ_i 的方阵表示($1\leqslant i\leqslant 4$)(V 的基取为 $E_{11},\cdots,E_{1n},E_{21},\cdots,E_{2n},\cdots,E_{nn}$).

31. 设线性空间 V 的线性变换 $\mathscr{E}$ 满足 $\mathscr{E}^2=\mathscr{E}$，则称 $\mathscr{E}$ 为**投影或投射**(projection). 试证明

(1) V 中向量 β 属于 $\mathscr{E}$ 的象集 $\mathscr{E}V$ 当且仅当 $\mathscr{E}\beta=\beta$；

(2) $V=\mathscr{E}V\oplus\ker\mathscr{E}$，且 V 的任一向量直和分解为 $\alpha=\mathscr{E}\alpha+(\alpha-\mathscr{E}\alpha)$；

(3) 对任一直和分解 $V=V_1\oplus V_0$，存在唯一的射影 $\mathscr{E}$，使 $V_1=\mathscr{E}V$，$V_0=\ker\mathscr{E}$；

(4) 每个射影 $\mathscr{E}$ 均有方阵表示为 $\begin{bmatrix}I & 0\\ 0 & 0\end{bmatrix}$.

32. (1) 设线性空间 $V=W_1\oplus\cdots\oplus W_s$，试证明存在 V 的线性变换 $\mathscr{E}_1,\cdots,\mathscr{E}_s$(称为**典型投影或正则投影**)使

① $\mathscr{E}_i^2=\mathscr{E}_i$　(即 $\mathscr{E}_i$ 为投影，$1\leqslant i\leqslant s$)；

② $\mathscr{E}_i\mathscr{E}_j=0$　(当 $j\neq i$)；

③ $\mathscr{E}_1+\cdots+\mathscr{E}_s=I$ 为恒等变换；

④ $\mathscr{E}_iV=W_i$.

(2) 反之试证明：若有 V 上线性变换 $\mathscr{E}_1,\cdots,\mathscr{E}_s$ 满足上述条件①，②，③，记 $W_i=\mathscr{E}_iV$，则 $V=W_1\oplus\cdots\oplus W_s$。

33. 设 $\alpha_1,\alpha_2,\alpha_3$ 是 $\mathbb{R}^{(3)}$ 的基，W 是 α_1 和 α_2 所决定的平面，$\mathscr{E}$ 是平行于平面 W 而向 α_3 所在直线的**投射(或投影)**，求证 $\mathscr{E}$ 是线性变换并求其在基 $\alpha_1,\alpha_2,\alpha_3$ 下的方阵表示.

34. 设 $\mathbb{R}^{(3)}$ 的线性变换 $\mathscr{A}$ 把 $\alpha_1,\alpha_2,\alpha_3$ 分别变换为 β_1,β_2,β_3，求 $\mathscr{A}$ 在 $\mathbb{R}^{(3)}$ 的自然基下的方阵表示 A：

(1) $\alpha_1=(2,3,5)^{\mathrm{T}}$，$\alpha_2=(0,1,2)^{\mathrm{T}}$，$\alpha_3=(1,0,0)^{\mathrm{T}}$；

$\beta_1=(1,1,1)^{\mathrm{T}}$，$\beta_2=(1,1,-1)^{\mathrm{T}}$，$\beta_3=(2,1,2)^{\mathrm{T}}$；

(2) $\alpha_1=(2,0,3)^{\mathrm{T}}$，$\alpha_2=(4,1,5)^{\mathrm{T}}$，$\alpha_3=(3,1,2)^{\mathrm{T}}$；

$\beta_1=(1,2,-1)^{\mathrm{T}}$，$\beta_2=(4,5,-2)^{\mathrm{T}}$，$\beta_3=(1,-1,1)^{\mathrm{T}}$.

35. 证明：$\mathbb{R}^{(3)}$ 中变换 $\mathscr{A}(x)=\alpha x^{\mathrm{T}}\alpha$ 是线性变换，其中 $\alpha=(1,2,3)^{\mathrm{T}}$，求 $\mathscr{A}$ 在 $\mathbb{R}^{(3)}$ 的自然基 e_1,e_2,e_3 和以下基上的方阵表示：$\beta_1=(1,0,1)^{\mathrm{T}}$，$\beta_2=(2,0,-1)^{\mathrm{T}}$，$\beta_3=(1,1,0)^{\mathrm{T}}$.

36. 证明：用给定矩阵 $A=\begin{bmatrix} a & b \\ c & d \end{bmatrix}$ 左乘和右乘，定义了二阶方阵空间 V 的两个线性变换 $\mathscr{A}_L$ 和 $\mathscr{A}_R$. 并求此二变换在以下基下的方阵表示：

$$\begin{bmatrix} 1 & 0 \\ 0 & 0 \end{bmatrix}, \begin{bmatrix} 0 & 0 \\ 1 & 0 \end{bmatrix}, \begin{bmatrix} 0 & 1 \\ 0 & 0 \end{bmatrix}, \begin{bmatrix} 0 & 0 \\ 0 & 1 \end{bmatrix}.$$

37. 设线性变换 $\mathscr{A}$ 在基 $\alpha_1,\alpha_2,\alpha_3,\alpha_4$ 下的方阵表示为

$$A=\begin{bmatrix} 1 & 2 & 0 & 1 \\ 3 & 0 & -1 & 2 \\ 2 & 5 & 3 & 1 \\ 1 & 2 & 1 & 3 \end{bmatrix},$$

求 $\mathscr{A}$ 在以下基下的方阵表示：

(1) $\alpha_1,\ \alpha_3,\ \alpha_2,\ \alpha_4$；

(2) $\alpha_1,\ \alpha_1+\alpha_2,\ \alpha_1+\alpha_2+\alpha_3,\ \alpha_1+\alpha_2+\alpha_3+\alpha_4$.

38. 设线性变换 $\mathscr{A}$ 在基 $\alpha_1=(1,2)^{\mathrm{T}},\alpha_2=(2,3)^{\mathrm{T}}$ 下方阵为 $\begin{bmatrix} 3 & 5 \\ 4 & 3 \end{bmatrix}$. 而线性变换 $\mathscr{B}$ 在基 $\beta_1=(3,1)^{\mathrm{T}}$，$\beta_2=(4,2)^{\mathrm{T}}$ 下方阵为 $\begin{bmatrix} 4 & 6 \\ 6 & 9 \end{bmatrix}$，求变换 $\mathscr{A}+\mathscr{B}$ 在基 β_1,β_2 下的方阵表示.

39. 设线性变换 $\mathscr{A}$ 在基 $\alpha_1=(-3,7)^{\mathrm{T}},\alpha_2=(1,-2)^{\mathrm{T}}$ 下方阵为 $\begin{bmatrix} 2 & -1 \\ 5 & -3 \end{bmatrix}$，线性变换 $\mathscr{B}$ 在基 $\beta_1=(6,-7)^{\mathrm{T}}$，$\beta_2=(-5,6)^{\mathrm{T}}$ 下有方阵表示 $\begin{bmatrix} 1 & 3 \\ 2 & 7 \end{bmatrix}$，求变换 $\mathscr{A}\mathscr{B}$ 在基 $(1,0)^{\mathrm{T}},(0,1)^{\mathrm{T}}$ 下的方阵表示.

40. n 维线性空间 V 上线性变换 $\mathscr{A}$ 称为非奇异的，是指 $\mathscr{A}$ 在某基下的方阵表示 A 非奇异（即 $\det A\neq 0$）. 试证明 $\mathscr{A}$ 非奇异与以下每个命题等价：

(1) 若 $\mathscr{A}x=0$，总有 $x=0$；

(2) $\mathscr{A}$ 把 V 的基变为基；

(3) 若 $x_1\neq x_2$，总有 $\mathscr{A}x_1\neq\mathscr{A}x_2$；

(4) $\mathscr{A}$ 为满射；

(5) $\mathscr{A}$ 有逆.

41. 求在某基 $\alpha_1,\cdots,\alpha_n$ 下有下列方阵表示的 $\mathbb{R}^{(n)}$ 的线性变换的特征根与特征向量：

(1) $\begin{bmatrix} 2 & -1 & 2 \\ 5 & -3 & 3 \\ -1 & 0 & -2 \end{bmatrix}$；　　(2) $\begin{bmatrix} 0 & 1 & 0 \\ -4 & 4 & 0 \\ -2 & 1 & 2 \end{bmatrix}$；

(3) $\begin{bmatrix} 7 & -12 & 6 \\ 10 & -19 & 10 \\ 12 & -24 & 13 \end{bmatrix}$；　　(4) $\begin{bmatrix} 4 & -5 & 7 \\ 1 & -4 & 9 \\ -4 & 0 & 5 \end{bmatrix}$；

(5) $\begin{bmatrix} 1 & 0 & 0 & 0 \\ 0 & 0 & 0 & 0 \\ 1 & 0 & 0 & 0 \\ 0 & 0 & 0 & 1 \end{bmatrix}$；　(6) $\begin{bmatrix} 3 & -1 & 0 & 0 \\ 1 & 1 & 0 & 0 \\ 3 & 0 & 5 & -3 \\ 4 & -1 & 3 & -1 \end{bmatrix}$.

42. 设 $\mathscr{A}$ 是 n 维线性空间 V 的线性变换，若 $\mathscr{A}$ 有 n 个互异的特征值，试证明 $\mathscr{A}$ 可对角化（即有对角形方阵表示）. 反过来对不对？

43. 设 $\mathscr{A}$ 为线性空间 V 的线性变换，在基 $\alpha_1,\cdots,\alpha_n$ 下方阵表示如下. 试问 $\mathscr{A}$ 是否可对角化（即在某基下有对角方阵表示）？若可以，则求出使其对角化的基及对角形方阵表示：

(1) $\begin{bmatrix} -1 & 3 & -1 \\ -3 & 5 & -1 \\ -3 & 3 & 1 \end{bmatrix}$；　(2) $\begin{bmatrix} 6 & -5 & -3 \\ 3 & -2 & -2 \\ 2 & -2 & 0 \end{bmatrix}$；　(3) $\begin{bmatrix} 1 & 1 & 1 & 1 \\ 1 & 1 & -1 & -1 \\ 1 & -1 & 1 & -1 \\ 1 & -1 & -1 & 1 \end{bmatrix}$；

(4) $\begin{bmatrix} 4 & -3 & 1 & 2 \\ 5 & -8 & 5 & 4 \\ 6 & -12 & 8 & 5 \\ 1 & -3 & 2 & 2 \end{bmatrix}$；　(5) $\begin{bmatrix} 0 & 0 & 0 & 1 \\ 0 & 0 & 1 & 0 \\ 0 & 1 & 0 & 0 \\ 1 & 0 & 0 & 0 \end{bmatrix}$.

44. 设

$$A=\begin{bmatrix} & & 1 \\ & \iddots & \\ 1 & & \end{bmatrix}.$$

试求可逆方阵 P 使 $P^{-1}AP=B$ 为对角形方阵.

45. 用 $r(\mathscr{A})$ 表示 n 维线性空间 V 上线性变换 $\mathscr{A}$ 的秩（即其象的维数），用 $\mathrm{null}(\mathscr{A})$ 表示 $\mathscr{A}$ 的**零度**（即其核的秩）. 对 $\mathbb{R}^{(n)}$ 的线性变换 $\mathscr{A}$ 与 $\mathscr{B}$ 及 $\mathbb{R}^{(n)}$ 的任一子空间 W，以及 W 在 $\mathscr{A}$ 下的（全）**原象** $\mathscr{A}^{-1}W$，证明：

(1) $\dim W-\mathrm{null}(\mathscr{A})\leqslant\dim\mathscr{A}W\leqslant\dim W$；

(2) $\dim W\leqslant\dim\mathscr{A}^{-1}W\leqslant\dim W+\mathrm{null}(\mathscr{A})$；

(3) $\mathrm{r}(\mathscr{A}+\mathscr{B})\leqslant\mathrm{r}(\mathscr{A})+\mathrm{r}(\mathscr{B})$；

(4) $\mathrm{null}(\mathscr{A}\mathscr{B})\leqslant\mathrm{null}(\mathscr{A})+\mathrm{null}(\mathscr{B})$.

46. 证明：线性变换 $\mathscr{A}$ 的任意一组特征向量张成的向量空间必是 $\mathscr{A}$ 的不变子空间.

47. 设 A 是 n 阶方阵且满足 $\mathrm{r}(A+I)+\mathrm{r}(A-I)=n$，则 $A^2=I$.

48. 证明：若空间所有非零向量均为线性变换 $\mathscr{A}$ 的特征向量，则 $\mathscr{A}$ 为纯量变换，即有常数 c 使 $\mathscr{A}x=cx$ 对所有向量 x 成立.

49. 设 $\mathscr{A}$ 为非奇异线性变换. 证明 $\mathscr{A}$ 的不变子空间均为 $\mathscr{A}^{-1}$ 的不变子空间.

50. 若 W 是线性变换 $\mathscr{A}$ 的不变子空间，则其象 $\mathscr{A}W$，及原象 $\mathscr{A}^{-1}W$ 均为 $\mathscr{A}$ 的不变子空间.

51. 设$\mathbb{R}^{(n)}$的线性变换$\mathscr{A}$在基$\alpha_1,\cdots,\alpha_n$下的方阵表示为对角形,且对角线上元素互异,求$\mathscr{A}$的所有不变子空间,共多少个?

52. 证明:复线性空间的任何两个可交换的线性变换必有公共的特征向量.

53. 证明:若$B=P^{-1}AP$,$f(X)$为多项式,则$f(B)=P^{-1}f(A)P$.

54. 证明:两个对角方阵相似的充分必要条件为对角线元素相同,只是排列次序不同.

55. 设A,B为实方阵,若A,B在$\mathbb{C}$上相似(即有复方阵P,使得$P^{-1}AP=B$),则A,B在$\mathbb{R}$上相似(即有实方阵T使$T^{-1}AT=B$).

***56.** 设数域K包含域F,方阵A,B的元素属于F.证明:若A,B在K上相似(即有元素属于K的方阵P使$P^{-1}AP=B$),则A,B在F上相似(即有元素属于F的方阵T使$T^{-1}AT=B$).

57. 设方阵A与B可交换且均相似于对角形,则它们可同时对角化(即存在方阵P使$P^{-1}AP$,$P^{-1}BP$同时为对角形).

***58.** 设Φ是一族n阶方阵,其中方阵两两可交换且均相似于对角形,则Φ中方阵可同时对角化(即存在可逆方阵P使对任意$A\in\Phi$均有$P^{-1}AP$为对角形).

59. 设V是复数域$\mathbb{C}$上的n维线性空间,$\mathscr{A}$是V的线性变换,则$\mathscr{A}$有任意r维的不变子空间$(1\leqslant r\leqslant n)$.

60. 设V是实数域$\mathbb{R}$上二阶方阵所成的线性空间,其中一组基为

$$\varepsilon_1=\begin{bmatrix}1&0\\0&0\end{bmatrix},\quad \varepsilon_2=\begin{bmatrix}1&1\\0&0\end{bmatrix},\quad \varepsilon_3=\begin{bmatrix}1&1\\1&0\end{bmatrix},\quad \varepsilon_4=\begin{bmatrix}1&1\\1&1\end{bmatrix},$$

它们在线性变换σ下的象分别为

$$\alpha_1=\begin{bmatrix}1&0\\3&0\end{bmatrix},\quad \alpha_2=\begin{bmatrix}1&1\\3&3\end{bmatrix},\quad \alpha_3=\begin{bmatrix}3&1\\7&3\end{bmatrix},\quad \alpha_4=\begin{bmatrix}3&3\\7&7\end{bmatrix}.$$

求$\sigma(\alpha_1)$,$\sigma(\alpha_2)$,$\sigma(\alpha_3)$,$\sigma(\alpha_4)$.

第Ⅱ部分　深入内容

第7章

方阵相似标准形与空间分解

7.1 引言：孙子定理

设 V 是域 F 上线性空间，$\mathscr{A}$ 是其线性变换，A 是 $\mathscr{A}$ 在基$\{\varepsilon_i\}$下的方阵表示. 为了更好掌握 $\mathscr{A}$ 的作用规律，需要设法把 V 分解为 $\mathscr{A}$ 的不变子空间 W_i 的直和，而且要求每个 W_i 尽量简单，这就是本章主要内容. 在每个 W_i 中适当取基，合而为 V 的基，$\mathscr{A}$ 就会有简单的方阵表示 B. 因此每种空间分解都对应着方阵 A 的一种相似标准形 B.

线性空间 V 的分解问题与下述“孙子定理”很相像. 因此我们先介绍易于理解的“孙子定理”作为我们分析的萌芽，同时“孙子定理”本身也是很重要且有趣的.

公元五世纪(南北朝时期)，我国《孙子算经》中有“**物不知其数**”问题：

“今有物不知其数，三三数之剩二，五五数之剩三，七七数之剩二，问物几何？”

也就是要求正整数 x 使得

$$\begin{cases} x \equiv 2 \pmod 3; \\ x \equiv 3 \pmod 5; \\ x \equiv 2 \pmod 7). \end{cases} \tag{7.1.1}$$

宋代秦九韶在《数书九章》中给出这种问题的完整解法(大衍求一术). 程大位在《算法统宗》(1593)更给出解上述问题的歌诀：

“三人同行七十稀；

五树梅花廿一枝，

七子团圆正半月，

除百零五便得知”.

意思是：模 3 的余数乘以 70，模 5 的余数乘以 21，模 7 的余数乘以 15，总和除以 105(=3×5×7)的余数便为答案，即

$$x = 2\times 70 + 3\times 21 + 2\times 15 = 233 \equiv 23 \pmod{105}.$$

因此 23 是最小答案，$23+105k\ (k\in\mathbb{Z})$均为答案.

70,21,15 这三个数是关键，这是因为

$$70\equiv\begin{cases}1\\0,\\0\end{cases}\quad 21\equiv\begin{cases}0\\1,\\0\end{cases}\quad 15\equiv\begin{cases}0 & \pmod 3\\0 & \pmod 5,\\1 & \pmod 7\end{cases}\tag{7.1.2}$$

所以 $b_1\times70+b_2\times21+b_3\times15$ 必是模3余 b_1，模5余 b_2，模7余 b_3. 怎样得到的这三个数呢？因为3，5，7两两互素，故 $5\times7,3\times7,3\times5$ 三数互素，故存在整数 $u_1,u_2,u_3\in\mathbb{Z}$ 使得

$$u_1\times5\times7+u_2\times3\times7+u_3\times3\times5=1.$$

此式左侧三项即应为70，21，15(mod 105)或有(7.1.2)式中性质的类似数. 欲求 u_1,u_2,u_3，可用辗转相除法先求得 s_1,s_2 使 $s_1\times35+s_2\times21=(35,21)=7$，再求得 t_1,t_2 使得 $t_1\times7+t_2\times15=1$，代入即得 u_1,u_2,u_3. 例如易求得 $s_1=-1$，$s_2=2$，$t_1=-2$，$t_2=1$. 即得

$$2\times5\times7-4\times3\times7+1\times3\times5=1.$$

我们实际上已经证明了下述定理.

定理 7.1(孙子定理)　整数的一次同余式组

$$\begin{cases}x\equiv b_1 & (\text{mod } m_1),\\ \cdots\cdots\\ x\equiv b_s & (\text{mod } m_s),\end{cases}\tag{7.1.3}$$

当 $m_1,\cdots,m_s$ 为两两互素的整数时，对任意的整数 $b_1,\cdots,b_s$ 总有整数解 x，且此解在模 $m=m_1\cdots m_s$ 意义下唯一. 事实上，记 $M_i=m/m_i$，由辗转相除法求得整数 $u_1,\cdots,u_s$ 使得

$$u_1M_1+\cdots+u_sM_s=1,\tag{7.1.4}$$

记 $e_i=u_iM_i(1\leqslant i\leqslant s)$，则(7.1.3)的解为

$$x\equiv b_1e_1+\cdots+b_se_s\quad(\text{mod } m).\tag{7.1.5}$$

注记　孙子方程(7.1.3)的解也可如下求出. 先求 u_i 使

$$u_iM_i\equiv1\quad(\text{mod } m_i)\qquad(1\leqslant i\leqslant s),\tag{7.1.6}$$

则类似于(7.1.4)式有

$$u_1M_1+\cdots+u_sM_s\equiv1\quad(\text{mod } m).\tag{7.1.4'}$$

令 $e_i=u_iM_i$，则(7.1.5)式仍为解.

由于多项式形式环 $F[X]$ 像 $\mathbb{Z}$ 一样也有带余除法及辗转相除法，故上述定理在把"整数"换为"多项式"后仍成立.

例 7.1　设 $m_1(\lambda)=\lambda^4+\lambda+1$，$m_2(\lambda)=\lambda^3+\lambda+1$，求最低次数的多项式 $h(\lambda)\in\mathbb{Q}[\lambda]$ 使得 $h(\lambda)$ 除以 $m_1(\lambda)$ 和 $m_2(\lambda)$ 分别余 $-\lambda$ 和 $\lambda+1$.

解　按上述定理的方法，用辗转相除法求 $u(\lambda),v(\lambda)$ 使

$$u(\lambda)m_2(\lambda)+v(\lambda)m_1(\lambda)=1,$$

则 $h(\lambda)$ 为 $-\lambda u(\lambda)m_2(\lambda)+(\lambda+1)v(\lambda)m_1(\lambda)$ 除以 $m=m_1(\lambda)m_2(\lambda)$ 的余式. 实际所求为

$$u(\lambda)=-\frac{1}{3}(2\lambda^3-\lambda^2+2\lambda+1),$$

$$v(\lambda)=\frac{1}{3}(2\lambda^2-\lambda+4),$$

$$h(\lambda)=\lambda^5+\lambda^2.$$

我们现在用另一观点来看待孙子定理. 首先回忆模 m 同余类环

$$\mathbb{Z}/m\mathbb{Z}=\{\overline{0},\overline{1},\overline{2},\cdots,\overline{m-1}\},$$

其中 $\overline{k}=k+m\mathbb{Z}$.(7.1.3)式的解 x 在模 m 下是唯一的，故可以认为 $x\in\mathbb{Z}/m\mathbb{Z}$，或者更确切地记为 $\overline{x}\in\mathbb{Z}/m\mathbb{Z}$，其中 $\overline{a}$ 表示 a 所在的模 m 同余类 $a+m\mathbb{Z}$. 于是(7.1.5)式说明每个 $\overline{x}\in\mathbb{Z}/m\mathbb{Z}$ 可分解为

$$\overline{x}=b_1\overline{e}_1+\cdots+b_s\overline{e}_s, \tag{7.1.5$'$}$$

这就给出分解

$$\mathbb{Z}/m\mathbb{Z}=\mathbb{Z}\overline{e}_1+\cdots+\mathbb{Z}\overline{e}_s, \tag{7.1.7}$$

其中 $\mathbb{Z}\overline{e}_i=\{k\overline{e}_i\mid k\in\mathbb{Z}\}$(环的和 $R_1+\cdots+R_s$ 定义为 $a_1+\cdots+a_s$ 全体($a_i\in R_i,1\leqslant i\leqslant s$)). 这种分解是"直和"分解，也就是说每个 $\overline{x}\in\mathbb{Z}/m\mathbb{Z}$ 的形如(7.1.5′)式的分解是唯一的(因为每个 x 对应着确定的 $b_i\equiv x\ (\mathrm{mod}\ m_i)$). 以"物不知其数"问题为例，则有直和分解

$$\mathbb{Z}/105\,\mathbb{Z}=\mathbb{Z}\,\overline{70}\oplus\mathbb{Z}\,\overline{21}\oplus\mathbb{Z}\,\overline{15}, \tag{7.1.8}$$

$$\overline{23}=2\cdot\overline{70}+3\cdot\overline{21}+2\cdot\overline{15}. \tag{7.1.9}$$

值得注意的是 $\mathbb{Z}\,\overline{70}$ 只有 3 个元素：$\overline{0}$, $\overline{70}$, $2\cdot\overline{70}$，分别对应于 $\mathbb{Z}/3\,\mathbb{Z}$ 中的 $\overline{0},\overline{1},\overline{2}$，此对应 φ 保持加法和乘法(即 $\varphi(a+b)=\varphi(a)+\varphi(b)$, $\varphi(ab)=\varphi(a)\varphi(b)$)，又是一一对应，被称为环 $\mathbb{Z}\,\overline{70}$ 与 $\mathbb{Z}/3\,\mathbb{Z}$ 的同构. 也就是说，我们有环的同构

$$\mathbb{Z}\,\overline{70}\cong\mathbb{Z}/3\,\mathbb{Z},\quad \mathbb{Z}\,\overline{21}\cong\mathbb{Z}/5\,\mathbb{Z},\quad \mathbb{Z}\,\overline{15}\cong\mathbb{Z}/7\,\mathbb{Z}.$$

故由(7.1.8)和(7.1.9)式的分解，我们有环的同构

$$\mathbb{Z}/105\,\mathbb{Z}\cong\mathbb{Z}/3\,\mathbb{Z}\oplus\mathbb{Z}/5\,\mathbb{Z}\oplus\mathbb{Z}/7\,\mathbb{Z}, \tag{7.1.10}$$

$$\overline{23}\longmapsto(2,3,2).$$

对一般情形有如下定理.

定理 7.1′(孙子分解) 设 $m=m_1m_2\cdots m_s$，其中 m_i 为两两互素整数($i=1,\cdots,s$). 则有直和分解

$$\mathbb{Z}/m\mathbb{Z}=\mathbb{Z}\overline{e}_1\oplus\mathbb{Z}\overline{e}_2\oplus\cdots\oplus\mathbb{Z}\overline{e}_s\cong\mathbb{Z}/m_1\,\mathbb{Z}\oplus\mathbb{Z}/m_2\,\mathbb{Z}\oplus\cdots\oplus\mathbb{Z}/m_s\mathbb{Z}, \tag{7.1.11}$$

$$\overline{x}=b_1\overline{e}_1+\cdots+b_s\overline{e}_s\longmapsto(b_1,b_2,\cdots,b_s), \tag{7.1.12}$$

其中 $x\equiv b_i\,(\mathrm{mod}\ m_i)$, $\mathbb{Z}\overline{e}_i\cong\mathbb{Z}/m_i\mathbb{Z}\,(i=1,\cdots,s)$. 而且

$$\overline{e}_1+\overline{e}_2+\cdots+\overline{e}_s=\overline{1}, \tag{7.1.13}$$

$$\overline{e}_i\overline{e}_j=\overline{0}\quad(\text{当 } i\neq j),\quad \overline{e}_i^2=\overline{e}_i. \tag{7.1.14}$$

特别地，当 $m=p_1^{e_1}\cdots p_s^{e_s}$ 为 m 的不可约分解时，$m_i=p_i^{e_i}$ 为素数幂，可得上述分解. 例如

$$\mathbb{Z}/180\,\mathbb{Z}\cong\mathbb{Z}/4\,\mathbb{Z}\oplus\mathbb{Z}/9\,\mathbb{Z}\oplus\mathbb{Z}/5\,\mathbb{Z}.$$

古人觉得孙子定理很神奇，给予许多名称：隔墙算，鬼谷算，剪管术，秦王暗点兵等. 西方到 Gauss 才系统地解决此问题. 因此国际上称孙子定理为**中国剩余定理**. 近现代的许多数学理论中都有它的推广和发展.

7.2　零化多项式与最小多项式

本章总设 V 是域 F 上的 n 维线性空间，$\mathscr{A}$ 是 V 的一个固定的线性变换，λ 是不定元. 每个多项式形式 $g(\lambda)=b_s\lambda^s+\cdots+b_0\in F[\lambda]$ 对应着 $\mathscr{A}$ 的一个"多项式"

$$g(\mathscr{A})=b_s\mathscr{A}^s+\cdots+b_1\mathscr{A}+b_0\in F[\mathscr{A}].\tag{7.2.1}$$

我们通过 $g(\mathscr{A})$ 规定 $g(\lambda)$ 对 V 中向量 α 的作用

$$g(\lambda)\alpha=\alpha g(\lambda)=g(\mathscr{A})\alpha,\tag{7.2.2}$$

特别有

$$\lambda\alpha=\alpha\lambda=\mathscr{A}\alpha.\tag{7.2.3}$$

因此可以谈论多项式 $g(\lambda)$ 对向量 α 的作用(或称乘法). 从而 V 被称为 $F[\lambda]$-模.

定义 7.1　若多项式形式 $g(\lambda)\in F[\lambda]$ 使得 $g(\mathscr{A})=0$ 为零变换，则 $g(\lambda)$ 称为 $\mathscr{A}$(或 V)的**零化子**或**零化多项式**(annihilating polynomial).

定理 7.2　对任一线性变换 $\mathscr{A}$，存在唯一的首一零化多项式 $m(\lambda)\in F[\lambda]$，其倍式全体 $\{m(\lambda)h(\lambda)\mid h(\lambda)\in F[\lambda]\}$ 即为 $\mathscr{A}$ 的零化多项式全体.

定义 7.2　定理 7.2 中的多项式 $m(\lambda)=m_{\mathscr{A}}(\lambda)$ 称为 $\mathscr{A}$ 或 V 的**极小**或**最小零化子**(**多项式**).

定理 7.2 的证明　V 上线性变换全体(对应于 n 阶方阵集)是 n^2 维线性空间，因此线性变换序列

$$1,\quad \mathscr{A},\quad \mathscr{A}^2,\quad \mathscr{A}^3,\cdots$$

中最多有 n^2 个线性无关. 从前往后依次考查，必存在 d 使 $1,\mathscr{A},\cdots,\mathscr{A}^{d-1}$ 线性无关而 $\mathscr{A}^d$ 则与它们线性相关，即存在 $a_0,a_1,\cdots,a_{d-1}$ 使得

$$\mathscr{A}^d=a_0+a_1\mathscr{A}+\cdots+a_{d-1}\mathscr{A}^{d-1}.$$

这说明

$$m(\lambda)=\lambda^d-a_{d-1}\lambda^{d-1}-\cdots-a_1\lambda-a_0$$

是 $\mathscr{A}$ 的零化多项式，且是零化多项式中次数最低的. 事实上，若有更低次的零化多项式

$h(\lambda)=b_c\lambda^c+\cdots+b_0$，$c<d$，则由 $0=h(\mathscr{A})=b_c\mathscr{A}^c+\cdots+b_0$ 得出 $1,\mathscr{A},\cdots,\mathscr{A}^c$ 线性相关，与前述 $1,\mathscr{A},\cdots,\mathscr{A}^{d-1}$ 线性无关矛盾. 此外若 $g(\lambda)$ 是 $\mathscr{A}$ 的任一零化多项式，由带余除法有

$$g(\lambda)=m(\lambda)\cdot q(\lambda)+r(\lambda),\quad r(\lambda)=0 \text{ 或 } \deg r(\lambda)<d.$$

则

$$0=g(\mathscr{A})=m(\mathscr{A})q(\mathscr{A})+r(\mathscr{A})=r(\mathscr{A}).$$

即 $r(\lambda)$ 是 $\mathscr{A}$ 的零化多项式. 由 $m(\lambda)$ 的次数最低性知 $r(\lambda)=0$，即知 $m(\lambda)\mid g(\lambda)$. 又若 $m_1(\lambda)$ 与 $m_2(\lambda)$ 均有定理 7.2 中性质，则它们相互整除，故相等. ■

设 A 为方阵，若 $g(\lambda)\in F[\lambda]$ 使 $g(A)=0$，则称 $g(\lambda)$ 为 A 的**零化多项式**. 最低次的首一零化多项式称为其**最小多项式**. 线性变换 $\mathscr{A}$ 与其方阵表示 A 的最小多项式及零化多项式集显然相同(因 V 上线性变换全体与 n 阶方阵全体代数同构).

定理 7.3(Cayley-Hamilton) 线性变换 $\mathscr{A}$(或方阵 A)的特征多项式 $f(\lambda)$ 是 $\mathscr{A}$(或 A)的零化多项式.

证明 设 $\alpha_1,\alpha_2,\cdots,\alpha_n$ 是 V 的基，则可设

$$(\mathscr{A}\alpha_1,\cdots,\mathscr{A}\alpha_n)=(\alpha_1,\cdots,\alpha_n)A,\quad (A \text{ 为 } \mathscr{A} \text{ 的方阵表示})$$

即 $\mathscr{A}\alpha_j$ 的坐标是 A 的第 j 列，即 A^{T} 的第 j 行，从而

$$\begin{bmatrix}\mathscr{A} & & \\ & \ddots & \\ & & \mathscr{A}\end{bmatrix}\begin{bmatrix}\alpha_1\\ \vdots\\ \alpha_n\end{bmatrix}=\begin{bmatrix}\mathscr{A}\alpha_1\\ \vdots\\ \mathscr{A}\alpha_n\end{bmatrix}=A^{\mathrm{T}}\begin{bmatrix}\alpha_1\\ \vdots\\ \alpha_n\end{bmatrix}.$$

也可记为

$$\begin{bmatrix}\lambda & & \\ & \ddots & \\ & & \lambda\end{bmatrix}\begin{bmatrix}\alpha_1\\ \vdots\\ \alpha_n\end{bmatrix}=A^{\mathrm{T}}\begin{bmatrix}\alpha_1\\ \vdots\\ \alpha_n\end{bmatrix}\qquad (\lambda \text{ 是不定元}),$$

即

$$(\lambda I-A^{\mathrm{T}})\begin{bmatrix}\alpha_1\\ \vdots\\ \alpha_n\end{bmatrix}=0.$$

在左边乘以 $(\lambda I-A^{\mathrm{T}})^*$(即方阵 $\lambda I-A^{\mathrm{T}}$ 的古典伴随方阵)，则

$$\det(\lambda I-A^{\mathrm{T}})\begin{bmatrix}\alpha_1\\ \vdots\\ \alpha_n\end{bmatrix}=f(\lambda)\begin{bmatrix}\alpha_1\\ \vdots\\ \alpha_n\end{bmatrix}=0.$$

也就是说，$f(\lambda)\alpha_i=f(\mathscr{A})\alpha_i=0$ $(i=1,\cdots,n)$. 因为 $\alpha_1,\cdots,\alpha_n$ 是基，故对任意 $\alpha\in V$，$f(\mathscr{A})\alpha=0$，即得定理(上述证明中 λ 都换写为 $\mathscr{A}$，证明过程仍成立). ■

特征多项式 $f(\lambda)$ 是最重要的零化多项式，特别由此可知最小多项式 $m(\lambda)$ 是 $f(\lambda)$ 的

因子.我们更有下面的定理.

定理 7.4 （设 $F\subset\mathbb{C}$ 为数域）设线性变换 $\mathscr{A}$ 的特征多项式 $f(\lambda)$ 在 $F[\lambda]$ 中分解为

$$f(\lambda)=p_1(\lambda)^{d_1}p_2(\lambda)^{d_2}\cdots p_s(\lambda)^{d_s},$$

其中 $p_i(\lambda)$ 为 F 上不可约多项式，$d_i>0(i=1,\cdots,s)$，则 $\mathscr{A}$ 的最小多项式 $m(\lambda)$ 为

$$m(\lambda)=p_1(\lambda)^{r_1}p_2(\lambda)^{r_2}\cdots p_s(\lambda)^{r_s},$$

其中 $d_i\geqslant r_i>0\quad(i=1,\cdots,s)$.特别地，$f(\lambda)$ 与 $m(\lambda)$ 的根集相同（重数可不同），不可约因子集也相同.

注记 定理7.4对一般的域 F 均成立，将在下面第5节循环分解的系中证明.事实上现在要给出的定理7.4的证明对一般域 F 也是适用的，因为可以证明：任一域 F 总属于某域 C_F，使得 C_F 上的任意 n 次多项式在 C_F 中总有 n 个根（重根计入）.这样的 C_F 称为**代数封闭域**.

定理 7.4 的证明 设 $\lambda_0\in\mathbb{C}$ 是 $f(\lambda)$ 的复数根，我们要证明 λ_0 也是 $m(\lambda)$ 的根.设 A 为 $\mathscr{A}$ 的方阵表示.于是由 $\det(\lambda_0 I-A)=f(\lambda_0)=0$ 知 $(\lambda_0 I-A)x=0$ 有非0解 $x\in\mathbb{C}^{(n)}$，即 $Ax=\lambda_0 x$，故 $A^2x=A(Ax)=A(\lambda_0 x)=\lambda_0 Ax=\lambda_0^2 x$. 同理 $A^k x=\lambda_0^k x$.设 $m(\lambda)=\sum\limits_k c_k\lambda^k$ $(c_k\in F)$，则 $0=m(A)x=\sum\limits_k c_kA^kx=\sum\limits_k c_k\lambda_0^k x=m(\lambda_0)x$.因 $m(\lambda_0)\in\mathbb{C}$，$x\neq 0$，故 $m(\lambda_0)=0$，故知 $f(\lambda)$ 的每个复根 λ_0 均为 $m(\lambda)$ 的复根.现在 $m(\lambda)\mid f(\lambda)$，故由 $f(\lambda)=p_1(\lambda)^{d_1}\cdots p_s(\lambda)^{d_s}$ 可知 $m(\lambda)=p_1(\lambda)^{r_1}\cdots p_s(\lambda)^{r_s}$，其中 $d_i\geqslant r_i\geqslant 0$.但若 $r_1=0$，则 $p_1(\lambda)$ 的复根 λ_0 是 $f(\lambda)$ 的根而不是 $m(\lambda)$ 的根（由于 $p_i(\lambda)(i\neq 1)$ 与 $p_1(\lambda)$ 互素，即 $u(\lambda)p_1(\lambda)+v(\lambda)p_i(\lambda)=1$，故 λ_0 不可能是 $p_i(\lambda)$ 的根），这与上述矛盾，故 $r_1\neq 0$.同理 $r_2,\cdots,r_s$ 均大于0.定理得证. ∎

例 7.2 n 阶纯量方阵 $A=aI(a\in F)$ 的特征多项式为 $f(\lambda)=(\lambda-a)^n$，最小多项式 $m(\lambda)=\lambda-a$.

例 7.3 对角形方阵 $A=\mathrm{diag}(a_1,\cdots,a_n)(a_i\in F)$，其特征多项式为 $f(\lambda)=(\lambda-a_1)\cdots(\lambda-a_n)$.当 $a_1,\cdots,a_n$ 互异时，$m(\lambda)=f(\lambda)$.

例 7.4

$$J=\begin{bmatrix}\lambda_0 & & & \\ 1 & \ddots & & \\ & \ddots & \ddots & \\ & & 1 & \lambda_0\end{bmatrix}$$

为 n 阶方阵（这称为 Jordan 块），其特征多项式与最小多项式均为 $(\lambda-\lambda_0)^n$.

例 7.5 设

$$A=\begin{bmatrix}0 & & & -c_0\\ \ddots & & & -c_1\\ 1 & \ddots & & \vdots\\ & \ddots & 0 & -c_{n-2}\\ & & 1 & -c_{n-1}\end{bmatrix},$$

A 称为多项式 $f(\lambda)=c_0+c_1\lambda+\cdots+c_{n-1}\lambda^{n-1}+\lambda^n\in F[\lambda]$的**友阵**(companion matrix),容易算得 A 的特征多项式即为 $f(\lambda)$. 事实上,将 $\lambda I-A$ 的第 i 行乘以 λ^{-1} 加到第 $i+1$ 行($i=1,2,\cdots,n-1$),则化之为上三角形,(n,n)位元素为 $\lambda+c_{n-1}+c_{n-2}/\lambda+\cdots+c_0/\lambda^{n-1}$,对角线其余元素均为 λ,即知 $\det(\lambda I-A)=f(\lambda)$.

定理 7.5 多项式 $f(\lambda)$的友阵 A 的最小多项式和特征多项式均为 $f(\lambda)$.

证明 只要证明 A 的最小多项式 $m(\lambda)$的次数为 $n=\deg f$ 即可. 记

$$\varepsilon_1=(1,0,\cdots,0)^{\mathrm T},\cdots,\varepsilon_n=(0,\cdots,0,1)^{\mathrm T},$$

则
$$A\varepsilon_1=\varepsilon_2,\ A\varepsilon_2=\varepsilon_3,\cdots,\ A\varepsilon_{n-1}=\varepsilon_n,$$

即
$$A^0\varepsilon_1=\varepsilon_1,\ A\varepsilon_1=\varepsilon_2,\ A^2\varepsilon_1=\varepsilon_3,\ A^3\varepsilon_1=\varepsilon_4,\cdots,\ A^{n-1}\varepsilon_1=\varepsilon_n.$$

它们线性无关,所以 $\deg m(\lambda)=n$(否则由 $m(A)\varepsilon_1=0$ 会得到 $\varepsilon_1,A\varepsilon_1,\cdots,A^{n-1}\varepsilon_1$ 的线性组合为 0).

7.3 准素分解与根子空间

设 V 是域 F 上 n 维线性空间,$\mathscr{A}$ 是 V 的线性变换.

设空间 V 分解为子空间 $W_1,\cdots,W_s$ 的直和,即

$$V=W_1\oplus\cdots\oplus W_s,$$

这也就意味着 V 中每个向量 x 可表为 $x=x_1+\cdots+x_s(x_i\in W_i)$,且表法唯一. x_i 常称为 x 的第 i 分量,这时对每个 $i(1\leqslant i\leqslant s)$有

单射 $\qquad \eta_i: W_i\longrightarrow V,\quad x_i\longmapsto x_i;$

及满射 $\qquad \pi_i: V\longrightarrow W_i,\quad x\longmapsto x_i;$

分别称为**正则嵌入**和**正则投影**(或**典型投射**、**投影**). π_i 可视为 V 的线性变换,象是 W_i.

若 $\mathscr{A}$ 有 n 个线性无关的特征向量 $\alpha_1,\cdots,\alpha_n$,那么每个特征向量 α_i 生成一个一维不变子空间 $F\alpha_i=\{a\alpha_i\mid a\in F\}$. 于是 V 分解为一维不变子空间的直和 $V=F\alpha_1\oplus\cdots\oplus F\alpha_n$. 而 $\mathscr{A}$ 在基 $\alpha_1,\cdots,\alpha_n$ 下的方阵表示为对角形. 但在一般情形下,这样的分解不可能. 首先 $\mathscr{A}$ 在 F 上可能没有 n 个特征根(重根计入),这是 F 的原因. 其次,既使 $\mathscr{A}$ 在 F 上有 n 个特征根(重根计入),也还可能没有 n 个线性无关的特征向量,这是由于 $\mathscr{A}$ 自身的原因. 例如若 $\mathscr{A}$

的方阵表示为

$$A=\begin{bmatrix}1 & 1\\0 & 1\end{bmatrix},$$

则 $\mathscr{A}$ 有二重特征根但无两个线性无关的特征向量.

因此,在特征子空间之外,我们要寻求别的子空间来分解 V.

定义 7.3　设多项式形式 $f(\lambda)\in F[\lambda]$,则记

$$\ker f=\ker f(\lambda)=\{\alpha\in V\mid f(\mathscr{A})\alpha=0\}.$$

$\ker f$ 就是线性变换 $f(\mathscr{A})$ 的核,有时称为属于 f 的**"广义特征子空间"**,其向量称为**"广义特征向量"**(这是因为当 $f=\lambda-c$ 为一次多项式时,$f(\mathscr{A})\alpha=\mathscr{A}\alpha-c\alpha=0$ 当且仅当 α 为特征向量).

引理 7.1　设 $f,g\in F[\lambda]$, $m=m(\lambda)$ 是 $\mathscr{A}$ 的最小多项式,则:

(1) $\ker f$ 是 $\mathscr{A}$ 的不变子空间;

(2) $\ker(1)=0$, $\ker(m)=V$;

(3) 若 $g\mid f$ 则 $\ker g\subset\ker f$;

(4) $\ker(f)\cap\ker(g)=\ker(d)$, $d=(f,g)$ 为最大公因子;

(5) $\ker(f)+\ker(g)=\ker(M)$, $M=[f,g]$ 为最小公倍;

(6) 若 f 与 g 互素,则 $\ker(fg)=\ker(f)\oplus\ker(g)$.

证明　(1) 若 $f(\mathscr{A})\alpha=0$,则 $f(\mathscr{A})(\mathscr{A}\alpha)=\mathscr{A}(f(\mathscr{A})\alpha)=\mathscr{A}0=0$. 即知.

(2)和(3)显然.

(4) 显然左$\supset$右. 设 $u,v\in F[\lambda]$ 使 $uf+vg=d$,于是

$$u(\mathscr{A})f(\mathscr{A})\alpha+v(\mathscr{A})g(\mathscr{A})\alpha=d(\mathscr{A})\alpha,$$

故若 $\alpha\in$左,则 $\alpha\in$右.

(5)由(3)知左$\subset$右. 由最小公倍定义知,存在互素的 f_1 和 $g_1\in F[\lambda]$ 使 $ff_1=M=gg_1$,故有 $u,v\in F[\lambda]$ 使 $uf_1+vg_1=1$,即对 $\alpha\in V$ 有 $uf_1\alpha+vg_1\alpha=\alpha$(这里 $f_1\alpha=f_1(\lambda)\alpha=f_1(\mathscr{A})\alpha$). 若 $\alpha\in\ker M$,则 $f(uf_1\alpha)=uM\alpha=0$, $g(vg_1)\alpha=vM\alpha=0$,故 $\alpha=uf_1\alpha+vg_2a\in\ker f+\ker g$.

(6)由(4)和(5)即得. ■

系 1　设 $\mathscr{A}$ 为 V 的线性变换,极小多项式为 $m(\lambda)=p_1(\lambda)^{r_1}\cdots p_s(\lambda)^{r_s}$, p_i 为互异不可约多项式,则

$$V=\ker(p_1^{r_1})\oplus\cdots\oplus\ker(p_s^{r_s}).$$

系 1 由引理 7.1(6)立得. 由于这一分解的重要性,需更系统的叙述和证明.

定理 7.6(空间准素分解(primary decomposition)) 设域 F 上线性空间 V 的线性变换 $\mathscr{A}$ 的最小多项式为

$$m(\lambda)=p_1(\lambda)^{r_1}p_2(\lambda)^{r_2}\cdots p_s(\lambda)^{r_s}\quad(s\geqslant 2),$$

其中 $p_i(\lambda)$ 为 F 上首一不可约多项式，互异，r_i 为正整数($1\leqslant i\leqslant s$). 则

$$W_i=\ker\ p_i(\lambda)^{r_i}=\{\alpha\in V\mid p_i(\mathscr{A})^{r_i}\alpha=0\}$$

是 $\mathscr{A}$ 的不变子空间，且

(1) $V=W_1\oplus W_2\oplus\cdots\oplus W_s$；

(2) $\mathscr{A}_i=\mathscr{A}|_{W_i}$ 的最小多项式为 $p_i(\lambda)^{r_i}$；

(3) 正则投影 $\mathscr{E}_i: V\longrightarrow W_i$ 是 $\mathscr{A}$ 的多项式；

(4) 若线性变换 $\mathscr{B}$ 与 $\mathscr{A}$ 可交换，则 W_i 也是 $\mathscr{B}$ 的不变子空间($1\leqslant i\leqslant s$).

系 2 设定理 7.6 中 $\mathscr{A}$ 的特征多项式为

$$f(\lambda)=p_1(\lambda)^{d_1}p_2(\lambda)^{d_2}\cdots p_s(\lambda)^{d_s},$$

则 $p_i(\lambda)^{d_i}$ 是 $\mathscr{A}_i$ 的特征多项式($i=1,\cdots,s$)，且

$$W_i=\ker p_i(\lambda)^{r_i}=\ker p_i(\lambda)^{d_i}=\{\alpha\in V\mid p_i(\mathscr{A})^k\alpha=0\quad \text{对某正整数 } k \text{ 成立}\}$$

系 3(方阵的准素形) 设域 F 上 n 阶方阵 A 的最小多项式为 $m(\lambda)=p_1(\lambda)^{r_1}\cdots p_s(\lambda)^{r_s}$，特征多项式为 $f(\lambda)=p_1(\lambda)^{d_1}\cdots p_s(\lambda)^{d_s}$ ($p_i(\lambda)\in F[\lambda]$为首一不可约，互异，$d_i\geqslant r_i$ 为正整数). 则：

(1) 存在 F 上可逆方阵 P 使

$$A=P\begin{bmatrix}A_1 & & \\ & \ddots & \\ & & A_s\end{bmatrix}P^{-1},$$

其中 A_i 的最小多项式和特征多项式分别为 $p_i(\lambda)^{r_i}$ 和 $p_i(\lambda)^{d_i}$；

(2) 方阵

$$E_i=P\mathrm{diag}(0,\cdots,0,I_{n_i},0,\cdots,0)P^{-1}$$

为 A 的多项式(这里的分块与(1)中分块一致，$n_i=\deg\ p_i(\lambda)^{d_i}$)；

(3) 若方阵 B 与 A 可交换，则

$$B=P\begin{bmatrix}B_1 & & \\ & \ddots & \\ & & B_s\end{bmatrix}P^{-1},$$

其中分块与(1)中一致，B_i 的阶为 $n_i=\deg\ p_i(\lambda)^{d_i}$.

定理 7.6 的证明 (1) 令 $q_i=m(\lambda)/p_i(\lambda)^{r_i}$，则 $q_1,\cdots,q_s$ 互素，故存在 $u_i\in F[\lambda]$使

$$1=u_1q_1+u_2q_2+\cdots+u_sq_s.\tag{7.3.1}$$

记 $$e_i = u_i q_i,\ \mathscr{E}_i = u_i(\mathscr{A})q_i(\mathscr{A}),\tag{7.3.2}$$
则 $$1 = \mathscr{E}_1 + \mathscr{E}_2 + \cdots + \mathscr{E}_s,\tag{7.3.3}$$
且 $$\mathscr{E}_i\mathscr{E}_j = 0\quad(\text{当 } i \neq j),\tag{7.3.4}$$
$$\mathscr{E}_i^2 = \mathscr{E}_i\quad(i = 1,\cdots,s).\tag{7.3.5}$$

对任意一个 $x\in V$，由(7.3.3)式有

$$\begin{aligned} x &= \mathscr{E}_1 x + \mathscr{E}_2 x + \cdots + \mathscr{E}_s x \\ &= x_1 + x_2 + \cdots + x_s, \end{aligned}\tag{7.3.6}$$

其中 $$x_i = \mathscr{E}_i x \in \mathscr{E}_i V = \{\mathscr{E}_i x \mid x \in V\}.\tag{7.3.7}$$
我们断言 $$\mathscr{E}_i V = \ker p_i(\lambda)^{r_i} = W_i.\tag{7.3.8}$$

事实上，

$$p_i(\mathscr{A})^{r_i}(\mathscr{E}_i x) = p_i(\mathscr{A})^{r_i}u_i(\mathscr{A})q_i(\mathscr{A})x = u_i(\mathscr{A})m(\mathscr{A})x = 0,$$

故 $\mathscr{E}_i x\in\ker p_i(\lambda)^{r_i}$. 而若 $x\in\ker p_i(\lambda)^{r_i}$，则因 e_j 含因子 $p_i(\lambda)^{r_i}$ ($j\neq i$ 时)，故 $\mathscr{E}_j x=0$. 由(7.3.6)式知 $x=\mathscr{E}_i x\in\mathscr{E}_i V$. 故由(7.3.6)和(7.3.8)式知

$$\begin{aligned} V &= \mathscr{E}_1 V + \cdots + \mathscr{E}_s V \\ &= \ker p_1(\lambda)^{r_1} + \cdots + \ker p_s(\lambda)^{r_s}. \end{aligned}\tag{7.3.9}$$

再证此和为直和，为此设

$$0 = \mathscr{E}_1 y_1 + \cdots + \mathscr{E}_s y_s\qquad(y_i \in V).$$

以 $\mathscr{E}_i$ 作用此式，由(7.3.4)式，(7.3.5)式知有

$$0 = \mathscr{E}_i^2 y_i = \mathscr{E}_i y_i\qquad(1\leqslant i\leqslant s).$$

这就证明了(7.3.9)式为直和，即证明了(1).

(2) $p_i(\lambda)^{r_i}$ 显然是 $\mathscr{A}_i$ 的零化多项式(因 $W_i=\ker p_i^{r_i}$). 另一方面，若 $g(\lambda)$ 使 $g(\mathscr{A}_i)=0$，则 $g(\mathscr{A})q_i(\mathscr{A})=0$. 事实上，$V$ 中任一向量 x 可表为 $x=\sum\limits_k x_k$，其中 $x_k\in W_k$. 故 $g(\mathscr{A})q_i(\mathscr{A})x=\sum\limits_k g(\mathscr{A})q_i(\mathscr{A})x_k$，注意 $g(\mathscr{A})x_i=g(\mathscr{A}_i)x_i=0$，$q_i(\mathscr{A})x_k=0$(当 $i\neq k$). 故 $g(\lambda)q_i(\lambda)$ 是 $\mathscr{A}$ 的零化多项式，于是 $m(\lambda)\mid g(\lambda)q_i(\lambda)$，从而知 $p_i(\lambda)^{r_i}\mid g(\lambda)$，故 $p_i(\lambda)^{r_i}$ 为 $\mathscr{A}_i$ 的最小多项式.

(3) 由(7.3.6)式知 x 的第 i 分量为 $x_i=\mathscr{E}_i x$，故知 $\mathscr{E}_i=u_i(\mathscr{A})q_i(\mathscr{A})$ 是正则射影，自然是 $\mathscr{A}$ 的多项式.

(4) 因 $\mathscr{B}$ 与 $\mathscr{A}$ 可交换，故 $\mathscr{B}$ 与 $p_i(\mathscr{A})^{r_i}$ 可交换，故 $\ker p_i(\mathscr{A})^{r_i}$ 是 $\mathscr{B}$ 的不变子空间(见第6章例6.13). ■

系2的证明　我们对 F 为数域的情形利用定理7.4证明(对一般的域 F 由上节注记知系1也成立). 由定理7.4知，$\mathscr{A}_i$ 的特征多项式 $f_i(\lambda)$ 与极小多项式 $m_i(\lambda)=p_i(\lambda)^{r_i}$ 的不可约因子是一样的(重数不同)，故可设 $f_i(\lambda)=p_i(\lambda)^{k_i}$，于是 $f(\lambda)=f_1(\lambda)\cdots f_s(\lambda)$. 事实上在 $W_1,\cdots,W_s$ 中分别取基，合而为 V 的基，则在此基下 $\mathscr{A}$ 的方阵表示为

$$A=\operatorname{diag}(A_1,\cdots,A_s),$$

其中 A_i 为 $\mathscr{A}_i$ 的方阵表示. 故

$$f(\lambda)=|\lambda I-A|=|\lambda I-A_1|\cdots|\lambda I-A_s|=f_1(\lambda)\cdots f_s(\lambda),$$

故 $p_1^{d_1}\cdots p_1^{d_s}=p_1^{k_1}\cdots p_s^{k_s}$, 由因子分解唯一性即知 $d_i=k_i(1\leqslant i\leqslant s)$.

当 $k<r_i$ 时, $p_i(\lambda)^k\mid p_i(\lambda)^{r_i}$, 故由引理 7.1 知 $\ker p_i(\lambda)^k\subset\ker p_i(\lambda)^{r_i}$. 当 $k\geqslant r_i$ 时, 有

$$p_i(\lambda)^{r_i}=(m(\lambda),\ p_i(\lambda)^k),$$

故由引理 7.1 知

$$\ker p_i(\lambda)^{r_i}=\ker m(\lambda)\cap\ker p_i(\lambda)^k=\ker p_i(\lambda)^k.$$

即知

$$W_i=\ker p_i(\lambda)^{r_i}=\ker p_i(\lambda)^{d_i}=\bigcup_k\ker p_i(\lambda)^k$$

$$=\{\alpha\in V\mid p_i(\mathscr{A})^k\alpha=0\ \text{对某正整数}\ k\ \text{成立}\}.$$ ■

系 3 的证明 视 A 为线性变换 $\mathscr{A}:F^{(n)}\to F^{(n)},x\longmapsto Ax$ 在自然基 $e_1=(1,0,\cdots,0)^{\mathrm T},\cdots,e_n=(0,\cdots,0,1)^{\mathrm T}$ 下的方阵表示. 利用定理 7.6 和系 2, 在 $W_1,\cdots,W_s$ 中分别取基, 合而为 V 的新基, 则 $\mathscr{A}$ 在新基下的方阵表示为

$$\widetilde{A}=\operatorname{diag}(A_1,\cdots,A_s)=P^{-1}AP,$$

其中 A_i 是 $\mathscr{A}_i$ 的方阵表示.

在新基下, 正则投影 $\mathscr{E}_i$ 的方阵表示为 $\widetilde{E}_i=\operatorname{diag}(0,\cdots,0,I_{n_i},0,\cdots,0)$(因为 $\mathscr{E}_i$ 是 V 的线性变换, 将 W_i 分量不变, 其余化 0). 故在自然基下 $\mathscr{E}_i$ 的方阵表示为 $E_i=P\widetilde{E}_iP^{-1}$(正如 $A=P\widetilde{A}P^{-1}$), 且 $\mathscr{E}_i,\widetilde{E}_i,E_i$ 分别为 $\mathscr{A},\widetilde{A},A$ 的多项式. 同样地, 取 B 和 $\widetilde{B}$ 为 $\mathscr{B}$ 在自然基和新基下的方阵表示, 即得系 3. ■

系 4 域 F 上方阵 A 在 F 上相似于对角形方阵(即存在 F 上方阵 P 使 $P^{-1}AP$ 为对角形阵)的充分必要条件为 A 的最小多项式 $m(\lambda)$ 在 F 上分解为互素的一次因子之积, 即

$$m(\lambda)=(\lambda-\lambda_1)\cdots(\lambda-\lambda_s),\ \lambda_1,\cdots,\lambda_s\in F\ \text{互异}.$$

特别知, 复方阵 A 复相似于对角形的充分必要条件为其最小多项式的复根互异.

证明 (1) 必要性. 设 $P^{-1}AP=\operatorname{diag}(\lambda_1 I,\cdots,\lambda_s I)$, $\lambda_1,\cdots,\lambda_s$ 互异, 则显然 $m(\lambda)=(\lambda-\lambda_1)\cdots(\lambda-\lambda_s)$. (2) 充分性. 设 $p_i(\lambda)^{r_i}=\lambda-\lambda_i(i=1,\cdots,s)$. 由系 3 知 $P^{-1}AP=\operatorname{diag}(A_1,\cdots,A_s)$, 且 A_i 满足 $P_i(A_i)^{r_i}=0$, 即 $A_i-\lambda_i I=0$, 故知 $A_i=\lambda_i I$. ■

当 $F=\mathbb{C}$ 为复数域时, 或者当 $\mathscr{A}$ 在 F 上有 n 个特征根时(重根计入), 定理 7.6 及其系中的 $p_i(\lambda)$ 只能为一次, $p_i(\lambda)^{r_i}=(\lambda-\lambda_i)^{r_i}$, λ_i 是 $\mathscr{A}$ 的特征根, $\ker(\lambda-\lambda_i)^{r_i}$ 称为属于 λ_i 的"**根子空间**", 有以下两个系.

系 5 设 V 是 F 上 n 维线性空间, 若其线性变换 $\mathscr{A}$ 在 F 中有 n 个特征根(重根计入), 即若特征多项式和最小多项式在 F 上分解为一次因子之积

$$f(\lambda)=(\lambda-\lambda_1)^{d_1}\cdots(\lambda-\lambda_s)^{d_s},$$

$$m(\lambda) = (\lambda - \lambda_1)^{r_1} \cdots (\lambda - \lambda_s)^{r_s},$$

其中 $\lambda_1, \cdots, \lambda_s \in F$ 互异，$d_i \geqslant r_i > 0 (1 \leqslant i \leqslant s)$. 则：

(1) $V = W_1 \oplus \cdots \oplus W_s$，

其中

$W_i = \ker(\lambda - \lambda_i)^{r_i} = \{\alpha \in V \mid (\lambda_i I - \mathscr{A})^k \alpha = 0$ 对某正整数 k 成立$\}$

称为"属于 λ_i 的**根子空间**"，是 $\mathscr{A}$ 的不变子空间，其中向量称为属于 λ_i 的根向量；

(2) $\mathscr{A}_i = \mathscr{A}|_{W_i}$ 的特征多项式为$(\lambda - \lambda_i)^{d_i}$，最小多项式为$(\lambda - \lambda_i)^{r_i}$；

(3) 正则射影 $\mathscr{E}_i : V \to W_i$ 是 $\mathscr{A}$ 的多项式. 特别若 $\mathscr{B}$ 是与 $\mathscr{A}$ 可交换的线性变换，则 W_i 是 $\mathscr{B}$ 的不变子空间$(1 \leqslant i \leqslant s)$.

系 6　若域 F 上的 n 阶方阵 A 在 F 中有 n 个特征根(重根计入)，则有方阵 D 和 N 使

$$A = D + N, \quad DN = ND,$$

其中 D 在 F 上相似于对角形方阵，N 为幂零方阵. 并且 D 与 N 由 A 唯一决定且均为 A 的多项式.

证明　由系 3 知　$A = P \operatorname{diag}(A_1, \cdots, A_s) P^{-1}$，其中 A_i 的最小多项式为 $p_i(\lambda)^{r_i} = (\lambda - \lambda_i)^{r_i}$. 令

$$D = P \operatorname{diag}(\lambda_1 I, \cdots, \lambda_s I) P^{-1} = \lambda_1 E_1 + \cdots + \lambda_s E_s,$$
$$N = A - D = P \operatorname{diag}(A_1 - \lambda_1 I, \cdots, A_s - \lambda_s I) P^{-1},$$

因 $0 = p_i(A_i)^{r_i} = (A_i - \lambda_i I)^{r_i}$，故 N 为幂零方阵(即 $N^r = 0$，其中 $r = \max r_i$). 因 E_i 为 A 的多项式，故 D，从而 N 为 A 的多项式.

现若 $A = D + N = \widetilde{D} + \widetilde{N}$ 是两种上述分解，则因 $\widetilde{D}, \widetilde{N}$ 乘法可交换，故与 A 也可交换，故与 A 的多项式 D 和 N 可交换. 因 D 与 $\widetilde{D}$ 均可对角化且可交换，故 D 与 $\widetilde{D}$ **可同时对角化**(即存在 P 使 $P^{-1}DP$ 和 $P^{-1}\widetilde{D}P$ 同时为对角形). 事实上，设

$$P_1^{-1} D P_1 = \operatorname{diag}(\lambda_1 I, \cdots, \lambda_s I) \qquad (\lambda_1, \cdots, \lambda_s \text{ 互异}),$$

则由 $D\widetilde{D} = \widetilde{D}D$ 易知

$$P_1^{-1} \widetilde{D} P_1 = \operatorname{diag}(D_1, \cdots, D_s).$$

设 $Q_i^{-1} D_i Q_i$ 为对角形，记 $P_2 = \operatorname{diag}(Q_1, \cdots, Q_s)$，$P = P_1 P_2$，则 $P^{-1}DP$ 与$P^{-1}\widetilde{D}P$同为对角形. 于是知 $D - \widetilde{D} = \widetilde{N} - N$ 相似于对角形且幂零，必为 0. 即得系 6. ■

例 7.6　设

$$A = \begin{bmatrix} 0 & -1 & 2 & 0 \\ 1 & 0 & -2 & 0 \\ 0 & 0 & 1 & 0 \\ 1 & 1 & -2 & 1 \end{bmatrix},$$

以 $x \longmapsto Ax$ 定义$\mathbb{R}^{(4)}$中的线性映射 $\mathscr{A}$，我们来分解$\mathbb{R}^{(4)}$和 A.

注意 A 是 $\mathscr{A}$ 在自然基 $\varepsilon_1,\cdots,\varepsilon_4$ 下的方阵表示.其特征多项式

$$f(\lambda)=\det(\lambda I-A)=(\lambda-1)^2(\lambda^2+1).$$

注意 $A=\begin{bmatrix}A_1 & 0\\ \alpha & 1\end{bmatrix}$,其中 $\det(\lambda I-A_1)=(\lambda-1)(\lambda^2+1)=f_1(\lambda)$.易知

$$f_1(A)=\begin{bmatrix}f_1(A_1) & 0\\ \beta & f_1(1)\end{bmatrix}=\begin{bmatrix}0 & 0\\ \beta & 0\end{bmatrix},$$

其中

$$\beta=\alpha(A_1^2+I).$$

由 A 的系数可看出 $-\alpha$ 恰为 A_1-I 的第一行.故由 $0=f_1(A_1)=(A_1-I)(A_1^2+I)$ 知 $\beta=\alpha(A_1^2+I)=0$.故 $f_1(A)=0$.从而知 $\mathscr{A}$ 的最小多项式为

$$m(\lambda)=(\lambda-1)(\lambda^2+1),$$

故

$$\mathbb{R}^{(4)}=W_1\oplus W_2,$$

其中

$$W_1=\ker(\lambda-1)=\ker(\lambda-1)^2=\{x\in\mathbb{R}^{(4)}\mid(A-I)x=0\},$$

$$W_2=\ker(\lambda^2+1)=\{x\in\mathbb{R}^{(4)}\mid(A^2+I)x=0\}.$$

由

$$A-I=\begin{bmatrix}-1 & -1 & 2 & 0\\ 1 & -1 & -2 & 0\\ 0 & 0 & 0 & 0\\ 1 & 1 & -2 & 0\end{bmatrix}\sim\begin{bmatrix}1 & 0 & -2 & 0\\ 0 & 1 & 0 & 0\\ 0 & 0 & 0 & 0\\ 0 & 0 & 0 & 0\end{bmatrix},$$

知 $W_1=\mathbb{R}\alpha_1+\mathbb{R}\alpha_2$,其中 $\alpha_1=2\varepsilon_1+\varepsilon_3,\alpha_2=\varepsilon_4$.而由

$$A^2+I=\begin{bmatrix}0 & 0 & 4 & 0\\ 0 & 0 & 0 & 0\\ 0 & 0 & 2 & 0\\ 2 & 0 & -4 & 2\end{bmatrix}\sim\begin{bmatrix}0 & 0 & 1 & 0\\ 0 & 0 & 0 & 0\\ 0 & 0 & 0 & 0\\ 1 & 0 & 0 & 1\end{bmatrix},$$

知 $W_2=\mathbb{R}\alpha_3+\mathbb{R}\alpha_4$,其中 $\alpha_3=\varepsilon_2,\alpha_4=\varepsilon_4-\varepsilon_1$.

取 $\mathbb{R}^{(4)}$ 的基

$$\alpha_1=\begin{bmatrix}2\\0\\1\\0\end{bmatrix},\quad \alpha_2=\begin{bmatrix}0\\0\\0\\1\end{bmatrix},\quad \alpha_3=\begin{bmatrix}0\\1\\0\\0\end{bmatrix},\quad \alpha_4=\begin{bmatrix}-1\\0\\0\\1\end{bmatrix};$$

则由 $A(\alpha_1,\alpha_2,\alpha_3,\alpha_4)=(\alpha_1,\alpha_2,\alpha_3,\alpha_4)B$,知 A 相似于

$$P^{-1}AP=B=\left[\begin{array}{cc|cc}1 & 0 & & \\ 0 & 1 & & \\ \hline & & 0 & -1\\ & & 1 & 0\end{array}\right],$$

其中
$$P=(\alpha_1,\alpha_2,\alpha_3,\alpha_4)=\begin{bmatrix}2&0&0&-1\\0&0&1&0\\1&0&0&0\\0&1&0&1\end{bmatrix},$$

显然 $\mathscr{A}_1=\mathscr{A}|_{W_1}$ 在基 α_1,α_2 的方阵表示为 $A_1=I$，其最小多项式和特征多项式分别为 $(\lambda-1),(\lambda-1)^2$；$\mathscr{A}_2=\mathscr{A}|_{W_2}$ 在基 α_3,α_4 的方阵表示为 $A_2=\begin{bmatrix}0&-1\\1&0\end{bmatrix}$，最小多项式为 λ^2+1.

现在我们来求正则投影映射 $\mathscr{E}_i$，按定义

$$\mathscr{E}_1:V\to W_1,\quad \alpha=a_1\alpha_1+a_2\alpha_2+a_3\alpha_3+a_4\alpha_4\longmapsto a_1\alpha_1+a_2\alpha_2,$$
$$\mathscr{E}_2:V\to W_2,\quad \alpha=a_1\alpha_1+a_2\alpha_2+a_3\alpha_3+a_4\alpha_4\longmapsto a_3\alpha_3+a_4\alpha_4,$$

若记 $\mathscr{E}_i$ 在基 $\alpha_1,\alpha_2,\alpha_3,\alpha_4$ 下的方阵表示为 $\hat{E}_1,\hat{E}_2$ 则

$$\hat{E}_1\begin{bmatrix}a_1\\a_2\\a_3\\a_4\end{bmatrix}=\begin{bmatrix}a_1\\a_2\\0\\0\end{bmatrix},\qquad \hat{E}_2\begin{bmatrix}a_1\\a_2\\a_3\\a_4\end{bmatrix}=\begin{bmatrix}0\\0\\a_3\\a_4\end{bmatrix},$$

故

$$\hat{E}_1=\begin{bmatrix}1&&&\\&1&&\\&&0&\\&&&0\end{bmatrix},\qquad \hat{E}_2=\begin{bmatrix}0&&&\\&0&&\\&&1&\\&&&1\end{bmatrix}.$$

另一方面，由(7.3.1)式和(7.3.2)式及

$$\frac{1}{2}(\lambda^2+1)-\frac{1}{2}(\lambda+1)(\lambda-1)=1,$$

知
$$\mathscr{E}_1=\frac{1}{2}(\mathscr{A}^2+1),\ \mathscr{E}_2=-\frac{1}{2}(\mathscr{A}+1)(\mathscr{A}-1),$$

故 $\mathscr{E}_1,\mathscr{E}_2$ 在自然基下的方阵为

$$E_1=\frac{1}{2}(A^2+I),\qquad E_2=-\frac{1}{2}(A+I)(A-I),$$

而

$$\hat{E}_1=P^{-1}E_1P=\frac{1}{2}(B^2+I),$$

$$\hat{E}_2=P^{-1}E_2P=-\frac{1}{2}(B+I)(B-I).$$

很容易验证最后两等式确实成立.

练习 设

$$A=\begin{bmatrix}2 & -1 & 2 & 2\\ 1 & 0 & -2 & 0\\ 1 & 0 & 1 & 1\\ -1 & 1 & -2 & -1\end{bmatrix},$$

以 $x\longmapsto Ax$ 分别定义 $\mathbb{R}^{(4)}$ 和 $\mathbb{C}^{(4)}$ 中线性映射 $\mathscr{A}$，试决定空间的准素分解，A 的准素分解（相似于准对角形及变换方阵），以及投影 $\mathscr{E}_i$. 最后在域 $F=\mathbb{C}$ 上分解 $A=D+N$（D 为可对角化方阵，N 为幂零方阵）.

7.4 循环子空间

为了精细地分解线性空间，最好是先考查一下含某一个向量 α 的最小不变子空间，这就是 α 生成的**循环子空间**.

仍设 V 是域 F 上线性空间，$\mathscr{A}$ 是 V 的一个（固定）线性变换. 设 $\alpha\in V$，而 W 是含 α 的最小不变子空间，那么 W 至少应含 $\mathscr{A}\alpha,\mathscr{A}^2\alpha,\mathscr{A}^3\alpha,\cdots$，故 W 至少应包含多项式对 α 的作用象

$$F[\lambda]\alpha=F[\mathscr{A}]\alpha=\{g(\mathscr{A})\alpha\mid g(\lambda)\in F[\lambda]\}.$$

而另一方面，$F[\lambda]\alpha$ 显然已是不变子空间，故知 $W=F[\lambda]\alpha$.

定义 7.4 (1) 设 $\alpha\in V$，则 $F[\lambda]\alpha=F[\mathscr{A}]\alpha$ 称为 α 生成的 $\mathscr{A}$ 的**循环子空间**(cyclic subspace)(这是含 α 的最小不变子空间). (2) 若 V 中有向量 α 使 $F[\lambda]\alpha=V$，则称 V 是**循环空间**，称 α 是 V 的**循环向量**.

为了查明 $F[\lambda]\alpha$ 的大小，要查明有哪些多项式 $g(\lambda)$ 化 α 为 0，即

$$g(\lambda)\alpha=g(\mathscr{A})\alpha=0,$$

这样的多项式 $g(\lambda)$ 称为 α 的**零化子**或**零化多项式**(annihilator). α 的次数最低的首一零化多项式 $m_\alpha(\lambda)$ 称为 α 的**最小零化子**. 容易证明零化多项式恰为最小零化子的多项式的倍(习题). 最小零化子可按以下方法求得. 依次查

$$\alpha,\mathscr{A}\alpha,\mathscr{A}^2\alpha,\mathscr{A}^3\alpha,\cdots,$$

可求得正整数 k 使得 $\alpha,\mathscr{A}\alpha,\cdots,\mathscr{A}^{k-1}\alpha$ 线性无关而 $\alpha,\mathscr{A}\alpha,\cdots,\mathscr{A}^k\alpha$ 线性相关，即有 $c_0,\cdots,c_{k-1}\in F$ 使

$$\mathscr{A}^k\alpha+c_{k-1}\mathscr{A}^{k-1}\alpha+\cdots+c_1\mathscr{A}\alpha+c_0\alpha=0,$$

即 $$m_\alpha(\mathscr{A})\alpha=0,\text{其中 } m_\alpha=\lambda^k+c_{k-1}\lambda^{k-1}+\cdots+c_0,$$

于是 $m_\alpha(\lambda)$ 是 α 的零化多项式. 若 $g(\lambda)$ 是 α 的零化多项式，而

$$g(\lambda)=m_\alpha(\lambda)q(\lambda)+r(\lambda),\ r=0\text{ 或 }\deg r<k,$$

则 $$0=g(\mathscr{A})\alpha=m_\alpha(\mathscr{A})q(\mathscr{A})\alpha+r(\mathscr{A})\alpha=r(\mathscr{A})\alpha,$$

所以 $r(\mathscr{A})\alpha=0$. 若 $r\neq 0$，则 $\deg r<k$，这与 $\alpha,\mathscr{A}\alpha,\cdots,\mathscr{A}^{k-1}\alpha$ 线性无关矛盾. 故 $r=0$，即 $m_\alpha(\lambda)\mid g(\lambda)$.

定理 7.7 设 V 是域 F 上 n 维线性空间，$\mathscr{A}$ 是 V 的线性变换. 固定 $\alpha\in V$，记 α 生成的循环子空间为

$$W=F[\mathscr{A}]\alpha=F[\lambda]\alpha.$$

(1) 若 $\alpha,\mathscr{A}\alpha,\cdots,\mathscr{A}^{k-1}\alpha$ 线性无关，而 $\alpha,\mathscr{A}\alpha,\cdots,\mathscr{A}^{k}\alpha$ 线性相关，设为 $\mathscr{A}^{k}\alpha+c_{k-1}\mathscr{A}^{k-1}\alpha+\cdots+c_0\alpha=0$，则 $m_\alpha(\lambda)=\lambda^k+c_{k-1}\lambda^{k-1}+\cdots+c_0\in F[\lambda]$ 是 α 的最小零化子.

(2) $W=F[\mathscr{A}]\alpha$ 的维数为 $k=\deg m_\alpha$，且 $\alpha,\mathscr{A}\alpha,\cdots,\mathscr{A}^{k-1}\alpha$ 是 W 的基.

(3) $\mathscr{A}_W=\mathscr{A}|_W$ 在上述基下的方阵表示为 m_α 的**友阵**

$$A_W=\begin{bmatrix}0 & & & -c_0\\ 1 & \ddots & & \vdots\\ & \ddots & 0 & -c_{k-2}\\ & & 1 & -c_{k-1}\end{bmatrix}.$$

特别地，$\mathscr{A}_W$ 的最小多项式 m_W、特征多项式 f_W 及 α 的最小零化子 m_α 三者相等，即

$$m_W=f_W=m_\alpha.$$

证明

(1) 已证.

(2) 已证明 $\alpha,\mathscr{A}\alpha,\cdots,\mathscr{A}^{k-1}\alpha$ 线性无关，只要再证明 $F[\mathscr{A}]\alpha$ 中任一向量均可由它们线性表出. 已知 $\mathscr{A}^k\alpha=-c_{k-1}\mathscr{A}^{k-1}\alpha\cdots-c_0\alpha$，两边同以 $\mathscr{A}$ 作用，可得 $\mathscr{A}^{k+1}\alpha$ 能由它们表出，如此递推可知 $F[\mathscr{A}]\alpha$ 可由它们表出.

(3) 显然 $\mathscr{A}_W$ 的方阵为 A_W. 由友阵的性质即知 $m_W=f_W=m_\alpha$. ■

注记 定理 7.7 的抽象证明：考虑线性映射 $\lambda\longmapsto\lambda\alpha=\mathscr{A}\alpha$，即

$$\varphi:\ F[\lambda]\longrightarrow F[\lambda]\alpha,$$
$$g(\lambda)\longmapsto g(\lambda)\alpha,$$

其核 $\ker\varphi$ 由 $m_\alpha(\lambda)$ 的倍全体组成：$\ker\varphi=\langle m_\alpha\rangle=\{m_\alpha(\lambda)g(\lambda)\mid g(\lambda)\in F[\lambda]\}$，故由线性映射基本定理有

$$F[\lambda]/\ker\varphi\cong F[\lambda]\alpha,$$
$$\overline{g(\lambda)}\longmapsto g(\lambda)\alpha,$$

左端的基是 $\bar{1},\bar{\lambda},\cdots,\bar{\lambda}^{k-1}$，故右端的基是 $\alpha,\lambda\alpha(=\mathscr{A}\alpha),\cdots,\lambda^{k-1}\alpha(=\mathscr{A}^{k-1}\alpha)$. ■

例 7.7 设 $\alpha\in V$ 是线性变换 $\mathscr{A}$ 的特征向量，则 α 生成的循环子空间 $F[\lambda]\alpha$ 是一维的，即 $F\alpha$.

例 7.8 设

$$A=\begin{bmatrix}1&0&0\\1&1&0\\0&1&1\end{bmatrix}.$$

以 $\mathscr{A}x=Ax$ 定义 $V=\mathbb{R}^{(3)}$ 的线性变换 $\mathscr{A}$. 记 $\mathbb{R}^{(3)}$ 的自然基为 $\varepsilon_1,\varepsilon_2,\varepsilon_3$，显然 ε_1 生成的循环子空间 $\mathbb{R}[\lambda]\varepsilon_1=\mathbb{R}^{(3)}$. 事实上由

$$\mathscr{A}\varepsilon_1=(1,1,0)^{\mathrm{T}},\ \mathscr{A}^2\varepsilon_1=(1,2,1)^{\mathrm{T}},$$

易验证 $\varepsilon_1,\mathscr{A}\varepsilon_1,\mathscr{A}^2\varepsilon_1$ 线性无关，故 $\mathbb{R}[\lambda]\varepsilon_1=V$. 再计算 $\mathscr{A}^3\varepsilon_1=\varepsilon_1+3\varepsilon_2+3\varepsilon_3$，易知 ε_1 的最小零化子为

$$m_1(\lambda)=\lambda^3-3\lambda^2+3\lambda-1.$$

在基 $\varepsilon_1,\mathscr{A}\varepsilon_1,\mathscr{A}^2\varepsilon_1$ 下，$\mathscr{A}$ 的方阵表示为 $m_1(\lambda)$ 的友阵

$$B=\begin{bmatrix}0&0&1\\1&0&-3\\0&1&3\end{bmatrix}.$$

另一方面，自然基到基 $\varepsilon_1,\mathscr{A}\varepsilon_1,\mathscr{A}^2\varepsilon_1$ 的过渡方阵显然为

$$P=(\varepsilon_1,\mathscr{A}\varepsilon_1,\mathscr{A}^2\varepsilon_1)=\begin{bmatrix}1&1&1\\0&1&2\\0&0&1\end{bmatrix},$$

故 $\mathscr{A}$ 在基 $\varepsilon_1,\mathscr{A}\varepsilon_1,\mathscr{A}^2\varepsilon_1$ 下的方阵表示为 $B=P^{-1}AP$. 读者可以验证，上述 A,B,P 确实满足此式.

7.5 循环分解与有理标准形

定理 7.8（**循环分解**（cyclic decompositon））设 V 是域 F 上 n 维线性空间，$\mathscr{A}$ 是 V 的线性变换，则：

(1) $$V=F[\mathscr{A}]\alpha_1\oplus\cdots\oplus F[\mathscr{A}]\alpha_r,$$

其中 $V_i=F[\mathscr{A}]\alpha_i$ 是 $\alpha_i\in V$ 生成的非 0 循环子空间. 特别 $\mathscr{A}_i=\mathscr{A}|_{V_i}$ 的最小多项式 $m_i=m_i(\lambda)$、特征多项式 $f_i=f_i(\lambda)$ 及 α_i 的最小零化子 $m_{\alpha_i}=m_{\alpha_i}(\lambda)$ 三者相等，即 $m_i=f_i=m_{\alpha_i}(1\leqslant i\leqslant r)$；

(2) $m_i\mid m_{i-1}(i=2,3,\cdots,r)$，且 $m_1,\cdots,m_r$ 由 $\mathscr{A}$ 唯一决定（称为 $\mathscr{A}$ 的**不变因子**（invariant factors））. $\mathscr{A}$ 的最小多项式为 $m(\lambda)=m_1$，特征多项式为

$$f(\lambda)=m_1\cdots m_r.$$

定义 7.5　设 W 是 $\mathscr{A}$ 的不变子空间，向量 α 到 W 的**导子** $C_{\alpha/W}$ 是指使 $g(\mathscr{A})\alpha\in W$ 的最低次首一多项式 $g(\lambda)$.

* **注记**　考虑商空间 V/W，$\alpha\in V$ 在商空间的象(即 α 所在的同余类)记为 $\bar{\alpha}$，则 $C_{\alpha/W}$ 显然就是 $\bar{\alpha}$ 的最小零化子. 自然我们有 $h(\mathscr{A})\alpha\in W\Leftrightarrow C_{\alpha/W}\mid h(\lambda)$，又显然 α 和 $\alpha+\omega(\omega\in W)$ 到 W 的导子相同，导子显然是零化子的因子，是 $\mathscr{A}$ 的最小多项式的因子.

定理 7.8 的证明　(1) 我们按如下步骤逐个选取 $\alpha_1,\cdots,\alpha_r$ 从而完成证明. 取 α_1 使 $C_1=C_{\alpha_1/0}$ 的次数取得最大值，令 $W_1=F[\mathscr{A}]\alpha_1$.

现在假定我们已选取了 $\alpha_1,\alpha_2,\cdots,\alpha_{k-1}\in V$ 并已经得到子空间 $W_1\subset\cdots\subset W_k$：

$$W_i=F[\mathscr{A}]\alpha_1\oplus\cdots\oplus F[\mathscr{A}]\alpha_i\neq V\quad(i=1,\cdots,k-1),$$

且每个 $C_i=C_{\alpha_i/W_{i-1}}$ 的次数都是最大可能的(对于 α_i 的选取)，那么我们按如下程序来选取 α_k 也满足这些条件. 为此先取 $\beta_k\in V$ 使得

$$C_k=C_{\beta_k/W_{k-1}}$$

的次数达到最大值(这在某种意义上也就是使 β_k 最"远离"W_{k-1}). 令

$$W_k=W_{k-1}+F[\mathscr{A}]\beta_k,$$

由 $C_k\beta_k\in W_{k-1}$，故存在 $g_1,\cdots,g_{k-1}\in F[\lambda]$使得

$$C_k\beta_k=g_1\alpha_1+\cdots+g_{k-1}\alpha_{k-1}.\qquad(*)$$

我们断言："由($*$)式必导致　$C_k\mid g_i\quad(i=1,\cdots,k-1)$". 为此设

$$g_i=C_kh_i+r_i\qquad(r_i=0\text{ 或 }\deg r_i<\deg C_k),$$

(我们欲证 $r_1=\cdots=r_{k-1}=0$). 代入($*$)式知

$$C_k\beta_k=C_k(h_1\alpha_1+\cdots+h_{k-1}\alpha_{k-1})+r_1\alpha_1+\cdots+r_{k-1}\alpha_{k-1}.$$

记

$$\alpha_k=\beta_k-(h_1\alpha_1+\cdots+h_{k-1}\alpha_{k-1})\in\beta_k+W_{k-1},$$

则

$$C_k\alpha_k=r_1\alpha_1+\cdots+r_{k-1}\alpha_{k-1}\in W_{k-1}.\qquad(**)$$

且因 α_k 与 β_k 只相差 W_{k-1} 中元素，故到 W_{k-1}的导子相同，即

$$C_k=C_{\beta_k/W_{k-1}}=C_{\alpha_k/W_{k-1}}.$$

由于 $W_{k-2}\subset W_{k-1}$，故 α_k 到 W_{k-2} 的导子应是到 W_{k-1} 导子的倍，即存在 $g\in F[\lambda]$使

$$C_{\alpha_k/W_{k-2}}=gC_k,$$

以 g 乘($**$)式两边，因$(gC_k)\alpha_k\in W_{k-2}$，故 $gr_{k-1}\alpha_{k-1}\in W_{k-2}$，从而 gr_{k-1} 是 C_{k-1} 的倍. 故若 $r_{k-1}\neq0$ 则

$$\deg(gr_{k-1})\geqslant\deg C_{k-1}\geqslant\deg C_{\alpha_k/W_{k-2}}=\deg(gC_k),$$

(最后的"$\geqslant$"号是由于 α_{k-1} 的选取是使 $\deg C_{k-1}$ 最大). 故 $\deg r_{k-1}\geqslant\deg C_k$，这与 r_{k-1} 定义矛盾. 故 $r_{k-1}=0$. 同理可得 $r_{k-2}=\cdots=r_1=0$. 断言得证.

由所证的断言及($**$)式可知

$$C_k\alpha_k = 0.$$

即是说，α_k 到 W_{k-1} 的导子 C_k 就是 α_k 的最小零化子 m_k. 由于 $\alpha_1,\cdots,\alpha_{k-1}$ 是以同样方式归纳选取的，故 α_i 的最小零化子 m_i 均为

$$m_i = C_i \quad (i=1,\cdots,k).$$

显然 $W_k = W_{k-1} + F[\mathscr{A}]\alpha_k$，现在证明此和为直和. 若 $\alpha \in W_{k-1} \cap F[\mathscr{A}]\alpha_k$，记 $\alpha = u(\mathscr{A})\alpha_k \in W_{k-1}$，由 C_k 定义知 $C_k \mid u$，再由 $C_k = m_k$ 知 $u(\mathscr{A})\alpha_k = 0$. 故有直和

$$W_k = W_{k-1} \oplus F[\mathscr{A}]\alpha_k$$
$$= F[\mathscr{A}]\alpha_1 \oplus \cdots \oplus F[\mathscr{A}]\alpha_k.$$

如果仍然 $W_k \neq V$，则可继续进行选取 α_{k+1} 等，直到得出 $V = F[\mathscr{A}]\alpha_1 \oplus \cdots \oplus F[\mathscr{A}]\alpha_r$. 这就证明了(1).

(2) 由 $m_i = C_i$ 及 $m_i\alpha_i = 0$ 知，对任意 k 有

$$m_k\alpha_k = m_1\alpha_1 + \cdots + m_{k-1}\alpha_{k-1},$$

按(*)式之后的断言可知 $m_k \mid m_i (i=1,\cdots,k-1)$. 从而知 $m_k \mid m_{k-1} (k=2,\cdots,r)$.

再由 $m_i \mid m_{i-1}$ 知道，m_1 是 $\mathscr{A}$ 的最小多项式. 事实上，若

$$x = x_1 + \cdots + x_r, \qquad x_i \in V_i,$$

则因 $m_i \mid m_1$ 可知 $m_1(\mathscr{A})x_i = 0$，从而 $m_1(\mathscr{A})x = 0$. 同理可知 m_i 是 $\mathscr{A}$ 在 $V_i \oplus \cdots \oplus V_r$ 上限制的最小多项式. 记 $k_i = \deg m_i$，则在基

$$\alpha_1,\ \mathscr{A}\alpha_1,\cdots,\mathscr{A}^{k_1-1}\alpha_1,\cdots,\alpha_r,\mathscr{A}\alpha_r,\cdots,\mathscr{A}^{k_r-1}\alpha_r$$

之下 $\mathscr{A}$ 的方阵表示为

$$A = \begin{bmatrix} C(m_1) & & \\ & \ddots & \\ & & C(m_r) \end{bmatrix},$$

其中 $C(m_i)$ 是 m_i 的友阵，故 $f(\lambda) = m_1 \cdots m_r$.

只需再证明 $m_1,\cdots,m_r$ 的唯一性. 设除(1)中分解外另有

$$V = F[\mathscr{A}]\beta_1 \oplus \cdots \oplus F[\mathscr{A}]\beta_s,$$

β_i 的最小零化子为 m_i^*，且 $m_i^* \mid m_{i-1}^*$. 于是 m_1 和 m_1^* 均为 $\mathscr{A}$ 的最小多项式，故 $m_1 = m_1^*$.

在分解式两边皆乘以 m_2，则有

$$m_2V = F[\mathscr{A}]m_2\alpha_1,$$

$$m_2V = F[\mathscr{A}]m_2\beta_1 \oplus \cdots \oplus F[\mathscr{A}]m_2\beta_s,$$

显然 $m_2\alpha_1$ 和 $m_2\beta_1$ 的最小零化子为 $m_1/m_2 = m_1^*/m_2$，故

$$\dim F[\mathscr{A}]m_2\alpha_1 = \dim F[\mathscr{A}]m_2\beta_1,$$

故 $m_2\beta_i = 0\ (i=2,\cdots,s)$，因此 $m_2^* \mid m_2$. 同理 $m_2 \mid m_2^*$，故 $m_2 = m_2^*$. 续行可知 $m_i = m_i^*$ $(i=1,\cdots,r)$，$r=s$. ■

由定理 7.8 知 m_1 是 $m_2,\cdots,m_r$ 的倍，所以 $\mathscr{A}$ 的最小多项式 $m_1(\lambda)$ 与特征多项式

$m_1(\lambda)\cdots m_r(\lambda)$有同样的不可约因子(重数可不同). 事实上有下面的结论.

系 1　设$\mathscr{A}$是域F上n维线性空间V的线性变换,则:

(1) 存在向量$\alpha\in V$使得$m_\alpha=m$,即α的最小零化子m_α等于$\mathscr{A}$的最小多项式m;

(2) V是循环空间(即$V=F[\mathscr{A}]\alpha$)当且仅当$m=f$,即$\mathscr{A}$的最小多项式m等于其特征多项式f;

(3) $m|f$且m与f有相同的不可约因子(重数可能不同),即若$\mathscr{A}$的特征多项式分解为

$$f=p_1^{d_1}\cdots p_s^{d_s},$$

其中$p_1,\cdots,p_s$是F上不可约多项式,互异,则$\mathscr{A}$的最小多项式为

$$m=p_1^{r_1}\cdots p_s^{r_s},$$

其中$d_i\geqslant r_i$为正整数,且$\deg p_i^{d_i}=\dim\ker p_i^{r_i}(1\leqslant i\leqslant s)$.

证明　(1)令定理7.8中的$\alpha_1=\alpha$即可,因为$m_i|m_1(1\leqslant i\leqslant r)$.

(2) 若$m=f$,则定理7.8中有$m_{\alpha_1}=m=f$,故$F[\mathscr{A}]\alpha_1$是n维的. 反之显然.

(3) 因定理7.8的分解中$F[\mathscr{A}]\alpha_i$的特征多项式f_i与最小多项式m_i相等,故$\mathscr{A}$的特征多项式为$f=f_1\cdots f_s=m_1\cdots m_s$. 注意$m=m_1$,故$m|f$. 而若不可约多项式$p|f$,则$p|m_i$对某$i$成立$(1\leqslant i\leqslant s)$,从而$p|m$(因为$m_i|m_1=m$). 又由上节准素分解定理知$p_i^{d_i}$是$\mathscr{A}$在$\ker p_i^{r_i}$上限制的特征多项式,即得(3). ■

定理 7.9(方阵的有理标准形(rational form),循环标准形)　对域F上任一方阵A,存在着F上可逆方阵P使得

$$B=P^{-1}AP=\operatorname{diag}(C(m_1),\cdots,C(m_r)),$$

其中$C(m_i)$是$m_i\in F[\lambda]$的友阵,且$m_i|m_{i-1}(i=2,\cdots,r)$. $m_1,\cdots,m_r$由A唯一决定(称为A的不变因子). 特别地,A的最小多项式为m_1,特征多项式为$f(\lambda)=m_1\cdots m_r$(方阵B称为A的**有理标准形**).

证明　A定义了$F^{(n)}$的线性变换$\mathscr{A}:x\longmapsto Ax$. 再利用定理7.8. ■

例 7.9　设V是二维线性空间,m为其线性变换$\mathscr{A}$的最小多项式,若$\deg m=2$,则$V=F[\mathscr{A}]\alpha$是循环空间. 若$\deg m=1$,设$m(\lambda)=\lambda-c$,则$\mathscr{A}$是数乘,$V=F[\mathscr{A}]\alpha_1\oplus F[\mathscr{A}]\alpha_2$. $\mathscr{A}$的方阵在两种情形下分别相似于$\begin{bmatrix}0&-c_0\\1&-c_1\end{bmatrix}$, $\begin{bmatrix}c&0\\0&c\end{bmatrix}$.

例 7.10　设

$$A=\begin{bmatrix}5&-6&-6\\-1&4&2\\3&-6&-4\end{bmatrix},$$

A 是 $\mathscr{A}:\mathbb{R}^{(3)}\to\mathbb{R}^{(3)},x\longmapsto Ax$ 在标准基下的方阵表示. 易知其特征多项式为

$$f=(\lambda-1)(\lambda-2)^2,$$

易求得其特征向量为 $x_1=(3,-1,3)^{\mathrm{T}},x_2=(2,1,0)^{\mathrm{T}},x_3=(2,0,1)^{\mathrm{T}}$,故令 $T=(x_1,x_2,x_3)$知

$$T^{-1}AT=\begin{bmatrix}1&&\\&2&\\&&2\end{bmatrix}.$$

故 $\mathscr{A}$ 的极小多项式为　$m=(\lambda-1)(\lambda-2)=(\lambda^2-3\lambda+2)$.

按定理 7.8 分解 $\mathbb{R}^{(3)}$ 时,α_1 的最小零化子应为 m, $F[\mathscr{A}]\alpha_1$ 是二维. 于是 $F[\mathscr{A}]\alpha_2$ 是一维, $m_2\mid m_1=m$,故 $m_2=(\lambda-2)$(注意 $f=m_1m_2$),即 α_2 应是属于 $\lambda_2=2$ 的特征向量. 因此我们立刻知道 A 的有理形为

$$P^{-1}AP=\begin{bmatrix}0&-2&0\\1&3&0\\0&0&2\end{bmatrix}.$$

我们来具体求出 α_1 和 α_2. 对 α_1 的要求是 $F[\mathscr{A}]\alpha_1$ 是二维(即不是一维),按定理 7.8 证明知 α_1 不是特征向量即可. 以 $\alpha_1=\varepsilon_1=(1,0,0)^{\mathrm{T}}$ 试之,则 $\mathscr{A}\alpha_1=(5,-1,3)^{\mathrm{T}}$ 与 α_1 线性无关,故可取 $\alpha_1=\varepsilon_1$. 对 α_2 的要求是 $F[\mathscr{A}]\alpha_2$ 是一维的,且与 $F[\mathscr{A}]\alpha_1$ 的交为 0,也就是说 α_2 是特征向量,不在 $F[\mathscr{A}]\alpha_1$ 中,取 $\alpha_2=(2,1,0)^{\mathrm{T}}$ 即可,故

$$P=\begin{bmatrix}1&5&2\\0&-1&1\\0&3&0\end{bmatrix}.$$

例 7.11　设

$$A=\begin{bmatrix}0&-1&2&0\\1&0&-2&0\\0&0&1&0\\1&1&-2&1\end{bmatrix},$$

这是例 7.6 中方阵,$\mathbb{R}^{(4)}$ 的线性变换,$\mathscr{A}:x\longmapsto Ax$ 在自然基 $\varepsilon_1,\varepsilon_2,\varepsilon_3,\varepsilon_4$ 下的方阵表示为 A,我们已知 A 的特征多项式 f 和极小多项式 m 为

$$f=(\lambda-1)^2(\lambda^2+1),$$
$$m=(\lambda-1)(\lambda^2+1).$$

按定理 7.8 进行循环分解时,α_1 的最小零化子为 $m_1=m$,故 $F[\mathscr{A}]\alpha_1$ 是三维,从而 $F[\mathscr{A}]\alpha_2$ 是一维,零化子 $m_2=(\lambda-1)$,即 α_2 是特征根 1 的特征向量. α_1 的选取要求 $\alpha_1,\mathscr{A}\alpha_1,\mathscr{A}^2\alpha_1$ 线性无关,取 $\alpha_1=\varepsilon_1$ 即可,于是

$$\alpha_1=(1,0,0,0)^{\mathrm{T}},\ \mathscr{A}\alpha_1=(0,1,0,1)^{\mathrm{T}},\ \mathscr{A}^2\alpha_1=(-1,0,0,2)^{\mathrm{T}}.$$

α_2 取为1的特征向量而非 $\alpha_1,\mathscr{A}\alpha_1,\mathscr{A}^2\alpha_1$ 的线性组合,取为

$$\alpha_2=(2,0,1,0)^{\mathrm{T}},$$

故 $\mathscr{A}$ 在基 $\alpha_1,\mathscr{A}\alpha_1,\mathscr{A}^2\alpha_1,\alpha_2$ 下的方阵表示为

$$T^{-1}AT=\begin{bmatrix}0&0&1&\\1&0&-1&\\0&1&1&\\&&&1\end{bmatrix},$$

变换方阵

$$T=(\alpha_1,\mathscr{A}\alpha_1,\mathscr{A}^2\alpha_1,\alpha_2)=\begin{bmatrix}1&0&-1&2\\0&1&0&0\\0&0&0&1\\0&1&2&0\end{bmatrix}.$$

对照上节所得 A 的准素分解为

$$P^{-1}AP=\begin{bmatrix}1&0&&\\0&1&&\\&&0&-1\\&&1&0\end{bmatrix}.$$

7.6　Jordan 标准形

前几节讨论的准素分解和循环分解,其精细程度依情况而异.将二者结合起来,才能得到最精细的分解.先将空间 V 对其线性变换 $\mathscr{A}$ 作准素分解 $V=\oplus W_i$,再将 W_i 作循环分解 $W_i=\bigoplus\limits_j W_{ij}$,则得到 $V=\bigoplus\limits_{i,j}W_{ij}$. $\mathscr{A}$ 在 W_{ij} 的限制 $\mathscr{A}_{ij}$ 的极小多项式和特征多项式为不可约多项式的幂 $p_i(\lambda)^{k_{ij}}$ $(k_{i1}\geqslant k_{i2}\geqslant\cdots)$.本节的内容是在各 W_{ij} 中适当取基(Jordan 链),使 $\mathscr{A}_{ij}$ 和 $\mathscr{A}$ 的方阵表示(Jordan 块和 Jordan 形)具最简洁形式.先讨论复数域上情形.

7.6.1　复数域$\mathbb{C}$上 Jordan 标准形

设 A 为 n 阶复方阵.由准素分解知 A 相似于

$$P^{-1}AP=\mathrm{diag}(A_1,\cdots,A_s),$$

其中 A_i 的特征多项式为 $(\lambda-\lambda_i)^{d_i}$(其中 λ_i 互异,$i=1,\cdots,s$).

再设 A_i 的有理(循环)标准形为

$$P_i^{-1}A_iP_i=\mathrm{diag}(A_{i1},\cdots,A_{ir_i}),$$

其中 A_{ij} 是 $m_{ij}=(\lambda-\lambda_i)^{k_{ij}}$ 的友阵 $C(m_{ij})$.令 $B_{ij}=A_{ij}-\lambda_iI$,其特征多项式等于极小多项式

$\lambda^{k_{ij}}$，故相似于 $\lambda^{k_{ij}}$ 的友阵(由 B_{ij} 的有理标准形看出)，即

$$B_{ij} \cong C(\lambda^{k_{ij}}) = \begin{pmatrix} 0 & & & \\ 1 & \ddots & & \\ & \ddots & \ddots & \\ & & 1 & 0 \end{pmatrix},$$

$$A_{ij} = \lambda_i I + B_{ij} \cong \begin{pmatrix} \lambda_i & & & \\ 1 & \ddots & & \\ & \ddots & \ddots & \\ & & 1 & \lambda_i \end{pmatrix} = J_{k_{ij}}(\lambda_i), \tag{7.6.1}$$

这样的方阵称为 **Jordan** 块. 因此得到如下重要定理.

定理 7.10(复方阵的 Jordan 标准形) 对任一复方阵 A，存在复方阵 P 使

$$P^{-1}AP = \mathrm{diag}(J_{11}, J_{12}, \cdots, J_{1r_1}, \cdots, J_{sr_s}) = J, \tag{7.6.2}$$

其中 $J_{ij} = J_{k_{ij}}(\lambda_i)$ 为 Jordan 块.

对任意域 F 上的 n 阶方阵 A，当 A 在 F 中有 n 个特征根时(重根计入)，此定理也成立，P 为 F 上的方阵.

现在看 Jordan 标准形的几何意义. 设 V 是域 F 上 n 维线性空间，$\mathscr{A}$ 是 V 的线性变换，设 $\mathscr{A}$ 在 F 中有 n 个特征根(重根计入)(特别当 $F=\mathbb{C}$ 为复数域时总是这样). 设 $\mathscr{A}$ 在基 $\varepsilon_1, \cdots, \varepsilon_n$ 下的方阵表示为 A，于是 $\mathscr{A}$ 和 A 的特征多项式为 $f(\lambda) = (\lambda-\lambda_1)^{d_1}\cdots(\lambda-\lambda_s)^{d_s}$. 将 V 作准素分解：$V = W_1 \oplus \cdots \oplus W_s$，再将 W_i 作循环分解，则

$$V = \bigoplus_{i=1}^{s} W_i = \bigoplus_{i,j} W_{ij},$$

$\mathscr{A}$ 在 W_i 和 W_{ij} 上限制为 $\mathscr{A}_i$ 和 $\mathscr{A}_{ij}$，特征多项式为 $(\lambda-\lambda_i)^{d_i}$ 和 $(\lambda-\lambda_i)^{k_{ij}}$. 任取一个 W_{ij}，记 $W_{ij} = W$，$k_{ij} = k$. 因 W 是 $\mathscr{A}$ 的循环子空间，故 $W = F[\lambda]\alpha$，α 的最小零化子为 $(\lambda-\lambda_i)^k$. 记 $\alpha = \alpha_1$ 及

$$(\lambda-\lambda_i)\alpha = \alpha_2, \quad (\lambda-\lambda_i)^2\alpha = \alpha_3, \quad \cdots, \quad (\lambda-\lambda_i)^{k-1}\alpha = \alpha_k, \quad (\lambda-\lambda_i)^k\alpha = 0,$$

即

$$(\lambda-\lambda_i)\alpha_1 = \alpha_2, \quad (\lambda-\lambda_i)\alpha_2 = \alpha_3, \quad \cdots, \quad (\lambda-\lambda_i)\alpha_{k-1} = \alpha_k, \quad (\lambda-\lambda_i)\alpha_k = 0.$$

亦即

$$\mathscr{A}\alpha_1 = \lambda_i\alpha_1 + \alpha_2, \quad \mathscr{A}\alpha_2 = \lambda_i\alpha_2 + \alpha_3, \quad \cdots, \quad \mathscr{A}\alpha_{k-1} = \lambda_i\alpha_{k-1} + \alpha_k, \quad \mathscr{A}\alpha_k = \lambda_i\alpha_k. \tag{*}$$

满足(*)式的向量 $\alpha_1, \alpha_2, \cdots, \alpha_k$ 称为一个“**Jordan 链**”. 这样的 Jordan 链构成 W 的基，在此基下 $\mathscr{A}_{ij}$ 的方阵表示为 Jordan 块 $J_k(\lambda_i)$. 当然这也可由定理 7.10 中方阵 A 的 Jordan 标

准形看出. 以 $W_{ij}=W_{11}$ 为例,由 $P^{-1}AP=J=\mathrm{diag}(J_1,\cdots,J_t)$,知 J_1 的各列为$(\lambda_1,1,0,\cdots,0)^{\mathrm T},\cdots,(0,\cdots,\lambda_1)^{\mathrm T}$. 这应是新基 $\alpha_1,\cdots,\alpha_k$ 在 $\mathscr{A}$ 作用下象的(新)坐标列,故知 $\mathscr{A}\alpha_1=\lambda_1\alpha_1+\alpha_2,\cdots,\mathscr{A}\alpha_k=\lambda_1\alpha_k$. 我们得到下面的结论.

系 1(复空间的 Jordan 分解)　设 V 为 F 上 n 维线性空间,$\mathscr{A}$ 是 V 的线性变换,若 $\mathscr{A}$ 在 F 中有 n 个特征根(重根计入)(例如 $F=\mathbb{C}$ 时总如此),则 V 分解为循环子空间的直和

$$V=W_{11}\oplus\cdots\oplus W_{sr_s},$$

其中任意一个 W_{ij}(记为 W)有如下性质: $W=F[\lambda]\alpha$ 为 $\mathscr{A}$ 的循环子空间,$\mathscr{A}_W=\mathscr{A}|_W$ 的特征多项式、极小多项式以及 α 的最小零化子相等,为$(\lambda-\lambda_i)^k$,且 $\alpha=\alpha_1$ 满足(*)式,在基 $\alpha_1,\cdots,\alpha_k$(Jordan 链)下 $\mathscr{A}_W$ 的方阵表示为 Jordan 块 $J_k(\lambda_i)$. 在各 W_{ij} 如此取基后,合为 V 的基,$\mathscr{A}$ 在此基下的方阵表示为(Jordan 标准形)

$$J=\mathrm{diag}(J_{k_{11}}(\lambda_1),\cdots,J_{k_{sr_s}}(\lambda_s)).$$

方阵 Jordan 标准形的上述几何意义,还可有更直接的表述. 设 A 为 F 上 n 阶方阵,在 F 中有 n 个特征根(重根计入). $\varphi_A:x\longmapsto Ax$ 是列向量空间 $F^{(n)}$ 的线性变换,在自然基 $\varepsilon_1,\cdots,\varepsilon_n$ 下方阵表示为A(ε_j 为 I 的第 j 列). 若 $P^{-1}AP=J=\mathrm{diag}(J_1,\cdots,J_t)$为其 Jordan 标准形,记 $P=(x_1,\cdots,x_n)$,则由 $P^{-1}AP=J$ 知 $AP=PJ$,即

$$A(x_1,\cdots,x_n)=(x_1,\cdots,x_n)\begin{bmatrix}\lambda_1 & & & \\ 1 & \lambda_1 & & \\ & 1 & \ddots & \\ & & & \ddots\end{bmatrix}.$$

从而知 $Ax_1=\lambda_1x_1+x_2$, $Ax_2=\lambda_1x_2+x_3,\cdots$, $Ax_k=\lambda_1x_k,\cdots$. 这说明变换方阵 P 的列由多个 Jordan 链 $x_1,\cdots,x_k,\cdots$组成. 求得足够多的 Jordan 链就得到了变换方阵 P,就可化 A 为 Jordan 标准形. 寻求 Jordan 链的方法是求向量 x_1 使 $(A-\lambda_iI)^kx_1=0$,而 $(A-\lambda_iI)^{k-1}\neq 0$.

举一个 Jordan 形的典型例子:

$$J=P^{-1}AP=\mathrm{diag}(J_3(\lambda_1),J_2(\lambda_1),J_2(\lambda_2))\qquad(\lambda_1\neq\lambda_2),$$

注意特征根为 λ_1 的 Jordan 块的个数,等于 $J-\lambda_1I$(和 $A-\lambda_1I$)的零度(=2),这也是 λ_1 的特征子空间 V_{λ_1} 的维数. ε_3 和 ε_5 是属于 λ_1 的线性无关的特征向量,$V_{\lambda_1}=F\varepsilon_3+F\varepsilon_5$. 而 λ_1 的根子空间 $W_{\lambda_1}=F\varepsilon_1+F\varepsilon_2+F\varepsilon_3+F\varepsilon_4+F\varepsilon_5$. 属于 λ_1 的 Jordan 块的最大阶数(3)恰为使 $(J-\lambda_1I)^k$ 的秩(即$(A-\lambda_1I)^k$ 的秩)为 $n-\dim W_{\lambda_1}$ 的最小 k.

注记 1　注意若令

$$T=\begin{bmatrix} & & & 1\\ & & \cdot^{\cdot^{\cdot}} & \\ & 1 & & \\ 1 & & & \end{bmatrix},$$

则

$$T^{-1}\begin{bmatrix}\lambda_1 & & & \\ 1 & \ddots & & \\ & \ddots & \ddots & \\ & & 1 & \lambda_1\end{bmatrix}T=\begin{bmatrix}\lambda_1 & 1 & & \\ & \ddots & \ddots & \\ & & \ddots & 1 \\ & & & \lambda_1\end{bmatrix}.$$

故定理 7.10 中的约当块 J_{ij} 也可用 J_{ij}^{T} 来代替，定理仍然成立. 事实上，如果 J 是线性变换 $\mathscr{A}$ 在(有序)基 $\alpha_1,\cdots,\alpha_n$ 下的方阵表示，则 J^T 即为 $\mathscr{A}$ 在(有序)基 $\alpha_n,\cdots,\alpha_1$ 下的方阵表示.

例 7.12 设

$$N=\begin{bmatrix}0 & & & \\ 1 & \ddots & & \\ & \ddots & \ddots & \\ & & 1 & 0\end{bmatrix}_{n\times n},$$

注意，如果 $k<n$，则 $r(N^k)=n-k$，而 $N^n=0$.

假定 $n=10, A=N^3$，我们来求方阵 P 使 $P^{-1}N^3P=J$ 为约当标准形. 注意 $A=N^3$ 的秩为 $10-3=7$，故 J 应有 3 个约当块，特征根均为 0. 特征根为 0 的 s 阶约当块 J_s 满足 $r(J_s^k)=s-k\ (k<s)$，$J_s^s=0$. 设

$$J=\begin{bmatrix}J_{s_1} & & \\ & J_{s_2} & \\ & & J_{s_3}\end{bmatrix},$$

由 $(N^3)^4=0=J^4$，知 $s_i\leqslant 4\ (i=1,2,3)$. 由 $(N^3)^3=N^9$ 秩为 1 知 J 恰有一个 4 阶块，设 $s_1=4$. 由 $(N^3)^2=N^6$ 秩为 4，知 J 有 $4-2=2$ 个三阶约当块，即 $s_2=s_3=3$，故

$$J=\begin{bmatrix}J_4 & & \\ & J_3 & \\ & & J_3\end{bmatrix}$$

记 $P=(\alpha_1,\alpha_2,\cdots,\alpha_{10})$，由 $P^{-1}N^3P=J$ 即 $N^3P=PJ$ 知应有如下 3 个若当链：

(1) $N^3\alpha_1=\alpha_2$， $N^3\alpha_2=\alpha_3$， $N^3\alpha_3=\alpha_4$， $N^3\alpha_4=0$；

(2) $N^3\alpha_5=\alpha_6$， $N^3\alpha_6=\alpha_7$， $N^3\alpha_7=0$；

(3) $N^3\alpha_8=\alpha_9$， $N^3\alpha_9=\alpha_{10}$， $N^3\alpha_{10}=0$.

首先注意对自然基 $\varepsilon_1,\cdots,\varepsilon_{10}$ 有

$$N^3\varepsilon_i=\varepsilon_{i+3}\quad(i=1,\cdots,7),$$
$$N^3\varepsilon_8=N^3\varepsilon_9=N^3\varepsilon_{10}=0,$$

由于 $10-3\times3=1$，$9-2\times3=3$，$8-2\times3=2$，故取 $\alpha_1=\varepsilon_1$，$\alpha_5=\varepsilon_2$，$\alpha_8=\varepsilon_3$，则得上述 3 个若当链，即

$$P=(\varepsilon_1,\varepsilon_4,\varepsilon_7,\varepsilon_{10},\varepsilon_2,\varepsilon_5,\varepsilon_8,\varepsilon_3,\varepsilon_6,\varepsilon_9).$$

例 7.13　设 N 如例 7.12，对一般的 n 和 $k(k<n)$，我们来求 N^k 的约当标准形 J. 设

$$n=qk+r\quad(0\leqslant r<k),$$

因 N^k 的秩为 $n-k$，故 J 应有 k 个约当块 $J_{s_1},\cdots,J_{s_k}$ $(s_1\geqslant\cdots\geqslant s_k)$，均以 0 为特征根. 由 $(N^k)^{q+1}=N^{qk+k}=0$ 知 $s_1\leqslant q+1$. 由 $(N^k)^q=N^{kq}$ 秩为 r，知道 J 有 r 个约当块的阶为 $q+1$. 由 $(N^k)^{q-1}=N^{kq-k}$ 秩为 $k+r$，知道 J 有 $(k+r)-2r=k-r$ 个阶为 q 的约当块(注意若阶为 $q+1,q,q-1,\cdots$ 的约当块数分别为 $s,s_0,s_1,\cdots$，则 $\mathrm{r}(J^q)=s$，$\mathrm{r}(J^{q-1})=2s+s_0$，$\mathrm{r}(J^{q-2})=3s+2s_0+s_1,\cdots$). 这就证明了 N^k 相似于

$$P^{-1}N^kP=J=\mathrm{diag}(\overbrace{J_{q+1},\cdots,J_{q+1}}^{r\text{个}},\overbrace{J_q,\cdots,J_q}^{k-r\text{个}}),$$

其中 J_s 为 s 阶特征根为 0 的约当块. 与例 7.12 类似可得

$$P=(\varepsilon_1,\varepsilon_{k+1},\cdots,\varepsilon_{qk+1};\varepsilon_2,\cdots,\varepsilon_{qk+2};\cdots;\varepsilon_r,\cdots,\varepsilon_{qk+r};\varepsilon_{r+1},\cdots;\varepsilon_k,\cdots,\varepsilon_{qk}).$$

*7.6.2　一般域 F 上的约当标准形

现在看一般情形. 设 V 是域 F 上 n 维线性空间，$\mathscr{A}$ 是其线性变换. 将 V 准素分解为 $V=W_1\oplus\cdots\oplus W_s$，再将各 W_i 作循环分解

$$V=\bigoplus_i W_i=\bigoplus_{i,j}W_{ij}.$$

任取一个 W_{ij}，记为 W，则 W 是 $\mathscr{A}$ 的循环子空间. 设 $W=F[\lambda]\alpha$，$\mathscr{A}_W=\mathscr{A}|_W$ 的特征多项式、极小多项式以及 α 的最小零化子相等，记为

$$f_W=m_W=m_\alpha=p(\lambda)^k,$$
$$p(\lambda)=\lambda^e-c_{e-1}\lambda^{e-1}-\cdots-c_0$$

为 F 上不可约多项式. 按复数域上 Jordan 标准形的经验，似乎应取 $\alpha,p\alpha,\cdots,p^{k-1}\alpha$ 为 W 的基，但这些显然不够(因为 $\dim W=ke$)(注意我们记 $p\alpha=p(\lambda)\alpha=p(\mathscr{A})\alpha$)，故需再适当插入一些向量，记

$$\alpha=\alpha_1,\quad\lambda\alpha=\alpha_2,\quad\lambda^2\alpha=\alpha_3,\cdots,\quad\lambda^{e-1}\alpha=\alpha_e;\qquad(**)$$
$$p\alpha=\alpha_{e+1},\quad\lambda p\alpha=\alpha_{e+2},\quad\lambda^2p\alpha=\alpha_{e+3},\cdots,\quad\lambda^{e-1}p\alpha=\alpha_{2e};$$
$$p^2\alpha=\alpha_{2e+1},\quad\lambda p^2\alpha=\alpha_{2e+2},\cdots,\quad\lambda^{e-1}p^2\alpha=\alpha_{3e};$$
$$\cdots\cdots$$
$$p^{k-1}\alpha=\alpha_{(k-1)e+1},\lambda p^{k-1}\alpha=\alpha_{(k-1)e+2},\cdots,\lambda^{e-1}p^{k-1}\alpha=\alpha_{ke}.$$

我们注意

$$\begin{aligned}\lambda\alpha_e=\lambda^e\alpha&=(\lambda^e-p)\alpha+p\alpha=c_{e-1}\lambda^{e-1}\alpha+\cdots+c_0\alpha+p\alpha\\&=c_0\alpha_1+c_1\alpha_2+\cdots+c_{e-1}\alpha_e+\alpha_{e+1};\end{aligned}$$

$$\lambda\alpha_{2e} = \lambda^e p\alpha = (\lambda^e - p)p\alpha + p^2\alpha$$
$$= c_0\alpha_{e+1} + c_1\alpha_{e+2} + \cdots + c_{e-1}\alpha_{2e} + \alpha_{2e+1};$$

……

$$\lambda\alpha_{ke} = \lambda^e p^{k-1}\alpha = (\lambda^e - p)p^{k-1}\alpha$$
$$= c_0\alpha_{(k-1)e+1} + \cdots + c_{e-1}\alpha_{ke}.$$

因此,在基 $\alpha_1,\alpha_2,\cdots,\alpha_e,\alpha_{e+1},\cdots,\alpha_{2e},\cdots,\alpha_{ke}$(也称为 **Jordan 链**)下,$\mathscr{A}_W$ 的方阵表示为

$$J_{(p(\lambda)^k)} = \begin{bmatrix} C(p) & & & \\ N & C(p) & & \\ & \ddots & \ddots & \\ & & N & C(p) \end{bmatrix}, \tag{7.6.3}$$

其中 $C(p)$是 $p(\lambda)$的友阵, $N = \begin{bmatrix} & & & 1 \\ & & 0 & \\ & \ddots & & \\ 0 & & & \end{bmatrix}$.

我们回忆,$\mathscr{A}_W$ 作为在循环空间 W 上的线性变换,在 7.4 节定理 7.7(或 7.5 节定理 7.8)中给出的方阵表示为 $m_\alpha = p(\lambda)^k$ 的友阵 $C(p^k)$. 现在(7.6.3)式给出的方阵表示 $J(p^k)$显然更精细. 体现出了 $m_\alpha = p^k$ 是 $p(\lambda)$的幂的特点. 当 $p(\lambda) = \lambda - \lambda_i$ 时,$J(p^k)$化为 $J_k(\lambda_i)$,故 $J(p^k)$称为"**广义 Jordan 块**". 这样我们证明了下面的定理.

***定理 7.11(一般域上(广义)约当标准形)** 设 V 是域 F 上 n 维线性空间,$\mathscr{A}$ 是 V 的线性变换,则 V 分解为循环子空间的直和

$$V = W_1 \oplus \cdots \oplus W_t,$$

记 W 为任意一个 $W_i(i=1,\cdots,t)$,则 $\mathscr{A}_W = \mathscr{A}|_W$ 的极小多项式和特征多项式均形如 $p(\lambda)^k$,$p(\lambda)$为 F 上 e 次不可约多项式,且存在 $\alpha \in W$ 满足(* *)式,使在基 $\alpha_1,\cdots,\alpha_{ke}$ 下,$\mathscr{A}|_W$ 的方阵表示形如(7.6.3)式.

***系 2** (**方阵广义约当标准形**) 对域 F 上任一方阵 A,存在 F 上方阵 P,使

$$P^{-1}AP = \begin{bmatrix} J_1 & & \\ & \ddots & \\ & & J_t \end{bmatrix},$$

其中 J_i 为形如(7.6.3)式的广义约当块,且 J_i 由 A 唯一决定(不计次序)($1 \leqslant i \leqslant t$).

***系 3** (实数域$\mathbb{R}$ 上约当标准形) 对实数域$\mathbb{R}$ 上任意方阵 A,存在着实可逆方阵 P 使

$$P^{-1}AP = \begin{bmatrix} J_1 & & \\ & \ddots & \\ & & J_t \end{bmatrix},$$

其中 J_i 为形如(7.6.1)式的约当块,或为如下形式:

$$\left[\begin{array}{cc|cc|c|cc} 0 & c_0 & & & & & \\ 1 & c_1 & & & & & \\ \hline & 1 & 0 & c_0 & & & \\ & & 1 & c_1 & & & \\ \hline & & & 1 & \ddots & & \\ \hline & & & & 1 & 0 & c_0 \\ & & & & & 1 & c_1 \end{array}\right],$$

这里 $c_1^2+4c_0<0$, $c_1, c_0 \in \mathbb{R}$.

注意实系数不可约多项式 $p(\lambda)$ 只能为 1 次或 2 次,且当 $p(\lambda)=\lambda^2-c_1\lambda-c_0$ 时必有 $c_1^2+4c_0<0$(因为 $p(\lambda)$ 无实根),故由系 2 即得系 3.

*例 7.14 设

$$A = \left[\begin{array}{cccc|cc|cc} 0 & 1 & 0 & -2 & 0 & 0 & 1 & 1 \\ 1 & 0 & -2 & 0 & 0 & 0 & 0 & -1 \\ 0 & 1 & 0 & -1 & 0 & 0 & 0 & 0 \\ 0 & 0 & 1 & 0 & 0 & 0 & 0 & 0 \\ \hline 0 & 1 & 0 & -2 & 0 & -1 & 0 & 0 \\ -1 & 0 & 0 & 0 & 1 & 0 & 0 & 1 \\ \hline & & & & & & 1 & 0 \\ & & & & & & 1 & 1 \end{array}\right],$$

求行列式 $|\lambda I-A|=f(\lambda)$,知特征多项式为 $f(\lambda)=(\lambda^2+1)^3(\lambda-1)^2$. A 是线性映射 $\mathscr{A}: \mathbb{R}^{(8)} \to \mathbb{R}^{(8)}, x \longmapsto Ax$ 在自然基 $\varepsilon_1, \cdots, \varepsilon_8$ 下的方阵. 于是 $\mathbb{R}^{(8)}$ 可准素分解为

$$\mathbb{R}^{(8)} = U_1 \oplus U_2,$$

其中

$$U_1 = \ker(\lambda^2+1)^3,$$
$$U_2 = \ker(\lambda-1)^2.$$

分别解方程组

$$(A^2+I)^3 x = 0$$

和

$$(A-I)^2 x = 0,$$

可得 U_1 的基为 $x_1=\varepsilon_1$， $x_2=\varepsilon_2$， $x_3=\varepsilon_3$， $x_4=\varepsilon_4$， $x_5=\varepsilon_5$， $x_6=\varepsilon_1+\varepsilon_6$；

U_2 的基为 $x_7=\varepsilon_1+\varepsilon_8$， $x_8=\varepsilon_7$.

令

$$P_1=(x_1,x_2,\cdots,x_8),$$

可知 $\mathscr{A}$ 在基 $x_1,\cdots,x_8$ 下的方阵为

$$P_1^{-1}AP_1=\left[\begin{array}{cccc:cc:cc}0&1&0&-2&-1&0&&\\1&0&-2&0&0&1&&\\0&1&0&-1&0&0&&\\0&0&1&0&0&0&&\\ \hdashline 0&1&0&-2&0&-1&&\\-1&0&0&0&1&-1&&\\ \hdashline &&&&&&1&1\\&&&&&&0&1\end{array}\right]\quad\text{(准素分解)}.$$

再对 U_1 进行循环分解.可直接验证 $\mathscr{A}|_{U_1}$ 的特征多项式为 $f_1=(\lambda^2+1)^3$，极小多项式为 $m_1=(\lambda^2+1)^2$，故

$$U_1=F[\mathscr{A}]y_1\oplus F[\mathscr{A}]y_2,$$

其中 $W_1=F[\mathscr{A}]y_1$，维数为 4，$W_2=F[\mathscr{A}]y_2$ 维数为 2. y_1 和 y_2 的零化子分别为 m_1 和 $m_2=\lambda^2+1$.

取 $y_1=\varepsilon_1$ 试之(可从$(A^2+I)^2x=0$ 的解中选取)，可得线性无关的向量组

$$\varepsilon_1,\quad \mathscr{A}\varepsilon_1=(0,1,0,0,-1,0,0)^{\mathrm{T}},$$

$$\mathscr{A}^2\varepsilon_1=(1,0,1,0,2,0,0,0)^{\mathrm{T}},\ \mathscr{A}^3\varepsilon_1=(0,-1,0,1,0,1,0,0)^{\mathrm{T}}.$$

故

$$W_1=F[\mathscr{A}]\varepsilon_1.$$

在 W_1 外取$(A^2+I)y=0$ 的解 $y_2=(0,0,0,0,1,1,0,0)^{\mathrm{T}}$，
则 $\mathscr{A}y_2=(0,0,0,0,-1,1,0,0)^{\mathrm{T}}$，$\mathscr{A}^2y_2=-y_2$. 故 $W_2=F[\mathscr{A}]y_2$.类似可知 $W_3=U_2=F[\mathscr{A}]y_3$，$y_3=\varepsilon_7$.在基 $y_1,\mathscr{A}y_1,\mathscr{A}^2y_1,\mathscr{A}^3y_1,y_2,\mathscr{A}y_2,y_3,\mathscr{A}y_3$ 下，方阵 A 相似于

$$P_2^{-1}AP_2=\left[\begin{array}{cccc:cc:cc}0&0&0&-1&&&&\\1&0&0&0&&&&\\0&1&0&-2&&&&\\0&0&1&0&&&&\\ \hdashline &&&&0&-1&&\\&&&&1&0&&\\ \hdashline &&&&&&0&-1\\&&&&&&1&2\end{array}\right]\quad\text{(准素分解后再循环分解)},$$

其中

$$P_2=[y_1,\mathscr{A}y_1,\mathscr{A}^2y_1,\mathscr{A}^3y_1,y_2,\mathscr{A}y_2,y_3,\mathscr{A}y_3]$$

$$=\begin{bmatrix}1&0&1&0&0&0&0&1\\0&1&0&-1&0&0&0&0\\0&0&1&0&0&0&0&0\\0&0&0&1&0&0&0&0\\0&-1&2&0&1&-1&0&0\\0&0&0&1&1&1&0&0\\0&0&0&0&0&0&1&1\\0&0&0&0&0&0&0&1\end{bmatrix}.$$

现在我们再按(* *)式取基求 A 的广义约当标准形. 取 W_1 的生成元

$$y_1=\alpha_1,\quad \mathscr{A}\alpha_1=\alpha_2,\quad (\mathscr{A}^2+1)\alpha_1=\alpha_3,\quad \mathscr{A}(\mathscr{A}^2+I)\alpha_1=\alpha_4,$$

取 $\alpha_5=y_2$, $\alpha_6=\mathscr{A}\alpha_5$; 取 $\alpha_7=y_3$, $\alpha_8=(\mathscr{A}-I)y_3$. 于是令

$$P=(\alpha_1,\alpha_2,\alpha_3,\cdots,\alpha_8)=\left[\begin{array}{cc:cc:cc:cc}1&0&2&0&0&0&0&1\\0&1&0&0&0&0&0&0\\\hdashline 0&0&1&0&0&0&&\\0&0&0&1&0&0&&\\\hdashline 0&-1&2&0&1&-1&&\\0&0&0&-1&1&1&&\\\hdashline 0&0&0&0&0&0&1&0\\0&0&0&0&0&0&0&1\end{array}\right],$$

则有实若当形

$$P^{-1}AP=\left[\begin{array}{cc:cc:cc:c:c}0&-1&&&&&&\\1&0&&&&&&\\\hdashline 0&1&0&-1&&&&\\0&0&1&0&&&&\\\hdashline &&&&0&-1&&\\&&&&1&0&&\\\hdashline &&&&&&1&\\\hdashline &&&&&&1&1\end{array}\right].$$

* **注记**　以上是先准素分解再循环分解：$V=\bigoplus\limits_i W_i=\bigoplus\limits_i\bigoplus\limits_j W_{ij}$. 也可以先循环分解再准素分解：$V=\bigoplus\limits_j V_j=\bigoplus\limits_j\bigoplus\limits_i V_{ij}$. 两者的结果是一致的，即有同构 $W_{ij}\cong V_{ij}$ 且 $\mathscr{A}$ 在两者中的作用一致. 事实上，记 $\mathscr{A}$ 在 W_{ij} 的限制 $\mathscr{A}_{ij}$ 的特征多项式(等于极小多项式) 为 $p_i^{k_{ij}}$

$(k_{i1} \geqslant k_{i2} \geqslant \cdots)$，$p_i = p_i(\lambda)$ 为互异不可约多项式. 令 $V_j' = \bigoplus_i W_{ij}$，则 $\mathscr{A}$ 在 V_j' 的限制 σ_j 的极小多项式(等于特征多项式)为 $g_j = \prod_i p_i^{k_{ij}}$. 故 V_j' 为循环子空间(因为极小与特征多项式相等)，$V = \bigoplus_j V_j'$ 即为循环分解. 由不变因子的唯一性(定理 7.8)，知 $g_j = m_j$ 即为不变因子，故两个循环子空间 V_j' 与 V_j 同构，$V_j' = \bigoplus_i W_{ij}$ 即为其准素分解，$W_{ij} \cong V_{ij}$. 在下面 7.9 节引入初等因子后，这点会更清楚.

7.7 λ-矩阵与空间分解

仍设 V 是域 F 上线性空间，$\alpha_1, \cdots, \alpha_n$ 为其基，V 的线性变换 $\mathscr{A}$ 在此基下的方阵表示为 A，特征多项式为 $f(\lambda) = \det(\lambda I - A)$. 方阵 $A_\lambda = \lambda I - A$ 称为**特征方阵**. 我们看到，前面几节中空间 V 的循环分解，实质上是分离 $f(\lambda)$ 的不变因子 $m_1, \cdots, m_r$. 如果不是分离 $f(\lambda)$ 而去直接分离特征方阵 A_λ，可以想像应当能更清楚地认清 V 的结构. 这就引导我们去考虑所谓 λ-矩阵.

定义 7.6 元素属于多项式形式环 $F[\lambda]$ 的矩阵称为 **λ-矩阵**.

注意 λ 是不定元. 此处用 λ 表示不定元(而不是用 X)是历史的习惯. 环 $F[\lambda]$ 中元素(多项式形式)的运算性质与域 F 中的运算性质有诸多相似之处，唯一的区别是 $F[\lambda]$ 中逆元不一定存在，因此一般不能做除法. 由此我们知道，F 上的矩阵(称为常数矩阵或数字矩阵)运算的大部分定义和性质可推广到 λ-矩阵：矩阵的加法、乘法、"数乘"(对于 λ-矩阵是用多项式乘)、结合律、分配律、方阵的行列式等. 最高阶非零子式的阶数仍称为矩阵的秩. 但关于方阵的逆的性质不能简单推广，因为这涉及元素的逆. 例如 λ-方阵

$$\begin{bmatrix} \lambda & 0 \\ 0 & \lambda + 1 \end{bmatrix}$$

的行列式非零，满秩，但不可逆，即没有 λ-矩阵为其逆.

引理 7.2 方阵 $A(\lambda)$ 可逆（即存在 λ-方阵 $B(\lambda)$ 使 $A(\lambda)B(\lambda) = B(\lambda)A(\lambda) = I$，此时 $B(\lambda)$ 称为 $A(\lambda)$ 的逆，记为 $B(\lambda) = A(\lambda)^{-1}$）的充分必要条件为 $\det A(\lambda) \in F^*$ 为非零常数.

证明 若 $A(\lambda)B(\lambda) = I$，则 $|A(\lambda)||B(\lambda)| = 1$，即 $|A(\lambda)|$ 是 $F[\lambda]$ 中可逆元，故 $|A(\lambda)| \in F^*$. 反之，若 $|A(\lambda)| \in F^*$，则易知，$|A(\lambda)|^{-1} A(\lambda)^*$ 为 $A(\lambda)$ 的逆(其中 $A(\lambda)^*$ 是 $A(\lambda)$ 的古典伴随方阵). ■

定义 7.7 λ-矩阵 $A(\lambda)$ 与 $B(\lambda)$ **相抵**(或**等价**，equivalent)是指存在可逆 λ-方阵 $P(\lambda)$ 和 $Q(\lambda)$ 使得 $B(\lambda) = P(\lambda)A(\lambda)Q(\lambda)$.

定理 7.12 F 上方阵 A 与 B 在 F 上相似当且仅当 $\lambda I - A$ 与 $\lambda I - B$ 在 $F[\lambda]$ 上相抵.

首先分析定理7.12,若A与B在F上相似,即存在F上方阵P使得

$$B=P^{-1}AP,$$

则显然$\lambda I-B=P^{-1}(\lambda I-A)P$,即$\lambda I-B$与$\lambda I-A$相抵.反之,设有$F[\lambda]$上可逆方阵$P(\lambda),Q(\lambda)$使

$$\lambda I-B=Q(\lambda)^{-1}(\lambda I-A)P(\lambda). \tag{7.7.1}$$

我们设A为线性空间V的线性变换$\mathscr{A}$在基$\alpha_1,\alpha_2,\cdots,\alpha_n$下的方阵表示,则

$$(\mathscr{A}\alpha_1,\cdots,\mathscr{A}\alpha_n)=(\alpha_1,\cdots,\alpha_n)A. \tag{7.7.2}$$

对任意$\alpha\in V$我们记

$$\mathscr{A}\alpha=\lambda\alpha=\alpha\lambda, \tag{7.7.3}$$

则(7.7.2)式相当于

$$(\alpha_1,\cdots,\alpha_n)(\lambda I)=(\alpha_1,\cdots,\alpha_n)A, \tag{7.7.4}$$

即

$$(\alpha_1,\cdots,\alpha_n)(\lambda I-A)=0, \tag{7.7.4$'$}$$

$$(\alpha_1,\cdots,\alpha_n)Q(\lambda)\cdot Q(\lambda)^{-1}(\lambda I-A)P(\lambda)=0,$$

令

$$(\beta_1,\cdots,\beta_n)=(\alpha_1,\cdots,\alpha_n)Q(\lambda), \tag{7.7.5}$$

则得

$$(\beta_1,\cdots,\beta_n)(\lambda I-B)=0, \tag{7.7.6}$$

即

$$\mathscr{A}(\beta_1,\cdots,\beta_n)=(\beta_1,\cdots,\beta_n)B. \tag{7.7.7}$$

如果我们能证明由(7.7.5)式定义的$\beta_1,\cdots,\beta_n$是线性无关的,它们就构成V的另一个基,由(7.7.7)式即知B是$\mathscr{A}$在此基下的方阵表示,从而B与A相似.不过$\beta_1,\cdots,\beta_n$的线性无关性不易得出,我们转用别的方法.

定理7.12的证明 注意λ-矩阵$Q(\lambda)$可以写为"以矩阵为系数的λ的多项式".例如

$$\begin{bmatrix}\lambda^3+1 & 3\lambda+2\\ 7\lambda & 2\lambda^3+5\lambda^2\end{bmatrix}=\begin{bmatrix}1&0\\0&2\end{bmatrix}\lambda^3+\begin{bmatrix}0&0\\0&5\end{bmatrix}\lambda^2+\begin{bmatrix}0&3\\7&0\end{bmatrix}\lambda+\begin{bmatrix}1&2\\0&0\end{bmatrix}.$$

设n阶λ-方阵

$$Q(\lambda)=Q_k\lambda^k+\cdots+Q_1\lambda+Q_0,$$

其中Q_i为n阶"数字"方阵.那么,对任意一个数字n阶方阵M,我们记

$$Q(M)=Q(\lambda)\Big|_{\lambda=M}=Q_kM^k+\cdots+Q_1M+Q_0,$$

$$Q(M)_{\mathrm{L}}={}_{\lambda=M}\Big|Q(\lambda)=M^kQ_k+\cdots+MQ_1+Q_0,$$

分别称为$Q(\lambda)$在M的**右取值**和**左取值**.注意可能$Q(M)\neq Q(M)_{\mathrm{L}}$,因为$M$与$Q_i(i=1,\cdots,k)$可能不可交换.同理也有可能

$$(P(\lambda)Q(\lambda))\Big|_{\lambda=M} \neq P(M)Q(M).$$

所以在求 $Q(\lambda)$等的左、右取值时应特别注意.

现由(7.7.1)式求 $\lambda=B$ 的右取值,有

$$Q(\lambda)(\lambda I - B) = (\lambda I - A)P(\lambda) = P(\lambda)\lambda - AP(\lambda), \tag{7.7.8}$$

$$0 = Q(B)(B-B) = P(B)B - AP(B), \tag{7.7.9}$$

$$P(B)B = AP(B), \tag{7.7.10}$$

只需再证明 $P=P(B)$可逆.由(7.7.10)式知

$$PB^2 = APB = A^2P,$$

同理可知对任意 k 有

$$PB^k = A^kP. \tag{7.7.11}$$

记 $P(\lambda)^{-1}=R(\lambda)=R_s\lambda^s+\cdots+R_0$,则可知 $P^{-1}=R(A)$.事实上

$$I = R(\lambda)P(\lambda) = \sum R_k\lambda^kP(\lambda) = \sum R_kP(\lambda)\lambda^k,$$

$$I = \sum R_kP(B)B^k = \sum R_kA^kP(B) = R(A)P(B).$$

故 $P=P(B)$可逆,且

$$P^{-1} = R(A) = P^{-1}(A),\ B = P^{-1}AP. \tag{7.7.12}$$

定理证毕. ■

当然由(7.7.1)式也有

$$\lambda Q(\lambda) - Q(\lambda)B = (\lambda I - A)P(\lambda), \tag{7.7.8$'$}$$

故与上述同样推理可知应有

$$AQ(A)_L = Q(A)_LB, \tag{7.7.10$'$}$$

可知 $Q=Q(A)_L$ 可逆,且 $Q^{-1}AQ=B$,

$$Q^{-1} = Q(A)_L^{-1} = Q^{-1}(B)_L. \tag{7.7.12$'$}$$

7.8 λ-矩阵的相抵与 Smith 标准形

设 $A(\lambda)=(a_{ij}(\lambda))$为 $m\times n$ 阶λ-矩阵,即 $a_{ij}\in F[\lambda]$为不定元 λ 的多项式形式.以下三种变换称为对 $A(\lambda)$的“初等行变换”:

(1) 交换矩阵的两行;

(2) 把矩阵的某行乘以一非零常数 $c\in F^*$;

(3) 把矩阵的一行乘以一多项式 $g(\lambda)$再加到另一行上去.

这三种变换都有逆变换,且逆为同一种变换.易知这三种初等行变换分别相当于在矩阵左边乘以下可逆方阵(称为 **$F[\lambda]$上的初等方阵或初等 λ-方阵**):

$$P_{ij}=\begin{bmatrix}1 & & & & & & & & \\ & \ddots & & & & & & & \\ & & 1 & & & & & & \\ & & & 0 & & & 1 & & \\ & & & & 1 & & & & \\ & & & & & \ddots & & & \\ & & & & & & 1 & & \\ & & & 1 & & & & 0 & \\ & & & & & & & & 1 \\ & & & & & & & & & \ddots \\ & & & & & & & & & & 1\end{bmatrix},$$

$$P_i(c)=\begin{bmatrix}1 & & & & & & \\ & \ddots & & & & & \\ & & 1 & & & & \\ & & & c & & & \\ & & & & 1 & & \\ & & & & & \ddots & \\ & & & & & & 1\end{bmatrix},\quad P_{ij}(g(\lambda))=\begin{bmatrix}1 & & & & & \\ & \ddots & & & & \\ & & 1 & & g(\lambda) & \\ & & & \ddots & & \\ & & & & 1 & \\ & & & & & \ddots \\ & & & & & & 1\end{bmatrix},$$

其中 $c\in F^*$，$g(\lambda)\in F[\lambda]$为多项式.

类似可以定义列的初等变换，分别相当于在矩阵右边乘以以上三种初等方阵.

定理 7.13（λ-矩阵相抵标准形） 设 $A(\lambda)$ 为 λ-矩阵，则存在可逆 λ-方阵 $P(\lambda)$ 和 $Q(\lambda)$，使得

$$B(\lambda)=P(\lambda)\ A(\lambda)\ Q(\lambda)=\begin{bmatrix}d_1(\lambda) & & & \\ & \ddots & & \\ & & d_r(\lambda) & \\ & & & 0\end{bmatrix},$$

其中 $d_i(\lambda)\mid d_{i+1}(\lambda)$，$d_i(\lambda)$为多项式($i=1,\cdots,r-1$)，右下角的 0 为零矩阵.（$d_1(\lambda),\cdots,d_r(\lambda)$称为 $A(\lambda)$的不变因子组，$B(\lambda)$也称为 $A(\lambda)$的 **Smith** 标准形）

注记 1 若 $A(\lambda)=\lambda I-A$ 为特征方阵，则总有 $r=n$，这是因为 $\det(\lambda I-A)=f(\lambda)\neq 0$. 一般情形下 r 等于 $A(\lambda)$的秩，即非零子式的最高阶数.

证明 我们只需证明经有限次初等行或列的变换可化 $A(\lambda)$为定理中的形式. 不妨设 $A(\lambda)=(a_{ij})\neq 0$，$a_{ij}\in F[\lambda]$. 经第一种初等变换（即交换两行或两列），我们可使矩阵的最低次非零元素总位于(1,1)位，仍以(a_{ij})记此矩阵.

(1) 若第一行或第一列中有元素不是 a_{11} 的倍，则可经初等变换降低(1,1)位上元素的次数. 事实上，若 a_{1j} 不是 a_{11} 的倍，则有 $F[\lambda]$中带余除法

$$a_{1j}=a_{11}q+r,\qquad 0\neq r\in F[\lambda],\qquad \deg r<\deg a_{11},$$

把第 1 列的 $-q$ 倍加到第 j 列，再交换第 $1,j$ 列，于是 r 为(1,1)位元素，次数降低了. 类似地，若 a_{i1} 不是 a_{11} 的倍，经行变换可降低(1,1)位元素的次数. 由于(1,1)位上元素次数不可能无限降下去，故经有限次变换后，第 1 行和第 1 列中元素均为(1,1)位元素的倍. 再把第 1 行(列)的适当倍加到各行(列)上去，则 $A(\lambda)$化为

$$\begin{bmatrix} b_{11}(\lambda) & 0 \\ 0 & A_1(\lambda) \end{bmatrix},$$

(2) 对 $A_1(\lambda)$同样变换，可逐渐把 $A(\lambda)$变换为

$$\begin{bmatrix} b_1(\lambda) & & & & & \\ & \ddots & & & & \\ & & b_r(\lambda) & & & \\ & & & 0 & & \\ & & & & \ddots & \\ & & & & & 0 \end{bmatrix} \qquad (*)$$

且可设 $b_1(\lambda)$的次数是 $b_i(\lambda)$中最小者($i=1,\cdots,r$).

(3) 现若 $b_1\nmid b_i$ ($2\leqslant i\leqslant r$)，则可经初等变换，化此矩阵仍为($*$)式中的形式，但降低非零元最低次数；事实上把第 i 行加到第 1 行则得

$$\begin{bmatrix} b_1(\lambda) & \cdots & b_i(\lambda) & & & \\ & \ddots & \vdots & & & \\ & & b_i(\lambda) & & & \\ & & & \ddots & & \\ & & & & b_r(\lambda) & \\ & & & & & 0 \end{bmatrix},$$

因 $b_1(\lambda)\nmid b_i(\lambda)$，故重复步骤(1)可降低(1,1)位元素的次数，再按步骤(2)可化此矩阵为

$$\begin{bmatrix} b_1'(\lambda) & & & \\ & \ddots & & \\ & & b_r'(\lambda) & \\ & & & 0 \end{bmatrix},$$

而 $b_1'(\lambda)$ 次数低于 $b_1(\lambda)$ 次数. 因为次数不能无限降低，故经有限次变换可得这种形式矩阵，且 $b_1' \mid b_i'(i=2,\cdots,r)$. 同样讨论 $b_2',\cdots,b_r'$，即得定理中矩阵 $B(\lambda)$. ■

注记 2　定理 7.13 不仅适用于 λ-矩阵，即环 $F[\lambda]$ 上矩阵，而且适用于任何欧几里得整环 R(即有带余除法的整环)上的矩阵，例如整数系数矩阵. 证明完全相同，但应注意，对 R 上矩阵的第 2 种初等行变换是：把矩阵的某行乘以 R 中的单位(即可逆元)c. 进一步，定理 7.13 还适用于主理想整环 R 上的矩阵(参见第 1 章 1.6 节最后)，主要用到：主理想整环 R 中有 Bezout 等式成立. 注意 R 上方阵 P 可逆是指 $PX=XP$ 对 R 上某方阵 X 成立，这相当于 $\det P$ 为 R 中的可逆元.

现证定理 7.13 对于主理想整环 R 上的矩阵 A 同样适用，即存在 R 上可逆方阵 P 和 Q 使

$$B = PAQ = \begin{bmatrix} d_1 & & & \\ & \ddots & & \\ & & d_r & \\ & & & 0 \end{bmatrix} \qquad (d_i \mid d_{i+1},\ d_i \in R).$$

为了证明，我们把 $a=p_1\cdots p_w \in R$ 的不可约因子个数 w 称为 a 的次数 $\deg a$. 于是，若 $a_{11} \nmid a_{1j}$，则 a_{11} 与 a_{1j} 的最大公因子可表为 $d=s\,a_{11}+t\,a_{1j}$ ($s,t\in R$，即 d 是理想(a_{11},a_{1j})的生成元). 令

$$T = \begin{bmatrix} s & & & & -a_{1j}/d & & & \\ & 1 & & & & & & \\ & & \ddots & & & & & \\ & & & 1 & & & & \\ t & & & & a_{11}/d & & & \\ & & & & & 1 & & \\ & & & & & & \ddots & \\ & & & & & & & 1 \end{bmatrix},$$

则 $\det T=1$，且 AT 的第 1 行为$(d,*,\cdots,*,0,*,\cdots,*)$，而 $\deg d<\deg a_{11}$. 证明的其余部分与定理 7.13 的证明完全一样.

系 1　设 $A(\lambda)$ 为 λ-矩阵，则存在初等 λ-方阵 $P_1(\lambda),\cdots,P_s(\lambda),Q_1(\lambda),\cdots,Q_t(\lambda)$，使

$$P_s(\lambda)\cdots P_1(\lambda)A(\lambda)Q_1(\lambda)\cdots Q_t(\lambda)=\begin{bmatrix}d_1(\lambda)&&&\\&\ddots&&\\&&d_r(\lambda)&\\&&&0\end{bmatrix},$$

$d_i(\lambda)\mid d_{i+1}(\lambda)$ $(i=1,\cdots,r-1)$，$d_1(\lambda),\cdots,d_r(\lambda)$为多项式.

当$A(\lambda)$可逆时，$\det A(\lambda)\in F^*$，因初等方阵的行列式也为非0常数，故此时由上式两边取行列式可知右面的方阵应为I(注意$d_i(\lambda)$首一)，故有下面的结论.

系 2 λ-方阵$A(\lambda)$可逆当且仅当$A(\lambda)$为初等λ-方阵之积.

我们将证明$d_1(\lambda),\cdots,d_r(\lambda)$只依赖于$A(\lambda)$(即是相抵变换的不变量)，因而被称为$A(\lambda)$的**不变因子**(invariant factors).

定义 7.8 λ-矩阵$A(\lambda)$的所有k阶非零子行列式的首一最大公因子D_k称为$A(\lambda)$的k阶**行列式因子**. $D_1,\cdots,D_r$称为其行列式因子组.

引理 7.3 初等变换不改变λ-矩阵的各阶行列式因子.

证明 显然第一种行的初等变换不改变k阶行列式因子. 注意行列式因子D_k为首一多项式，故第二种行的初等变换也不改变D_k. 现在设想经一次第三种初等变换把$A(\lambda)$变换为$B(\lambda)$，则$B(\lambda)$的k阶子式$\Delta_k(B)$是$A(\lambda)$的k阶子式的线性组合，故$A(\lambda)$的各k阶子式的最大公因子D_k可整除$\Delta_k(B)$，从而可整除$D_k(B)$，即$B(\lambda)$的各k阶子式的最大公因子. 由于初等变换是可逆的，同理可知$D_k(B)\mid D_k$，故$D_k(B)=D_k$. 详言之，设把$A(\lambda)$的第i行的$g(\lambda)$倍加到第j行去，从而得到$B(\lambda)$. 考虑$A(\lambda)$与$B(\lambda)$的位置相对应的一个k阶子行列式$\Delta_k(A)$和$\Delta_k(B)$。注意$A(\lambda)$与$B(\lambda)$只有第j行不同，故若$\Delta_k(B)$不含$B(\lambda)$的第j行则$\Delta_k(A)=\Delta_k(B)$；若$\Delta_k(B)$含第j行，则由行列式对其行的多线性知$\Delta_k(B)=\Delta_k(A)+\Delta_k(\widetilde{A})g(\lambda)$，其中$\widetilde{A}(\lambda)$是将$A(\lambda)$的第$j$行换为第$i$行而得. 因$D_k$是$A$的各$k$阶子行列式的最大公因子，故$D_k\mid\Delta_k(A)$，$D_k\mid\Delta_k(\widetilde{A})$，故$D_k\mid\Delta_k(B)$，从而$D_k\mid D_k(B)$. 对于列的初等变换同理可得，证毕. ■

在定理7.13中，$B(\lambda)$的行列式因子显然为

$$D_1=d_1(\lambda),\quad D_2=d_1(\lambda)d_2(\lambda),\quad\cdots,\quad D_r=d_1(\lambda)\cdots d_r(\lambda).$$

由引理7.3知道，这也是$A(\lambda)$的行列式因子. 因而$A(\lambda)$的行列式因子决定着其相抵标准形中的不变因子，即

$$d_1(\lambda)=D_1,\quad d_2(\lambda)=D_2/D_1,\quad\cdots,\quad d_r(\lambda)=D_r/D_{r-1}.$$

因此我们知道，初等变换也不改变$A(\lambda)$的不变因子，定理7.13中Smith标准形是唯一的，于是有下面的定理.

定理 7.14 λ-矩阵 $A(\lambda)$ 与 $B(\lambda)$ 相抵当且仅当二者的行列式因子组相同，或者不变因子组相同.

例 7.15 设 s 阶方阵(Jordan 块)

$$J_s(c)=\begin{bmatrix} c & & & \\ 1 & \ddots & & \\ & \ddots & \ddots & \\ & & 1 & c \end{bmatrix} \quad (c \in F),$$

则因 $\lambda I - J_s(c)$ 的左下角 $s-1$ 阶子式为 1，故其行列式因子组为

$$1,1,\cdots,1,(\lambda-c)^s,$$

从而不变因子组为 $1,1,\cdots,1,(\lambda-c)^s$.

例 7.16 设 e 阶方阵(友阵)

$$C(g)=\begin{bmatrix} 0 & & & c_0 \\ 1 & \ddots & & \vdots \\ & \ddots & 0 & c_{e-2} \\ & & 1 & c_{e-1} \end{bmatrix}$$

为域 F 上多项式 $g(\lambda)=\lambda^e-c_{e-1}\lambda^{e-1}-\cdots-c_0$ 的友阵，则 $\lambda I - C(g)$ 的行列式因子组为

$$1,1,\cdots,1,g(\lambda),$$

从而不变因子组为 $1,1,\cdots,1,g(\lambda)$.

例 7.17 设 se 阶方阵(广义 Jordan 块)

$$J_{(p(\lambda)^s)}=\begin{bmatrix} C(p(\lambda)) & & & \\ E & \ddots & & \\ & \ddots & \ddots & \\ & & E & C(p(\lambda)) \end{bmatrix},$$

其中 $C(p(\lambda))$ 为域 F 上不可约多项式 $p(\lambda)=\lambda^e-c_{e-1}\lambda^{e-1}-\cdots-c_0$ 的友阵，E 为 e 阶方阵

$$E=\begin{bmatrix} & & 1 \\ & 0 & \\ \cdot^{\cdot^{\cdot}} & & \\ 0 & & \end{bmatrix}.$$

则 $\lambda I-J_{(p(\lambda)^s)}$ 的行列式因子为 $1,\cdots,1,p(\lambda)^s$(注意其左下角 $se-1$ 阶子式为 1),故不变因子为 $1,1,\cdots,1,p(\lambda)^s$.

以上三种方阵(Jordan 块和友阵)很重要. 反过来我们看到,若 $\lambda I-A$ 的不变因子为 $1,\cdots,1,g(\lambda)(g(\lambda)=(\lambda-c)^s$ 或 $p(\lambda)^s)$,则 A 相似于上述三种方阵.

例 7.18 设方阵

$$A=\begin{bmatrix}0&-1&2&0\\1&0&-2&0\\0&0&1&0\\1&1&-2&1\end{bmatrix},$$

则对 $\lambda I-A$ 可如下经初等变换求得相抵标准形

$$(\lambda I-A)\to\begin{bmatrix}1&\lambda&-2&0\\\lambda&-1&2&0\\0&0&\lambda-1&0\\-1&-1&2&\lambda-1\end{bmatrix}\to\begin{bmatrix}1&0&0&0\\\lambda&-\lambda^2-1&2\lambda+2&0\\0&0&\lambda-1&0\\-1&\lambda-1&0&\lambda-1\end{bmatrix}$$

$$\to\begin{bmatrix}1&0&0&0\\0&-\lambda^2-1&2\lambda+2&0\\0&0&\lambda-1&0\\0&\lambda-1&0&\lambda-1\end{bmatrix}\to\begin{bmatrix}1&0&0&0\\0&\lambda-1&0&\lambda-1\\0&0&\lambda-1&0\\0&0&2\lambda+2&-\lambda^2-1\end{bmatrix}$$

$$\to\begin{bmatrix}1&0&0&0\\0&\lambda-1&0&0\\0&0&\lambda-1&0\\0&0&2\lambda+2&-\lambda^2-1\end{bmatrix}\to\begin{bmatrix}1&&&\\&\lambda-1&0&0\\&&\lambda-1&0\\&&4&-\lambda^2-1\end{bmatrix}$$

$$\to\begin{bmatrix}1&&&\\&\lambda-1&&\\&&4&-\lambda^2-1\\&&\lambda-1&0\end{bmatrix}\to\begin{bmatrix}1&&&\\&\lambda-1&&\\&&4&-\lambda^2-1\\&&0&\frac{1}{4}(\lambda-1)(\lambda^2+1)\end{bmatrix}$$

$$\to\begin{bmatrix}1&&&\\&\lambda-1&&\\&&4&\\&&&(\lambda-1)(\lambda^2+1)\end{bmatrix}\to\begin{bmatrix}1&&&\\&1&&\\&&\lambda-1&\\&&&(\lambda-1)(\lambda^2+1)\end{bmatrix},$$

故 $\lambda I-A$ 的不变因子为 $1,1,\lambda-1,(\lambda-1)(\lambda^2+1)$.

7.9　三种因子与方阵相似标准形

我们已经看到域 F 上 λ-矩阵 $A(\lambda)$ 的不变因子和行列式因子互相决定，且都是相抵变换的全系不变量. 注意这两种因子都由 $A(\lambda)$ 的系数经加、减、乘(或整除)运算得到.

定义 7.9　设域 F 上 λ-矩阵 $A(\lambda)$ 的不等于 1 的不变因子为 $d_1(\lambda),\cdots,d_r(\lambda)$ $(d_i(\lambda)\mid d_{i+1}(\lambda),\ i=1,\cdots,r-1)$. 并设在 F 上因子分解为

$$d_1(\lambda)=p_1(\lambda)^{k_{11}}p_2(\lambda)^{k_{12}}\cdots p_{s_1}(\lambda)^{k_{1s_1}},$$

$$\cdots\cdots$$

$$d_r(\lambda)=p_1(\lambda)^{k_{r1}}p_2(\lambda)^{k_{r2}}\cdots p_{s_r}(\lambda)^{k_{rs_r}},$$

其中 $p_j(\lambda)$ 为 F 上互异首一不可约多项式，k_{ij} 为正整数且 $k_{ij}\leqslant k_{(i+1)j}$ $(i=1,\cdots,r;j=1,\cdots,s_i)$. 则全体不可约因子幂

$$p_j(\lambda)^{k_{ij}}\quad(i=1,\cdots,r;j=1,\cdots,s_i)$$

称为 $A(\lambda)$ 的在 F 上的**初等因子组**(elementary factors)(注意相同者均重复计入；1 不计入). 简言之，初等因子组就是不变因子的准素因子全体.

引理 7.4　若已知 $A(\lambda)$ 的秩 r，则 $A(\lambda)$ 的不变因子组与其初等因子组互相决定.

证明　如果已知 $A(\lambda)$ 的初等因子组，则由 $d_i(\lambda)\mid d_{i+1}(\lambda)$，我们很容易定出 $d_r(\lambda)$，即为不同 $p_j(\lambda)$ 的最高次幂相乘而得. 顺次可定出 $d_{r-1}(\lambda),\cdots,d_1(\lambda)$. 反之显然. ■

例 7.19　$A(\lambda)=\mathrm{diag}(1,1,\lambda,\lambda^2(\lambda^2+1)^2,\lambda^2(\lambda^2+1)^2(\lambda^3+\lambda-1)^3,0,0)$ 的秩为 $r=5$，不变因子为 $d_1=1,\ d_2=1,\ d_3=\lambda,\ d_4=\lambda^2(\lambda^2+1)^2,\ d_5=\lambda^2(\lambda^2+1)^2(\lambda^3+\lambda-1)^3$. 于是在 $\mathbb{Q}$ 上初等因子组为

$$\lambda,\lambda^2,\lambda^2;(\lambda^2+1)^2,(\lambda^2+1)^2,(\lambda^3+\lambda-1)^3.$$

反之由于秩 $r=5$，我们容易由初等因子组依次定出：$d_5=\lambda^2(\lambda^2+1)^2(\lambda^3+\lambda-1)^3$，$d_4=\lambda^2(\lambda^2+1)^2,\ d_3=\lambda,\ d_2=1,\ d_1=1$.

初等因子的优点是便于计算. 以下性质是不变因子所不具备的.

引理 7.5　设 $A(\lambda)=\begin{bmatrix}A_1(\lambda)&0\\0&A_2(\lambda)\end{bmatrix}$，其中 $A_1(\lambda)$ 和 $A_2(\lambda)$ 为任意 λ-矩阵，则 $A(\lambda)$ 的初等因子组为 $A_1(\lambda)$ 和 $A_2(\lambda)$ 的初等因子组的合并(重因子计入)。

证明　先把 $A_1(\lambda)$ 和 $A_2(\lambda)$ 化为相抵标准形，则

$$A(\lambda)=\mathrm{diag}(A_1(\lambda),A_2(\lambda))\sim\mathrm{diag}(d_1,d_2,\cdots,d_1{}',d_2{}',\cdots)\sim$$
$$\mathrm{diag}(g_1,\cdots,g_t,0,\cdots,0).$$

即知只需证明矩阵

$$A(\lambda)=\begin{bmatrix} g_1(\lambda) & & & & & \\ & \ddots & & & & \\ & & g_t(\lambda) & & & \\ & & & 0 & & \\ & & & & \ddots & \\ & & & & & 0 \end{bmatrix}$$

的初等因子组是多项式 $g_1(\lambda),\cdots,g_t(\lambda)$的初等因子(准素因子)组的合并(注意若多项式 $g(\lambda)$在 $F[\lambda]$中的因子分解为 $g(\lambda)=p_1(\lambda)^{e_1}\cdots p_s(\lambda)^{e_s}$,则 $g(\lambda)$在 F 上的初等因子组(作为 1×1 方阵为 $p_1(\lambda)^{e_1},\cdots,p_s(\lambda)^{e_s}$). 我们设在 $F[\lambda]$中有不可约因子分解

$$g_1(\lambda)=p_1(\lambda)^{e_{11}}p_2(\lambda)^{e_{12}}\cdots p_s(\lambda)^{e_{1s}},$$

$$\cdots\cdots$$

$$g_t(\lambda)=p_1(\lambda)^{e_{t1}}p_2(\lambda)^{e_{t2}}\cdots p_s(\lambda)^{e_{ts}},$$

其中 $p_j(\lambda)$为互异不可约多项式,$e_{ij}\geqslant 0$ $(i=1,\cdots,t,j=1,\cdots,s)$. 我们先看 $p_1(\lambda)$的幂,不妨设

$$e_{11}\leqslant e_{21}\leqslant\cdots\leqslant e_{t1}$$

(必要时置换 $A(\lambda)$的行、列),于是可知 $A(\lambda)$的 k 阶行列式因子 D_k 中,$p_1(\lambda)$幂的因子为

$$p_1(\lambda)^{e_{11}+\cdots+e_{k1}}\qquad(k=1,\cdots,t).$$

这也就定出不变因子 $d_k(\lambda)=D_k/D_{k-1}$中 $p_1(\lambda)$幂的因子为

$$p_1(\lambda)^{e_{k1}}\qquad(k=1,\cdots,t).$$

故 $A(\lambda)$的初等因子中为 $p_1(\lambda)$幂者恰为 $p_1(\lambda)^{e_{11}},\cdots,p_1(\lambda)^{e_{t1}}$. 同样可决定为 $p_2(\lambda),\cdots,p_s(\lambda)$的幂者. 证毕. ■

例 7.20 上节例 7.15,例 7.16,例 7.17 中方阵

$$J_s(c)=\begin{bmatrix} c & & & \\ 1 & \ddots & & \\ & \ddots & \ddots & \\ & & 1 & c \end{bmatrix},$$

$$C(g(\lambda))=\begin{bmatrix} 0 & & & c_0 \\ 1 & \ddots & & \vdots \\ & \ddots & 0 & c_{e-2} \\ & & 1 & c_{e-1} \end{bmatrix},$$

$$J_{(p(\lambda)^s)}=\begin{bmatrix} C(p(\lambda)) & & & \\ E & \ddots & & \\ & \ddots & \ddots & \\ & & E & C(p(\lambda)) \end{bmatrix}.$$

在 F 上初等因子分别为(1) $(\lambda-c)^s$；(2) $g(\lambda)$的初等因子；(3) $p(\lambda)^s$.

系1　下列命题等价：

(1) 方阵 A 与 B 相似；

(2) $\lambda I-A$ 与 $\lambda I-B$ 相抵；

(3) $\lambda I-A$ 与 $\lambda I-B$ 的不变因子组相同；

(4) $\lambda I-A$ 与 $\lambda I-B$ 的行列式因子组相同；

(5) $\lambda I-A$ 与 $\lambda I-B$ 的初等因子组相同.

证明　注意 $\lambda I-A$ 的行列式(即 A 的特征多项式)非零,故 $\lambda I-A$ 是满秩的,不变因子与初等因子可互相决定.(此外应注意的是,因不变因子不因考虑域的不同而变化,而只由 $\lambda I-A$ 的元素的加、减、乘得到,故 $\lambda I-A$ 与 $\lambda I-B$ 的初等因子是否相同也不因域的考虑而变化).■

注意,由于 $\det(\lambda I-A)=f(\lambda)\neq 0$,故可设 $\lambda I-A$ 相抵于

$$Q(\lambda)^{-1}(\lambda I-A)P(\lambda)=\begin{bmatrix}1&&&&&\\&\ddots&&&&\\&&1&&&\\&&&d_1(\lambda)&&\\&&&&\ddots&\\&&&&&d_r(\lambda)\end{bmatrix},$$

其中 $d_i(\lambda)\mid d_{i+1}(\lambda)$ $(i=1,\cdots,r-1)$.取行列式知 A 的特征多项式

$$f(\lambda)=d_1(\lambda)d_2(\lambda)\cdots d_r(\lambda)=\prod_{i,j}p_j(\lambda)^{k_{ij}}$$

是不变因子之积,也是初等因子之积.

其次应注意,$\lambda I-A$ 的不变因子 $d_1(\lambda),\cdots,d_r(\lambda)$不随基域的不同考虑而不同:若 A 是 F 上方阵,则 $d_i(\lambda)$是 F 上多项式(因为 $d_i(\lambda)$是经 $\lambda I-A$ 的元素作带余除法而得).而初等因子则不然,在$\mathbb{R}$上和在$\mathbb{C}$上的初等因子是不同的.例如 x^2+1 在$\mathbb{R}$和$\mathbb{C}$上初等因子组分别为$\{x^2+1\}$和$\{x-\mathrm{i},x+\mathrm{i}\}$.

定义 7.10　$\lambda I-A$ 的不变因子、行列式因子、初等因子分别称为 **A 的不变因子、行列式因子、初等因子**(因子1常不计入).

定理 7.15　设域 F 上方阵 A 的不变因子为 $d_1(\lambda),\cdots,d_r(\lambda)$,在 F 上的初等因子为 $p_1(\lambda)^{k_1},\cdots,p_s(\lambda)^{k_s}$(重者也计入),则 A 在 F 上相似于以下三种方阵 C,G,J(分别称为第一,二,三种相似标准形):

$$C=\begin{bmatrix} C(d_1) & & \\ & \ddots & \\ & & C(d_r) \end{bmatrix} \quad （有理标准形），$$

$$G=\begin{bmatrix} C(p_1^{k_1}) & & \\ & \ddots & \\ & & C(p_s^{k_s}) \end{bmatrix} \quad （初等因子友阵形），$$

$$J=\begin{bmatrix} J(p_1^{k_1}) & & \\ & \ddots & \\ & & J(p_s^{k_s}) \end{bmatrix} \quad （F\text{ 上约当标准形}），$$

其中 $C(g)$ 表示 $g(\lambda)$ 的友阵，而

$$J(p^k)=\begin{bmatrix} C(p) & & & \\ E & \ddots & & \\ & \ddots & \ddots & \\ & & E & C(p) \end{bmatrix}$$

为 $k\deg p$ 阶方阵(称为**广义约当块**)，

$$E=\begin{bmatrix} & & 1 \\ & 0 & \\ & \ddots & \\ 0 & & \end{bmatrix},$$

特别地，当 $F=\mathbb{C}$ 为复数域时，$p_i(\lambda)=\lambda-c_i$ 为一次，$J(p^k)$ 为约当块，J 为约当标准形.

证明　只需验证 $\lambda I-A$ 与 $\lambda I-C$, $\lambda I-J$, $\lambda I-G$ 的初等因子组均相同. 这由引理 7.5 及例 7.20 是显然的. ■

例 7.21　设 A 为有理数域 $\mathbb{Q}$ 上方阵，$\lambda I-A$ 的不变因子组为

$$1,\cdots,1,1,\ (\lambda-1)^2(\lambda^2+1),(\lambda-1)^2(\lambda^2+1)^2.$$

则在 $\mathbb{Q}$ 上的初等因子组为　$(\lambda-1)^2$, $(\lambda-1)^2$, (λ^2+1), $(\lambda^2+1)^2$. 故 A 在 $\mathbb{Q}$ 上相似于

$$C=\begin{bmatrix} C((\lambda-1)^2(\lambda^2+1)) & \\ & C((\lambda-1)^2(\lambda^2+1)^2) \end{bmatrix}$$

$$
=\left[\begin{array}{cccc:cccccc}
0 & & & -1 & & & & & & \\
1 & 0 & & 2 & & & & & & \\
 & 1 & 0 & -2 & & & & & & \\
 & & 1 & 2 & & & & & & \\
\hdashline
 & & & & 0 & & & & & -1 \\
 & & & & 1 & 0 & & & & 2 \\
 & & & & & 1 & 0 & & & -3 \\
 & & & & & & 1 & 0 & & 4 \\
 & & & & & & & 1 & 0 & -3 \\
 & & & & & & & & 1 & 2
\end{array}\right],
$$

$$
G=\begin{bmatrix}
C((\lambda-1)^2) & & & \\
 & C((\lambda-1)^2) & & \\
 & & C(\lambda^2+1) & \\
 & & & C((\lambda^2+1)^2)
\end{bmatrix}
$$

$$
=\left[\begin{array}{cc:cc:cc:cccc}
0 & -1 & & & & & & & & \\
1 & 2 & & & & & & & & \\
\hdashline
 & & 0 & -1 & & & & & & \\
 & & 1 & 2 & & & & & & \\
\hdashline
 & & & & 0 & -1 & & & & \\
 & & & & 1 & 0 & & & & \\
\hdashline
 & & & & & & 0 & & & -1 \\
 & & & & & & 1 & 0 & & 0 \\
 & & & & & & & 1 & 0 & -2 \\
 & & & & & & & & 1 & 0
\end{array}\right],
$$

$$
J=\begin{bmatrix}
J_{((\lambda-1)^2)} & & & \\
 & J_{((\lambda-1)^2)} & & \\
 & & J(\lambda^2+1) & \\
 & & & J_{((\lambda^2+1)^2)}
\end{bmatrix}
$$

$$
=\left[\begin{array}{cc:cc:cc:cc:cc}
1 & & & & & & & & & \\
1 & 1 & & & & & & & & \\ \hdashline
 & & 1 & & & & & & & \\
 & & 1 & 1 & & & & & & \\ \hdashline
 & & & & 0 & -1 & & & & \\
 & & & & 1 & 0 & & & & \\ \hdashline
 & & & & & & 0 & -1 & & \\
 & & & & & & 1 & 0 & & \\ \hdashline
 & & & & & & & 1 & 0 & -1 \\
 & & & & & & & & 1 & 0
\end{array}\right],
$$

而 A 在复数域$\mathbb{C}$ 上的初等因子组为$(\lambda-1)^2,(\lambda-1)^2,(\lambda+\mathrm{i}),(\lambda+\mathrm{i})^2,(\lambda-\mathrm{i}),(\lambda-\mathrm{i})^2$,故 A 在$\mathbb{C}$ 上相似于

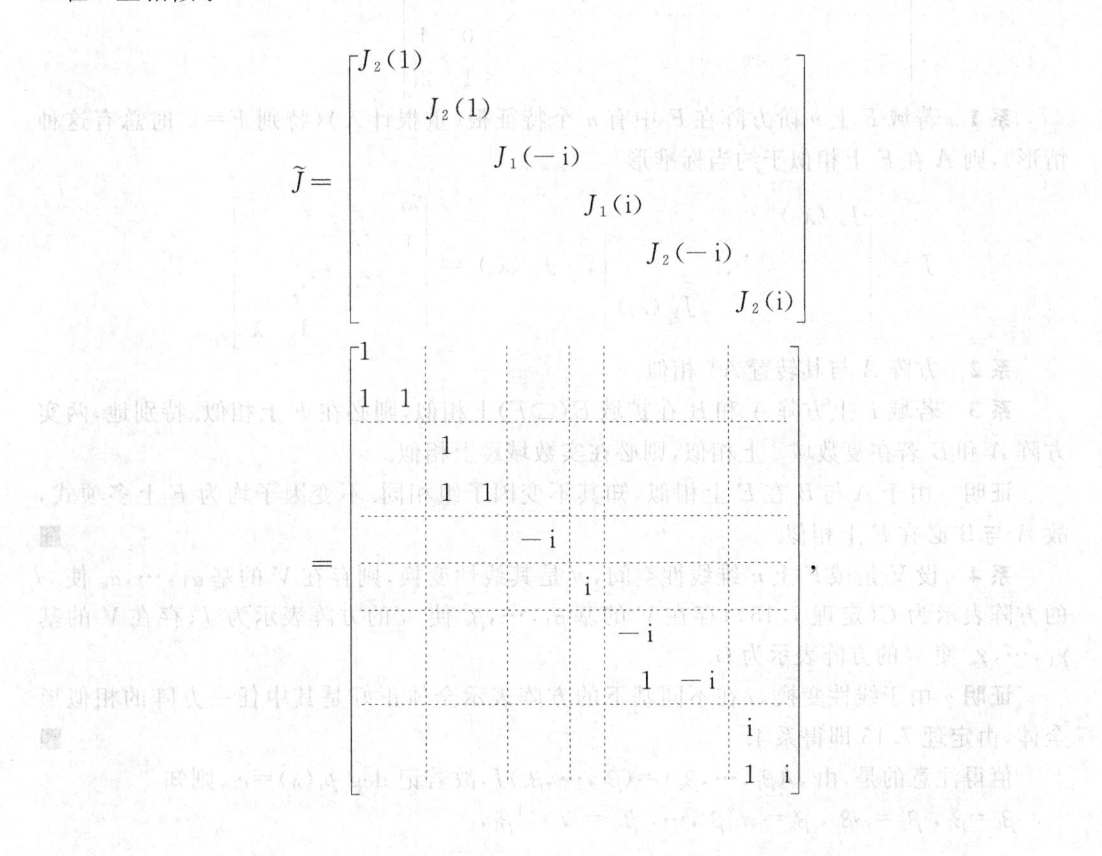

$$
\widetilde{J}=\begin{bmatrix}
J_2(1) & & & & & \\
 & J_2(1) & & & & \\
 & & J_1(-\mathrm{i}) & & & \\
 & & & J_1(\mathrm{i}) & & \\
 & & & & J_2(-\mathrm{i}) & \\
 & & & & & J_2(\mathrm{i})
\end{bmatrix}
$$

$$
=\left[\begin{array}{cc:cc:c:c:cc:cc}
1 & & & & & & & & & \\
1 & 1 & & & & & & & & \\ \hdashline
 & & 1 & & & & & & & \\
 & & 1 & 1 & & & & & & \\ \hdashline
 & & & & -\mathrm{i} & & & & & \\ \hdashline
 & & & & & \mathrm{i} & & & & \\ \hdashline
 & & & & & & -\mathrm{i} & & & \\
 & & & & & & 1 & -\mathrm{i} & & \\ \hdashline
 & & & & & & & & \mathrm{i} & \\
 & & & & & & & & 1 & \mathrm{i}
\end{array}\right],
$$

$$\widetilde{G}=\begin{bmatrix} C((\lambda-1)^2) & & & & & \\ & C((\lambda-1)^2) & & & & \\ & & C(\lambda+\mathrm{i}) & & & \\ & & & C(\lambda-\mathrm{i}) & & \\ & & & & C((\lambda+\mathrm{i})^2) & \\ & & & & & C((\lambda-\mathrm{i})^2) \end{bmatrix}$$

$$=\left[\begin{array}{cc|cc|c|c|cc|cc} 0 & -1 & & & & & & & & \\ 1 & 2 & & & & & & & & \\ \hline & & 0 & -1 & & & & & & \\ & & 1 & 2 & & & & & & \\ \hline & & & & -\mathrm{i} & & & & & \\ \hline & & & & & \mathrm{i} & & & & \\ \hline & & & & & & 0 & 1 & & \\ & & & & & & 1 & -2\mathrm{i} & & \\ \hline & & & & & & & & 0 & 1 \\ & & & & & & & & 1 & 2\mathrm{i} \end{array}\right],$$

系 1　若域 F 上 n 阶方阵在 F 中有 n 个特征根(重根计入)(特别 $F=\mathbb{C}$ 时总有这种情形),则 A 在 F 上相似于约当标准形

$$J=\begin{bmatrix} J_{k_1}(\lambda_1) & & \\ & \ddots & \\ & & J_{k_s}(\lambda_s) \end{bmatrix},\quad J_{k_i}(\lambda_i)=\begin{bmatrix} \lambda_i & & & \\ 1 & \ddots & & \\ & \ddots & \ddots & \\ & & 1 & \lambda_i \end{bmatrix}_{k_i\times k_i}.$$

系 2　方阵 A 与其转置 A^{T} 相似.

系 3　若域 F 上方阵 A 和 B 在扩域 $E(\supset F)$ 上相似,则必在 F 上相似. 特别地,两实方阵 A 和 B 若在复数域 $\mathbb{C}$ 上相似,则必在实数域 $\mathbb{R}$ 上相似.

证明　由于 A 与 B 在 E 上相似,知其不变因子组相同. 不变因子均为 F 上多项式,故 A 与 B 必在 F 上相似. ■

系 4　设 V 是域 F 上 n 维线性空间,$\mathscr{A}$ 是其线性变换,则存在 V 的基 $\alpha_1,\cdots,\alpha_n$ 使 $\mathscr{A}$ 的方阵表示为 C(定理 7.15);存在 V 的基 $\beta_1,\cdots,\beta_n$ 使 $\mathscr{A}$ 的方阵表示为 J;存在 V 的基 $\gamma_1,\cdots,\gamma_n$ 使 $\mathscr{A}$ 的方阵表示为 G.

证明　由于线性变换 $\mathscr{A}$ 在不同基下的方阵表示全体正好是其中任一方阵的相似形全体,由定理 7.15 即得系 4. ■

值得注意的是,由 $\mathscr{A}(\beta_1,\cdots,\beta_n)=(\beta_1,\cdots,\beta_n)J$,故若记 $\deg p_i(\lambda)=e_i$,则知

$$\beta_1=\beta_1,\ \beta_2=\mathscr{A}\beta_1,\ \beta_3=\mathscr{A}^2\beta_1,\cdots,\ \beta_{e_1}=\mathscr{A}^{e_1-1}\beta_1,$$

$\beta_{e_1+1}=p_1(\mathscr{A})\beta_1$, $\beta_{e_1+2}=\mathscr{A}p_1(\mathscr{A})\beta_1$, $\cdots$, $\beta_{2e_1}=\mathscr{A}^{e_1-1}p_1(\mathscr{A})\beta_1$,

……

$\beta_{(k_1-1)e_1+1}=p_1(\mathscr{A})^{k_1-1}\beta_1$, $\cdots$, $\beta_{k_1e_1}=\mathscr{A}^{e_1-1}p_1(\mathscr{A})^{k_1-1}\beta_1$,

即 $\beta_1,\cdots,\beta_{k_1e_1}$ 是对应于 $p_1(\lambda)^{k_1}$ 的一个约当链.同样可得 $p_i(\lambda)^{k_i}$ 的约当链.

当每个初等因子均为一次多项式幂时,即初等因子组为

$$(\lambda-\lambda_1)^{k_1},\cdots,(\lambda-\lambda_s)^{k_s}$$

(即系 1 的情形,特别 $F=\mathbb{C}$ 时总是这样),对应于$(\lambda-\lambda_1)^{k_1}$的约当链即为

$$\beta_1,(\mathscr{A}-\lambda_1)\beta_1,(\mathscr{A}-\lambda_1)^2\beta_1,\cdots,(\mathscr{A}-\lambda_1)^{k_1-1}\beta_1.$$

定理 7.15 中的有理标准形 C 与定理 7.9 中的有理标准形 B 是一致的(对角线块次序不同),这由不变因子的唯一性即知.详言之有下面的结论.

系 5 设 A 为方阵,$\lambda I-A$ 的不变因子组为 $1,\cdots,1,d_1(\lambda),\cdots,d_r(\lambda)$ $(d_i(\lambda)\mid d_{i+1}(\lambda)$, $i=1,\cdots,r-1)$.若 $m_1(\lambda),\cdots,m_r(\lambda)$ 为 $\mathscr{A}$ 的(循环分解)有理标准形决定的"不变因子"(见本章定理 7.8 和 7.9),则 $d_r(\lambda)=m_1(\lambda)$, $d_{r-1}(\lambda)=m_2(\lambda)$, $\cdots$, $d_1(\lambda)=m_r(\lambda)$.特别地,$d_r(\lambda)$为 A 的极小多项式.

方阵 A 的约当标准形(和其余标准形)的求法,分为两个步骤:

第一步,先求 $\lambda I-A$ 的初等因子组.有三种方法:

(1) 用初等变换化 $\lambda I-A$ 为相抵标准形 $\mathrm{diag}(1,\cdots,1,d_1(\lambda),\cdots,d_r(\lambda))$.再分解不变因子 $d_1(\lambda),\cdots,d_r(\lambda)$,即可得初等因子.这一方法的好处是可同时求得方阵 $P(\lambda)$,$Q(\lambda)$ 使得

$$P(\lambda)(\lambda I-A)Q(\lambda)=\mathrm{diag}(1,\cdots,1,d_1(\lambda),\cdots,d_r(\lambda)).$$

(2) 用初等变换化 $\lambda I-A$ 为对角形 $\mathrm{diag}(g_1(\lambda),\cdots,g_n(\lambda))$,再分解诸 $g_1(\lambda),\cdots,g_n(\lambda)$,即可得初等因子.比前一方法快捷.

(3) 直接求出 $\lambda I-A$ 的行列式因子 $D_1,\cdots,D_n$,由此求出不变因子再分解而得出初等因子.

第二步,再按照初等因子组写出 A 的约当标准形 J.

如果需要求出变换方阵 P 使 $PAP^{-1}=J$,可用第 7 节末总结的方法或用本节系 4 后求约当链的方法求出 $\beta_1,\cdots,\beta_n$.由 $A(\beta_1,\cdots,\beta_n)=(\beta_1,\cdots,\beta_n)J$,令 $P=(\beta_1,\cdots,\beta_n)$即可.

系 6 设 A 为 n 阶复方阵,则以下命题等价.

(1) A 在复数域上相似于对角形方阵(或称可对角化);

(2) A 有 n 个(复)特征向量线性无关;

(3) A 在复数域上初等因子均为一次;

(4) A 的不变因子均无重根;

(5) A 的极小多项式无重根;

(6) $cI-A$ 与 $(cI-A)^2$ 的秩相同(对任意 $c\in\mathbb{C}$).

特别可知,A 可对角化的充分条件为其特征多项式无重根.

证明　(1)与(2)的等价以前证过.(1)与(3)的等价由定理7.15或系1显然,(3)与(4)的等价由初等因子定义.若 $d_1(\lambda),\cdots,d_r(\lambda)$ 为 A 的不变因子($d_i(\lambda)\mid d_{i+1}(\lambda)$),则 $d_r(\lambda)$ 是 A 的极小多项式,故(4)导致(5).反之,由 $d_i(\lambda)\mid d_r(\lambda)$($i=1,\cdots,r-1$)可知(5)导致(4).至于(6),我们注意,当 c 不是 A 的特征根时,$cI-A$ 秩为 n,故与 $(cI-A)^2$ 的秩总相等.当 $c=\lambda_i$ 为 A 的特征根时,若

$$J_i=\begin{bmatrix}\lambda_i & & & \\ 1 & \ddots & & \\ & \ddots & \ddots & \\ & & 1 & \lambda_i\end{bmatrix}=\lambda_i I+N_i$$

是特征根为 λ_i 的一个约当块,则 $cI-J_i=N_i$,$(cI-J_i)^2=N_i^2$.因秩$(N_i)=$秩(N_i^2)当且仅当 J_i 是一阶.故知(6)与(1)等价. ∎

*复数域$\mathbb{C}$上可对角化方阵的概念可以推广如下.F 上方阵 A 称为**半单**的(semi-simple),如果其极小多项式为 F 上互异不可约多项式的积(等价的说法:不变因子均为 F 上互异不可约多项式的积;或在 F 上初等因子均为不可约多项式).这也相当于 A 在 F 上的约当标准形为 $\mathrm{diag}(C(p_1),\cdots,C(p_N))$,$p_1,\cdots,p_N$ 为 F 上不可约多项式(可能有相同者).方阵表示能为半单方阵的线性变换称为**半单变换**.

如果 F 为数域,那么 F 上方阵 A 为半单的当且仅当 A 在复数域上可对角化.事实上若 A 半单,则由于 F 上不可约多项式 $p_i(\lambda)$ 的复数根是互异的(因为 p 与 p' 互素),故 $C(p_i)$ 在复数域上相似于对角形方阵,从而 A 在复数域上可对角化.反之,若 A 非半单,即其极小多项式有因子为不可约多项式的幂 $p_i(\lambda)^{e_i}$,$e_i>1$.若 λ_i 是 $p_i(\lambda)$ 的一个复根,则 $(\lambda-\lambda_i)^{e_i}$ 是 A 在复数域上的初等因子.故 A 在复数域上不能对角化.

*7.10　方阵函数

从方阵集合到某集合的映射常称为方阵函数.常见的是域 F 上 n 阶方阵集 $M_n(F)$ 到自身的映射(函数)

$$\varphi\colon M_n(F)\to M_n(F),\ A\longmapsto\varphi(A).$$

例如 $\varphi(A)=A^2+2A+I$.本节讨论如何由普通(数域上的)函数来决定方阵函数.我们设 $F=\mathbb{C}$ 为复数域,利用方阵在$\mathbb{C}$上的Jordan标准形.

先看多项式.任一复数系数多项式 $f(\lambda)=\sum_{i=1}^{t}a_i\lambda^i\in\mathbb{C}[\lambda]$ 决定了一个方阵函数

$$f(A)=\sum_{i=0}^{t}a_iA^i.\tag{7.10.1}$$

$f(A)$仍为方阵，称为 A 的多项式. 我们也可以考虑用别的方法来计算 $f(A)$. 为此设有复方阵 P 化 A 为 Jordan 形 J，即

$$A = PJP^{-1} = P\,\mathrm{diag}(J_1,\cdots,J_s)P^{-1}, \tag{7.10.2}$$

$$J_i = \lambda_i I + N_i = \begin{bmatrix} \lambda_i & & & \\ 1 & \ddots & & \\ & \ddots & \ddots & \\ & & 1 & \lambda_i \end{bmatrix}_{k_i\times k_i}, \tag{7.10.3}$$

其中 J_i 是 k_i 阶约当块，N_i 是幂零方阵

$$N_i = \begin{bmatrix} 0 & & & \\ 1 & \ddots & & \\ & \ddots & \ddots & \\ & & 1 & 0 \end{bmatrix}.$$

由于 $A^k = PJ^kP^{-1} = P\,\mathrm{diag}\,(J_1^k,\cdots,J_s^k)P^{-1}$，故

$$f(A) = Pf(J)P^{-1} = P\,\mathrm{diag}\,(f(J_1),\cdots,f(J_s))P^{-1}. \tag{7.10.4}$$

所以我们只要求出 $f(J_i)(1\leqslant i\leqslant s)$. 为此在 λ_i 处 Taylor 展开 $f(\lambda)$，即

$$f(\lambda) = \sum_{j=0}^{t} b_{ij}(\lambda-\lambda_i)^j, \qquad b_{ij} = \frac{1}{j!}f^{(j)}(\lambda_i).$$

故

$$f(J_i) = f(\lambda_i I + N_i) = \sum_{j=0}^{t} b_{ij}N_i^j$$

$$= \begin{bmatrix} b_{i0} & & & & \\ b_{i1} & \ddots & & & \\ \ddots & \ddots & \ddots & & \\ \ddots & \ddots & \ddots & \ddots & \\ \ddots & \ddots & \ddots & b_{i1} & b_{i0} \end{bmatrix} = \begin{bmatrix} f(\lambda_i) & & & & \\ f'(\lambda_i) & \ddots & & & \\ \frac{f''(\lambda_i)}{2!} & \ddots & \ddots & & \\ \vdots & \ddots & \ddots & \ddots & \\ \vdots & & \ddots & \ddots & \ddots \\ \frac{f^{(k_i-1)}(\lambda_i)}{(k_i-1)!} & \cdots & \frac{f''(\lambda_i)}{2!} & f'(\lambda_i) & f(\lambda_i) \end{bmatrix}. \tag{7.10.5}$$

再由(7.10.4)式就得出 $f(A)$. 注意 $\lambda_1,\cdots,\lambda_s$ 不一定互异，我们不妨设 A 的最小多项式 $m(\lambda)$为

$$m(\lambda) = (\lambda-\lambda_1)^{k_1}\cdots(\lambda-\lambda_r)^{k_r}. \tag{7.10.6}$$

于是 $f(A)$完全由

$$\{f^{(j)}(\lambda_i) \mid i=1,\cdots,r,\ j=0,1,\cdots,k_i-1\} \tag{7.10.7}$$

决定.这组值称为 f 在 A 的**谱值组**.另一方面,任给一组复数,可以证明有多项式以其为在 A 的谱值组.

引理 7.6　设方阵 A 的最小多项式如(7.10.6)式,任给一组复数

$$\{b_{ij} \mid i=1,\cdots,r,\ j=0,1,\cdots,k_i-1\},$$

必存在多项式 $f(\lambda)$ 使得

$$b_{ij}=\frac{1}{j!}f^{(j)}(\lambda_i) \qquad (i=1,\cdots,r,\ j=0,1,\cdots,k_i-1).$$

且若作限制 $\deg f(\lambda)<\deg m(\lambda)$,则此多项式 $f(\lambda)$ 是唯一的(称为 **Lagrange-Sylvester 插值多项式**).

证明　令

$$b_i(\lambda)=\sum_{j=0}^{k_i-1}b_{ij}(\lambda-\lambda_i)^j \qquad (i=1,\cdots,r),$$

则 $b_{ij}=b_i^{(j)}(\lambda_i)/j!$.由孙子定理知存在多项式 $f(\lambda)$ 满足

$$\begin{cases} f(\lambda)\equiv b_1(\lambda) & (\bmod\ (\lambda-\lambda_1)^{k_1}), \\ \cdots\cdots & \\ f(\lambda)\equiv b_r(\lambda) & (\bmod\ (\lambda-\lambda_r)^{k_r}), \end{cases}$$

而且满足此同余式组的全体 $f(\lambda)$ 为 $\{f_0(\lambda)+m(\lambda)g(\lambda) \mid g(\lambda)\in C[\lambda]\}$,其中 $\deg f_0(\lambda)\leqslant \deg m(\lambda)$.显然 $f(\lambda)$ 和 $f_0(\lambda)$ 满足引理. ∎

由前述及引理 7.6,我们有下面的定理.

定理 7.16　设复方阵

$$A=PJP^{-1}=P\,\mathrm{diag}(J_1,\cdots,J_s)P^{-1},$$

其中 $J_i=\lambda_i I+N_i$ 为 k_i 阶约当块.$f(\lambda)$ 为多项式,则 $f(A)=Pf(J)P^{-1}=P\mathrm{diag}(f(J_1),\cdots,f(J_s))P^{-1}$,$f(J_i)$ 如(7.10.5)式.反之,若方阵

$$B=P\,\mathrm{diag}(B_1,\cdots,B_s)P^{-1},$$

其中

$$B_i=\sum_{j=0}^{k_i}b_{ij}N_i^j=\begin{bmatrix} b_{i0} & & & & \\ b_{i1} & \ddots & & & \\ b_{i2} & \ddots & \ddots & & \\ \ddots & \ddots & \ddots & \ddots & \\ \ddots & \ddots & b_{i2} & b_{i1} & b_{i0} \end{bmatrix} \qquad (b_{ij}\in\mathbb{C}),$$

且当 $\lambda_i=\lambda_k$ 时有 $b_{ij}=b_{kj}$(对所有可能 i,k,j),则存在多项式 $f(\lambda)$ 使 $B=f(A)$,事实上 $f(\lambda)$ 由 $b_{ij}=\dfrac{1}{j!}f^{(j)}(\lambda_i)$ 决定.

我们注意,方阵多项式 $f(J_i)$ 只与 $f(\lambda)$ 在 λ_i 处 Taylor 展开式的前 k_i 项系数有关,而与此展开式的后面各项(尽管可能还有许多)无关. 这使我们可处理一般函数(非多项式) $f(\lambda)$. 由引理 7.6 我们可作如下定义.

定义 7.11　设复方阵 A 的最小多项式为

$$m(\lambda) = (\lambda-\lambda_1)^{k_1}\cdots(\lambda-\lambda_r)^{k_r}.$$

如果复变量的数值函数 $f(\lambda)$ 使得数组(称为 $f(\lambda)$ 在 A 的谱值组)

$$\{f^{(j)}(\lambda_i) \mid 1\leqslant i\leqslant r,\ 0\leqslant j\leqslant k_i-1\} \tag{7.10.8}$$

存在,则称 $f(A)$ 有意义(或 $f(\lambda)$ 在 A 有定义). 此时有唯一的次数小于 $\deg m(\lambda)$ 的多项式 $f^*(\lambda)$ 使得

$$f^{(j)}(\lambda_i) = f^{*(j)}(\lambda_i) \quad (1\leqslant i\leqslant r,\ 0\leqslant j\leqslant k_i-1),$$

于是定义 $f(\lambda)$ 在 A 的取值为

$$f(A) = f^*(A),$$

$f^*(\lambda)$ 称为 $f(\lambda)$ 对 A 的**代表多项式**(或 **Lagrange-Sylvester 插值多项式**). 若方阵 A 在某集合 $S\subset M_n(\mathbb{C})$ 内变化时 $f(A)$ 总有意义,则称 $f: S\to M_n(\mathbb{C})$, $A\longmapsto f(A)$ 为定义于 S 上的**方阵函数**.

因此,若 $A=PJP^{-1}=P\,\mathrm{diag}(J_1,\cdots,J_s)P^{-1}$ 如(7.10.2)式,则

$$f(A) = f^*(A) = P\,\mathrm{diag}(f(J_1),\cdots,f(J_s))P^{-1},$$

其中

$$f(J_i) = f^*(J_i) = \sum_{j=1}^{k_i-1}\frac{1}{j!}f^{(j)}(\lambda_i)N_i^j = \begin{bmatrix} f(\lambda_i) & & & \\ f'(\lambda_i) & \ddots & & \\ \vdots & \ddots & \ddots & \\ \dfrac{f^{(k_i-1)}(\lambda_i)}{(k_i-1)!} & \cdots & f'(\lambda_i) & f(\lambda_i)\end{bmatrix}. \tag{7.10.9}$$

若 $f(\lambda)$ 为复平面(或 Riemann 面)中一区域 D 内的解析函数,方阵 $A\in S$ 的特征根 λ_i 均在 D 内,则 $f(\lambda)$ 按定义 7.11 决定了 S 上的方阵函数 $f(A)$. 事实上, 因 $f(\lambda)$ 在 D 内解析, $\lambda_i\in D$, 故 $f(\lambda)$ 在 A 的谱值组存在, 故 $f(A)$ 有意义,而且可在 $\lambda_i\in D$ 点作 Taylor 展开 $f(\lambda)=\sum\limits_{j=0}^{\infty}\dfrac{1}{j!}f^{(j)}(\lambda_i)(\lambda-\lambda_i)^j$, $f(\lambda)$ 对 J_i 的代表 $f^*(\lambda)$ 即为前 k_i-1 项和.

例 7.22　正弦函数 $\sin\lambda$ 是全复平面内的解析函数,故定义了全方阵环上的方阵函数 $\sin A$. 设

$$A = \begin{bmatrix} 3 & -1 & -1 \\ 1 & 1 & -1 \\ 0 & 0 & 2 \end{bmatrix},$$

则

$$A = PJP^{-1} = P\begin{bmatrix}2 & 0 & 0\\ 1 & 2 & 0\\ 0 & 0 & 2\end{bmatrix}P^{-1}, \quad P = \begin{bmatrix}1 & 1 & 1\\ 0 & 1 & 0\\ 0 & 0 & 1\end{bmatrix},$$

故

$$\sin A = P\begin{bmatrix}\sin 2 & 0 & 0\\ \cos 2 & \sin 2 & 0\\ 0 & 0 & \sin 2\end{bmatrix}P^{-1}$$

$$= \begin{bmatrix}\sin 2 + \cos 2 & -\cos 2 & -\cos 2\\ \cos 2 & \sin 2 - \cos 2 & -\cos 2\\ 0 & 0 & \sin 2\end{bmatrix}.$$

为了求 $\sin\lambda$ 在 A 上的代表 $\sin^*\lambda$，由引理 7.6 的证明知可令

$$b_1(\lambda) = \sin 2 + (\cos 2)(\lambda - 2).$$

A 的最小多项式为$(\lambda-2)^2=m(\lambda)$. $\sin^*\lambda$ 即为 $f(\lambda)=b_1(\lambda)$ 被 $m(\lambda)$除的余式：

$$\sin^*\lambda = \sin 2 + (\cos 2)(\lambda - 2).$$

例 7.23　$\cos\lambda$，$e^{\lambda}=\exp(\lambda)$均为全复平面内解析函数，故由定义 7.11 可知它们决定了全方阵环上的方阵函数 $\cos A$，$e^A=\exp(A)$.

例 7.24　函数 $f(\lambda)=\sqrt{\lambda}$ 以 0 为奇点. 设 n 阶方阵 A 非奇异(即其 n 个复特征根 $\lambda_i\neq 0$)，我们可以取复平面上一个区域 D 不含原点使 $f(\lambda)$在 D 内解析且 $\lambda_i\in D(i=1,2,\cdots,n)$. 例如，若 λ_i 均非“负实数”，我们从原点 0 沿负实轴分割开复平面，得到区域

$$D = \{\lambda \in C \mid \lambda \neq 0, -\pi < \arg(\lambda) \leqslant \pi\},$$

其中 $\arg(\lambda)$ 表示复数 $\lambda=|\lambda|e^{i\theta}$ 的辐角 θ. 于是 $f(\lambda)=\sqrt{\lambda}$ 是 D 内的解析函数：$\sqrt{\lambda}=\sqrt{|\lambda|}\exp(i\theta/2)$. 在定义 7.11 意义下，$f(A)=\sqrt{A}$有意义且是 A 的多项式$f^*(A)$. 容易证明 $f^*(A)^2=A$.

由函数 $f(\lambda)$决定的方阵函数 $f(A)$保留着许多原来函数的性质，例如我们有下面的定理.

定理 7.17　设 A 为复方阵，$f(\lambda)$，$g(\lambda)$，$h(\lambda)$为复变量函数，设在定义 7.11 意义下 $g(A)$，$h(A)$有意义.

(1) 若 $f(\lambda)=g(\lambda)+h(\lambda)$，则 $f(A)$有意义且 $f(A)=g(A)+h(A)$.

(2) 若 $f(\lambda)=g(\lambda)h(\lambda)$，则 $f(A)$有意义且 $f(A)=g(A)h(A)$.

证明　(1) 由 $f^{(j)}(\lambda)=g^{(j)}(\lambda)+h^{(j)}(\lambda)$即得.

(2) 由微分的 Leibnitz 公式知

$$f^{(j)}(\lambda)=\sum_{k=0}^{j}\frac{j!}{k!(n-k)!}g^{(k)}(\lambda)h^{(j-k)}(\lambda).$$

而对 A 的约当块 J_i 有

$$\begin{aligned}g(J_i)h(J_i)&=\left(\sum_k\frac{1}{k!}g^{(k)}(\lambda_i)N_i^k\right)\left(\sum_l\frac{1}{l!}h^{(l)}(\lambda_i)N_i^l\right)\\&=\sum_j\left(\sum_{k=0}^{j}\frac{1}{k!(j-k)!}g^{(k)}(\lambda_i)h^{(j-k)}(\lambda_i)N_i^j\right),\end{aligned}$$

即知 $g(J_i)h(J_i)=f(J_i)$. 从而知 $g(A)h(A)=f(A)$.

当 f,g,h 在 A 的特征根 λ_i 附近均为解析函数时,可如下证明(2):把 f,g,h 在 λ_i 均展开为 Taylor 级数,因 f 在 J_i 的代表多项式 f^* 是其 Taylor 级数 f 的前 k_i-1 项部分和,故由 $f(\lambda)=g(\lambda)h(\lambda)$,可知有

$$f^*(\lambda)=(g^*(\lambda)h^*(\lambda))^*.$$

这是多项式的乘积关系,以 J_i 代入即得

$$f(J_i)=g(J_i)h(J_i),$$

从而知 $f(A)=g(A)h(A)$. ■

由定理 7.17 可知,设 $P(X_1,\cdots,X_t)$ 为多变元多项式,函数 $f_1(\lambda),\cdots,f_t(\lambda)$ 在 A 均有定义,若 $P(f_1(\lambda),\cdots,f_t(\lambda))=0$,则 $P(f_1(A),\cdots,f_t(A))=0$. 特别有下面的结论.

系 1 (1) 对任意方阵 A 有

$$\sin^2A+\cos^2A=I,\quad \sin2A=2\sin A\cos A.$$

(2) 对任意可逆方阵 A 及非零整数 k,存在 A 的多项式 $f(A),g(A),h(A)$ 使得

$$f(A)=A^{-1},\quad g(A)^2=A,\quad h(A)^k=A.$$

证明 (1) 由定理 7.17 即得.

(2) 函数 $f(\lambda)=\lambda^{-1}$ 在原点 0 为奇点,因而在例 7.24 的区域 D 内解析,A 的特征根均属于 D. 故 $f(A)$ 有定义. 由定理 7.17 知,从 $f(\lambda)\lambda=1$ 可得 $f(A)A=I$,即 $f(A)=A^{-1}$.

再考虑函数 $h(\lambda)=\sqrt[k]{\lambda}$,也在区域 D 内解析,故 $h(A)$ 也有定义. 从 $h(\lambda)^k-\lambda=0$ 即得 $h(A)^k-A=0$. 当 $k=2$ 时即得 $g(A)^2=A$. ■

考虑对数函数 $\log\lambda$,同样也在例 7.24 的区域 D 中解析,因此对可逆方阵 A, $\log A$ 总有定义. 我们知道, $\log\lambda$ 是 e^λ 的反函数,也就是说

$$\exp(\log\lambda)=\lambda,$$

那么 $\log A$ 是否也是 e^A 的反函数呢? 答案是肯定的.

系 2 设 A 为可逆方阵,则有 A 的多项式 $\log A$ 使

$$\exp(\log A)=A.$$

证明 由上述知 $\log\lambda$ 是区域 D(见例 7.24)中的解析函数,故 $\log\lambda$ 在可逆方阵 A 上有定义且 $\log A$ 是 A 的多项式,特征根为 $\log\lambda_i$(λ_i 是 A 的特征根). 因 e^λ 在复平面内解析,

故在方阵 $B=\log A$ 有定义，且 $e^B=E(B)$ 为 B 的多项式，故若 $A=PJP^{-1}$，则

$$\exp(\log A)=E(\log(PJP^{-1}))=E(P(\log J)P^{-1})=PE(\log J)P^{-1}$$
$$=P\exp(\log J)P^{-1}.$$

又若 $J=\mathrm{diag}(J_1,\cdots,J_s)$，则

$$E(\log J)=E(\mathrm{diag}(\log J_1,\cdots,\log J_s))$$
$$=\mathrm{diag}(E(\log J_1),\cdots,E(\log J_s)).$$

故我们只需对 A 的 k_i 阶约当块 $J_i=\lambda_i I+N_i$ 证明

$$\exp(\log J_i)=J_i.$$

记 $x=\lambda-\lambda_i$，$y=\log(1+x)$，作 Taylor 级数

$$y=\log(1+x)=b_1x+b_2x^2+b_3x^3+\cdots,\tag{7.10.10}$$

$$x=e^y-1=a_1y+a_2y^2+a_3y^3+\cdots.\tag{7.10.11}$$

于是代入知有

$$x=a_1(b_1x+b_2x^2+\cdots)+a_2(b_1x+b_2x^2+\cdots)^2+\cdots.\tag{7.10.12}$$

比较系数可逐步得出两个 Taylor 展开系数的关系：

$$\begin{aligned}&a_1b_1-1=0,\\&a_1b_2+a_2b_1^2=0,\\&a_1b_3+2a_2b_1b_2+a_3b_1^3=0,\\&\cdots\cdots\end{aligned}\tag{7.10.13}$$

关系(7.10.13)正相当于

$$e^y-1=e^{\log(1+x)}-1=x,$$

即函数 $I(y)=e^y-1$ 是 $L(x)=\log(1+x)$ 的反函数. 以 $L^*(x)$ 和 $I^*(y)$ 分别记 $L(x)$ 和 $I(y)$ 在方阵 N_i 及 $\log(I+N_i)$ 的代表多项式，也就是说 $I^*(y)$ 和 $L^*(x)$ 是(7.10.11)和(7.10.10)式中幂级数的前 k_i 项部分和. 注意关系式(7.10.13)中前 k_i 项的系数关系并不涉及更高次的项，因此在略去(7.10.11)和(7.10.10)式中高次项以后(7.10.12)式仍然成立(例如略去2次以上项为 $x=a_1b_1x$，略去3次以上项为 $x=a_1b_1x+a_1b_2x^2+a_2b_1^2x^2$，等等)，换句话说有

$$I^*(L^*(x))=x.$$

两边在 N_i 的取值为

$$N_i=I^*(L^*(N_i))=e^{\log(I+N_i)}-I,$$

即 $\exp(\log(I+N_i))=I+N_i$. 又因对 $C\in F$ 由定义 7.11 显然有 $\exp(cI+A)=e^{cI}\cdot\exp A$，$\log(cA)=(\log c)I+\log A$，故

$$J_i=\exp(\log\lambda_i)\cdot(I+N_i/\lambda_i)=\exp(\log(\lambda_i I))\cdot\exp(\log(I+N_i/\lambda_i))$$
$$=\exp(\log(\lambda_i(I+N_i/\lambda_i)))$$
$$=\exp(\log J_i).$$

■

注记 1 系 2 的证明方法对一般的反函数及复合函数决定的方阵函数均可利用.但应注意方阵函数是否有定义.

注记 2 在系 2 和系 1(2)中,复变量函数$\sqrt{\lambda}$, $\lambda^{1/k}$, $\log\lambda$ 本为"多值函数",我们在适当取区域 D 之后定义了一个"单值分支",从而得到单值函数.但这种"单值分支"的选取不是唯一的,所以可以定义多个方阵对数函数 $\log A$ 等.或者也可以说方阵函数 $\log A$, $\sqrt{A}$, $A^{\frac{1}{k}}$ 均是多值的.

我们知道,方阵多项式可用(7.11.5)式和(7.11.1)式两种方法求值.因此,当函数 $f(\lambda)$有幂级数表示时,比如 $f(\lambda)=\sum_{0}^{\infty}a_k\lambda^k$,除用定义 7.11 的方法外,我们还可考虑用部分和 $\sum_{0}^{t}a_kA^k$ 的极限求 $f(A)$.下面证明,当此极限存在时,与定义 7.11 中 $f(A)$ 一致.

定义 7.12 (1) 设有方阵序列$\{B_t\}_{t=0}^{\infty}$,这里

$$B_t=(b_{ij}^{(t)})=\begin{bmatrix}b_{11}^{(t)} & \cdots & b_{1n}^{(t)}\\ \vdots & & \vdots\\ b_{n1}^{(t)} & \cdots & b_{nn}^{(t)}\end{bmatrix}\qquad(t=0,1,\cdots).$$

若 n^2 个系数序列$\{b_{ij}^{(t)}\}_{t=0}^{\infty}$均收敛,记 $\lim\limits_{t\to\infty}b_{ij}^{(t)}=b_{ij}(1\leqslant i,j\leqslant n)$,则称**方阵序列$\{\boldsymbol{B}_t\}$收敛**,极限为 $B=(b_{ij})$,记为

$$\lim_{t\to\infty}B_t=(\lim_{t\to\infty}b_{ij}^{(t)})=(b_{ij})=B.$$

(2) 设有级数 $f(\lambda)=\sum\limits_{k=0}^{\infty}a_k\lambda^k$,$A$ 为复方阵.记

$$B_t=\sum_{k=0}^{t}a_kA^k.$$

若$\lim\limits_{t\to\infty}B_t=B$,则称方阵幂级数$\sum\limits_{k=0}^{\infty}a_kA^k$ 收敛于B,记为$\sum\limits_{k=0}^{\infty}a_kA^k=B$.若$\{B_t\}$不收敛则称此方阵幂级数发散.

定理 7.18 设 $f(\lambda)=\sum\limits_{k=0}^{\infty}a_k\lambda^k$ 为复系数幂级数,A 为 n 阶复方阵,极小多项式为 $m(\lambda)=(\lambda-\lambda_1)^{k_1}\cdots(\lambda-\lambda_r)^{k_r}$.

(1) 若方阵幂级数$\sum\limits_{k=0}^{\infty}a_kA^k$ 收敛于 B,则方阵函数 $f(A)$ 有意义(定义 7.11 意义下),且用定义 7.11 中方法得到的 $f(A)$ 等于 B.

(2) 设 $\sum_{k=0}^{\infty} a_k \lambda^k$ 的收敛半径为 R，则当 $|\lambda_1|,\cdots,|\lambda_r|$ 均小于 R 时，方阵幂级数 $\sum_{k=0}^{\infty} a_k A^k$ 收敛；当某 $|\lambda_i|$ 大于 R 时 $(1 \leqslant i \leqslant r)$，此方阵幂级数发散.

(3) 方阵幂级数 $\sum_{k=0}^{\infty} a_k A^k$ 收敛当且仅当以下数值级数均收敛：

$$f^{(j)}(\lambda_i) = \sum_{k=j}^{\infty} k(k-1)\cdots(k-j+1) a_k \lambda_i^{k-j} \qquad \begin{pmatrix} 1 \leqslant i \leqslant r, \\ 0 \leqslant j \leqslant k_i - 1 \end{pmatrix}.$$

证明　(1) 仍设 A 的约当标准形如(7.10.2)式. 记多项式

$$f_t(\lambda) = \sum_{k=0}^{t} a_k \lambda^k,$$

则

$$\begin{aligned} B &= \lim_{t\to\infty} f_t(A) = \lim_{t\to\infty} f_t(P \operatorname{diag}(J_1,\cdots,J_s)P^{-1}) \\ &= \lim_{t\to\infty} (P \operatorname{diag}(f_t(J_1),\cdots,f_t(J_s))P^{-1}) \\ &= \lim_{t\to\infty}\left(P \operatorname{diag}\left(\sum_{j=1}^{k_1-1} \frac{1}{j!} f_t^{(j)}(\lambda_1) N_1^j,\cdots\right)P^{-1}\right) \\ &= P \operatorname{diag}\left(\sum_{j=1}^{k_1-1} \frac{1}{j!} N_1^j \lim_{t\to\infty} f_t^{(j)}(\lambda_1),\cdots\right)P^{-1}. \end{aligned}$$

故 $\lim_{t\to\infty} f_t(A)$ 的收敛性等价于以下数值级数的收敛性：

$$\lim_{t\to\infty} f_t^{(j)}(\lambda_i) \qquad (1 \leqslant i \leqslant r,\ 0 \leqslant j \leqslant k_i - 1). \tag{7.10.14}$$

故知 $\lim_{t\to\infty} f_t^{(j)}(\lambda_i) = f^{(j)}(\lambda_i)$，由定义 7.11 知 $f(A) = B$.

(2) 当 $\max_i |\lambda_i| < R$ 时，由幂级收敛性质知(7.10.14)式中的级数均收敛，故 $\lim_{t\to\infty} f_t(A)$ 收敛. 反之若 $|\lambda_i| > R$，则 $\lim_{t\to\infty} f_t(\lambda_i)$ 不收敛，故得欲证.

(3) (7.10.14)式中的幂级数恰为定理 7.18(3)中的数值幂级数，故得欲证. ■

系 3　当方阵 A 的复特征根均在圆 $|\lambda| < R$ 内时(R 见下)，下列方阵函数可由相应的方阵幂级数(极限)得出：

(1) $\mathrm{e}^A = \sum_{k=0}^{\infty} \frac{1}{k!} A^k \qquad (R = \infty)$；

(2) $\sin A = \sum_{k=1}^{\infty} \frac{(-1)^{k-1}}{(2k-1)!} A^{2k-1} \qquad (R = \infty)$；

(3) $\cos A = \sum_{k=0}^{\infty} \frac{(-1)^k}{(2k)!}A^{2k} \quad (R=\infty)$;

(4) $\log(I+A) = \sum_{k=1}^{\infty} \frac{(-1)^{k-1}}{k}A^k \quad (R=1)$,

(5) $(I+A)^a = \sum_{k=0}^{\infty} \binom{a}{k} A^k \quad (R=1, a\in\mathbb{R})$,

其中$\binom{a}{k} = a(a-1)\cdots(a-k+1)/k!$.

虽然由数域上函数 $f(\lambda)$ 构作出的方阵函数 $f(A)$ 保留了许多 $f(\lambda)$ 的性质(如定理7.17~7.18和系1~3),但凡涉及不同方阵交换的就与原来的函数性质大不一样.例如对不同方阵 A,B 来说,

$$e^A e^B, \quad e^{A+B}, \quad e^B e^A$$

三者一般互不相等.作为简单例子可设

$$A=\begin{bmatrix}0&1\\0&0\end{bmatrix},\ B=\begin{bmatrix}0&0\\1&0\end{bmatrix},$$

则易知

$$e^A=\begin{bmatrix}1&1\\0&1\end{bmatrix}, e^B=\begin{bmatrix}1&0\\1&1\end{bmatrix}, e^Ae^B=\begin{bmatrix}2&1\\1&1\end{bmatrix}, e^Be^A=\begin{bmatrix}1&1\\1&2\end{bmatrix},$$

而由 $A+B=PJP^{-1}=\begin{bmatrix}1&-1\\1&1\end{bmatrix}\begin{bmatrix}1&0\\0&-1\end{bmatrix}\begin{bmatrix}1/2&1/2\\-1/2&1/2\end{bmatrix}$,知

$$e^{A+B}=\begin{bmatrix}1&-1\\1&1\end{bmatrix}\begin{bmatrix}e&0\\0&e^{-1}\end{bmatrix}\begin{bmatrix}1/2&1/2\\-1/2&1/2\end{bmatrix}$$
$$=\begin{bmatrix}(e+e^{-1})/2&(e-e^{-1})/2\\(e-e^{-1})/2&(e+e^{-1})/2\end{bmatrix}.$$

但当 A 与 B 可交换时,我们确实有下面的结论.

系4 设方阵 A 与 B 满足 $AB=BA$,则

$$e^Ae^B=e^{A+B}=e^Be^A.$$

证明

$$e^Ae^B=\left(\lim_{t\to\infty}\sum_{k=0}^{t}\frac{1}{k!}A^k\right)\left(\lim_{t\to\infty}\sum_{j=0}^{t}\frac{1}{j!}B^j\right)$$
$$=\lim_{t\to\infty}\left(\left(\sum_{k=0}^{t}\frac{1}{k!}A^k\right)\left(\sum_{j=0}^{t}\frac{1}{j!}B^j\right)\right)$$
$$=\lim_{t\to\infty}\left(\sum_{k=0}^{t}\sum_{j=0}^{t}\frac{1}{k!j!}A^kB^j\right).$$

换变数,令 $k+j=u$ 则

$$\mathrm{e}^A\mathrm{e}^B=\lim_{t\to\infty}\Big(\sum_{u=0}^{t}\sum_{k=0}^{u}\frac{A^kB^{(u-k)}}{k!(u-k)!}+C\Big)=\lim_{t\to\infty}\Big(\sum_{u=0}^{t}\frac{1}{u!}(A+B)^u+C\Big),$$

其中 C 是 $t<k+j\leqslant 2t$ 的各项之和,项数小于 t^2. 记 A 与 B 的元素绝对值的一个上界为 a,不妨设 $a>1$. 容易看出 A^k 的每个元素的绝对值小于 $(na)^k$(n 为 A 的阶). 于是知 A^kB^j 的每个元素的绝对值均小于 $(na)^{2t}$. 故方阵 C 的每个元素的绝对值均小于

$$t^2\cdot\frac{(na)^{2t}}{\left(\dfrac{t}{2}\right)!},$$

显然此数趋于0(当 t 趋于 ∞),故 $\lim C=0$. 故知

$$\mathrm{e}^A\mathrm{e}^B=\lim_{t\to\infty}\sum_{u=0}^{t}\frac{1}{u!}(A+B)^u=\mathrm{e}^{A+B},$$

系4得证. ■

*7.11 与A可交换的方阵

设 n 阶复方阵 $A=PJP^{-1}=P\,\mathrm{diag}(J_1,\cdots,J_s)P^{-1}$, $J_i=\lambda_iI+N_i$ 为 k_i 阶约当块. 我们来求出与 A 可交换的所有可能的复方阵 B. 记

$$B=PB_1P^{-1},$$

则 $AB=BA$ 相当于 $JB_1=B_1J$,把 B_1 按 J 的分块相应分块 $B_1=(B_{ij})$. 于是 $JB_1=B_1J$ 当且仅当

$$J_iB_{ij}=B_{ij}J_j\qquad(1\leqslant i,j\leqslant s).\tag{$*$}$$

当 $\lambda_i\neq\lambda_j$ 时,由第6章最后的例6.16知 $B_{ij}=0$. 也可如下看出:

$$N_iB_{ij}=B_{ij}((\lambda_j-\lambda_i)I+N_j),$$

$$0=N_i^nB_{ij}=B_{ij}((\lambda_j-\lambda_i)I+N_j)^n.$$

由于 $(\lambda_j-\lambda_i)I+N_j$ 非奇异,故 $B_{ij}=0$.

当 $\lambda_i=\lambda_j$ 时,($*$)式即为

$$N_iB_{ij}=B_{ij}N_j,\quad N_i=\begin{bmatrix}0&&&\\1&\ddots&&\\&\ddots&\ddots&\\&&1&0\end{bmatrix},$$

记 $B_{ij}=(b_{uv})(1\leqslant u\leqslant p,\ 1\leqslant v\leqslant q)$,比较上式对应系数即知

$$b_{u-1,v}=b_{u,v+1},$$

$$b_{12}=b_{13}=\cdots=b_{1q}=0,b_{1q}=b_{2q}=\cdots=b_{p-1,q}=0,$$

故($*$)式成立当且仅当 B_{ij} 形如

$$\begin{bmatrix} b_1 & 0 & \cdots & \cdots & \cdots & \cdots & 0 \\ b_2 & \ddots & \ddots & & & & \vdots \\ \vdots & \ddots & \ddots & \ddots & & & \vdots \\ b_p & \cdots & b_2 & b_1 & 0 & \cdots & 0 \end{bmatrix}$$

或

$$\begin{bmatrix} 0 & \cdots & \cdots & 0 \\ \vdots & & & \vdots \\ 0 & & & \vdots \\ b_1 & \ddots & & \vdots \\ b_2 & \ddots & \ddots & \vdots \\ \vdots & \ddots & \ddots & 0 \\ b_p & \cdots & b_2 & b_1 \end{bmatrix},$$

我们把这样的 B_{ij} 称为**下三角分层矩阵**.

定理 7.19　设复方阵 A 的约当标准形为 J，即

$$A=PJP^{-1}=P\,\mathrm{diag}(J_1,\cdots,J_s)P^{-1},$$

其中

$$J_i=\lambda_i I+N_i=\begin{bmatrix} \lambda_i & & & \\ 1 & \ddots & & \\ & \ddots & \ddots & \\ & & 1 & \lambda_i \end{bmatrix},$$

那么与 A 可交换的方阵恰为所有可能方阵

$$B=PB_1P^{-1}=P(B_{ij})P^{-1}.$$

其中 $B_1=(B_{ij})$ 是与 J 相应分块的方阵且

$$B_{ij}=\begin{cases} 0, & \text{当 } \lambda_i\neq\lambda_j; \\ \text{下三角分层矩阵}, & \text{当 } \lambda_i=\lambda_j. \end{cases}$$

例 7.25　设

$$A=P\left[\begin{array}{cccc|cc|cc} \lambda_1 & & & & & & & \\ 1 & \lambda_1 & & & & & & \\ & 1 & \lambda_1 & & & & & \\ & & 1 & \lambda_1 & & & & \\ \hline & & & & \lambda_1 & & & \\ & & & & 1 & \lambda_1 & & \\ \hline & & & & & & \lambda_2 & \\ & & & & & & 1 & \lambda_2 \end{array}\right]P^{-1}\qquad(\lambda_1\neq\lambda_2),$$

则

$$B = P\left[\begin{array}{cccc|cc|cc} a_1 & & & & 0 & & & \\ a_2 & a_1 & & & 0 & & & \\ a_3 & a_2 & a_1 & & d_1 & & & \\ a_4 & a_3 & a_2 & a_1 & d_2 & d_1 & & \\ \hline e_1 & 0 & 0 & 0 & b_1 & 0 & & \\ e_2 & e_1 & 0 & 0 & b_2 & b_1 & & \\ \hline & & & & & & c_1 & \\ & & & & & & c_2 & c_1 \end{array}\right]P^{-1}.$$

如果和上节定理比较我们会看到，只有 A 的任意两个约当块的特征根互不相同时，与 A 可交换的方阵才只能为 A 的多项式. 这也相当于 A 在 C 上的初等因子为互不相同的一次式的幂；亦即不变因子为 $1,\cdots,1,m(\lambda)$；也就是说 A 相似于友阵 $C(m(\lambda))$；或者说 A 是循环线性空间上变换 $\mathscr{A}$ 的方阵. 因而有下面的结论.

系 1　当且仅当方阵 A 相似于某多项式的友阵时，与 A 可换的方阵只能是 A 的多项式. 换句话说，若 $\mathscr{A}$ 为线性空间 V 的线性变换，则当且仅当 V 是循环空间(对 $\mathscr{A}$)时，与 $\mathscr{A}$ 可交换的 V 的线性变换只能是 $\mathscr{A}$ 的多项式.

系 1 也可直接证明如下：若 $P^{-1}AP=C$ 为 $g(\lambda)$ 的友阵，B 与 A 可交换，记 $B_1=P^{-1}BP$. 取 $\varepsilon=(1,0,\cdots,0)^{\mathrm{T}}$，知 ε, $C\varepsilon$, $\cdots$, $C^{n-1}\varepsilon$ 恰为 $F^{(n)}$ 的自然基(n 为 A 的阶). 故

$$B_1 = B_1(\varepsilon,\ C\varepsilon,\ \cdots,\ C^{n-1}\varepsilon) = (B_1\varepsilon,\ \cdots,\ C^{n-1}B_1\varepsilon).$$

记 $B_1\varepsilon = \sum_{i=0}^{n-1} b_i(C^i\varepsilon)$，则由上式知

$$B_1 = \sum_i b_iC^i(\varepsilon,\cdots,C^{n-1}\varepsilon) = \sum_i b_iC^i.$$

故 $B = PB_1P^{-1} = \sum_i b_i(PC^iP^{-1}) = \sum_i b_iA^i$ 为 A 的多项式.

反之，设 A 不相似于友阵，即 A 的有理标准形为

$$P^{-1}AP = \operatorname{diag}(C_1,\cdots,C_r),$$

其中 C_i 是 $d_i(\lambda)$ 的友阵，$d_i|d_{i+1}$，记 $P^{-1}BP=(B_{ij})$，则 $AB=BA$ 相当于

$$C_iB_{ij} = B_{ij}C_j. \qquad (*)$$

由第 6 章最后例 6.16 知道：(*)式有非零的解 B_{ij} 当且仅当 C_i 与 C_j 有公共特征根. 现因 $d_i|d_j$(设 $i<j$)，故有非零的 B_{ij} 使(*)式成立. 此时 B 不是 A 的多项式.

定理 7.20　*以 $\mathscr{C}(A)$ 记与方阵 A 可交换的方阵全体. 则 $\mathscr{C}(\mathscr{C}(A))$ 为 A 的多项式集. 也就是说，若 M 与所有和 A 可交换的方阵 B 均可交换，则 M 只能是 A 的多项式.*

证明 仍设 A 如定理 7.19. 取 $B\in\mathscr{C}(A)$ 使 $B_{ij}=0$ (当 $i\neq j$),并使 $B_{ii}=a_iI+N_i$,且 $a_i\neq a_j$ (当 $i\neq j$),若 M 与 B 可交换,由定理 7.19 可知

$$M = PM_1P^{-1} = P(M_{ij})P^{-1},$$

其中 $M_1=(M_{ij})$ 是与 J 相应分块的方阵且 $M_{ij}=0$ (当 $i\neq j$), M_{ii} 为下三角分层方阵 $(i=1,\cdots,s)$. 只需再证明当 $\lambda_i=\lambda_j$ 时, M_{ii} 与 M_{jj} 各层上元素对应相等. 为此不妨设 $i<j$ 且 $k_i\geqslant k_j$ (k_i 为 J_i 的阶). 并设

$$M_{ii}=\begin{bmatrix}x_1 & & & \\ x_2 & \ddots & & \\ \ddots & \ddots & \ddots & \\ \ddots & \ddots & x_2 & x_1\end{bmatrix}=\begin{bmatrix}X_1 & 0\\ X_2 & X_3\end{bmatrix}_{k_i\times k_i},\quad X_3=\begin{bmatrix}x_1 & & & \\ x_2 & \ddots & & \\ \ddots & \ddots & \ddots & \\ \ddots & \ddots & x_2 & x_1\end{bmatrix}_{k_j\times k_j},$$

$$M_{jj}=\begin{bmatrix}y_1 & & & \\ y_2 & \ddots & & \\ \ddots & \ddots & \ddots & \\ \ddots & \ddots & y_2 & y_1\end{bmatrix}_{k_j\times k_j}.$$

我们再取 $B\in\mathscr{C}(A)$ 使 $B_{ij}=\begin{pmatrix}0\\ I\end{pmatrix}_{k_i\times k_j}$,而 $B_{uv}=0$ (当 $u\neq i$ 或 $v\neq j$). 于是由 $B_1M_1=M_1B_1$,知

$$B_{ij}M_{jj} = M_{ii}B_{ij},$$

即

$$\begin{pmatrix}0\\ M_{jj}\end{pmatrix}=\begin{pmatrix}0\\ X_3\end{pmatrix}.$$

故知 $M_{jj}=X_3$,即 M_{ii} 与 M_{jj} 的前 k_j 层元素相同. 由上节定理知 M 必为 A 的多项式. ■

系 2 若方阵 A 可逆,则 A^{-1}是 A 的多项式.

证明 设 B 与 A 可交换,则由 $AB=BA$ 可知 $BA^{-1}=A^{-1}B$. 故知 $A^{-1}\in\mathscr{C}(\mathscr{C}(A))$,故 A^{-1}是 A 的多项式. ■

例 7.26 若一组两两可交换的方阵 $A_i(i\in S)$都可对角化,则存在方阵 P 使 $P^{-1}A_iP$ 均为对角形$(i\in S)$.

证明 (对方阵阶数归纳). 首先若每个 A_i 都只有一个特征根(重根不计),则 A_i 相似于纯量阵 λ_iI(因 A_i 可对角化),故 $A_i=\lambda_iI$. 定理已证明. 因此我们不妨设 A_0 有两个以上互异特征根$(0\in S)$,故有 P_0 使

$$P_0^{-1}A_0P_0=\begin{bmatrix}\lambda_1I & & \\ & \ddots & \\ & & \lambda_sI\end{bmatrix},\quad s\geqslant 2,\quad \lambda_i\neq\lambda_j(\text{当 } i\neq j).$$

对 $i\in S$，由 $A_0A_i=A_iA_0$ 知

$$P_0^{-1}A_iP_0=\begin{bmatrix}B_{i1} & & \\ & \ddots & \\ & & B_{it}\end{bmatrix}.$$

显然 B_{ij} 仍相似于对角形($j=1,\cdots,t$)，由归纳法可设存在 Q_j 使得 $Q_j^{-1}B_{ij}Q_j$ 对每个 i 均为对角形($j=1,\cdots,t$)，令

$$P=P_0\begin{bmatrix}Q_1 & & \\ & \ddots & \\ & & Q_t\end{bmatrix},$$

即知 $P^{-1}A_iP$ 均为对角形($i\in S$). ∎

练习　由定理7.19说明，若方阵 A,B 可交换，则

(1) A 的根子空间均是 B 的不变子空间；

(2) A 的特征子空间均是 B 的不变子空间.

*7.12　模及其分解

模(module)是线性空间和加法群的推广，很重要. 前面的论述大多适用于模，尤其是主理想整环上的模，因此现在顺便对模作简介. 由此可对空间的分解理解更深透.

通俗地说，模就是"环上的线性空间"(当然不是真正的线性空间). 也就是说，线性空间 V 的定义5.1中将"域 F"都换成"环 R"后，则 V 就称为环 R 上的模.

定义7.13　设 R 为含幺交换环，M 是加法(Abel)群. 如果 R 和 M 的元素之间有数乘运算(即映射 $R\times M\to M$)满足：$k(x+y)=kx+ky$，$(k_1+k_2)x=k_1x+k_2x$，$(k_1k_2)x=k_1(k_2x)$，$1x=x$ (对 $x,y\in M$，$k_1,k_2\in R$)，则称 M 为 R 上的**模**，或 **R-模**.

例如，域 F 上的线性空间 V 是 F 上模. 带线性变换 $\mathscr{A}$ 的线性空间 V 是多项式环 $F[\lambda]$ 上的模(λ 是不定元，数乘定义为 $g(\lambda)\alpha=g(\mathscr{A})\alpha$). 加法(Abel)群 M 是整数环 $\mathbb{Z}$ 上的模(数乘 $nx=x+\cdots+x$，$(-n)x=-(nx)$). 特别，$\mathbb{Z}/6\mathbb{Z}$，$\mathbb{Z}$，都是 $\mathbb{Z}$-模. 环 R 自身是 R-模. $R^{(n)}=\{(a_1,\cdots,a_n)^{\mathrm{T}}\mid a_i\in R,1\leqslant i\leqslant n\}$ 是 R-模，$R^n=\{(a_1,\cdots,a_n)\}$ 也是 R-模. 模与线性空间相似处很多，但又有不同. 最大的区别是，模不一定有基.

模的以下概念的定义都完全类似于线性空间的相应定义：**子模**、**和**、**直和**、**线性映射**(**同态**)、**线性变换**(**自同态**)、(线性)同构、**线性组合**、**线性生成**(**张成**)，**线性相关**、**线性无关**、**商模**、**零化子**等. 环 R 作为 R-模，其子模 A 即为 R 的**理想**(即 A 是加法子群且 $ra\in A$ (对 $r\in R$，$a\in A$)). 例如 $R^{(n)}=R\oplus\cdots\oplus R$ 是 n 个 R(作为 R-模)的外直和. 商模和商空间(5.5节)的定义完全相同，是基于加法群的商群：设加法群 A 有子群 B，将 A 的元素分类：若 $a_1-a_2\in B$，则 a_1,a_2 同类. 记 a 所在的类为 $\bar{a}$. 定义 $\bar{a}_1+\bar{a}_2=\overline{a_1+a_2}$，则所有的类

构成的集合 $A/B=\{\bar{a}\}$ 为加法群，称为商群. 模 M 和子模 N 都是加法群，故可先作商群 M/N，再定义数乘 $k\bar{a}=\overline{ka}$，则 M/N 成为 R-模，即为**商模**.

设 S 是模 M 的子集合，如果 S 能(在 R 上线性)生成 M(即 M 的元素均可表为有限和 $\sum r_i s_i(r_i\in R, s_i\in S)$)，则称 S 为 M 的**生成元系**. 如果 M 能由有限个元素生成，则称 M 是**有限生成的**. 如果 M 能由一个元素生成(即存在 $\alpha\in M$ 使 $M=R\alpha=\{k\alpha \mid k\in R\}$)，则称 M 是**循环模**. 若存在 $k\in R$ 使 $k\alpha=0$ 则称 α 为**扭元素**，否则称为自由元. 扭元素全体是子模，称为**扭子模**. 若 M 的元素均为扭元素，则称 M 为**扭模**. 环 R 作为 R-模是循环模，$R=R1$. $\mathbb{Z}/6\mathbb{Z}$ 和 $\mathbb{Z}$ 作为 $\mathbb{Z}$-模都是循环模，前者是扭模.

如果 R-模 M 有子集合 $\{\varepsilon_i\}$，线性无关且生成 M，则称 $\{\varepsilon_i\}$ 是 M 的**基**(或 ***R*-基**). 有基的模称为**自由模**. 此时 M 中元素可唯一表为有限和 $\alpha=\sum r_i\varepsilon_i(r_i\in R)$. 任意两基的元素个数(基数)相同，称为 M 的 ***R*-秩**，记为 $\mathrm{rank}_R(M)$. 例如 $R^{(n)}$ 是自由 R-模，秩为 n，有(自然)基 $e_1,\cdots,e_n$，其中 $e_i=(0,\cdots,0,1,0,\cdots,0)^{\mathrm{T}}$ 的 i 分量为 1. 秩为 n 的自由 R-模均同构于 $R^{(n)}$. $\mathbb{Z}$ 作为 $\mathbb{Z}$-模是自由模. $\mathbb{Z}/6\mathbb{Z}$ 作为 $\mathbb{Z}$-模是扭模，没有基，没有线性无关的元素；例如 $\bar{1}$ 是线性相关的，因为 $6\cdot\bar{1}=\bar{1}+\cdots+\bar{1}=\overline{6\cdot 1}=\bar{0}$. 带线性变换 $\mathscr{A}$ 的 n 维线性空间 V 作为 $F[\lambda]$-模是扭模，是有限生成的，子模即不变子空间，循环子模即循环子空间.

主理想环上的模

以下设 R 为主理想整环(PID)，即每个理想都是主理想(即可写为 Ra)，这相当于 R 中任意两元 a,b 有 Bezout 等式：$sa+tb=d$ (d 为 a,b 的最大公因子). 主理想整环是唯一析因整环，其不可约元称为**素元**. 欧几里得整环(即有带余除法的整环)均为主理想整环. 例如整数环 $\mathbb{Z}$，域上多项式环 $F[\lambda]$.

元素和模的(**极小**)**零化子**，可以和带线性变换 $\mathscr{A}$ 的 V ($F[\lambda]$-模)中同样定义. 如果 α 的最小零化子为 d，则 α 生成的**循环模** $R\alpha\cong R/Rd$. 事实上由满射线性映射 $R\longrightarrow M$，$r\longmapsto r\alpha$，核为 Rd 即知. 这正如 7.4 节的注记.

引理 7.7 主理想整环 R 上的自由模 M 的子模 N 是自由模，且 $\mathrm{rank}(N)\leqslant\mathrm{rank}(M)$.

证明 我们仅对 $n=\mathrm{rank}(M)$ 为有限情形证明. 不妨设 $M=R^n$. 用归纳法. 当 $n=1$ 时，子模 N 即是理想，故 $N=Ra\cong R$ 是自由的. 设引理对 $<n$ 的情形成立，并设 N 是 R^n 的子模. 令 N_1 为最后分量为 0 的 N 中元素集，N_2 为 $(0,\cdots,0,x_n)$ 全体(其中 x_n 为 N 中某元素的最后分量). N_1 同构于 R^{n-1} 的某子模，设其基为 $\alpha_1,\cdots,\alpha_k(0\leqslant k\leqslant n-1)$. N_2 同构于 R 的某子模，若非零则设基为 $(0,\cdots,0,b_n)$，其中 $b=(b_1,\cdots,b_n)\in N$. 断言 $\alpha_1,\cdots,\alpha_k,b$ 为 N 的基：(1)若 $\lambda_1\alpha_1+\cdots+\lambda_k\alpha_k+\lambda_n b=0$，则 $\lambda_n b=-(\lambda_1\alpha_1+\cdots+\lambda_k\alpha_k)\in N_1$ 的最

后分量应为0，故$\lambda_n=0$. 从而所有$\lambda_i=0$.（2）若$x=(x_1,\cdots,x_n)\in N$，则$(0,\cdots,0,x_n)=rb$，故$x-rb\in N_1$可由$\alpha_1,\cdots,\alpha_k$生成. 证毕.

定理 7.21（主理想整环上模的基本定理，循环分解） 主理想整环R上的有限生成模M可分解为循环模的直和

$$M=R\alpha_1\oplus\cdots\oplus R\alpha_n\cong(R/Rd_1)\oplus\cdots\oplus(R/Rd_t)\oplus R^r,\qquad(7.12.1)$$

其中$\alpha_i\in M$的最小零化子为d_i，且$d_i|d_{i-1}$（这里$d_1,\cdots,d_t$非零，$d_{t+1}=\cdots=d_{t+r}=0$）.

（$M_{\text{tors}}=R\alpha_1\oplus\cdots\oplus R\alpha_t$称为$M$的扭部分，$r$称为$M$的（自由）秩，$M_{fr}=R\alpha_{t+1}\oplus\cdots\oplus R\alpha_{t+r}\cong R^r$称为自由部分，$\{d_1,\cdots,d_n\}$称为$M$的不变因子）.

证明 设M有生成元系$\{\alpha_1,\cdots,\alpha_n\}$. 考虑秩为$n$的自由$R$-模$R^{(n)}$，以$\{e_1,\cdots,e_n\}$为基，以对应$e_i\longmapsto\alpha_i$作线性映射

$$\sigma: R^{(n)}\longrightarrow M,\quad \sum r_ie_i\longmapsto\sum r_i\alpha_i.\qquad(7.12.2)$$

σ是满射，核$K=\ker\sigma$是$R^{(n)}$的子模，故$M\cong R^{(n)}/K$. 由引理7.7知K是自由模且秩不超过n. 设$\{f_1,\cdots,f_m\}$为K的基（或生成元系），而$f_j=c_{1j}e_1+\cdots+c_{nj}e_n$，$c_{ij}\in R$，$C=(c_{ij})$，则

$$(f_1,\cdots,f_m)^{\mathrm T}=C^{\mathrm T}(e_1,\cdots,e_n)^{\mathrm T},\qquad(7.12.3)$$

对R上可逆方阵P,Q（方阵P可逆当且仅当$\det P$在R中可逆），有

$$Q(f_1,\cdots,f_m)^{\mathrm T}=QC^{\mathrm T}P^{-1}P(e_1,\cdots,e_n)^{\mathrm T},\qquad(7.12.4)$$

由主理想环R上矩阵Smith标准形（定理7.13和注记2），可取P,Q使

$$QC^{\mathrm T}P^{-1}=\mathrm{diag}(d_1,\cdots,d_t,0,\cdots,0),\qquad(7.12.5)$$

其中$d_i|d_{i-1},d_i\in R$称为C（或$C^{\mathrm T}$）的不变因子. 于是(7.12.4)式化为

$$(f_1',\cdots,f_m')^{\mathrm T}=\mathrm{diag}(d_1,\cdots,d_t,0,\cdots,0)(e_1',\cdots,e_n')^{\mathrm T},\qquad(7.12.6)$$

$$(f_1',\cdots,f_m')=(d_1e_1',\cdots,d_te_t',0,\cdots,0).\qquad(7.12.7)$$

其中

$$Q(f_1,\cdots,f_m)^{\mathrm T}=(f_1',\cdots,f_m')^{\mathrm T},$$

$$P(e_1,\cdots,e_n)^{\mathrm T}=(e_1',\cdots,e_n')^{\mathrm T},\ P(\alpha_1,\cdots,\alpha_n)^{\mathrm T}=(\alpha_1',\cdots,\alpha_n')^{\mathrm T}.$$

由此即知$\{f_i'\}=\{d_ie_i'\}$，$\{e_i'\}$和$\{\alpha_i'\}$分别为$K,R^{(n)}$和M的新生成元系（因P,Q可逆），且$\sigma f_i'=0$，$\sigma e_i=\alpha_i$　$\sigma e_i'=\alpha_i'$. 映射σ的对应关系如下（η是包含映射）：

$$\begin{array}{ccccccccc} 0 & \longrightarrow & K & \xrightarrow{\eta} & R^{(n)} & \xrightarrow{\sigma} & M & \longrightarrow & 0\\ & & \{f_i\} & & \{e_i\} & & \{\alpha_i\} & & \\ & & \{f_i'=d_ie_i'\} & & \{e_i'\} & & \{\alpha_i'\} & & \end{array}\qquad(7.12.8)$$

于是得到$M=R\alpha_1'+\cdots+R\alpha_n'$，即为所求直和. 事实上，$f_i'=d_ie_i'$在$\sigma$下的象为$0=d_i\alpha_i'$，由此易知$d_i$为$\alpha_i'$的最小零化子. 再证$M=R\alpha_1'+\cdots+R\alpha_n'$是直和：若$\sum r_i\alpha_i'=0$则其原象

可表为$\sum r_i e_i' = \sum c_i f_i' = \sum c_i d_i e_i'$，$r_i = c_i d_i$，$r_i \alpha_i' = c_i d_i \alpha_i' = 0$，故为直和. 当$d_i = 1$(或$R$的可逆元)时，$R\alpha_i' = 0$，此零项应从和式中删去. 当$d_i = 0$(或$i > m$)时，$R\alpha_i' \cong R$(因$R \cong Re_i' \to R\alpha_i'$的核为$K \cap Re_i' = 0$). 由$R\alpha_i' \cong R/Rd_i$即得定理中同构(也可由$M \cong R^{(n)}/K = (\oplus Re_i')/(\oplus Rd_i e_i') = \oplus (Re_i')/(Rd_i e_i') = \oplus (R)/(Rd_i)$得到). ■

上述定理中，扭部分还可进一步准素分解，有如下定理.

定理 7.22 (PID 上扭模的准素分解) 设M是主理想整环R上有限生成的扭模. M必有最小零化子，设为$m = p_1^{r_1} \cdots p_s^{r_s}$(其中$p_i$为互异素元，$i = 1, \cdots, s$)，则

$$M = \ker p_1^{r_1} \oplus \cdots \oplus \ker p_s^{r_s},$$

$$\ker p_i^{r_i} = \{\alpha \in M \mid p_i^{r_i}\alpha = 0\} = \{\alpha \in M \mid p_i^k \alpha = 0,\ \text{对某正整数 } k\}.$$

证明完全类似于孙子定理或定理 7.6. 循环分解与准素分解结合，可得到如下定理.

定理 7.23 (PID 上扭模的初等因子分解) 设M为主理想整环R上有限生成的扭模，则

$$M = R\alpha_1 \oplus \cdots \oplus R\alpha_l,$$

其中$R\alpha_i$是准素循环子模(即$R\alpha_i$是循环子模，零化子$p_i^{k_i}$为素元的幂).

以上结果应用到 Abel 群(即$\mathbb{Z}$-模)，即得 Abel 群基本定理：有限生成的加法群G为循环群G_i的直和，G_i的阶为素数幂$p_i^{k_i}$或无限，即$G_i \cong \mathbb{Z}/p_i^{k_i}\mathbb{Z}$或$\mathbb{Z}$(循环群的阶即其元素个数，亦即其最小零化子). 例如$G \cong \mathbb{Z}/9\mathbb{Z} \oplus \mathbb{Z}/3\mathbb{Z} \oplus \mathbb{Z}^5$. $\mathbb{Z}/105\mathbb{Z} = \mathbb{Z}\overline{70} \oplus \mathbb{Z}\overline{21} \oplus \mathbb{Z}\overline{15} \cong \mathbb{Z}/3\mathbb{Z} \oplus \mathbb{Z}/5\mathbb{Z} \oplus \mathbb{Z}/7\mathbb{Z}$.

应用到"带线性变换$\mathscr{A}$的F上n维线性空间V"，即$R = F[\lambda]$上的模. 设$\{\alpha_i\}$是V的F-基，$\mathscr{A}$的方阵表示为$A = (a_{ij})$，$a_{ij} \in F$. A的第j列是$\mathscr{A}\alpha_j$的坐标列，即$\lambda\alpha_j = \mathscr{A}\alpha_j = \sum_i a_{ij}\alpha_i$. V作为$F[\lambda]$-模以$\{\alpha_i\}$为生成元. 考虑映射σ: $R^{(n)} \longrightarrow V$，$\lambda e_i \longmapsto \lambda\alpha_i = \mathscr{A}\alpha_i$. $K = \ker\sigma$是$R^{(n)}$的(自由)子模. 有趣的是：**特征方阵$A_\lambda = \lambda I - A$的列$y_1, \cdots, y_n$恰为核$K$的$F[\lambda]$-基**(在$R^{(n)}$的自然基$\{e_i\}$下的坐标列). 事实上，$y_j = (-a_{1j}, \cdots, \lambda - a_{jj}, \cdots, -a_{nj})^{\mathrm{T}} = \lambda e_j - \sum a_{ij} e_i$，故$\sigma(y_j) = \lambda\alpha_j - \sum a_{ij}\alpha_i = 0$，即$y_j \in K$. 而若$\sum_j g_j(\lambda) y_j = 0$，不妨设$\{g_j(\lambda)\}$中以$g_1(\lambda)$次数最高，考虑列$\sum_j g_j(\lambda) y_j = 0$的第 1 分量，得$g_1(\lambda)\lambda = \sum_j g_j(\lambda) a_{1j}$，左边的次数大于右边次数，矛盾，故$\{y_j\}$在$F[\lambda]$上线性无关. 由$\mathrm{rank}(K) \leqslant n$知$\{y_j\}$为$K$的基. 亦即$(f_1, \cdots, f_n)^{\mathrm{T}} = A_\lambda^{\mathrm{T}}(e_1, \cdots, e_n)^{\mathrm{T}}$，$C = A_\lambda$. 故$A_\lambda$的不变因子即是$V$的循环分解的不变因子. 这就是为什么要先求$\lambda I - A$的不变因子(Smith 相抵标准形)

和初等因子，才能得到 V 的分解.

由此也易证明定理 7.12：若 $\lambda I-B=\hat{P}(\lambda)(\lambda I-A)\hat{Q}(\lambda)$，则 A 与 B 相似（$\hat{P}(\lambda)$，$\hat{Q}(\lambda)$ 为可逆 λ-方阵）. 为此，在上述讨论中设 $V=F^{(n)}$，其线性变换 $\mathscr{A}$ 在基 $\{\alpha_i\}$ 下的方阵为 A，则有 $(f_1,\cdots,f_n)=(e_1,\cdots,e_n)(\lambda I-A)$. 令 $(\hat{f}_1,\cdots,\hat{f}_n)=(f_1,\cdots,f_n)\hat{Q}(\lambda)$，$(\hat{e}_1,\cdots,\hat{e}_n)=(e_1,\cdots,e_n)\hat{P}^{-1}(\lambda)$，得 $(\hat{f}_1,\cdots,\hat{f}_n)=(\hat{e}_1,\cdots,\hat{e}_n)(\lambda I-B)$（注意 $\{\hat{e}_i\}$ 和 $\{\hat{f}_i\}$ 是 $\mathbb{R}^{(n)}$ 和 $\ker\sigma$ 的新基）. 以 σ 作用两边，得 $0=(\sigma\hat{e}_1,\cdots,\sigma\hat{e}_n)(\lambda I-B)$，记 $\sigma\hat{e}_i=\hat{\alpha}_i\in V$，则为 $\mathscr{A}(\hat{\alpha}_1,\cdots,\hat{\alpha}_n)=(\hat{\alpha}_1,\cdots,\hat{\alpha}_n)B$. 只需再证 $\{\hat{\alpha}_i\}$ 线性无关即知 $\mathscr{A}$ 对基 $\{\hat{\alpha}_i\}$ 的方阵为 B，从而 A 与 B 相似. 假若 $\{\hat{\alpha}_i\}$ 线性相关，$\sum k_i\hat{\alpha}_i=0$，即 $\sigma\sum k_i\hat{e}_i=0$，则 $(\hat{e}_1,\cdots,\hat{e}_n)(k_1,\cdots,k_n)^{\mathrm{T}}=\sum k_i\hat{e}_i=(\hat{f}_1,\cdots,\hat{f}_n)(g_1(\lambda),\cdots,g_n(\lambda))^{\mathrm{T}}=(\hat{e}_1,\cdots,\hat{e}_n)(\lambda I-B)(g_1(\lambda),\cdots,g_n(\lambda))^{\mathrm{T}}$（其中 $\{k_i\}\subset F$，$\{g_i(\lambda)\}\subset F[\lambda]$ 均不全为零），故 $(k_1,\cdots,k_n)^{\mathrm{T}}=(\lambda I-B)(g_1(\lambda),\cdots,g_n(\lambda))^{\mathrm{T}}$. 设 $\deg g_i\geqslant\deg g_j$（任意 j），考虑两边的第 i 个分量，由次数即知矛盾. 证毕.

7.13　若干例题

例 7.27　存在一个 n 阶方阵 P，使得对所有 n 阶**循环方阵**

$$A=\begin{bmatrix} a_0 & a_1 & \cdots & a_{n-1} \\ a_{n-1} & a_0 & \cdots & a_{n-2} \\ \vdots & \vdots & & \vdots \\ a_1 & a_2 & \cdots & a_0 \end{bmatrix},$$

$P^{-1}AP$ 均为对角形方阵.

证 1　我们以前曾知道 $X_i=(1,\omega^i,\omega^{2i},\omega^{3i},\cdots,\omega^{(n-1)i})^{\mathrm{T}}$　$(i=0,\cdots,n-1)$ 是任意一个循环方阵的特征向量，故令

$$P=(X_0,X_1,\cdots,X_{n-1}),$$

则 $P^{-1}AP$ 为对角形方阵.

证 2　当 $(a_0,a_1,\cdots,a_{n-1})=(0,1,0,\cdots,1)$ 时的特殊循环方阵记为 T，则

$$A=a_0I+a_1T+a_2T^2+\cdots+a_{n-1}T^{n-1}.$$

取 P 使 $P^{-1}TP$ 为对角形，则知 $P^{-1}AP$ 为对角形（对任意 $a_0,\cdots,a_{n-1}$）. ■

例 7.28　求数域上**幂等方阵** A（即 $A^2=A$）的 Jordan 标准形.

解　设 $A=P\mathrm{diag}(J_1,\cdots,J_s)P^{-1}$，则由 $A^2=A$ 知 $J_i^2=J_i$. 记 $J_i=\lambda_iI+N_i$，则

$$\lambda_i^2I+2\lambda_iN_i+N_i^2=\lambda_iI+N_i,$$

故　$\lambda_i^2=\lambda_i$　$N_i=0$，即　$J_i=0$ 或 1. 从而 A 相似于对角形.

例 7.29　求数域上**对合方阵** A（即 $A^2=I$）的 Jordan 标准形.

解　同上可知 $J_i^2=I$，即 $\lambda_i^2I+2\lambda_iN_i+N_i^2=I$. 故 $\lambda_i^2=1$，$N_i=0$，即得 $J_i=-1$ 或 1. 从而 A 相似于对角形.

例 7.30 设方阵 P 化 A 为约当标准形,即 $P^{-1}AP=J$. 变换方阵 P 一般不是唯一的. 那么 P 的选取有多大的随意性呢?

设可逆方阵 P,Q 均变换方阵 A 为约当标准形 J,即

$$P^{-1}AP=J,\quad Q^{-1}AQ=J.$$

于是

$$PJP^{-1}=A=QJQ^{-1},\ J(P^{-1}Q)=(P^{-1}Q)J.$$

即方阵 $T=P^{-1}Q$ 与 J 可交换, $Q=PT$. 也就是说,变换方阵 P 在相差一个与 J 可交换的可逆方阵 T 倍的意义下是唯一的.

比如若

$$J=\left[\begin{array}{ccc:cc:c}\lambda_1 & & & & & \\ 1 & \lambda_1 & & & & \\ & 1 & \lambda_1 & & & \\ \hdashline & & & \lambda_1 & & \\ & & & 1 & \lambda_1 & \\ \hdashline & & & & & \lambda_2\end{array}\right]\qquad(\lambda_1\neq\lambda_2),$$

则

$$Q=PT=P\left[\begin{array}{ccc:cc:c}a_0 & & & 0 & 0 & \\ a_1 & a_0 & & e_0 & 0 & \\ a_2 & a_1 & a_0 & e_1 & e_0 & \\ \hdashline d_0 & 0 & 0 & b_0 & 0 & \\ d_1 & d_0 & 0 & b_1 & b_0 & \\ \hdashline & & & & & c_0\end{array}\right]\qquad(T\text{ 可逆},a_i,b_i,c_i,d_i,e_i\text{ 任意}).$$

记 $P=(x_1,\cdots,x_6)$,由 $AP=PJ$ 知 x_1 生成若当链

$$(A-\lambda_1 I)x_1=x_2,\quad (A-\lambda_1 I)^2x_1=x_3,\quad (A-\lambda_1 I)^3x_1=0.$$

也就是说,x_1 的选取由 $(A-\lambda_1 I)^3x_1=0$ 而 $(A-\lambda_1 I)^2x_1=x_3\neq 0$ 来决定. 且这样一来,x_3 即为 A 的特征向量. 同样可知 x_4 也生成一个若当链,其选取由 $(A-\lambda_1 I)^2x_4=0$ 而 $(A-\lambda_1 I)x_4=x_5\neq 0$ 来决定,x_5 也为特征向量.

记 $Q=(y_1,\cdots,y_6)$,由 $Q=PT$ 可知

$$y_1=a_0x_1+a_1x_2+a_2x_3+d_0x_4+d_1x_5\qquad(a_0\neq 0).$$

注意 $x_1,\cdots,x_5$ 是 λ_1 的根子空间 W_{λ_1} 的基. 因而 y_1 在 W_{λ_1} 中的选取几乎是任意的,唯一的限制是 $a_0\neq 0$(因为 T 可逆),即 x_1 的系数非零. 又由

$$y_4=e_0x_2+e_1x_3+b_0x_4+b_1x_5,$$

可知 y_4 在 W_{λ_1} 中的选取唯一限制为: x_1 的系数为 0.

选定 y_1 和 y_4 之后,分别生成若当链定出 y_1 至 y_5,而 y_6 取为 x_6 的任意非零倍.

习　题　7

*1. (秦王暗点兵)秦兵列队，每列百人则余一人，九九人则余二人，百零一人则不足二人. 问秦兵几何？

*2. 求整数 x 使

(1) $\begin{cases} x\equiv 3 \pmod{8}, \\ x\equiv 7 \pmod{81}; \end{cases}$　　(2) $\begin{cases} x\equiv 1 \pmod{4}, \\ x\equiv 2 \pmod{5}, \\ x\equiv 3 \pmod{9}. \end{cases}$

*3. 分解 $\mathbb{Z}/180\mathbb{Z}=\mathbb{Z}\bar{e}_1\oplus\mathbb{Z}\bar{e}_2\oplus\mathbb{Z}\bar{e}_3$，其中 $\mathbb{Z}\bar{e}_1\cong\mathbb{Z}/4\mathbb{Z}$，$\mathbb{Z}\bar{e}_2\cong\mathbb{Z}/5\mathbb{Z}$，$\mathbb{Z}\bar{e}_3\cong\mathbb{Z}/9\mathbb{Z}$，并把任一 $x\in\mathbb{Z}/180\mathbb{Z}$ 表为 $x=x_1+x_2+x_3$，$x_i\in\mathbb{Z}\bar{e}_i$，具体求出 e_i 和 x_i.

4. 求下列方阵的最小多项式：

$$\begin{bmatrix} 5 & -6 & -6 \\ -1 & 4 & 2 \\ 3 & -6 & -4 \end{bmatrix};\quad \begin{bmatrix} 3 & 1 & -1 \\ 2 & 2 & -1 \\ 2 & 2 & 0 \end{bmatrix};\quad \begin{bmatrix} 0 & -1 \\ 1 & 0 \end{bmatrix};$$

$$\begin{bmatrix} 1 & 1 & 0 & 0 \\ -1 & -1 & 0 & 0 \\ -2 & -2 & 2 & 1 \\ 1 & 1 & -1 & 0 \end{bmatrix};\quad \begin{bmatrix} 0 & 1 & 0 & 1 \\ 1 & 0 & 1 & 0 \\ 0 & 1 & 0 & 1 \\ 1 & 0 & 1 & 0 \end{bmatrix}.$$

5. 设 $\mathscr{A}$ 为 n 维线性空间 V 的线性变换，若有正整数 k 使 $\mathscr{A}^k=0$ 则 $\mathscr{A}^n=0$.

6. 找一个三阶方阵 A，其最小多项式为 x^2.

7. 设 V 是次数不超过 n 的 $\mathbb{R}$ 上多项式全体，$\mathscr{D}$ 是 V 上"求导"变换，求 $\mathscr{D}$ 的最小多项式.

8. 设 $\mathscr{A}$ 为 $\mathbb{R}^{(2)}$ 上的投射：$(x,y)^{\mathrm{T}}\longmapsto(x,0)^{\mathrm{T}}$. 求 $\mathscr{A}$ 的最小多项式.

9. 设 V 是域 F 上 n 阶方阵全体所成空间，A 为其中一固定方阵. V 的线性变换 T 由下式定义：$T(B)=AB$. 证明 T 与 A 的极小多项式相同.

10. 设 A,B 为域 F 上 n 阶方阵，我们已经知道 AB 和 BA 的特征多项式相同. 它们的最小多项式是否相同？

11. 设 $\mathscr{A}$ 是 $\mathbb{R}^{(3)}$ 的线性变换，在自然基下的方阵表示为

$$A=\begin{bmatrix} 6 & -3 & -2 \\ 4 & -1 & -2 \\ 10 & -5 & -3 \end{bmatrix},$$

把 $\mathscr{A}$ 的最小多项式表示为 $m(x)=p_1(x)p_2(x)$，p_i 是 $\mathbb{R}$ 上首一不可约多项式，记 $W_i=\ker p_i$. 求 W_1 和 W_2 的基，求 $\mathscr{A}_i=\mathscr{A}|_{W_i}$ 的方阵表示.

12. 设 $\mathscr{A}$ 为 $\mathbb{R}^{(3)}$ 的线性变换，在自然基下方阵表示为

$$A=\begin{bmatrix} 3 & 1 & -1 \\ 2 & 2 & -1 \\ 2 & 2 & 0 \end{bmatrix},$$

证明 $\mathscr{A}=\mathscr{D}+\mathscr{N}$，其中 $\mathscr{D}$ 是 $\mathbb{R}^{(3)}$ 上可对角化线性变换，$\mathscr{N}$ 为幂零线性变换，且 $\mathscr{D}\mathscr{N}=\mathscr{N}\mathscr{D}$，求 $\mathscr{D}$ 和 $\mathscr{N}$ 在自然基下的方阵表示.

13. 设 V 是 n 维复线性空间，设 $\mathscr{A}$ 是 V 的线性变换，$\mathscr{D}$ 是 $\mathscr{A}$ 的可对角化部分(见系 5). 证明：对任意多项式 $g(x)\in\mathbb{C}[x]$，$g(\mathscr{A})$ 的可对角化部分为 $g(\mathscr{D})$.

14. 设 V 是域 F 上线性空间，$\mathscr{A}$ 是 V 上的线性变换，且 $\operatorname{rank}(\mathscr{A})=1$. 证明：$\mathscr{A}$ 或为可对角化的，或为幂零的，二者不兼有.

15. 设 V 是域 F 上 n 阶方阵所成线性空间，A 是其中一固定方阵. 定义 V 上线性变换 T：$T(B)=AB-BA$. 证明：若 A 为幂零方阵，则 T 为幂零变换.

16. 举出两个四阶幂零方阵的例子，它们有相同的极小多项式而不相似.

17. 设 $V=W_1\oplus\cdots\oplus W_s$ 是空间 V 对于线性变换 $\mathscr{A}$ 的准素分解(如定理 7.6)，而 W 是 $\mathscr{A}$ 的任意一个不变子空间，证明

$$W=(W_1\cap W)\oplus\cdots\oplus(W_s\cap W).$$

18. 设 V 是 F 上 n 维线性空间，$\mathscr{A}$ 是其线性变换. 证明：若 $\mathscr{A}$ 与 V 上可对角化的每个线性变换均可交换，则 $\mathscr{A}$ 是纯量变换(即恒等变换的固定常数倍).

19. n 维复线性空间 V 上任意多两两可换的线性变换必有公共特征向量. 故存在基使其方阵同时为上三角形.

20. 属于不同特征值的所有根向量是线性无关的.

21. 复线性空间 V 上线性变换 $\mathscr{A}$ 在基 $\alpha_1,\alpha_2,\cdots,\alpha_n$ 下的方阵表示如下，求 $\mathscr{A}$ 的特征值及根子空间.

$$(1)\begin{bmatrix}4&-5&2\\5&-7&3\\6&-9&4\end{bmatrix};\ (2)\begin{bmatrix}1&-3&4\\4&-7&8\\6&-7&7\end{bmatrix};\ (3)\begin{bmatrix}2&6&-15\\1&1&-5\\1&2&-6\end{bmatrix};\ (4)\begin{bmatrix}0&-2&3&2\\1&1&-1&-1\\0&0&2&0\\1&-1&0&1\end{bmatrix}.$$

22. 证明：复线性空间完全由线性变换 $\mathscr{A}$ 的根向量组成当且仅当 $\mathscr{A}$ 的所有特征值均相等.

23. 设 V 是无限可微的实函数 $f(x)$ 全体，按通常加法和数乘而为 $\mathbb{R}$ 上无限维线性空间. $\mathscr{D}$ 是求导函数变换.

(1) 求 $\mathscr{D}$ 的所有特征值和特征向量； (2) 求 $\mathscr{D}$ 的所有根子空间.

24. 分别在 $\mathbb{R}$ 和 $\mathbb{Q}$ 上准素分解第 21 题中的矩阵.

25. 设 $\mathscr{A}$ 是 F 上 n 维线性空间 V 上的线性变换，在某基下的方阵表示是 F 上某首一多项式 $f(x)$ 的友阵. 证明：V 是循环空间，即存在 $\alpha\in V$ 使 $V=F[\mathscr{A}]\alpha$，且 $f(x)$ 是 $\mathscr{A}$ 的最小多项式.

26. 设 $\mathscr{A}$ 是 n 维线性空间 V 上线性变换，$\alpha\in V$. α 的次数最低的首一零化多项式 $m_\alpha(\lambda)$ 称为 α(关于 $\mathscr{A}$)的最小零化子. 证明 $g(\lambda)$ 为 α 的零化多项式(即 $g(\mathscr{A})\alpha=0$)当且仅当 $m_\alpha(\lambda)\mid g(\lambda)$.

27. 设 $\mathscr{A}$ 是 n 维线性空间 V 上线性变换，$\alpha\in V$ 的最小零化子次数为 k. 把 $\alpha,\mathscr{A}\alpha,\cdots,\mathscr{A}^{k-1}\alpha$ 扩展为 V 的基. 求 $\mathscr{A}$ 在此基下的方阵表示(分 $k=1,k=2$，和 $k\geqslant 3$ 三种情形). 若把基中向量次序换为 α，$\mathscr{A}^2\alpha,\cdots,\mathscr{A}\alpha$ 呢？(只须写出方阵的已知部分)

28. 设 $\mathscr{A}$ 是 $F^{(2)}$ 上线性变换. 证明：若非 0 向量 α 不是 $\mathscr{A}$ 的特征向量，则 α 生成 $F^{(2)}$(即 $F[\mathscr{A}]\alpha=F^{(2)}$). 由此证明，对于非纯量变换 $\mathscr{A}$，$F^{(2)}$ 总是循环空间.

29. 设 $\mathscr{A}$ 是 $\mathbb{R}^{(3)}$ 的线性变换，在自然基下方阵表示为：

$$\begin{bmatrix} 3 & & \\ & 3 & \\ & & -2 \end{bmatrix},$$

证明 $\mathscr{A}$ 没有循环向量，并求 $(1,-1,3)^{\mathrm{T}}$ 生成的循环子空间.

30. 设 $\mathscr{A}$ 是 $\mathbb{C}^{(3)}$ 的线性变换，在自然基下方阵表示为：

$$\begin{bmatrix} 1 & i & 0 \\ 1 & 2 & -i \\ 0 & 1 & 1 \end{bmatrix}.$$

求 $\alpha=(1,0,0)^{\mathrm{T}}$，$\beta=(1,0,i)^{\mathrm{T}}$ 的最小零化子.

31. 证明：若 $\mathscr{A}^2$ 有循环向量，则 $\mathscr{A}$ 也有循环向量. 反过来对吗？

32. 设 V 是 n 维线性空间，$\mathscr{A}$ 为其线性变换，且设 $\mathscr{A}$ 可对角化（即有对角形方阵表示）. 证明：(1) 若 $\mathscr{A}$ 有循环向量，则 $\mathscr{A}$ 有 n 个互异特征值. (2) 若 $\mathscr{A}$ 有 n 个互异的特征值，设 $\alpha_1,\cdots,\alpha_n$ 是它们相应的特征向量，则 $\alpha_1+\cdots+\alpha_n$ 是 $\mathscr{A}$ 的循环向量.

***33.** 设 $\mathscr{A}$ 是 n 维线性空间 V 的线性变换，有循环向量. 证明：与 $\mathscr{A}$ 可交换的 V 的任一线性变换 $\mathscr{B}$ 必为 $\mathscr{A}$ 的多项式.

***34.** 设 $\mathscr{A}$ 是 F 上 n 维线性空间 V 的线性变换，且设 $\mathscr{A}$ 可对角化（即在某基下方阵表示为对角形）. 设 $\lambda_1,\cdots,\lambda_s$ 为其互异特征根，λ_i 的特征子空间记为 V_i，$d_i=\dim V_i$.

(1) 证明每个向量 α 可唯一表为 $\alpha=\beta_1+\cdots+\beta_s$，$\beta_i\in V_i$；

(2) 证明 α 生成的循环子空间恰为 $\beta_1,\cdots,\beta_s$ 在 F 上张成的子空间；

(3) 证明 α 的最小零化子为 $m_\alpha(\lambda)=\prod\limits_{\beta_i\neq 0}(\lambda-\lambda_i)$；

(4) 取 V_i 的基 $\beta_{i1},\cdots,\beta_{id_i}$，记 $r=\max\limits_i d_i$. 取 $\alpha_1,\cdots,\alpha_r$ 如下：

$$\alpha_j=\sum_{d_i\geqslant j}\beta_{ij}\qquad(j=1,\cdots,r),$$

证明 α_j 生成的循环子空间 $F[\mathscr{A}]\alpha_j$ 由 $\{\beta_{ij}\mid d_i\geqslant j\}$ 张成，且 α_j 的最小零化子为

$$m_j(\lambda)=\prod_{d_i\geqslant j}(\lambda-\lambda_i)；$$

(5) 证明　$V=F[\mathscr{A}]\alpha_1\oplus\cdots\oplus F[\mathscr{A}]\alpha_r$ 是 V 的循环分解.

35. 设 $\mathscr{A}$ 为 $F^{(2)}$ 上线性变换，在自然基下方阵为 $\begin{bmatrix} 0 & 0 \\ 1 & 0 \end{bmatrix}$. 设 $\alpha_1=(0,1)^{\mathrm{T}}$，证明 $F^{(2)}\neq F[\mathscr{A}]\alpha_1$，且对每个非零向量 α_2，$F[\mathscr{A}]\alpha_2$ 与 $F[\mathscr{A}]\alpha_1$ 总有非零交.

36. 设 $\mathscr{A}$ 是 $F^{(4)}$ 上线性变换，在自然基 $\varepsilon_1,\varepsilon_2,\varepsilon_3,\varepsilon_4$ 下方阵表示为

$$\begin{bmatrix} c & & & \\ 1 & c & & \\ & 1 & c & \\ & & 1 & c \end{bmatrix},$$

设 $W=\ker(\mathscr{A}-cI)$.

(1) 证明 W 是由 ε_4 张成的子空间 $F\varepsilon_4$；

(2) 求 ε_i 到 W 的导子 $C_{\varepsilon_i/W}(i=4,3,2,1)$.

37. 设 $\mathscr{A}$ 是 F 上线性空间 V 线性变换, $V_1,\cdots,V_s$ 是 $\mathscr{A}$ 的不变子空间且 $V=V_1\oplus\cdots\oplus V_s$, $f(\lambda)\in F[\lambda]$是 F 上多项式. 证明: $fV=fV_1\oplus\cdots\oplus fV_s$(注意对 $\alpha\in V$, $f\alpha=f(\mathscr{A})\alpha$).

38. 设 $\mathscr{A}$ 是 F 上线性空间 V 的线性变换, 设 $\alpha,\beta\in V$ 的最小零化子相同. 证明对于任意多项式 $f\in F[\lambda]$, $f\alpha$ 和 $f\beta$ 的最小零化子相同.

39. 设 $\mathscr{A}$ 为$\mathbb{R}^{(3)}$的线性变换, 在自然基下的方阵表示为

$$\begin{bmatrix}3 & -4 & -4\\ -1 & 3 & 2\\ 2 & -4 & -3\end{bmatrix},$$

求出满足循环分解定理中的 $\alpha_1,\cdots,\alpha_r$.

40. 证明: 域 F 上三阶方阵 A 与 B 相似的充分与必要条件为 A 与 B 有相同的特征多项式和最小多项式. 举例说明这对四阶方阵是不对的.

41. 设数域 K 包含域 F, A 与 B 为 F 上 n 阶方阵. 证明: 若 A, B 在 K 上相似, 则 A, B 在 F 上相似. (提示: 证明方阵的有理标准形不依赖于 K 或 F).

42. 设 A 为复方阵. 若 A 的每个特征值均为实数, 则 A 相似于实方阵.

43. 设 $\mathscr{A}$ 是有限维线性空间 V 上线性变换. 证明: V 中有向量 α 具有如下性质: 对任意一个多项式 f, 若 $f(\mathscr{A})\alpha=0$, 则 $f(\mathscr{A})=0$ (此种向量 α 称为分离向量). 再证明: 若 $\mathscr{A}$ 有循环向量, 则循环向量是分离向量.

44. 设 A 为数域 F 上 n 阶方阵, $m(\lambda)$为 A 的最小多项式. 若视 A 为 C 上方阵, 则 A 有复数域上最小多项式 $m^*(\lambda)$. 用线性方程组理论证明 $m=m^*$. 这是否也可由循环分解得到?

45. 设 A 为 n 阶实方阵且 $A^2+I=0$. 证明: n 为偶数且在$\mathbb{R}$上相似于 $\begin{bmatrix}0 & -I_k\\ I_k & 0\end{bmatrix}$, 其中 $k=n/2$.

46. 设 F 为数域, $\mathscr{A}$ 为 $F^{(4)}$ 的线性变换, 在自然基下方阵表示为

$$\begin{bmatrix}2 & 0 & 0 & 0\\ 1 & 2 & 0 & 0\\ 0 & a & 2 & 0\\ 0 & 0 & b & 2\end{bmatrix},$$

求 $\mathscr{A}$ 的特征多项式. 考虑情形 $a=b=1$; $a=b=0$; $a=0,b=1$. 在每一情形下求 $\mathscr{A}$ 的最小多项式及满足循环分解定理的 $\alpha_1,\cdots,\alpha_r$.

47. 设 $\mathscr{A}$ 是域 F 上 n 维线性空间 V 的线性变换. 证明: V 中每个非零向量均为循环向量的充分必要条件为 $\mathscr{A}$ 的特征多项式在 F 上不可约.

48. 设 A 为 n 阶实方阵. $\mathscr{A}$ 为$\mathbb{R}^{(n)}$的线性变换, T 为$\mathbb{C}^{(n)}$的线性变换, 两者在各自空间自然基下的方阵表示同为 A. 证明: 若 $\mathscr{A}$ 的不变子空间只有$\mathbb{R}^{(n)}$和 0, 则 T 可对角化. (提示: 用第 47 题).

49. 设复方阵

$$A=\begin{bmatrix}2 & 0 & 0\\ a & 2 & 0\\ b & c & -1\end{bmatrix},$$

证明 A 相似于对角形当且仅当 $a=0$.

50. 设 N_1 和 N_2 是域 F 上三阶幂零方阵. 证明：N_1 与 N_2 相似当且仅当它们的最小多项式相同.

51. 设 A 与 B 为域 F 上 n 阶方阵，有相同的特征多项式 $f=(\lambda-\lambda_1)^{d_1}\cdots(\lambda-\lambda_s)^{d_s}$，也有相同的最小多项式. 证明若 $d_i\leqslant 3(1\leqslant i\leqslant s)$，则 A 与 B 相似.（提示：用第50题及Jordan形）

52. 若五阶复方阵 A 的特征多项式为 $f=(\lambda-2)^3(\lambda+7)^2$，最小多项式为 $m=(\lambda-2)^2(\lambda+7)$，求 A 的Jordan标准形.

53. 若六阶复方阵 A 的特征多项式为 $f=(\lambda+2)^4(\lambda-1)^2$，那么 A 的约当标准形有几种可能？

54. 次数小于等于3的复系数多项式全体 $\mathbb{C}[X]_3$ 是 $\mathbb{C}$ 上线性空间，求导变换 $\mathscr{D}$ 的方阵表示 D 的约当标准形是什么？

55. 设复方阵

$$A=\begin{bmatrix}2&0&0&0&0&0\\1&2&0&0&0&0\\-1&0&2&0&0&0\\0&1&0&2&0&0\\1&1&1&1&2&0\\0&0&0&0&1&-1\end{bmatrix},$$

求 A 在 $\mathbb{C}$ 上Jordan标准形. 在 $\mathbb{R}$ 或 $\mathbb{Q}$ 上呢？

56. 设 N 为域 F 上 n 阶方阵，$N^n=0$ 而 $N^{n-1}\neq 0$. 证明：不存在 n 阶方阵 A 使 $A^2=N$.

57. 设 N_1 与 N_2 为域 F 上六阶幂零方阵，有相同的最小多项式和零度（方阵 A 的零度即 $Ax=0$ 的解空间的维数）. 证明：N_1 与 N_2 相似. 举例说明这对七阶方阵不成立.

58. 利用上题及Jordan形证明以下命题：设 A 与 B 为域 F 上 n 阶方阵，有相同的特征多项式 $f=(\lambda-c_1)^{d_1}\cdots(\lambda-c_k)^{d_k}$，也有相同的最小多项式. 设 $A-c_iI$ 与 $B-c_iI$ 有相同的零度，且 $d_i\leqslant 6(1\leqslant i\leqslant k)$，则 A 与 B 相似.

59. 证明复方阵 A 的转置 A^{T} 与 A 相似.（利用约当标准形）

60. 设 N 为三阶幂零复方阵，若设 $A=I+\frac{1}{2}N-\frac{1}{8}N^2$，则 $A^2=I+N$. 类似地证明：对 n 阶幂零复方阵 N，有方阵 A 使 $A^2=I+N$.

61. 证明：每个可逆复方阵 M 均有平方根（即有方阵 A 使 $A^2=M$）.

62. 设

$$N=\begin{bmatrix}0&&&\\1&\ddots&&\\&\ddots&\ddots&\\&&1&0\end{bmatrix}$$

为14阶方阵，求 N^4 的Jordan标准形 J. 并求 P 使 $P^{-1}N^4P=J$.

63. 求下列方阵 A 在 C 上的Jordan标准形 J，并求复方阵 P 使 $P^{-1}AP=J$：

(1) $\begin{bmatrix}2&1&3\\0&2&-1\\0&0&2\end{bmatrix}$；　(2) $\begin{bmatrix}2&-1&-1\\2&-1&-2\\-1&1&2\end{bmatrix}$；　(3) $\begin{bmatrix}4&-5&2\\5&-7&3\\6&-9&4\end{bmatrix}$；

(4) $\begin{bmatrix} 2 & 6 & -15 \\ 1 & 1 & -5 \\ 1 & 2 & -6 \end{bmatrix}$；　(5) $\begin{bmatrix} 9 & -6 & -2 \\ 18 & -12 & -3 \\ 18 & -9 & -6 \end{bmatrix}$；(6) $\begin{bmatrix} 4 & 6 & -15 \\ 1 & 3 & -5 \\ 1 & 2 & -4 \end{bmatrix}$；

(7) $\begin{bmatrix} 1 & -3 & 0 & 3 \\ -2 & -6 & 0 & 13 \\ 0 & -3 & 1 & 3 \\ -1 & -4 & 0 & 8 \end{bmatrix}$；(8) $\begin{bmatrix} 3 & -1 & 0 & 0 \\ 1 & 1 & 0 & 0 \\ 3 & 0 & 5 & -3 \\ 4 & -1 & 3 & -1 \end{bmatrix}$.

64. 求下列 λ-矩阵的相抵标准形：

(1) $\begin{bmatrix} \lambda & 1 \\ 0 & \lambda \end{bmatrix}$；(2) $\begin{bmatrix} \lambda^2-1 & \lambda+1 \\ \lambda+1 & \lambda^2+2\lambda+1 \end{bmatrix}$；(3) $\begin{bmatrix} \lambda & 0 \\ 0 & \lambda+5 \end{bmatrix}$；(4) $\begin{bmatrix} \lambda^2-1 & 0 \\ 0 & (\lambda-1)^3 \end{bmatrix}$；

(5) $\begin{bmatrix} \lambda+1 & \lambda^2+1 & \lambda^2 \\ 3\lambda-1 & 3\lambda^2-1 & \lambda^2+2\lambda \\ \lambda-1 & \lambda^2-1 & \lambda \end{bmatrix}$；(6) $\begin{bmatrix} \lambda-2 & -1 & 0 \\ 0 & \lambda-2 & -1 \\ 0 & 0 & \lambda-2 \end{bmatrix}$.

65. 已知线性空间 V 上的线性变换 $\mathscr{A}$ 在基 $\varepsilon_1,\varepsilon_2,\varepsilon_3,\varepsilon_4$ 下的方阵表示为

$$A=\begin{bmatrix} 1 & -1 & -1 & 2 \\ 0 & 1 & 0 & 0 \\ 2 & 3 & 1 & -1 \\ 1 & -2 & -2 & -1 \end{bmatrix}.$$

试求 $\mathscr{A}$ 的包含向量 ε_1 的最小不变子空间.

66. 对下列方阵 A，求 $\lambda I-A$ 的相抵标准形，从而求出其不变因子：

$$A_1=\begin{bmatrix} 3 & 2 & -5 \\ 2 & 6 & -10 \\ 1 & 2 & -3 \end{bmatrix},\quad A_2=\begin{bmatrix} 6 & 20 & -34 \\ 6 & 32 & -51 \\ 4 & 20 & -32 \end{bmatrix},$$

$$B_1=\begin{bmatrix} 6 & 6 & -15 \\ 1 & 5 & -5 \\ 1 & 2 & -2 \end{bmatrix},\quad B_2=\begin{bmatrix} 37 & -20 & -4 \\ 34 & -17 & -4 \\ 119 & -70 & -11 \end{bmatrix},$$

$$C_1=\begin{bmatrix} 4 & 6 & -15 \\ 1 & 3 & -5 \\ 1 & 2 & -4 \end{bmatrix},\quad C_2=\begin{bmatrix} 1 & -3 & 3 \\ -2 & -6 & 13 \\ -1 & -4 & 8 \end{bmatrix},\quad C_3=\begin{bmatrix} -13 & -70 & 119 \\ -4 & -19 & 34 \\ -4 & -20 & 35 \end{bmatrix},$$

$$D_1=\begin{bmatrix} 14 & -2 & -7 & -1 \\ 20 & -2 & -11 & -2 \\ 19 & -3 & -9 & -1 \\ -6 & 1 & 3 & 1 \end{bmatrix},\quad D_2=\begin{bmatrix} 4 & 10 & -19 & 4 \\ 1 & 6 & -8 & 3 \\ 1 & 4 & -6 & 2 \\ 0 & -1 & 1 & 0 \end{bmatrix},\quad D_3=\begin{bmatrix} 41 & -4 & -26 & -7 \\ 14 & -13 & -91 & -18 \\ 40 & -4 & -25 & -8 \\ 0 & 0 & 0 & 1 \end{bmatrix}.$$

67. 对第 66 题中的方阵 A_1 与 A_2 是否相似？同样，B_i,C_i,D_i 是否相似？

68. 对第 66 题中的前 8 个方阵 A，求出可逆 λ-方阵 $P(\lambda)$ 和 $Q(\lambda)$ 使 $P(\lambda)(\lambda I-A)Q(\lambda)$ 为 $\lambda I-A$ 的相抵标准形.

69. 对第 66 题中相似的方阵 M_1 与 M_2，求出 P 使 $P^{-1}M_1P=M_2$.

70. 求第66题中方阵的行列式因子.

71. 分别在$\mathbb{Q}$,$\mathbb{R}$,$\mathbb{C}$上求第66题中方阵的初等因子组.

72. 在域$\mathbb{Q}$上求第66题中各方阵的有理标准形、约当标准形、初等因子友阵形.

73. 在域$\mathbb{R}$上做如第72题.

74. 证明:对任n阶复方阵A都存在可逆阵P,使得$P^{-1}AP=S_1S_2$,其中S_1,S_2都是对称方阵且S_1可逆.

75. 计算下列方阵函数:

(1) A^{100},　$A=\begin{bmatrix}0 & 2\\ -3 & 5\end{bmatrix}$;　　(2) A^{50},　$A=\begin{bmatrix}1 & 1\\ -1 & 3\end{bmatrix}$;

(3) $\sqrt{A}$,　$A=\begin{bmatrix}3 & 1\\ -1 & 5\end{bmatrix}$;　　(4) $\sqrt{A}$,　$A=\begin{bmatrix}6 & 2\\ 3 & 7\end{bmatrix}$;

(5) e^A,　$A=\begin{bmatrix}4 & -2\\ 6 & -3\end{bmatrix}$;　　(6) $\log A$,　$A=\begin{bmatrix}4 & -15 & 6\\ 1 & -4 & 2\\ 1 & -5 & 3\end{bmatrix}$;

(7) $\sin A$,　$A=\begin{bmatrix}\pi-1 & 1\\ -1 & \pi+1\end{bmatrix}$;　　(8) e^A,　$A=\begin{bmatrix}0 & c\\ -c & 0\end{bmatrix}$.

76. 证明:对任何方阵A,方阵e^A是非奇异的.

77. 求e^A的行列式,其中A为n阶方阵.

78. 对第66题中方阵A_1,B_1,C_1,D_1,D_2,分别写出与其可交换的所有方阵.

***79.** 证明:两个可交换的奇数阶实方阵必有公共的实特征向量.

80. 证明:n阶方阵A的多项式全体所成线性空间的维数,等于A的最小多项式$m(\lambda)$的次数.

81. 定理7.15中广义约当块换为如下$J(p^k)$之后,定理是否仍然成立:

$$J(p^k)=\begin{bmatrix}C(p) & & & \\ I & \ddots & & \\ & \ddots & \ddots & \\ & & I & C(p)\end{bmatrix}.$$

第8章

双线性型、二次型与方阵相合

8.1　二次型与对称方阵

本章前4节先讨论较具体的对称方阵的相合变换及标准形，正定实对称方阵及交错方阵，这相当于列向量空间上的二次型及其标准型等.然后再讨论较一般的双线性型、对偶空间及二次型等理论.前者利于计算和应用，后者有重要的理论意义，是进一步学习和发展的必不可少的基础.

本章一般设基域 F 为数域(即复数域的子域)或特征不为2的域(即 $2\neq 0$)，因为常要用到2的逆.

首先设 $A=(a_{ij})$ 为域 F 上的 n 阶对称方阵(即 $A^{\mathrm{T}}=A$ 或 $a_{ji}=a_{ij}$ 对任意 i,j 成立).设

$$x=(x_1,\cdots,x_n)^{\mathrm{T}}$$

为变元(或不定元) $x_1,\cdots,x_n$ 构成的列.则

$$Q(x)=x^{\mathrm{T}}Ax \tag{8.1.1}$$

称为 F 上 n 个变元 $x_1,\cdots,x_n$ 的**二次型**(quadratic form)，也称为列向量空间 $F^{(n)}$ 上的二次型.注意 $Q(x)$ 也可写为

$$\begin{aligned}Q(x)&=(x_1,\cdots,x_n)\begin{bmatrix}a_{11}&\cdots&a_{1n}\\ \vdots&&\vdots\\ a_{n1}&\cdots&a_{nn}\end{bmatrix}\begin{bmatrix}x_1\\ \vdots\\ x_n\end{bmatrix}\\&=\sum_{1\leqslant i,j\leqslant n}a_{ij}x_ix_j=\sum_{i=1}^{n}a_{ii}x_i^2+2\sum_{i<j}a_{ij}x_ix_j\\&=a_{11}x_1^2+\cdots+a_{1n}x_1x_n+\cdots\\&\quad+a_{n1}x_nx_1+\cdots+a_{nn}x_n^2.\end{aligned} \tag{8.1.2}$$

所以，二次型 $Q(x)$ 是二次齐次多项式.反之，特征非2的域 F 上任一个二次齐次多项式 $f(x_1,\cdots,x_n)$ 也一定是形如 $x^{\mathrm{T}}Ax$ 的二次型.事实上，设

$$f(x_1,\cdots,x_n)=\sum_{i\leqslant j}b_{ij}x_ix_j,$$

令

$$B=\begin{bmatrix} b_{11} & \frac{b_{12}}{2} & \cdots & \frac{b_{1n}}{2} \\ \vdots & \vdots & & \vdots \\ \frac{b_{1n}}{2} & \frac{b_{2n}}{2} & \cdots & b_{nn} \end{bmatrix},$$

则 $f(x_1,\cdots,x_n)=x^{\mathrm{T}}Bx$. 例如若

$$f(x_1,x_2)=x_1^2+x_1x_2+x_2^2.$$

令

$$B=\begin{bmatrix} 1 & \frac{1}{2} \\ \frac{1}{2} & 1 \end{bmatrix},$$

则

$$f(x_1,x_2)=x^{\mathrm{T}}Bx.$$

注意,每一个二次型

$$Q(x)=x^{\mathrm{T}}Ax$$

对应着 $F^{(n)}\times F^{(n)}$ 上的一个函数

$$g(x,y)=x^{\mathrm{T}}Ay,$$

其中 $y=(y_1,\cdots,y_n)^{\mathrm{T}}$ 是独立于 x 的另一个变元列(或称为不定元列). $g(x,y)$ 称为 $F^{(n)}$ 上的**对称双线性型**. 显然 $Q(x)$ 与 $g(x,y)$ 的关系还可写为

$$Q(x)=g(x,x),$$

$$g(x,y)=\frac{1}{2}(Q(x+y)-Q(x)-Q(y)).$$

对称方阵 A、二次型 $x^{\mathrm{T}}Ax$ 和对称双线性型 $x^{\mathrm{T}}Ay$ 三者是相互一一对应的.

现在设法用**变量代换**化简二次型. 作变量代换

$$x=P\tilde{x}, \tag{8.1.3}$$

其中 $\tilde{x}=(\tilde{x}_1,\cdots,\tilde{x}_n)^{\mathrm{T}}$ 是新的变元列, $P=(p_{ij})$ 为 F 上的可逆方阵. 显然(8.1.3)式也可写为

$$\begin{cases} x_1=p_{11}\tilde{x}_1+\cdots+p_{1n}\tilde{x}_n, \\ \cdots\cdots \\ x_n=p_{n1}\tilde{x}_1+\cdots+p_{nn}\tilde{x}_n. \end{cases} \tag{8.1.3$'$}$$

事实上,(8.1.3)或(8.1.3′)式就是 $F^{(n)}$ 上的坐标变换式. 由自然基 $\varepsilon_1,\cdots,\varepsilon_n$ 换到新的基 $\alpha_1=(p_{11},\cdots,p_{n1})^{\mathrm{T}},\cdots,\alpha_n=(p_{1n},\cdots,p_{nn})^{\mathrm{T}}$, 过渡方阵即为 P. 把(8.1.3)式代入二次型,则有

$$Q(x)=x^{\mathrm{T}}Ax=\tilde{x}^{\mathrm{T}}P^{\mathrm{T}}AP\tilde{x}$$

$$=\tilde{x}^{\mathrm{T}} B \tilde{x},$$

其中

$$B = P^{\mathrm{T}} A P.$$

定义 8.1 若 $B=P^{\mathrm{T}}AP$，其中 P 为可逆方阵，则称方阵 A 与 B **相合**(cogredient 或 congruent)，记为 $A\approx B$.

所以，二次型 $Q(x)=x^{\mathrm{T}}Ax$ 经变量代换(坐标变换)化为 $Q(x)=\tilde{x}^{\mathrm{T}}B\tilde{x}=\tilde{Q}(\tilde{x})$，恰对应着对称方阵 A 经相合变换化为 $B=P^{\mathrm{T}}AP$.

先看两个简单例子.

例 8.1 $Q(x)=ax_1^2+2bx_1x_2+cx_2^2 \quad (a\neq 0)$.

我们用配方法化简 $Q(x)$，注意

$$\begin{aligned} Q(x) &= a\left(x_1^2+2\,\frac{b}{a}x_1x_2\right)+cx_2^2 \\ &= a\left(x_1+\frac{b}{a}x_2\right)^2-\frac{b^2}{a}x_2^2+cx_2^2. \end{aligned}$$

令

$$\begin{cases} \tilde{x}_1 = x_1+\dfrac{b}{a}x_2, \\ \tilde{x}_2 = x_2, \end{cases}$$

亦即

$$\begin{cases} x_1 = \tilde{x}_1-\dfrac{b}{a}\tilde{x}_2, \\ x_2 = \tilde{x}_2, \end{cases}$$

则

$$Q(x) = a\,\tilde{x}_1^2+\frac{ac-b^2}{a}\,\tilde{x}_2^2.$$

从方阵看，即令

$$A=\begin{bmatrix} a & b \\ b & c \end{bmatrix}, \quad P=\begin{bmatrix} 1 & -\dfrac{b}{a} \\ 0 & 1 \end{bmatrix},$$

则

$$B=P^{\mathrm{T}}AP=\begin{bmatrix} a & 0 \\ 0 & \dfrac{ac-b^2}{a} \end{bmatrix}.$$

例 8.2 $Q(x)=2x_1x_2$.

令

$$\begin{cases} x_1 = \tilde{x}_1 + \tilde{x}_2, \\ x_2 = \tilde{x}_1 - \tilde{x}_2, \end{cases}$$

则

$$\begin{aligned} Q(x) &= 2(\tilde{x}_1 + \tilde{x}_2)(\tilde{x}_1 - \tilde{x}_2) \\ &= 2x_1^2 - 2x_2^2. \end{aligned}$$

从矩阵看,即令

$$A = \begin{bmatrix} 0 & 1 \\ 1 & 0 \end{bmatrix},\ P = \begin{bmatrix} 1 & 1 \\ 1 & -1 \end{bmatrix},$$

则

$$B = P^{\mathrm{T}}AP = \begin{bmatrix} 2 & 0 \\ 0 & -2 \end{bmatrix}.$$

从上两例看,对称方阵均相合于对角形方阵,二次型经变量代换可化为平方项的(有系数的)代数和.下节我们将看到,对一般二次型和对称方阵仍有这样的结果,而且上两例的方法也有普遍意义.

8.2　对称方阵的相合

我们已看到,对称双线性型或二次型的化简(通过坐标变换),归结为对称方阵的相合变形.

定理 8.1(有理相合标准形)　设 A 为数域(或特征非 2 域)F 上的 n 阶对称方阵,则有域 F 上可逆方阵 P 使得

$$P^{\mathrm{T}}AP = \begin{bmatrix} a_1 & & \\ & \ddots & \\ & & a_n \end{bmatrix},\quad a_i \in F(i=1,\cdots,n).$$

系　设 $Q(x)$ 为 $F^{(n)}$ 上(即系数属于 F)的 n 变元二次型,F 为数域,则可经线性变量代换(即 $F^{(n)}$ 中坐标变换)$x = P\tilde{x} = (p_{ij})(\tilde{x}_1,\cdots,\tilde{x}_n)^{\mathrm{T}}$,使

$$Q(x) = a_1\tilde{x}_1^2 + \cdots + a_n\tilde{x}_n^2 \qquad (a_i \in F,\ i = 1,\cdots,n),$$

同时也使 $Q(x)$ 对应的双线性型 $g(x,y)$ 化为

$$g(x,y) = a_1\tilde{x}_1\tilde{y}_1 + \cdots + a_n\tilde{x}_n\tilde{y}_n.$$

定理 8.1 的证明　(1) 设 $A=(a_{ij})$,$a_{11}\neq 0$,记

$$A = \begin{bmatrix} a_{11} & \alpha^{\mathrm{T}} \\ \alpha & A_1 \end{bmatrix},$$

其中 α 是列向量，A_1 是 $n-1$ 阶方阵，令

$$P=\begin{bmatrix}1 & -a_{11}^{-1}\alpha^{\mathrm{T}}\\ 0 & I\end{bmatrix},$$

则

$$P^{\mathrm{T}}AP=\begin{bmatrix}a_{11} & 0\\ 0 & B\end{bmatrix},\ B=A_1-a_{11}^{-1}\alpha\alpha^{\mathrm{T}}.$$

(2) 若 $a_{11}=0$ 而 $a_{jj}\neq 0(2\leqslant j\leqslant n)$，记 P_{1j} 是由对换 I 的第 1 行与第 j 行得到的方阵，则 $P_{1j}^{\mathrm{T}}AP_{1j}$ 的(1,1)位元素非零，化为情形(1).

(3) 若 $a_{jj}=0(1\leqslant j\leqslant n)$，而 $a_{ij}\neq 0(i\neq j)$，先设 $a_{12}\neq 0$，令

$$P=\begin{bmatrix}\begin{bmatrix}1 & 1\\ 1 & -1\end{bmatrix} & \\ & I\end{bmatrix},$$

则方阵 $P^{\mathrm{T}}AP$ 归于情形(1). 再设 $a_{ij}\neq 0$，同样的方法可化为情形(2)，从而化为情形(1). 再对 $n-1$ 阶方阵 B 重复上述讨论，由归纳法即得定理 8.1. ■

定理 8.1 又一证明方法(配方法). 考虑 $F^{(n)}$ 上二次型

$$Q(x)=x^{\mathrm{T}}Ax=\sum_{1\leqslant i,j\leqslant n}a_{ij}x_ix_j.$$

(1) 若 $a_{11}\neq 0$，则

$$\begin{aligned}Q(x)&=a_{11}x_1^2+2(a_{12}x_2+\cdots+a_{1n}x_n)x_1+\sum_{2\leqslant i,j\leqslant n}a_{ij}x_ix_j\\&=a_{11}\left(x_1^2+2\left(\frac{a_{12}}{a_{11}}x_2+\cdots+\frac{a_{1n}}{a_{11}}x_n\right)x_1\right)+\sum_{2\leqslant i,j\leqslant n}a_{ij}x_ix_j\\&=a_{11}\left(x_1+\frac{a_{12}}{a_{11}}x_2+\cdots+\frac{a_{1n}}{a_{11}}x_n\right)^2+R,\end{aligned}$$

其中 R 是 $x_2,\cdots,x_n$ 的齐次二次多项式. 令

$$\begin{cases}y_1=x_1+\dfrac{a_{12}}{a_{11}}x_2+\cdots+\dfrac{a_{1n}}{a_{11}}x_n,\\ y_2=x_2,\\ \cdots\cdots\\ y_n=x_n.\end{cases}$$

亦即

$$\begin{cases}x_1=y_1-\dfrac{a_{12}}{a_{11}}y_2-\cdots-\dfrac{a_{1n}}{a_{11}}y_n,\\ x_2=y_2,\\ \cdots\cdots\\ x_n=y_n.\end{cases}$$

则

$$Q(x) = a_{11} y_1^2 + Q_1(y_2, \cdots, y_n).$$

其中 $Q_1(y_2,\cdots,y_n)$是 $y_2,\cdots,y_n$ 的二次型.

(2) 若 $a_{11}=0$ 而 $a_{jj}\neq 0$,则作代换 $x_1=y_j, x_j=y_1, x_i=y_i$(当 $i\neq 1,j$),即化为情形(1).

(3) 若 $a_{jj}=0(1\leqslant j\leqslant n)$而 $a_{12}\neq 0$,则令

$$\begin{cases} x_1 = y_1 + y_2, \\ x_2 = y_1 - y_2, \\ x_i = y_i \quad (i \neq 1,2). \end{cases}$$

于是 $Q(x)=2a_{12}x_1x_2+\cdots=2a_{12}y_1^2-2a_{12}y_2^2+\cdots$化为情形(1). 若 $a_{jj}=0(j=1,\cdots,n)$而 $a_{ij}\neq 0(i\neq j)$,类似的代换可使 y_i^2 的系数非零,即化为情形(2),从而化为情形(1).

再对 $n-1$ 个变元的二次型 Q_1 重复上述讨论,由归纳法即得定理 8.1. ■

定理 8.1 对一般的域 F 也成立,只是当 F 的特征为 2 时要求方阵 A 不是交错的(证明见定理 10.4). 值得注意的是,在运用矩阵方法(第一种证法)时,利用矩阵分块算法往往更为有效,即要利用

$$\begin{bmatrix} I & -A_1^{-1}A_2^{\mathrm{T}} \\ 0 & I \end{bmatrix}^{\mathrm{T}} \begin{bmatrix} A_1 & A_2^{\mathrm{T}} \\ A_2 & A_4 \end{bmatrix} \begin{bmatrix} I & -A_1^{-1}A_2^{\mathrm{T}} \\ 0 & I \end{bmatrix} = \begin{bmatrix} A_1 & 0 \\ 0 & A_4 - A_2A_1^{-1}A_2^{\mathrm{T}} \end{bmatrix}.$$

例 8.3　设

$$A = \begin{bmatrix} 1 & 2 & 1 \\ 2 & 2 & 1 \\ 1 & 1 & 3 \end{bmatrix}.$$

令

$$P = \begin{bmatrix} 1 & -2 & -1 \\ & 1 & 0 \\ & & 1 \end{bmatrix},$$

则

$$P^{\mathrm{T}}AP = \begin{bmatrix} 1 & 0 & 0 \\ 0 & -2 & -1 \\ 0 & -1 & 2 \end{bmatrix}.$$

再令

$$Q = \begin{bmatrix} 1 & -\frac{1}{2} \\ 0 & 1 \end{bmatrix},$$

则

$$Q^{\mathrm{T}} \begin{bmatrix} -2 & -1 \\ -1 & 2 \end{bmatrix} Q = \begin{bmatrix} -2 & \\ & 2.5 \end{bmatrix}.$$

故令
$$T=P\begin{bmatrix}1 & 0\\ 0 & Q\end{bmatrix}=\begin{bmatrix}1 & -2 & 0\\ 0 & 1 & -\frac{1}{2}\\ 0 & 0 & 1\end{bmatrix},$$
则
$$T^{\mathrm{T}}AT=\begin{bmatrix}1 & & \\ & -2 & \\ & & \frac{5}{2}\end{bmatrix}.$$

例 8.4 设 $Q(x)=x_1^2+2x_2^2+3x_3^2+4x_1x_2+2x_1x_3+2x_2x_3$，则
$$\begin{aligned}Q(x)&=x_1^2+2(2x_2+x_3)x_1+2x_2^2+3x_3^2+2x_2x_3\\&=(x_1+2x_2+x_3)^2-4x_2^2-x_3^2-4x_2x_3+2x_2^2+3x_3^2+2x_2x_3\\&=y_1^2-2y_2^2-2y_2y_3+2y_3^2\\&=y_1^2-2\left(y_2^2+2\cdot\frac{1}{2}y_2y_3\right)+2y_3^2\\&=y_1^2-2\left(y_2+\frac{1}{2}y_3\right)^2+2\cdot\frac{1}{4}y_3^2+2y_3^2\\&=z_1^2-2z_2^2+\frac{5}{2}z_3^2,\end{aligned}$$
其中
$$\begin{cases}z_1=y_1=x_1+2x_2+x_3,\\ z_2=y_2+\frac{1}{2}y_3=x_2+\frac{1}{2}x_3,\\ z_3=y_3=x_3.\end{cases}$$
亦即
$$\begin{bmatrix}x_1\\ x_2\\ x_3\end{bmatrix}=\begin{bmatrix}1 & -2 & 0\\ 0 & 1 & -\frac{1}{2}\\ 0 & 0 & 1\end{bmatrix}\begin{bmatrix}z_1\\ z_2\\ z_3\end{bmatrix}.$$

定理 8.2(实相合标准形) 设 A 为实数域 $\mathbb{R}$ 上的对称方阵，则有实可逆方阵 P 使得
$$P^{\mathrm{T}}AP=\begin{bmatrix}I_p & & \\ & -I_q & \\ & & 0\end{bmatrix},$$
其中 I_p 表示 p 阶单位方阵，而且 p 与 q 由 A 唯一决定(p,q 分别称为 A 的**正、负惯性指数**，$p-q$ 称为 A 的**符号差**).

特别地，$\mathbb{R}^{(n)}$ 上(即实系数 n 变元)的二次型 $Q(\alpha)$ 和其对应的对称双线性型 $g(\alpha,\beta)$ 可经坐标变换化为

$$g(\alpha,\beta)=x_1y_1+\cdots+x_py_p-x_{p+1}y_{p+1}-\cdots-x_{p+q}y_{p+q},$$

$$Q(\alpha)=x_1^2+\cdots+x_p^2-x_{p+1}^2-\cdots-x_{p+q}^2,$$

其中 $(x_1,\cdots,x_n)$ 和 $(y_1,\cdots,y_n)$ 是 α,β 的坐标.

证明　由定理 8.1 可知，存在实可逆方阵 P 使 $P^{\mathrm{T}}AP=\mathrm{diag}(a_1,\cdots,a_n)$. 现不妨设 $a_1,\cdots,a_p$ 为正，$a_{p+1},\cdots,a_{p+q}$ 为负，而 $a_{p+q+1}=\cdots=a_n=0$. 令

$$Q=\mathrm{diag}\left(\sqrt{a_1},\cdots,\sqrt{a_p},\sqrt{|a_{p+1}|},\cdots,\sqrt{|a_{p+q}|},1,\cdots,1\right)^{-1},$$

则　$Q^{\mathrm{T}}P^{\mathrm{T}}APQ$ 如所欲证. ■

为了证明 p,q 的唯一性，我们需要如下定理.

定理 8.3(Witt(消去)定理)　设 $A_1=\begin{bmatrix}R_1&\\&S_1\end{bmatrix}$ 与 $A_2=\begin{bmatrix}R_2&\\&S_2\end{bmatrix}$ 为数域(或特征非 2 域)F 上两个对称方阵，若在 F 上方阵 A_1 相合于 A_2，方阵 R_1 相合于 R_2，则方阵 S_1 相合于 S_2.

证明　(1) 不妨设 $R_1=R_2=\mathrm{diag}(a_1,\cdots,a_m)$. 事实上，若 $Q_1^{\mathrm{T}}R_1Q_1=R_2$，而 $Q_2^{\mathrm{T}}R_2Q_2=\mathrm{diag}(a_1,\cdots,a_m)$，则

$$\begin{bmatrix}Q_1Q_2&\\&I\end{bmatrix}^{\mathrm{T}}A_1\begin{bmatrix}Q_1Q_2&\\&I\end{bmatrix}=\begin{bmatrix}\begin{bmatrix}a_1&&\\&\ddots&\\&&a_m\end{bmatrix}&\\&S_1\end{bmatrix},$$

$$\begin{bmatrix}Q_2&\\&I\end{bmatrix}^{\mathrm{T}}A_2\begin{bmatrix}Q_2&\\&I\end{bmatrix}=\begin{bmatrix}\begin{bmatrix}a_1&&\\&\ddots&\\&&a_m\end{bmatrix}&\\&S_2\end{bmatrix}.$$

(2) 不妨设 $m=1$. 事实上若对 $m=1$ 定理真确，则由

$$\begin{bmatrix}a_1&\\&\begin{bmatrix}a_2&&&\\&\ddots&&\\&&a_m&\\&&&S_1\end{bmatrix}\end{bmatrix}=A_1\approx A_2=\begin{bmatrix}a_1&\\&\begin{bmatrix}a_2&&&\\&\ddots&&\\&&a_m&\\&&&S_2\end{bmatrix}\end{bmatrix},$$

可知$\begin{bmatrix} a_2 & & & \\ & \ddots & & \\ & & a_m & \\ & & & S_1 \end{bmatrix} \approx \begin{bmatrix} a_2 & & & \\ & \ddots & & \\ & & a_m & \\ & & & S_2 \end{bmatrix}$,从而由归纳法可知定理对一般的 m 也成立(这里 $A\approx B$ 意义为 A 与 B 相合).

(3) 于是问题化为已知$\begin{bmatrix} a & \\ & S_1 \end{bmatrix} \approx \begin{bmatrix} a & \\ & S_2 \end{bmatrix}$,求证 $S_1 \approx S_2$. 不妨设 S_1 与 S_2 均满秩,事实上,若 $S_1 \approx \begin{bmatrix} T_1 & \\ & 0 \end{bmatrix}$, $S_2 \approx \begin{bmatrix} T_2 & \\ & 0 \end{bmatrix}$, 其中 T_1 与 T_2 为 r 阶可逆(对角形)方阵, 则有方阵 Q, 使 $Q^{\mathrm{T}} \begin{bmatrix} a & & \\ & T_1 & \\ & & 0 \end{bmatrix} Q = \begin{bmatrix} a & & \\ & T_2 & \\ & & 0 \end{bmatrix}$, 记 $Q = \begin{bmatrix} Q_1 & Q_2 \\ Q_3 & Q_4 \end{bmatrix}$, 则比较左上角可知 $Q_1^{\mathrm{T}} \begin{bmatrix} a & \\ & T_1 \end{bmatrix} Q_1 = \begin{bmatrix} a & \\ & T_2 \end{bmatrix}$,只需证 $T_1 \approx T_2$.

现在设 $P\begin{bmatrix} a & \\ & S_1 \end{bmatrix} P^{\mathrm{T}} = \begin{bmatrix} a & \\ & S_2 \end{bmatrix}$,并把 P 相应分块为

$$P = \begin{bmatrix} b & \alpha^{\mathrm{T}} \\ \beta & P_1 \end{bmatrix},$$

则

$$\begin{cases} a(1-b^2) = \alpha^{\mathrm{T}} S_1 \alpha, & ① \\ ab\beta^{\mathrm{T}} + \alpha^{\mathrm{T}} S_1 P_1^{\mathrm{T}} = 0, & ② \\ a\beta\beta^{\mathrm{T}} + P_1 S_1 P_1^{\mathrm{T}} = S_2. & ③ \end{cases}$$

注意③式,我们希望适当取 X 使得对 $P_2 = P_1 + X$ 有 $P_2 S_1 P_2^{\mathrm{T}} = S_2$,即要求

$$P_1 S_1 P_1^{\mathrm{T}} + P_1 S_1 X^{\mathrm{T}} + X S_1 P_1^{\mathrm{T}} + X S_1 X^{\mathrm{T}} = S_2 = a\beta\beta^{\mathrm{T}} + P_1 S_1 P_1^{\mathrm{T}},$$

亦即要求

$$a\beta\beta^{\mathrm{T}} = P_1 S_1 X^{\mathrm{T}} + X S_1 P_1^{\mathrm{T}} + X S_1 X^{\mathrm{T}}.$$

将此式各项与②式对照,启发我们设方阵

$$X = y\beta\alpha^{\mathrm{T}},$$

其中 y 为待定常数,利用①式和②式可知上式即为

$$a\beta\beta^{\mathrm{T}} = a(-2by + (1-b^2)y^2)\beta\beta^{\mathrm{T}}.$$

因而我们要求 y 使

$$1 = -2by + (1-b^2)y^2,$$

即取 $y = \dfrac{-1}{b+1}$ 或 $\dfrac{-1}{b-1}$ 即可使 $P_2 S_1 P_2^{\mathrm{T}} = S_2$,两边取行列式知 P_2 可逆,证毕. ■

由 Witt 定理可得定理 8.2 中 p 与 q 的唯一性,亦即下面的结论.

系 若方阵

$$\begin{bmatrix} I_p & & \\ & -I_q & \\ & & 0 \end{bmatrix} \quad 与 \quad \begin{bmatrix} I_{p_1} & & \\ & -I_{q_1} & \\ & & 0 \end{bmatrix}$$

实相合,则 $p=p_1, q=q_1$(若有实方阵 P 使 $P^{\mathrm{T}}AP=B$,则称 A 与 B 为实相合的).

证明 因为相合方阵的秩相同,故定有 $p+q=p_1+q_1$. 现若 $p>p_1$,则由 Witt 定理可知 I_p 与 $\mathrm{diag}(I_{p_1},-I_{q_1-q})$ 实相合,即存在可逆实方阵 Q 使得

$$\mathrm{diag}(I_{p_1},-I_{q_1-q}) = Q^{\mathrm{T}}Q.$$

取 $x=(0,\cdots,0,1)^{\mathrm{T}}$,则 $x^{\mathrm{T}}\mathrm{diag}(I_{p_1},-I_{q_1-q})x=-1$, $x^{\mathrm{T}}Q^{\mathrm{T}}Qx=(QX)^{\mathrm{T}}(QX)>0$,矛盾,从而知 $p=p_1$, $q=q_1$. ■

练习 复对称方阵 A 定复相合于 $\mathrm{diag}(I_r,0)$(即存在复可逆方阵 P 使 $P^{\mathrm{T}}AP=\mathrm{diag}(I_r,0)$).

8.3 正定实对称方阵

设 $Q(\alpha)$ 是 $\mathbb{R}^{(n)}$ 上(即实系数 n 变元)的二次型,若对任意 $0\neq\alpha\in\mathbb{R}^{(n)}$ 均有 $Q(\alpha)>0$,则称 Q 是**正定的**(positive definite),设 $g(\alpha,\beta)$ 为对称双线性型,若对任意非零的 α 均有 $g(\alpha,\alpha)>0$,则称 $g(\alpha,\beta)$ 为**正定的**. 对于实对称方阵 S,如果对任意非零实列向量 $\alpha\in\mathbb{R}^{(n)}$ 总有

$$\alpha^{\mathrm{T}}S\alpha > 0,$$

则称 S 是**正定的**. 显然,对称双线性型 $g(\alpha,\beta)=\alpha^{\mathrm{T}}S\beta$,二次型 $Q(\alpha)=g(\alpha,\alpha)=\alpha^{\mathrm{T}}S\alpha$,与对称方阵 S,三者的正定性是一致的. 正定也称为**定正**.

定理 8.4 设 S 为 n 阶实对称方阵,则以下命题等价:

(1) S 是正定的(记为 $S>0$);

(2) S 实相合于单位方阵 I(即正惯性指数 $p=n$);

(3) $S=P^{\mathrm{T}}P$,其中 P 为可逆实方阵;

(4) S 的 n 个顺序主子式均为正数(这里顺序主子式即为左上角的主子式);

(5) S 的所有主子式均为正数.

证明 由实相合标准形,易知前三个命题是等价的.

先证(1)⇔(4). 把 S 分块为

$$S=\begin{bmatrix} S_1 & S_2^{\mathrm{T}} \\ S_2 & S_3 \end{bmatrix},令\ x=\begin{bmatrix} y \\ 0 \end{bmatrix},$$

其中 S_1 为 k 阶方阵, $y\in\mathbb{R}^{(k)}$, $x\in\mathbb{R}^{(n)}$,于是若 S 正定则

$$x^{\mathrm{T}}Sx = y^{\mathrm{T}}S_1 y$$

对任意非零的 $y\in\mathbb{R}^{(k)}$ 均为正数，即 S_1 为正定的，由(3)知 $\det S_1>0$，即 k 阶顺序主子式为正数.

反之，设 S 的顺序主子式均为正数，设 S_1 是 S 的 $n-1$ 阶顺序主子方阵，把 S 分块并取 P 使

$$P^{\mathrm{T}}SP = \begin{bmatrix} I & -S_1^{-1}\alpha \\ 0 & 1 \end{bmatrix}^{\mathrm{T}} \begin{bmatrix} S_1 & \alpha \\ \alpha^{\mathrm{T}} & a \end{bmatrix} \begin{bmatrix} I & -S_1^{-1}\alpha \\ 0 & 1 \end{bmatrix} = \begin{bmatrix} S_1 & 0 \\ 0 & a-\alpha^{\mathrm{T}}S_1^{-1}\alpha \end{bmatrix},$$

于是

$$(\det S)(\det P)^2 = (\det S_1)(a-\alpha^{\mathrm{T}}S_1^{-1}\alpha).$$

由于顺序主子式 $\det S$，$\det S_1$ 均为正数，故 $b=a-\alpha^{\mathrm{T}}S_1^{-1}\alpha>0$. 故对任意 $0\neq(y^{\mathrm{T}},x_n)$，均有 $(y^{\mathrm{T}},x_n)\begin{pmatrix} S_1 & 0 \\ 0 & b \end{pmatrix}\begin{pmatrix} y \\ x_n \end{pmatrix}=y^{\mathrm{T}}S_1y+bx_n^2$，由归纳法，假设 $n-1$ 阶方阵 S_1 是正定的(注意 S_1 的顺序主子式均为正数)，于是 $\begin{pmatrix} S_1 & \\ & b \end{pmatrix}$ 也是正定的，故 S 为正定.

再证(1)⇔(5)，每个主子式均可经对换方阵的相合变换变为顺序主子式，由于相合变换显然不改变 S 的正定性，故由(4)即知(5). ■

设 S 为实对称方阵，若对任意实列向量 $x\in\mathbb{R}^{(n)}$ 均有

$$x^{\mathrm{T}}Sx \geqslant 0,$$

则称 S 为**半正定的**，类似定义半正定的对称双线性型和二次型，这分别相当于它们的方阵为半正定的.

定理 8.5 设 S 为 n 阶实对称方阵，则以下命题等价：

(1) S 是半正定的(记为 $S\geqslant 0$)；

(2) S 实相合于 $\begin{pmatrix} I_r & 0 \\ 0 & 0 \end{pmatrix}$；

(3) $S=Q^{\mathrm{T}}Q$，其中 Q 为实方阵；

(4) S 的所有主子式均为正数或 0.

证明 条件(1)～(3)的等价是显然的. (1)与(4)的等价由下式可知(对任意 $\lambda>0$)：$S\geqslant 0\Leftrightarrow\lambda I+S>0\Leftrightarrow\lambda I+S$ 的主子式皆大于零⇔S 的主子式皆大于等于零；式中各等价关系由定理 8.4 和令 $\lambda\to 0$ 易知. 最后的等价符号是因为 $\det(\lambda I+S)=\lambda^n+a_1\lambda^{n-1}+\cdots+a_n$，其中 a_i 为 S 的 i 阶主子式之和；由此即得 n 阶主子式情形，k 阶情形与此同理. ■

注记 虽然 S 的顺序主子式均为正数或 0，但 S 并不一定半正定，例如

$$S = \begin{bmatrix} 0 & 0 \\ 0 & -1 \end{bmatrix}.$$

此时 $\lambda I+S$ 的顺序主子式并非皆正($0<\lambda<1$ 时). 半正定的这个性质与正定是不同的.

8.4　交错方阵的相合及例题

若域 F 上方阵 A 满足 $A^{\mathrm{T}}=-A$,且对角线元素均为 0,则称 A 为**交错方阵**(alternating matrix). 相应地,设 $g(\alpha,\beta)=\alpha^{\mathrm{T}}A\beta$ (称为双线性型),若

$$g(\alpha,\alpha)=0 \quad (\text{对任意 } \alpha\in F^{(n)}),$$

则称 g 为**交错型**,容易证明: 双线性型 g 为交错型当且仅当 g 的方阵 A 为交错方阵.

与此有关的概念是斜称(skew symmetric)或反称方阵,是指满足 $A^{\mathrm{T}}=-A$ 的方阵 A,而斜称型是指满足 $g(\alpha,\beta)=-g(\beta,\alpha)$($\forall\,\alpha,\beta\in F^{(n)}$)的双线性型. 当然交错方阵必为斜称方阵,交错型 g 必为斜称型,后者是由于 $g(\alpha+\beta,\alpha+\beta)=g(\alpha,\alpha)+g(\alpha,\beta)+g(\beta,\alpha)+g(\beta,\beta)=0$,故 $g(\alpha,\beta)+g(\beta,\alpha)=0$. 但当 F 的特征为 2 时(例如二元域),$1=-1$,故单位方阵 I 斜称而不交错. 当然,对数域 F(或者更一般地当 F 的特征不是 2 时),斜称与交错的概念是同一的: 斜称方阵即交错方阵,斜称型即交错型.

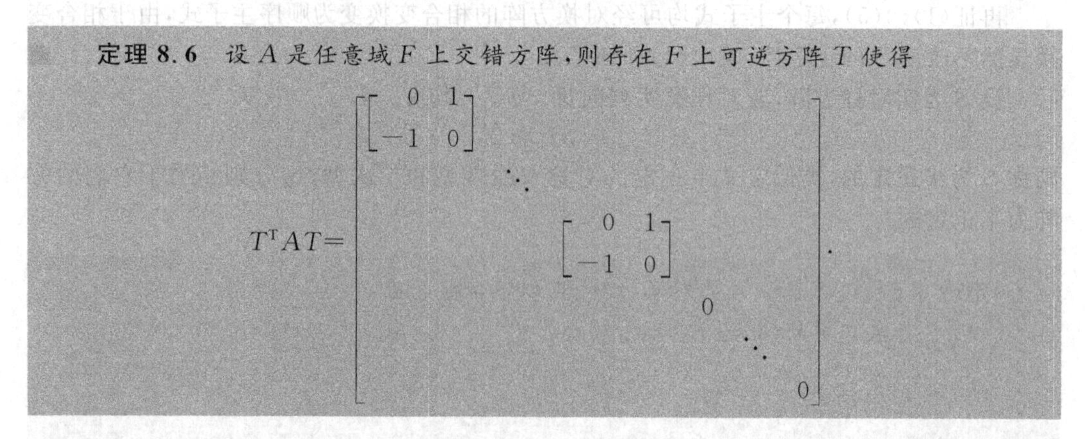
定理 8.6　*设 A 是任意域 F 上交错方阵,则存在 F 上可逆方阵 T 使得*

$$T^{\mathrm{T}}AT=\begin{bmatrix}\begin{bmatrix}0&1\\-1&0\end{bmatrix}&&&&&\\&\ddots&&&&\\&&\begin{bmatrix}0&1\\-1&0\end{bmatrix}&&&\\&&&0&&\\&&&&\ddots&\\&&&&&0\end{bmatrix}.$$

系 1　设 $g(\alpha,\beta)=\alpha^{\mathrm{T}}A\beta$ 为一交错型,其中 A 为 F 上方阵,$\alpha,\beta\in F^{(n)}$. 则存在 $F^{(n)}$ 的一个基$\{\alpha_i\}$使

$$g(\alpha,\beta)=(x_1y_2-x_2y_1)+\cdots+(x_{2S-1}y_{2S}-x_{2S}y_{2S-1}),$$

其中 $x=(x_1,\cdots,x_n)^{\mathrm{T}}$, $y=(y_1,\cdots,y_n)^{\mathrm{T}}$ 为 α 和 β 在基$\{\alpha_i\}$下的坐标列.

系 2　交错方阵的秩定为偶数.

定理 8.6 证明　设 $A=(a_{ij})$, 自然 $a_{11}=\cdots=a_{nn}=0$, $a_{ij}=-a_{ji}$. 不妨设 $a_{12}\neq0$ (若 $a_{ij}\neq0$,则$(P_{1i}P_{2j})^{\mathrm{T}}A(P_{1i}P_{2j})$的(1,2)位元素非 0,这里 P_{ij} 是交换第 i,j 两行(或列)的初等方阵). 记

$$A=\begin{bmatrix}\begin{bmatrix}0 & a_{12}\\ -a_{12} & 0\end{bmatrix} & A_2\\ -A_2^{\mathrm T} & A_3\end{bmatrix},\ 令\ P=\begin{bmatrix}I_2 & -\begin{bmatrix}0 & a_{12}\\ -a_{12} & 0\end{bmatrix}^{-1}A_2\\ 0 & I_{n-2}\end{bmatrix},$$

则

$$P^{\mathrm T}AP=\begin{bmatrix}\begin{bmatrix}0 & a_{12}\\ -a_{12} & 0\end{bmatrix} & 0\\ 0 & B\end{bmatrix}.$$

注意

$$\begin{bmatrix}1 & 0\\ 0 & a^{-1}\end{bmatrix}\begin{bmatrix}0 & a\\ -a & 0\end{bmatrix}\begin{bmatrix}1 & 0\\ 0 & a^{-1}\end{bmatrix}=\begin{bmatrix}0 & 1\\ -1 & 0\end{bmatrix},$$

故存在可逆方阵 P_1 使

$$P_1^{\mathrm T}AP_1=\begin{bmatrix}\begin{bmatrix}0 & 1\\ -1 & 0\end{bmatrix} & 0\\ 0 & B\end{bmatrix}.$$

由于 B 的阶小于 A 的阶，由归纳法即得定理. ■

例 8.5　设 S 是正定实对称方阵，β 为列向量，b 为实数，试求函数

$$f(x)=x^{\mathrm T}Sx+2\beta^{\mathrm T}x+b$$

的极值(其中 $x=(x_1,\cdots,x_n)^{\mathrm T}$).

解　$f(x)$也就是一般的多元二次函数，可记为

$$f(x)=(x^{\mathrm T},1)\begin{bmatrix}S & \beta\\ \beta^{\mathrm T} & b\end{bmatrix}\begin{bmatrix}x\\ 1\end{bmatrix},$$

由于

$$\begin{bmatrix}I & -S^{-1}\beta\\ 0 & 1\end{bmatrix}^{\mathrm T}\begin{bmatrix}S & \beta\\ \beta^{\mathrm T} & b\end{bmatrix}\begin{bmatrix}I & -S^{-1}\beta\\ 0 & 1\end{bmatrix}=\begin{bmatrix}S & 0\\ 0 & b-\beta^{\mathrm T}S^{-1}\beta\end{bmatrix}=\begin{bmatrix}S & 0\\ 0 & b_0\end{bmatrix},$$

故令

$$\begin{bmatrix}x\\ 1\end{bmatrix}=\begin{bmatrix}I & -S^{-1}\beta\\ 0 & 1\end{bmatrix}\begin{bmatrix}y\\ 1\end{bmatrix},\ 即\ x=y-S^{-1}\beta,$$

则

$$f(x)=(y^{\mathrm T},1)\begin{bmatrix}S & 0\\ 0 & b_0\end{bmatrix}\begin{bmatrix}y\\ 1\end{bmatrix}=y^{\mathrm T}Sy+b_0.$$

因 S 定正，故 $f(x)$当 $y=0$ 即 $x=-S^{-1}\beta$ 时，取得最小值 $b_0=b-\beta^{\mathrm T}S^{-1}\beta$.

例 8.6　设 α 是列向量，S 为 n 阶可逆实对称方阵，以 $\delta(A)$记方阵 A 的符号差(正、负惯性指数之差)，试证明

$$\delta(S-\alpha\alpha^{\mathrm T})=\begin{cases}\delta(S)-2, & 当\ \alpha^{\mathrm T}S^{-1}\alpha>1;\\ \delta(S)-1, & 当\ \alpha^{\mathrm T}S^{-1}\alpha=1;\\ \delta(S), & 当\ \alpha^{\mathrm T}S^{-1}\alpha<1.\end{cases}$$

证明　易知$\begin{bmatrix} S & \alpha \\ \alpha^{\mathrm{T}} & 1 \end{bmatrix}$相合于$\begin{bmatrix} S & 0 \\ 0 & 1-\alpha^{\mathrm{T}}S^{-1}\alpha \end{bmatrix}$，$\begin{bmatrix} 1 & \alpha^{\mathrm{T}} \\ \alpha & S \end{bmatrix}$相合于$\begin{bmatrix} 1 & 0 \\ 0 & S-\alpha\alpha^{\mathrm{T}} \end{bmatrix}$，记

$$P=\begin{bmatrix} 0 & 1 \\ I & 0 \end{bmatrix},$$

则

$$P^{\mathrm{T}}\begin{bmatrix} 1 & \alpha^{\mathrm{T}} \\ \alpha & S \end{bmatrix}P=\begin{bmatrix} S & \alpha \\ \alpha^{\mathrm{T}} & 1 \end{bmatrix},$$

故

$$\delta(S-\alpha\alpha^{\mathrm{T}})=\delta\begin{bmatrix} 1 & \alpha^{\mathrm{T}} \\ \alpha & S \end{bmatrix}-1=\delta\begin{bmatrix} S & \alpha \\ \alpha^{\mathrm{T}} & 1 \end{bmatrix}-1=\delta(S)+\delta(1-\alpha^{\mathrm{T}}S^{-1}\alpha)-1,$$

在题设三条件下，相应有$\delta(1-\alpha^{\mathrm{T}}S^{-1}\alpha)=-1,0,1$，得所欲证. ■

8.5　线性函数与对偶空间

本章前面的4节实际上是讨论列向量空间$V=F^{(n)}$上的二次型和双线性型.现在推广到一般线性空间V，并作发展.

仍设F为任意一个域(有限制时将特别声明).设V是F上的线性空间.V到F的一个线性映射f称为V上的一个**线性函数**(或**线性型**，或**线性泛函**).换句话说，V上的一个线性函数就是满足如下性质的V到F的映射：

$$\left.\begin{aligned} f(\alpha+\beta)&=f(\alpha)+f(\beta), \\ f(k\alpha)&=kf(\alpha),\ (\alpha,\beta\in V,k\in F). \end{aligned}\right\} \tag{8.5.1}$$

例8.7　设$V=F^{(n)}$是列向量空间.每个行向量$b=(b_1,\cdots,b_n)$给出V上一个线性函数f_b：$V\to F$，即对$x=(x_1,\cdots,x_n)^{\mathrm{T}}\in V$规定

$$f_b(x)=bx=b_1x_1+\cdots+b_nx_n. \tag{8.5.2}$$

将证明这种$f_b(b\in F^n)$实际上是V上全部线性函数.

定义8.2　线性空间V上的线性函数全体记为V^*(或$\mathrm{Hom}(V,F)$，或$L(V;F)$)，称为V的**对偶空间**(dual space)，它对如下定义的加法和数乘是F上的线性空间：

$$\left.\begin{aligned} (f+g)(\alpha)&=f(\alpha)+g(\alpha), \\ (kf)(\alpha)&=kf(\alpha)\qquad(f,g\in V^*,\ k\in F). \end{aligned}\right\} \tag{8.5.3}$$

显然(8.5.3)式中定义的运算就是线性映射的运算(见6.2节)，V^*是$\mathrm{Hom}(V_1,V_2)$的特例($V_1=V,V_2=F$).以前线性映射的结果均适用于线性函数.

如果V是有限维的，取其基$\alpha_1,\cdots,\alpha_n$，设$\alpha\in V$的坐标列为$x=(x_1,\cdots,x_n)^{\mathrm{T}}$，则对

$f\in V^*$ 有

$$\begin{aligned}f(\alpha) &= f(x_1\alpha_1+\cdots+x_n\alpha_n)\\ &= x_1 f(\alpha_1)+\cdots+x_n f(\alpha_n)\\ &= b_1x_1+\cdots+b_nx_n = bx,\end{aligned}\tag{8.5.4}$$

其中

$$b=(b_1,\cdots,b_n)=(f(\alpha_1),\cdots,f(\alpha_n))\tag{8.5.5}$$

即为映射 f 的矩阵表示. 因此,取定基之后,$f(\alpha)$就是 f 的矩阵表示(行向量 b)与 α 坐标列 x 的积. 反之,每个行向量 b 由 $f(\alpha)=bx$ 决定一个线性函数,故 $V^*\cong F^n$(这是第 6 章中 $\mathrm{Hom}(V_1,V_2)\cong M_{m\times n}(F)$的特例). 特别可知,当 V 是有限维时

$$\dim V^*=\dim V.$$

引理 8.1 给定 V 的基 $\alpha_1,\cdots,\alpha_n$,可取 V^* 的基 $f_1,\cdots,f_n$(称为**对偶基**),由下式定义:

$$f_i(\alpha_j)=\delta_{ij}\qquad(1\leqslant i,j\leqslant n),\tag{8.5.6}$$

其中 $\delta_{ij}=1$ 或 0 (依 $i=j$ 或否). f 在此基下的坐标行即为其矩阵表示 $b=(b_1,\cdots,b_n)$,从而若 $\alpha\in V$ 的坐标列为 $x=(x_1,\cdots,x_n)^{\mathrm{T}}$,则 $f(\alpha)=bx=b_1x_1+\cdots+b_nx_n$.

证明 为了证明 $f_1,\cdots,f_n$ 是基,只需证明任意 $f\in V^*$ 可表示为

$$f=b_1f_1+\cdots+b_nf_n\quad(b_i\in F).\tag{8.5.7}$$

两边均作用于 α_i,则可定出 $f(\alpha_i)=b_i(1\leqslant i\leqslant n)$. 其余均显然. ■

现在反过来看,每个向量 $\alpha\in V$ 也是 V^* 上的一个函数,即 $f(\alpha)$也可看作 α 对 f 的作用,亦即定义函数

$$\begin{aligned}\varphi_\alpha:\ V^* &\longrightarrow F,\\ f &\longmapsto f(\alpha),\end{aligned}\tag{8.5.8}$$

函数 φ_α 也记为 α. 为了显出 α 与 f 的这种相互作用的平等地位,$f(\alpha)$常记为

$$f(\alpha)=\langle f,\alpha\rangle.\tag{8.5.9}$$

用这种符号,函数 φ_α(或 α)可记为

$$\varphi_\alpha=\langle -,\alpha\rangle.$$

这时,(8.5.3)式说明 φ_α 是线性函数. 下面的定理说明,V^* 上的每个线性函数 $\varphi\in V^{**}$ 都可以表示为 φ_α(对某个 $\alpha\in V$).

定理 8.7(Riesz 表示定理) 设 V 是有限维线性空间,则有线性空间的自然同构

$$\begin{aligned}\tau:\ V &\longrightarrow V^{**},\\ \alpha &\longmapsto \varphi_\alpha.\end{aligned}\tag{8.5.10}$$

因此,常将对应 τ 视为等同,即 $\alpha=\varphi_\alpha$, $V=V^{**}$, V 与 V^* 互为对偶空间.

证明 (8.5.1)式说明 τ 为线性映射. 易知 τ 为单射，也就是说，若 $\varphi_{\alpha_0}=0$(即 $\langle f,\alpha_0\rangle=0$ 对所有 $f\in V^*$ 成立)，则只能是 $\alpha_0=0$. 事实上，若 $\alpha_0\neq 0$，则可扩充为 V 的基 $\alpha_0,\cdots,\alpha_{n-1}$，令 $f(\alpha_i)=1$，则可决定一函数 $f\in V^*$，而 $\langle f,\alpha_0\rangle=f(\alpha_0)=1\neq 0$，矛盾. 再因 $\dim V^{**}=\dim V^*=\dim V$，故得定理. ■

(8.5.9)式说明 V^* 与 V 的元素之间有一个运算 $\langle f,\alpha\rangle$：

$$V^*\times V\longrightarrow F, \qquad (8.5.11)$$

$$(f,\alpha)\longmapsto\langle f,\alpha\rangle=f(\alpha).$$

这一运算称为"**内积**"或**双线性型**或**配对**，有两个特性：

(1) 对固定的 f，$\langle f,-\rangle$ 是 V 上线性函数. 事实上，$\langle f,-\rangle$ 即 f. 同样，对固定的 α，$\langle -,\alpha\rangle=\varphi_\alpha$ 是 V^* 上线性函数. 这里函数 $\langle f,-\rangle$ 的定义是 $\langle f,-\rangle(\alpha)=\langle f,\alpha\rangle$. 同样 $\langle -,\alpha\rangle(f)=\langle f,\alpha\rangle$.

(2) 若 $\langle f_0,\alpha\rangle=0$ 对所有 $\alpha\in V$ 成立，则必有 $f_0=0$. 同样，若 $\langle f,\alpha_0\rangle=0$ 对所有 $f\in V^*$ 成立，则只能是 $\alpha_0=0$(定理 8.7 证明中已证).

下一节我们要证明，上述讨论的反方向也是对的：若 V' 和 V 之间有满足上两个性质的"内积"或双线性型，则 V' 与 V 互为对偶空间.

通过线性函数，可对 V 的子空间结构有更深入的理解. 以下均设 V 是 F 上有限维线性空间. 对 V 的任意一个子空间 W，记

$$W^\perp=\{f\in V^*\mid\langle f,w\rangle=0\text{ 对任意 }w\in W\}. \qquad (8.5.12)$$

$W^\perp$ 显然是 V^* 的子空间，称为与 W **正交的**子空间. 显然有 $V^\perp=0$，$0^\perp=V^*$. 且若 $W_1\subset W_2$，则 $W_1^\perp\supset W_2^\perp$. 我们还可将此符号稍作扩展，对 V 的任意一个子集 S，设 S(中向量)生成子空间 W，则记

$$S^\perp=W^\perp, \qquad (8.5.13)$$

并称之为 S 的**正交(补)子空间**. 类似地，对于 V^* 的子空间(或子集)W'，令

$$W'^\perp=\{\alpha\in V\mid\langle f,\alpha\rangle=0\text{ 对任意 }f\in W'\}, \qquad (8.5.14)$$

则 $W'^\perp$ 是 V 的子空间，称为与 W' 正交的子空间.

我们取 V 的基 $\alpha_1,\cdots,\alpha_n$，记其对偶基为 $f_1,\cdots,f_n\in V^*$. 以 W 中基的坐标行为行作矩阵 A，再作齐次线性方程组

$$Ay=0.$$

于是 W 中向量的坐标行集合，即为 A(或称方程组)的行空间. 而 $f\in W^\perp$ 当且仅当 f 与 W 的基正交，恰相当于 f 的坐标(列)是 $Ay=0$ 的解(引理 8.1 及式(8.5.7)). 这就是说，如果方程组 $Ay=0$ 的"行空间"对应 W(即是 W 中向量的坐标行集)，则其解空间对应于

$W^{\perp}$(即是 $W^{\perp}$ 中向量的坐标列集). 由此即得下面的引理和定理.

引理 8.2 $\dim W + \dim W^{\perp} = \dim V$.

定理 8.8(对偶基本定理) 设 V 是域 F 上有限维线性空间, V^* 是其对偶空间. 则映射

$$W \longmapsto W^{\perp}$$

是 V 的子空间集到 V^* 的子空间集之间的(反序)一一对应,其逆为

$$W' \longmapsto W'^{\perp},$$

而且

(1) $(W^{\perp})^{\perp} = W$;

(2) $W_1 \subset W_2$ 当且仅当 $W_1^{\perp} \supset W_2^{\perp}$;

(3) $(W_1 + W_2)^{\perp} = W_1^{\perp} \cap W_2^{\perp}$, $(W_1 \cap W_2)^{\perp} = W_1^{\perp} + W_2^{\perp}$.

定理 8.9 设 W 是 V 的子空间,则有以下线性空间的两个自然同构:

$$W^{\perp} \cong (V/W)^*, \quad f \longmapsto \bar{f},$$
$$W^* \cong V^*/W^{\perp}, \quad f|_W \longmapsto \bar{f}.$$

证明 (1) 设 $f \in W^{\perp} \subset V^*$, 于是 $f(W) = 0$, 故 f 把 W 的一个陪集(即模 W 同余类) $\bar{\alpha} = \alpha + W$ 中向量均映为同一数: $f(\bar{\alpha}) = f(\alpha + W) = f(\alpha) + f(W) = f(\alpha)$. 故 f 实为 V/W 上线性函数,或者说 f 决定一个 $\bar{f} \in (V/W)^*$ 如下:

$$\bar{f}(\bar{\alpha}) = f(\alpha).$$

对应 $f \longmapsto \bar{f}$ 显然是 $W^{\perp}$ 到 $(V/W)^*$ 的双射.

(2) 考虑"限制映射":

$$\sigma:\ V^* \longrightarrow W^*,$$
$$f \longmapsto f|_W.$$

其中 $f|_W$ 是 f 在 W 的限制. 显然 $\ker\sigma = W^{\perp}$. 由线性映射基本定理(5.5 节)即得所求同构.

$$\begin{array}{ccccc}
 & V & & 0 & \\
V/W\left\{\right. & | & & | & \left.\right\}W^{\perp} \cong (V/W)^* \\
 & W & & W^{\perp} & \\
W\left\{\right. & | & & | & \left.\right\}V^*/W^{\perp} \cong W^* \\
 & 0 & & V^* &
\end{array}$$

8.6 双线性型

设V',V和W是域F上线性空间,若映射(函数)

$$g: V' \times V \longrightarrow W$$

满足

$$g(\alpha_1 + \alpha_2, \beta) = g(\alpha_1, \beta) + g(\alpha_2, \beta), \quad g(k\alpha, \beta) = kg(\alpha, \beta),$$
$$g(\alpha, \beta_1 + \beta_2) = g(\alpha, \beta_1) + g(\alpha, \beta_2), \quad g(\alpha, k\beta) = kg(\alpha, \beta).$$

(对任意$\alpha_1, \alpha_2, \alpha \in V'$, $\beta_1, \beta_2, \beta \in V$, $k \in F$),则称g是$V' \times V$到W的一个**双线性型**(bilinear form).我们有时记

$$g(\alpha, \beta) = \langle \alpha, \beta \rangle = \alpha\beta.$$

以下通常研究的情形是$W=F$,V'和V是有限维的.设V'和V有基$\varepsilon_1, \cdots, \varepsilon_m$和$\eta_1, \cdots, \eta_n$,

$$\alpha = x_1\varepsilon_1 + \cdots + x_m\varepsilon_m = (\varepsilon_1, \cdots, \varepsilon_m)x,$$
$$\beta = y_1\eta_1 + \cdots + y_n\eta_n = (\eta_1, \cdots, \eta_n)y,$$

其中$x=(x_1, \cdots, x_m)^{\mathrm{T}}$,$y=(y_1, \cdots, y_n)^{\mathrm{T}}$为坐标列,则

$$\langle \alpha, \beta \rangle = \left\langle \sum_{i=1}^{m} x_i \varepsilon_i, \sum_{j=1}^{n} y_j \eta_j \right\rangle = \sum_{i=1}^{m} \sum_{j=1}^{n} x_i y_j \langle \varepsilon_i, \eta_j \rangle$$

$$= (x_1, \cdots, x_m) G \begin{bmatrix} y_1 \\ \vdots \\ y_n \end{bmatrix} = x^{\mathrm{T}} G y,$$

其中$G=(g_{ij})$,$g_{ij}=\langle \varepsilon_i, \eta_j \rangle \in F$.矩阵$G$称为$g$在基$\varepsilon_1, \cdots, \varepsilon_m$和$\eta_1, \cdots, \eta_n$下的**(对应)矩阵(或矩阵表示)**.

反之,对F上任意$m \times n$矩阵G,由$x^{\mathrm{T}}Gy=g(\alpha, \beta)$决定了$V' \times V$上一个双线性型$g$(其中$x, y$是$\alpha, \beta$的坐标列),而且此$g$的矩阵即为$G$.取定基之后,双线性型$g$与矩阵$G$的这种对应是一对一的.因为若$x^{\mathrm{T}}G_1 y = x^{\mathrm{T}}G_2 y$(对所有$x, y$),则$G_1 = G_2$.

定理 8.10　设V'和V是域F上的m维和n维线性空间,取定V'和V的基之后,$V' \times V$上的双线性型集与F上$m \times n$矩阵集间有一一对应,即双线性型g对应于其矩阵G,且$g(\alpha, \beta) = x^{\mathrm{T}}Gy$　(x, y为α, β的坐标).

如果取V'和V的新基$\{\hat{\varepsilon}_i\}$和$\{\hat{\eta}_j\}$,$\alpha \in V'$和$\beta \in V$的新坐标列$\hat{x}$和$\hat{y}$与原坐标列x, y的关系为$x = P\hat{x}$,$y = Q\hat{y}$,则双线性型g在新坐标下的方阵为$\hat{G} = P^{\mathrm{T}}GQ$,与原方阵$G$相

抵. 这是因为 $g(\alpha,\beta)=x^{\mathrm{T}}Gy=\hat{x}^{\mathrm{T}}P^{\mathrm{T}}GQ\hat{y}$.

定义 8.3 设 g 是 $V'\times V$ 上的双线性型,若存在非零的 $\alpha\in V'$ 使 $g(\alpha,\beta)=0$ 对任意 $\beta\in V$ 均成立,则称 g 是**左退化的**(degenerate on the left). 类似定义**右退化**. 若 g 非左退化,也非右退化,则称 g **非退化**(non-degenerate). "退化"也称为"奇异".

显然 g 右退化相当于存在某非零的列 y 使 $x^{\mathrm{T}}Gy=0$ 对任意 x 成立,亦即

$$Gy=0, \quad 即 \quad \mathrm{r}(G)<n.$$

故 $\qquad g$ 非右退化 $\Leftrightarrow \mathrm{r}(G)=n \Leftrightarrow G$ 列独立,

同样 $\qquad g$ 非左退化 $\Leftrightarrow \mathrm{r}(G)=m \Leftrightarrow G$ 行独立,

$\qquad g$ 非退化 $\Leftrightarrow m=n=\mathrm{r}(G) \Leftrightarrow G$ 可逆.

定理 8.11 对有限维线性空间 V' 和 V,$V'\times V$ 上双线性型 g 非退化的充分必要条件为 V' 与 V 的维数相等且 g 的方阵 G 非奇异,且此时 $V'\cong V^*$ 可视为同一,即 V' 是 V 的对偶空间.

证明 设 $V'\times V$ 上双线性型 g 非退化,那么任意固定的 $\alpha\in V'$ 决定了 V 上一个线性函数 $g_\alpha=\langle\alpha,-\rangle\in V^*$,这里对 $\beta\in V$ 定义

$$g_\alpha(\beta)=\langle\alpha,\beta\rangle=g(\alpha,\beta).$$

由此我们有 V' 到 V 的对偶空间 V^* 中的映射

$$\sigma:\ V'\longrightarrow V^*,\qquad \alpha\longmapsto\langle\alpha,-\rangle.$$

显然 σ 是线性映射:

$$\begin{aligned}\sigma(\alpha_1+\alpha_2)\beta&=\langle\alpha_1+\alpha_2,\beta\rangle=\langle\alpha_1,\beta\rangle+\langle\alpha_2,\beta\rangle\\&=\sigma(\alpha_1)\beta+\sigma(\alpha_2)\beta=(\sigma(\alpha_1)+\sigma(\alpha_2))\beta,\\ \sigma(k\alpha)\beta&=\langle k\alpha,\beta\rangle=k\langle\alpha,\beta\rangle=(k\sigma(\alpha))\beta.\end{aligned}$$

由于 g 非退化,故由 $g_\alpha=0$ 知 $g(\alpha,\beta)=0(\beta\in V)$,即知 $\alpha=0$,所以 σ 是单射. 由于 V' 和 V^* 的维数均为 n,故知 σ 是线性空间的同构: $V'\cong V^*$. ■

因此对有限维线性空间 V' 和 V,当 $V'\times V$ 上有非退化的双线性型 g 时,我们也称 V' 是 V 的**对偶空间**,且记 $V'=V^*$.

对于 V 的任一基 $\varepsilon_1,\cdots,\varepsilon_n$,其对偶空间 $V'=V^*$ 有唯一的基(对偶基) $\eta_1,\cdots,\eta_n$ 使 $\langle\eta_i,\varepsilon_j\rangle=\delta_{ij}(1\leqslant i,j\leqslant n)$. 这意味着 $V'\times V$ 上的双线性型 g 的矩阵 $G=I$. 也说明对 $\alpha\in V',\beta\in V$ 有 $\langle\alpha,\beta\rangle=g(\alpha,\beta)=x^{\mathrm{T}}y=x_1y_1+\cdots+x_ny_n$(其中 x,y 是 α,β 的坐标列).

任意一个线性映射 φ: $V_1\to V_2$ 诱导出对偶空间上的一个线性映射 φ^*: $V_2^*\to V_1^*$(称为 φ 的**伴随映射**),定义为 $\varphi^*(f)=f\circ\varphi$,即 $(\varphi^*f)(\alpha)=f(\varphi\alpha)$,或

$$\langle\varphi^*f,\alpha\rangle=\langle f,\varphi\alpha\rangle$$

(对 $\alpha\in V_1,f\in V_2^*$),最后等式中是记 $f(\beta)=\langle f,\beta\rangle$(线性函数的作用,或 $V_2^*\times V_2$ 上双线

性型).

如果 f 将 β 映射到 $f(\beta)$，则 $\varphi^* f$ 是将“β 的原象 α”映射到 $f(\beta)$. 所以也称伴随映射 φ^* 为**“拉回”映射**，它将函数 f 的起点拉回后退到原象(参见图 8.1).

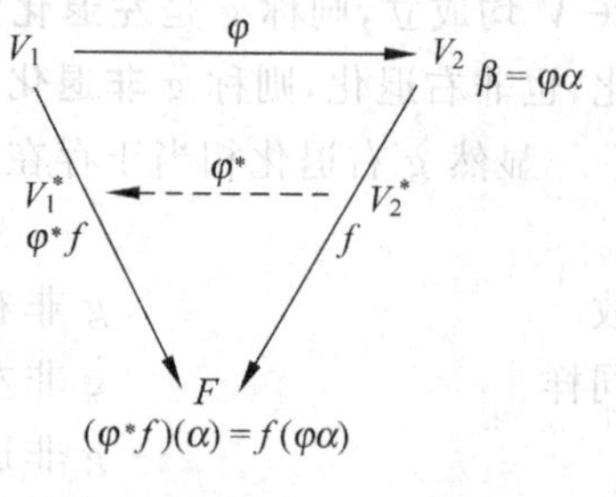

图　8.1

取定 V_1,V_2 的基，V_1^*,V_2^* 用对偶基. 设 φ 和 φ^* 的矩阵表示为 A 和 A^*，α,f 的坐标列为 x,y，则 $\varphi\alpha$ 和 $\varphi^*(f)$的坐标列为 Ax 和 A^*y. 等式$(\varphi^* f)(\alpha)=f(\varphi\alpha)$ 或$\langle\varphi^* f,\alpha\rangle=\langle f,\varphi\alpha\rangle$化为(因为是对偶基)：$(A^*y)^{\mathrm T}x=y^{\mathrm T}(Ax)$，即 $y^{\mathrm T}A^{*\mathrm T}x=y^{\mathrm T}Ax$（对任意 x,y），故 $A^*=A^{\mathrm T}$. 我们得到下面的定理.

定理 8.12　线性映射 φ：$V_1\to V_2$ 诱导出对偶空间的线性映射 φ^*：$V_2^*\to V_1^*$（称为**伴随映射**），定义为 $\varphi^*(f)=f\circ\varphi$，即

$$(\varphi^* f)(\alpha)=f(\varphi\alpha)\quad 或\quad \langle\varphi^* f,\ \alpha\rangle=\langle f,\ \varphi\alpha\rangle$$

（对 $\alpha\in V_1$，$f\in V_2^*$）. 若 φ 的矩阵表示为 A，则 φ^* 在对偶基下的矩阵表示为 $A^*=A^{\mathrm T}$. 特别地，当 $V_1=V_2=V$ 而 φ 为线性变换时，本定理成立(φ^* 称为**伴随变换**).

8.7　对称双线性型与二次型

本节讨论 $V'=V$,并且 F 为数域(或特征非 2 的域)的情形,其中 V 是 F 上 n 维线性空间. $V\times V$ 上的双线性型 g 也称为 V 上双线性型,或者称为 V 的(广义)内积(inner product)或数量积(scalar product). 取 V 的基 $\varepsilon_1,\cdots,\varepsilon_n$，设 $\alpha,\beta\in V$ 的坐标列分别为 x,y,则$g(\alpha,\beta)=\langle\alpha,\beta\rangle$(有时也记为 $\alpha\beta$)为

$$\langle\alpha,\beta\rangle=\left\langle\sum_i x_i\varepsilon_i,\sum_j y_j\varepsilon_j\right\rangle=\sum_{i=1}^n\sum_{j=1}^n x_iy_j\langle\varepsilon_i,\varepsilon_j\rangle=x^{\mathrm T}Gy,$$

其中 $G=(g_{ij})$，$g_{ij}=\langle\varepsilon_i,\varepsilon_j\rangle$. G 称为 g 在基 $\varepsilon_1,\cdots,\varepsilon_n$ 下的**对应方阵**(或**方阵表示**),也称为向量 $\varepsilon_1,\cdots,\varepsilon_n$ 的 **Gram 方阵**. 若我们取 V 的新基$\tilde\varepsilon_1,\cdots,\tilde\varepsilon_n$ 且设过渡方阵为 P,即

$$(\tilde\varepsilon_1,\cdots,\tilde\varepsilon_n)=(\varepsilon_1,\cdots,\varepsilon_n)P,$$

则 g 在新基$\tilde\varepsilon_1,\cdots,\tilde\varepsilon_n$ 下的对应方阵为

$$\tilde G=(\langle\tilde\varepsilon_i,\tilde\varepsilon_j\rangle)=\begin{bmatrix}\tilde\varepsilon_1\\\vdots\\\tilde\varepsilon_n\end{bmatrix}(\tilde\varepsilon_1,\cdots,\tilde\varepsilon_n)=P^{\mathrm T}\begin{bmatrix}\varepsilon_1\\\vdots\\\varepsilon_n\end{bmatrix}(\varepsilon_1,\cdots,\varepsilon_n)P=P^{\mathrm T}GP.$$

或者由 α,β 在新基下的坐标$\tilde x,\tilde y$满足 $x=P\tilde x,y=P\tilde y$可知

$$\langle \alpha,\beta\rangle = x^{\mathrm{T}}Gy = \tilde{x}^{\mathrm{T}}P^{\mathrm{T}}GP\,\tilde{y} = \tilde{x}^{\mathrm{T}}\,\tilde{G}\,\tilde{y}.$$

也可知 g 在新基下的方阵为

$$\tilde{G} = P^{\mathrm{T}}GP.$$

这就是说,V 上双线性型 g 在不同基下的方阵 G 与 $\tilde{G}$ 是相合的.

显然,方阵的相合关系满足:(1)自返性,即 $A\approx A$;(2)对称性,即若 $A\approx B$,则 $B\approx A$;(3)传递性:若 $A\approx B$,$B\approx C$,则 $A\approx C$. 据此可把方阵按相合分类.

自然,我们希望找到 V 的基使得 g 的方阵有最简单的形式,也就是说希望找到 P 使 $P^{\mathrm{T}}GP$ 有最简单的形式,这对于一般方阵 G(或一般双线性型)不易做到,我们引入下面的定义.

定义 8.4 设 g 是线性空间 V 上双线性型,若

$$g(\alpha,\beta) = g(\beta,\alpha)$$

对任意 $\alpha,\beta\in V$ 成立,则称 g 为**对称(Symmetric)双线性型.**

显然,g 为对称双线性型当且仅当其方阵 G 是**对称方阵**(即 $G^{\mathrm{T}}=G$),因为对称性相当于 $x^{\mathrm{T}}Gy=y^{\mathrm{T}}Gx=x^{\mathrm{T}}G^{\mathrm{T}}y$ 对任意列向量 x,y 成立.

V 上每个对称双线性型 g 对应于 V 上一个函数 Q:

$$Q(\alpha) = g(\alpha,\alpha) = x^{\mathrm{T}}Gx.$$

函数 Q 称为 V 上一个**二次型**(其中 x 为 α 的坐标列,G 为 g 的方阵). 事实上 $Q(\alpha)=x^{\mathrm{T}}Gx$ 是 α 的坐标 $x_1,\cdots,x_n$ 的二次齐次函数.

引理 8.3 设 V 是数域 F 上线性空间. V 上函数 Q 是 V 上二次型当且仅当以下两条件成立(对任意 $\alpha,\beta\in V$):

(1) $g(\alpha,\beta)=\dfrac{1}{2}(Q(\alpha+\beta)-Q(\alpha)-Q(\beta))$ 是 V 上(对称)双线性型(**极化等式**);

(2) $Q(2\alpha)=4Q(\alpha)$.

证明 设 Q 是 V 上二次型,按定义存在对称双线性型 g 使 $Q(\alpha)=g(\alpha,\alpha)$. 于是

$$\begin{aligned} Q(\alpha+\beta) &= g(\alpha+\beta,\alpha+\beta) = g(\alpha,\alpha)+2g(\alpha,\beta)+g(\beta,\beta) \\ &= 2g(\alpha,\beta)+Q(\alpha)+Q(\beta). \end{aligned}$$

故(1)与(2)均成立.

反之,设 Q 满足(1)与(2),则由此两条件可知有

$$g(\alpha,\alpha) = \frac{1}{2}(Q(2\alpha)-2Q(\alpha)) = \frac{1}{2}(4Q(\alpha)-2Q(\alpha)) = Q(\alpha),$$

按定义知 Q 是 V 上二次型.

所以,前面 8.2~8.4 节关于方阵相合的结果均可转述为 V 上双线性型与二次型的结果. 叙述如下.

系1(有理标准形)　设V是数域F上n维线性空间.(1) 若g是V上对称双线性型,则存在V的基$\varepsilon_1,\cdots,\varepsilon_n$使$g$的方阵为对角形,即

$$g(\varepsilon_i,\varepsilon_j)=\delta_{ij}a_i \qquad (a_i\in F),$$

$$g(\alpha,\beta)=a_1x_1y_1+\cdots+a_nx_ny_n,$$

其中$(x_1,\cdots,x_n)$和$(y_1,\cdots,y_n)$是α和β的坐标,δ_{ij}是Kronecker delta($\delta_{ij}=1$或0依$i=j$或否).

(2) 若Q是V上二次型,则存在V的基使

$$Q(\alpha)=a_1x_1^2+\cdots+a_nx_n^2,$$

其中$(x_1,\cdots,x_n)$是α的坐标.

系2(实标准形)　实线性空间V上的对称双线性型g和二次型Q在适当坐标下可分别表为

$$g(\alpha,\beta)=x_1y_1+\cdots+x_py_p-x_{p+1}y_{p+1}-\cdots-x_ry_r,$$

$$Q(\alpha)=x_1^2+\cdots+x_p^2-x_{p+1}^2-\cdots-x_r^2,$$

其中$(x_1,\cdots,x_n)$和$(y_1,\cdots,y_n)$是α和β在相应基下的坐标.

设V为实空间,$g(\alpha,\beta)$是V上对称双线性型.若对任意$0\neq\alpha\in V$均有

$$g(\alpha,\alpha)>0,$$

则称g为**正定的**.若$Q(\alpha)$是V上二次型且对非零的$\alpha\in V$均有

$$Q(\alpha)>0,$$

则称Q是**正定的**.上述两式中的大于号若改为"$\geqslant$"号,则g,Q相应称为半正定的.显然,正定和半正定均与它们对应方阵的正定和半正定相当.故前述8.3节的结果仍适用.

对于F上空间V上的双线性型g,若总有

$$g(\alpha,\alpha)=0 \quad (\forall\alpha\in V),$$

则称g为**交错型**.这相当于g的方阵G是交错方阵.

系3　设V是域F上线性空间,g是V上交错型,则存在V的基使

$$g(\alpha,\beta)=(x_1y_2-x_2y_1)+\cdots+(x_{2s-1}y_{2s}-x_{2s}y_{2s-1}),$$

其中$(x_1,\cdots,x_n),(y_1,\cdots,y_n)$是$\alpha,\beta$的坐标.

*8.8　二次超曲面的仿射分类

本节设$V=\mathbb{R}^{(n)}$为n维列向量空间,当$n=2$时,$\mathbb{R}^{(2)}$中的二次曲线一般方程为

$$f(x_1,x_2)=ax_1^2+bx_1x_2+cx_2^2+dx_1+ex_2+k=0 \quad (系数\in\mathbb{R}),$$

判别式b^2-4ac为负、0、正数时,该曲线分别为椭圆、抛物、双曲型曲线.

一般地,$\mathbb{R}^{(n)}$中$x_1,x_2,\cdots,x_n$的一个二次方程的解集合称为一个**二次超曲面**.我们记$x=(x_1,\cdots,x_n)^{\mathrm{T}}$,那么这种二次方程可记为

$$f(x) = x^{\mathrm{T}} S x + 2\alpha^{\mathrm{T}} x + a = 0,$$

其中 S 为实对称方阵，α 为列向量，$a \in \mathbb{R}$. 记

$$\widetilde{S} = \begin{bmatrix} S & \alpha \\ \alpha^{\mathrm{T}} & a \end{bmatrix},$$

则 $f(x)$ 可表为

$$f(x) = (x^{\mathrm{T}}, 1)\, \widetilde{S} \begin{bmatrix} x \\ 1 \end{bmatrix}.$$

变量代换

$$x = Py + \beta \quad (P \text{ 为可逆实方阵}, \beta \text{ 为列向量}),$$

称为 $\mathbb{R}^{(n)}$ 的**仿射变换**(afine transformation)，这相当于 $\mathbb{R}^{(n+1)}$ 中线性变换

$$\begin{bmatrix} x \\ 1 \end{bmatrix} = \begin{bmatrix} P & \beta \\ 0 & 1 \end{bmatrix} \begin{bmatrix} y \\ 1 \end{bmatrix}, \text{ 记为} \tilde{x} = \widetilde{P}\, \tilde{y},$$

故

$$f(x) = \tilde{x}^{\mathrm{T}}\, \widetilde{S}\, \tilde{x} = \tilde{y}^{\mathrm{T}}\, \widetilde{P}^{\mathrm{T}}\, \widetilde{S}\, \widetilde{P}\, \tilde{y} = \tilde{y}^{\mathrm{T}}\, \widetilde{T}\, \tilde{y},$$

其中

$$\widetilde{T} = \widetilde{P}^{\mathrm{T}}\, \widetilde{S}\, \widetilde{P} = \begin{bmatrix} P^{\mathrm{T}} S P & P^{\mathrm{T}} S \beta + P^{\mathrm{T}} \alpha \\ \beta^{\mathrm{T}} S P + \alpha^{\mathrm{T}} P & \beta^{\mathrm{T}} S \beta + \beta^{\mathrm{T}} \alpha + \alpha^{\mathrm{T}} \beta + a \end{bmatrix}.$$

现取 P 使

$$P^{\mathrm{T}} S P = \mathrm{diag}(I_p, -I_q, 0),$$

其中 p, q 为 S 的正负惯性指数，$r = p + q$ 为 S 的秩，$t = p - q$ 称为 S 的符号差.

我们可以适当取 β 使 $P^{\mathrm{T}} S \beta + P^{\mathrm{T}} \alpha$ 的前 r 个分量为 0，事实上

$$P^{\mathrm{T}} S \beta = P^{\mathrm{T}} S P \cdot P^{-1} \beta = \mathrm{diag}(I_p, -I_q, 0) P^{-1} \beta,$$

故可取 β 使 $P^{\mathrm{T}} S \beta$ 的前 r 个分量与 $-P^{\mathrm{T}} \alpha$ 的前 r 个分量相同(线性方程相容定理). 也就是说，我们可通过仿射变换 $x = Py + \beta$ 使

$$\widetilde{T} = \begin{bmatrix} I_p & 0 & 0 & 0 \\ 0 & -I_q & 0 & 0 \\ 0 & 0 & 0 & \gamma \\ 0 & 0 & \gamma^{\mathrm{T}} & c \end{bmatrix},$$

其中 γ 是 $n - r$ 维列向量，$c \in \mathbb{R}$.

情形 1 $\gamma = 0$，$c = 0$，此时

$$f(x) = y_1^2 + \cdots + y_p^2 - y_{p+1}^2 - \cdots - y_r^2.$$

情形 2 $\gamma = 0$，$c \neq 0$，此时

$$f(x) = y_1^2 + \cdots + y_p^2 - y_{p+1}^2 - \cdots - y_r^2 + c.$$

情形3　$\gamma\neq 0$，于是存在可逆方阵 Q_1 及列向量 ε 使

$$Q_1^{\mathrm{T}}\gamma=(0,\cdots,0,1)^{\mathrm{T}}=\gamma_1,\quad \gamma^{\mathrm{T}}\varepsilon=-c/2,$$

故若令

$$Q=\begin{bmatrix} I_r & & \\ & Q_1 & \varepsilon \\ & & 1 \end{bmatrix},$$

则

$$Q^{\mathrm{T}}\widetilde{T}Q=\begin{bmatrix} I_p & & & \\ & -I_q & & \\ & & 0 & \gamma_1 \\ & & \gamma_1^{\mathrm{T}} & 0 \end{bmatrix},$$

此时

$$f(x)=y_1^2+\cdots+y_p^2-y_{p+1}^2-\cdots-y_r^2+2y_n.$$

在情形2，我们当然可取变换使 $c=\pm 1$. 我们注意 $\widetilde{T}$ 与 $\widetilde{S}$ 相合，故有下面的定理.

定理8.13　对于 $\mathbb{R}^{(n)}$ 中二次超曲面

$$f(x)=x^{\mathrm{T}}Sx+2\alpha^{\mathrm{T}}x+a=\widetilde{x}^{\mathrm{T}}\widetilde{S}\widetilde{x}=0,$$

记 $r,p,q,t=p-q\geqslant 0$ 分别为 S 的秩、正惯性指数、负惯性指数、符号差；$\widetilde{r},\widetilde{P},\widetilde{q},\widetilde{t}$ 分别为 $\widetilde{S}$ 的相应值. 则可经仿射变换化此二次超曲面的方程为

(1) $y_1^2+\cdots+y_p^2-y_{p+1}^2-\cdots-y_r^2=0$，　　当 $r=\widetilde{r}$；

(2) $y_1^2+\cdots+y_p^2-y_{p+1}^2-\cdots-y_r^2\pm 1=0$，　当 $r+1=\widetilde{r}$；

(3) $y_1^2+\cdots+y_p^2-y_{p+1}^2-\cdots-y_r^2+2y_n=0$，当 $r+2=\widetilde{r}$.

当 $n=2$ 时，$f(x)=0$ 为二次曲线，此时 $r=2$ 或1，有以下情形.

情形1　①$y_1^2-y_2^2=0$，　②$y_1^2+y_2^2=0$ 或　③$y_1^2=0$，均为退化情形（分别为两条相交直线、原点、两条重合直线）.

情形2　④$y_1^2-y_2^2=1$，　⑤$y_1^2+y_2^2=1$，　⑥$y_1^2+y_2^2=-1$，　⑦$y_1^2=1$ 或　⑧$y_1^2=-1$ 分别为双曲线、椭圆、虚椭圆、两平行直线、两虚平行直线.

情形3　⑨$y_1^2-2y_2=0$，为抛物线.

注意第④，⑤，⑨三种是非退化情形，分别为双曲线、椭圆、抛物线. 可以分别由条件 $r=2,t=0$；$r=t=2$；$r=1$ 来判断.

当 $n=3$ 时，$f(x)=0$ 为二次曲面，此时 $r=3,2$ 或1，有以下情形.

情形1　①$y_1^2+y_2^2+y_3^2=0$（原点），②$y_1^2+y_2^2-y_3^2=0$（锥面），③$y_1^2+y_2^2=0$（一条直

线)，④$y_1^2-y_2^2=0$(一对相交平面)，⑤$y_1^2=0$(一对重合平面).

情形 2 ⑥$y_1^2+y_2^2+y_3^2-1=0$(椭球面)，⑦$y_1^2+y_2^2+y_3^2+1=0$(虚椭球面)，⑧$y_1^2+y_2^2-y_3^2-1=0$(单叶双曲面)，⑨$y_1^2+y_2^2-y_3^2+1=0$(双叶双曲面)，⑩$y_1^2+y_2^2-1=0$(椭圆柱面)，⑪$y_1^2+y_2^2+1=0$(虚椭圆柱面)，⑫$y_1^2-y_2^2-1=0$(双曲柱面)，⑬$y_1^2-1=0$(一对平行平面)，⑭$y_1^2+1=0$(一对虚平面).

情形 3 ⑮$y_1^2+y_2^2-2y_3=0$(椭圆抛物面)，⑯$y_1^2-y_2^2-2y_3=0$(双曲抛物面)，⑰$y_1^2-2y_2=0$(抛物柱面).

对一般的 n，n 维空间$\mathbb{R}^{(n)}$中的二次超曲面也可依定理 8.13 的不同情形分型.

情形 1 退化型.

情形 2 ① 椭圆型(当 $p=r$)；

② 双曲型(当 $p<r$).

情形 3 抛物型.

我们看到,仿射变换不保持图形的“形状”,例如它可以把椭圆变为圆.下一章将研究保持“形状”的变换,即正交变换.

*8.9 无限维线性空间

本节讨论无限维空间的基和对偶空间的特点. 其余将在 Hilbert 空间一章详述.

设 F^n 为域 F 上的 n 维行向量空间. F^n 可看作集合 $I=\{1,\cdots,n\}$ 到 F 的函数全体 F^I：函数 $y\in F^I$ 由其取值 $y(1)=y_1,\cdots,y(n)=y_n$ 决定，将函数 y 记为$(y_1,\cdots,y_n)$，则 $F^I=F^n$. F^n 有如下自然推广.

例 8.8 设$\mathbb{N}$为自然数集，令

$$F^{\mathbb{N}}=\{(y_1,y_2,\cdots)\mid i\in\mathbb{N},y_i\in F\}.$$

$F^{\mathbb{N}}$ 可看作$\mathbb{N}$到 F 的函数集，$y=(y_1,y_2,\cdots)$可看作$\mathbb{N}$到 F 的函数，在 $i\in\mathbb{N}$ 取值为 $y(i)=y_i$. 简记$(y_1,y_2,\cdots)$为$(y_i)_{i\in\mathbb{N}}$或(y_i). 定义加法$(x_i)+(y_i)=(x_i+y_i)$，数乘 $k(y_i)=(ky_i)$，易知 $F^{\mathbb{N}}$是线性空间. 只有有限个分量非零的 $F^{\mathbb{N}}$中向量集记为

$$(F^{\mathbb{N}})_0=\{(y_1,y_2,\cdots)\in F^{\mathbb{N}}\mid 只有有限多\ y_i\neq 0,\ i\in\mathbb{N}\}.$$

$(F^{\mathbb{N}})_0$ 是 $F^{\mathbb{N}}$ 的子空间. $(F^{\mathbb{N}})_0$ 有自然基$\{e_i\}(i\in\mathbb{N})$，其中 e_i 只有第 i 分量非零，是 1. 所以

$$\dim(F^{\mathbb{N}})_0=|\mathbb{N}|\ (可数无限).$$

易知$(F^{\mathbb{N}})_0\cong F[X]$(多项式集),$F[X]$有基$\{X^i\}$. 而 $F^{\mathbb{N}}\cong F[[X]]$(形式幂级数集).

例 8.9 设 I 为任一集合 (例如不可数无限集)，记

$$F^I=\{y\mid y 是 I 到 F 的函数\},$$

$$(F^I)_0=\{y\mid y 是 I 到 F 的函数，且 y 的支集是有限集\}.$$

函数 y 的**支集**即$\{i\in I\mid y(i)\neq 0\}$. F^I 和$(F^I)_0$ 均为线性空间($(y+y')(i)=y(i)+y'(i)$, $(ky)(i)=k(y(i))$). 当然也可记 $y(i)=y_i$. $(F^I)_0$ 有自然基$\{\delta_i\mid i\in I\}$，其中

$$\delta_i(j)=\delta_{ij}=1 \text{ 或 } 0 \qquad (\text{依 } i=j \text{ 与否}).$$

所以 $\dim(F^I)_0=|I|$. 下面将证明，任意线性空间同构于$(F^I)_0$(对某集合 I).

上两例中的方法(即视函数为向量，函数值为向量的分量)，引导出如下定义.

定义 8.5　设 $V_i(i\in I)$均为 F 上向量空间(I 为任一集合，可无限)，令

$$\prod_{i\in I} V_i=\{y\mid y \text{ 是定义于 } I \text{ 上的函数}, y(i)\in V_i\},$$

$$\bigoplus_{i\in I} V_i=\{y\mid y \text{ 是定义于 } I \text{ 上的函数}, y(i)\in V_i, y \text{ 的支集有限}\},$$

分别称为**直积**与(外)**直和**. 特别地，当 $V_i=V(i\in I)$时，直积记为 V^I，是 I 到 V 的函数全体；直和记为$(V^I)_0$，是有限支集的 I 到 V 函数集.

由定义可知，直和只允许有限个分量非零，直积可以任意多分量非零. 例如，$F^{\mathbb{N}}$ 是可数个 F 的直积，$(F^{\mathbb{N}})_0$ 是可数个 F 的直和. F^I 是$\{F_i\mid i\in I\}$的直积($F_i=F$)，而$(F^I)_0$ 是其直和.

设$\{V_i\}(i\in I)$ 是 V 的子空间族，若每个 $\alpha\in V$ 可表为有限个 $\alpha_i\in V_i(i\in I)$ 的和，则称 V 是$\{V_i\}$ 的**和**，记为 $V=\sum V_i$；如果 α 表为有限个 α_i 之和的方式是唯一的(不计次序)，则称 V 是$\{V_i\}$ 的(**内**)**直和**，记为 $V=\bigoplus V_i$. 和 $\sum V_i$ 是(内)直和的充分必要条件是 $V_i\cap(\sum_{j\neq i}V_j)=\{0\}$ (所有 i).

定理 8.14　设 V 是 F 上(无限维)线性空间. (1)V 的不同基的元素个数(基数)是相等的(从而定义为维数). (2)设 V 有基$\{\alpha_i\mid i\in I\}$，则有线性空间同构

$$V\cong(F^I)_0.$$

证明　(1) 设$\{\alpha_i\mid i\in I\}$和$\{\beta_j\mid j\in J\}$均是 V 的基，I,J 为无限集. 于是每个 β_j 可表为

$$\beta_j=\sum_{i\in I_j}k_i\alpha_i \qquad (k_i\in F),$$

其中 $i\in I_j$ 是有限个非零项. 显然 $\bigcup_{j\in J}I_j=I$(因全体 $\alpha_i(i\in I)$才能生成 V)，故

$$|I|=|\bigcup_{j\in J}I_j|\leqslant|\mathbb{N}||J|=|J|.$$

由对称性知$|J|\leqslant|I|$，故$|J|=|I|$.

(2) 任意 $\alpha\in V$ 可表为 $\alpha=\sum y_i\alpha_i$，只有限个 $y_i\in F$ 非零. 以 $y(i)=y_i$ 定义 I 到 F 的函数 $y\in(F^I)_0$，对应 $\alpha\longmapsto y$ 即为所求同构. ■

若 V 是有限维空间，V^* 是其对偶空间(即 V 到 F 上线性函数集). 我们已知道 $\dim V^*=\dim V$. 而且有自然同构(**Riesz 表示定理**，即定理 8.7)

$$V \cong V^{**}, \quad \alpha \longmapsto \varphi_\alpha \text{（其中 } \varphi_\alpha(f) = f(\alpha) = \langle f, \alpha \rangle\text{）}.$$

但是，对于无限维空间，有可能 V 与 V^* 维数不等，V 与 V^{**} 不同构.

例 8.10 设 $V=(F^{\mathbb{N}})_0$，有基$\{\varepsilon_i\}$（如例 8.8）. 定义 $f_i \in V^*$ 如下（$i \in \mathbb{N}$）：

$$f_i(\varepsilon_j) = \delta_{ij} \quad (j \in \mathbb{N}).$$

$\{f_i\}(i \in \mathbb{N})$ 显然线性无关：若 $\sum \lambda_i f_i = 0$，则 $0 = \sum \lambda_i f_i(\varepsilon_j) = \lambda_j$（所有 j）. 对 $f \in V^*$，记 $f(\varepsilon_i) = b_i$，则 $f = \sum\limits_{i \in I} b_i f_i$，因为 $\left(\sum\limits_{j \in I} b_j f_j\right)(\varepsilon_i) = b_i$. 注意$\{b_i\}$可无限多非零，故 $V^* = \{b_1 f_1 + b_2 f_2 + \cdots\} \cong \{(b_1, b_2, \cdots)\} = F^{\mathbb{N}}$. 故此例中 $\dim V^* > \dim V$.

例 8.11 设 $V = (F^{\mathbb{N}})_0$ 中元素 $\alpha = \sum\limits_{n=1}^{\infty} a_i \varepsilon_i$（有限项非零），$V^* \cong F^{\mathbb{N}}$ 中元素 $f = \sum\limits_{n=1}^{\infty} b_i f_i$（可无限项非零）. $f(\alpha) = \langle f, \alpha \rangle = \sum\limits_{n=1}^{\infty} b_i a_i$（只有限项非零）. 显然存在 $\varphi \in V^{**}$ 使 $\varphi(f_i) = 1$（所有 $i \in \mathbb{N}$）（因$\{f_i\}$ 线性无关，可扩充为基. 而函数可由在基上的值唯一决定）. 我们断言：不可能有 $\alpha \in V$ 使 $\varphi = \varphi_\alpha$（即 $\varphi(f) = \varphi_\alpha(f) = f(\alpha)$，对所有 $f \in V^*$）. 否则设 $\alpha = \sum a_i \varepsilon_i$，并设 N 为使 $a_N \neq 0$ 的最大值，则当 $j > N$ 时 $\varphi_\alpha(f_j) = f_j(\alpha) = a_j = 0$，而 $\varphi(f_j) = 1$.

习 题 8

1. 设 $\varepsilon_1, \cdots, \varepsilon_n$ 是线性空间 V 的基. 设 f_i 是"取坐标"行动，即对 $\alpha \in V$，$f_i \alpha$ 就是 α 的坐标的第 i 分量，证明 $f_1, \cdots, f_n$ 就是 $\varepsilon_1, \cdots, \varepsilon_n$ 的对偶基.

2. 设 $\varepsilon_1, \cdots, \varepsilon_n$ 是域 F 上线性空间 V 的基，$b_1, \cdots, b_n$ 是 F 中任意常数. 证明有唯一的线性函数 f 使 $f(\varepsilon_i) = b_i$（$1 \leqslant i \leqslant n$）. 求出 f.

3. 对 $x = (x_1, \cdots, x_n)^{\mathrm{T}} \in F^{(n)}$，令

$$f(x) = b_1 x_1 + \cdots + b_n x_n, \ (b_1, \cdots, b_n \in F \text{ 固定}).$$

(1) 试证明：①f 是 $F^{(n)}$ 的线性函数；②$F^{(n)}$ 的线性函数必为某 f；

(2) 若记上述 f 为$\langle (b_1, \cdots, b_n), (\ ) \rangle$，（即 $f(x) = \langle b, x \rangle = \langle (b_1, \cdots, b_n), (x_1, \cdots, x_n)^{\mathrm{T}} \rangle$），用此写出 $F^{(n)}$ 的自然基的对偶基 $f_1, \cdots, f_n$.

4. (1) 设 W 是 n 维线性空间 V 的 k 维子空间，$W' \subset V^*$ 是 W 的零化子（即 V^* 是 V 的对偶空间而 $W' = \{f \in V^* \mid f(\alpha) = 0 \text{ 对任意 } \alpha \in W \text{ 成立}\}$）. 证明 W' 是 V^* 的 $n-k$ 维子空间.

(2) 把 V 的子空间 W 对应于其在对偶空间 V^* 中的零化子 W'，证明此对应满足：

$$(W')' = W, \ (W_1 + W_2)' = W_1' \cap W_2', \ (W_1 \cap W_2)' = W_1' + W_2'.$$

5. 设 V 是域 F 上 n 维线性空间，以 $S(V)$ 记 V 的子空间全体. 证明 $S(V)$ 有到自身的双射 $W \longrightarrow W'$，使得 $W_1 \subset W_2$ 时 $W_1' \supset W_2'$，且满足第 4 题中诸等式.

6. 对 $f,g\in\mathbb{R}[X]$令 $h(X)=f(X)g'(X)$，证明 $\varphi(f,g)=h$ 是多项式空间$\mathbb{R}[X]$上的双线性型.

7. 令 $\varphi(A,B)=\operatorname{tr}(AB)$，证明 φ 是 $M_{n\times r}(F)\times M_{r\times n}(F)$上的双线性型.

8. V 是$[0,1]$上连续实函数全体所成$\mathbb{R}$上线性空间，设 $k(s,t)$是两个变元的连续实函数，$0\leqslant s\leqslant 1$，$0\leqslant t\leqslant 1$，对 $f,g\in V$ 令

$$\varphi(f,g)=\iint f(s)K(s,t)g(t)\mathrm{d}s\mathrm{d}t$$

(二重积分在单位正方形内进行). 证明 φ 是 $V\times V$ 上双线性型.

9. 设V'和 V 均为域 F 上 n 维线性空间，g: $V'\times V\to F$ 是双线性型. 证明以下条件等价：

(1) g 非左退化；

(2) g 非右退化；

(3) g 非退化；

(4) g 在任意基下的方阵均是可逆的.

***10.** 设 g: $V'\times V\to F$ 是双线性型，定义 g 的左核，$kl(g)=\{\alpha\in V'\mid g(\alpha,\beta)=0$ 对所有 $\beta\in V$ 成立$\}$. 同样定义 g 的右核 $kr(g)$. 证明：

(1) $kl(g)$是V'的线性子空间，$kr(g)$是 V 的子空间.

(2) 自然定义双线性型 $\bar{g}$: $V'/kl(g)\times V\to F$，且 $\bar{g}$ 非左退化.

(3) 自然定义双线性型 $\bar{g}$: $V'/kl(g)\times V/kr(g)\to F$，且 $\bar{g}$ 非退化.

11. 双线性型 g: $V'\times V\to F$ 在V'和 V 的不同基下的对应矩阵 A 和 B 有何关系？即若 g 在V'和 V 的基 $\varepsilon_1,\cdots,\varepsilon_m$ 及 $\eta_1,\cdots,\eta_n$ 下的矩阵为 A，在 V'和 V 的基 $\tilde{\varepsilon}_1,\cdots,\tilde{\varepsilon}_m$ 和 $\tilde{\eta}_1,\cdots,\tilde{\eta}_n$ 下的矩阵为 B，且

$$(\tilde{\varepsilon}_1,\cdots,\tilde{\varepsilon}_m)=(\varepsilon_1,\cdots,\varepsilon_m)P,\ (\tilde{\eta}_1,\cdots,\tilde{\eta}_n)=(\eta_1,\cdots,\eta_n)Q,$$

求 B 与 A 的关系.

12. 第 6～8 题中双线性型何时是对称的？何时可决定二次型？写出此二次型.

13. 对实系数多项式 $f(X)=\sum\limits_{i=0}^{\infty}a_iX^i$ 和 $g(X)=\sum\limits_{j=0}^{\infty}b_jX^j$ 定义

$$\langle f,g\rangle=\sum_{i,j}\frac{a_ib_j}{i+j+1}.$$

(1) 证明这是$\mathbb{R}$ 上线性空间$\mathbb{R}[X]$上的内积(即正定对称双线性型)；

(2) 把此内积限制到子空间$\mathbb{R}[X]_n$ 上(这里$\mathbb{R}[X]_n$ 是次数小于或等于 n 的多项式全体)，给出它在基 $1,x,\cdots,x^n$ 下的方阵.

14. 用可逆线性代换化下列二次型为有理标准形，并利用矩阵验算所得结果：

(1) $Q(x_1,x_2,x_3)=4x_1^2+x_2^2+x_3^2-4x_1x_2+4x_1x_3-3x_2x_3$；

(2) $Q(x_1,x_2,x_3)=x_1^2+5x_2^2-4x_3^2+2x_1x_2-4x_2x_3$；

(3) $Q(x_1,x_2,x_3)=x_1^2-3x_2^2-2x_1x_2+2x_1x_3-6x_2x_3$；

(4) $Q(x_1,x_2,x_3,x_4)=x_1x_2+x_2x_3+x_3x_4+x_4x_1$；

(5) $Q(x_1,x_2,x_3,x_4)=x_1^2+x_2^2+3x_3^2+4x_1x_2+2x_1x_3+2x_2x_3$；

(6) $Q(x_1,x_2,\cdots,x_n)=x_1x_{2n}+x_2x_{2n-1}+\cdots+x_nx_{n+1}$；

(7) $Q(x_1,x_2,\cdots,x_n)=x_1x_2+x_2x_3+\cdots+x_{n-1}x_n$；

(8) $Q(x_1,x_2,\cdots,x_n)=\sum\limits_{i=1}^{n}x_i^2+\sum\limits_{1\leqslant i<j\leqslant n}x_ix_j$；

(9) $Q(x_1,x_2,\cdots,x_n)=\sum\limits_{i=1}^{n}(x_i-\bar{x})^2$，其中 $\bar{x}=\dfrac{x_1+x_2+\cdots+x_n}{n}$.

15. 设 $A=\begin{bmatrix}A_{11} & A_{12}\\ A_{21} & A_{22}\end{bmatrix}$ 是一对称方阵，且 $|A_{11}|\neq 0$ 证明：存在 $T=\begin{bmatrix}I & X\\ 0 & I\end{bmatrix}$，使 $T^{\mathrm{T}}AT=\begin{bmatrix}A_{11} & 0\\ 0 & *\end{bmatrix}$，其中 $*$ 表示一个与 A_{22} 同阶的方阵.

16. 设 A 为实对称阵，求证：对任意实列向量 x 均有 $x^{\mathrm{T}}Ax=0$ 的充要条件是 $A=0$.

17. 证明：秩等于 r 的对称方阵可以表示成 r 个秩等于 1 的对称方阵之和.

18. 证明：A 是 n 阶反对称阵的充分必要条件是对任意一个 n 维列向量 x，有 $x^{\mathrm{T}}Ax=0$.

19. 设二次型 $Q(x_1,\cdots,x_n)$ 的矩阵为 A，λ 是 A 的特征根. 证明，存在 $\mathbb{R}^{(n)}$ 中的非零向量 $(\xi_1,\xi_2,\cdots,\xi_n)^{\mathrm{T}}$，使得

$$Q(\xi_1,\xi_2,\cdots,\xi_n)=\lambda(\xi_1^2+\cdots+\xi_n^2).$$

20. 试求下列实对称阵在实相合下的标准形：

(1) $A=\begin{bmatrix}1 & 1 & 2\\ 1 & 0 & 3\\ 2 & 3 & 1\end{bmatrix}$；　　(2) $A=\begin{bmatrix}0^{(n)} & I^{(n)}\\ I^{(n)} & 0^{(n)}\end{bmatrix}_{(2n)}$；

(3) $A=\begin{bmatrix} & & & 1\\ & & 1 & \\ & \iddots & & \\ 1 & & & \end{bmatrix}_{(2n)}$；　　(4) $A=\begin{bmatrix}0^{(n)} & I^{(n)} & 0\\ I^{(n)} & 0^{(n)} & 0\\ 0 & 0 & 1\end{bmatrix}$；

(5) $A=\begin{bmatrix}1 & 1 & 1 & 1\\ 1 & 2 & 2 & 2\\ 1 & 2 & 3 & 3\\ 1 & 2 & 3 & 4\end{bmatrix}$.

21. 设 A 为 n 阶实系数方阵，且满足 $A^2=A$. 证明：A 可以写成实对称方阵之积.

22. 如果二次型 $Q(x_1,x_2,\cdots,x_n)$ 对应的方阵 S 的主子式：

$$\left|S\begin{pmatrix}1,\cdots,j\\ 1,\cdots,j\end{pmatrix}\right|\neq 0,\ (j=1,2,\cdots,n).$$

试证 $Q(x_1,\cdots,x_n)$ 的标准型为

$$\left|S\begin{pmatrix}1\\ 1\end{pmatrix}\right|y_1^2+\frac{\left|S\begin{pmatrix}1 & 2\\ 1 & 2\end{pmatrix}\right|}{\left|S\begin{pmatrix}1\\ 1\end{pmatrix}\right|}y_2^2+\cdots+\frac{\left|S\begin{pmatrix}1,2,\cdots,n\\ 1,2,\cdots,n\end{pmatrix}\right|}{\left|S\begin{pmatrix}1,2,\cdots,n-1\\ 1,2,\cdots,n-1\end{pmatrix}\right|}y_n^2.$$

23. 证明：一个实二次型可以分解成两个实系数的一次齐次多项式的乘积的充要条件是：它的秩等于2和符号差等于0，或者秩等于1.

24. 设 $f(x_1,\cdots,x_n)=\sum_{i=1}^{s}(a_{i1}x_1+a_{i2}x_2+\cdots+a_{in}x_n)^2$，证明 $f(x_1,\cdots,x_n)$ 的秩等于矩阵 $A=(a_{ij})$ 的秩(对任意整数 $1\leqslant s\leqslant n$).

25. 设 $f(x_1,\cdots,x_n)=h_1^2+h_2^2+\cdots+h_p^2-h_{p+1}^2-h_{p+2}^2-\cdots-h_{p+q}^2$，其中 $h_i(i=1,2,\cdots p+q)$ 是 $x_1,x_2,\cdots,x_n$ 的一次齐次式，证明：$f(x_1,\cdots,x_n)$ 的正惯性指数不超过 p，负惯性指数不超过 q.

26. 如果把实 n 阶对称方阵按相合分类(即两个实 n 阶对称阵属于同一类当且仅当它们相合)，问共有几类？

27. 设 A 是 n 阶实对称阵，证明：存在一正实数 c 使对任意一个实 n 维列向量 X 都有

$$|X^{\mathrm{T}}AX|\leqslant cX^{\mathrm{T}}X.$$

28. 设 A 是实对称阵，证明：当实数 t 充分大后，$tI+A$ 是正定矩阵.

29. 判别下列二次型是否正定：

(1) $99x_1^2-12x_1x_2+48x_1x_3+130x_2^2-60x_2x_3+71x_3^2$；

(2) $10x_1^2+8x_1x_2+24x_1x_3+2x_2^2-28x_2x_3+x_3^2$；

(3) $\sum_{i=1}^{n}x_i^2+\sum_{1\leqslant i<j\leqslant n}x_ix_j$；

(4) $\sum_{i=1}^{n}x_i^2+\sum_{i=1}^{n-1}x_ix_{i+1}$.

30. t 取什么值时，下列二次型是正定的：

(1) $x_1^2+x_2^2+5x_3^2+2tx_1x_2-2x_1x_3+4x_2x_3$；

(2) $x_1^2+4x_2^2+x_3^2+2tx_1x_2+10x_1x_3+6x_2x_3$.

31. 在 $Q(x,y,z)=\lambda(x^2+y^2+z^2)+2xy+2xz-2yz$ 中，问

(1) λ 取什么值时，Q 为正定？

(2) λ 取什么值时，Q 为负定的？

(3) 当 $\lambda=2$ 和 $\lambda=-1$ 时，Q 为什么类型？

32. 设

$$A=\begin{bmatrix} a & \lambda & \cdots & \lambda \\ \lambda & \ddots & \ddots & \vdots \\ \vdots & \ddots & \ddots & \lambda \\ \lambda & \cdots & \lambda & a \end{bmatrix}_n,$$

其中 $a>0$，$n\geqslant 2$. 试问，当 λ 取何值时，实二次型 $X^{\mathrm{T}}AX$ 正定？

33. 试求下列实二次型的相合标准形：

(1) $\sum_{1\leqslant j<k\leqslant n}(-1)^{j+k}x_jx_k$；(2) $\sum_{1\leqslant j<k\leqslant n}|j-k|x_jx_k$.

34. 判定下列实对称阵属于什么相合类(正定、负定、半正定、半负定、不定)：

(1) $A=\begin{bmatrix} n & -1 & \cdots & -1 \\ -1 & n & \ddots & \vdots \\ \vdots & \ddots & \ddots & -1 \\ -1 & \cdots & -1 & n \end{bmatrix}$； (2) $A=\begin{bmatrix} 2 & 1 & \cdots & 1 \\ 1 & \ddots & \ddots & \vdots \\ \vdots & \ddots & \ddots & 1 \\ 1 & \cdots & 1 & 2 \end{bmatrix}$；

(3) $A=\begin{bmatrix} 0 & \frac{1}{2} & \cdots & \frac{1}{2} \\ \frac{1}{2} & \ddots & \ddots & \vdots \\ \vdots & \ddots & \ddots & \frac{1}{2} \\ \frac{1}{2} & \cdots & \frac{1}{2} & 0 \end{bmatrix}$.

35. 设 n 阶实方阵 $A=\begin{bmatrix} \lambda+3 & 2 & \cdots & \cdots & 2 \\ 2 & \lambda & 1 & \cdots & 1 \\ \vdots & 1 & \ddots & \ddots & \vdots \\ \vdots & \vdots & \ddots & \ddots & 1 \\ 2 & 1 & \cdots & 1 & \lambda \end{bmatrix}$，$n \geqslant 2$，试求 λ 的取值范围使 A 正定.

36. 证明：如果 A 是正定实对称阵，那么 A^{-1} 和 A^*（古典伴随方阵）也是正定方阵.

37. 如果 A,B 都是 n 阶正定方阵，证明 $A+B$ 也是正定方阵.

38. 设 A 为 n 阶实对称阵，且 $|A|<0$，证明：必存在实 n 维向量 $X \neq 0$，使 $X^{\mathrm{T}}AX<0$.

39. 试证：任意一个秩为 1 的半正定对称方阵 S 必有 $S=\alpha^{\mathrm{T}}\alpha$，其中 α 是 $1\times n$ 非零矩阵.

40. 设 A 是正定实对称方阵，试证：对任两向量 x 和 y，成立着

$$(x^{\mathrm{T}}Ay)^2 \leqslant (x^{\mathrm{T}}Ax)(y^{\mathrm{T}}Ay).$$

又等式成立的必要充分条件为 x 和 y 线性相关.

41. 如果二次型 $Q(x_1,\cdots,x_n)$ 等于 0 的充要条件为 $(x_1,x_2,\cdots,x_n)=0$，那么 $Q(x_1,x_2,\cdots,x_n)$ 是正定的或负定的.

42. 试证：实线性空间 L 上线性函数的平方是半正定二次型，一些线性函数的平方和也是半正定二次型.

43. 证明：$n\sum\limits_{i=1}^{n}x_i^2-\left(\sum\limits_{i=1}^{n}x_i\right)^2$ 是半正定的，且等号成立的充要条件为 $x_1=x_2=\cdots=x_n$.

44. 设 $Q(x_1,x_2,\cdots,x_n)=X^{\mathrm{T}}AX$ 是一实二次型，若有实 n 维向量 X_1,X_2 使 $X_1^{\mathrm{T}}AX_1>0, X_2^{\mathrm{T}}AX_2<0$. 证明：必存在实 n 维向量 $X_0 \neq 0$，使 $X_0^{\mathrm{T}}AX_0=0$.

45. 设 $A=(a_{ij})$ 和 $B=(b_{ij})$ 都是 n 阶正定对称方阵，试证：方阵 $C=(a_{ij}b_{ij})$ 也是 n 阶正定对称方阵.

46. 证明：如果$\sum_{i=1}^{n}\sum_{j=1}^{n}a_{ij}x_ix_j(a_{ij}=a_{ji})$是正定二次型，那么

$$f(y_1,\cdots,y_n)=\begin{vmatrix} a_{11} & a_{12} & \cdots & a_{1n} & y_1 \\ a_{21} & a_{22} & \cdots & a_{2n} & y_2 \\ \vdots & \vdots & & \vdots & \vdots \\ a_{n1} & a_{n2} & \cdots & a_{nn} & y_n \\ y_1 & y_2 & \cdots & y_n & 0 \end{vmatrix}$$

是负定二次型.

47. 设A为实对称正定方阵，则

$$\det A\leqslant a_{11}a_{22}\cdots a_{nn},$$

等号仅当A为对角阵时成立.

48. 对任意实系数n阶可逆阵$B=(b_{ij})$有

$$|\det B|\leqslant\prod_{i=1}^{n}\left(\sum_{k=1}^{n}b_{ik}^2\right)^{1/2}\quad(\text{Hadamard不等式}),$$

等号仅当$b_{i1}b_{j1}+b_{i2}b_{j2}+\cdots+b_{in}b_{jn}=0\quad(i\neq j)$时成立.

49. 设A和B都是实对称阵，A半正定，$\det(A+\mathrm{i}B)=0$，求证：存在$1\times n$非零实矩阵α，使得$\alpha(A+\mathrm{i}B)=0$.

50. 试证：对一切$1\times n$非零矩阵$x=(x_1,x_2,\cdots,x_n)$，成立着

$$\sum_{i=1}^{n}x_i^2-\sum_{i=1}^{n-1}x_ix_{i+1}>0$$

试求它的最小值，并求它在限制条件$x_n=1$下的最小值.

51. 设A是n阶实对称阵，$S=\{x\mid x^{\mathrm{T}}Ax=0,x\in\mathbb{R}^{(n)}\}$.

(1) 试给出S为$\mathbb{R}^{(n)}$的子空间的充分必要条件，并加以证明；

(2) 当S是子空间且$\mathrm{r}(A)=r<n$时，试求$\dim S$.

52. 设$\varepsilon_1=(1,-2,3)^{\mathrm{T}}$，$\varepsilon_2=(1,-1,1)^{\mathrm{T}}$，$\varepsilon_3=(2,-4,7)^{\mathrm{T}}$是$\mathbb{R}^{(3)}$的基，试求$\varepsilon_1,\varepsilon_2,\varepsilon_3$的对偶基.

第9章 欧几里得空间与酉空间

9.1 标准正交基

定义 9.1 设 V 是实数域 $\mathbb{R}$ 上的线性空间，若 V 上定义着正定对称双线性型 g（g 称为内积），则 V 称为（对于 g 的）**内积空间**或**欧几里得空间**(Euclidean space)（有时仅当 V 是有限维时，才称为欧几里得空间）.

在以后的讨论中，内积 g 常是固定的，因而我们记

$$g(\alpha,\beta)=\langle\alpha,\beta\rangle \quad (\alpha,\beta\in V).$$

如果 V 有基 $\alpha_1,\cdots,\alpha_n$，则内积

$$\langle\alpha,\beta\rangle = x^{\mathrm{T}}Gy,$$

其中 $G=(g_{ij})$ 为正定实对称方阵，$g_{ij}=\langle\alpha_i,\alpha_j\rangle$，$x$ 和 y 为 α 和 β 的坐标列. G 也称为 $\alpha_1,\cdots,\alpha_n$ 的 **Gram 方阵**.

定义 9.2 设 V 是欧几里得空间，内积为 $g(\alpha,\beta)=\langle\alpha,\beta\rangle$.

(1) 向量 $\alpha\in V$ 的**长度**（或**范数**）定义为 $\|\alpha\|=\sqrt{\langle\alpha,\alpha\rangle}$. 向量 α 与 β 的**距离**定义为 $\|\alpha-\beta\|$.

(2) 非 0 向量 $\alpha,\beta\in V$ 的**夹角**定义为 $\theta=\cos^{-1}\dfrac{\langle\alpha,\beta\rangle}{\|\alpha\|\,\|\beta\|}$.

定义的合理性由如下引理可知.

引理 9.1（Cauchy-Schwarz 不等式） $\dfrac{|\langle\alpha,\beta\rangle|}{\|\alpha\|\,\|\beta\|}\leqslant 1$ （对非零向量 $\alpha,\beta\in V$）.

证明 显然 $\|t\alpha+\beta\|^2\geqslant 0$ 对任意 $t\in\mathbb{R}$ 成立，也就是说

$$t^2\|\alpha\|^2+2t\langle\alpha,\beta\rangle+\|\beta\|^2\geqslant 0.$$

左方为 t 的二次三项式，故其判别式满足

$$\langle\alpha,\beta\rangle^2-\|\alpha\|^2\|\beta\|^2\leqslant 0. \qquad ■$$

引理 9.2 对任意 $\alpha,\beta\in V$ 均有

(1)（**三角形不等式**） $\|\alpha+\beta\|\leqslant\|\alpha\|+\|\beta\|$.

(2)（**平行四边形等式**） $\|\alpha+\beta\|^2+\|\alpha-\beta\|^2=2\|\alpha\|^2+2\|\beta\|^2$.

证明 (1) $\|\alpha+\beta\|^2=\langle\alpha+\beta,\alpha+\beta\rangle=\|\alpha\|^2+2\langle\alpha,\beta\rangle+\|\beta\|^2$.

$$\leqslant \|\alpha\|^2+2\|\alpha\|\|\beta\|+\|\beta\|^2=(\|\alpha\|+\|\beta\|)^2.$$ ■

(2) $\|\alpha\pm\beta\|^2=\|\alpha\|^2\pm2\langle\alpha,\beta\rangle+\|\beta\|^2$. 二式相加即得引理.

例 9.1(经典欧几里得空间 $E^{(n)}$) 在 n 维实向量空间 $\mathbb{R}^{(n)}$ 中定义内积

$$\langle x,y\rangle = x_1y_1+\cdots+x_ny_n = x^{\mathrm{T}}y$$

(这里 $x=(x_1,\cdots,x_n)^{\mathrm{T}}$, $y=(y_1,\cdots,y_n)^{\mathrm{T}}$),则 $\mathbb{R}^{(n)}$ 为欧几里得空间,常以 $E^{(n)}$ 或 E_n 特指此空间. 类似可定义行向量空间 $\mathbb{R}^n$ 为欧几里得空间,记为 E^n.

例 9.2 设 V 是$[0,1]$区间上连续实函数全体,则 V 是 $\mathbb{R}$ 上线性空间,对于如下内积是欧几里得空间:

$$\langle f_1,f_2\rangle=\int_0^1 f_1(x)f_2(x)\mathrm{d}x.$$

在欧几里得空间 V 中,若向量 α,β 的夹角 $\theta=\pi/2$,即 $\langle\alpha,\beta\rangle=0$,则称 α 与 β **正交**(或垂直),记为 $\alpha\perp\beta$. 若 α 与子空间 W 中的向量均**正交**,则记为 $\alpha\perp W$. 以 $W_1\perp W_2$ 记 W_1 与 W_2 正交,即子空间 W_1 与 W_2 的任二向量均正交. 长度为 1 的向量称为**单位向量**.

引理 9.3 两两正交的非零向量组一定线性无关.

证明 设 S 是欧几里得空间 V 中一个两两正交的非零向量组(有限或无限). 设 $\alpha_1,\cdots,\alpha_m$ 是 S 中不同的向量, β 是其线性组合,即

$$\beta=k_1\alpha_1+k_2\alpha_2+\cdots+k_m\alpha_m \quad (k_i\in\mathbb{R}),$$

两边均与 α_i 作内积,得

$$\langle\beta,\alpha_i\rangle=k_i\langle\alpha_i,\alpha_i\rangle=k_i\|\alpha_i\|^2,$$

故知组合系数为

$$k_i=\frac{\langle\beta,\alpha_i\rangle}{\|\alpha_i\|^2}.$$

因此当 $\beta=0$ 时,每个 $k_i=0$, 从而知 S 是线性无关的. ■

定义 9.3 欧几里得空间 V 中由两两正交的向量构成的基称为**正交基**. 若构成正交基的每个向量长度均为 1,则此基称为**标准正交基或笛卡儿基**(Cartesian basis).

若 $\beta\in V$ 在标准正交基 $\varepsilon_1,\cdots,\varepsilon_n$ 下的坐标为$(x_1,\cdots,x_n)$,则由引理 9.3 证明可知,β 的第 i 坐标分量即为其与 ε_i 的内积(称为 β 到 ε_i 的投影),即

$$x_i=\langle\beta,\varepsilon_i\rangle \quad (1\leqslant i\leqslant n).$$

我们注意,若 V 是有限维欧几里得空间,其内积 g 在标准正交基下的方阵为$(\langle\varepsilon_i,\varepsilon_j\rangle)=I$,而内积有简单的表达式

$$g(\alpha,\beta)=\langle\alpha,\beta\rangle=x^{\mathrm{T}}y=x_1y_1+\cdots+x_ny_n,$$

其中 $x=(x_1,\cdots,x_n)^{\mathrm{T}}$, $y=(y_1,\cdots,y_n)^{\mathrm{T}}$ 是 α,β 的坐标列.

以下的定理说明,有限维欧几里得空间中总存在着标准正交基.

定理 9.1(Gram-Schmidt 正交化) 设 $\alpha_1,\cdots,\alpha_n$ 是欧几里得空间 V 的基,则存在 V 的标准正交基 $\varepsilon_1,\cdots,\varepsilon_n$ 使

$$\mathbb{R}\alpha_1+\cdots+\mathbb{R}\alpha_s=\mathbb{R}\varepsilon_1+\cdots+\mathbb{R}\varepsilon_s\quad(1\leqslant s\leqslant n).$$

证明 取 $\varepsilon_1=\alpha_1/\|\alpha_1\|$,我们将用归纳法证明.于是设我们已得到两两正交的单位向量组 $\varepsilon_1,\cdots,\varepsilon_{r-1}$ 且 $\mathbb{R}\alpha_1+\cdots+\mathbb{R}\alpha_s=\mathbb{R}\varepsilon_1+\cdots+\mathbb{R}\varepsilon_s(1\leqslant s\leqslant r-1)$.尝试令

$$\tilde{\varepsilon}_r=\alpha_r+k_1\varepsilon_1+\cdots+k_{r-1}\varepsilon_{r-1}.$$

由条件 $0=\langle\tilde{\varepsilon}_r,\varepsilon_i\rangle=\langle\alpha_r,\varepsilon_i\rangle+k_i$ 可定出 $k_i(i=1,\cdots,r-1)$.从而定出

$$\tilde{\varepsilon}_r=\alpha_r-\sum_{i=1}^{r-1}\langle\alpha_r,\varepsilon_i\rangle\varepsilon_i$$

与各 ε_i 正交.再令 $\varepsilon_r=\tilde{\varepsilon}_r/\|\tilde{\varepsilon}_r\|$.于是得出两两正交的单位向量组 $\varepsilon_1,\cdots,\varepsilon_r$,且

$$\mathbb{R}\alpha_1+\cdots+\mathbb{R}\alpha_s=\mathbb{R}\varepsilon_1+\cdots+\mathbb{R}\varepsilon_s(1\leqslant s\leqslant r).$$

由归纳法可知,续行即得定理中的 $\varepsilon_1,\cdots,\varepsilon_n$. ■

系 1 设 $\alpha_1,\cdots,\alpha_n$ 是欧几里得空间 V 的基,则存在标准正交基 $\varepsilon_1,\cdots,\varepsilon_n$ 和实的上三角过渡方阵 T(而且 T 的对角线元素均为正数)使得

$$(\varepsilon_1,\cdots,\varepsilon_n)=(\alpha_1,\cdots,\alpha_n)T.$$

证明 由定理 9.1 直接可得.事实上由 $\varepsilon_j\in\mathbb{R}\alpha_1+\cdots+\mathbb{R}\alpha_j$,可知 $\varepsilon_j=t_{1j}\alpha_1+\cdots+t_{jj}\alpha_j$,故 $T=(t_{ij})$,$t_{ij}=0(j<i)$.注意 $t_{jj}=1/\|\tilde{\varepsilon}_j\|>0$. ■

系 2 对每个正定实对称方阵 G,总存在实上三角方阵 $T=(t_{ij})$,$t_{ii}>0(1\leqslant i\leqslant n)$,使得

$$T^{\mathrm{T}}GT=I.$$

证明 设 G 是欧几里得空间 V 的内积 g 在某基下的方阵,即 $g(\alpha,\beta)=x^{\mathrm{T}}Gy$ (x,y 为 α,β 的坐标列).由系 1 知可经过渡方阵 T 得到标准正交基.g 在标准正交基下的方阵为$I=T^{\mathrm{T}}GT$. ■

系 3 欧几里得空间中任意两两正交的单位向量组可扩充为一个标准正交基.

证明 先把该两两正交的单位向量组扩充为基,再行 Schmidt 正交化. ■

我们来考查两个标准正交基之间的过渡方阵有何特点.设 $\varepsilon_1,\cdots,\varepsilon_n$ 和 $e_1,\cdots,e_n$ 为欧几里得空间 V 的两标准正交基,Ω 是其过渡方阵,即

$$(e_1,\cdots,e_n)=(\varepsilon_1,\cdots,\varepsilon_n)\Omega.$$

我们知道内积 g 在此两基下的方阵 G 和 H 有关系

$$H=\Omega^{\mathrm{T}}G\Omega,\text{ 即 } I=\Omega^{\mathrm{T}}\Omega,$$

后者是由于 $H=G=I$(标准正交基下的方阵). ■

定义 9.4 若方阵 Ω 满足 $\Omega^{\mathrm{T}}\Omega=I$,则称 Ω 为**正交方阵**(orthogonal matrix).

注意由 $\Omega^{\mathrm{T}}\Omega=I$ 可知 $\Omega^{\mathrm{T}}=\Omega^{-1}$,故正交方阵也满足 $\Omega\Omega^{\mathrm{T}}=I$.而且正交方阵之积仍为

正交方阵. 由 $\Omega^{\mathrm{T}}\Omega=I$ 可知,正交方阵 Ω 的诸列 $x_1,\cdots,x_n$ 是经典欧几里得空间 $E^{(n)}$ 中两两正交的单位向量,同样,Ω 的行也是 E^n 中两两正交的单位向量.

例 9.3

$$\begin{bmatrix}\cos\theta & \sin\theta\\ -\sin\theta & \cos\theta\end{bmatrix},\quad \begin{bmatrix}0 & 1 & 0\\ 1 & 0 & 0\\ 0 & 0 & 1\end{bmatrix}$$

均为正交方阵. 对换方阵(第一类初等方阵)P_{ij} 均为正交方阵.

定理 9.2　设欧几里得空间 V 的标准正交基 $\varepsilon_1,\cdots,\varepsilon_n$ 经过渡方阵 Q 变换为基 $\alpha_1,\cdots,\alpha_n$,即

$$(\alpha_1,\cdots,\alpha_n)=(\varepsilon_1,\cdots,\varepsilon_n)Q,$$

那么当且仅当 Q 为实正交方阵时,$\alpha_1,\cdots,\alpha_n$ 为标准正交基.

证明　设 V 的内积 g 在两基下的方阵分别为 $G(=I)$ 和 H,则

$$H=Q^{\mathrm{T}}GQ=Q^{\mathrm{T}}Q.$$

故当且仅当 Q 为正交方阵时,$H=I$,即 $\alpha_1,\cdots,\alpha_n$ 为标准正交基(注意 H 的(i,j)位元素为$\langle\alpha_i,\alpha_j\rangle$). ■

现在设 $E^{(n)}=\mathbb{R}^{(n)}$,内积$\langle x,y\rangle=x^{\mathrm{T}}y$,于是实方阵 Ω 为正交方阵的充分必要条件为:Ω 的列向量组是 $E^{(n)}$ 的标准正交基,于是 Schmidt 正交化或系 1 可叙述为下面的结论.

系 4　对任一可逆实方阵 A,唯一地存在着主对角线元素为正数的上三角形实方阵 T 使得 $\Omega=AT$ 为实正交方阵(从而 A 可唯一分解为 $A=\Omega T^{-1}$).

证明　只需再证明 T 的唯一性,设 AT_1,AT_2 均为实正交方阵,则

$$T_1^{-1}T_2=(AT_1)^{-1}(AT_2)$$

仍为实正交方阵,且又为上三角方阵. 而$(T_1^{-1}T_2)^{\mathrm{T}}=(T_1^{-1}T_2)^{-1}=T_2^{-1}T_1$,故 $T_1^{-1}T_2$ 又应为下三角方阵,故 $T_1^{-1}T_2$ 为对角形实正交方阵,对角线元素均为正数,故 $T_1^{-1}T_2=I$,即知 $T_1=T_2$. ■

系 5　设 W 是欧几里得空间 V 的任一子空间,则

$$V=W\oplus W^{\perp},$$

其中 $W^{\perp}$ 由所有与 W 正交的向量 $\alpha\in V$ 组成($W^{\perp}$ 称为 W 的**正交补**).

证明　取 W 的标准正交基;按系 3 扩展为 V 的标准正交基. ■

定义 9.5　设 V_1 和 V_2 是两个欧几里得空间,内积各为 g_1 和 g_2. 若存在双射线性映射

$$\varphi\colon V_1\longrightarrow V_2,$$

使

$$g_1(\alpha,\beta)=g_2(\varphi(\alpha),\varphi(\beta)).$$

则称 φ 是欧几里得空间 V_1 与 V_2 间的**(等距)同构映射**,此时称 V_1(等距)同构于 V_2.

显然欧几里得空间的同构关系有自返性,对称性和传递性.

定理 9.3 任意一个 n 维欧几里得空间 V 等距同构于 $E^{(n)}=\mathbb{R}^{(n)}$,这里列向量空间 $\mathbb{R}^{(n)}$ 的内积为

$$\langle x,y\rangle=x^{\mathrm{T}}y=x_1y_1+\cdots+x_ny_n.$$

(对于 $x=(x_1,\cdots,x_n)^{\mathrm{T}},y=(y_1,\cdots,y_n)^{\mathrm{T}}\in\mathbb{R}^{(n)}$. $E^{(n)}$ 称为 n 维**经典欧几里得空间**)

证明 在 V 中取定标准正交基 $\varepsilon_1,\cdots,\varepsilon_n$ 后,把每个向量 α 映为其坐标列,即

$$\varphi: V\longrightarrow\mathbb{R}^{(n)},$$
$$a_1\varepsilon_1+\cdots+a_n\varepsilon_n\longrightarrow(a_1,\cdots,a_n)^{\mathrm{T}},$$

则容易验证 φ 是 V 到 $\mathbb{R}^{(n)}$ 的同构映射. ■

现在来看 **Gram 方阵的几何意义**. 向量 $\alpha_1,\cdots,\alpha_n\in V$ 所决定的**超平行(六面)体**是指

$$D=D(\alpha_1,\cdots,\alpha_n)=\{t_1\alpha_1+\cdots+t_n\alpha_n\mid 0\leqslant t_i\leqslant 1,\ 1\leqslant i\leqslant n\}.$$

例如,$n=2$ 时,D 为平行四边形; $n=3$ 时,D 为平行六面体. 我们由定理 9.1 的正交化过程容易得出平行六面体 D 的体积 $|D(\alpha_1,\cdots,\alpha_n)|$. 设 $(\alpha_1,\cdots,\alpha_n)=(\varepsilon_1,\cdots,\varepsilon_n)P$,其中 $P=(p_{ij})=T^{-1}$(这里 T 如系 1),也就是说 $\alpha_j=p_{1j}\varepsilon_1+\cdots+p_{jj}\varepsilon_j$. 注意 ε_n 正交于 $V_{n-1}=\mathbb{R}\varepsilon_1+\cdots+\mathbb{R}\varepsilon_{n-1}=\mathbb{R}\alpha_1+\cdots+\mathbb{R}\alpha_{n-1}$,而 α_n 在 ε_n 的投影为 $\langle\alpha_n,\varepsilon_n\rangle=p_{nn}$,故按体积定义有 $|D(\alpha_1,\cdots,\alpha_n)|=|D(\alpha_1,\cdots,\alpha_{n-1})|p_{nn}$. 递归之得 $\alpha_1,\cdots,\alpha_n$ 决定的超平行体体积为过渡方阵的行列式:

$$|D(\alpha_1,\cdots,\alpha_n)|=p_{11}\cdots p_{nn}=\det P.$$

现设 $e_1,\cdots,e_n$ 为 V 的任意标准正交基,$(\alpha_1,\cdots,\alpha_n)=(e_1,\cdots,e_n)Q$,$(\varepsilon_1,\cdots,\varepsilon_n)P=(e_1,\cdots,e_n)Q$,故 PQ^{-1} 为正交方阵, $\det(PQ^{-1})=\pm1$,即

$$|D(\alpha_1,\cdots,\alpha_n)|=\det P=\pm\det Q.$$

这也就是说,**超平行体 $D(\alpha_1,\cdots,\alpha_n)$ 的体积由 $\alpha_1,\cdots,\alpha_n$ 在任意标准正交基下坐标行构成的行列式值给出**. 这一结果在 $n=3$ 情形下是熟知的.

现在注意 $\alpha_1,\cdots,\alpha_n$ 的 Gram 方阵为

$$G=(\langle\alpha_i,\alpha_j\rangle)=P^{\mathrm{T}}(\langle\varepsilon_i,\varepsilon_j\rangle)P=P^{\mathrm{T}}P,$$

其行列式称为 $\alpha_1,\cdots,\alpha_n$ 的 Gram 行列式,即

$$\det G=\det P^2=|D(\alpha_1,\cdots,\alpha_n)|^2.$$

故 Gram 行列式等于超平行六面体体积的平方. 这就是 Gram 方阵的几何意义.

9.2 方阵的正交相似

设 A,B 为实方阵. 若 $B=\Omega^{-1}A\Omega$, 其中 Ω 为实正交方阵(即 $\Omega^{\mathrm{T}}\Omega=I$), 则称 A 与 B(实)**正交相似**. 欧几里得空间 V 的一个线性变换 $\mathscr{A}$, 在不同标准正交基下的方阵表示

A,B 是正交相似的：设 A 是 $\mathscr{A}$ 在基$\{\varepsilon_i\}$下的方阵表示，即 $\mathscr{A}(\varepsilon_1,\cdots,\varepsilon_n)=(\varepsilon_1,\cdots,\varepsilon_n)A$(即 A 的第 j 列是 $\mathscr{A}\varepsilon_j$ 的坐标列)，而 B 是 $\mathscr{A}$ 在基$\{e_i\}$下的方阵表示．于是 $B=\Omega^{-1}A\Omega$，其中 Ω 是两基间过渡方阵，即$(e_1,\cdots,e_n)=(\varepsilon_1,\cdots,\varepsilon_n)\Omega$(亦即 Ω 的第 j 列是 e_j 在$\{\varepsilon_i\}$上的坐标)．当$\{\varepsilon_i\}$和$\{e_i\}$均为标准正交基时，Ω 是正交方阵．另一方面，因 $\Omega^{-1}=\Omega^{\mathrm{T}}$，故(实)正交相似也是(实)正交相合，$A$ 与 $B=\Omega^{\mathrm{T}}A\Omega$ 是 V 上同一个双线性型 g 在不同标准正交基$\{\varepsilon_i\}$和$\{e_i\}$下的方阵．

特别地，对给定的方阵 A，常可取 $V=\mathbb{R}^{(n)}=E^{(n)}$(经典欧几里得空间)，取

$$\mathscr{A}=\varphi_A: x\longmapsto Ax.$$

这样 A 就是 φ_A 在自然基$\{\varepsilon_i\}$下的方阵表示．我们要求出 $E^{(n)}$ 的新标准正交基$\{e_i\}$使 φ_A 有尽量简单的方阵表示 $B=\Omega^{\mathrm{T}}A\Omega$．注意此时 $\Omega=(e_1,\cdots,e_n)$．

由定理 6.12(3)，对任意实方阵 A，存在实方阵 P 使 A 相似于

$$P^{-1}AP=\begin{bmatrix} A_1 & * & * \\ & \ddots & * \\ & & A_m \end{bmatrix}, \tag{9.2.1}$$

为准上三角形，A_i 为 2 阶实方阵(无实特征根)或实数($1\leqslant i\leqslant m$)．

将 P 正交化，得到 $PT=\Omega$ 为实正交方阵(定理 9.1 系 4)，其中 $T=(t_{ij})$为上三角方阵(对角线元素为正数)．于是知

$$\Omega^{-1}A\Omega=T^{-1}(P^{-1}AP)T$$

仍为准上三角形方阵，对角线上仍是 1 或 2 阶实方阵块．事实上，将 T 相应于 $P^{-1}AP$ 分块为 $T=(T_{ij})$，则也是准上三角形．而准上三角形方阵的逆(与积)仍为准上三角形，且对角线上的块取逆(与相乘)．因此我们得到

定理 9.4　设 A 为实方阵，则存在实正交方阵 Ω 使 A 正交相似于准上三角形，即

$$\Omega^{-1}A\Omega=\begin{bmatrix} A_1 & * & * & * & * & * \\ & \ddots & * & * & * & * \\ & & A_s & * & * & * \\ & & & \lambda_{2s+1} & * & * \\ & & & & \ddots & * \\ & & & & & \lambda_n \end{bmatrix} \tag{9.2.2}$$

其中 $A_1,\cdots,A_s$ 为 2 阶实方阵(且无实特征根)，$\lambda_{2s+1},\cdots,\lambda_n$ 为实数．

此定理是以下讨论的基础，所以我们再给出一个直接的证明．先看简单的引理．

引理 9.4　(1) 若实方阵 A 有实特征根 λ_1，设 $x_1\in\mathbb{R}^{(n)}$ 为其特征向量(即 $Ax_1=\lambda_1x_1$)．则$\mathbb{R}x_1$ 是 A(即 φ_A)的一维不变子空间，A 正交相似于准上三角形：

$$\Omega^{-1}A\Omega=\begin{bmatrix}\lambda_1 & X\\ 0 & B_1\end{bmatrix} \tag{9.2.3}$$

(2) 若实方阵 A 有虚特征根 $\lambda_1=a+b\mathrm{i}$，设 $x_1=y+z\mathrm{i}\in\mathbb{C}^{(n)}$ 为其虚特征向量(即 $Ax_1=\lambda_1 x_1$)，则 $W=\mathbb{R}y+\mathbb{R}z$ 是 A(即 φ_A)的二维不变子空间，A 正交相似于准上三角形，即

$$\Omega^{-1}A\Omega=\begin{bmatrix}A_1 & X\\ 0 & C_1\end{bmatrix}, \tag{9.2.4}$$

其中 A_1 为 2 阶实方阵，有虚特征根 λ_1(这里 $a,b\in\mathbb{R}$，$y,z\in\mathbb{R}^{(n)}$，$\mathrm{i}=\sqrt{-1}$).

证明 (1) 可设 x_1 为单位长(即 $x_1^{\mathrm{T}}x_1=1$). 构作正交方阵 $\Omega=(x_1,\cdots,x_n)$，则 $\Omega^{-1}A\Omega=\Omega^{-1}(Ax_1,\cdots)=\Omega^{-1}(\lambda_1 x_1,\cdots)=(\lambda_1\Omega^{-1}x_1,\cdots)$即为引理中形式(因为由 $I=\Omega^{-1}\Omega=(\Omega^{-1}x_1,\cdots)$知 $\Omega^{-1}x_1=(1,0,\cdots,0)^{\mathrm{T}}$). 此外，由 x_1 生成 A(即 φ_A)的一维不变子空间，也可看出 φ_A 在基$\{x_1,\cdots,x_n\}$下的方阵应如引理中形式(定理 6.9).

(2) 由 $Ax_1=\lambda_1 x_1$，分开实虚部得到

$$\begin{cases}Ay=ay-bz\\ Az=by+az\end{cases},\qquad A(y,z)=(y,z)\begin{bmatrix}a & b\\ -b & a\end{bmatrix} \tag{9.2.5}$$

故 $W=\mathbb{R}y+\mathbb{R}z$ 是 A(即 φ_A)的二维不变子空间(若 y,z 线性相关，则 $x_1=cx$($x=y$ 或 z，$c\in\mathbb{C}$)，$Ax=\lambda_1 x$，左实右虚，矛盾). 作$\mathbb{R}^{(n)}$的基$\{y,z,x_3,\cdots,x_n\}$，正交化为标准正交基$\{e_1,\cdots,e_n\}$，知 $W=\mathbb{R}y+\mathbb{R}z=\mathbb{R}e_1+\mathbb{R}e_2$ 是 φ_A 的不变子空间，从而 φ_A 在基$\{e_i\}$下的方阵应如引理(由定理 6.9)，$\Omega=(e_1,\cdots,e_n)$是自然基到$\{e_i\}$的过渡方阵. 另一视角：将可逆阵 $P=(y,z,x_3,\cdots,x_n)$正交化为 $PT=\Omega=(e_1,\cdots,e_n)$，$T$ 是对角线为正数的上三角阵(定理 9.1 系 4). 则 $\Omega^{-1}A\Omega=\Omega^{-1}(Ae_1,Ae_2,\cdots)=\Omega^{-1}(b_{11}e_1+b_{21}e_2,b_{12}e_1+b_{22}e_2,\cdots)$. 由 $I=\Omega^{-1}\Omega=\Omega^{-1}(e_1,e_2,\cdots)=(\Omega^{-1}e_1,\Omega^{-1}e_2,\cdots)$知 $\Omega^{-1}e_1,\Omega^{-1}e_2$ 为 I 的前两列，即得引理形式. ■

定理 9.4 证明 若 A 有虚特征根 $\lambda_1=a+b\mathrm{i}$，由引理 9.4(2)知 $\Omega^{-1}A\Omega$ 为准上三角形，对角线为$\{A_1,C_1\}$. 再对 C_1 用此引理(2)，得 $\Omega_2^{-1}C_1\Omega_2$ 为准上三角形，对角线为$\{A_2,C_2\}$. 令 $\Omega_3=\mathrm{diag}(1,\Omega_2)$，则 $\Omega_3^{-1}\Omega^{-1}A\Omega\Omega_3$ 为准上三角形，对角线为$\{A_1,A_2,C_2\}$. 如此续行，直到取尽 A 的所有虚特征根，得出 A 正交相似于上三角形而对角线为$\{A_1,\cdots,A_s,C_s\}$. 再对 C_s 用引理 9.4(1)作类似讨论，则得定理. ■

在定理 9.4 中，对角线上 λ_j 和 A_k 的排序不是唯一的，例如可为$\{\lambda_{2s+1},\cdots,\lambda_n,A_1,\cdots,A_s\}$，只要在化简过程中按不同次序考虑各特征根即可.

正交、对称、交错(斜称)等实方阵都可归入如下定义的规范方阵.

定义 9.6 若实方阵 N 与其转置可交换，即 $NN^{\mathrm{T}}=N^{\mathrm{T}}N$，则称 N 为(实)规范方阵(normal matrix).

例 9.4(二阶规范方阵) 设 $N=\begin{bmatrix}a & b\\ c & d\end{bmatrix}$为实规范方阵，由 $NN^{\mathrm{T}}=N^{\mathrm{T}}N$ 可得

$$① \ a^2+b^2=a^2+c^2, \qquad ② \ ac+bd=ab+dc.$$

由①知 $c=\pm b$. 若 $c=b$，则 N 为实对称，有实特征根. 若 $c=-b$ 且非零，由②知 $a=d$，故

$$N=\begin{bmatrix} a & b \\ -b & a \end{bmatrix}=aI+bJ, \qquad J=\begin{bmatrix} & 1 \\ -1 & \end{bmatrix},$$

注意 $J^2=-I, N^{\mathrm{T}}=aI-bJ$. N 以 $a\pm b\mathrm{i}$ 为二虚特征根，以 $(1,\pm\mathrm{i})^{\mathrm{T}}$ 为相应二虚特征向量. 注意 $(1,\mathrm{i})^{\mathrm{T}}$ 的实、虚部为 $(1,0)^{\mathrm{T}}$、$(0,1)^{\mathrm{T}}$，是单位正交向量(这里 $\mathrm{i}=\sqrt{-1}$).

引理 9.5　设 N 为实规范方阵且

$$\Omega^{-1}N\Omega=\begin{bmatrix} N_1 & N_3 \\ 0 & N_2 \end{bmatrix},$$

其中 Ω 为实正交方阵，则 $N_3=0$.

证明　由 $NN^{\mathrm{T}}=N^{\mathrm{T}}N$ 知

$$\begin{bmatrix} N_1 & N_3 \\ 0 & N_2 \end{bmatrix}\begin{bmatrix} N_1^{\mathrm{T}} & 0 \\ N_3^{\mathrm{T}} & N_2^{\mathrm{T}} \end{bmatrix}=\begin{bmatrix} N_1^{\mathrm{T}} & 0 \\ N_3^{\mathrm{T}} & N_2^{\mathrm{T}} \end{bmatrix}\begin{bmatrix} N_1 & N_3 \\ 0 & N_2 \end{bmatrix},$$

由两边的左上角块相等得到 $N_1N_1^{\mathrm{T}}+N_3N_3^{\mathrm{T}}=N_1^{\mathrm{T}}N_1$. 两边取迹，由 $\mathrm{tr}(AB)=\mathrm{tr}(BA)$ 知 $\mathrm{tr}(N_3N_3^{\mathrm{T}})=0$. 故 $N_3=0$. ■

由定理 9.4 和此引理以及例 9.4，立得如下重要定理.

定理 9.5(规范方阵正交相似标准形)　设 N 为实规范方阵，则存在实正交方阵 Ω 使

$$\Omega^{-1}N\Omega=\begin{bmatrix} \begin{bmatrix} a_1 & b_1 \\ -b_1 & a_1 \end{bmatrix} & & & & & \\ & \ddots & & & & \\ & & \begin{bmatrix} a_s & b_s \\ -b_s & a_s \end{bmatrix} & & & \\ & & & \lambda_{2s+1} & & \\ & & & & \ddots & \\ & & & & & \lambda_n \end{bmatrix} \tag{9.2.6}$$

为准对角形，其中 $A_k=\begin{bmatrix} a_k & b_k \\ -b_k & a_k \end{bmatrix}$ 的特征根为虚数 $\lambda_k=a_k+b_k\mathrm{i}$ 和 $\bar{\lambda}_k=a_k-b_k\mathrm{i}$，有相应特征向量 $\alpha_k=(1,\mathrm{i})^{\mathrm{T}}$ 和 $\bar{\alpha}_k=(1,-\mathrm{i})^{\mathrm{T}}$；$\lambda_{2s+1},\cdots,\lambda_n$ 为实数. 反之，有上述形式的方阵必是规范方阵(这里 $a_k,b_k\in\mathbb{R}$，$\mathrm{i}=\sqrt{-1}$，$k=1,\cdots,s$).

在定理 9.5 中，可设 $b_k\geqslant 0$，因为 A_k 与 A_k^{T} 正交相似($k=1,\cdots,s$). 因此对于规范方阵，特征根决定其正交相似标准形.

设 $N=\Omega$ 为实正交方阵，则其特征根 λ_k 满足 $\bar{\lambda}_k\lambda_k=1$，即 $\lambda_k=\mathrm{e}^{\mathrm{i}\theta_k}=\cos\theta_k+\mathrm{i}\sin\theta_k$ 或 $\pm 1(\theta_k\in\mathbb{R})$. 事实上，若 $\Omega x=\lambda_k x$，作复共轭转置知 $\bar{x}^{\mathrm{T}}\Omega^{\mathrm{T}}=\bar{\lambda}_k\bar{x}^{\mathrm{T}}$，二式相乘得 $\bar{x}^{\mathrm{T}}x=\bar{x}^{\mathrm{T}}\Omega^{\mathrm{T}}\Omega x=\bar{\lambda}_k\lambda_k\bar{x}^{\mathrm{T}}x$，即知 $\bar{\lambda}_k\lambda_k=1$. 也可用定理 9.5，由 $\Omega^{\mathrm{T}}\Omega=I$ 得出 $I=A_k^{\mathrm{T}}A_k=(a_kI-b_kJ)(a_kI+b_kJ)=(a_k^2+b_k^2)I, a_k^2+b_k^2=1$，故特征根 $a_k\pm b_k\mathrm{i}=\mathrm{e}^{\mathrm{i}\theta_k}$. 由此得如下推论.

系 1(正交方阵的正交相似) 设 Ω 为实正交方阵，则存在实正交方阵 Ω_1 使

$$\Omega_1^{-1}\Omega\Omega_1=\mathrm{diag}\left[\begin{bmatrix}\cos\theta_1 & \sin\theta_1\\ -\sin\theta_1 & \cos\theta_1\end{bmatrix},\cdots,\begin{bmatrix}\cos\theta_s & \sin\theta_s\\ -\sin\theta_s & \cos\theta_s\end{bmatrix},\pm 1,\cdots,\pm 1\right],$$

其中 $\mathrm{e}^{\mathrm{i}\theta_k}$ 和 ± 1 为 Ω 的特征根，θ_k 为实数($k=1,\cdots,s$).

再设 $N=S$ 为实对称方阵，则其特征根 λ_k 必均为实数. 事实上，若 $Sx=\lambda_k x$，则 $\bar{x}^{\mathrm{T}}Sx=\lambda_k\bar{x}^{\mathrm{T}}x$，因 $\bar{x}^{\mathrm{T}}Sx,\bar{x}^{\mathrm{T}}x\in\mathbb{R}$，故 $\lambda_k\in\mathbb{R}$. 也可用定理 9.5，$S^{\mathrm{T}}=S$ 导致 $A_k^{\mathrm{T}}=A_k$，此不可能(因为 $b_k\neq 0$)，即知对角形上只有一阶块 λ_k. 故由定理 9.5 得到如下结论.

系 2(实对称方阵的正交相似标准形，**谱分解定理**) 设 S 为 n 阶实对称方阵，则存在实正交方阵 Ω 使 $\Omega^{-1}S\Omega=\mathrm{diag}(\lambda_1,\lambda_2,\cdots,\lambda_n)$，其中 $\lambda_1,\cdots,\lambda_n$ 为 S 的实特征根.

再若 $N=K$ 为实交错(即斜称)方阵，则其特征根必均为纯虚数或 0. 事实上，若 $Kx=\lambda_k x$，则 $\bar{x}^{\mathrm{T}}Kx=\lambda_k\bar{x}^{\mathrm{T}}x$，因 $c=\bar{x}^{\mathrm{T}}Kx$ 满足 $\bar{c}^{\mathrm{T}}=-c$，故为纯虚数或 0，即知 λ_k 为纯虚数或 0. 或由定理 9.5，$K^{\mathrm{T}}=-K$ 导致 $A_k^{\mathrm{T}}=-A_k, a_kI-b_kJ=-(a_kI+b_kJ), a_k=0$. 故得如下结论.

系 3(实交错(斜称)方阵的正交相似) 设 K 为实交错方阵，则存在实正交方阵 Ω 使

$$\Omega^{-1}K\Omega=\mathrm{diag}\left[\begin{bmatrix}0 & b_1\\ -b_1 & 0\end{bmatrix},\cdots,\begin{bmatrix}0 & b_s\\ -b_s & 0\end{bmatrix},0,\cdots,0\right]$$

其中 $\mathrm{i}b_1,\cdots,\mathrm{i}b_s$ 为 K 的虚特征根.

系 4 设 N 为 n 阶实规范方阵，虚、实特征根分别为 $\{\lambda_k,\bar{\lambda}_k\}$ 和 $\{\lambda_{2s+j}\}$ ($1\leqslant k\leqslant s$, $1\leqslant j\leqslant t$，重根计入). 则存在属于 $\{\lambda_k\}$ 和 $\{\lambda_{2s+j}\}$ 的特征列向量 $\{x_k\}$ 和 $\{x_{2s+j}\}$，使 $\{x_k\}$ 的实虚部分连同 $\{x_{2s+j}\}$ 构成实正交方阵 Ω，且 $\Omega^{-1}N\Omega=\mathrm{diag}\{A_1,\cdots,A_s,\lambda_{2s+1},\cdots,\lambda_n\}$ 为 N 的正交相似标准形.

证明 考虑定理 9.5 中矩阵 $\Omega^{-1}N\Omega=\mathrm{diag}\{A_1,\cdots,A_s,\lambda_{2s+1},\cdots,\lambda_n\}$. 属于 λ_1 的 A_1 的特征向量取为 $(1,\mathrm{i})^{\mathrm{T}}$，相应的 $\Omega^{-1}N\Omega$ 的特征向量取为 $x_1'=(1,\mathrm{i},0,\cdots,0)^{\mathrm{T}}=\varepsilon_1+\mathrm{i}\varepsilon_2$ (ε_j 为 I 的第 j 列). 对 A_k 可类似取 x_k'. 对实特征根 λ_{2s+j} 取特征向量 $x_{2s+j}'=\varepsilon_{2s+j}$. 于是得到特征向量集 $\{x_1',\cdots,x_s',x_{2s+1}',\cdots,x_n'\}=\{\varepsilon_1+\mathrm{i}\varepsilon_2,\cdots,\varepsilon_n\}$，实虚部为 $(\varepsilon_1,\cdots,\varepsilon_n)=I$. 由 $(\Omega^{-1}N\Omega)x_k'=\lambda_k x_k'$ 知 $N\Omega x_k'=\lambda_k\Omega x_k'$. 所以 $\{\Omega x_1',\cdots,\Omega x_s',\Omega x_{2s+1}',\cdots,\Omega x_n'\}$ 是 N 的特征向

量集，其实、虚部恰为$(\Omega\varepsilon_1,\cdots,\Omega\varepsilon_n)=\Omega$. 即得系4.

另法：由$\Omega^{-1}N\Omega=\mathrm{diag}\{A_1,\cdots,A_s,\lambda_{2s+1},\cdots,\lambda_n\}$，记$\Omega=(e_1,\cdots,e_n)$，则得$N(e_1,\cdots,e_n)=(e_1,\cdots,e_n)\mathrm{diag}\{A_1,\cdots,A_s,\lambda_{2s+1},\cdots,\lambda_n\}$. 注意$A_k=\begin{bmatrix}a_k & b_k\\ -b_k & a_k\end{bmatrix}$，故

$$N(e_{2k-1},e_{2k})=(e_{2k-1},e_{2k})\begin{bmatrix}a_k & b_k\\ -b_k & a_k\end{bmatrix},\qquad (k=1,\cdots,s)\tag{9.2.7}$$

$$Ne_{2s+j}=\lambda_{2s+j}e_{2s+j},\qquad (j=1,\cdots,t)\tag{9.2.8}$$

(9.2.7)式说明$x_k=e_{2k-1}+\mathrm{i}e_{2k}$是属于$\lambda_k=a_k+b_k\mathrm{i}$的特征向量. (9.2.8)式说明$x_{2s+j}=e_{2s+j}$为实特征向量. 证毕. ■

9.3　欧几里得空间的线性变换

定义9.7　设$\mathscr{A}$为欧几里得空间V的线性变换，A为$\mathscr{A}$在一标准正交基下的方阵表示. 若A为规范(正交、对称、交错或斜称)方阵，则相应地称$\mathscr{A}$为**规范(正交、对称、交错或斜称)变换**. 对称变换也称为**自伴随变换**.

欧几里得空间V的线性变换$\mathscr{A}$与实方阵A的关系，已在上节开始说明. A是$\mathscr{A}$在标准正交基$\{\varepsilon_i\}$下的方阵表示意味着$\mathscr{A}(\varepsilon_1,\cdots,\varepsilon_n)=(\varepsilon_1,\cdots,\varepsilon_n)A$. 若$B$是$\mathscr{A}$在新的标准正交基$\{e_i\}$下的方阵表示，则$B=\Omega^{-1}A\Omega$，其中$\Omega$是基的过渡方阵，即

$$(e_1,\cdots,e_n)=(\varepsilon_1,\cdots,\varepsilon_n)\Omega.$$

我们设$\mathscr{A}=\mathscr{N}$为规范变换，$A=N$为规范方阵. 现若$\mathscr{N}$在标准正交基$\{e_1,\cdots,e_n\}$下的方阵表示为$B=\Omega^{-1}A\Omega=\begin{bmatrix}N_1 & N_3\\ N_0 & N_2\end{bmatrix}$，我们知道，$N_0=0$当且仅当$W_1=\mathbb{R}e_1+\cdots+\mathbb{R}e_s$是不变子空间；而$N_3=0$当且仅当$W_2=\mathbb{R}e_{s+1}+\cdots+\mathbb{R}e_n$是不变子空间(定理6.9). 注意$W_2=W_1^{\perp}$为$W_1$的正交补. 上节引理9.5断言：若$N_0=0$则$N_3=0$. 其几何意义如下.

引理9.5′　设$\mathscr{N}$为欧几里得空间V的规范变换，则$\mathscr{N}$的任一不变子空间W的正交补$W^{\perp}$也是其不变子空间.

由定理9.5知道，存在V的新的标准正交基$\{e_1,\cdots,e_n\}$，使$\mathscr{N}$的方阵表示为$D=\Omega^{-1}A\Omega=\mathrm{diag}\{A_1,\cdots,A_s,\lambda_{2s+1},\cdots,\lambda_n\}$. 这说明$W_1=\mathbb{R}e_1+\mathbb{R}e_2$，$W_2=\mathbb{R}e_3+\mathbb{R}e_4$等是不变子空间(定理6.9)，$A_1$是$\mathscr{N}$在$W_1$的限制$\mathscr{N}_1$的方阵表示. 故定理9.5的几何形式如下.

定理9.5′(规范变换的分解)　设$\mathscr{N}$为欧几里得空间V的规范变换，则存在V的标准正交基$\{e_1,\cdots,e_n\}$，使得V分解为两两正交的二维和一维不变子空间的直和，即

$$V=(\mathbb{R}e_1+\mathbb{R}e_2)\oplus\cdots\oplus(\mathbb{R}e_{2s-1}+\mathbb{R}e_{2s})\oplus\mathbb{R}e_{2s+1}\oplus\cdots\oplus\mathbb{R}e_n,$$

且$\mathscr{N}$在各不变子空间的作用为

$$\mathscr{N}(e_{2k-1},e_{2k})=(e_{2k-1},e_{2k})\begin{pmatrix}a_k & b_k\\ -b_k & a_k\end{pmatrix}\qquad(k=1,\cdots,s),$$

$$\mathscr{N}e_{2s+j}=\lambda_{2s+j}e_{2s+j}\qquad(j=1,\cdots,t).$$

系 1′(正交变换的分解) 设 Ω 为欧几里得空间 V 的正交变换，则存在 V 的标准正交基$\{e_1,\cdots,e_n\}$，使得 V 分解为两两正交的二维和一维不变子空间的直和：

$$V=(\mathbb{R}e_1+\mathbb{R}e_2)\oplus\cdots\oplus(\mathbb{R}e_{2s-1}+\mathbb{R}e_{2s})\oplus\mathbb{R}e_{2s+1}\oplus\cdots\oplus\mathbb{R}e_n,$$

且 Ω 在二维不变子空间 $W_k=\mathbb{R}e_{2k-1}+\mathbb{R}e_{2k}$上限制为旋转变换，即

$$\Omega(e_{2k-1},e_{2k})=(e_{2k-1},e_{2k})\begin{bmatrix}\cos\theta_k & \sin\theta_k\\ -\sin\theta_k & \cos\theta_k\end{bmatrix}\qquad(k=1,\cdots,s);$$

Ω 在一维不变子空间 $W_{2s+j}=\mathbb{R}e_{2s+j}$上限制为反射或恒等变换，即

$$\Omega e_{2s+j}=\pm e_{2s+j}\qquad(j=1,\cdots,t).$$

系 2′(对称变换的谱分解) 设 $\mathscr{S}$ 为欧几里得空间 V 的对称变换，则存在 $\mathscr{S}$ 的特征向量组成的标准正交基$\{e_1,\cdots,e_n\}$，从而 V 分解为一维不变子空间的正交直和，即

$$V=\mathbb{R}e_1\oplus\mathbb{R}e_2\oplus\cdots\oplus\mathbb{R}e_n.$$

系 3′(交错(斜称)变换的分解) 设 $\mathscr{K}$ 为欧几里得空间 V 的交错变换，则存在 V 的标准正交基$\{e_1,\cdots,e_n\}$，使得 V 分解为两两正交的二维和一维不变子空间的直和，即

$$V=(\mathbb{R}e_1+\mathbb{R}e_2)\oplus\cdots\oplus(\mathbb{R}e_{2s-1}+\mathbb{R}e_{2s})\oplus\mathbb{R}e_{2s+1}\oplus\cdots\oplus\mathbb{R}e_n,$$

且 $\mathscr{K}$ 将$\mathbb{R}e_{2s+j}$化零$(j=1,\cdots,t)$；$\mathscr{K}$ 在 $W_k=\mathbb{R}e_{2k-1}+\mathbb{R}e_{2k}$上作用为

$$\mathscr{K}(e_{2k-1},e_{2k})=(e_{2k-1},e_{2k})\begin{bmatrix}0 & b_k\\ -b_k & 0\end{bmatrix}\qquad(k=1,\cdots,s).$$

正交变换是欧几里得空间的最基本的变换. 这由以下定理可见.

定理 9.6 设 Ω 为欧几里得空间 V 的线性变换，则以下命题等价：

(1) Ω 为正交变换（即 Ω 在标准正交基下的方阵为正交方阵）；

(2) Ω 为**等距变换**，即保持内积不变：$\langle\Omega\alpha,\Omega\beta\rangle=\langle\alpha,\beta\rangle$ （对任意 $\alpha,\beta\in V$).

(3) Ω 为有限次旋转和反射变换的复合(乘积).

($\mathscr{R}$ 称为**旋转变换**是指存在 V 的标准正交基$\{e_1,\cdots,e_n\}$使 $\mathscr{R}$ 在$\mathbb{R}e_1+\mathbb{R}e_2$ 限制为旋转，而 $\mathscr{R}e_k=e_k(k=3,\cdots,n)$. $\mathscr{R}$ 称为**反射变换**是指存在标准正交基$\{e_1,\cdots,e_n\}$使 $\mathscr{R}e_1=-e_1$，而 $\mathscr{R}e_k=e_k(k=2,\cdots,n)$).

证明 (1) $\Leftrightarrow$(2)：$\langle\Omega\alpha,\Omega\beta\rangle=\langle\alpha,\beta\rangle\Leftrightarrow x^{\mathrm T}\Omega^{\mathrm T}\Omega y=x^{\mathrm T}y$(对所有 $x,y\in\mathbb{R}^{(n)}$)$\Leftrightarrow\Omega^{\mathrm T}\Omega=I$(其中 Ω 为变换 Ω 在某标准正交基的方阵表示，x,y 为 α,β 的坐标列).

(1) $\Leftrightarrow$(3)：由系 1′即知(1)导致(3). 反之显然，因为正交方阵的积仍为正交方阵. ■

正交变换保持内积、距离、长度、夹角不变，且是一些旋转和反射的复合积，所以正交变换又称为欧几里得空间的等距变换，或自同构. 欧几里得空间在正交变换下的不变

性质的研究，称为欧几里得几何学，它是古典平面几何学和立体几何学的发展.

伴随变换现在有了新意. 先回忆定理8.12：线性空间V_1到V_2的每个线性映射φ诱导出对偶空间V_2^*到V_1^*的伴随线性映射φ^*，定义为$\varphi^*(f)=f\circ\varphi$，即$(\varphi^* f)(\alpha)=f(\varphi\alpha)$或$\langle\varphi^* f,\alpha\rangle=\langle f,\varphi\alpha\rangle$(对$f\in V_2^*,\alpha\in V_1$). 在对偶基下，$\varphi$和$\varphi^*$的矩阵表示$A$和$A^*$互为转置. 现在设$V_1=V_2=V$为欧几里得空间，$\varphi=\mathscr{A}$为其线性变换. V的内积记为$g:V\times V\to\mathbb{R}$，也记为$g(\alpha,\beta)=\langle\alpha,\beta\rangle(\alpha,\beta\in V)$. 由此内积，每个向量$\gamma\in V$给出$V$上的一个线性函数$f_\gamma=\langle\gamma,_\rangle$，即$f_\gamma(\beta)=\langle\gamma,\beta\rangle$. 将$\gamma$等同于$f_\gamma=\langle\gamma,_\rangle$，则$V=V^*$，即$V$是自身的对偶空间，故欧几里得空间又称为**自对偶空间**，而且$V=V^*$的标准正交基$\{\varepsilon_i\}$即是其自身的对偶基. 因为$\langle\varepsilon_i,\varepsilon_j\rangle=\delta_{ij}$. 因此得到下面的引理.

引理 9.6　欧几里得空间V的每个线性变换$\mathscr{A}$诱导出V的一个线性变换$\mathscr{A}^*$(称为$\mathscr{A}$的伴随变换)，定义为

$$\mathscr{A}^*(\gamma)=\gamma\circ\mathscr{A}\quad\text{或}\quad\langle\mathscr{A}^*\gamma,\alpha\rangle=\langle\gamma,\mathscr{A}\alpha\rangle\quad(\text{对任意}\ \gamma,\alpha\in V),$$

而且在标准正交基下$\mathscr{A}$和$\mathscr{A}^*$的方阵表示A和A^*互为转置，即$A^*=A^{\mathrm{T}}$.

由此引理，我们可以不涉及方阵而直接定义规范变换等. 这是更常见的定义.

定义 9.7′　欧几里得空间V的规范、正交、对称(自伴随)、交错(斜称)变换$\mathscr{N},\Omega,,\mathscr{S},\mathscr{K}$分别定义为满足如下关系的变换：

$$\mathscr{N}\mathscr{N}^*=\mathscr{N}^*\mathscr{N},\qquad\Omega^*\Omega=I,\qquad\mathscr{S}^*=\mathscr{S},\qquad\mathscr{K}^*=-\mathscr{K}.$$

此外注意，$\mathscr{A}=\mathscr{N}$为规范变换当且仅当$\mathscr{A}^*\alpha$与$\mathscr{A}\alpha$等长，即

$$\|\mathscr{A}^*\alpha\|=\|\mathscr{A}\alpha\|\qquad(\text{对任意}\ \alpha\in V).$$

这是因为$\|\mathscr{A}\alpha\|^2=\langle\mathscr{A}\alpha,\mathscr{A}\alpha\rangle=x^{\mathrm{T}}A^{\mathrm{T}}Ax$，而$\|\mathscr{A}^*\alpha\|^2=x^{\mathrm{T}}AA^{\mathrm{T}}x$，二者相等(对任意$x$)当且仅当$A^{\mathrm{T}}A=AA^{\mathrm{T}}$.

9.4　正定性与极分解

定理 9.7　设S为n阶实对称方阵，则下列命题等价：

(1) $S>0$(即S正定)；

(2) S的特征根$\lambda_i>0\ (i=1,\cdots,n)$；

(3) $S=S_1^2$，其中S_1为正定实对称方阵；

(4) S实正交相合于$\mathrm{diag}(\lambda_1,\cdots,\lambda_n)$，$\lambda_i>0\quad(i=1,2,\cdots,n)$；

(5) $S=P^{\mathrm{T}}P$实相合于I；

(6) S的主子式皆正数；

(7) S的顺序主子式皆正数；

(8) S的同阶主子式之和皆正数.

证明 由上节定理知有实正交方阵 Ω 使

$$S = \Omega \operatorname{diag}(\lambda_1, \cdots, \lambda_n)\Omega^{\mathrm{T}},\ \lambda_i \text{ 为实数}(i = 1,2,\cdots,n).$$

显然 $S>0$ 当且仅当 λ_i 均正数($i=1,2,\cdots,n$),此时令

$$S_1 = \Omega \operatorname{diag}(\sqrt{\lambda_1}, \cdots, \sqrt{\lambda_n})\Omega^{\mathrm{T}},$$

则 $S=S_1^2$. 反之由(3)显然有 $S>0$. 其余命题的等价性上章已证过,我们只需再证(8)⇒(2),而这由特征多项式

$$f(\lambda) = |\lambda I - S| = \lambda^n - \sigma_1\lambda^{n-1} + \cdots + (-1)^n\sigma_n,$$

其中 σ_k 为 S 的 k 阶主子式之和,可知若 σ_k 均正而 $\lambda_i<0$,则 $f(\lambda_i)$ 各项同号,不可能为 0,即知 $f(\lambda)$ 的根 λ_i 均为正数,证毕. ■

定理 9.8 设 S 为 n 阶实对称方阵则下列命题等价:

(1) $S\geqslant 0$ (即 S 半正定);

(2) S 的特征根 $\lambda_i\geqslant 0$ ($i=1,\cdots,n$);

(3) $S=S_1^2$,其中 S_1 为半正定实对称方阵;

(4) S 实正交相合于 $\operatorname{diag}(\lambda_1,\cdots,\lambda_r,0,\cdots,0)$, $\lambda_i>0$ ($i=1,2,\cdots,r$);

(5) $S=Q^{\mathrm{T}}Q$, Q 为实方阵;

(6) S 的主子式皆正数或 0;

(7) S 的同阶主子式之和都为正数或 0.

证明可类似于定理 9.7 的证明.

注意 $S=\operatorname{diag}(0,-1)$ 这一例子说明,虽然 S 的顺序主子式皆 $\geqslant 0$,S 不一定就半正定.

定理 9.9 设 S 为半正定实对称方阵,则有唯一的半正定实对称方阵 S_1 使 $S=S_1^2$,且与 S 可交换的方阵与 S_1 也可交换.

证明 S_1 的存在性已由定理 9.8 断言. 现设 $S=S_1^2=S_2^2$,且

$$S_1 = \Omega_1 \begin{bmatrix} a_1 & & \\ & \ddots & \\ & & a_n \end{bmatrix} \Omega_1^{\mathrm{T}}, \qquad S_2 = \Omega_2 \begin{bmatrix} b_1 & & \\ & \ddots & \\ & & b_n \end{bmatrix} \Omega_2^{\mathrm{T}},$$

其中 Ω_1,Ω_2 为实正交方阵,$a_i,b_i\geqslant 0$($i=1,\cdots,n$). 则由 $S=S_1^2=S_2^2$ 知

$$S = \Omega_1 \begin{bmatrix} a_1^2 & & \\ & \ddots & \\ & & a_n^2 \end{bmatrix} \Omega_1^{\mathrm{T}} = \Omega_2 \begin{bmatrix} b_1^2 & & \\ & \ddots & \\ & & b_n^2 \end{bmatrix} \Omega_2^{\mathrm{T}},$$

故知 a_i^2 和 b_i^2 皆为 S 的特征根. 不防设将特征根由大到小排序,从而 $\lambda_i=a_i^2=b_i^2$($i=1,\cdots,n$),于是

$$\Omega_1 \begin{bmatrix} \lambda_1 & & \\ & \ddots & \\ & & \lambda_n \end{bmatrix} \Omega_1^{\mathrm{T}} = \Omega_2 \begin{bmatrix} \lambda_1 & & \\ & \ddots & \\ & & \lambda_n \end{bmatrix} \Omega_2^{\mathrm{T}},$$

即

$$\Omega_2^{\mathrm{T}} \Omega_1 \begin{bmatrix} \lambda_1 & & \\ & \ddots & \\ & & \lambda_n \end{bmatrix} = \begin{bmatrix} \lambda_1 & & \\ & \ddots & \\ & & \lambda_n \end{bmatrix} \Omega_2^{\mathrm{T}} \Omega_1,$$

记 $\Omega_2^{\mathrm{T}}\Omega_1=(b_{ij})$，则 $b_{ij}\lambda_j=\lambda_i b_{ij}$，故当 $\lambda_i\neq\lambda_j$ 时，$b_{ij}=0\ (i,j=1,2,\cdots,n)$. 因此 $b_{ij}\sqrt{\lambda_j}=\sqrt{\lambda_i}b_{ij}(i,j=1,2,\cdots,n)$，即知

$$(b_{ij}) \begin{bmatrix} \sqrt{\lambda_1} & & \\ & \ddots & \\ & & \sqrt{\lambda_n} \end{bmatrix} = \begin{bmatrix} \sqrt{\lambda_1} & & \\ & \ddots & \\ & & \sqrt{\lambda_n} \end{bmatrix} (b_{ij}),$$

即

$$S_1 = \Omega_1 \begin{bmatrix} \sqrt{\lambda_1} & & \\ & \ddots & \\ & & \sqrt{\lambda_n} \end{bmatrix} \Omega_1^{\mathrm{T}} = \Omega_2 \begin{bmatrix} \sqrt{\lambda_1} & & \\ & \ddots & \\ & & \sqrt{\lambda_n} \end{bmatrix} \Omega_2^{\mathrm{T}} = S_2.$$

现若方阵 A 与 S 可换，则由 $AS=SA$ 知

$$A\Omega \begin{bmatrix} \lambda_1 & & \\ & \ddots & \\ & & \lambda_n \end{bmatrix} \Omega^{\mathrm{T}} = \Omega \begin{bmatrix} \lambda_1 & & \\ & \ddots & \\ & & \lambda_n \end{bmatrix} \Omega^{\mathrm{T}} A,\ 即\ C \begin{bmatrix} \lambda_1 & & \\ & \ddots & \\ & & \lambda_n \end{bmatrix} = \begin{bmatrix} \lambda_1 & & \\ & \ddots & \\ & & \lambda_n \end{bmatrix} C,$$

其中 $\Omega^{\mathrm{T}}A\Omega=C=(c_{ij})$，故 $c_{ij}\lambda_j=\lambda_i c_{ij}$，因而当 $\lambda_i\neq\lambda_j$ 时，$c_{ij}=0\ (\forall i,j)$. 从而 $c_{ij}\sqrt{\lambda_j}=\sqrt{\lambda_i}c_{ij}\ (\forall i,j)$，故

$$C \begin{bmatrix} \sqrt{\lambda_1} & & \\ & \ddots & \\ & & \sqrt{\lambda_n} \end{bmatrix} = \begin{bmatrix} \sqrt{\lambda_1} & & \\ & \ddots & \\ & & \sqrt{\lambda_n} \end{bmatrix} C,\ 即\ AS_1 = S_1 A.$$

定理 9.10(正交相抵标准形)　对任意 $m\times n$ 实矩阵 A，存在实正交方阵 Ω_1 和 Ω_2 使

$$\Omega_1 A \Omega_2 = \begin{bmatrix} \lambda_1 & & & \\ & \ddots & & \\ & & \lambda_r & \\ & & & 0 \end{bmatrix},$$

其中 $\lambda_1\geqslant\cdots\geqslant\lambda_r>0$ 为正实数，$\lambda_1^2,\cdots,\lambda_r^2$ 为 $A^{\mathrm{T}}A$ 的所有非零特征根，而矩阵中右下角的 0 为 $(m-r)\times(n-r)$ 零矩阵.

证明　以下 Ω_i 均为实正交方阵. (1) 断言：存在 Ω_1 和 Ω_2 使

$$\Omega_1 A\Omega_2=\begin{bmatrix}A_1 & \\ & 0\end{bmatrix},$$

其中 A_1 为可逆方阵. 事实上，若 A 的秩 $r<n$，则 $Ax=0$ 有非零解 $x\in\mathbb{R}^{(n)}$，可设 $x^{\mathrm{T}}x=1$. 构作 n 阶正交阵 $\Omega_1=(B,x)$，则 $A\Omega_1=(AB,Ax)=(A_1,0)$. 若仍有 $r<n-1$，对 A_1 同样讨论知有 Ω_2 使 $A_1\Omega_2=(A_2,0)$. 令 $\Omega_3=\mathrm{diag}(\Omega_2,1)$，则 $A\Omega_1\Omega_3=(A_2,0,0)$. 如此续行，可知有 $A\Omega_4=(A',0)$，A' 的列数等于秩 r. 再对 $(A',0)$ 的行作类似讨论，即得断言.

(2) 设 $A_1^{\mathrm{T}}A_1=S_1^2=(\Omega_3^{\mathrm{T}}\Lambda\Omega_3)^2$，其中 S_1 正定实对称(定理 9.9)，$\Lambda=\mathrm{diag}(\lambda_1,\cdots,\lambda_r)$. 于是 $I=S_1^{-1}A_1^{\mathrm{T}}A_1S_1^{-1}=(A_1S_1^{-1})^{\mathrm{T}}(A_1S_1^{-1})$，故 $\Omega_4=A_1S_1^{-1}$ 为正交阵. 于是得 $A_1=\Omega_4S_1=\Omega_4\Omega_3^{\mathrm{T}}\Lambda\Omega_3$. 代入 $\Omega_1A\Omega_2$ 即得所欲证：

$$\Omega_1A\Omega_2=\begin{bmatrix}A_1 & \\ & 0\end{bmatrix}=\begin{bmatrix}\Omega_4\Omega_3^{\mathrm{T}}\Lambda\Omega_3 & \\ & 0\end{bmatrix}=\begin{bmatrix}\Omega_4\Omega_3^{T} & \\ & I\end{bmatrix}\begin{bmatrix}\Lambda & \\ & 0\end{bmatrix}\begin{bmatrix}\Omega_3 & \\ & I\end{bmatrix}.$$ ■

定理 9.11(极分解 polar factorization) 任一实方阵 A 可表为

$$A=S\Omega=\Omega_1S_1,$$

其中 S 和 S_1 为半正定实对称方阵，Ω 与 Ω_1 为实正交方阵，而且 S 和 S_1 均是唯一的.

证明 由定理 9.10 知

$$A=P\mathrm{diag}(\lambda_1,\cdots,\lambda_r,0,\cdots,0)P^{\mathrm{T}}P\Omega=S(P\Omega),$$
$$A=P\Omega\Omega^{\mathrm{T}}\mathrm{diag}(\lambda_1,\cdots,\lambda_r,0,\cdots,0)\Omega=(P\Omega)S_1,$$

其中 P 与 Ω 为正交方阵，S 与 S_1 为半正定实对称方阵. 又若 $A=S\Omega=\tilde{S}\tilde{\Omega}$，则 $AA^{\mathrm{T}}=S^2=\tilde{S}^2$，由定理 9.9 知 $S=\tilde{S}$. 类似地若 $A=\Omega_1S_1=\tilde{\Omega}_1\tilde{S}_1$，则 $A^{\mathrm{T}}A=S_1^2=\tilde{S}_1^2$，也知 $S_1=\tilde{S}_1$. ■

定理 9.11 说明，欧几里得空间的任一变换可分解为一个正交变换(旋转和反射)与一个半正定对称变换(在若干正交方向上放大倍数)的复合. 这种分解与复数的**极坐标表示**

$$a=\rho e^{i\theta}$$

很类似(用 a 乘以复数 z 时，是将 z 的长度放大 ρ 倍，再旋转 θ 角度). 这可能就是"极分解"名词的来源.

*9.5 二次超曲面的正交分类

利用实对称方阵的正交相似(相合)标准形，我们可以对欧几里得空间 V 中的二次超曲面分类. 讨论步骤与上一章利用(一般)相合进行仿射分类类似. 现设 $V=\mathbb{R}^{(n)}$ 为 n 维经典欧几里得空间，二次方程

$$f(x)=x^{\mathrm{T}}Sx+2\alpha^{\mathrm{T}}x+a=0 \tag{9.5.1}$$

的解 $x\in V$ 的集合称为 V 中**二次超曲面**，其中 S 为实对称方阵，α 和 x 为列向量，$a\in\mathbb{R}$. 作变量代换

$$x = \Omega y + \beta, \tag{9.5.2}$$

其中Ω为方阵，β与y为列向量.这一代换显然是线性变换$x \longmapsto \Omega y$与“平移”变换$y \longmapsto y+\beta$的复合.因而不难看到，变换(9.5.2)保持向量长度不变(即对任意满足(9.5.2)式的x,y均有$\|x\|=\|y\|$)的充要条件为：Ω是实正交方阵.这时的变换(9.5.2)称为欧几里得空间V的“点的正交变换”.

易知经变换(9.5.2)有

$$f(x) = y^{\mathrm{T}}\Omega^{\mathrm{T}}S\Omega y + 2(\Omega^{\mathrm{T}}S\beta + \Omega^{\mathrm{T}}\alpha)y + (\beta^{\mathrm{T}}S\beta + 2\alpha^{\mathrm{T}}\beta + a).$$

取正交方阵Ω使

$$\Omega^{\mathrm{T}}S\Omega = \mathrm{diag}(\lambda_1, \cdots, \lambda_r, 0, \cdots, 0) \quad (\lambda_1 \geqslant \cdots \geqslant \lambda_r),$$

$$f(x) = \lambda_1 y_1^2 + \cdots + \lambda_r y_r^2 + 2\sum_{j=1}^{n} b_j y_j + a = 0. \tag{9.5.3}$$

再作平移

$$z = y + \left(\frac{b_1}{\lambda_1}, \cdots, \frac{b_r}{\lambda_r}, 0, \cdots, 0\right),$$

则超曲面(9.5.1)化为

$$f(x) = \lambda_1 z_1^2 + \cdots + \lambda_r z_r^2 + 2b_{r+1}z_{r+1} + \cdots + 2b_n z_n + a' = 0. \tag{9.5.4}$$

由此可得出下面的定理.

定理9.12　设欧几里得空间V中二次超曲面在一标准正交基下的方程为

$$x^{\mathrm{T}}Sx + 2\alpha^{\mathrm{T}}x + a = 0,$$

实对称方阵S的非零特征根为$\lambda_1 \geqslant \cdots \geqslant \lambda_r$，则可经正交变换化此曲面为下列情形之一：

(1) $\lambda_1 y_1^2 + \lambda_2 y_2^2 + \cdots + \lambda_r y_r^2 = 0$　　(当$r=\tilde{r}$，$\tilde{r}$为$\tilde{S}=\begin{bmatrix} S & \alpha^{\mathrm{T}} \\ \alpha & a \end{bmatrix}$的秩)；

(2) $\lambda_1 y_1^2 + \lambda_2 y_2^2 + \cdots + \lambda_r y_r^2 - c = 0$　　(当$r=\tilde{r}-1$)　($c \in \mathbb{R}$)；

(3) $\lambda_1 y_1^2 + \lambda_2 y_2^2 + \cdots + \lambda_r y_r^2 + 2by_n = 0$　　(当$r=\tilde{r}-2$).

(注意在情形(1)总有$\det \tilde{S}=0$，在情形(3)总有$\det S=0$)

例9.5　当$n=2$时，有以下3种情形.

情形(1)　$\lambda_1 y_1^2 + \lambda_2 y_2^2 = 0$为退化情形(点或两条相交或重合的直线)；

情形(2)　$\lambda_1 y_1^2 + \lambda_2 y_2^2 = c$，若$\lambda_1$，$\lambda_2$，$c$为同号，则为椭圆，$\frac{1}{\sqrt{\lambda_2 c}}$、$\frac{1}{\sqrt{\lambda_1 c}}$为长、短轴.若$\lambda_1$与$\lambda_2$异号，则为双曲线.其余情况为退化情形；

情形(3)　$\lambda_1 y_1^2 + 2by_2 = 0$为抛物线.

当$n=3$时，我们也可分情形讨论.特别在情形(2)当S的特征根λ_i及c均为正数时，有

$$\lambda_1 y_1^2 + \lambda_2 y_2^2 + \lambda_3 y_3^2 = c,$$

为一个椭球，$\frac{1}{\sqrt{\lambda_i c}}$为椭球的轴长.

定理 9.12 的证明　由(9.5.4)式分情形讨论：

(1) 若 $b_{r+1}=\cdots=b_n=a'=0$，则为定理中情形(1).

(2) 若 $b_{r+1}=\cdots=b_n=0$ 而 $a'\neq 0$，则为定理中情形(2).

(3) 若$(b_{r+1},\cdots,b_n)^{\mathrm{T}}=\beta_1\neq 0$，令 $\beta_2=\beta_1/\|\beta_1\|$，于是存在以 β_2^{T}为最后一行的实正交方阵 Q，则 $Q\beta_2=(0,\cdots,0,1)^{\mathrm{T}}$. 故作变换

$$u=\begin{bmatrix} I & \\ & Q \end{bmatrix} z,$$

则方程(9.5.4)变为

$$\lambda_1 u_1^2+\cdots+\lambda_r u_r^2+2\|\beta_1\| u_n+a'=0.$$

再作平移则化为定理中情形(3). ■

注记　定理 9.12 也可叙述为：对欧几里得空间中任意二次超曲面 $x^{\mathrm{T}}Sx+2\alpha^{\mathrm{T}}x+a=0$(标准正交基下的方程)，存在一标准正交基 $e_1,\cdots,e_n$ 使此曲面方程为

$$\lambda_1 y_1^2+\cdots+\lambda_r y_r^2+2by_n-c=0 \quad (bc=0).$$

注意新基向量 $e_1,\cdots,e_r$ 为曲面的“对称轴”，而这些对称轴方向恰为方阵 S 的特征向量方向(因为从方程(9.5.1)变换到方程(9.5.3)时，新基为 S 的特征向量).

9.6 例　题

例 9.6　设 A 与 B 为 n 阶实对称方阵且 A 正定，则存在可逆方阵 P 使得 $P^{\mathrm{T}}AP$ 与 $P^{\mathrm{T}}BP$ 同时为对角形.

证明　由 A 正定故存在可逆方阵 P_1 使 $P_1^{\mathrm{T}}AP_1=I$. 现设正交方阵 Ω 使 $\Omega^{\mathrm{T}}(P_1^{\mathrm{T}}BP_1)\Omega$为对角形，则 $\Omega^{\mathrm{T}}(P_1^{\mathrm{T}}AP_1)\Omega=\Omega^{\mathrm{T}}\Omega=I$. 故若令 $P=P_1\Omega$，则 $P^{\mathrm{T}}AP$ 与 $P^{\mathrm{T}}BP$ 同为对角形. ■

例 9.7　设 N 为实正交方阵Ω 的一个 r 阶子式，M 为 N 的代数余子式，试证

$$N=M\det\Omega.$$

证明　先设 N 是Ω 的前 r 行和前 r 列构成的子式，把 Ω 分块为

$$\Omega=\begin{bmatrix} \Omega_1 & \Omega_2 \\ \Omega_3 & \Omega_4 \end{bmatrix},$$

于是 $N=\det\Omega_1$，$M=\det\Omega_4$. 由 $\Omega\Omega^{\mathrm{T}}=I$ 知

$$\begin{bmatrix} \Omega_1 & \Omega_2 \\ 0 & I \end{bmatrix}\Omega^{\mathrm{T}}=\begin{bmatrix} I & 0 \\ \Omega_2^{\mathrm{T}} & \Omega_4^{\mathrm{T}} \end{bmatrix},$$

两边取行列式即知 $N=M\det\Omega$. 对一般的子式 N，可经行和列的对换化为上述情形，仔细

计算子式的符号即知定理也成立. ■

例 9.8(Schur 定理)　设实方阵 A 的复特征根为 $\lambda_1,\cdots,\lambda_n$，则

$$\operatorname{tr}(AA^{\mathrm{T}}) \geqslant |\lambda_1|^2 + \cdots + |\lambda_n|^2,$$

并且当且仅当 A 为规范方阵时等号成立.

证明　由方阵的正交相似标准型知存在正交方阵 Ω 使得 $B=\Omega A\Omega^{\mathrm{T}}=(A_{ij})(1\leqslant i,j\leqslant s)$为准上三角形且对角线上分块 A_{ii} 为二阶方阵或实数$(i=1,\cdots,s)$. 故

$$\operatorname{tr}(AA^{\mathrm{T}}) = \operatorname{tr}(BB^{\mathrm{T}}) = \sum_{1\leqslant i,j\leqslant s}\operatorname{tr}(A_{ij}A_{ij}^{\mathrm{T}}) \geqslant \sum_{i=1}^{s}\operatorname{tr}(A_{ii}A_{ii}^{\mathrm{T}}),$$

最后的不等号是由于 $\operatorname{tr}(A_{ij}A_{ij}^{\mathrm{T}})\geqslant 0$ 为 A_{ij} 各元素的平方和，而且等号成立当且仅当 $B=\Omega A\Omega^{\mathrm{T}}$ 为准对角阵. 现只要证明定理对二阶方阵 A_{ii} 成立，设

$$A_{ii} = \begin{bmatrix} a & b \\ c & d \end{bmatrix}$$

为二阶实方阵且特征根为复数 $\lambda_1=u+v\sqrt{-1}$，$\lambda_2=u-v\sqrt{-1}$，则

$$|\lambda_1|^2+|\lambda_2|^2 = 2(u^2+v^2) = 2\lambda_1\lambda_2 = 2(ad-bc),$$

故

$$\begin{aligned}\operatorname{tr}(A_{ii}A_{ii}^{\mathrm{T}})-(|\lambda_1|^2+|\lambda_2|^2) &= a^2+b^2+c^2+d^2-2ad+2bc \\ &= (a-d)^2+(b+c)^2 \geqslant 0,\end{aligned}$$

而且等号当且仅当 $a=d$ 且 $c=-b$ 时成立，也即当且仅当 A_{ii} 为规范阵时成立. ■

例 9.9　设 $A=(a_{ij})$和 $B=(b_{ij})$为 n 阶半正定实对称方阵，试证明 $C=(a_{ij}b_{ij})$也是半正定的实对称方阵.

证明　因 $B\geqslant 0$，故存在实正交方阵 $\Omega=(p_{ij})$使 $B=\Omega\operatorname{diag}(\lambda_1,\cdots,\lambda_n)\Omega^{\mathrm{T}}$（其中 $\lambda_1\geqslant\cdots\geqslant\lambda_n\geqslant 0$），故对任意列向量 $x=(x_1,\cdots,x_n)^{\mathrm{T}}$，有

$$\begin{aligned}x^{\mathrm{T}}Cx &= \sum_{i,j=1}^{n}a_{ij}b_{ij}x_ix_j = \sum_{i,j}a_{ij}\Big(\sum_{k=1}^{n}p_{ik}\lambda_kp_{jk}\Big)x_ix_j \\ &= \sum_{k}\lambda_k\Big(\sum_{i,j}a_{ij}(x_ip_{ik})(x_jp_{jk})\Big) = \sum_{k}\lambda_k\Big(\sum_{i,j}a_{ij}y_iy_j\Big) \geqslant 0.\end{aligned}$$ ■

例 9.10　设实对称方阵 A 的特征根为$\lambda_1,\cdots,\lambda_n(\lambda_1\leqslant\lambda_2\leqslant\cdots\leqslant\lambda_n)$，$A$ 的左上角 $n-1$ 阶主子方阵的特征根为 $\mu_1,\cdots,\mu_{n-1}(\mu_1\leqslant\mu_2\leqslant\cdots\leqslant\mu_{u-1})$，则

$$\lambda_1 \leqslant \mu_1 \leqslant \lambda_2 \leqslant \mu_2 \leqslant \lambda_3 \leqslant \cdots \leqslant \mu_{n-1} \leqslant \lambda_n.$$

证明　设实正交方阵 Ω 使

$$\Omega^{\mathrm{T}}A_1\Omega = \operatorname{diag}(\mu_1,\cdots,\mu_{n-1}) = M,$$

于是

$$\begin{bmatrix}\Omega & 0 \\ 0 & 1\end{bmatrix}^{\mathrm{T}} A \begin{bmatrix}\Omega & 0 \\ 0 & 1\end{bmatrix} = \begin{bmatrix}M & \alpha \\ \alpha^{\mathrm{T}} & b\end{bmatrix}.$$

其中 $\alpha=(\alpha_1,\cdots,\alpha_{n-1})^{\mathrm{T}}$ 为列向量，$b\in\mathbb{R}$. 故 A 的特征多项式为

$$f(\lambda)=|\lambda I-A|=\begin{vmatrix}\lambda I-M & -\alpha\\ -\alpha^{\mathrm{T}} & \lambda-b\end{vmatrix}=|\lambda I-M|\,|(\lambda-b)-\alpha^{\mathrm{T}}(\lambda I-M)^{-1}\alpha|$$

$$=(\lambda-\mu_1)\cdots(\lambda-\mu_{n-1})g(\lambda),$$

$$g(\lambda)=(\lambda-b)-\frac{a_1^2}{\lambda-\mu_1}-\cdots-\frac{a_{n-1}^2}{\lambda-\mu_{n-1}}.$$

由

$$g'(\lambda)=1+\frac{a_1^2}{(\lambda-\mu_1)^2}+\cdots+\frac{a_{n-1}^2}{(\lambda-\mu_{n-1})^2}>0,$$

故 $g(\lambda)$ 为升函数；且当 $a_i\neq0$ 时，$g(\mu_i+0)=-\infty$, $g(\mu_i-0)=+\infty$, $g(-\infty)=-\infty$, $g(+\infty)=+\infty$. 因此当 $\mu_1,\cdots,\mu_{n-1}$ 两两不同时，它们把 $\mathbb{R}$ 划分为 n 个区间，在每个区间内，$g(\lambda)$ 从 $-\infty$ 升至 $+\infty$，至少有一根，全体记为 $\lambda_1,\cdots,\lambda_n$，则得所欲证.

当某些 $a_i=0$ 或 $\mu_1,\cdots,\mu_{n-1}$ 不互异时，$g(\lambda)$ 化为

$$g(\lambda)=(\lambda-b)-\frac{a'_1}{\lambda-\mu'_1}-\cdots-\frac{a'_s}{\lambda-\mu'_s},$$

对任一实数 $c\neq\mu_i(i=1,\cdots,n-1)$，$M-cI$ 可逆，故有实相合关系

$$\begin{bmatrix}\lambda_1-c & & \\ & \ddots & \\ & & \lambda_n-c\end{bmatrix}\approx A-cI\approx\begin{bmatrix}M-cI & \alpha\\ \alpha^{\mathrm{T}} & b-c\end{bmatrix}\approx\begin{bmatrix}M-cI & \\ & b_1\end{bmatrix},$$

其中 $b_1\in\mathbb{R}$. 如果 $\lambda_i\leqslant\mu_i\leqslant\lambda_{i+1}$ 不成立（对某 $1\leqslant i\leqslant n-1$），则有以下两情形：

(1) 假若 $\lambda_i>\mu_i$，则可取 c 满足 $\lambda_n\geqslant\cdots\geqslant\lambda_i>c>\mu_i\geqslant\cdots\geqslant\mu_1$. 于是由上式左、右端可知，$A-cI$ 的正、负惯性指数满足 $p\geqslant n-i+1$, $q\geqslant i$, $p+q\geqslant n+1$. 矛盾.

(2) 假若 $\mu_i>\lambda_{i+1}$，则可取 c 满足 $\mu_{n-1}\geqslant\cdots\geqslant\mu_i>c>\lambda_{i+1}\geqslant\cdots\geqslant\lambda_1$，从而由上式左、右端可知，$q\geqslant i+1$, $p\geqslant n-i$, $p+q\geqslant n+1$. 矛盾.

这说明总有 $\lambda_i\leqslant\mu_i\leqslant\lambda_{i+1}$. 证毕.（此证明源自清华 2003 级学生梁超） ■

例 9.11 设 $A=(a_{ij})>0$ 为正定实对称方阵，特征根为 $\lambda_1,\cdots,\lambda_n(\lambda_1\leqslant\cdots\leqslant\lambda_n)$，则对任意 $k(k=1,2,\cdots,n)$ 均有

$$\lambda_1\lambda_2\cdots\lambda_k\leqslant a_{11}a_{22}\cdots a_{kk}.$$

证明 (1) 当 $k=n$ 时：设

$$A=\begin{bmatrix}A_1 & \alpha\\ \alpha^{\mathrm{T}} & a_{nn}\end{bmatrix},\ 取\ P=\begin{bmatrix}I & -A_1^{-1}\alpha\\ 0 & 1\end{bmatrix},$$

则 $P^{\mathrm{T}}AP=\begin{bmatrix}A_1 & 0\\ 0 & a_{nn}-\alpha^{\mathrm{T}}A_1^{-1}\alpha\end{bmatrix}$，故

$$|A|=|A_1|(a_{nn}-\alpha^{\mathrm{T}}A_1^{-1}\alpha)\leqslant|A_1|a_{nn}.$$

其中用到 $|P|=1$, $|A_1|>0$（由 $A>0$），及 $\alpha^{\mathrm{T}}A_1^{-1}\alpha>0$. 于是由归纳法可知 $|A_1|\leqslant|A_2|a_{n-1,n-1}\leqslant\cdots\leqslant a_{11}a_{22}\cdots a_{n-1,n-1}$（其中 A_2 是 A 的 $n-2$ 阶左上角主子阵），故知 $\lambda_1\cdots\lambda_n=$

$|A| \leqslant a_{11} \cdots a_{nn}$.

(2) 对一般的 $k<n$，设 $\lambda_i^{(j)}$ 为 A 的左上角 j 阶主子阵的特征根 $(i=1,\cdots,j)$，由例 9.10 知 $\lambda_1 \cdots \lambda_k \leqslant \mu_1 \cdots \mu_k$，故

$$\lambda_1 \cdots \lambda_k \leqslant \lambda_1^{(n-1)} \cdots \lambda_k^{(n-1)} \leqslant \lambda_1^{(n-2)} \cdots \lambda_k^{(n-2)} \leqslant \cdots \leqslant \lambda_1^{(k)} \cdots \lambda_k^{(k)} \leqslant a_{11} \cdots a_{kk}.$$

最后的不等号是由于上述已证 $n=k$ 情形结论. ■

例 9.12　设实规范方阵 N 与实方阵 B 可交换，则 N^{T} 与 B 可交换.

证明　设

$$N_1 = \Omega^{\mathrm{T}} N \Omega = \begin{bmatrix} A_1 & & \\ & \ddots & \\ & & A_s \end{bmatrix},\ B_1 = \Omega^{\mathrm{T}} B \Omega = (B_{ij}),$$

其中 Ω 为实正交方阵，A_i 为二阶实方阵 $\begin{bmatrix} a_i & b_i \\ -b_i & a_i \end{bmatrix}$ 或 $\lambda_i \in \mathbb{R}$，且可设 $b_i>0$（因 A_i 与 A_i^{T} 正交相似）. 注意 A_i 的特征根为 $a_i \pm b_i\sqrt{-1}$ 或 λ_i，故 A_i 与 A_j 不同时，其特征根也不同. 于是由例 6.16 知

$$NB = BN \Leftrightarrow N_1 B_1 = B_1 N_1 \Leftrightarrow A_i B_{ij} = B_{ij} A_j \quad (i,j=1,2,\cdots,s).$$

$$\Leftrightarrow \left.\begin{cases} B_{ij} = 0, \text{当 } A_i \neq A_j \\ A_i B_{ij} = B_{ij} A_i, \text{当 } A_i = A_j \end{cases}\right\} \Leftrightarrow A_i^{\mathrm{T}} B_{ij} = B_{ij} A_j^{\mathrm{T}} \quad (i,j=1,2,\cdots,s),$$

最后的等价是由于 $A_i B_{ij} = B_{ij} A_i$ 相当于 $\begin{bmatrix} 0 & b_i \\ -b_i & 0 \end{bmatrix}$ 与 B_{ij} 可交换（当 A_i 为二阶方阵时）.

由此知 $NB=BN \Leftrightarrow N_1^{\mathrm{T}} B_1 = B_1 N_1^{\mathrm{T}} \Leftrightarrow N^{\mathrm{T}} B = B N^{\mathrm{T}}$. ■

例 9.13（Rayleigh 定理）　设 S 为实对称 n 阶方阵，则

$$\frac{x^{\mathrm{T}} S x}{x^{\mathrm{T}} x} \quad (x \in \mathbb{R}^{(n)})$$

的最小值和最大值分别为 S 的最小特征根 λ_1 和最大特征根 λ_n，且分别当 x 为 λ_1 和 λ_n 的特征向量时取得.

证明　取实正交方阵 Ω 使

$$S = \Omega^{\mathrm{T}} \operatorname{diag}(\lambda_1,\cdots,\lambda_n)\Omega,\ \lambda_1 \leqslant \lambda_2 \leqslant \cdots \leqslant \lambda_n.$$

则

$$\frac{x^{\mathrm{T}} S x}{x^{\mathrm{T}} x} = (\lambda_1 y_1^2 + \cdots + \lambda_n y_n^2)/(y_1^2 + \cdots + y_n^2),\ y = \Omega x = (y_1,\cdots,y_n)^{\mathrm{T}}.$$

因 x 乘以常数不改变 $x^{\mathrm{T}} S x/(x^{\mathrm{T}} x)$ 的值，故我们可设 $\| y \| = y_1^2 + \cdots + y_n^2 = 1$. 因而问题归结为求 $f(y_1,\cdots,y_n) = \lambda_1 y_1^2 + \cdots + \lambda_n y_n^2$ 在条件 $y_1^2 + \cdots + y_n^2 = 1$ 下的极值. 令

$$g = \lambda_1 y_1^2 + \cdots + \lambda_n y_n^2 - t(y_1^2 + \cdots + y_n^2 - 1),$$

则由 $\dfrac{\partial g}{\partial y_i} = 2\lambda_i y_i - 2t y_i = 0$ 知，$y_i = 0$ 或 $\lambda_i = t (i=1,\cdots,n)$.

故若 f 在 $y=(y_1,\cdots,y_n)^{\mathrm{T}}$ 取得极值，则当 $y_i \neq 0$ 时有 $\lambda_i = t$. 从而知极值

$$f(y)=\frac{\lambda_1 y_1^2+\cdots+\lambda_n y_n^2}{y_1^2+\cdots+y_n^2}=t.$$

设 $\lambda_1=\lambda_2=\cdots=\lambda_k<\lambda_{k+1}\leqslant\cdots\leqslant\lambda_s=\cdots=\lambda_n$，则 t 的最小值为 λ_1，且若 $f(y)=\lambda_1$，则 $y=(y_1,\cdots,y_k,0,\cdots,0)^{\mathrm{T}}$（因为 $\lambda_i\neq\lambda_1=t(i=k+1,\cdots,n)$），$x=\Omega^{\mathrm{T}}y$ 是 λ_1 的特征向量：

$$\begin{aligned}Sx&=\Omega^{\mathrm{T}}\operatorname{diag}(\lambda_1,\cdots,\lambda_n)\Omega x=\Omega^{\mathrm{T}}\operatorname{diag}(\lambda_1,\cdots,\lambda_n)y\\&=\Omega^{\mathrm{T}}\operatorname{diag}(\lambda_1 y_1,\cdots,\lambda_k y_k,0,\cdots,0)=\lambda_1\Omega^{\mathrm{T}}y=\lambda_1 x.\end{aligned}$$

同样可知 t 的极大值为 λ_n，当 x 为 λ_n 的特征向量时取得. ■

例 9.14 设 S 为实对称方阵，求证当且仅当 S 可逆时，存在方阵 A 使

$$SA+A^{\mathrm{T}}S$$

正定.

证明 由 S 实对称，知存在实正交方阵 Ω 使 $\Omega^{\mathrm{T}}S\Omega=\operatorname{diag}(\lambda_1,\cdots,\lambda_n)$，$\lambda_i\in\mathbb{R}$. 于是对任意 A 有

$$\begin{aligned}\Omega^{\mathrm{T}}(SA+A^{\mathrm{T}}S)\Omega&=\Omega^{\mathrm{T}}S\Omega\cdot\Omega^{\mathrm{T}}A\Omega+\Omega^{\mathrm{T}}A^{\mathrm{T}}\Omega\cdot\Omega^{\mathrm{T}}S\Omega\\&=\begin{bmatrix}\lambda_1&&\\&\ddots&\\&&\lambda_n\end{bmatrix}A_1+A_1^{\mathrm{T}}\begin{bmatrix}\lambda_1&&\\&\ddots&\\&&\lambda_n\end{bmatrix},\end{aligned}$$

其中 $A_1=\Omega^{\mathrm{T}}A\Omega$，当 S 可逆时，$\lambda_i\neq0(i=1,\cdots,n)$，于是令

$$A=\Omega A_1\Omega^{\mathrm{T}}=\Omega\begin{bmatrix}\lambda_1&&\\&\ddots&\\&&\lambda_n\end{bmatrix}\Omega^{\mathrm{T}},$$

则知 $SA+A^{\mathrm{T}}S$ 正定.

反之若 S 不可逆，于是不妨设 $\lambda_1=0$，则 $\Omega^{\mathrm{T}}(SA+A^{\mathrm{T}}S)\Omega$ 的 1 阶顺序主子式为 0，故非正定. ■

例 9.15 设 S 和 T 为 n 阶正定实对称方阵，P 为 n 阶实方阵，试证明 $S-P^{\mathrm{T}}T^{-1}P$ 与 $T-PS^{-1}P^{\mathrm{T}}$ 同为正定或非正定.

证明 由以下等式即得：

$$\begin{bmatrix}I&-T^{-1}P\\0&I\end{bmatrix}^{\mathrm{T}}\begin{bmatrix}T&P\\P^{\mathrm{T}}&S\end{bmatrix}\begin{bmatrix}I&-T^{-1}P\\0&I\end{bmatrix}=\begin{bmatrix}T&0\\0&S-P^{\mathrm{T}}T^{-1}P\end{bmatrix},$$

$$\begin{bmatrix}I&0\\-S^{-1}P^{\mathrm{T}}&I\end{bmatrix}^{\mathrm{T}}\begin{bmatrix}T&P\\P^{\mathrm{T}}&S\end{bmatrix}\begin{bmatrix}I&0\\-S^{-1}P^{\mathrm{T}}&I\end{bmatrix}=\begin{bmatrix}T-PS^{-1}P^{\mathrm{T}}&0\\0&S\end{bmatrix}.$$ ■

例 9.16 设 A,B 为 n 阶实方阵，则

$$\operatorname{tr}((AB)(AB)^{\mathrm{T}})\leqslant\operatorname{tr}(AA^{\mathrm{T}})\cdot\lambda_{BB^{\mathrm{T}}},$$

其中 $\lambda_{BB^{\mathrm{T}}}$ 是 BB^{T} 的最大特征根.

证明 取实正交方阵 Ω 使

$$\Omega^{\mathrm{T}}(BB^{\mathrm{T}})\Omega = \mathrm{diag}(\lambda_1, \cdots, \lambda_n),$$

其中 $\lambda_1 \geqslant \lambda_2 \geqslant \cdots \geqslant \lambda_n \geqslant 0$ 是 BB^{T} 的特征根，于是

$$\begin{aligned}
\mathrm{tr}((AB)(AB^{\mathrm{T}})) &= \mathrm{tr}((AB)^{\mathrm{T}}(AB)) = \mathrm{tr}(B^{\mathrm{T}}A^{\mathrm{T}}AB) = \mathrm{tr}(A^{\mathrm{T}}ABB^{\mathrm{T}}) \\
&= \mathrm{tr}(\Omega^{\mathrm{T}}(A^{\mathrm{T}}A)\Omega \cdot \Omega^{\mathrm{T}}(BB^{\mathrm{T}})\Omega) = \mathrm{tr}(\Omega^{\mathrm{T}}(A^{\mathrm{T}}A)\Omega\mathrm{diag}(\lambda_1, \cdots, \lambda_n)) \\
&\leqslant \mathrm{tr}(\Omega^{\mathrm{T}}(A^{\mathrm{T}}A)\Omega \cdot \lambda_1 I) = \lambda_1 \mathrm{tr}(\Omega^{\mathrm{T}}A^{\mathrm{T}}A\Omega) = \lambda_1 \mathrm{tr}(AA^{\mathrm{T}}),
\end{aligned}$$

其中的不等号是由于 $\Omega^{\mathrm{T}}(A^{\mathrm{T}}A)\Omega$ 的对角线元素均为正数. ■

例 9.17　设 S 和 T 都是半正定实对称方阵，则

$$\det(S+T) \geqslant \det S,$$

且当 S 和 T 都正定时大于号成立.

证明　当 $\det S=0$ 时所证显然. 当 $\det S\neq 0$ 时，S 正定，故存在可逆方阵 P_1 使 $P_1^{\mathrm{T}}SP_1=I$，记 $P_1^{\mathrm{T}}TP_1=T_1$. 取实正交方阵 Ω 使 $\Omega^{\mathrm{T}}T_1\Omega=\mathrm{diag}(\lambda_1,\cdots,\lambda_n)$，记 $P=P_1\Omega$，则 $P^{\mathrm{T}}SP=I$, $P^{\mathrm{T}}TP=\mathrm{diag}(\lambda_1,\cdots,\lambda_n)$. 故

$$\begin{aligned}
\det(S+T) &= \det(P^{\mathrm{T}}SP + P^{\mathrm{T}}TP)\det P^{-2} \\
&= \det P^{-2} \cdot \det(I + \mathrm{diag}(\lambda_1, \cdots, \lambda_n)) \\
&= \det P^{-2}(1+\lambda_1)\cdots(1+\lambda_n) \\
&\geqslant \det P^{-2} = \det S.
\end{aligned}$$

当 T 也正定时，其特征根 $\lambda_i>0$，故大于号成立. ■

例 9.18　设 S 是 n 阶半正定对称方阵，则

$$\det S \leqslant \det S\begin{pmatrix}1 & 2 & \cdots & r \\ 1 & 2 & \cdots & r\end{pmatrix} \cdot \det S\begin{pmatrix}r+1 & \cdots & n \\ r+1 & \cdots & n\end{pmatrix},$$

其中 $S\begin{pmatrix}1 & 2 & \cdots & r \\ 1 & 2 & \cdots & r\end{pmatrix}$ 表示由第 $1,2,\cdots,r$ 行和 $1,2,\cdots,r$ 列构成的 S 的子方阵.

证明　只需对 $S>0$ 情形的证明. 把 S 分块为

$$S = \begin{bmatrix} S_1 & S_2 \\ S_2^{\mathrm{T}} & S_4 \end{bmatrix},$$

其中 S_1 为 r 阶方阵，由 $S>0$ 知 S_1 可逆，故

$$\begin{bmatrix} I & -S_1^{-1}S_2 \\ 0 & I \end{bmatrix}^{\mathrm{T}} \begin{bmatrix} S_1 & S_2 \\ S_2^{\mathrm{T}} & S_4 \end{bmatrix} \begin{bmatrix} I & -S_1^{-1}S_2 \\ 0 & I \end{bmatrix} = \begin{bmatrix} S_1 & 0 \\ 0 & S_4 - S_2^{\mathrm{T}}S_1^{-1}S_2 \end{bmatrix},$$

于是

$$\det S = \det S_1 \cdot \det(S_4 - S_2^{\mathrm{T}}S_1^{-1}S_2) \leqslant \det S_1 \cdot \det S_4,$$

最后的不等号是利用例 9.17：

$$\begin{aligned}
\det S_4 &= \det((S_4 - S_2^{\mathrm{T}}S_1^{-1}S_2) + S_2^{\mathrm{T}}S_1^{-1}S_2) \\
&\geqslant \det(S_4 - S_2^{\mathrm{T}}S_1^{-1}S_2)
\end{aligned}$$

(注意由正定判定条件可知 S_1 正定，从而 $S_2^{\mathrm{T}}S_1^{-1}S_2$ 半正定；$S_4-S_2^{\mathrm{T}}S_1^{-1}S_2$ 作为相合于 S 的方阵的主子阵也是正定的). ■

例 9.19 欧几里得空间 V 中保持向量内积不变的变换 σ 一定是线性变换，从而是正交变换. 这里 σ **保持内积不变**的意义为对任意 $\alpha,\beta\in V$ 均有

$$\langle\sigma(\alpha),\sigma(\beta)\rangle=\langle\alpha,\beta\rangle.$$

证明 先证明对任意 α,β 均有 $\sigma(\alpha+\beta)=\sigma(\alpha)+\sigma(\beta)$. 由于

$$\begin{aligned}&\langle\sigma(\alpha+\beta)-\sigma\alpha-\sigma\beta,\sigma(\alpha+\beta)-\sigma\alpha-\sigma\beta\rangle\\=&\langle\sigma(\alpha+\beta),\sigma(\alpha+\beta)\rangle-2\langle\sigma(\alpha+\beta),\sigma\alpha\rangle-2\langle\sigma(\alpha+\beta),\sigma\beta\rangle\\&+\langle\sigma\alpha,\sigma\alpha\rangle+\langle\sigma\beta,\sigma\beta\rangle+2\langle\sigma\alpha,\sigma\beta\rangle\\=&\langle\alpha+\beta,\alpha+\beta\rangle-2\langle\alpha+\beta,\alpha\rangle-2\langle\alpha+\beta,\beta\rangle\\&+\langle\alpha,\alpha\rangle+\langle\beta,\beta\rangle+2\langle\alpha,\beta\rangle=0,\end{aligned}$$

故

$$\sigma(\alpha+\beta)-\sigma\alpha-\sigma\beta=0,$$

即

$$\sigma(\alpha+\beta)=\sigma\alpha+\sigma\beta\quad(\forall\,\alpha,\beta\in V).$$

又对 $k\in\mathbb{R}$，有

$$\begin{aligned}&\langle\sigma(k\alpha)-k(\sigma\alpha),\sigma(k\alpha)-k(\sigma\alpha)\rangle\\=&\langle\sigma(k\alpha),\sigma(k\alpha)\rangle-k\langle\sigma(k\alpha),\sigma\alpha\rangle-k\langle\sigma\alpha,\sigma(k\alpha)\rangle+k^2\langle\sigma\alpha,\sigma\alpha\rangle\\=&\langle k\alpha,k\alpha\rangle-k\langle k\alpha,\alpha\rangle-k\langle\alpha,k\alpha\rangle+k^2\langle\alpha,\alpha\rangle\\=&k^2\langle\alpha,\alpha\rangle-k^2\langle\alpha,\alpha\rangle-k^2\langle\alpha,\alpha\rangle+k^2\langle\alpha,\alpha\rangle=0,\end{aligned}$$

故知

$$\sigma(k\alpha)=k(\sigma\alpha)\quad(\forall\,k\in\mathbb{R},\ \alpha\in V).$$

故 σ 为线性变换且保持内积不变，从而为正交变换. ■

值得注意的是保持向量长度的变换不一定是正交变换，例如若 $\mathbb{R}^{(n)}$ 的内积定义为 $\langle x,y\rangle=x^{\mathrm{T}}y$，则变换

$$\sigma:\ (x_1,\cdots,x_n)^{\mathrm{T}}\longrightarrow(|x_1|,\cdots,|x_n|)^{\mathrm{T}}$$

保持向量长度，但不是线性变换.

9.7 Hermite 型

我们已经看到，实线性空间中若有内积，则可引入欧几里得空间的丰富结构. 现在要设法把这些结果发展到复线性空间(即复数域上的线性空间)上去. 首先注意，实数的绝对值 $|x|=\sqrt{x^2}$ 发展到复数变为 $|x|=\sqrt{\bar{x}x}$. 故有如下定义.

定义 9.8 设 V 是复(数域 $\mathbb{C}$ 上)线性空间，g 是 $V\times V$ 到 $\mathbb{C}$ 中函数，若 g 满足以下条件则称 g 为**半双线性型**(sesquilinear form)，或简称为**型**：

$$g(\alpha_1+\alpha_2,\beta)=g(\alpha_1,\beta)+g(\alpha_2,\beta),$$
$$g(\alpha,\beta_1+\beta_2)=g(\alpha,\beta_1)+g(\alpha,\beta_2),$$
$$g(k\alpha,\beta)=\bar{k}g(\alpha,\beta),$$
$$g(\alpha,k\beta)=kg(\alpha,\beta),$$

(其中 $k\in\mathbb{C}$，$\bar{k}$ 为 k 的复共轭，$\alpha,\beta,\alpha_1,\alpha_2,\beta_1,\beta_2\in V$).

注记　1. 注意定义 9.8 中，只有第三式与双线性型的定义不同.

2. 有的作者把定义 9.8 中后两式写为 $g(k\alpha,\beta)=kg(\alpha,\beta)$，$g(\alpha,k\beta)=\bar{k}g(\alpha,\beta)$. 这只相当于把变元 α,β 的顺序写法对换，并无本质不同.

定义 9.9　设 h 是复线性空间 V 上半双线性型，若

$$h(\alpha,\beta)=\overline{h(\beta,\alpha)}\qquad(\text{对任意 }\alpha,\beta\in V),$$

则称 h 为 **Hermite 型**. 而 $\mathscr{H}(\alpha)=h(\alpha,\alpha)$ 称为由 h 决定的 **Hermite 二次型.**

引理 9.7　半双线性型 h 是 Hermite 型当且仅当 $\mathscr{H}(\alpha)=h(\alpha,\alpha)$ 为实数(对任意 $\alpha\in V$).

证明　由 $h(\alpha,\beta)=\overline{h(\beta,\alpha)}$ 可知 $h(\alpha,\alpha)$ 为实数. 反之，若 $h(\alpha,\alpha)$ 对任意 α 为实数，则由

$$h(\alpha+\beta,\alpha+\beta)=h(\alpha,\alpha)+h(\alpha,\beta)+h(\beta,\alpha)+h(\beta,\beta),$$
$$h(\alpha+\mathrm{i}\beta,\alpha+\mathrm{i}\beta)=h(\alpha,\alpha)+\mathrm{i}h(\alpha,\beta)-\mathrm{i}h(\beta,\alpha)+h(\beta,\beta),$$

知 $h(\alpha,\beta)+h(\beta,\alpha)$ 及 $\mathrm{i}h(\alpha,\beta)-\mathrm{i}h(\beta,\alpha)$ 为实数，故

$$h(\alpha,\beta)+h(\beta,\alpha)=\overline{h(\alpha,\beta)}+\overline{h(\beta,\alpha)},$$
$$\mathrm{i}h(\alpha,\beta)-\mathrm{i}h(\beta,\alpha)=-\mathrm{i}\,\overline{h(\alpha,\beta)}+\mathrm{i}\,\overline{h(\beta,\alpha)},$$

后式乘以 i 加到前式去，即知 $2h(\beta,\alpha)=2\,\overline{h(\alpha,\beta)}$. ■

引理 9.8　Hermite 型 h 由其对应的 Hermite 二次型 $\mathscr{H}$ 所完全决定，即有(**极化恒等式**)：

$$h(\alpha,\beta)=\frac{1}{4}\mathscr{H}(\alpha+\beta)-\frac{1}{4}\mathscr{H}(-\alpha+\beta)+\frac{\mathrm{i}}{4}\mathscr{H}(\mathrm{i}\alpha+\beta)-\frac{\mathrm{i}}{4}\mathscr{H}(-\mathrm{i}\alpha+\beta)$$
$$=\frac{1}{4}\sum_{m=0}^{3}\mathrm{i}^m\mathscr{H}(\mathrm{i}^m\alpha+\beta)\qquad(\alpha,\beta\in V).$$

说明　注意 $\mathscr{H}(k\alpha)=|k|^2\mathscr{H}(\alpha)$，$\mathscr{H}(i\alpha)=\mathscr{H}(\alpha)=\mathscr{H}(-\alpha)$，故极化恒等式可有不同写法.

证明　显然 $h(\alpha,\beta)=\mathrm{Re}(h(\alpha,\beta))+\mathrm{i}\,\mathrm{Im}(h(\alpha,\beta))$

$$=\mathrm{Re}(h(\alpha,\beta))+\mathrm{i}\,\mathrm{Re}(-\mathrm{i}h(\alpha,\beta))$$
$$=\mathrm{Re}(h(\alpha,\beta))+\mathrm{i}\,\mathrm{Re}(h(\mathrm{i}\alpha,\beta)),$$

而

$$\mathscr{H}(\pm\alpha+\beta)=\mathscr{H}(\alpha)\pm h(\alpha,\beta)\pm h(\beta,\alpha)+\mathscr{H}(\beta)$$
$$=\mathscr{H}(\alpha)\pm 2\mathrm{Re}(h(\alpha,\beta))+\mathscr{H}(\beta).$$

取正、负号的二式相减，再令 $\alpha=\alpha$ 和 $\mathrm{i}\alpha$，即得引理. ■

如果 V 是有限维复线性空间，取 V 的基 $\varepsilon_1,\cdots,\varepsilon_n$，记 $x=(x_1,\cdots,x_n)^{\mathrm{T}}$，$y=(y_1,\cdots,y_n)^{\mathrm{T}}$ 为 $\alpha,\beta\in V$ 的坐标列，则 V 上半双线性型 g 的值

$$g(\alpha,\beta)=g\Big(\sum_i x_i\varepsilon_i,\sum_j y_j\varepsilon_j\Big)=\sum_{ij}\bar{x}_i y_j g(\varepsilon_i,\varepsilon_j)=\bar{x}^{\mathrm{T}}Gy,$$

其中方阵

$$G=(g(\varepsilon_i,\varepsilon_j))$$

称为 g 的方阵. 因此，取定 V 的基之后，V 上的型 g 与 n 阶方阵 G 之间一一对应，且

$$g(\alpha,\beta)=\bar{x}^{\mathrm{T}}Gy.$$

若 V 上半双线性型 g 在基 $\{\varepsilon_1,\cdots,\varepsilon_n\}$ 和 $\{\eta_1,\cdots,\eta_n\}$ 下的方阵分别为 G 和 B，而两基间有关系

$$(\eta_1,\cdots,\eta_n)=(\varepsilon_1,\cdots,\varepsilon_n)P,\quad P=(p_{ij}),$$

则

$$g(\eta_i,\eta_j)=g\Big(\sum_k p_{ki}\varepsilon_k,\sum_l p_{lj}\varepsilon_l\Big)=\sum_{k,l}\bar{p}_{ki}g(\varepsilon_k,\varepsilon_l)p_{lj},$$

故

$$B=\bar{P}^{\mathrm{T}}GP.$$

这也可从向量 α 在基 $\{\varepsilon_1,\cdots,\varepsilon_n\}$ 和 $\{\eta_1,\cdots,\eta_n\}$ 下坐标列 x 和 x_* 的关系

$$x=Px_*$$

看出. 设 β 在这两组基下的坐标列分别为 y 和 y_*（于是 $y=Py_*$），则

$$\bar{x}_*^{\mathrm{T}}By_*=g(\alpha,\beta)=\bar{x}^{\mathrm{T}}Gy=\bar{x}_*^{\mathrm{T}}\bar{P}^{\mathrm{T}}GPy_*\quad \text{亦得 } B=\bar{P}^{\mathrm{T}}GP.$$

有时称方阵 $\bar{P}^{\mathrm{T}}GP$ 与 G 为**共轭相合**，与矩阵的相合很类似. 若 h 为 Hermite 型，其方阵为 H，则由 $h(\alpha,\beta)=\overline{h(\beta,\alpha)}$ 可知

$$\bar{x}^{\mathrm{T}}Hy=\overline{(\bar{y}^{\mathrm{T}}Hx)}^{\mathrm{T}}=\bar{x}^{\mathrm{T}}\bar{H}^{\mathrm{T}}y$$

对所有列向量 x 和 y 成立，从而 $H=\bar{H}^{\mathrm{T}}$. 这也可由 $h_{ij}=h(\varepsilon_i,\varepsilon_j)=\overline{h(\varepsilon_j,\varepsilon_i)}=\bar{h}_{ji}$ 看出. 反之，若 $H=\bar{H}^{\mathrm{T}}$，则方阵为 H 的型 h 显然为 Hermite 型.

定义 9.10 满足 $H=\bar{H}^{\mathrm{T}}$ 的方阵称为 **Hermite 方阵.**

半双线性型与双线性型，Hermite 型与对称双线性型，Hermite 方阵与对称方阵，Hermite 二次型与二次型，共轭相合与相合，这些概念之间有对应关系，许多结果和证明方法很相似，主要是把 $\bar{P}^{\mathrm{T}}$ 等对应于 P^{T} 等. 但是两者不同之处很多，复空间上的结果一般更简洁彻底，将来会更进一步看到. 以下给出 Hermite 阵和型的有理（共轭相合）标准形.

定理 9.13 (1) 对数域 F 上任意一个 n 阶 Hermite 方阵 H，存在 F 上可逆方阵 P，使得

$$\bar{P}^{\mathrm{T}}HP=\mathrm{diag}(a_1,\cdots,a_n)\qquad (a_i\in\mathbb{R},\ i=1,2,\cdots,n).$$

(2) 设 V 是数域 F 上 n 维线性空间，g 是 V 上 Hermite 型，则存在 V 的基使得

$$g(\alpha,\beta)=a_1\bar{x}_1y_1+\cdots+a_n\bar{x}_ny_n\quad (a_i\in\mathbb{R},\ i=1,2,\cdots,n),$$
$$g(\alpha,\alpha)=a_1\bar{x}_1x_1+\cdots+a_n\bar{x}_nx_n,$$

其中 $(x_1,\cdots,x_n)$ 和 $(y_1,\cdots,y_n)$ 是 α 与 β 的坐标.

证明　与对称方阵的有理相合标准形的证明类似. 主要部分如下：设

$$H=\begin{bmatrix} H_1 & \overline{H}_2^{\mathrm{T}} \\ H_2 & H_4 \end{bmatrix},$$

若 H_1 可逆，则令 $P=\begin{bmatrix} I & -H_1^{-1}\overline{H}_2^{\mathrm{T}} \\ 0 & I \end{bmatrix}$，便有

$$\overline{P}^{\mathrm{T}}HP=\begin{bmatrix} H_1 & 0 \\ 0 & H_4-H_2H_1^{-1}\overline{H}_2^{\mathrm{T}} \end{bmatrix}.$$

若 $H=(a_{ij})$，$a_{11}=a_{22}=0$，而 $a_{12}\neq 0$，则令 $Q=\begin{bmatrix} \begin{bmatrix} 1 & 1 \\ \overline{a}_{12} & -\overline{a}_{12} \end{bmatrix} & \\ & I \end{bmatrix}$，即得

$$\overline{Q}^{\mathrm{T}}HQ=\begin{bmatrix} H_1 & \overline{H}_2^{\mathrm{T}} \\ H_2 & H_4 \end{bmatrix},$$

其中 $H_1=\begin{bmatrix} 2|\overline{a}_{12}|^2 & \\ & -2|\overline{a}_{12}|^2 \end{bmatrix}$.

有趣的是 Hermite 型的配平方（相当于例 8.1. 注意 Hermite 型中 a,c 为实数）：

$$\begin{aligned} a\overline{x}x+b\overline{x}y+\overline{b}x\overline{y}+c\overline{y}y &= a\left(\overline{x}+\frac{\overline{b}}{a}\overline{y}\right)\left(x+\frac{b}{a}y\right)-\frac{b\overline{b}}{a}\overline{y}y+c\overline{y}y \\ &= a\left|x+\frac{b}{a}y\right|^2-\frac{|b|^2-ac}{a}|y|^2. \end{aligned}$$

■

系　对任意 Hermite 方阵 H，存在可逆复方阵 P 使得

$$\overline{P}^{\mathrm{T}}HP=\begin{bmatrix} I_p & & \\ & -I_q & \\ & & 0 \end{bmatrix},$$

且 p,q 由 H 唯一决定.

定理 9.13 和系的区别是这样：定理 9.13 中的 P 的系数由 H 的系数经有理运算得到，因此若 H 是数域 $F\subset\mathbb{C}$ 上的方阵，则 P 也是 F 上方阵（例如 $F=\mathbb{Q}(\mathrm{i})=\{a+b\sqrt{-1}\mid a,b\in\mathbb{Q}\}$；而系中 P 的系数往往要开平方得到，因而 P 是 $\mathbb{C}$ 上方阵.

Witt 定理对于 Hermite 方阵和共轭相合仍然成立，证明与对称方阵的相合是同样的，只需把“转置”换为“共轭转置”.

同样，我们称 Hermite 型 $h(\alpha,\beta)=\overline{x}^{\mathrm{T}}Hy$ 是**正定的**，如果对于任意的非零向量 $\alpha\in V$ 均有 $h(\alpha,\alpha)>0$（或对任意非零列向量 x 均有 $\overline{x}^{\mathrm{T}}Hx>0$），这时也称 Hermite 方阵 H 为正

定的,记为 $H>0$,正定 Hermite 型常称为 **Hermite 内积**.

定理 9.14 设 H 为 Hermite 方阵,则以下命题等价:

(1) $H>0$ (即 H 正定);

(2) H 共轭相合于 I(即 $p=n=r,q=0$);

(3) $H=\overline{P}^{\mathrm{T}}P$,其中 P 是某可逆复方阵;

(4) H 的顺序主子式均为正实数;

(5) H 的所有主子式均为正实数.

类似地,若 $\overline{x}^{\mathrm{T}}Hx\geqslant 0$ 对所有列向量 x 成立,我们称 Hermite 方阵 H 为**半正定的**,记为 $H\geqslant 0$(也称 H 对应的 Hermite 型是**半正定的**).

定理 9.15 设 H 为 Hermite 方阵,则以下命题等价:

(1) $H\geqslant 0$ (即 H 半正定);

(2) H 共轭相合于 $\begin{pmatrix} I_r & \\ & 0 \end{pmatrix}$;

(3) $H=\overline{Q}^{\mathrm{T}}Q$,其中 Q 是某复矩阵;

(4) H 的所有主子式均为非负实数.

若半双线性型 g 满足 $g(\alpha,\beta)=-\overline{g(\beta,\alpha)}$,则称 g 为**斜 Hermite 的**. 记 g 的方阵(表示)为 G,这相当于 $\overline{x}^{\mathrm{T}}Gy=-\overline{(\overline{y}^{\mathrm{T}}Gx)^{\mathrm{T}}}=-\overline{x}^{\mathrm{T}}\overline{G}^{\mathrm{T}}y$ 对任意 x,y 成立,即 $G=-\overline{G}^{\mathrm{T}}$,这样的方阵称为斜 Hermite 方阵.

注意,若 $G=-\overline{G}^{\mathrm{T}}$, 则 $\mathrm{i}G=-\mathrm{i}\overline{G}^{\mathrm{T}}=\overline{(\mathrm{i}G)}^{\mathrm{T}}$, 故若 G 为斜 Hermite 阵, 则 $\mathrm{i}G$ 为 Hermite 阵,因而我们无需再研究斜 Hermite 方阵的标准形.

另外要注意的是,若 λ 是 Hermite 阵 H 的特征根,即 $Hx=\lambda x$ 对某 $x\neq 0$ 成立. 于是

$$\overline{x}^{\mathrm{T}}Hx=\lambda\overline{x}^{\mathrm{T}}x.$$

由于 $\overline{x}^{\mathrm{T}}Hx$, $\overline{x}^{\mathrm{T}}x$ 均为实数. 故 λ 为实数. 当 H 正定时,进而知 $\overline{x}^{\mathrm{T}}Hx$ 和 $\overline{x}^{\mathrm{T}}x$ 均为正数,由此得到下面的定理.

定理 9.16 (1) Hermite 方阵的特征根均为实数;

(2) 正定 Hermite 方阵的特征根均为正实数;

(3) 斜 Hermite 方阵的特征根均为纯虚数或 0.

注意,实对称方阵是 Hermite 方阵的特例,故此定理对实对称阵也适用(但一般域上的对称方阵则不然).

9.8　酉空间和标准正交基

定义 9.11　设 V 是复数域 $\mathbb{C}$ 上的线性空间，若 V 上定义着正定 Hermite 型（即正定 Hermite 半双线性型）g，则 V 称为（对于内积 g 的）**内积空间或酉空间**（unitary space）. g 称为此酉空间的（Hermite）**内积**（有时，只有当 V 是有限维时，才称为酉空间）.

在以后的讨论中，酉空间 V 的内积常是固定的，因而常记为

$$g(\alpha,\beta)=\langle\alpha,\beta\rangle \qquad (\alpha,\beta\in V).$$

定义 9.12　设 V 是酉空间，

(1) 向量 $\alpha\in V$ 的**长度**（或称**范数**）定义为 $\|\alpha\|=\sqrt{\langle\alpha,\alpha\rangle}$；

(2) 非零向量 $\alpha,\beta\in V$ 的**夹角**定义为 $\theta=\cos^{-1}\dfrac{|\langle\alpha,\beta\rangle|}{\|\alpha\|\ \|\beta\|}$.

上述定义的合理性由 **Cauchy-Schwarz 不等式**保证：

$$\frac{|\langle\alpha,\beta\rangle|}{\|\alpha\|\ \|\beta\|}\leqslant 1.$$

此不等式的证明为：设 $\langle\alpha,\beta\rangle=r\mathrm{e}^{\mathrm{i}\theta}$，$t$ 为实变量，则由 $\|t\alpha\mathrm{e}^{\mathrm{i}\theta}+\beta\|^2\geqslant 0$，化为 $t^2\|\alpha\|^2+2rt+\|\beta\|^2\geqslant 0$，故其判别式小于 0，即得.

向量 $\alpha,\beta\in V$ 的**距离**定义为 $d(\alpha,\beta)=\|\alpha-\beta\|$. 容易知道向量长度（或距离）还满足（对任意 $\alpha,\beta\in V$）：

（三角形不等式）　$\|\alpha+\beta\|\leqslant\|\alpha\|+\|\beta\|$；

（平行四边形等式）　$\|\alpha+\beta\|^2+\|\alpha-\beta\|^2=2\|\alpha\|^2+2\|\beta\|^2$.

事实上，由 $\|\alpha+\beta\|^2=\langle\alpha+\beta,\alpha+\beta\rangle=\|\alpha\|^2+\langle\alpha,\beta\rangle+\langle\beta,\alpha\rangle+\|\beta\|^2$，再由 Schwarz 不等式知 $2\mathrm{Re}\langle\alpha,\beta\rangle\leqslant 2\|\alpha\|\ \|\beta\|$，即得前者. 后者由 $\|\alpha\pm\beta\|^2=\langle\alpha\pm\beta,\alpha\pm\beta\rangle=\|\alpha\|^2\pm\langle\alpha,\beta\rangle\pm\langle\beta,\alpha\rangle+\|\beta\|^2$，两式相加即得.

若向量 α 与 β 的内积为 0，即夹角为 $\dfrac{\pi}{2}$，则称 α 与 β **正交**. 若 α 与子空间 W 中的任意向量均正交，则称 α 与 W 正交. 与 W 正交的 V 中向量全体记为 $W^{\perp}$，称为 W 的**正交补**. 由两两正交的单位长的向量 $\varepsilon_1,\cdots,\varepsilon_n$ 组成的酉空间的基，称为**标准正交基**.

例 9.20　设 $V=\mathbb{C}^{(n)}$，内积定义为

$$\langle x,y\rangle=\bar{x}^{\mathrm{T}}y=\bar{x}_1y_1+\cdots+\bar{x}_ny_n,$$

则 $\mathbb{C}^{(n)}$ 是酉空间，称为**经典酉空间**.

定理 9.17（Gram-Schmidt 正交化）　对酉空间 V 中任一基 $\alpha_1,\cdots,\alpha_n$，存在着 V 的标准正交基 $\varepsilon_1,\cdots,\varepsilon_n$，使

$$\mathbb{C}\alpha_1+\cdots+\mathbb{C}\alpha_k=\mathbb{C}\varepsilon_1+\cdots+\mathbb{C}\varepsilon_k$$

对任意 $k=1,2,\cdots,n$ 成立.

定理 9.18 设 $\varepsilon_1,\cdots,\varepsilon_n$ 为酉空间 V 的标准正交基，经过渡方阵 P 过渡到基 $e_1,\cdots,e_n$，亦即

$$(e_1,\cdots,e_n)=(\varepsilon_1,\cdots,\varepsilon_n)P,$$

则当且仅当 $\overline{P}^{\mathrm{T}}P=I$ 时，$e_1,\cdots,e_n$ 为标准正交基.

以上两定理的证明完全与前面欧几里得空间中相应结果证明类似，但应注意凡前章用转置处，现均用共轭转置代替，并注意若 $\beta=k_1\varepsilon_1+\cdots+k_r\varepsilon_r$，则 $k_i=\langle\varepsilon_i,\beta\rangle$. 满足

$$\overline{U}^{\mathrm{T}}U=I$$

的(复)方阵 U 称为**酉方阵**(unitary matrix). 此时 $\overline{U}^{\mathrm{T}}=U^{-1}$，故也有 $U\overline{U}^{\mathrm{T}}=I$，且 U 的列构成上述例 9.20 中$\mathbb{C}^{(n)}$的标准正交基. 酉方阵是实正交方阵的推广.

与欧几里得空间情形(见 9.1 节)类似可证明如下推论.

系 1 设 $\alpha_1,\cdots,\alpha_n$ 是酉空间 V 的基，则存在 V 的标准正交基 $\varepsilon_1,\cdots,\varepsilon_n$ 和上三角形方阵 T 使

$$(\varepsilon_1,\cdots,\varepsilon_n)=(\alpha_1,\cdots,\alpha_n)T,$$

且 T 的主对角线上元素均为正数.

系 2 对每个正定 Hermite 方阵 G，总存在上三角方阵 T 使得 $\overline{T}^{\mathrm{T}}GT=I$.

系 3 对任意可逆复方阵 A，唯一地存在着主对角线上元素为正数的上三角形方阵 T 使得 $U=AT$ 为酉方阵.

系 4 对任意可逆复方阵 A，存在唯一的酉方阵 U 和主对角线元素为正数的上三角方阵 T 使得 $A=UT$；也唯一地存在酉方阵 U_1 和主对角线元素为正数的下三角方阵 L 使得 $A=LU_1$.

9.9 方阵的酉相似与线性变换

设 V 为酉空间，$\mathscr{A}$ 为 V 的线性变换，$\mathscr{A}$ 在标准正交基 $\varepsilon_1,\cdots,\varepsilon_n$ 和 $e_1,\cdots,e_n$ 下的方阵表示分别为 A 和 B，则

$$B=U^{-1}AU,$$

其中方阵 U 是从基 $\varepsilon_1,\cdots,\varepsilon_n$ 到 $e_1,\cdots,e_n$ 的过渡方阵，即 $(e_1,\cdots,e_n)=(\varepsilon_1,\cdots,\varepsilon_n)U$. 由于此二基为标准正交基，故由上节的结论知 U 为酉方阵，即 $\overline{U}^{\mathrm{T}}U=I$，此时方阵 $B=U^{-1}AU=\overline{U}^{\mathrm{T}}AU$ 称为与 A 酉相似. 因为复特征根总存在，所以有比引理 9.4(1)和定理 9.4 更简单的结论.

引理 9.9 任一复方阵 A 酉相似于上三角形方阵.

引理 9.10 设(复)方阵 N 为**规范方阵**(即 $\overline{N}^{\mathrm{T}}N=N\overline{N}^{\mathrm{T}}$)且 N 酉相似于

$$\overline{U}^{\mathrm{T}}NU=\begin{bmatrix}N_1 & N_3\\ N_0 & N_2\end{bmatrix}\quad(U\text{ 为酉方阵}).$$

若 $N_0=0$，则 $N_3=0$.

证明　与实规范方阵正交相似的证明类似. ■

定理 9.19(规范方阵谱定理)　任一(复)规范方阵 N 必酉相似于对角形方阵

$$\overline{U}^{\mathrm{T}} N U=\begin{bmatrix}\lambda_1 & & \\ & \ddots & \\ & & \lambda_n\end{bmatrix}.$$

系 1　Hermite 方阵 H 必酉相似于

$$\overline{U}^{\mathrm{T}} H U=\begin{bmatrix}\lambda_1 & & \\ & \ddots & \\ & & \lambda_n\end{bmatrix},\quad \lambda_k \text{ 为实数}(k=1,\cdots,n).$$

系 2　酉方阵 U 必酉相似于

$$\overline{U}_1^{\mathrm{T}} U U_1=\begin{bmatrix}\mathrm{e}^{\mathrm{i}\theta_1} & & \\ & \ddots & \\ & & \mathrm{e}^{\mathrm{i}\theta_n}\end{bmatrix},\quad \theta_k \text{ 为实数}(k=1,\cdots,n).$$

系 3　斜 Hermite 方阵 K 必酉相似于

$$\overline{U}^{\mathrm{T}} K U=\begin{bmatrix}\mathrm{i}a_1 & & \\ & \ddots & \\ & & \mathrm{i}a_n\end{bmatrix},\quad \lambda_k=\mathrm{i}a_k \text{ 为纯虚数或 } 0(k=1,\cdots,n).$$

定理 9.19 及其系的证明　由引理 9.15～9.16 立得定理 9.19. 当 $N=H$ 为 Hermite 方阵时，由 $\overline{H}^{\mathrm{T}}=H$ 及定理 9.19 知 $\bar{\lambda}_k=\lambda_k$，即知 λ_k 为实数. 当 $N=U$ 为酉方阵时，由 $\overline{U}^{\mathrm{T}}U=I$ 及定理 9.19 知 $\bar{\lambda}_k\lambda_k=1$，即知 $|\lambda_k|=1$，$\lambda_k=\mathrm{e}^{\mathrm{i}\theta_k}$. 当 $N=K$ 为斜 Hermite 方阵时，由 $\overline{K}^{\mathrm{T}}=-K$ 及定理 9.19 知 $\bar{\lambda}_k=-\lambda_k$，即知 λ_k 为纯虚数或 0. 这就证明了系 1～3. 当然也可像 9.2 节最后那样证明 H,U,K 的特征根的性质. ■

若酉空间 V 的线性变换 $\mathscr{A}$ 在标准正交基下的方阵表示为规范方阵，Hermite 方阵，酉方阵，或斜 Hermite 方阵，则分别称 $\mathscr{A}$ 为**规范变换**，**Hermite 变换**，**酉变换**，或**斜 Hermite 变换**. Hermite 变换也称为**自伴随变换**. 以上各定理及其系的几何意义如下.

引理 9.10′　酉空间 V 的规范变换 $\mathscr{N}$ 的不变子空间 W 的正交补 $W^{\perp}$ 也为不变子空间.

定理 9.19′　设 $\mathscr{N}$ 是 n 维酉空间 V 的规范变换，则 $\mathscr{N}$ 有 n 个标准正交的特征向量 $e_1,\cdots,e_n$. 于是 V 可分解为 n 个一维不变子空间的正交直和，即

$$V=\mathbb{C}\,e_1\oplus\cdots\oplus\mathbb{C}\,e_n,$$

且在每个一维不变子空间上 $\mathscr{N}$ 的作用为数乘，即

$$\mathscr{N}e_k=\lambda_k e_k\quad(\lambda_k\in\mathbb{C},\ k=1,2,\cdots,n).$$

在定理 9.19′中，我们可以把属于同一个特征根的特征向量生成的子空间求和. 于是我们设 $\lambda_1,\cdots,\lambda_r$ 是 $\mathscr{N}$ 的互异特征根，V_i 是属于 λ_i 的特征子空间. 则有正交直和分解

$$V = V_1 \oplus \cdots \oplus V_r,$$

且对于 $\alpha_i \in V_i$ 有 $\mathscr{N}\alpha_i = \lambda_i\alpha_i$. 对于

$$\alpha = \alpha_1 + \cdots + \alpha_r \quad (\alpha_i \in V_i)$$

有

$$\mathscr{N}\alpha = \lambda_1\alpha_1 + \cdots + \lambda_r\alpha_r.$$

换句话说，设 $\mathscr{E}_i$ 是 V 到 V_i 的正则投射，即对上述 α 有

$$\mathscr{E}_i\alpha = \alpha_i \quad (i = 1,2,\cdots,r),$$

则

$$\mathscr{N} = \lambda_1\mathscr{E}_1 + \cdots + \lambda_r\mathscr{E}_r. \qquad (*)$$

注意

$$\mathscr{E}_i\mathscr{E}_j = 0 (当\ i \neq j), \quad \mathscr{E}_i^2 = \mathscr{E}_i,$$

$$\mathscr{E}_1 + \mathscr{E}_2 + \cdots + \mathscr{E}_r = 1.$$

分解式($*$)称为 $\mathscr{N}$ 的**谱分解**(spectral resolution).

系 1′ 设 $\mathscr{H}$ 为 n 维酉空间 V 的 Hermite 变换，则存在 V 的标准正交基 $e_1,\cdots,e_n$，使

$$\mathscr{H}e_k = \lambda_k e_k \quad (\lambda_k \in \mathbb{R},\ k = 1,2,\cdots,n).$$

系 2′ 设 $\mathscr{U}$ 为 n 维酉空间 V 的酉变换，则存在 V 的标准正交基 $e_1,\cdots,e_n$，使

$$\mathscr{U}e_k = e^{i\theta_k}e_k \quad (\theta_k \in \mathbb{R},\ k = 1,2,\cdots,n).$$

系 3′ 设 $\mathscr{K}$ 为 n 维酉空间 V 的斜 Hermite 变换，则存在 V 的标准正交基 $e_1,\cdots,e_n$，使 $\mathscr{K}e_k = \sqrt{-1}a_k e_k \quad (a_k \in \mathbb{R},\ k = 1,2,\cdots,n)$.

也就是说，n 维酉空间 V 的规范变换 $\mathscr{N}$ 必有 n 个标准正交的特征向量 $e_1,\cdots,e_n$，因而 V 是两两正交的一维不变子空间 $\mathbb{C}e_k = W_k$ 的直和($k=1,2,\cdots,n$). 在每个不变子空间 W_k(同构于复平面)中，Hermite 变换 $\mathscr{H}$ 是仿射(放大 $\lambda_k \in \mathbb{R}$ 倍)变换，酉变换 $\mathscr{U}$ 是旋转变换.

定理 9.20 对于 n 维酉空间 V 的每个线性变换 $\mathscr{A}$，存在着 V 的唯一的线性变换 $\mathscr{A}^*$(称为 $\mathscr{A}$ 的伴随)，使得

$$\langle \mathscr{A}^*\alpha, \beta\rangle = \langle \alpha, \mathscr{A}\beta\rangle$$

对任意 $\alpha,\beta \in V$ 成立. 设 $\mathscr{A}$ 及 $\mathscr{A}^*$ 在一标准正交基下的方阵为 A 和 A^*，则

$$A^* = \overline{A}^{T}.$$

证明 与引理 9.6 类似. ■

因此，酉空间 V 上的规范变换 $\mathscr{N}$，**Hermite** 变换 $\mathscr{H}$，酉变换 $\mathscr{U}$，斜 **Hermite** 变换 $\mathscr{K}$，分别由以下关系刻画：

$$\mathscr{N}\mathscr{N}^*=\mathscr{N}^*\mathscr{N},\quad \mathscr{H}^*=\mathscr{H},\quad \mathscr{U}\mathscr{U}^*=I,\quad \mathscr{K}^*=-\mathscr{K}.$$

由此可知 Hermite 变换 $\mathscr{H}$ 常被称为**自伴随变换**的原因.

系 1　设 $\mathscr{A}$ 为酉空间 V 的线性变换, W 为 $\mathscr{A}$ 的不变子空间, 则 $W^{\perp}$ 为 $\mathscr{A}^*$ 的不变子空间.

证明　设 $\alpha\in W^{\perp}$, $\beta\in W$, 则 $\langle\mathscr{A}^*\alpha,\beta\rangle=\langle\alpha,\mathscr{A}\beta\rangle=0$ (因为 $\mathscr{A}\beta\in W$). 故 $\mathscr{A}^*\alpha\in W^{\perp}$, 证毕. V 的维数有限时也可由 $\mathscr{A}^*$ 的方阵 A^* 与 $\mathscr{A}$ 的方阵 A 有关系 $A^*=\overline{A}^{\mathrm{T}}$ 看出. ■

定义 9.13　设 $\mathscr{A}$ 为酉空间 V_1 到 V_2 的线性映射, 若 $\langle\mathscr{A}\alpha,\mathscr{A}\beta\rangle=\langle\alpha,\beta\rangle$ (对所有 $\alpha,\beta\in V_1$), 则称 $\mathscr{A}$ 保持内积. 保持内积的双射线性映射称为**等距映射**或**同构映射**. 若存在 $\mathscr{A}$ 为 V_1 到 V_2 的同构映射, 则称 V_1 与 V_2 同构.

若 $\mathscr{A}$ 保内积, 则 $\mathscr{A}$ 保长度, 即 $\|\mathscr{A}\alpha\|=\|\alpha\|$, 特别知道 $\mathscr{A}$ 一定是单射.

定理 9.21　设 V_1 和 V_2 均为 n 维酉空间, $\mathscr{A}$ 是 V_1 到 V_2 的线性映射, 则下列命题等价:

(1) $\mathscr{A}$ 保持内积;

(2) $\mathscr{A}$ 是(酉空间的)同构(映射);

(3) $\mathscr{A}$ 把任意标准正交基映为标准正交基;

(4) $\mathscr{A}$ 把某一标准正交基映为标准正交基;

(5) $\mathscr{A}$ 在 V_1 和 V_2 标准正交基下的方阵表示为酉方阵.

证明　(1)⇒(2): $\mathscr{A}$ 定为单射, 从而为满射.

(2)⇒(3): 若 $\varepsilon_1,\cdots,\varepsilon_n$ 是 V_1 的标准正交基, 显然 $\mathscr{A}\varepsilon_1,\cdots,\mathscr{A}\varepsilon_n$ 为 V_2 的基, 而 $\langle\mathscr{A}\varepsilon_i,\mathscr{A}\varepsilon_j\rangle=\langle\varepsilon_i,\varepsilon_j\rangle=\delta_{ij}$.

(3)⇒(4): 显然.

(4)⇒(5): 设 $\mathscr{A}$ 把 V_1 的标准正交基 $\varepsilon_1,\cdots,\varepsilon_n$ 映为 V_2 的标准正交基 $e_1,\cdots,e_n$, 则 $\mathscr{A}$ 在基 $\{\varepsilon_i\}$ 和 $\{e_i\}$ 下的方阵表示应为 $A=I$. $\mathscr{A}$ 在标准正交基 $\{\hat{\varepsilon}_i\}$ 和 $\{\hat{e}_i\}$ 下的方阵应为 $B=U_2^{-1}AU_1=U_2^{-1}U_1$, 其中 U_2,U_1 为基的过渡方阵(见定理 6.3), 即得.

(5)⇒(1): 设 $\mathscr{A}$ 在 V_1 和 V_2 的标准正交基 $\alpha_1,\cdots,\alpha_n$ 和 $\beta_1,\cdots,\beta_n$ 下的方阵表示为酉方阵 A. 设 $\alpha,\beta\in V_1$ 的坐标列为 x,y, 则 $\mathscr{A}\alpha,\mathscr{A}\beta$ 的坐标列分别为 Ax,Ay. 于是

$$\langle\mathscr{A}\alpha,\mathscr{A}\beta\rangle=\overline{(Ax)}^{\mathrm{T}}(Ay)=\overline{x}^{\mathrm{T}}\overline{A}^{\mathrm{T}}Ay=\overline{x}^{\mathrm{T}}y=\langle\alpha,\beta\rangle. \quad ■$$

系 2　维数相同的酉空间均同构, 特别地, n 维酉空间均同构于列向量空间 $\mathbb{C}^{(n)}$, 其中 $x,y\in\mathbb{C}^{(n)}$ 的内积为 $\langle x,y\rangle=\overline{x}^{\mathrm{T}}y$.

证明　设 $\varepsilon_1,\cdots,\varepsilon_n$ 及 $\eta_1,\cdots,\eta_n$ 为 V_1 与 V_2 的标准正交基, 令 $\mathscr{A}: V_1\to V_2$, $\varepsilon_i\to\eta_i$, 则 $\mathscr{A}$ 是 V_1 到 V_2 的同构映射. ■

系 3　设 $\mathscr{U}$ 为酉空间 V 的线性变换, 则以下命题等价:

(1) $\mathscr{U}$ 保内积；

(2) $\mathscr{U}$ 是自同构；

(3) $\mathscr{U}$ 把任意标准正交基映为标准正交基；

(4) $\mathscr{U}$ 把某一标准正交基映为标准正交基；

(5) $\mathscr{U}^* \mathscr{U} = \mathscr{U}\mathscr{U}^* = I$；

(6) $\mathscr{U}$ 在标准正交基下的方阵表示为酉方阵.

*9.10 变换族与群表示

以前我们主要讨论了带一个线性变换的线性空间 V,现在讨论有多个线性变换的情形.

*9.10.1 可交换变换族

先考虑可交换、可同时对角化的多个规范变换 $\{\mathscr{N}_i\}(i\in S)$. 有的时候,$\{\mathscr{N}_i\}$ 还构成一个乘法 Abel 群. 例如,如果 Abel 乘法群 G 中每个元素 g_i 对应于一个(规范)变换 $\rho(g_i)=\mathscr{N}_i$,且 $\rho(g_1g_2)=\rho(g_1)\cdot\rho(g_2)=\mathscr{N}_1\mathscr{N}_2$,则 $\{\mathscr{N}_i\}=\rho G$ 就是一个 Abel 变换群. 先看一个关于方阵的结果.

定理 9.22 设 $\{N_i\}(i\in S)$ 是一族 n 阶规范方阵,两两可交换,则存在酉方阵 U 使 $N_i(i\in S)$ 同时对角化,即

$$\overline{U}^{\mathrm{T}}N_iU=\begin{bmatrix}\lambda_1(N_i) & & & \\ & \lambda_2(N_i) & & \\ & & \ddots & \\ & & & \lambda_n(N_i)\end{bmatrix}\quad(i\in S),\tag{9.10.1}$$

其中 $\lambda_{ki}=\lambda_k(N_i)\in\mathbb{C}$ 是 N_i 的特征根.

说明 上述 S 是任一(指标)集合,并不限于 S 是整数集.

证明 若规范方阵 N 只有一个不相同的复特征根,则 $N=\overline{U}^{\mathrm{T}}(cI)U=cI$ 为纯量方阵. 故若所有方阵 N_i 均只有一个特征根,则定理自然成立. 现设该族中有一个方阵 N_0 至少有两个互异特征根($0\in S$),设有酉方阵 U_0 使

$$\overline{U}_0^{\mathrm{T}}N_0U_0=\begin{bmatrix}\lambda_1 I & & \\ & \ddots & \\ & & \lambda_r I\end{bmatrix}\quad(\lambda_1,\cdots,\lambda_r\text{ 互异},\ r\geqslant 2),$$

则对任意 $N_i(i\in S)$，由 $N_0N_i=N_iN_0$ 可知

$$\overline{U}_0^{\mathrm{T}}N_iU_0=\begin{bmatrix}A_{i1}&&\\&\ddots&\\&&A_{ir}\end{bmatrix}.$$

因每个方阵 A_{ij} 的阶均小于 n，故对每个固定的 j，由归纳法可设存在酉方阵 U_j 使 A_{ij} 同时对角化，即

$$\overline{U}_j^{\mathrm{T}}A_{ij}U_j=B_{ij}\ \text{为对角形}\quad(i\in S,\ j=1,\cdots,r).$$

令

$$U=U_0\begin{bmatrix}U_1&&\\&\ddots&\\&&U_r\end{bmatrix},$$

则 $\overline{U}^{\mathrm{T}}N_iU$ 为对角形方阵$(i\in S)$. ■

记定理 9.22 中的 U 的列向量为 $e_1,\cdots,e_n$，即

$$U=(e_1,\cdots,e_n).$$

则由

$$N_iU=U\begin{bmatrix}\lambda_1(N_i)&&\\&\ddots&\\&&\lambda_n(N_i)\end{bmatrix},$$

知

$$N_ie_k=\lambda_k(N_i)e_k\qquad(i\in S,\ k=1,\cdots,n).\tag{9.10.2}$$

这说明每个 e_k 均为 $N_i(i\in S)$的**公共特征向量**$(k=1,\cdots,n)$，但各 N_i 的特征根 $\lambda_k(N_i)$ 可能不同. 故由定理 9.22 有以下推论.

系 1　设如定理 9.22，则 $N_i(i\in S)$ 有 n 个两两正交的单位(长)公共特征向量 $e_1,\cdots,e_n\in\mathbb{C}^{(n)}$，即

$$N_ie_k=\lambda_k(N_i)e_k\qquad(k=1,\cdots,n)\tag{9.10.3}$$

对任意 $i\in S$ 成立. 而酉空间$\mathbb{C}^{(n)}$分解为 n 个两两正交的一维公共不变子空间的直和

$$\mathbb{C}^{(n)}=\mathbb{C}e_1\oplus\cdots\oplus\mathbb{C}e_n.$$

(这里 $\alpha,\beta\in\mathbb{C}^{(n)}$ 的内积定义为 $\bar{\alpha}^{\mathrm{T}}\beta$).

虽然定理 9.22 中的特征向量 e_k 是公共的，特征根 $\lambda_k(N_i)$ 却非公用. 故考虑重根时引入以下概念.

对固定的 k，每个 λ_k 事实上是一个映射：

$$\lambda_k:\{N_i\}\longrightarrow\mathbb{C},\quad N_i\longmapsto\lambda_k(N_i).\tag{9.10.4}$$

映射 λ_k 称为族$\{N_i\}$的**根(映射)**，e_k 是属于此根(映射)的公共特征向量.

如果两根映射 λ_k 和 λ_j 相等，即

$$\lambda_k(N_i)=\lambda_j(N_i)\qquad(\forall i\in S)$$

则 λ_k 称为族$\{N_i\}$的**重根(映射)**. 此时每个 N_i 均有重特征根 $\lambda_k(N_i)=\lambda_j(N_i)$. 于是 e_k 和 e_j 生成的子空间$\mathbb{C}e_k+\mathbb{C}e_j$ 中向量均为族$\{N_i\}$的公共特征向量，称为属于根(映射)λ_k 的公共特征向量. 所有属于根(映射)λ_k 的公共特征向量连同 0，即

$$V(\lambda_k)=\{\alpha\in V\mid N_i\alpha=\lambda_k(N_i)\alpha,\ i\in S\},\tag{9.10.5}$$

称为属于根 λ_k 的(公共)**特征子空间**.

于是我们可把定理 9.22 中重根(映射)$\lambda_k=\lambda_j$(即使每个 N_i 均有重特征根者)均合并写在一起，从而定理 9.22 化为如下形式.

定理 9.23 设$\{N_i\}(i\in S)$是一族 n 阶规范方阵，两两可交换，则存在酉方阵 U 使 $N_i(i\in S)$同时对角化，即

$$\overline{U}^{\mathrm{T}}N_iU=\begin{bmatrix}\lambda_1(N_i)I & & \\ & \ddots & \\ & & \lambda_m(N_i)I\end{bmatrix}\quad(i\in S),\tag{9.10.6}$$

其中 $\lambda_1,\cdots,\lambda_m$ 是族$\{N_i\}$的互异根(映射)(即对其中任两根 λ_k,λ_j，总有某 $i\in S$ 使 $\lambda_k(N_i)\neq\lambda_j(N_i)$).

系 2 设$\{N_i\}(i\in S)$是一族两两可交换的 n 阶规范方阵，则该族有 $m\leqslant n$ 个互异的根(映射)$\lambda_k(k=1,\cdots,m)$. 以 $V_k=V(\lambda_k)$记属于 λ_k 的公共特征子空间，则$\mathbb{C}^{(n)}$有正交直和分解

$$\mathbb{C}^{(n)}=V_1\oplus\cdots\oplus V_m,$$

且对

$$\alpha=\alpha_1+\cdots+\alpha_m\qquad(\alpha_k\in V_k),$$

有

$$N_i\alpha=\lambda_1(N_i)\alpha_1+\cdots+\lambda_m(N_i)\alpha_m\qquad(i\in S).$$

注记 如果$\{N_i\}=H$ 是 Abel 群(例如像本节开始所说，有保持运算的对应 ρ: $G\to\{N_i\}$)，根映射 λ_k 称为群 H 的**特征**. 可以证明 H 的不同的特征个数 m 恰为 H 的元素个数(见 9.10.2 节中 5.3 项). 这对以下讨论的变换集合$\{\mathcal{N}_i\}$也适用.

上述关于规范方阵的结果可应用于规范变换. 设酉空间 V 上有一族规范变换$\{\mathcal{N}_i\}$ $(i\in S)$，在 V 中取定标准正交基之后，V 对应于$\mathbb{C}^{(n)}$，即 V 中向量的坐标列组成$\mathbb{C}^{(n)}$；$\mathcal{N}_i$ 的方阵表示组成规范方阵族$\{N_i\}$. 在 V 中选取其他不同的标准正交基，对应着 N_i 做酉相似变换. 故前述结果可分别表述如下.

定理 9.22′　设 V 是 n 维酉空间，$\{\mathscr{N}_i\}(i\in S)$ 是 V 上一族两两可交换的规范变换，则 $\mathscr{N}_i(i\in S)$ 有 n 个单位正交公共特征向量 $e_1,\cdots,e_n\in V$. 于是 $e_1,\cdots,e_n$ 是 V 的标准正交基，V 分解为一维子空间的直和：

$$V=\mathbb{C}e_1\oplus\cdots\oplus\mathbb{C}e_n,$$

对

$$\alpha=a_1e_1+\cdots+a_ne_n\qquad(a_i\in\mathbb{C}),$$

有

$$\mathscr{N}_i\alpha=a_1\lambda_1(N_i)e_1+\cdots+a_n\lambda_n(N_i)e_n\qquad(i\in S),$$

亦即每个 $\mathscr{N}_i$ 可分解为

$$\mathscr{N}_i=\lambda_1(N_i)\mathscr{E}_1+\cdots+\lambda_n(N_i)\mathscr{E}_n,$$

其中 $\mathscr{E}_k$ 是正则投影：

$$\mathscr{E}_k:\quad V\longrightarrow\mathbb{C}e_k,$$

$$\sum a_je_j\longmapsto a_ke_k.$$

现对一族变换 $\{\mathscr{N}_i\}$ 的根(映射)和公共特征子空间作抽象定义，与前述方阵的根等概念是一致的.

定义 9.14　设 $\{\mathscr{N}_i\}(i\in S)$ 是酉空间 V 上的一族线性变换. 映射

$$\lambda:\{\mathscr{N}_i\}\longrightarrow\mathbb{C}$$

将被称为此族上的**根(映射)**，如果有一非零向量 $\alpha\in V$ 使对每个 $\mathscr{N}_i$ 均有

$$\mathscr{N}_i\alpha=\lambda(\mathscr{N}_i)\alpha\qquad(\forall i\in S).$$

此 α 称为属于根(映射)λ 的**公共特征向量**. 而其全体，即

$$V(\lambda)=\{\alpha\in V\mid\mathscr{N}_i\alpha=\lambda(\mathscr{N}_i)\alpha,\quad\forall i\in S\},$$

称为此族的属于根(映射)λ 的特征子空间.

定理 9.23′　设 V 是 n 维酉空间，$\{\mathscr{N}_i\}(i\in S)$ 是一族两两可交换的 V 上的规范变换，则该族有 $m\leqslant n$ 个互异的根(映射)$\lambda_k(k=1,\cdots,m)$. 以 $V_k=V(\lambda_k)$ 记属于 λ_k 的公共特征子空间，即

$$V_k=\{\alpha\in V\mid\mathscr{N}_i\alpha=\lambda_k(N_i)\alpha,\forall i\in S\},$$

则 V 分解为两两正交的公共特征子空间的直和，即

$$V=V_1\oplus\cdots\oplus V_m.$$

系 2′　设如定理 9.23′，记 $\mathscr{E}_k$ 是 V 到 V_k 的正则投影$(k=1,\cdots,m)$，即对 $\alpha=\alpha_1+\cdots+\alpha_m(\alpha_k\in V_k)$ 有

$$\mathscr{E}_k(\alpha)=\alpha_k,$$

则

$$\mathscr{E}_k\mathscr{E}_j=0\quad(\text{当 }k\neq j),$$

$$1=\mathscr{E}_1+\cdots+\mathscr{E}_m,$$

且族中每个 $\mathscr{N}_i$ 可分解为

$$\mathscr{N}_i = \lambda_1(\mathscr{N}_i)\mathscr{E}_1 + \cdots + \lambda_m(\mathscr{N}_i)\mathscr{E}_m.$$

这称为 $\mathscr{N}_i$ 在族中的**谱分解**(spectral resolution).

*9.10.2 群表示与特征

设 G 是乘法群. 可设法将 G 中的元素 σ 看作某线性空间 V 的线性变换(例子见 6.4 节). 以 $\mathrm{GL}(V)$ 记 V 的可逆线性变换(即自同构)全体(是乘法群). 设有对应(映射)

$$\rho: G \to \mathrm{GL}(V), \qquad 满足 \quad \rho(\sigma\tau) = \rho(\sigma)\rho(\tau) \qquad (对所有 \sigma,\tau \in G),$$

则称 ρ 为群 G 到 V 的(**线性**)**表示**(representation),称 V 是 **G-空间**(也称 V 是 G 的线性表示). 这时,每个 $\sigma \in G$ 均可看作 V 的(可逆)线性变换,即对 $\alpha \in V$ 令

$$\sigma\alpha = (\rho\sigma)\alpha.$$

于是 G 成为 V 上的**变换族(群)**. 在 V 中取基之后,G 的元素 σ,对应于 $\rho(\sigma)$,有方阵表示 A_σ. G 中元素的每个有限线性组合 $\sum_i a_i\sigma_i$(其中 a_i 为常数)也都是 V 的线性变换:

$$\left(\sum_i a_i\sigma_i\right)\alpha = \sum_i a_i\sigma_i(\alpha).$$

这里仅介绍最基本的结果和思路. 详细证明读者可补出或参见《高等代数解题方法》.

以下总是设 G 为 g 个元素的有限群,V 是 n 维复线性空间. ρ: $G \to \mathrm{GL}(V)$ 为线性表示. 记 $\chi(\sigma) = \mathrm{tr}(\rho\sigma) = \mathrm{tr}(A_\sigma)$,称 $\chi = \chi_\rho = \chi_V$ 为**特征(标)**. 维数 n 也称为表示 ρ 的次数. 例如 1 次表示就是到复数域的映射 ρ: $G \to \mathbb{C}$,此时 $\rho = \chi$. 其余例子见 6.4 节.

若 $W \subset V$ 是所有 $\sigma \in G$ 的公共不变子空间,则称 W 为 G 的**不变(子)空间**或 G-(子)空间. 此时每个 $\sigma \in G$ 可限制到 W 上成为 W 的线性变换,从而得到**子表示** ρ_W: $G \to \mathrm{GL}(W)$. 所以,如果 V 中含有非零的 G-不变子空间 $W \neq V$,则称 V(和 ρ)是 **G-可约的**;否则称为 G-**不可约的或单的**. 同样,若 G 的不变子空间 W 不包含其他非零不变子空间,则称 W 和 ρ_W 为 G-**不可约的或单的**.

(1) **不可约分解** (1-1) 若 W 是 G 的不变子空间,则 W 有一(直和)补子空间 W^o 也是 G 的不变子空间. 事实上对 W 的任一补子空间 W' 和正则投影 π: $V \to W$,则 $\pi^o = g^{-1}\sum_{\sigma\in G}\sigma\pi\sigma^{-1}$ 也是 V 到 W 的投影,$W^o = \ker\pi^o$ 即为所求. $V = W \oplus W^o$. 归纳之,得:

(1-2) V 可分解为 G-不可约的(不变)子空间 W_i 的直和(即是说,V 是 **G-半单的**):

$$V = W_1 \oplus \cdots \oplus W_s.$$

这时也记 $\rho = \rho_{W_1} + \cdots + \rho_{W_s}$. 于是 $\sigma \in G$ 的方阵表示均为准对角形,取迹,可知

$$\chi = \chi_1 + \cdots + \chi_s \qquad (\chi_i 是 \rho_{W_i} 的特征).$$

反之,设有表示 ρ_{W_i}: $G \to W_i$,则 G 到直和 $V = W_1 \oplus W_2$ 有表示 $\rho_V = \rho_{W_1} + \rho_{W_2}$,定义为

$\sigma(\alpha_1+\alpha_2)=\sigma(\alpha_1)+\sigma(\alpha_2)$；$G$ 到张量积 $T=W_1\otimes W_2$（见第12章）有表示 $\rho_T=\rho_{W_1}\otimes\rho_{W_2}$，定义为 $\sigma(\alpha_1\otimes\alpha_2)=\sigma(\alpha_1)\otimes\sigma(\alpha_2)$. 相应的特征显然满足 $\chi_V=\chi_1+\chi_2$，$\chi_T=\chi_1\chi_2$.

(1-3) 如果 V 是酉空间，内积为 h，则可取新内积 $\langle\alpha,\beta\rangle=\sum\limits_{t\in G}h(t\alpha,t\beta)$，此内积对 G 不变：$\langle\sigma\alpha,\sigma\beta\rangle=\langle\alpha,\beta\rangle(\sigma\in G)$. 这也就是说 σ 均为酉变换（即对新内积的等距变换），故在标准正交基下的方阵 A_σ 为酉方阵. 特别知，G 的不变子空间 W 的正交补 $W^\perp$ 是 G 的不变子空间. 因而可得到正交直和分解 $V=W\oplus W^\perp=W_1\oplus\cdots\oplus W_s$.

(2) G-**同构**. 设 ρ_1 和 ρ_2 是 G 到 V_1 和 V_2 的表示，φ: $V_1\to V_2$ 为线性映射. 若

$$\varphi\sigma=\sigma\varphi\qquad(\text{即 }\varphi((\rho_1\sigma)\alpha)=(\rho_2\sigma)(\varphi\alpha),\quad\text{任意 }\sigma\in G,\alpha\in V_1),$$

则称 φ 是 G-**同态**. 再若 φ 为双射，则称 φ 为 G-**同构**，称 ρ_1 与 ρ_2 同构（或相似）. 相似表示的特征显然是相同的（同构的表示常可视为同一）. 下设 V_1 和 V_2 均是 G-不可约的.

(2-1) **Schur 引理**　设 φ: $V_1\to V_2$ 为 G-同态　（情形 i）若 V_1 和 V_2 不 G-同构，则 $\varphi=0$.　（情形 ii）若 $V_1=V_2$，$\rho_1=\rho_2$（即 φ 是 V 的 G-自同态），则 φ 为数乘变换.

证明　(i) $\ker\varphi$ 是 G-不变子空间（以 $\varphi\sigma=\sigma\varphi$ 作用），故为 0 或 V_1，即 φ 为同构或 0. (ii) $\varphi'=\varphi-\lambda$（特征根）的核非零，由 (i) 知 $\varphi'=0$.

(2-2) 对任一线性映射 φ: $V_1\to V_2$，下述 φ^o: $V_1\to V_2$ 为 G-同态，故由 (2-1) 得

$$\varphi^o=g^{-1}\sum_{\sigma\in G}\sigma^{-1}\varphi\sigma=0(\text{对于情形 i})\qquad\text{或 }\operatorname{tr}(\varphi)/n\text{ 为数乘变换(对于情形 ii)}.$$

(2-3) 记 $\rho_1(\sigma)$ 和 $\rho_2(\sigma)$ 的方阵为 $(a_{ij}(\sigma))$ 和 $(b_{km}(\sigma))$. 由 (2-2) 知对任意 i,j,k,m 有

$$g^{-1}\sum_{\sigma\in G}b_{km}(\sigma^{-1})a_{ji}(\sigma)=0(\text{对于情形 i})\qquad\text{或 }n^{-1}\delta_{ik}\delta_{jm}(\text{对于情形 ii}).$$

(3) **特征（标）**　对线性表示 ρ: $G\to GL(V)$. 令 $\chi(\sigma)=\operatorname{tr}(\rho\sigma)=\operatorname{tr}(A_\sigma)$，则 $\chi=\chi_\rho=\chi_V$ 是 G 上复值函数，称为由 ρ 定义的 G 的**特征（标）**(character). 若 ρ 是不可约的（也称为单的），则称 χ 是**不可约的（或单的）**. $\dim V$ 称为 χ 的**次数**. 显然相似的（即同构的）两个表示的特征是相同的. 又因 G 是有限群，$\sigma\in G$ 满足 $\sigma^g=1$，其方阵 A_σ 满足 $A_\sigma^g=1$，特征根 λ_i 也满足 $\lambda_i^g=1$，故 λ_i 是长为 1 的复数，$\bar{\lambda}_i=\lambda_i^{-1}$. 所以 $\overline{\chi(\sigma)}=\chi(\sigma^{-1})$. 定义 G 上函数的**内积**

$$\langle\varphi,\psi\rangle=g^{-1}\sum_{t\in G}\varphi(t)\overline{\psi(t)}.$$

(3-1) 不可约特征有如下性质（设 χ_i 是 ρ_i 的特征，ρ_1 与 ρ_2 不同构）：

$$\langle\chi,\chi\rangle=1(\text{规范性});\qquad\langle\chi_1,\chi_2\rangle=0(\text{正交性}).$$

事实上用 (2-3) 的记号知 $\chi_1(t)=\sum\limits_i a_{ii}(t)$，$\langle\chi_1,\chi_2\rangle=g^{-1}\sum\limits_{i,k}\sum\limits_{t\in G}a_{ii}(t)b_{kk}(t^{-1})$，再由 (2-3) 即得.

(3-2) 设 ρ: $G\to GL(V)$ 的特征为 χ，由 (1-2) 知 V 有不可约分解：

$$V=W_1\oplus\cdots\oplus W_s,\qquad\chi=\chi_1+\cdots+\chi_s.$$

设 W 是任意一个 G-不可约空间，表示 ρ_W: $G\to GL(W)$ 的特征记为 χ_W，则上述分解中 G-

同构于 W 的 $W_i(i=1,\cdots,s)$的个数为

$$m_W=\langle\chi,\chi_W\rangle.$$

这由$\langle\chi,\chi_W\rangle=\langle\chi_1+\cdots+\chi_s,\chi_W\rangle$和(3-1)即得.

(3-3) 设 ρ_1 和 ρ_2 是 G 到 V_1 和 V_2 的表示,χ_1 和 χ_2 是相应的特征.则

$$V_1\cong V_2(G\text{-同构})\Leftrightarrow\chi_1=\chi_2.$$

事实上由同构定义即知 $V_1\cong V_2$ 蕴含 $\chi_1=\chi_2$.反之,若 $\chi_1=\chi_2$,由(3-2)知,在 V_1 和 V_2 的直和分解中,G-同构于给定 W 的子空间的个数相同,即知 V_1 和 V_2 是 G-同构.

(3-4) 设 χ 为 ρ: $G\to\mathrm{GL}(V)$的特征.在(3-2)的分解 $V=W_1\oplus\cdots\oplus W_s$ 中,将 G-同构的子空间视为同一,则得到同构关系

$$V\cong m_1W_1\oplus\cdots\oplus m_dW_d\qquad(G\text{-同构}),$$

$$\chi=m_1\chi_1+\cdots+m_d\chi_d,$$

其中 W_i 互不 G-同构,χ_i 为 W_i 决定的互异不可约特征.由特征的正交性立得

$$\langle\chi,\chi\rangle=m_1^2+\cdots+m_d^2\in\mathbb{N}.$$

$$\langle\chi,\chi\rangle=1\Leftrightarrow d=1=m_1\Leftrightarrow\rho(\text{和 }V)\text{ 不可约}.$$

(4) **正则表示** 将 G 的每个元素 t_i 对应于不定元 X_i,以$\{X_i\}$为基生成 g 维复线性空间 V_G(称为**正则空间**).对 $\sigma\in G$,若 $\sigma t_i=t_j$ 则令 $\rho_G(\sigma)(X_i)=\sigma(X_i)=X_j$,得到线性表示 ρ_G: $G\to\mathrm{GL}(V_G)$,称为**正则表示**.其特征 r_G 称为**正则特征**.记 $\sigma\in G$ 的方阵为 $A_\sigma=(a_{ij})$,其第 i 列是$\sigma X_i=X_j$ 的坐标列,等于 e_j.故 $a_{ii}\neq0\Leftrightarrow\sigma X_i=X_i\Leftrightarrow\sigma t_i=t_i\Leftrightarrow\sigma=1$.故得下面的结论.

(4-1) $r_G(\sigma)=0$(若 $\sigma\neq1$), $\qquad r_G(1)=g$.

(4-2) 设 W 是任意 G-不可约空间,相应特征为 χ_W.设 $V_G=W_1\oplus\cdots\oplus W_s$ 为正则空间的不可约分解(如(1-2)或(3-2)).则 G-同构于 W 的 $W_i(i=1,\cdots,s)$的个数为

$$\langle r_G,\chi_W\rangle=g^{-1}\sum_{t\in G}\overline{r_G(t)}\chi_W(t)=\chi_W(1)=\dim W=n_W.$$

即是说,G 的任一不可约空间 W 必 G-同构于正则空间 V_G 中 $\dim W$ 个不变子空间 $W_i(i=1,\cdots,s)$(简言之:任一不变空间 W 必 $\dim W$ 重含于 V_G 中(G-同构意义下)).

(4-3) 将 $V_G=W_1\oplus\cdots\oplus W_s$ 中 G-同构的 W_i 视为同一,记 $n_i=\dim W_i$,则得到

$$V_G\cong n_1W_1\oplus\cdots\oplus n_hW_h(G\text{-同构}),\qquad r_G=n_1\chi_1+\cdots+n_h\chi_h.$$

注意$\{W_1,\cdots,W_h\}$是 G 的全部不可约空间(同构意义下),$\{\rho_{W_1},\cdots,\rho_{W_h}\}$是 G 的全部不可约表示(同构意义下),$\{\chi_1,\cdots,\chi_h\}$是 G 的全部不可约特征.取 t(=1 或否)代入得

$$n_1^2+\cdots+n_h^2=g,$$

$$n_1\chi_1(t)+\cdots+n_h\chi_h(t)=0\qquad(1\neq t\in G).$$

(5) **类函数** G 上的函数 f 称为类函数,是指 $f(t^{-1}\sigma t)=f(\sigma)$(任意 $\sigma,t\in G$).类函数全体记为 $\mathscr{C}_G$,是酉空间(内积如(3)).

(5-1) G 的不可约特征全体 $\{\chi_1,\cdots,\chi_h\}$ 构成 $\mathscr{C}_G$ 的标准正交基. 特别 $h=\dim\mathscr{C}_G$.

(5-2) G 的不可约特征总数 h，即是 G 的不可约表示的同构类数，等于 G 的**共轭类数** k（σ 与 τ 共轭是使 $\tau=t^{-1}\sigma t$（某 $t\in G$）. 按共轭关系将 G 分类为 $G=C_1\cup\cdots\cup C_k$. 任意指定 f 在 C_i 上的值可得一个类函数 f，故 $h=\dim\mathscr{C}_G=k$）. 特别有：

(5-3) Abel 群 G 的不可约特征个数 $h=k=g$（群 G 的元素个数）.

(6) **典型分解**　设 $\chi_1,\cdots,\chi_h$ 为 G 的互异不可约特征全体，χ_i 为表示 ρ_{W_i}：$G\to\mathrm{GL}(W_i)$ 的特征，$n_i=\dim W_i(i=1,\cdots,h)$. 现设 ρ: $G\to\mathrm{GL}(V)$ 为任一表示，将 V 的不可约分解 $V=U_1\oplus\cdots\oplus U_s$ 中同构于 W_i 的项的直和记为 V_i（可能有 V_i 为 0），则得到

$$V=V_1\oplus\cdots\oplus V_h,$$

这称为 V 的典型分解，是唯一的. 事实上令 $\pi_i=n_i g^{-1}\sum\limits_{t\in G}\overline{\chi_i(t)}t$，则 π_i 是 V 到 V_i 的正则投影，即 $V_i=\pi_i V$，π_i 在 V_j 限制为 $\delta_{ij}(i=1,\cdots,h)$. 且若 S_i 是 V_i 中的 G-不可约子空间，则 $S_i\cong S_j$（G-同构）$\Leftrightarrow i=j$.

(7) **Abel 群**　当且仅当 G 是 Abel 群时，其不可约空间都是一维的. 即任一表示 ρ: $G\to\mathrm{GL}(V)$ 可分解为一维表示的直和，$\sigma\in G$ 的方阵表示 A_σ 均为对角形. $g(=h=k)$ 个不可约特征 χ_i 均是一维的，即为映射 χ_i：$G\to\mathbb{C}$，使 $\chi_i(\sigma\tau)=\chi_i(\sigma)\chi_i(\tau)$.

事实上，由(5-2)知 $h=k$，而由(4-3)知 $m_1^2+\cdots+m_h^2=g$，故

$$G\text{ 为 Abel 群}\Leftrightarrow k=h=g\Leftrightarrow W_i\text{ 的维数 }m_1=\cdots=m_h=1.$$

9.11　型与线性变换

酉空间上的半双线性型（见 9.7 节）常简称为**型**，酉空间 V 上的线性变换一一对应于 V 上的型. 事实上，设 $\mathscr{A}$ 为 V 的线性变换，则由

$$f(\alpha,\beta)=\langle\alpha,\mathscr{A}\beta\rangle\quad(\alpha,\beta\in V)$$

决定了 V 上的型 f（其中 $\langle\alpha_1,\alpha_2\rangle=g(\alpha_1,\alpha_2)$ 是 V 的固有内积），而且不同的线性变换所决定的型显然是不同的. 取 V 的一个标准正交基 $\varepsilon_1,\cdots,\varepsilon_n$，则 $\mathscr{A}$ 的方阵表示显然为

$$A=(a_{ij}),\ a_{ij}=\langle\varepsilon_i,\mathscr{A}\varepsilon_j\rangle,$$

其中 $(a_{1j},\cdots,a_{nj})$ 是 $\mathscr{A}\varepsilon_j$ 的坐标，而此方阵 A 恰恰就是型 f 在此基下的方阵（$f(\varepsilon_i,\varepsilon_j)$）. 因此 $\mathscr{A}$ 与 f 的方阵是同一方阵. 取新的标准正交基 $\eta_1,\cdots,\eta_n$，则有酉方阵 U 使 $(\eta_1,\cdots,\eta_n)=(\varepsilon_1,\cdots,\varepsilon_n)U$，则 $\mathscr{A}$ 与 f 在新基下的方阵同为

$$B=U^{-1}AU=\overline{U}^{\mathrm{T}}AU.$$

引理 9.11　酉空间 V 上的线性变换 $\mathscr{A}$ 全体与型 f 全体间一一对应：$f(\alpha,\beta)=\langle\alpha,\mathscr{A}\beta\rangle$. 在同一标准正交基下，两者的方阵为同一方阵 A，即

$$f(\alpha,\beta)=\langle\alpha,\mathscr{A}\beta\rangle=\overline{x}^{\mathrm{T}}Ay.$$

且当过渡到新标准正交基时，两者的方阵转为与原方阵酉相似(也称酉共轭相合)的方阵

$$U^{-1}AU=\overline{U}^{\mathrm{T}}AU.$$

因此，方阵的酉相似变形除了有对线性变换的几何意义(见上两节)，还有对型的代数意义. 方阵的酉相似，线性变换在不同正交基下的方阵表示(对应着空间分解)，以及型在不同正交基下的方阵表示(也对应着空间分解)，三者之间有对应关系，只是语言表现方式不同.

正交基下方阵为规范方阵，Hermite 方阵，酉方阵，斜 Hermite 方阵的型分别称为**规范型**，**Hermite 型**，**酉型和斜 Hermite 型**.

9.9 节的结果可用型的语言叙述如下.

系 1 对 n 维酉空间 V 上任一(半双线性)型 f，存在 V 的标准正交基使 f 的方阵为上三角形方阵.

系 2 设 f 为 n 维酉空间 V 上的规范(半双线性)型，在某标准正交基下的方阵为上三角形(或准上三角形)，则此方阵为对角形(或准对角形).

系 3 设 f 为 n 维酉空间 V 上的规范(半双线性)型，则存在标准正交基使 f 的方阵为对角形，特别对任意 $\alpha,\beta\in V$ 有

$$f(\alpha,\beta)=\lambda_1\overline{x}_1y_1+\cdots+\lambda_n\overline{x}_ny_n\qquad(\lambda_1,\cdots,\lambda_n\in\mathbb{C}),$$

其中 $x=(x_1,\cdots,x_n)^{\mathrm{T}}$，$y=(y_1,\cdots,y_n)^{\mathrm{T}}$ 为 α 及 β 的坐标列.

系 4(主轴定理) 设 f 为 n 维酉空间 V 上的 Hermite 型，则存在标准正交基使 f 的方阵为实对角形，特别对任意 $\alpha,\beta\in V$ 有

$$f(\alpha,\beta)=\lambda_1\overline{x}_1y_1+\cdots+\lambda_n\overline{x}_ny_n\qquad(\lambda_1,\cdots,\lambda_n\in\mathbb{R}),$$

其中 $x=(x_1,\cdots,x_n)^{\mathrm{T}}$，$y=(y_1,\cdots,y_n)^{\mathrm{T}}$ 为 α,β 的坐标列.

系 5 设 f 为 n 维酉空间 V 上的酉(半双线性)型，则存在标准正交基使 f 的方阵为对角形，特别对任意 $\alpha,\beta\in V$，设 (x_k)，(y_k) 为其坐标，则

$$f(\alpha,\beta)=e^{i\theta_1}\overline{x}_1y_1+\cdots+e^{i\theta_n}\overline{x}_ny_n\qquad(\theta_1,\cdots,\theta_n\in\mathbb{R}).$$

系 6 设 f 为 n 维酉空间 V 上的斜 Hermite 型，则存在标准正交基使 f 的方阵为对角形，特别对 $\alpha,\beta\in V$，设 (x_k)，(y_k) 为其坐标，则

$$f(\alpha,\beta)=\sqrt{-1}(a_1\overline{x}_1y_1+\cdots+a_n\overline{x}_ny_n)\qquad(a_1,\cdots,a_n\in\mathbb{R}).$$

类似于欧几里得空间的情形，由主轴定理(本节系 4，10.3 节系 1，系 1′)可得 Hermite 方阵 H 正定的更多等价判别准则.

系 7 (1)以下是 Hermite 方阵 H 为正定的两个等价条件：

① H 的特征根均为正数；

② $H=N^2$，其中 N 为正定 Hermite 方阵，由 H 唯一决定.

(2) Hermite 方阵 H 半正定有两个等价条件如下：

① H 的特征根均为非负实数；

② $H=N^2$，其中 N 为半正定 Hermite 方阵，由 H 唯一决定.

以下的酉相抵标准形和极分解，可以像前面正交相抵和实阵极分解一样证明.

定理 9.24（矩阵的酉相抵标准形）　设 $n\times m$ 复矩阵 A 的秩为 r，则有酉方阵 U_1 和 U_2 使

$$A=U_1\begin{bmatrix}\lambda_1 & & & \\ & \ddots & & \\ & & \lambda_r & \\ & & & 0\end{bmatrix}U_2,$$

其中 $\lambda_1\geqslant\lambda_2\geqslant\cdots\geqslant\lambda_r>0$ 为正实数，$\lambda_1^2,\cdots,\lambda_r^2$ 为 $\overline{A}^{\mathrm{T}}A$ 的所有非零特征根，而矩阵中右下角的 0 为 $(m-r)\times(n-r)$ 零矩阵.

定理 9.25（方阵的极分解）　任一复方阵 A 可表为

$$A=UH=H_1U_1,$$

其中 U,U_1 为酉方阵，H 和 H_1 为半正定 Hermite 方阵，且 H 和 H_1 由 A 唯一决定.

系 8（变换的极分解）　设 V 是 n 维酉空间，$\mathscr{A}$ 为其任一变换，则

$$\mathscr{A}=\mathscr{U}\mathscr{H}=\mathscr{H}_1\mathscr{U}_1,$$

其中 $\mathscr{U},\mathscr{U}_1$ 为酉变换，$\mathscr{H}$ 和 $\mathscr{H}_1$ 为半正定 Hermite 变换，且 $\mathscr{H}$ 和 $\mathscr{H}_1$ 唯一由 $\mathscr{A}$ 决定.

我们已经看到，实正交变换 Ω 就是保持实线性空间 V 上一个正定对称双线性型 g（即内积）不变的线性变换. V 因有了 g 而成为欧几里得空间，Ω 就是此欧几里得空间的自同构，是欧几里得几何学中的“全等”变换，全体实正交变换称为**正交群**. 类似地，酉变换 $\mathscr{U}$ 就是保持复数域上线性空间 V 上一个正定 Hermite 型 g（即内积）不变的线性变换，V 因 g 而成酉空间，$\mathscr{U}$ 是此空间自同构. 全体酉变换 $\mathscr{U}$ 称为**酉群**，**酉**（**空间的**）**几何**就是研究酉群下不变性质的几何. 这些概念有如下发展.

定义 9.15　设 V 为线性空间，g 是 V 上的双线性型或半双线性型. (V,g) 的一个**自同构**（**也称等距变换**）是指保 g 不变的 V 的双射线性变换 $\mathscr{A}$，即 $\mathscr{A}$ 满足

$$g(\mathscr{A}\alpha,\mathscr{A}\beta)=g(\alpha,\beta)\quad(\alpha,\beta\in V).$$

(V,g) 的自同构全体记为 $\mathrm{Aut}(V,g)$，称为 (V,g) 的**自同构群**.

定义 9.16　(1) 当 g 为实线性空间 V 上正定对称双线性型时，$\mathrm{Aut}(V,g)$ 称为**正交群**；

(2) 当 g 为复线性空间 V 上正定 Hermite 型时，$\mathrm{Aut}(V,g)$ 称为**酉群**；

(3) 当 g 为线性空间 V 上交错型时，$\mathrm{Aut}(V,g)$ 称为**辛群**；

(4) 当 g 为实线性空间 V 上非正定对称双线性型时，$\mathrm{Aut}(V,g)$ 称为 **Lorentz 群**.

自然，V 中取定基之后，这些变换 $\mathscr{A}\in \mathrm{Aut}(V,g)$ 均可用方阵表示，因而也可把酉群、正交群、辛群、Lorentz 群看成是某种方阵构成的群. 这些群和**一般线性群**（即可逆方阵全体）及其推广合称为**典型群**，是数学的重要研究对象并有广泛应用.

可取 V 的基使定义 9.16 中的型 g 有如下标准形式（x,y 为 α,β 的坐标）：

(1) $g(x,x)=x_1^2+\cdots+x_n^2$；

(2) $g(x,x)=\bar{x}_1x_1+\cdots+\bar{x}_nx_n$；

(3) $g(x,y)=(x_1y_2-x_2y_1)+\cdots+(x_{2n-1}y_{2n}-x_{2n}y_{2n-1})$；

(4) $g(x,x)=x_1^2+\cdots+x_r^2-x_{r+1}^2-\cdots-x_n^2$.

例 9.21（Lorentz 群） 在狭义相对论中，时空相联系而合称为时空四维空间（或 Minkowski world）；也就是在 $\mathbb{R}^{(4)}$ 中定义二次型 s^2：

$$s^2(x,y,z,t)=c^2t^2-x^2-y^2-z^2,$$

（s 被作为动点 (x,y,z,t) 到原点的距离）. 保持二次型 s^2 的线性变换全体 $\mathrm{Aut}(\mathbb{R}^{(4)},s^2)$ 称为（齐次）Lorentz 群，每个变换称为一个 Lorentz 变换. 例如常用的 Lorentz 变换为

$$\begin{cases} x'=\dfrac{x-vt}{\sqrt{1-v^2/c^2}}, \\ t'=\dfrac{t-(v/c^2)x}{\sqrt{1-v^2/c^2}}, \\ y'=y,\ z'=z;\ |v|<c. \end{cases}$$

相对论中的四维时空的几何，就是 Lorentz 变换下的几何.

我们给出刻画某些 Lorentz 变换的数学方法. 令

$$\varphi(x,y,z,t)=\begin{pmatrix} ct+x & y+\mathrm{i}z \\ y-\mathrm{i}z & ct-x \end{pmatrix},$$

易验证 φ 是 $\mathbb{R}^{(4)}$ 到 H_2 的（线性空间）同构，这里 H_2 是二阶复 Hermite 方阵全体. 且对 $\alpha\in\mathbb{R}^{(4)}$，二次型 $s^2(\alpha)$ 化为行列式

$$s^2(\alpha)=\det\varphi(\alpha).$$

所以，为要研究 $\mathbb{R}^{(4)}$ 上 Lorentz 变换，只需研究 H_2 上保行列式的线性变换.

设 M 为二阶复方阵，$H\in H_2$，令

$$\mathscr{A}_M(H)=MH\overline{M}^{\mathrm{T}},$$

则易知 $\mathscr{A}_M$ 是 H_2 的线性变换，而

$$\det(\mathscr{A}_M(H))=\det H\cdot|\det M|^2,$$

故恰当 $|\det M|=1$ 时，变换 $\mathscr{A}_M$ 保 H_2 的行列式. 设 $|\det M|=1$，令

$$T_M=\varphi^{-1}\mathscr{A}_M\varphi,$$

则显然 T_M 是 $\mathbb{R}^{(4)}$ 的线性变换，且保二次型 s^2. 因此对任意二阶复方阵 M，若 $\det M=1$，则 T_M 为 Lorentz 变换.

习　题　9

1. 证明 n 维欧几里得空间中的勾股定理：向量 α 与 β 正交的充分必要条件为

$$\|\alpha\|^2+\|\beta\|^2=\|\alpha-\beta\|^2.$$

2. (1) 应用 Gram-Schmidt 正交化程序把 E_4 中下列基 $\alpha_1,\alpha_2,\alpha_3,\alpha_4$ 化为标准正交基 $\varepsilon_1,\cdots,\varepsilon_4$：

① $(1,3,2,3)^T,(2,8,2,8)^T,(-1,0,-4,-1)^T,(-2,-4,-3,-6)^T$；

② $(0,0,2,1)^T,(0,3,7,2)^T,(1,1,6,2)^T,(-1,4,-1,-1)^T$；

③ $(1,1,1,1)^T,(1,0,1,1)^T,(1,1,0,1)^T,(1,1,1,0)^T$.

(2) 求上三角方阵 $T=(t_{ij})$ 使 $t_{ii}>0$ 对(1)中的 α_i 和 ε_i 有

$$(\varepsilon_1,\varepsilon_2,\varepsilon_3,\varepsilon_4)=(\alpha_1,\alpha_2,\alpha_3,\alpha_4)T;$$

(3) 设方阵 $A=(\alpha_1,\alpha_2,\alpha_3,\alpha_4)$，$\alpha_i$ 如(1). 求上三角方阵 $T=(t_{ij})$ $(t_{ii}>0)$ 使 AT 为正交方阵.

3. (1) 应用 Gram-Schmidt 正交化程序，在 E_4 中构造出用下列向量组张成的子空间 W 的标准正交基 $\varepsilon_1,\cdots,\varepsilon_m$.

① $(1,2,2,-1)^T,(1,1,-5,3)^T,(3,2,8,-7)^T$；

② $(1,1,-1,-2)^T,(5,8,-2,-3)^T,(3,9,3,8)^T$；

③ $(2,1,3,-1)^T,(7,4,3,-3)^T,(1,1,-6,0)^T,(5,7,7,8)^T$；

④ $(1,0,0,0)^T,(1,1,0,0)^T,(0,1,1,0)^T,(0,0,1,1)^T$.

(2) 在(1)的每组向量中选出 W 的基 $\alpha_1,\cdots,\alpha_m$. 求上三角方阵 $T=(t_{ij})$ $(t_{ii}>0)$ 使 $(\varepsilon_1,\cdots,\varepsilon_m)=(\alpha_1,\cdots,\alpha_m)T$.

4. 用向量 $\alpha_1=(1,0,2,1)$，$\alpha_2=(2,1,2,3)$，$\alpha_3=(0,1,-2,1)$ 张成的子空间为 W，求 W 的正交补 $W^{\perp}$ 的标准正交基.

5. 线性子空间 W 用下列方程给出

$$\begin{cases}2x_1+x_2+3x_3-x_4=0,\\3x_1+2x_2-2x_4=0,\\3x_1+x_2+9x_3-x_4=0.\end{cases}$$

求给出正交补 $W^{\perp}$ 的诸方程.

6. 证明任何二阶正交方阵，必取下面两种形式之一.

$$\begin{bmatrix}\cos\varphi & \sin\varphi\\ -\sin\varphi & \cos\varphi\end{bmatrix},\begin{bmatrix}\cos\varphi & \sin\varphi\\ \sin\varphi & -\cos\varphi\end{bmatrix}\qquad(-\pi\leqslant\varphi<\pi).$$

7. 设 $A=\begin{bmatrix}1 & -2 & 0\\ -2 & 2 & -2\\ 0 & -2 & 3\end{bmatrix}$，求正交方阵 T，使 $T^{-1}AT$ 是对角阵，并求 A^k(k 是自然数).

8. 证明：下列三个条件中只要有两个成立，另一个也必成立.

(1) A 是对称的；　(2) A 是正交的；　(3) $A^2=I$.

9. 对下列实对称方阵 S，求实正交方阵 Ω 使 $\Omega^{\mathrm{T}}S\Omega$ 为对角形：

$$\begin{bmatrix}4 & 3\\3 & -4\end{bmatrix};\ \begin{bmatrix}1 & 2 & 1\\2 & 1 & 1\\1 & 1 & 3\end{bmatrix};\ \begin{bmatrix}3 & 2 & 0\\2 & 4 & -2\\0 & -2 & 5\end{bmatrix};\ \begin{bmatrix}2 & 2 & -2\\2 & 5 & -4\\-2 & -4 & 5\end{bmatrix};\ \begin{bmatrix}0 & 1 & 1 & 1\\1 & 0 & 1 & 1\\1 & 1 & 0 & 1\\1 & 1 & 1 & 0\end{bmatrix}.$$

10. 试求可逆线性代换 $x=Py$，把下列二次型偶，同时化为平方和.

(1) $\begin{cases}f=x_1^2-15x_2^2+4x_1x_2-2x_1x_3+6x_2x_3,\\ g=x_1^2+17x_2^2+3x_3^2+4x_1x_2-2x_1x_3-14x_2x_3;\end{cases}$

(2) $\begin{cases}f=x_1^2+2x_1x_2+2x_2^2+2x_2x_3+2x_3^2,\\ g=x_1^2+4x_1x_2+2x_1x_3+4x_2^2+4x_2x_3+x_3^2;\end{cases}$

(3) $\begin{cases}f=2x_4^2+x_1x_2+x_1x_3-2x_2x_3+2x_2x_4,\\ g=\dfrac{1}{4}x_1^2+x_2^2+x_3^2+2x_4^2+2x_2x_4.\end{cases}$

11. 对下列实正交方阵 A，求实正交方阵 Ω 使 $\Omega^{-1}A\Omega$ 为标准形(9.2 节系 1)：

(1) $A=\begin{bmatrix}\frac{2}{3} & -\frac{1}{3} & \frac{2}{3}\\ \frac{2}{3} & \frac{2}{3} & -\frac{1}{3}\\ -\frac{1}{3} & \frac{2}{3} & \frac{2}{3}\end{bmatrix}$；(2) $A=\begin{bmatrix}\frac{3}{4} & \frac{1}{4} & -\frac{\sqrt{6}}{4}\\ \frac{1}{4} & \frac{3}{4} & \frac{\sqrt{6}}{4}\\ \frac{\sqrt{6}}{4} & -\frac{\sqrt{6}}{4} & \frac{1}{2}\end{bmatrix}$；

(3) $A=\begin{bmatrix}\frac{1}{2} & \frac{1}{2} & \frac{1}{2} & \frac{1}{2}\\ \frac{1}{2} & \frac{1}{2} & -\frac{1}{2} & -\frac{1}{2}\\ \frac{1}{2} & -\frac{1}{2} & \frac{1}{2} & -\frac{1}{2}\\ \frac{1}{2} & -\frac{1}{2} & -\frac{1}{2} & \frac{1}{2}\end{bmatrix}$；(4) $A=\begin{bmatrix}\frac{1}{2} & \frac{1}{2} & \frac{1}{2} & \frac{1}{2}\\ \frac{1}{2} & \frac{1}{2} & -\frac{1}{2} & -\frac{1}{2}\\ -\frac{1}{2} & \frac{1}{2} & -\frac{1}{2} & \frac{1}{2}\\ -\frac{1}{2} & \frac{1}{2} & \frac{1}{2} & -\frac{1}{2}\end{bmatrix}$.

12. 设欧几里得空间 V 中，对称线性变换 $\mathscr{S}$ 在标准正交基 $\alpha_1,\cdots,\alpha_n$ 下由以下方阵 S 给出. 求由 $\mathscr{S}$ 的特征向量 $e_1,\cdots,e_n$ 组成的标准正交基，及在此基下变换 $\mathscr{S}$ 的方阵表示：

(1) $S=\begin{bmatrix}11 & 2 & -8\\2 & 2 & 10\\-8 & 10 & 5\end{bmatrix}$；(2) $S=\begin{bmatrix}17 & -8 & 4\\-8 & 17 & -4\\4 & -4 & 11\end{bmatrix}$；(3) $S=\begin{bmatrix}2 & 1 & 1\\1 & 2 & 1\\1 & 1 & 2\end{bmatrix}$.

13. 设 A 为 n 阶实正交方阵

(1) 若 $\det A=-1$，证明 -1 必为 A 的特征值；

(2) 若 $\lambda=\alpha+\mathrm{i}\beta(\beta\neq 0,\alpha,\beta$ 为实数) 是 A 的特征值，$x=x_1+\mathrm{i}x_2\ (x_1,x_2\in\mathbb{R}^{(n)})$ 是 A 的属于特征值 λ 的特征向量，试证明：向量 x_1 与 x_2 的模相等，且相互正交.

14. 设在欧几里得空间 V 中，正交线性变换 $\mathscr{A}$ 在某标准正交基 $\alpha_1,\cdots,\alpha_n$ 下的方阵表示为以下方阵

A.求V的标准正交基$e_1,\cdots,e_n$使V分解为一维和二维不变子空间直和,$\mathscr{A}$在二维子空间上作用为旋转(如9.3节,系$1'$).

(1) $A=\begin{bmatrix} \frac{2}{3} & \frac{2}{3} & -\frac{1}{3} \\ \frac{2}{3} & -\frac{1}{3} & \frac{2}{3} \\ -\frac{1}{3} & \frac{2}{3} & \frac{2}{3} \end{bmatrix}$; (2) $A=\begin{bmatrix} \frac{1}{2} & \frac{1}{2} & -\frac{1}{2}\sqrt{2} \\ \frac{1}{2} & \frac{1}{2} & \frac{1}{2}\sqrt{2} \\ \frac{1}{2}\sqrt{2} & -\frac{1}{2}\sqrt{2} & 0 \end{bmatrix}$;

(3) $A=\begin{bmatrix} \frac{1}{2}\sqrt{2} & 0 & -\frac{1}{2}\sqrt{2} \\ \frac{1}{6}\sqrt{2} & \frac{2}{3}\sqrt{2} & \frac{1}{6}\sqrt{2} \\ \frac{2}{3} & -\frac{1}{3} & \frac{2}{3} \end{bmatrix}$.

15. 设$\alpha_1,\cdots,\alpha_m$和$\beta_1,\cdots,\beta_m$是n维欧几里得空间的两个向量组,试证明:存在一个正交变换$\mathscr{A}$,使$\mathscr{A}(\alpha_i)=\beta_i(i=1,\cdots,m)$的充分必要条件是$(\alpha_i,\alpha_j)=(\beta_i,\beta_j),i,j=1,\cdots,m$.

16. 设A是n阶实对称阵,且$A^2=I$,证明:存在正交方阵T,使得

$$T^{-1}AT=\begin{bmatrix} I_r & \\ & -I_{n-r} \end{bmatrix} \quad (r=0,1,\cdots,n).$$

17. 非奇异二次型可以用正交变换化为标准形式(即元素为±1的对角形)当且仅当它的矩阵是正交阵.

18. 设A为n阶实对称方阵,证明:

(1) A正定的充要条件是A的特征值全大于零;

(2) A正定,则对任意正整数k,A^k为正定.

19. 设$Q(x_1,\cdots,x_n)=x^{\mathrm{T}}Ax$是一实二次型,$\lambda_1,\cdots,\lambda_n$是$A$的特征根,且$\lambda_1\leqslant\lambda_2\leqslant\cdots\leqslant\lambda_n$,证明,对任一$x\in\mathbb{R}^{(n)}$,有

$$\lambda_1 x^{\mathrm{T}}x\leqslant x^{\mathrm{T}}Ax\leqslant\lambda_n x^{\mathrm{T}}x;$$

又等号成立的条件是什么?

20. 设A,B都是n阶正定实对称阵,证明:

(1) AB正定的充要条件是$AB=BA$;

(2) 如果$A-B$正定则$B^{-1}-A^{-1}$亦正定.

21. 设半正定对称方阵S_1和S_2可交换,试证$S_1S_2\geqslant0$.

22. S是实对称正定方阵,证明:存在上三角阵T,使$S=T^{\mathrm{T}}T$.

23. 设$\alpha_1,\alpha_2,\cdots,\alpha_m$是$n$维欧几里得空间$V$中一组向量,而其Gram方阵为

$$G=\begin{bmatrix} \langle\alpha_1,\alpha_1\rangle & \langle\alpha_1,\alpha_2\rangle & \cdots & \langle\alpha_1,\alpha_m\rangle \\ \langle\alpha_2,\alpha_1\rangle & \langle\alpha_2,\alpha_2\rangle & \cdots & \langle\alpha_2,\alpha_m\rangle \\ \vdots & \vdots & & \vdots \\ \langle\alpha_m,\alpha_1\rangle & \langle\alpha_m,\alpha_2\rangle & \cdots & \langle\alpha_m,\alpha_m\rangle \end{bmatrix}.$$

证明：当且仅当 $\det G\neq 0$ 时，$\alpha_1,\alpha_2,\cdots,\alpha_m$ 线性无关.

24. 试证：实对称阵 A 的特征根全部落在区间 $[a,b]$ 上的充要条件是 $A-aI\geqslant 0$，$bI-A\geqslant 0$.

25. 设对称方阵 S_1 和 S_2 的特征根分别落在 $[a,b]$ 和 $[c,d]$ 内，试证：对称方阵 S_1+S_2 的特征根落在闭区间 $[a+c,b+d]$ 内.

26. 设 A 是 n 阶正定对称方阵，试证 n 维空间 $\mathbb{R}^{(n)}$ 中由不等式 $x^{\mathrm{T}}Ax\leqslant 1$ 所定义的区域是有界的，且它的体积

$$V=\int_{x^{\mathrm{T}}Ax\leqslant 1}\mathrm{d}x_1\mathrm{d}x_2\cdots\mathrm{d}x_n=\frac{\pi^{n/2}}{\Gamma\left(\frac{n}{2}+1\right)}(\det A)^{-\frac{1}{2}}.$$

27. 设 $A=(a_{ij})$ 是三阶正交方阵，且 $\det A=1$，求证：

(1) $\lambda=1$ 必为 A 的特征值；

(2) 存在正交阵 T，使 $T^{\mathrm{T}}AT=\begin{bmatrix}1&0&0\\0&\cos\varphi&\sin\varphi\\0&-\sin\varphi&\cos\varphi\end{bmatrix}$；

(3) $\varphi=\cos^{-1}\dfrac{a_{11}+a_{22}+a_{33}-1}{2}$.

28. 欧几里得空间 V 的线性变换 $\mathscr{A}$ 在由向量 $\alpha_1=(1,2,1)$，$\alpha_2=(1,1,2)$，$\alpha_3=(1,1,0)$ 组成的基下，用矩阵 $\begin{bmatrix}1&1&3\\0&5&-1\\2&7&-3\end{bmatrix}$ 给出. 求伴随变换 $\mathscr{A}^*$ 在同一基下的矩阵，假定基向量的坐标是在某标准正交基下给出的.

29. 在标准正交基 e_1,e_2,e_3 下，求线性变换 $\mathscr{A}$ 的伴随变换 $\mathscr{A}^*$ 的矩阵表示，其中 $\mathscr{A}$ 分别变向量 $\alpha_1=(0,0,1)$，$\alpha_2=(0,1,1)$，$\alpha_3=(1,1,1)$ 为 $\beta_1=(1,2,1)$，$\beta_2=(3,1,2)$，$\beta_3=(7,-1,4)$. 这里所有向量的坐标都在基 e_1,e_2,e_3 下给出.

30. 试举例说明，如果方阵 A 的行向量两两正交，它的列向量并不一定是两两正交的.

31. 试证：正交方阵的任一子方阵的特征根的模小于或等于 1.

32. 如果 A 和 B 都是正交方阵，且 $\det A=-\det B$，则方阵 $A+B$ 是奇异方阵.

33. 设方阵 A 的秩为 r，试证 A 能表示成 $A=PTQ$，其中 Q 为 n 阶正交方阵，

$$T=\begin{bmatrix}\begin{bmatrix}t_{11}&&\\\vdots&\ddots&\\t_{r1}&\cdots&t_{rr}\end{bmatrix}&0^{(r,n-r)}\\T_1^{(n-r,r)}&0^{(n-r)}\end{bmatrix},\quad\text{其中 } t_{ii}>0\quad(i=1,2,\cdots,r),$$

P 是第一种初等方阵之乘积.

34. 设 A 是 n 阶实规范方阵，并设 λ 是它的虚特征根，α 是属于 λ 的 A 的特征向量，记 $\alpha=\beta+\mathrm{i}\gamma$，其中 β,γ 为实的列向量. 试证：β 和 γ 正交且长度相等.

35. 设 A 和 B 都是规范方阵，如果 AB 也是规范方阵，试证 BA 也是规范方阵.

36. 设 A 是 n 阶实对称方阵，且 $A^2=A$，证明：存在正交方阵 T 使得，

$$T^{-1}AT=\begin{bmatrix} I_r & \\ & 0 \end{bmatrix}，其中\ r=\mathrm{rank}A.$$

37. 试证：若 $2n+1$ 阶正交方阵 Q 的行列式为 1，则必有一个属于特征根 1 的特征向量.

38. 设 A,B 均为 n 阶实对称方阵，A 正定. 证明：$tA+B$ 对充分大的实数 t 也正定.

39. 设 A,B 均为半正定实对称 n 阶方阵，证明 AB 的特征值是非负实数.

40. 设 S 是对称实方阵，试证：存在 $t>0$ 使

$$tI+S>0,\ -tI+S<0.$$

41. 试证：实方阵 A 是规范方阵的充分且必要条件为它有极分解式

$$A=S\Omega=\Omega S,$$

其中 Ω 是实正交方阵，S 为实对称方阵.

42. 第 12 题中的实对称方阵 S 中，哪些是正定和半正定的？对这样的 S 求对称方阵 S_1 使 $S=S_1^2$.

43. 用正交变换把下面二次曲面方程变为标准形，并写出变换矩阵：

$$2xy+2xz+2yz=1.$$

44. 设 $M_n(F)$ 为数域 F 上 n 阶方阵全体，是 F 上 n^2 维线性空间. 对 $A=(a_{ij})$，$B=(b_{ij})$，定义

$$g(A,B)=\langle A,B\rangle=\sum_{i,j}\bar{a}_{ij}b_{ij}.$$

证明 g 是 $V=M_n(F)$ 上的 Hermite 内积(即正定 Hermite 型). 并证明

$$\langle A,B\rangle=\mathrm{tr}(\overline{A}^{\mathrm{T}}B)=\mathrm{tr}(B\overline{A}^{\mathrm{T}}).$$

45. 设 V 是[0,1]区间上复值连续函数全体，证明以下是 Hermite 内积：

$$\langle f,g\rangle=\int_0^1\overline{f(t)}g(t)\mathrm{d}t.$$

46. 设 g 是 V_2 的 Hermite 内积，φ：$V_1\to V_2$ 是线性映射单射，则 $g\circ\varphi$ 是 V_1 的 Hermite 内积(若记 $g(\alpha,\beta)=\langle\alpha,\beta\rangle$，则 $(g\circ\varphi)(x,y)=\langle\varphi x,\varphi y\rangle$).

47. 设 g 是 V 上 Hermite 内积，证明：$g(\alpha,\beta)=0$ 对任意 $\beta\in V$ 成立当且仅当 $\alpha=0$.

48. 在酉空间中证明平行四边形法则：

$$\|\alpha+\beta\|^2+\|\alpha-\beta\|^2=2\|\alpha\|^2+2\|\beta\|^2.$$

49. 求第 44 题中一标准正交基.

* **50.** 令 $f_n(x)=\sqrt{2}\cos2\pi nx$，$g_n(x)=\sqrt{2}\sin2\pi nx$. 对第 45 题中空间和内积证明：

(1) $\{1,f_1,g_1,f_2,g_2,\cdots\}$ 是标准正交向量组；

(2) $\mathrm{e}^{2\pi inx}$ $(n\in\mathbb{Z})$ 是标准正交向量组.

51. 证明：若酉空间中向量 β 是正交向量集 $\alpha_1,\cdots,\alpha_m$ 的线性组合，则

$$\beta=\sum_{k=1}^{m}\frac{\langle\alpha_k,\beta\rangle}{\|\alpha_k\|^2}\alpha_k.$$

52. 设 $A=\begin{bmatrix}a & b\\ c & d\end{bmatrix}$为可逆复方阵，求主对角线上元素为正数的上三角形方阵 T，使 $U=AT$ 为酉方阵.

53. 设 V 为酉空间，W 是其一子空间，对 $\beta\in V$，若存在 $\alpha\in W$，使 $\|\beta-\alpha\|\leqslant\|\beta-\gamma\|$ 对所有 $\gamma\in W$ 成立，则称 α 是 β 到 W 的**最近点**或**正射影**. 证明：

(1) $\alpha\in W$ 是 β 到 W 的正射影当且仅当 $\beta-\alpha$ 与 W 中向量均正交；

(2) 若 β 到 W 的正射影存在，则必唯一；

(3) 若 W 是有限维的，则任意 $\beta\in V$ 在 W 的正射影存在(且唯一). 记 W 的正交基为 $\alpha_1,\cdots,\alpha_m$，则 β 到 W 的正射影即为

$$\alpha=\sum_{k=1}^{m}\frac{\langle\alpha_k,\beta\rangle}{\|\alpha_k\|^2}\alpha_k;$$

(4) 若 α 是 β 在 W 的正射影，则 $\beta-\alpha$ 是 β 在 $W^{\perp}$ 的正射影(这里 $W^{\perp}=\{x\in V\mid\langle x,y\rangle=0$ 对所有 $y\in W\}$称为 W 的**正交补**).

54. 设 W 是酉空间 V 的有限维子空间，把 $\beta\in V$ 映为其在 W 中正射影 α 的变换 $\mathscr{E}$: $V\longrightarrow W$，$\beta\longmapsto\alpha$ 称为 V 到 W 的**正射影(变换)**(见前题).

(1) 证明：$\mathscr{E}$ 是 V 的幂等变换(即 $\mathscr{E}^2=\mathscr{E}$)，象 $\operatorname{Im}\mathscr{E}=W$，核 $\ker\mathscr{E}=W^{\perp}$(正交补 $W^{\perp}$ 的定义见前题)，且 $V=W\oplus W^{\perp}$；

(2) $I-\mathscr{E}$ 是 V 到 $W^{\perp}$ 的正射影变换，幂等，象为 $W^{\perp}$，核为 W.

55. 设 $\alpha_1,\cdots,\alpha_m$ 是酉空间 V 中一个非零正交向量集，则对任意 β 有(Bessel 不等式)：

$$\sum_{k=1}^{m}\frac{|\langle\alpha_k,\beta\rangle|^2}{\|\alpha_k\|^2}\leqslant\|\beta\|^2,$$

且等号成立当且仅当 $\beta=\sum_k\langle\alpha_k,\beta\rangle\|\alpha_k\|^{-2}\alpha_k$.

56. 设 $V=M_n(C)$中定义内积$\langle A,B\rangle=\operatorname{tr}(\overline{A}^{\mathrm{T}}B)$(见第 44 题). 求对角方阵所成子空间 W 的正交补 $W^{\perp}$.

57. 设法决定所有可能的二阶酉方阵.

58. 设 $V=M_n(C)$中定义内积$\langle A,B\rangle=\operatorname{tr}(\overline{A}^{\mathrm{T}}B)$(见第 44 题). 每个 $M\in V$ 定义了 V 的一个线性变换 T_M: $A\longmapsto MA$. 证明：T_M 是酉变换当且仅当M 为酉方阵.

59. 设 $\mathscr{E}$ 为 n 维酉空间 V 到子空间 W 的正射影变换(见第 53,54 题)，求 $\mathscr{E}$ 的伴随变换 $\mathscr{E}^*$.

60. 设酉空间 $V=M_n(C)$中定义内积$\langle A,B\rangle=\operatorname{tr}(\overline{A}^{\mathrm{T}}B)$，及线性变换 T_M: $A\longmapsto MA$ (见第 58 题). 求 T_M 的伴随变换.

61. 设酉空间 V 由复数域上多项式组成，定义内积

$$\langle f,g\rangle=\int_0^1\overline{f(t)}g(t)\,\mathrm{d}t,$$

对 $f=\sum a_k x^k$，记 $\overline{f}=\sum \overline{a}_k x^k$，多项式 f 定义了 V 上的线性变换

$$T_f: g \longmapsto fg.$$

求证 T_f 的伴随变换存在，即为 $T_{\overline{f}}$.

62. 设 V 为 n 维酉空间，$\mathscr{A}$ 和 $\mathscr{B}$ 为 V 上线性变换，$c\in\mathbb{C}$. 证明伴随变换的如下性质：

(1) $(\mathscr{A}+\mathscr{B})^*=\mathscr{A}^*+\mathscr{B}^*$；　　(2) $(c\mathscr{A})^*=\bar{c}\mathscr{A}^*$；

(3) $(\mathscr{A}\mathscr{B})^*=\mathscr{B}^*\mathscr{A}^*$；　　(4) $(\mathscr{A}^*)^*=\mathscr{A}$；

(5) $(\mathscr{A}^*)^{-1}=(\mathscr{A}^{-1})^*$　（当 $\mathscr{A}$ 可逆时）.

63. 证明：n 维酉空间 V 的每个线性变换 $\mathscr{A}$ 可写为

$$\mathscr{A}=\mathscr{H}_1+\sqrt{-1}\mathscr{H}_2,$$

其中 $\mathscr{H}_i(i=1,2)$ 为 Hermite 变换（即自伴随变换）.

64. 酉空间 $\mathbb{C}^{(2)}$ 中内积定义为 $\langle x,y\rangle=\bar{x}^{\mathrm{T}}y$. 设线性变换 $\mathscr{A}$ 把自然基 $\varepsilon_1,\varepsilon_2$ 依次变换为 $(1,-2)^{\mathrm{T}}$，$(\mathrm{i},-1)^{\mathrm{T}}$. 求 $\mathscr{A}^*(x_1,x_2)^{\mathrm{T}}$.

65. 设 $\mathscr{A}$ 为 n 维酉空间 V 的线性变换，证明 $\mathscr{A}^*$ 的象集是 $\mathscr{A}$ 的核的正交补.

66. 设 $V=M_n(\mathbb{C})$ 中内积定义为 $\langle A,B\rangle=\mathrm{tr}(\overline{A}^{\mathrm{T}}B)$（见第44题）. 对固定的可逆方阵 P，定义 V 的线性变换 $T_P: A\longmapsto P^{-1}AP$. 求 T_P 的伴随变换.

67. 设 $V_1=\mathbb{R}^{(3)}$ 按标准内积定义为酉空间（即欧几里得空间），$\mathbb{R}$ 上三阶斜对称方阵全体 V_2 按如下内积定义为酉空间：$\langle A,B\rangle=\frac{1}{2}\mathrm{tr}(A^{\mathrm{T}}B)$. V_1 到 V_2 上映射 $\mathscr{A}$ 定义为

$$\mathscr{A}:\begin{bmatrix}x_1\\x_2\\x_3\end{bmatrix}\longmapsto\begin{bmatrix}0&-x_3&x_2\\x_3&0&-x_1\\-x_2&x_1&0\end{bmatrix}.$$

求证 $\mathscr{A}$ 是 V_1 到 V_2 的酉空间同构.

68. 设 V 是酉空间，$\mathscr{H}$ 是 V 上 Hermite 变换（即自伴随变换）. 证明：

(1) $\|\alpha+\mathrm{i}\mathscr{H}\alpha\|=\|\alpha-\mathrm{i}\mathscr{H}\alpha\|$　（对任意 $\alpha\in V$）；

(2) $\alpha+\mathrm{i}\mathscr{H}\alpha=\beta+\mathrm{i}\mathscr{H}\beta$　当且仅当 $\alpha=\beta$；

(3) $I+\mathrm{i}\mathscr{H}$　非奇异；

(4) $I-\mathrm{i}\mathscr{H}$　非奇异；

(5) $\mathscr{U}=(I-\mathrm{i}\mathscr{H})(I+\mathrm{i}\mathscr{H})^{-1}$ 是酉变换（此处设 V 是有限维）.

69. 设 θ 为实数，证明以下方阵酉相似

$$\begin{bmatrix}\cos\theta&-\sin\theta\\\sin\theta&\cos\theta\end{bmatrix},\qquad\begin{bmatrix}\mathrm{e}^{\mathrm{i}\theta}&0\\0&\mathrm{e}^{-\mathrm{i}\theta}\end{bmatrix}.$$

70. 设酉空间 $\mathbb{C}^{(2)}$ 中有标准内积，在自然基下线性变换 $\mathscr{A}$ 的方阵表示为

$$A=\begin{bmatrix}1&\mathrm{i}\\\mathrm{i}&1\end{bmatrix},$$

证明 $\mathscr{A}$ 是规范变换.求$\mathbb{C}^{(2)}$中由 $\mathscr{A}$ 的特征向量构成的一个标准正交基.

71. 证明:线性变换 $\mathscr{A}$ 是规范的当且仅当 $\mathscr{A}=\mathscr{H}_1+\mathrm{i}\mathscr{H}_2$,其中 $\mathscr{H}_1$ 和 $\mathscr{H}_2$ 是可交换的 Hermite 变换.

72. 设 $\mathscr{N}$ 是 n 维酉空间 V 的正规线性变换,证明有一复系数多项式 f 使

$$\mathscr{N}^*=f(\mathscr{N}).$$

73. 设 $\mathscr{A}$ 是 n 维酉空间 V 上的规范变换,$W\subset V$,且 W 是 $\mathscr{A}$ 的不变子空间,$W^{\perp}$ 是 W 在 V 中的正交补,求证:$\mathscr{A}$ 在 $W^{\perp}$ 上的限制 $\mathscr{A}|_{W^{\perp}}$ 是规范变换.

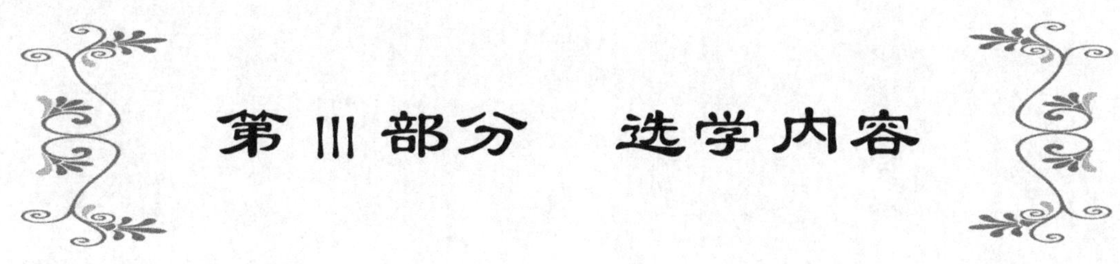

第Ⅲ部分　选学内容

第10章

正交几何与辛几何

10.1 根与正交补

欧几里得几何随着人类的进步有多方面的发展. 本章介绍正交几何、辛几何，其(广义)内积分别由一般的对称双线性型、交错型定义. 下章介绍无限维的内积空间. 这些在数学、物理、信息等现代科学技术中均十分重要. 先看两个例子.

例 10.1 相对论中，要考虑 Minkowski 四维时空 $V=\mathbb{R}^{(4)}$. 由不正定的二次型 $s^2(t,x,y,z)=c^2t^2-x^2-y^2-z^2$($c$ 为光速) 定义内积. $\mathbb{R}^{(4)}$ 是正交几何空间.

例 10.2 在数字化信息中，二元域$\mathbb{F}_2=\{0,1\}$是基域. $\mathbb{F}_2^n$ 中的每个行向量$(a_i)=(a_1,\cdots,a_n)$即是一段信息. 定义内积 $g((a_i),(b_i))=\langle(a_i),(b_i)\rangle=\sum\limits_{i=1}^{n}a_ib_i$. 有偶数个非零分量的向量全体记为 V_0，是 $n-1$ 维空间. 例如 $n=3$ 时，V_0 是二维，以 $\alpha_1=(1,1,0)$，$\alpha_2=(0,1,1)$ 为基. 注意$\langle\alpha_1,\alpha_1\rangle=\langle\alpha_2,\alpha_2\rangle=0$，$\langle\alpha_1,\alpha_2\rangle=1$. 故内积 g 限制到 V_0 后，其方阵为

$$\begin{bmatrix}0 & 1\\ 1 & 0\end{bmatrix}.$$

它是对称的，也是交错的(注意$-1=1$). 故 V_0 是正交几何空间，同时又是辛几何空间.

本章总是设 V 是域 F 上的 n 维线性空间，g 是 V 上的双线性型. 在两个方面发展了欧几里得几何：

(1) 域 F 可以是任意一个域，可以是有限域$\mathbb{F}_q$，或二元域$\mathbb{F}_2$.

(2) 双线性型 g 可以是对称的、斜称的或交错的；且可以是**奇异的**(即退化的).

定义 10.1 设 V 是域 F 上 n 维线性空间，g 是 V 上双线性型(也记 $g(\alpha,\beta)$ 为$\langle\alpha,\beta\rangle$).

(1) 若 g 是对称的，则(V,g)称为**正交**(orthogonal，或**对称**)**几何空间**.

(2) 若 g 是交错的，则(V,g)称为**辛**(symplectic)**几何空间**.

两种情形下，g 均称为广义**内积**，(V,g)也称为广义**内积空间**，或度量向量空间(但应区别于度量拓扑空间). V 的子空间 W 以 g(在 W 的限制)为内积，称为(V,g)的子空间(几何空间常简称为几何，或空间).

若 F 的特征 $\mathrm{char}(F)\neq 2$(即 $2=1+1\neq 0$)，则斜称性等价于交错性. 但若特征 $\mathrm{char}(F)=2$(即 $2=0$ 或 $-1=1$)，则斜称性等价于对称性，弱于交错性. 因此，斜称性总可归于交错或对称性. 所以我们无需讨论斜称性，只需讨论交错和对称性. 第 8 章中凡是允许域 F 的特征 $\mathrm{char}(F)=2$ 的双线性型(和对偶空间)部分，现在仍然适用，例如 8.4～8.6 节.

定义 10.2 (1) 若 $g(\alpha,\beta)=\langle\alpha,\beta\rangle=0$，则称 α 与 β **正交**(**或垂直**)，记为 $\alpha\perp\beta$. V 的两个子集合 S,T 正交是指其向量互相正交，记为 $S\perp T$. 以 $S^{\perp}$ 记与 S 正交的 V 中向量全体，称为 S 的**正交补**.

(2) 若非零向量 α 与自身正交，即 $\alpha\perp\alpha$，或 $\langle\alpha,\alpha\rangle=0$，则称 α 为**迷向**(isotropic)或**零(内)积**(null)向量.

(3) 与 V(中所有向量均)正交的向量集 $\mathrm{Rad}(V)$ 称为 V 的**根**(radical)，即

$$\mathrm{Rad}(V)=\{\alpha\in V\mid\langle\alpha,x\rangle=0,x\in V\}=V^{\perp}.$$

同样定义子空间 W 的根 $\mathrm{Rad}(W)=W\cap W^{\perp}$.

在正交空间或辛空间 (V,g) 中，显然 $\alpha\perp\beta$ 当且仅当 $\beta\perp\alpha$，即正交关系有对称性. 反之，可以证明，若正交关系有对称性，则 g 必是对称或交错双线性型(见习题第 5 题). 这就是为什么本章只讨论正交空间和辛空间.

显然，根属于迷向向量集. 根 $\mathrm{Rad}(V)=\{0\}$ 当且仅当 (V,g) 非奇异(即 g 非退化). 若 g 在 W 上(限制)恒 0，则 (W,g) 称为**零(内)积空间**，这相当于 $\mathrm{Rad}(W)=W$. 由定义知 $(W^{\perp})^{\perp}=W$, $\mathrm{Rad}(W)=\mathrm{Rad}(W^{\perp})$. 注意非奇异的 (V,g) 仍可有奇异的子空间，例如迷向向量生成的一维子空间. 辛几何的向量都是迷向的. 注意正交的向量可以是线性相关的.

例如对于实正交空间 V，总是有基 $\{\varepsilon_i\}$ 使 g 的方阵为对角形 $\mathrm{diag}(I_p,-I_q,0)$. 对这样的正交基，空间的根为 $\mathrm{Rad}(V)=\mathbb{R}\varepsilon_{p+q+1}\oplus\cdots\oplus\mathbb{R}\varepsilon_n$. 特别在 Minkowski 时空中，满足 $c^2t^2=x^2+y^2+z^2$ 的向量均为迷向向量，构成锥面.

再如，设 H 是一般域 F 上的二维空间，内积 g 在基 α_1,α_2 下的方阵为

$$\begin{bmatrix}0 & 1\\ \pm 1 & 0\end{bmatrix},$$

即 $\langle\alpha_1,\alpha_1\rangle=\langle\alpha_2,\alpha_2\rangle=0$, $\langle\alpha_1,\alpha_2\rangle=1$. 这样的空间 (H,g) 称为**双曲平面**(hyperbolic plane), α_1,α_2 称为**双曲对**. α_1,α_2 显然都是迷向向量. 方阵中 ±1 为 1 时, H 是正交空间; $\pm1=-1$ 时 H 是辛空间. H 是非奇异的，根为 0.

在 $\mathbb{F}_2^n$ 中，若内积为 $\langle(a_i),(b_i)\rangle=\sum\limits_{i=1}^{n}a_ib_i$，则有偶数个非零坐标的向量均是迷向向量. 例如, $V=\mathbb{F}_2^4$ 共 16 个元素, $W=\{0,(0,0,1,1),(1,1,0,0),(1,1,1,1)\}$ 为子空间，是零(内)积空间，根 $\mathrm{Rad}(W)=W=W^{\perp}$.

这些实例与欧几里得空间的情形非常不同. 但 8.5 节的结果仍成立，例如 $W^{\perp}\simeq$

$(V/W)^*$，$W^* \cong V^*/W^{\perp}$. 特别地，若(V,g)是非奇异正交空间或辛空间，W是子空间，则

$$\dim(W) + \dim(W^{\perp}) = \dim(V). \tag{10.1.1}$$

若$W_1 \perp W_2$，则直和$W_1 \oplus W_2$称为**正交直和**，记为$W_1 \boxminus W_2$或$W_1 \oplus^{\perp} W_2$.

定理 10.1 设(V,g)是非奇异正交空间或辛空间，W是其子空间，则以下等价：

(1) W非奇异，　(2) $W^{\perp}$非奇异，　(3) $W \cap W^{\perp} = \{0\}$，

(4) $V = W + W^{\perp}$，　(5) $V = W \boxminus W^{\perp}$.

证明 由$\mathrm{Rad}(W) = W \cap W^{\perp} = \mathrm{Rad}(W^{\perp})$，$W$非奇异$\Leftrightarrow \mathrm{Rad}(W) = 0$，即知前3项等价. 由维数定理$\dim(W + W^{\perp}) = \dim W + \dim W^{\perp} - \dim W \cap W^{\perp} = \dim V - \dim W \cap W^{\perp}$，知后3项等价. ■

下面的定理说明，对空间(V,g)的讨论可归结为对非奇异空间的讨论.

定理 10.2 设(V,g)是正交空间或辛空间，则

$$V = \mathrm{Rad}(V) \boxminus V'$$

其中$\mathrm{Rad}(V)$是根(零积子空间)，V'是非奇异子空间.

证明 取V'是$\mathrm{Rad}(V)$的(直和)补子空间，即$V = \mathrm{Rad}(V) \oplus V'$(注意$V'$不是$\mathrm{Rad}(V)$的正交补，因为$\mathrm{Rad}(V)$与整个$V$正交). 显然$\mathrm{Rad}(V) \perp V'$，故$V = \mathrm{Rad}(V) \boxminus V'$. 再证$V'$非奇异，即$\mathrm{Rad}(V') = 0$. 设$\alpha \in \mathrm{Rad}(V') = V' \cap V'^{\perp}$，因$\alpha \perp V'$故$\alpha \perp V$，$\alpha \in \mathrm{Rad}(V) \cap V' = 0$. 证毕. ■

10.2 正交几何与辛几何的结构

设(V,g)是正交几何或辛几何空间. 我们希望选取V的基，使g的方阵尽量简洁(相当于方阵的相合化简)，从而对V的结构有清晰了解. 第9章中，对欧几里得空间，总可取到V的标准正交基，使g的方阵为I. 但现在的一般情形，不再有这样简洁结果.

首先看辛几何空间. 交错方阵G的相合标准形，我们已经得到(8.4节的结果对一般的域F有效)，即

$$P^{\mathrm{T}}GP = \mathrm{diag}\left(\begin{bmatrix} 0 & 1 \\ -1 & 0 \end{bmatrix}, \cdots, \begin{bmatrix} 0 & 1 \\ -1 & 0 \end{bmatrix}, 0, \cdots, 0\right). \tag{10.2.1}$$

其几何意义如下面的定理所述.

定理 10.3 辛几何空间V可分解为双曲平面及零积空间的正交直和，即有基$\{e_1, \cdots, e_n\}$使

$$V = H_1 \boxminus H_2 \boxminus \cdots \boxminus H_s \boxminus \mathrm{Rad}(V),$$

其中$H_i = Fe_{2i-1} + Fe_{2i}$为**双曲平面**，即满足$\langle e_{2i-1}, e_{2i-1}\rangle = \langle e_{2i}, e_{2i}\rangle = 0$，$\langle e_{2i-1}, e_{2i}\rangle = 1$的二维空间$(i = 1, 2, \cdots, s)$. $\mathrm{Rad}(V)$是零积空间(内积恒为零).

对任意二维空间 $H=F\alpha_1+F\alpha_2$，若 $\langle\alpha_1,\alpha_1\rangle=\langle\alpha_2,\alpha_2\rangle=0$，$\langle\alpha_1,\alpha_2\rangle=1$，则 H 称为**双曲平面**，α_1,α_2 称为**双曲对**. 双曲平面的正交直和 $H_1\oplus\cdots\oplus H_s$ 称为**双曲(子)空间**. 定理10.3很容易直接证明：由定理10.2不妨设 $V=V'$ 非奇异(即内积 g 非退化). 对任意 $\alpha_1\in V$，应有 $\alpha_2\in V$ 使 $\langle\alpha_1,\alpha_2\rangle\neq0$，可设 $\langle\alpha_1,\alpha_2\rangle=1$，所以 $H=F\alpha_1+F\alpha_2$ 是双曲平面(因 g 交错故 $\langle\alpha_1,\alpha_1\rangle=\langle\alpha_2,\alpha_2\rangle=0$). 于是 $V=H\oplus H^{\perp}$(定理10.1). $H^{\perp}$ 仍是非奇异的(若有 $\alpha\in H^{\perp}$ 使 $\alpha\perp H^{\perp}$，则显然 $\alpha\perp V$). 对 $H^{\perp}$ 作同样讨论，由归纳法即得定理.

再考虑正交几何 (V,g). 将看到其结构因基域 F 不同而大异. 但幸运的是，正交空间总有正交基，这相当于 g 的方阵 G(对称方阵)总可相合于对角形(当然这要排除下列情形：特征 $\mathrm{char}(F)=2$ 时，G 对称且交错——因为对角形交错阵只能恒零).

定理10.4　设 (V,g) 为域 F 上正交几何空间(且当特征 $\mathrm{char}(F)=2$ 时，不是辛空间)，则 V 可分解为一维子空间的正交直和，即存在 V 的正交基 $\{\varepsilon_1,\cdots,\varepsilon_n\}$，使得

$$V=F\varepsilon_1\oplus\cdots\oplus F\varepsilon_n.$$

g 在此基下的方阵为对角形，即

$$P^{\mathrm{T}}GP=\begin{bmatrix}a_1&&\\&\ddots&\\&&a_n\end{bmatrix}.$$

相应地，任意域 F 上的对称方阵 G(且当特征 $\mathrm{char}(F)=2$ 时，对角线非全零)在 F 上相合于对角形，即 $P^{\mathrm{T}}GP=\mathrm{diag}(a_1,\cdots,a_n)$.

证明　由定理10.2，可设 (V,g) 非奇异. (1)先看 $\mathrm{char}(F)\neq2$ 的情形，定理8.1仍适用. 现也可直接证明：必存在 $\alpha\in V$ 使 $\langle\alpha,\alpha\rangle\neq0$(否则 $0=\langle\alpha+\beta,\alpha+\beta\rangle=2\langle\alpha,\beta\rangle$，故 $0=\langle\alpha,\beta\rangle$ 对任意 α,β). 故 $V=F\alpha\oplus(F\alpha)^{\perp}$(定理10.1). $V_1=(F\alpha)^{\perp}$ 非退化，对 V_1 重复上述讨论，由归纳法知 $V=F\varepsilon_1\oplus\cdots\oplus F\varepsilon_n$.

(2) 再设 $\mathrm{char}(F)=2$. 因 g 非交错非退化，故有 $\alpha\in V$ 使 $\langle\alpha,\alpha\rangle=a\neq0$. 于是 $V=F\alpha\oplus(F\alpha)^{\perp}$. 现若存在 $\alpha_2\in(F\alpha)^{\perp}=V_1$ 使 $\langle\alpha_2,\alpha_2\rangle\neq0$，可对 V_1 继续讨论；直到 $V=F\alpha_1\oplus\cdots\oplus F\alpha_s\oplus V_s$，而不存在 $\beta\in V_s$ 使 $\langle\beta,\beta\rangle\neq0$，于是 V_s 是辛空间，非退化，由定理10.3知

$$V=F\alpha_1\oplus\cdots\oplus F\alpha_s\oplus H_1\oplus\cdots\oplus H_t\qquad(s\geqslant1),\tag{10.2.2}$$

其中 $H_i=Fe_{2i-1}+Fe_{2i}$ 为双曲平面($i=1,\cdots,t$). 再考虑子空间

$$W=F\alpha\oplus H_1=F\alpha+Fe_1+Fe_2,\tag{10.2.3}$$

取新基 $\varepsilon_1=\alpha+e_1+ae_2$，$\varepsilon_2=\alpha+e_1$，$\varepsilon_3=\alpha+ae_2$. 易直接验证 $\varepsilon_1,\varepsilon_2,\varepsilon_3$ 是正交基：$\langle\varepsilon_i,\varepsilon_j\rangle=0$ $(i\neq j)$，$\langle\varepsilon_i,\varepsilon_i\rangle=a$ $(i,j=1,2,3)$. 续行之，可知存在 V 的正交基 $\{\varepsilon_1,\cdots,\varepsilon_n\}$ 使 $V=F\varepsilon_1\oplus\cdots\oplus F\varepsilon_n$. 用矩阵语言重述证明：(10.2.2)式说明，在基 $\{\alpha_1,\cdots,\alpha_s,e_1,\cdots,e_{2t}\}$ 下 g 的方阵为

$$P_1^{\mathrm{T}}GP_1=\mathrm{diag}\left(a_1,\cdots,a_s,\begin{bmatrix}0&1\\1&0\end{bmatrix},\cdots,\begin{bmatrix}0&1\\1&0\end{bmatrix}\right)\qquad(s\geqslant1),\tag{10.2.4}$$

$(a_i \neq 0, i=1,2,\cdots,s$. 注意特征为 2，故 $-1=1$). 而如下形式的方阵相合于对角形：

$$S = \begin{bmatrix} a & & \\ & 0 & 1 \\ & 1 & 0 \end{bmatrix} \quad (a \neq 0), \tag{10.2.5}$$

$$\begin{bmatrix} 1 & 1 & 1 \\ 1 & 1 & 0 \\ a & 0 & a \end{bmatrix}^{\mathrm{T}} \begin{bmatrix} a & & \\ & 0 & 1 \\ & 1 & 0 \end{bmatrix} \begin{bmatrix} 1 & 1 & 1 \\ 1 & 1 & 0 \\ a & 0 & a \end{bmatrix} = \begin{bmatrix} a & & \\ & a & \\ & & a \end{bmatrix}. \tag{10.2.6}$$

故存在 F 上可逆方阵 P 使 $P^{-1}GP$ 为对角形. ■

当然定理 10.4 中的对角形方阵，还不能说是相合标准形，因为对角线元素不是唯一的(至少可相差 F 上的平方元)；相应地，定理 10.4 中的基还不是标准正交基，所以需要进一步讨论. 如果 $F=\mathbb{Q}$ 为有理数域，有著名的 **Minkowski-Hasse(整体-局部)定理**：在 $\mathbb{Q}$ 上相合当且仅当在 $\mathbb{R}$ 上和 $\mathbb{Q}_p$ 上均相合(对所有素数 p)，这里 $\mathbb{Q}_p$ 称为 p-adic 域(在 $\mathbb{Q}_p$ 上相合意味着对 $\bmod p^m$ 均相合(任意自然数 m)). 当 F 为如下域时，相合标准形是易知的：复数域 $\mathbb{C}$，实数域 $\mathbb{R}$，有限域 $\mathbb{F}_q$. 首先如果 $F=\mathbb{C}$ 为复数域，或者 F 为 **"代数封闭域"**(即 F 上多项式在 F 中总有根. 特别，F 的元素在 F 中总有平方根)，则由定理 10.4，再经 $Q=\mathrm{diag}(a_1^{-1/2},\cdots,a_n^{-1/2})$ 作相合变换，知 F 上对称方阵均相合于 $\mathrm{diag}(1,\cdots,1,0,\cdots,0)$. 类似可知，实数域 $\mathbb{R}$ 上的对称方阵均实相合于 $\mathrm{diag}(1,\cdots,1,-1\cdots,-1,0,\cdots,0)$.

现在设 $F=\mathbb{F}_q$ 为 q 元有限域，$q=p^e$，$\mathbb{F}_q$ 的特征为 p. 记 $\mathbb{F}_q^*$ 为 $\mathbb{F}_q$ 中非零元全体，是 $q-1$ 元乘法 Abel 群，$(\mathbb{F}_q^*)^2=\{a^2 \mid a\in\mathbb{F}_q^*\}$ 为 $\mathbb{F}_q^*$ 中平方元集.

引理 10.1 (1) 若有限域 $\mathbb{F}_q=\mathbb{F}_{2^e}$，即特征为 2，则 $\mathbb{F}_{2^e}$ 的每个元素均为平方元.

(2) 若有限域 $\mathbb{F}_q$ 的特征 $p\neq 2$，则 $\mathbb{F}_q^*$ 中平方元占半数，且 $\mathbb{F}_q^*=(\mathbb{F}_q^*)^2\cup s(\mathbb{F}_q^*)^2$，其中 s 为任一非平方元.

证明 (1)特征为 2 时，$a^2=b^2\Leftrightarrow a=\pm b\Leftrightarrow a=b$，故映射 σ: $x\longmapsto x^2$，$\mathbb{F}_q^*\to(\mathbb{F}_q^*)^2$ 为一一对应，$\mathbb{F}_q^*=(\mathbb{F}_q^*)^2$. (2) 特征 $p\neq 2$ 时，$-1\neq 1$，故 σ 是二对一映射. 其余显然. ■

由此引理立得如下定理.

定理 10.5 设 $F=\mathbb{F}_{2^e}$ 是特征为 2 的有限域，(V,g) 是 $\mathbb{F}_{2^e}$ 上 n 维正交几何空间(且非辛空间). 若 (V,g) 非奇异，则存在标准正交基. 若 (V,g) 奇异，则存在正交基 $\{\varepsilon_1,\cdots,\varepsilon_n\}$ 满足 $\langle\varepsilon_i,\varepsilon_i\rangle=1$ 或 0 (依 $i=1,\cdots,r$ 或 $i=r+1,\cdots,n$)；g 在此基下的方阵表示为

$$P^{\mathrm{T}}GP = \begin{bmatrix} 1 & & & & & \\ & \ddots & & & & \\ & & 1 & & & \\ & & & 0 & & \\ & & & & \ddots & \\ & & & & & 0 \end{bmatrix}.$$

特别地，$\mathbb{F}_{2^e}$ 上的对称(且非交错)方阵必在 $\mathbb{F}_{2^e}$ 上相合于

$$\mathrm{diag}(1,\cdots,1,\ 0,\cdots,0).$$

定理 10.6　设 $F=\mathbb{F}_q$ 是有限域，特征 $\mathrm{char}(\mathbb{F}_q)\neq 2$，$(V,g)$ 是 $\mathbb{F}_q$ 上 n 维正交几何空间．则存在 V 的正交基 $\{\varepsilon_1,\cdots,\varepsilon_n\}$，满足 $\langle\varepsilon_r,\varepsilon_r\rangle=d\neq 0$，$\langle\varepsilon_i,\varepsilon_i\rangle=1$ 或 0（依 $i=1,\cdots,r-1$ 或 $i=r+1,\cdots,n$）；g 在此基下的方阵表示为

$$P^{\mathrm{T}}GP=\begin{bmatrix}1&&&&&&\\&\ddots&&&&&\\&&1&&&&\\&&&d&&&\\&&&&0&&\\&&&&&\ddots&\\&&&&&&0\end{bmatrix}.$$

其中 $d\in F^*$ 是唯一确定的（不计 F^* 中数的平方倍意义下）．

特别地，特征非 2 有限域 $\mathbb{F}_q$ 上的任一对称方阵 G，在 $\mathbb{F}_q$ 上相合于

$$P^{\mathrm{T}}GP=\mathrm{diag}(1,\cdots,1,d,0,\cdots,0).$$

证明　由定理 10.4 知存在正交基 $\{\varepsilon_1,\cdots,\varepsilon_n\}$ 使 g 的方阵为 $\mathrm{diag}(a_1,\cdots,a_r,0,\cdots,0)$．当 $r\leqslant 1$ 时定理显然成立．设 $r\geqslant 2$．令 $W=F\varepsilon_1\oplus F\varepsilon_2$ 是二维非退化正交空间．如果 a_i 为 F 中平方元，以 $\varepsilon_i/\sqrt{a_i}$ 代替 ε_i 即可将 g 的方阵中 a_i 化为 $1(i=1,2)$．故设 a_1,a_2 均非平方元．令

$$e_1=a\varepsilon_1+b\varepsilon_2,\qquad e_2=c\varepsilon_1+d\varepsilon_2,$$

则 $\langle e_1,e_1\rangle=a^2a_1+b^2a_2$．下面引理 10.2 将证明：对特征非 2 的有限域 $\mathbb{F}_q$，$a^2a_1+b^2a_2=1$ 总有解 $a,b\in\mathbb{F}_q$（因 a_1,a_2 非平方元，故 a,b 均非零）．我们还希望 e_1,e_2 正交，即 $\langle e_1,e_2\rangle=aca_1+bda_2=0$，这显然可取 c,d 满足此关系式，且 $a_2'=\langle e_2,e_2\rangle=c^2a_1+d^2a_2=c^2a_1^2+(aca_1/ba_2)^2a_2=c^2a_1/b^2a_2\neq 0$．取正交基 $\{e_1,e_2,\varepsilon_3,\cdots,\varepsilon_n\}$，则 g 的方阵为 $\mathrm{diag}(1,a_2',a_3,\cdots,a_r,0,\cdots,0)$．再考虑 $W_2=Fe_2\oplus F\varepsilon_3$，类似取新基．如此续行，即得定理．■

引理 10.2　设 $\mathbb{F}_q$ 是特征 $p\neq 2$ 的有限域，$a_1,a_2\in\mathbb{F}_q$ 非零，则 $a_1x^2+a_2y^2=1$ 有解 $x,y\in\mathbb{F}_q$．

证明　如果 $a_1=b^2$ 为平方元，令 $(x,y)=(1/b,0)$ 即可．故可设 a_1,a_2 均非平方元．显然 $-1=1^2+\cdots+1^2$（共 $p-1$ 项）．因 $4c=(1+c)^2+(-1)(1-c)^2$，故任意 $c\in\mathbb{F}_q$ 为多个平方元之和．由此可知，两个平方元之和不可能都总是平方元，否则 $\mathbb{F}_q$ 中元均为平方元了，与引理 10.1 矛盾．故存在 s^2+t^2 不是平方元（$s,t\in\mathbb{F}_q$ 非零）．于是 a_1,a_2,s^2+t^2 均非平方元，它们的商应当是平方元（引理 10.1），故可设 $a_2=a_1u^2$，$s^2+t^2=a_1v^2$．于是可直接验证 $(x,y)=(s/a_1v,\ t/a_1uv)$ 即为一解．■

10.3　等距变换与反射

设 (V,g) 和 (V',g') 是两个正交空间或辛空间．两者的内积通常均用 $\langle\cdot,\cdot\rangle$ 表示．若线性映射 σ: $V\to V'$ 是双射且保持内积不变，即满足（对任意 $\alpha,\beta\in V$）

$$\langle \sigma\alpha, \sigma\beta \rangle = \langle \alpha, \beta \rangle,$$

则称 σ 为**等距映射**(isometry)，或(正交或辛空间的)**同构映射**；此时称(V,g)和(V',g')是(等距)同构的，记为$(V,g)\approx(V',g')$. (V,g)到自身的等距映射也称为**等距变换**，全体记为$\mathrm{Aut}(V,g)$，是乘法群. 非奇异的正交几何空间的等距变换 σ 又称为**正交变换**(其中当 σ 的方阵的行列式 $\det\sigma=1$ 时，σ 称为**旋转**(或**正常正交变换**)；当 $\det\sigma=-1$ 时，σ 称为**反常正交变换**(也有文献称为反射变换)). 非奇异的辛几何空间的等距变换又称为**辛变换**.

易知，σ 保持内积不变当且仅当对基$\{\varepsilon_i\}$中的元素保持内积不变：$\langle \sigma\varepsilon_i, \sigma\varepsilon_j \rangle = \langle \varepsilon_i, \varepsilon_j \rangle$. 又当域的特征非 2 时，正交几何的双射 σ 保持内积不变当且仅当"保持长度不变"：$\langle \sigma\alpha, \sigma\alpha \rangle = \langle \alpha, \alpha \rangle$(对任意 $\alpha\in V$)(见习题(12)). 显然 σ: $V\to V'$ 是等距映射当且仅当 g 与 g' 在对应基$\{\varepsilon_i\}$和$\{\sigma\varepsilon_i\}$下的方阵是相等的：$G=(\langle \varepsilon_i, \varepsilon_j \rangle)=(\langle \sigma\varepsilon_i, \sigma\varepsilon_j \rangle)=G'$. 所以$(V,g)\approx(V',g')$当且仅当 g 与 g'(在任意基下)的方阵相合：$G\approx G'$.

设(V,g)是 n 维正交或辛空间，有基$\{\varepsilon_i\}$，g 的方阵为 G. 设 V 的线性变换 σ 的方阵表示为 A，则 σ 是等距变换当且仅当

$$A^{\mathrm{T}}GA = G.$$

特别地，$(\det A)^2\det G=\det G$，即 $\det A=\pm1$(当 g 非退化)(对比：欧几里得空间上的变换 σ，是正交变换当且仅当在标准正交基下的方阵 A 满足 $A^{\mathrm{T}}A=I$——因为 g 在标准正交基下的方阵为 $G=I$). 事实上，$\langle \sigma\alpha, \sigma\beta \rangle = \langle \alpha, \beta \rangle$ 相当于 $x^{\mathrm{T}}A^{\mathrm{T}}GAy=x^{\mathrm{T}}Gy$(对任意 α,β(或 x,y)成立，其中 x,y 是 α,β 的坐标列)，即得 $A^{\mathrm{T}}GA=G$.

现设(V,g)是 n 维正交空间或辛空间，非奇异. 于是由非退化的双线性型 g 使得 V 是自对偶的，即 $V^*=V$(定理 8.11 中取 $V'=V$)，$\alpha\in V$ 作为 V 上线性函数(记为 f_α)的作用为 $f_\alpha(x)=\langle \alpha, x \rangle$. 所以 V 的每个线性变换 σ 诱导出 $V^*=V$ 的伴随变换 σ^*，定义为 $\langle \sigma^*\alpha, \beta \rangle = \langle \alpha, \sigma\beta \rangle$(定理 8.12).

定理 10.7 设(V,g)是 n 维正交空间或辛空间，非奇异，σ 是其双射线性变换.

(1) σ 是等距变换当且仅当 $\sigma^*\sigma=1$ (其中 σ^* 是 σ 的伴随变换)；

(2) 设 σ 是 V 的等距变换. 若 W 是 σ 的不变子空间，则 $W^\perp$ 也是 σ 的不变子空间.

证明 (1) σ 是等距变换相当于$\langle \sigma\alpha, \sigma\beta \rangle = \langle \alpha, \beta \rangle$，即$\langle \sigma^*\sigma\alpha, \beta \rangle = \langle \alpha, \beta \rangle$(对任意 α,β)，即为 $\sigma^*\sigma=1$(因为 V 非奇异).

(2) 由 $\sigma W\subset W$ 且 σ 是单射知 $\sigma W=W$. 故$\langle \sigma W^\perp, W \rangle = \langle \sigma W^\perp, \sigma W \rangle = \langle W^\perp, W \rangle = 0$，即知 $\sigma W^\perp = W^\perp$. ■

欧几里得空间的正交变换是旋转和反射之积. 我们现在进一步证明，在一般情形下(域的特征非 2 时)，正交变换是反射之积. 先明确一下反射的定义.

设 V 是域 F 上非奇异的正交空间或辛空间，F 的特征不为 2. $\varepsilon\in V$ 不是迷向向量.

沿 ε 的**对称**(或**反射**)ψ_ε 定义为

$$\psi_\varepsilon(\alpha)=\alpha-\varepsilon 2\langle\alpha,\varepsilon\rangle/\langle\varepsilon,\varepsilon\rangle.$$

例如,在欧几里得空间中,可设$\langle\varepsilon,\varepsilon\rangle=1$,则$\langle\alpha,\varepsilon\rangle$是 α 到 ε 的投影,ψ_ε 显然为普通反射. 易验证 ψ_ε 为等距变换. 显然 $\psi_\varepsilon(\varepsilon)=-\varepsilon$,且若 $\alpha\perp\varepsilon$ 则 $\psi_\varepsilon(\alpha)=\alpha$. 这两条性质决定了 ψ_ε,因为 $V=F\varepsilon\oplus(F\varepsilon)^\perp$. ψ_ε 在 $F\varepsilon$ 限制为-1,在$(F\varepsilon)^\perp$限制为1.

定理 10.8 设 V 是域 F 上非奇异的 n 维正交几何空间,F 的特征不为 2.

(1) 若 $\alpha,\beta\in V$ 满足$\langle\alpha,\alpha\rangle=\langle\beta,\beta\rangle\neq0$,则存在对称(反射)$\psi$ 使 $\psi(\alpha)=\pm\beta$.

(2) V 的每个正交(即等距)变换 σ 是有限个对称(反射)之积.

证明 (1) 若 $\alpha-\beta\neq0$,则 $\psi=\psi_{\alpha-\beta}$即为所求:$\psi_{\alpha-\beta}(\alpha-\beta)=\beta-\alpha$,$\psi_{\alpha-\beta}(\alpha+\beta)=\alpha+\beta$,(因为$\langle\alpha-\beta,\alpha+\beta\rangle=0$),两式相加得 $\psi_{\alpha-\beta}(\alpha)=\beta$. 若 $\alpha-\beta=0$,则 $\alpha+\beta\neq0$(否则 $\alpha,\beta=0$),$\psi=\psi_{\alpha+\beta}$即为所求:$\psi_{\alpha+\beta}(\alpha+\beta)=-(\alpha+\beta)$,$\psi_{\alpha+\beta}(\alpha-\beta)=\alpha-\beta$,相加得 $\psi_{\alpha+\beta}(\alpha)=-\beta$.

(2) 对维数 n 归纳. 当 $n=1$ 时显然. 设对 $n-1$ 维成立. 取非迷向 $\varepsilon\in V$. 因$\langle\sigma\varepsilon,\sigma\varepsilon\rangle=\langle\varepsilon,\varepsilon\rangle$,由(1)知有反射 ψ 使 $\psi\sigma\varepsilon=\pm\varepsilon$. 考虑 $V=F\varepsilon\oplus\varepsilon^\perp$. 易知 $F\varepsilon$ 和 $\varepsilon^\perp$ 都是 $\psi\sigma$ 的不变子空间:若 $\alpha\in\varepsilon^\perp$,则$\langle\psi\sigma(\alpha),\varepsilon\rangle=\langle\psi\sigma(\alpha),\pm\psi\sigma(\varepsilon)\rangle=\langle\alpha,\pm\varepsilon\rangle=0$,即知 $\psi\sigma(\varepsilon^\perp)\subset\varepsilon^\perp$. 由归纳假设,$\psi\sigma$ 到 $n-1$ 维子空间 $\varepsilon^\perp$ 的限制应是反射之积:

$$\psi\sigma\mid_{\varepsilon^\perp}=\psi_2\cdots\psi_s,\quad \psi_i(\alpha)=\alpha-\varepsilon_i 2\langle\alpha,\varepsilon_i\rangle/\langle\varepsilon_i,\varepsilon_i\rangle,$$

ψ_i 即是沿 $\varepsilon_i\in\varepsilon^\perp$ 的反射变换. 注意 $\psi_i(\varepsilon)=\varepsilon$,故 ψ_i 也是 $V=F\varepsilon\oplus\varepsilon^\perp$ 上的反射变换. 于是得到 V 上线性变换 $\psi\sigma$ 和 $\psi_2\cdots\psi_s$,两者在 $\varepsilon^\perp$ 上相等,而在 ε 上相差正负号,即

$$\psi_2\cdots\psi_s(\varepsilon)=\varepsilon=\pm\psi\sigma\varepsilon.$$

(1)先设 $\psi\sigma\varepsilon=\varepsilon$,则在 V 上 $\psi_2\cdots\psi_s=\psi\sigma$,即 $\sigma=\psi\psi_2\cdots\psi_s$(注意反射的逆是自身). (2) 再设 $\psi\sigma\varepsilon=-\varepsilon$. 因 $\psi_\varepsilon(\varepsilon)=-\varepsilon$,故在 V 上 $\psi_2\cdots\psi_s=\psi_\varepsilon\psi\sigma$,即 $\sigma=\psi\psi_\varepsilon\psi_2\cdots\psi_s$. 证毕. ■

可以进一步证明 **Cartan-Dieudonne 定理**:n 维空间的每个正交变换是不超过 n 个对称(反射)之积.

以 $V=\mathbb{R}^2$ 为例看上述证明是很有趣的:每个旋转 θ 角的变换 σ 均为两个反射的积. 取 $\varepsilon=(1,0)$,$\sigma\varepsilon=\mathrm{e}^{\mathrm{i}\theta}$(用复数记法$\mathbb{R}^2$等同于$\mathbb{C}$),$\psi$ 是以 $\mathrm{e}^{\mathrm{i}\theta/2}$ 为对称轴的反射. $\psi\sigma\varepsilon=\varepsilon$. $\psi\sigma$ 限制到一维空间 $\varepsilon^\perp=\mathbb{R}\varepsilon_2=\mathbb{R}(0,1)$上为反射 $\psi_2=\psi_{\varepsilon_2}$(可直接验证). 所以在$\mathbb{R}^2=\mathbb{R}\varepsilon\oplus R\varepsilon_2$ 上有 $\psi\sigma=\psi_2$,即 $\sigma=\psi\psi_2$. 这可以直接验证:$\psi\psi_2(r\mathrm{e}^{\mathrm{i}k})=\psi(r\mathrm{e}^{-\mathrm{i}k})$,$r\mathrm{e}^{-\mathrm{i}k}$ 与 $\mathrm{e}^{\mathrm{i}\theta/2}$ 夹角为$-k-\theta/2$,经 ψ 反射,知 $\psi(r\mathrm{e}^{-\mathrm{i}k})$与 $\mathrm{e}^{\mathrm{i}\theta/2}$夹角 $k+\theta/2$,故其幅角(与 ε 夹角)为 $k+\theta$,即 $\psi\psi_2(r\mathrm{e}^{\mathrm{i}k})=r\mathrm{e}^{\mathrm{i}(k+\theta)}=\sigma(r\mathrm{e}^{\mathrm{i}k})$.

10.4 Witt 定 理

在 8.2 节中的 Witt 消去定理及其证明,对特征非 2 域 F 上的对称方阵均有效:设方阵$G=\mathrm{diag}(R,S)$与 $G'=\mathrm{diag}(R',S')$相合. 若 $R\approx R'$,则 $S\approx S'$(这里$\approx$意为相合). 考虑

其几何意义. 设(V,g)和(V',g')为等距同构的正交几何空间, g,g'的方阵为G,G'. 我们知道$V\approx V'$(等距同构)当且仅当$G\approx G'$(相合). 于是有下面的定理.

定理 10.9(Witt 消去定理) 设域F的特征非2, (V,g)与(V',g')为等距同构的F上的非奇异正交几何空间, 且$V=W\oplus W^{\perp}$, $V'=W'\oplus W'^{\perp}$. 若$W\approx W'$, 则$W^{\perp}\approx W'^{\perp}$.

证明 取$W,W^{\perp}$的基合为V的基; 取$W',W'^{\perp}$的基合为V'的基. 则g,g'的方阵分别形如$G=\mathrm{diag}(R,S)$与$G'=\mathrm{diag}(R',S')$. 由$V\approx V'$知$G\approx G'$, 由$W\approx W'$知$R\approx R'$. 由方阵的 Witt 定理知$S\approx S'$, 相当于$W^{\perp}\approx W'^{\perp}$. 即得定理. ■

定理 10.10(Witt 延拓定理) 设域F的特征非2, (V,g)与(V',g')为F上非奇异正交几何空间且有等距同构σ: $V\approx V'$. 如果W,W'是V,V'的子空间, 且有等距同构τ: $W\approx W'$, 则τ可以延拓为全空间的等距同构T: $V\approx V'$.

特别地, V的任意两个子空间的等距同构τ: $W\approx W'$, 可延拓为V的等距自同构.

证明 先设W非奇异. 于是σW和τW均非奇异, 故

$$V=W\oplus W^{\perp},\qquad V'=\sigma W\oplus(\sigma W)^{\perp}=\tau W\oplus(\tau W)^{\perp}.$$

因$\sigma W\approx W\approx \tau W$, 由 Witt 消去定理知有等距同构$\rho$: $(\sigma W)^{\perp}\approx(\tau W)^{\perp}$. 注意$(\sigma W)^{\perp}=\sigma(W^{\perp})$, 故$\rho\sigma$: $W^{\perp}\approx(\tau W)^{\perp}$为等距映射. 于是有等距映射

$$(\tau\oplus\rho\sigma):\quad W\oplus W^{\perp}\to V'.$$

这里$T=\tau\oplus\rho\sigma$定义为: 限制在W为τ, 限制在$W^{\perp}$为$\rho\sigma$. T即是欲求的τ的延拓.

当W奇异的时候, 下面的定理说明, 可将W嵌入到非奇异子空间$\hat{W}$, 将τ延拓到$\hat{W}$为$\hat{\tau}$. 于是由上述所证, 可再将$\hat{\tau}$由非奇异的$\hat{W}$延拓到V. ■

定理 10.11 设域F的特征非2, V为F上非奇异正交几何空间, W是V的子空间, $W=W_0\oplus W_1$, $W_0=\mathrm{Rad}(W)$, W_1非奇异(由定理10.2). 设$\{\alpha_1,\cdots,\alpha_d\}$为$W_0=\mathrm{Rad}(W)$的基. 则存在向量$\{\beta_1,\cdots,\beta_d\}\subset W_1^{\perp}$使得:

(1) $H_i=F\alpha_i+F\beta_i$为双曲平面(即$\langle\alpha_i,\alpha_i\rangle=\langle\beta_i,\beta_i\rangle=0$, $\langle\alpha_i,\beta_i\rangle=1$, $1\leqslant i\leqslant d$);

(2) $W\subset H_1\oplus\cdots\oplus H_d\oplus W_1=\hat{W}$, 后者非奇异;

(3) 定义在W上的任意等距同构τ: $W\approx\tau W\subset V'$, 可以延拓为$\hat{W}$上的等距同构$\hat{\tau}$: $\hat{W}\approx(\hat{\tau}\hat{W})$ (这里V'为F上非奇异正交几何空间, 且有等距同构σ: $V\approx V'$).

证明 对$d=\dim(W_0)$用归纳法证明(1)和(2). 当$d=1$时, $W_0=F\alpha_1$, $\alpha_1\in W_1^{\perp}$. 由

$W_1^{\perp}\cap W_1=\mathrm{Rad}(W_1)=\{0\}$(因 W_1 非奇异)，知 $\alpha_1\notin W_1=(W_1^{\perp})^{\perp}$，即 α_1 不是与 $W_1^{\perp}$ 中向量均正交，故存在 $x\in W_1^{\perp}$ 使 $\langle\alpha_1,x\rangle=c\neq 0$. 现试设 $\beta_1=a\alpha_1+bx\in W_1^{\perp}$，由条件 $\langle\beta_1,\beta_1\rangle=0$ 和 $\langle\alpha_1,\beta_1\rangle=1$ 得 $2abc+b^2\langle x,x\rangle=0$，$bc=1$；这样的 a,b 显然存在. 只需再验证 β_1 满足(2)中正交直和，即满足 $H_1\cap W_1=\{0\}$ 和 $H_1\perp W_1$. H_1 中元均形如 $\alpha=a\alpha_1+b\beta_1$，自然与 W_1 正交(因 $\alpha_1,\beta_1\in W_1^{\perp}$). 若 $\alpha\in W_1$，则 $0=\langle\alpha,\beta_1\rangle=a$；再由 $\alpha\perp W_1$，则 $\alpha=b\beta_1\in W_1^{\perp}\cap W_1=\{0\}$(因 W_1 非奇异). 这说明 $H_1\cap W_1=\{0\}$.

现设对 $d-1$ 维情形(1)和(2)成立，考虑维数 d 情形. 于是

$$W=W_0\oplus W_1=F\alpha_d\oplus(F\alpha_{d-1}\oplus\cdots\oplus F\alpha_1)\oplus W_1=F\alpha_d\oplus W_2,$$

其中 $W_2=(F\alpha_{d-1}\oplus\cdots\oplus F\alpha_1)\oplus W_1$ 的根为 $\mathrm{Rad}(W_2)=F\alpha_{d-1}\oplus\cdots\oplus F\alpha_1$. 于是 $\alpha_d\in W_2^{\perp}$，$W_2^{\perp}\cap W_2=\mathrm{Rad}(W_2)=F\alpha_{d-1}\oplus\cdots\oplus F\alpha_1$ 不含 α_d，故 $\alpha_d\notin W_2=(W_2^{\perp})^{\perp}$，即知存在 $x\in W_2^{\perp}$ 使 $\langle\alpha_d,x\rangle=c\neq 0$. 试设 $\beta_d=a\alpha_d+bx\in W_2^{\perp}$，由条件 $\langle\beta_d,\beta_d\rangle=0$ 和 $\langle\alpha_d,\beta_d\rangle=1$ 得 $2abc+b^2\langle x,x\rangle=0$，$bc=1$；这样的 a,b 显然存在. 只需再验证 β_d 满足(2)中正交直和. 因 $\alpha_d,\beta_d\in W_2^{\perp}$，故 $H_d=F\alpha_d+F\beta_d\subset W_2^{\perp}$，$W_2\subset H_d^{\perp}$，故 $W_2\perp H_d$. $H_d^{\perp}$ 非奇异(定理 10.1)，其子空间 $W_2=\mathrm{Rad}(W_2)\oplus W_1$ 的根 $\mathrm{Rad}(W_2)$ 是 $d-1$ 维，由归纳法假设即得

$$W_2\subset H_1\oplus\cdots\oplus H_{d-1}\oplus W_1,$$

$$W=F\alpha_d\oplus W_2\subset H_1\oplus\cdots\oplus H_d\oplus W_1.$$

(3) 设 τ：$W\approx\tau W\subset V'$，$W=F\alpha_1\oplus\cdots\oplus F\alpha_d\oplus W_1\subset H_1\oplus\cdots\oplus H_d\oplus W_1=\hat{W}$，其中 $H_i=F\alpha_i+F\beta_i$. 欲将 τ 延拓到 $\hat{W}$，我们令 $\hat{\tau}(\alpha_i)=\tau(\alpha_i)$，$\hat{\tau}(w_1)=\tau(w_1)$(对 $w_1\in W_1$)，只需再定义 $\hat{\tau}(\beta_i)$. 对 $\tau W=F\tau\alpha_1\oplus\cdots\oplus F\tau\alpha_d\oplus\tau W_1$ 用(1)和(2)知

$$\tau W\subset H_1'\oplus\cdots\oplus H_d'\oplus\tau W_1,$$

其中 $H_i'=F\tau\alpha_i+F\beta_i'$ 是 V' 中双曲平面. 于是令 $\hat{\tau}(\beta_i)=\beta_i'$，则得非奇异子空间 $\hat{W}$ 上的等距映射 $\hat{\tau}$. ■

10.5 极大双曲子空间

定理 10.12 设 V 是域 F(特征非 2)上非奇异正交几何空间，则 V 的所有极大零积子空间等距同构，有相同的维数 ω (称为 V 的 **Witt 指数**).

证明 设 W,W' 为极大零积子空间(即不含于其他零积子空间). 若 W 的维数小于 W' 的维数，则有线性空间的双射 τ：$W\to\tau W\subset W'$，τ 也是等距同构(因为 W,W' 为零积空间，即内积恒零). 由 Witt 延拓定理知，τ 可延拓为等距同构 T：$V\approx V$. $T^{-1}W'$ 也是极大零积子空间且包含 W，故 $T^{-1}W'=W$. 从而得 W,W' 维数相等、等距同构. ■

双曲平面的正交直和 $H=H_1\oplus\cdots\oplus H_d$ 称为**双曲子空间**，其结构由维数唯一决

定. 所以确定空间的**极大双曲子空间**(即不含于其他双曲子空间)是很有意义的.

定理 10.13 设 V 是域 F(特征非 2)上非奇异正交几何空间.

(1) V 的所有极大双曲子空间等距同构, 有相同的维数 2ω. (ω 是 V 的 Witt 指数).

(2) 非奇异正交几何空间 V 可分解为正交直和

$$V=H\oplus V_1,$$

其中 H 是 V 的一个极大双曲子空间(当 V 无迷向向量时, $H=0$), V_1 是 V 的无迷向子空间(即不含迷向向量).

系 1 特征非 2 域 F 上正交几何空间 V, 可分解为正交直和

$$V=\mathrm{Rad}(V)\oplus H\oplus V_1,$$

其中 $\mathrm{Rad}(V)$ 是零积子空间, H 是极大双曲子空间, V_1 是无迷向子空间.

证明 (1) 设 $H=H_1\oplus\cdots\oplus H_h$ 和 $H'=H_1'\oplus\cdots\oplus H_{h'}'$ 是两个极大双曲子空间, 双曲平面 $H_i=F\alpha_i+F\beta_i$, $H_i'=F\alpha_i'+F\beta_i'$. 如果 $h\leqslant h'$, 令

$$\tau\alpha_i=\alpha_i',\quad \tau\beta_i=\beta_i',$$

则得到线性映射 τ: $H\to\tau(H)\subset H'$, 是双射, 且是等距映射(因为 $\langle\alpha_i,\alpha_i\rangle=\langle\alpha_i',\alpha_i'\rangle=0$, $\langle\beta_i,\beta_i\rangle=\langle\beta_i',\beta_i'\rangle=0$, $\langle\alpha_i,\beta_i\rangle=\langle\alpha_i',\beta_i'\rangle=1$). 由 Witt 延拓定理, τ 可延拓为等距变换 T: $V\to V$. 于是 $T^{-1}H'$ 是极大双曲子空间且包含 H, 故 $T^{-1}H'=H$, 从而知极大双曲子空间 H,H' 是等距同构的, 维数均为 $2h$.

定理 10.11 中, 若 $W=\mathrm{Rad}(W)=F\alpha_1\oplus\cdots\oplus F\alpha_\omega$ 是 V 的 ω 维零积子空间, 则 W 含于 $H=H_1\oplus\cdots\oplus H_\omega$, 是 2ω 维双曲子空间. 这说明 $2\omega\leqslant 2h$, 且 $\omega\leqslant\dim V/2$.

反之设 $H=H_1\oplus\cdots\oplus H_h$ 为双曲子空间, $H_i=F\alpha_i+F\beta_i$ 为双曲平面, 则 $\{\alpha_i\}$ 线性无关: 若 $\sum k_i\alpha_i=0$, 则 $0=\langle\sum k_i\alpha_i,\beta_j\rangle=k_j\langle\alpha_j,\beta_j\rangle=k_j$. 而且 $W=F\alpha_1\oplus\cdots\oplus F\alpha_h$ 是零积子空间. 这说明, $2h\leqslant 2\omega$. 综合起来, 得到 $2h=2\omega$.

(2) 设 H 是 V 的极大双曲子空间(2ω 维), 则 $V=H\oplus H^{\perp}$ (因为双曲空间均非奇异). 断言 $H^{\perp}$ 无迷向, 否则若 $x\in H^{\perp}$ 为迷向向量, 连同 H 中的 ω 维零积子空间 $W=\sum F\alpha_i$, 则 H 含 $\omega+1$ 维零积子空间 $W\oplus Fx$, 与 Witt 指数定理矛盾.

反之, 任给分解 $V=H\oplus H^{\perp}$ (其中 H 是 $2d$ 维双曲子空间, $H^{\perp}$ 无迷向), 则 H 必是 V 的 2ω 维极大双曲子空间. 否则意味着 H 含于某 2ω 维极大双曲子空间 $\hat{H}$. 于是 $\hat{H}=H\oplus H^c$, H^c 为 H 在 $\hat{H}$ 中的正交补. 另一方面, 按双曲空间定义知 $\hat{H}=H\oplus H'$, 其中 H' 是 $2(\omega-d)$ 维双曲子空间. 于是由 Witt 消去定理知 $H^c\approx H'$. 作为双曲空间的 H' 中含迷向向量, 故 H^c(H 的正交补) 中含迷向向量, 所以 $H^{\perp}$ 含迷向向量, 矛盾. ■

习 题 10

1. 设 V 是域 F 上线性空间, g 是 V 上双线性型. 证明:

(1) 交错的 g 总是斜称的. 反之是否成立, 为什么?

(2) 若域的特征 $\mathrm{char}(F)=2$, 则 g 是斜称的当且仅当 g 是对称的;

(3) 若域的特征 $\mathrm{char}(F)\neq 2$, 则 g 是斜称的当且仅当 g 是交错的.

2. 在 $\mathbb{F}_2^n$ 中定义内积 $\langle(a_1,\cdots,a_n),(b_1,\cdots,b_n)\rangle=a_1b_1+\cdots+a_nb_n$. (1) 证明此内积是对称的, 也是斜称的, 但不是交错的. (2) 求出3个迷向向量. (3) 求出若干零积子空间.

3. 设域 F 的特征 $\mathrm{char}(F)\neq 2$, V 是域 F 上线性空间. 证明 V 上函数 Q 是二次型当且仅当 Q 有如下性质:

(1) $Q(k\alpha)=k^2Q(\alpha)$ (对所有 $k\in F$, $\alpha\in V$);

(2) $g(\alpha,\beta)=\dfrac{1}{2}(Q(\alpha+\beta)-Q(\alpha)-Q(\beta))$ 是双线性型.

4. 试证明 **Riesz 表示定理**: 设 V 是 n 维非奇异正交或辛空间, 内积记为 $\langle\cdot,\cdot\rangle$. 对 V 上任一线性函数 $f\in V^*$, 存在唯一向量 $\alpha\in V$ 使 $f=f_\alpha$, 即 $f(x)=\langle\alpha,x\rangle\,(x\in V)$.

5. 证明(正交关系的对称性): 正交关系满足对称性的几何, 只有正交几何与辛几何. 详言之: 设 V 是任意域 F 上的线性空间, $g(\alpha,\beta)=\langle\alpha,\beta\rangle$ 是 V 上双线性型. 若 $\langle\alpha,\beta\rangle=0$, 则称 α 正交于 β, 记为 $\alpha\perp\beta$. 试证明: 如果 $\alpha\perp\beta$ 当且仅当 $\beta\perp\alpha$ (任意 $\alpha,\beta\in V$), 则 g 必是对称的或交错的.

6. 试证明: 域 F 上的交错方阵的行列式是 F 中元素的平方.

7. 试证明: 域 F 上的两个 n 阶交错方阵相合当且仅当它们的秩相等.

8. 设 $A=(a_{ij})$ 为 n 阶交错方阵, 其中 $a_{ij}=X_{ij}$ 为互异不定元($i<j$ 时).

(1) $\det A=f^2$ 是 $X_{ij}\,(i<j)$ 的整数系数多项式 f 的平方.

(2) 上式中的 f 在相差正负号意义下唯一. 证明可这样取 f 的符号: 使得 A 取值为 $\mathrm{diag}(S,\cdots,S)$, $S=\begin{bmatrix} & 1\\ -1 & \end{bmatrix}$ 的时候 f 取值为1. 选取这样符号的 f 称为 Pfaffian(多项式), 记为 $\mathrm{Pf}(A)$.

(3) 证明 $\mathrm{Pf}(P^{\mathrm{T}}AP)=\det P\cdot\mathrm{Pf}(A)$ (这里 A,P 为整数系数阵, A 交错).

(4) 计算 $n=2,4$ 时的 Pfaffian(多项式) $\mathrm{Pf}(A)$.

9. 设 $\mathbb{F}_q$ 为特征非2的有限域, G 为 $\mathbb{F}_q$ 上非奇异对称方阵. 证明:

(1) 存在 $\mathbb{F}_q$ 上可逆方阵 P 使 $P^{\mathrm{T}}GP=\mathrm{diag}(1,\cdots,1,d(G))$, 其中非零 $d(G)\in\mathbb{F}_q$.

(2) 设 G_1,G_2 为 $\mathbb{F}_q$ 上非奇异对称方阵, 则 $G_1\approx G_2$ (相合) 当且仅当 $d(G_1)=d(G_2)\cdot k^2$, 其中非零 $k\in\mathbb{F}_q$.

10. 设 (V,g) 是域 F(特征不为2) 上正交或辛空间, $\varepsilon\in V$ 不是迷向向量. 沿 ε 的反射(或对称) ψ_ε 定义为

$$\psi_\varepsilon(\alpha)=\alpha-\varepsilon 2\langle\alpha,\varepsilon\rangle/\langle\varepsilon,\varepsilon\rangle.$$

试证明：(1)ψ_ε 为等距变换；(2)$\psi_\varepsilon(\varepsilon)=-\varepsilon$；(3)若 $\alpha\perp\varepsilon$ 则 $\psi_\varepsilon(\alpha)=\alpha$；(4)性质(2～3)决定 ψ_ε；(5)是否有基使 ψ_ε 的方阵为 $\mathrm{diag}(-1,1,\cdots,1)$？(6)若 σ 是 V 的正交变换，则 $\sigma\psi_\varepsilon\sigma^{-1}=\psi_{\sigma\varepsilon}$.

11. 设 V 是 F(特征非2)上二维线性空间，$g=\langle\cdot,\cdot\rangle$ 是对称双线性型.

(1) 试证明如下命题等价：①(V,g)是双曲平面；②(V,g)非奇异，且含迷向向量；③g的(方阵的)判别式为$(-1)F^{*2}$.

(2) 任意两个双曲平面等距同构.

(3) 任一双曲平面恰包含两个全迷向一维子空间.

(4) 双曲平面的旋转 ρ(即行列式为1的正交变换)一一对应于 F^*(且此对应保持乘法). 双曲平面的反常正交变换 φ(即行列式为 -1 的正交变换)恰为第10题中的反射.

12. 当域 F 的特征非2时，正交空间的线性映射 σ: $V\to V'$“保持内积不变”(等距映射)当且仅当“保持长度不变”，即$\langle\sigma\alpha,\sigma\alpha\rangle=\langle\alpha,\alpha\rangle$(对任意 $\alpha\in V$).

13. (**Minkowski 空间**)　在 $V=\mathbb{R}^{(4)}$ 中定义如下二次型

$$Q(x_1,x_2,x_3,x_4)=x_1^2+x_2^2+x_3^2-x_4^2,$$

从而由 $Q\langle\alpha\rangle=\langle\alpha,\alpha\rangle$ 引入内积 $g=\langle\cdot,\cdot\rangle$. 自然基$\{e_i\}$是正交基. $(\mathbb{R}^{(4)},g)$实即Minkowski四维时空. 记 $e_4=e$, $x_4=t$(时间分量). 于是$\mathbb{R}^{(4)}=V_0\oplus^\perp\mathbb{R}e$, $\alpha=\alpha_0+te$, V_0 是 $\alpha_0=x_1e_1+x_2e_2+x_3e_3$ 全体，为欧几里得空间. 显然$\langle\alpha,\alpha\rangle=\langle\alpha_0,\alpha_0\rangle-t^2$. $\mathbb{R}^{(4)}$ 的向量分为三部分：α为类空、类时、和光(迷向)向量，分别指$\langle\alpha,\alpha\rangle$为正、负和零. 光(迷向)向量全体称为光锥. 试证明：

(1) 两个类时向量不正交.

(2) 类时向量与光(迷向)向量不会正交.

(3) 两个光(迷向)向量正交当且仅当共线.

(4) 一个光(迷向)向量的正交补是三维子空间，其(限制)内积半正定，秩为2.

14. 考虑Minkowski空间$(\mathbb{R}^{(4)},g)$(第13题). 以 T 记类时向量集，引入关系 $\alpha\sim\beta\Leftrightarrow\langle\alpha,\beta\rangle<0$. 证明：(1)此关系为等价关系；(2)$T$ 分解为两个等价类的并 $T=T^+\cup T^-$, T^+ 以 e 代表，称为未来锥；T^- 以 $-e$ 为代表，称为过去锥.

15. 由Cartan-Dieudonne定理证明：奇数维线性空间的旋转变换 σ 有非零不动点；偶数维线性空间的反常正交变换 σ 有非零不动点.

16. 检查定理7.13的证明过程，确定在求Smith标准形(不要求各 d_i 首一)时，并没有使用第2类初等方阵，即 $P_i(c)=\mathrm{diag}(1,\cdots,1,c,1,\cdots,1)$. 从而得到如下结论：对欧几里得整环 R(例如多项式环 $F[X]$，或整数环$\mathbb{Z}$)上的方阵 A，存在 P,Q 使得

$$PAQ=\mathrm{diag}(d_1,\cdots,d_n)\qquad(d_i\mid d_{i+1}),$$

其中 P,Q 是若干 $P_{ij}(c)$ 和 P_{ij} 的乘积，$P_{ij}(c)=I+cE_{ij}$, $P_{ij}=I+E_{ij}+E_{ji}-E_{ii}-E_{jj}$ $(i\neq j)$，方阵 E_{ij} 的(i,j)位元素为1，其余元素皆为零.

17. 主理想环 R(如多项式环 $F[X]$，或整数环$\mathbb{Z}$)上行列式为1的方阵 A，可表为形如 $P_{ij}(a)=I+aE_{ij}$ 的方阵的乘积$(a\in R, i\neq j)$.

18. 现代信息通信中，信息经编码，成为二元域$\mathbb{F}_2$上的n维向量(n称为**码长**)．但传输(或保存)过程中可能发生错误．现代编码技术可使收信方能“自动检错”，甚至“**自动纠错**”．奥妙在于：不使用$\mathbb{F}_2^n$中的所有向量，双方约定只使用$\mathbb{F}_2^n$的一个子集合C中的向量．称C为一个**码**(Code)，其中向量称为**码字**(codeword)．这样一来，当接收到$\alpha' \notin C$时，即知有错．向量$\alpha \in \mathbb{F}_2^n$的非零分量个数称为其重量(或权)，记为$w(\alpha)$，$C$中非零码字的最小重量称为码$C$的最小重量．$w(\alpha-\beta)$称为$\alpha,\beta$的距离，$C$中码字之间的最小距离称为码$C$的最小距离，记为$d(C)$．如果收信方检测出错码$\alpha' \notin C$，就将$\alpha'$译码为与它距离最近的码字$\alpha \in C$(最近似原则)．因此，如果码$C$的最小距离$d$很大(例如$d=10$)，而每个码字的错位数不超过$e$，$e$较小(例如$e=2$)，就可正确的纠错，此时称可纠$e$个错．

试证明：若码C的最小距离为d，可纠正e个错误，则$d \geqslant 2e+1$．

19. 继续上题．若码C是$\mathbb{F}_2^n$的一个子空间，则C称为**线性码**．设C的维数为k，则C中共有2^k个码字．(1) 若C可纠e个错，试证明

$$2^{n-k} \geqslant s_e = 1 + C_n^1 + \cdots + C_n^e.$$

特别地，码长17，维数10的线性码不能纠1个以上的错．

(2) 线性码的最小距离等于其(非零)最小重量：$d(C)=w(C)$．

20. 设H为$r \times n$矩阵，以$Hx=0$的解集合作为线性码C(写为列向量)(见上题)，是$k=n-r$维，则H称为码C的**校验矩阵**．(1) 证明：若H没有零列，没有两列相同，则C至少可纠$e=1$个错(即最小距离$d \geqslant 3$)．(2) 固定r，使n最大的(1)中的码，称为**Hamming码**．当然其校验矩阵H就是以$\mathbb{F}_2^{(r)}$的所有非零列向量为列．试证明：

① Hamming码的码长为$n=2^r-1$，维数为$k=2^r-1-r$，最小距离为$d=3$．对$r=3$，求出H和C；

② Hamming码是同样码长和纠错能力的最佳码(即达到第19题式中等号)．

21. 设$C \subset \mathbb{F}_2^n$为线性码(见第19题)．如果每个码字$(a_0, a_1, \cdots, a_{n-1}) \in C$的“位移”$(a_{n-1}, a_0, a_1, \cdots, a_{n-2}) \in C$也是码字，则称$C$为**循环码**．将码字$\alpha=(a_0, a_1, \cdots, a_{n-1}) \in C$对应(等同)于多项式$\alpha(x)=a_0+a_1x+\cdots a_{n-1}x^{n-1}$，于是$C$对应(等同)于$\leqslant n-1$次多项式的一个子集$C(x)$．循环码的性质即为：若$\alpha(x) \in C(x)$，则$x\alpha(x) \in C(x) (\bmod x^n-1)$．所以可以认为$C(x)$属于商环$R=\mathbb{F}_2^n[x]/(x^n-1)$．试证明：

(1) $C(x)$是循环码当且仅当$C(x)$是R的理想；

(2) 循环码$C(x)$作为理想必由一个多项式$g(x)$生成，且$g(x)$是x^n-1的因子．

第11章 Hilbert 空间

David Hilbert 在 1912 年，将欧几里得空间 $E^n=\mathbb{R}^n$ 推广到 ℓ^2(平方可和序列集)，即满足 $\sum_{n=1}^{\infty}|a_n|^2<\infty$ 的复(或实)数无限序列(a_n)集. 仿照 E^n 定义 ℓ^2 中的内积、长度和距离（现在称 ℓ^2 为经典 Hilbert 空间). F. Riesz 类似地讨论了平方可积函数空间 L^2. 到 1927 年，J. V. Neumann 给出一般定义：完备的复(或实)内积空间 H(可无限维）称为 Hilbert 空间（完备是指：H 的 Cauchy 序列在 H 中有极限. 极限由内积决定的距离定义). 简言之，Hilbert 空间就是完备的(无限维）酉空间，它在数学和物理等许多领域有广泛 应用.

11.1 内积与度量空间

先从简单的拓扑概念开始. 一个集合 X 的一些子集被规定为开集之后，X 就称为拓扑空间. 最常用的是度量(拓扑)空间.（参见附录）

一个**度量(拓扑)空间**，就是一个非空集合 X，定义了**距离**(也称**度量**)d，即 X 上一个二元实函数，满足(度量公理)：(1)(正定性)$d(x,y)\geqslant 0$，且仅当 $x=y$ 时 $d(x,y)=0$；(2)(对称性)$d(x,y)=d(y,x)$；(3)(三角形不等式)$d(x,z)\leqslant d(x,y)+d(y,z)$(对 $x,y,z\in X$). 对 X 中每点 x，定义 ε 邻域(开球邻域)

$$U(x,\varepsilon)=\{y\in X\mid d(x,y)<\varepsilon\}\qquad(\text{任意 }\varepsilon>0).$$

以开球邻域(可无限多个)的并集为 X 的开集，称(X,d)为度量(或距离)拓扑空间. 这与我们熟知的$\mathbb{R}$, $\mathbb{C}$ 中的开集定义相同，因此闭包，极限等性质都类似.

设$\{a_n\}$(有时记为(a_n))是度量空间 X 中元素的一个(无限)序列. 若有 $a\in X$ 使 $d(a_n,a)\to 0$，则称$\{a_n\}$**收敛于** a. 称$\{a_n\}$为收敛序列，a 是$\{a_n\}$的极限，记为 $a_n\to a$.

若 X 中的(无限)序列$\{a_n\}$满足如下条件，则称为 **Cauchy 序列**：任给 $\varepsilon>0$，存在整数 N，使得当 $m,n>N$ 时总有 $d(a_m,a_n)<\varepsilon$. 如果 X 中的 Cauchy 序列都是收敛的(即在 X 中有极限)，则称 X 是**完备的**(complete). 例如有理数域$\mathbb{Q}$ 不是完备的，而实数域$\mathbb{R}$ 是完备的. 历史上，人类由不完备的$\mathbb{Q}$ 发展出了完备的$\mathbb{R}$. 用同样的思路，我们可以将不完备的度量空间 X，发展为完备的度量空间 $\widetilde{X}$，称为完备化.

定理 11.1(度量空间的完备化) 对任意度量空间(X,d)，存在完备的度量空间$(\widetilde{X},\widetilde{d})$和等距单射$\tau$：$X\to\widetilde{X}$，使$\tau X$在$\widetilde{X}$中稠密. 而且$(\widetilde{X},\widetilde{d})$是唯一的(不计等距双射意义下)，称为$(X,d)$的**完备化**. ($\tau$为等距映射是指：$d(a,b)=\widetilde{d}(\tau a,\tau b)$，对$a,b\in X$).

证明(概要) 我们回忆，$\mathbb{R}$是无限小数全体，实即$\mathbb{Q}$的 Cauchy 序列集(例如$\pi=(3.1,3.14,3.141,\cdots)$)，当然其中一些序列要等同(例如$(1/n)$与$(0)$等同). 现用同样思路. 以$\widetilde{X}$记$X$的 Cauchy 序列集. 当$d(a_n,b_n)\to 0$时，$(a_n)$与$(b_n)$视为等同. $\widetilde{X}$中两元素(序列)的距离定义为$\widetilde{d}((a_n),(a_n))=\lim d(a_n,b_n)$. 由$\tau(a)=(a,a,\cdots)$定义等距嵌入$\tau:X\to\tau(X)\subset\widetilde{X}$. 显然$(a_n)\in\widetilde{X}$是$\tau a_n$的极限，故$\tau X$在$\widetilde{X}$中稠密. $\widetilde{X}$是完备的：设$x_n\in\widetilde{X}$，$\{x_n\}$是 Cauchy 序列，则有常数$a_n\in X$使$\widetilde{d}(x_n,\tau a_n)<1/n$(因$\tau X$在$\widetilde{X}$中稠密). 则序列$\alpha=(a_n)$是$X$的 Cauchy 序列：

$$\begin{aligned}d(a_m-a_n)&=\widetilde{d}(\tau a_m-\tau a_n)\leqslant\widetilde{d}(\tau a_m-x_m)+\widetilde{d}(x_m-x_n)+\widetilde{d}(x_n-\tau a_n)\\&\leqslant 1/m+1/n+\widetilde{d}(x_m-x_n).\end{aligned}$$

由下式可知x_n收敛于$\alpha=(a_m)$：

$$\widetilde{d}(x_n,\alpha)\leqslant\widetilde{d}(x_n,\tau a_n)+\widetilde{d}(\tau a_n,\alpha)\leqslant\frac{1}{n}+\lim_{m\to\infty}d(a_n,a_m)\to 0\qquad(\text{当 } n\to\infty).$$

$\widetilde{X}$的唯一性也可仿照$\mathbb{R}$证明. ■

在完备空间中，因可取极限，故方程求解或多项式求根变得“容易”. 例如有如下的著名定理.

Banach 压缩映射不动点定理 设X为完备度量空间，φ是X到自身的映射，且$d(\varphi x,\varphi y)\leqslant\theta d(x,y)$，$0\leqslant\theta<1$(对任意$x,y\in X$)；则$x=\varphi(x)$有唯一解$x_0\in X$.

这样的φ称为**压缩映射**. 一般方程总可改写成$x=\varphi(x)$形式，以便于迭代：$x_{n+1}=\varphi(x_n)$. 当φ是压缩映射时，迭代使$\varphi(x_n)$之间的距离逐渐压缩，就趋于一点x_0.

以下讨论内积空间的度量拓扑. 我们回忆，**内积空间**(也称为**准 Hilbert 空间**)V就是域$F(=\mathbb{R}$或$\mathbb{C})$上的线性空间(可无限维)，且有内积$g=\langle,\rangle$，即正定对称双线性型($F=\mathbb{R}$时)，或正定 Hermite(半双线性)型($F=\mathbb{C}$时).

V中的内积诱导出其向量α的**范数**(norm)，或称**长度**(length)的定义：

$$\|\alpha\|=\sqrt{\langle\alpha,\alpha\rangle}.$$

此范数有如下性质(对任意$\alpha,\beta\in V,k\in F$)：

(1)(正定性) $\|\alpha\|\geqslant 0$且仅当$\alpha=0$时$\|\alpha\|=0$；

(2)(数乘的积性) $\|k\alpha\|=|k|\cdot\|\alpha\|$；

(3)(三角形不等式) $\|\alpha+\beta\|\leqslant\|\alpha\|+\|\beta\|$；

(4)(Cauchy-Schwarz 不等式) $|\langle\alpha,\beta\rangle|\leqslant\|\alpha\|\cdot\|\beta\|$；

(5)(平行四边形等式) $\|\alpha+\beta\|^2+\|\alpha-\beta\|^2=2\|\alpha\|^2+2\|\beta\|^2$.

对任一(实或复)线性空间 V，若有函数 $\|\cdot\|: V\to\mathbb{R}$ 满足上述性质(1～3)(称为范数公理)，则称 $\|\cdot\|$ 是**范数**，V 是**赋范线性空间**. 内积空间是一类特殊的赋范线性空间.

V 的范数又诱导出其向量 α,β 间的**距离**(distance)，或称**度量**(metric)的定义：

$$d(\alpha,\beta)=\|\alpha-\beta\|.$$

易知此距离 d 满足：(1)(正定性)$d(\alpha,\beta)\geqslant 0$ 且仅当 $\alpha=\beta$ 时 $d(\alpha,\beta)=0$；(2)(对称性)$d(\alpha,\beta)=d(\beta,\alpha)$；(3)(三角形不等式)$d(\alpha,\beta)\leqslant d(\alpha,\gamma)+d(\beta,\gamma)$(对任意 $\alpha,\beta,\gamma\in V$). 这正好是度量拓扑空间的度量公理. 所以，内积空间 V 自然是度量拓扑空间(对于内积诱导的度量). 总之，对于内积空间，有逻辑链：

内积空间⇒赋范(线性)空间⇒度量拓扑空间.

定义 11.1 如果内积空间对内积诱导的度量拓扑是完备的，则称为 **Hilbert 空间.**

一般地，完备的赋范线性空间称为 **Banach 空间**. 所以 Hilbert 空间是 Banach 空间. 但反之不真. 有如下的定理.

定理 11.2(Jordan 和 von Neumann) *范数是由内积诱导(即赋范线性空间是内积空间)的充分必要条件为：范数满足平行四边形等式.*

证明 只需证充分性. 设 V 是赋范线性空间，范数满足平行四边形等式. 令

$$\langle\alpha,\beta\rangle'=(\|\alpha+\beta\|^2-\|\alpha-\beta\|^2)/4.$$

若 V 是实空间，我们断言 $\langle\alpha,\beta\rangle'$ 即是内积. 显然 $\langle,\rangle'$ 是对称的. 由平行四边形等式知

$$\langle\alpha,\gamma\rangle'+\langle\beta,\gamma\rangle'=(\|(\alpha+\beta)/2+\gamma\|^2-\|(\alpha+\beta)/2-\gamma\|^2)/2=2\langle(\alpha+\beta)/2,\gamma\rangle',$$

取 $\beta=0$ 得 $\langle\alpha,\gamma\rangle'=2\langle\alpha/2,\gamma\rangle'$. α 换为 $\alpha+\beta$ 得

$$\langle\alpha+\beta,\gamma\rangle'=2\langle(\alpha+\beta)/2,\gamma\rangle'=\langle\alpha,\gamma\rangle'+\langle\beta,\gamma\rangle'.$$

令 $f(t)=\langle t\alpha,\gamma\rangle'$，则 f 连续且 $f(t_1+t_2)=f(t_1)+f(t_2)$，故 $f(t)=f(1)t$，$\langle t\alpha,\gamma\rangle'=t\langle\alpha,\gamma\rangle'$. 于是由定义知 $\langle\alpha,\alpha\rangle'=\|2\alpha\|^2/4=\|\alpha\|^2$. 得所欲证. 当 V 是复的时，断言内积为

$$\begin{aligned}\langle\alpha,\beta\rangle&=(\|\alpha+\beta\|^2-\|-\alpha+\beta\|^2+\mathrm{i}\|\mathrm{i}\alpha+\beta\|^2-\mathrm{i}\|-\mathrm{i}\alpha+\beta\|^2)/4\\&=\langle\alpha,\beta\rangle'+\mathrm{i}\langle\mathrm{i}\alpha,\beta\rangle'.\end{aligned}$$

由此定义可直接验证 $\langle\alpha,\mathrm{i}\beta\rangle=\mathrm{i}\langle\alpha,\beta\rangle$ 和 $\langle\alpha,\beta\rangle=\overline{\langle\beta,\alpha\rangle}$，其余由 $\langle\alpha,\beta\rangle'$ 的双线性可得. ■

当然，V 中不同的范数可能诱导出同一度量拓扑，此时称二范数等价. 范数 $\|\cdot\|_1$ 和 $\|\cdot\|_2$ 等价当且仅当存在正的常数 c_1 和 c_2 使得 $c_1\|x\|_2\leqslant\|x\|_1\leqslant c_2\|x\|_2(x\in V)$. 例如 $\mathbb{R}^2$ 中范数 $\|(a,b)\|_2=\max\{|a|,|b|\}$ 与 $\|(a,b)\|_1=(a^2+b^2)^{1/2}$ 等价. 事实上有限维空间的所有范数都是等价的.

例 11.1 设 $E^n=\mathbb{R}^n$ 为经典欧几里得空间. 易证 $\mathbb{R}^n$ 对内积诱导出的度量拓扑是完备的，故是 Hilbert 空间(证明也适用于经典酉空间 $\mathbb{C}^n$). 事实上，设 $\{a^{(m)}\}(m=1,2,\cdots)$ 为

$\mathbb{R}^n$ 中 Cauchy 序列，$a^{(m)}=(a_{m1},\cdots,a_{mn})\in\mathbb{R}^n$，则其各分量$\{a_{mi}\}$（固定 i）都是$\mathbb{R}$中的 Cauchy 序列，这是因为

$$|a_{mi}-a_{ki}|^2\leqslant\sum_{i=1}^{n}|a_{mi}-a_{ki}|^2=d(a^{(m)},a^{(k)})^2\to 0\qquad(m,k\to\infty \text{ 时}).$$

故 $a_{mi}\to b_i\in\mathbb{R}$（当 $m\to\infty$ 时）. 即知 $a^{(m)}=(a_{m1},\cdots,a_{mn})\to b=(b_1,\cdots,b_n)$，这是因为 $d(a^{(m)},b)^2=\sum\limits_{i=1}^{n}|a_{mi}-b_i|^2\to 0$.

例 11.2（经典 Hilbert（序列）空间 ℓ^2）　设 ℓ^2 为平方可和序列集，即满足 $\sum\limits_{n=1}^{\infty}|a_n|^2<\infty$ 的 $F(=\mathbb{R}$ 或$\mathbb{C})$ 上无限序列 $a=(a_n)$ 集. ℓ^2 对加法 $(a_n)+(b_n)=(a_n+b_n)$ 和数乘 $c(a_n)=(ca_n)$ 是线性空间，因为由 $2|a_nb_n|\leqslant|a_n|^2+|b_n|^2$ 知

$$\sum_{n=1}^{\infty}|a_n+b_n|^2\leqslant 2\Big(\sum_{n=1}^{\infty}|a_n|^2+\sum_{n=1}^{\infty}|b_n|^2\Big)<\infty.$$

ℓ^2 是内积空间，内积及其诱导的范数和距离分别为（记 $a=(a_n),b=(b_n)$）

$$\langle a,b\rangle=\sum_{n=1}^{\infty}\bar{a}_nb_n,\qquad \|a\|=\Big(\sum_{n=1}^{\infty}|a_n|^2\Big)^{1/2},\qquad d(a,b)=\|a-b\|.$$

注意 $\sum\bar{a}_nb_n$ 是收敛的，因为 $|\bar{a}_nb_n|\leqslant(|a_n|^2+|b_n|^2)/2$.

ℓ^2 对此距离拓扑是完备的，是 Hilbert 空间，证明与$\mathbb{R}^n$类似：设$\{a^{(m)}\}=\{(a_{m1},\cdots,a_{mi},\cdots)\}$为 ℓ^2 的 Cauchy 序列，各分量$\{a_{mi}\}$（固定 i）形成 F 中的 Cauchy 序列，这是因为

$$|a_{mi}-a_{ki}|^2\leqslant\sum_{i=1}^{\infty}|a_{mi}-a_{ki}|^2=d(a^{(m)},a^{(k)})^2\to 0\qquad(m,k\to\infty \text{ 时}).$$

故 $a_{mi}\to b_i\in F$. 即知 $a^{(m)}\to b=(b_1,\cdots,b_i,\cdots)$，这是因为，在上述和式的部分和中，先令 $k\to\infty$ 就得到

$$d(a^{(m)},b)^2=\sum|a_{mi}-b_i|^2\to 0.$$

注记 1　ℓ^2 可部分推广到 ℓ^p，即 p 方可和序列集，就是满足 $\sum\limits_{n=1}^{\infty}|a_n|^p<\infty$ 的 $F(=\mathbb{R}$或$\mathbb{C})$ 上无限序列 $a=(a_n)$ 集，$p\geqslant 1$. 定义 p-范数 $\|a\|_p$ 和距离（度量）$d(a,b)$ 如下：

$$\|a\|_p=\Big(\sum_{n=1}^{\infty}|a_n|^p\Big)^{1/p},\qquad d(a,b)=\|a-b\|_p.$$

由下面的经典不等式，可知 ℓ^p 对 p-范数为赋范线性空间，也是度量拓扑空间. 与 ℓ^2 完全类似可证 ℓ^p 是完备的. 但是，当 $p\neq 2$ 时，ℓ^p 并不是 Hilbert 空间. 因为 ℓ^p 不是内积空间，其 p-范数 $\|a\|_p$ 不可能由任何内积诱导出. 这是因为由内积诱导出的范数满足平行四边形等式（定理 11.2），但取 $\alpha=(1,1,0,\cdots),\beta=(1,-1,0,\cdots)$，知 $\|\alpha+\beta\|_p=\|\alpha-\beta\|_p=2$，$\|\alpha\|_p=\|\beta\|_p=2^{1/p}$，故只有当 $p=2$ 时才能满足平行四边形等式.

Hölder 不等式 设 $p,q\geqslant 1$ 且 $1/p+1/q=1$. 若 $a=(a_n)\in\ell^p, b=(b_n)\in\ell^q$，则 $ab=(a_nb_n)\in\ell^1$，且 $\|ab\|_1\leqslant\|a\|_p\|b\|_q$(当 $p=q=2$ 时，即为 Cauchy-Schwarz 不等式).

Minkowski 不等式 对 $p\geqslant 1$，若 $a,b\in\ell^p$，则 $a+b=(a_n+b_n)\in\ell^p$，且

$$\|a+b\|_p\leqslant\|a\|_p+\|b\|_p.$$

例 11.3(**Lebesgue 空间 L^2**) 设 $L^2=L^2(E)$ 为可测集 $E\subset\mathbb{R}$ 上的平方可积的(实或复值)可测函数 f 全体，几乎处处相等的两函数视为同一(不熟悉 Lebesgue 积分的读者可设 $E=[a,b]$ 为实数区间，f 和 $|f|^2$ 在 $[a,b]$ 上可积). 因 $|f+g|^2\leqslant 2|f|^2+2|g|^2$，故 L^2 是线性空间. 定义内积，诱导的范数和距离为

$$\langle f,g\rangle=\int_E\overline{f(x)}g(x)dx,\qquad \|f\|=\left(\int_E|f(x)|^2dx\right)^{1/2},\qquad d(f,g)=\|f-g\|.$$

可以证明 L^2 为内积线性空间，对内积诱导的拓扑是完备的，所以是 Hilbert 空间.

再设 $L^p=L^p(E)$ 为可测集 $E\subset\mathbb{R}$ 上的 p 方可积的(实或复值)可测函数 f 全体，$p\geqslant 1$，几乎处处相等的两函数视为同一. f 是 p 方可积的是指 $\int|f(x)|^p\mathrm{d}x<\infty$. 定义 p- 范数 $\|\cdot\|_p$ 和度量 d 如下：

$$\|f\|_p=\left(\int_E|f(x)|^p\mathrm{d}x\right)^{1/p},\qquad d(f,g)=\|f-g\|_p,$$

则由如下的 Hölder 不等式和 Minkowski 不等式，可知 L^p 为度量线性空间. 类似于上例可证 L^p 是完备的.

Hölder 不等式 设 $p,q\geqslant 1$ 且 $1/p+1/q=1$，若 $f\in L^p, g\in L^q$，则 $fg\in L^1$ 且 $\|fg\|_1\leqslant\|f\|_p\|g\|_q$(当 $p=q=2$ 时，即为 Cauchy 不等式).

Minkowski 不等式 对 $p\geqslant 1$，若 $f,g\in L^p$，则 $f+g\in L^p$，且

$$\|f+g\|_p\leqslant\|f\|_p+\|g\|_p.$$

例 11.4 以 ℓ^∞ 记有界的实(或复)数无限序列全体，定义"上限范数"和"上限度量"：

$$\|a\|_s=\sup_i|a_i|,\qquad d_s(a,b)=\sup_i|a_i-b_i|,$$

其中 $a=(a_i), b=(b_i)\in\ell^\infty$. (ℓ^∞,d_s) 显然为度量拓扑空间，而且是完备的，故是 Banach 空间. 证明与 $\mathbb{R}^n$ 时类似，利用 Cauchy 序列的各分量是 $\mathbb{R}$ 的 Cauchy 序列. 但 (ℓ^∞,d_s) 不是 Hilbert 空间，其范数不满足平行四边形等式. 例如取 $a=(1,0,0,\cdots), b=(0,1,0,\cdots)$，则

$$1+1=\|a+b\|_s^2+\|a-b\|_s^2\neq 2\|a\|_s^2+2\|b\|_s^2=2+2$$

例 11.5 以 $C[a,b]$ 记闭区间 $[a,b]\subset\mathbb{R}$ 上实(或复)值连续函数集，定义"上限范数"和"上限度量"：

$$\|f\|_s=\sup_{x\in[a,b]}|f(x)|,\qquad d_s(f,g)=\sup_{x\in[a,b]}|f(x)-g(x)|.$$

上限范数显然满足范数公理，故 $(C[a,b],d_s)$ 为度量拓扑空间. 此时 f_n 收敛于 f 显然即

是一致收敛. 易知$C[a,b]$是完备的，故是Banach空间，证明思想与$\mathbb{R}^n$时类似：设$\{f_n\}$为$C[a,b]$的Cauchy序列，则任给$\varepsilon>0$有N，当$m,n>N$时$|f_m(x)-f_n(x)|<\varepsilon$(所有$x\in[a,b]$). 这说明，固定$x\in[a,b]$时$\{f_n(x)\}$是$\mathbb{R}$（或$\mathbb{C}$）的Cauchy序列，故$f_n(x)\to f(x)$. 在$|f_m(x)-f_n(x)|<\varepsilon$(所有$x\in[a,b]$)中令$m\to\infty$，得$|f_n(x)-f(x)|<\varepsilon(n>N$时)，即知$f_n(x)$一致收敛于$f(x)$. 故$f$连续，属于$C[a,b]$. 但$(C[a,b],d_s)$不是Hilbert空间，其范数不满足平行四边形等式，不能由内积诱导.

例 11.6　$C[a,b]$如例11.5，定义"积分范数"和"积分度量"：

$$\|f\|_I=\int_a^b|f(x)|\,\mathrm{d}x,\qquad d_I(f,g)=\int_a^b|f(x)-g(x)|\,\mathrm{d}x.$$

则$(C[a,b],d_I)$为度量拓扑空间，却不是完备的：不妨设$[a,b]=[0,2]$，取4点：$O=(0,0)$，$P=(1,0)$，$P_n=(1+1/n,1)$，$Q=(2,1)$. 设折线OPP_nQ是$f_n(x)$的图像. 易知$\{f_n\}$是$C[a,b]$的Cauchy序列. 但当$n\to\infty$时，$P_n\to P$，PP_n趋向垂直于x轴. 所以$\{f_n\}$不可能有连续极限.

11.2　内积空间与完备

设σ: $V\to V'$为内积空间的线性映射. 若σ保持内积，即$\langle\sigma\alpha,\sigma\beta\rangle=\langle\alpha,\beta\rangle$(对任意$\alpha$, $\beta\in V$)，则称σ为**等距映射**. 双射等距映射称为**等距同构**. 等距映射显然都是单射；但不一定是满射(在无限维情形). 例如$\sigma(a_1,a_2,\cdots)=(0,a_1,a_2,\cdots)$，给出$\ell^2$到自身的等距映射，不是满射. σ保持内积(即为等距映射)当且仅当它保持范数，即$\|\sigma\alpha\|=\|\alpha\|$($\alpha\in V$)，这是因为$4\langle\alpha,\beta\rangle=\|\alpha+\beta\|^2-\|\alpha-\beta\|^2$.

设σ是内积空间V的线性变换. 若$\langle\sigma\alpha,\beta\rangle=0$(所有$\alpha,\beta\in V$)，则$\sigma=0$（因为内积非退化）. 对复内积空间$V$，若

$$\langle\sigma\alpha,\alpha\rangle=0\qquad(\text{所有}\ \alpha\in V),$$

则$\sigma=0$. 事实上，由$0=\langle\sigma(\alpha+k\beta),\alpha+k\beta\rangle=k\langle\sigma\alpha,\beta\rangle+\bar{k}\langle\sigma\beta,\alpha\rangle$，取$k=1$和$\mathrm{i}(=\sqrt{-1})$，即可得$\langle\sigma\alpha,\beta\rangle=0$（所有$\alpha,\beta\in V$），从而$\sigma=0$. 但是实内积空间则无此性质，例如$\mathbb{R}^2$中旋转90度角的变换$\sigma$，满足$\langle\sigma\alpha,\alpha\rangle=0$(所有$\alpha\in V$).

由无限多向量构成的向量组，经常被称为向量族，或向量系. 无限维的线性空间中也一定有基存在(即极大的线性无关向量族)，这由Zorn引理可以证明(见附录). 为了语意明确，向量空间的(普通)基也称为**Hamel基**.

对于无限维的内积空间V，极大的正交向量系称为其**Hilbert基**，也总是存在的(也可由Zorn引理证明). 但是，Hilbert基不一定是(Hamel)基. 也就是说，无限维内积空间不一定有正交基. 这由下面例子可知.

例 11.7 考虑$V=\ell^2$(如例 11.2)．设$e_i\in\ell^2$只第i分量为 1，其余分量均为 0．易知$E=\{e_i \mid i=1,2,\cdots\}$是极大正交系(即 Hilbert 基)：若$a=(a_n)\perp E$，则$a_i=\langle e_i,a\rangle=0$(所有$i$)，故$a=0$．但$E$不是(Hamel)基：它生成的向量的非零分量只有有限多．记E生成的子空间为$W=\operatorname{span}E$．因E的正交补(即与E正交的V中向量全体)$E^{\perp}=\{0\}$，故W的正交补$W^{\perp}=\{0\}$，所以(与有限维空间不同)可有

$$W+W^{\perp}=W\neq V.$$

我们将证明，内积空间V的所有 Hilbert 基中的元素个数(基数)都是相等的，称为V的 **Hilbert 维数**，记为 $\operatorname{hdim}V$．这有别于(普通 Hamel)维数，即(普通 Hamel)基的基数．

定理 11.3(内积空间的完备化) 设V是内积空间，则存在 Hilbert 空间$\widetilde{V}$和等距映射$\sigma: V\to\widetilde{V}$，使$\sigma(V)$在$\widetilde{V}$中稠密．$\widetilde{V}$是唯一的(在等距同构意义下)，称为$V$的**完备化**．

证明 内积诱导出的度量d使(V,d)成为度量空间，于是有完备化$(\widetilde{V},\widetilde{d})$，由$V$中的 Cauchy 序列等价类构成(上节定理 11.1)．记(a_n)所在的等价(等同)类为$\overline{(a_n)}$．定义加法$\overline{(\alpha_n)}+\overline{(\beta_n)}=\overline{(\alpha_n+\beta_n)}$，数乘$k\,\overline{(\alpha_n)}=\overline{(k\alpha_n)}$，和内积$\langle\overline{(\alpha_n)},\overline{(\beta_n)}\rangle=\lim\langle\alpha_n,\beta_n\rangle$．易知$\widetilde{V}$为内积空间．而且度量$\widetilde{d}$是由内积诱导的：

$$\langle\overline{(\alpha_n-\beta_n)},\overline{(\alpha_n-\beta_n)}\rangle=\lim_{n\to\infty}\langle\alpha_n-\beta_n,\alpha_n-\beta_n\rangle=\lim_{n\to\infty}d(\alpha_n,\beta_n)^2=\widetilde{d}((\alpha_n),(\beta_n))^2.$$

其余均易知． ■

定理 11.4 设V是($\mathbb{R}$或$\mathbb{C}$上)内积空间，W为其子空间．

(1) 若W是完备的，则W是闭的．当V是完备(即 Hilbert 空间)时，W是完备的当且仅当W是闭的．

(2)有限维的W必是闭的、完备的(从而是 Hilbert 空间)．特别地，有限维内积空间V必是 Hilbert 空间．

证明 (1) 这对度量拓扑空间V及其子集W也成立．设W完备，W中序列$\{\alpha_n\}$以$\alpha\in V$为极限，则$\{\alpha_n\}$是 Cauchy 序列．因W完备，故极限α属于W，所以W是闭的．再设V是完备的，W是闭的，$\{\alpha_n\}$是W的 Cauchy 序列，因V完备，故$\{\alpha_n\}$收敛于$\alpha\in V$．而由于W是闭的，知$\alpha_n\to\alpha\in W$，故W完备．

(2) 先证有限维的W是闭的．设W中有序列$\{\alpha_n\}\to\alpha\notin W$．有限维的$W$必有标准正交基$\{\varepsilon_1,\cdots,\varepsilon_n\}$．令$\alpha'=\sum_{i=1}^{n}\langle\varepsilon_i,\alpha\rangle\varepsilon_i\in W$．令$\beta_n=\alpha_n-\alpha'\in W$，$\beta_n\to\alpha-\alpha'=\beta$(注意$\beta\neq 0$)．则$\langle\varepsilon_i,\beta\rangle=\langle\varepsilon_i,\alpha\rangle-\langle\varepsilon_i,\alpha'\rangle=0$(所有$i$)，即$\beta\perp W$，故

$$\|\beta_n-\beta\|^2=\|\beta_n\|^2+\|\beta\|^2\geqslant\|\beta\|^2,$$

与 $\beta_n\to\beta$ 矛盾. 故 $\{\alpha_n\}\to\alpha\in W$, W 是闭的. 有限维的内积空间 V 是其完备化 $\tilde{V}$(Hilbert 空间)的子空间,故是 Hilbert 空间. ∎

定理 11.5 内积空间 V 完备的充分必要条件是:其绝对收敛的序列均收敛(V 的序列 $\sum\alpha_n$ 绝对收敛是指 $\sum\|\alpha_n\|$ 收敛).

证明 必要性:令 $s_n=\alpha_1+\cdots+\alpha_n$,则 $\|s_m-s_n\|\leqslant\|\alpha_m\|+\cdots+\|\alpha_{n+1}\|\to 0$,故 $\{s_n\}$ 是 Cauchy 序列,$\sum\alpha_n$ 收敛.

充分性:设 $\{\alpha_n\}$ 是 V 的 Cauchy 序列. 任给 $k>0$ 存在 N_k 使 $i,j\geqslant N_k$ 时 $\|\alpha_i-\alpha_j\|\leqslant 1/2^k$. 故存在 $N_1<N_2<\cdots$ 使

$$\|\alpha_{N_{k+1}}-\alpha_{N_k}\|\leqslant 1/2^k,\quad \sum_{k=1}^{\infty}\|\alpha_{N_{k+1}}-\alpha_{N_k}\|\leqslant\sum_{k=1}^{\infty}1/2^k<\infty.$$

故知 $\sum(\alpha_{N_{k+1}}-\alpha_{N_k})$ 收敛. 其第 n 个部分和为 $\alpha_{N_{n+1}}-\alpha_{N_1}$,于是知 $\{\alpha_{N_{n+1}}\}$ 收敛于 $\alpha\in V$. 所以 Cauchy 序列 $\{\alpha_n\}$ 收敛于 $\alpha\in V$. ∎

11.3 逼近与正交直和

定理 11.6 设 V 是内积空间.

(1) 若 S 是 V 的完备凸子集,则任一向量 $\alpha\in V$ 在 S 中有唯一的**最佳逼近**,即满足下式的唯一 $\hat{s}\in S$:

$$\|\alpha-\hat{s}\|=\inf_{s\in S}\|\alpha-s\|=\delta\quad(\delta\text{ 称为 }\alpha\text{ 到 }S\text{ 的距离}).$$

(2) 若 S 是 V 的完备子空间,则 $\alpha\in V$ 在 S 中的**最佳逼近**即是满足 $(\alpha-\hat{s})\perp S$ 的唯一向量 $\hat{s}\in S$(见图 11.1).

证明 (1) S 中应有序列 $\{s_n\}$ 使 $\delta_n=\|\alpha-s_n\|\to\delta$. 记 $\beta_n=\alpha-s_n$,因 S 凸,故 $(s_m+s_n)/2\in S$,所以 $\|(\beta_m+\beta_n)/2\|=\|\alpha-(s_m+s_n)/2\|\geqslant\delta$. 由平行四边形等式知

$$\begin{aligned}\|\beta_m-\beta_n\|^2&=2(\|\beta_m\|^2+\|\beta_n\|^2)-4\|(\beta_m+\beta_n)/2\|^2\\&\leqslant 2(\|\beta_m\|^2+\|\beta_n\|^2)-4\delta^2\to 0.\end{aligned}$$

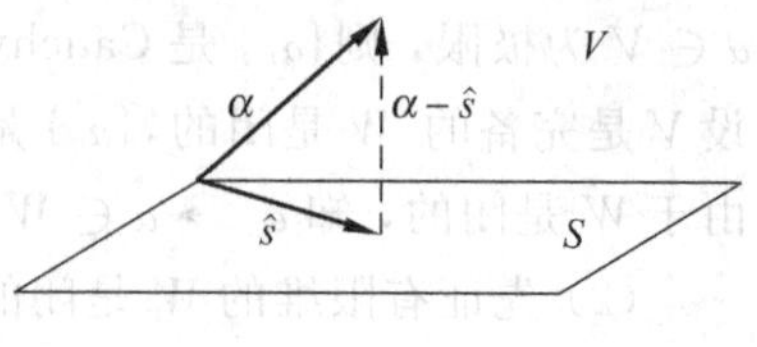

所以 $(\beta_n)=(\alpha-s_n)$,从而 $\{s_n\}$,均为 Cauchy 序列. 因 S 完备,故 $s_n\to\hat{s}\in S$,由连续性知 $\|\alpha-\hat{s}\|=\delta$. 再证唯一性. 若 $\hat{s},\bar{s}$ 均为最佳逼近,由平行四边形等式知

图 11.1

$$\|\hat{s}-\bar{s}\|^2=2\|\alpha-\bar{s}\|^2+2\|\alpha-\hat{s}\|^2-4\|\alpha-(\bar{s}+\hat{s})/2\|^2\leqslant 2\delta^2+2\delta^2-4\delta^2=0.$$

(2) 线性子空间是凸的，所以最佳逼近存在．首先证满足$(\alpha-\hat{s})\perp S$的$\hat{s}\in S$是α的最佳逼近：对$s\in S$有$(\alpha-\hat{s})\perp(s-\hat{s})$，故$\|\alpha-s\|^2=\|\alpha-\hat{s}\|^2+\|\hat{s}-s\|^2\geqslant\|\alpha-\hat{s}\|^2$．再证$\alpha$的最佳逼近$\hat{s}$（在(1)中已证的）满足$(\alpha-\hat{s})\perp S$：对任意$s\in S$，经**共轭配平方**有

$$\begin{aligned}\|\alpha-ks\|^2&=\langle\alpha-ks,\alpha-ks\rangle=\|\alpha\|^2-k\langle\alpha,s\rangle-\bar{k}\langle s,\alpha\rangle+k\bar{k}\|s\|^2\\&=\|\alpha\|^2+\|s\|^2(k-\langle s,\alpha\rangle/\|s\|^2)(\bar{k}-\overline{\langle s,\alpha\rangle}/\|s\|^2)-|\langle s,\alpha\rangle|^2/\|s\|^2\\&=\|\alpha\|^2+\|s\|^2(|k-\langle s,\alpha\rangle/\|s\|^2|)^2-|\langle s,\alpha\rangle|^2/\|s\|^2,\end{aligned}$$

当有$k=k_0=\langle s,\alpha\rangle/\|s\|^2$时，取最小值．将$\alpha$换为$\alpha-\hat{s}$得

$$\|\alpha-\hat{s}-k_0s\|^2=\|\alpha-\hat{s}\|^2-|\langle s,\alpha-\hat{s}\rangle|^2/\|s\|^2=\delta^2-|\langle s,\alpha-\hat{s}\rangle|^2/\|s\|^2.$$

因$\hat{s}+k_0s\in S$故左边$\geqslant\delta^2$，所以$\langle s,\alpha-\hat{s}\rangle=0$，即$(\alpha-\hat{s})\perp S$． ■

定理 11.7 设V是内积空间，W和W_i均为其子空间，S为其子集．以$S^{\perp}$记S的正交补，即与S(中所有向量)正交的V中向量全体．记$(S^{\perp})^{\perp}=S^{\perp\perp}$．以$\oplus$表示正交直和．

(1) (**投影定理**) 若W完备(例如V是 Hilbert 空间而W闭)，则

$$V=W\oplus W^{\perp},\quad \alpha=\hat{s}+(\alpha-\hat{s})\qquad(\hat{s}\text{ 是 }\alpha\text{ 在 }W\text{ 的最佳逼近}).$$

(2) 若$V=W_1\oplus W_2$，则$W_2=W_1^{\perp}$．若$W_1\oplus W_2=W_1\oplus W_3$，则$W_2=W_3$．

(3) 若$V=H$是 Hilbert 空间，则

(i) $\mathrm{cspan}(S)=S^{\perp\perp}$．　　($\mathrm{cspan}(S)$为$\mathrm{span}(S)$的闭包)

(ii) $\mathrm{cl}(W)=W^{\perp\perp}$．　　($\mathrm{cl}(W)$为$W$的闭包)

(iii) $\mathrm{cspan}(S)=H\Leftrightarrow S^{\perp}=\{0\}$．

证明 (1) 由定理 11.6(2)，$\alpha\in V$可表为$\alpha=\hat{s}+(\alpha-\hat{s})$，故$V=W\oplus W^{\perp}$．且$W\cap W^{\perp}=\{0\}$．

(2) 由$V=W_1\oplus W_2$知$W_2\subset W_1^{\perp}$．而若$\alpha\in W_1^{\perp}$，则$\alpha=\alpha_1+\alpha_2$，$\alpha_i\in W_i$，故$0=\langle\alpha,\alpha_1\rangle=\langle\alpha_1,\alpha_1\rangle+\langle\alpha_2,\alpha_1\rangle=\langle\alpha_1,\alpha_1\rangle$，$\alpha_1=0$，$\alpha=\alpha_2\in W_2$．后一结论由前者可得．

(3) (i) $V=\mathrm{cspan}(S)\oplus\mathrm{cspan}(S)^{\perp}=\mathrm{cspan}(S)\oplus S^{\perp}$．但由$S^{\perp}$闭知$V=S^{\perp}\oplus S^{\perp\perp}$，故$\mathrm{cspan}(S)=S^{\perp\perp}$．(ii)由(i)即得．(iii) 由$V=\mathrm{cspan}(S)\oplus S^{\perp}$即得． ■

11.4 Fourier 展开

Hilbert 空间H中的极大正交向量族$\{\varepsilon_i\}$称为其 **Hilbert 基**．H无限维时，Hilbert 基不一定是(Hamel)基，向量不一定都能表为$\{\varepsilon_i\}$的有限线性组合．但本章将证明，H中任意向量α可表为 Hilbert 基$\{\varepsilon_i\}$的"无限线性组合"，这就是α的 **Fourier 展开**．

例如，ℓ^2自然地以$\{e_n\mid n\in\mathbb{N}\}$为 Hilbert 基，其中$e_n$只第$n$分量为 1，其余分量为 0．

再如实或复值Lebesgue函数空间$L^2([-a,a])$的Hilbert基常取为

$$\{1,\ \sin n\omega x,\ \cos n\omega x\}(n\in\mathbb{N}) \quad 或 \quad \{\exp(\mathrm{i}n\omega x)\}(n\in\mathbb{Z}),\quad \omega=\pi/a.$$

按此Hilbert基的Fourier展开即为熟知的微积分学中的Fourier展开.

由上节最后定理(iii)，知$\mathrm{cspan}\{\varepsilon_i\}=H\Leftrightarrow\{\varepsilon_i\}^{\perp}=\{0\}$. 故有如下引理.

引理 11.1 设Ω是Hilbert空间H的正交族(也称正交系)，则如下等价：

(1) Ω是Hilbert基(即极大正交族).

(2) $\Omega^{\perp}=\{0\}$ (即Ω的正交补为0).

(3) $\mathrm{cspan}(\Omega)=H$ (即$\mathrm{span}(\Omega)$的闭包是H，这样的Ω称为**完全正交系**).

定理 11.8 (1) 设$\Omega=\{\varepsilon_i\mid i\in I\}$是Hilbert空间$H$中一个正交向量族(无限或有限). 则$\alpha\in H$对$\Omega$的如下**Fourier展开**$\hat{\alpha}$是无条件收敛的，且是$\alpha$在$\mathrm{cspan}(\Omega)$中的唯一最佳逼近：

$$\hat{\alpha}=\sum_{i\in I}a_i\varepsilon_i,\qquad a_i=\langle\varepsilon_i,\alpha\rangle.$$

而且成立**Bessel不等式**：$\|\hat{\alpha}\|\leqslant\|\alpha\|$，即

$$\sum_{i\in I}|a_i|^2\leqslant\|\alpha\|^2 \qquad (等号恰当\ \alpha=\hat{\alpha},\ 即\ \alpha\in\mathrm{cspan}\Omega).$$

(2) 以下条件等价：(i) Ω是Hilbert基； (ii) $\alpha=\hat{\alpha}$； (iii) $\|\hat{\alpha}\|=\|\alpha\|$；

(iv) $\langle\alpha,\beta\rangle=\langle\hat{\alpha},\hat{\beta}\rangle$ (**Parseval等式**)(对任意$\alpha,\beta\in H$).

说明 (1)当Ω为有限集时，总有$\mathrm{span}(\Omega)=\mathrm{cspan}(\Omega)$(定理11.4).

(2) $\sum_{i\in I}\alpha_i$ **无条件收敛**于β的定义是：对任意$\varepsilon>0$，存在有限子集$S\subset I$，使当有限集$T\supset S$时有

$$\left\|\sum_{i\in T}\alpha_i-\beta\right\|\leqslant\varepsilon.$$

当I不可数时，无条件收敛也称为**收敛**或**网收敛**；当I为可数集时，无条件收敛等价于"任意排列级数项的顺序均收敛". 定理11.8的证明分3种情形：Ω有限、可数、不可数. 不可数情形较复杂.

情形1：设$\Omega=\{\varepsilon_1,\cdots,\varepsilon_n\}$是有限集. 显然$(\alpha-\hat{\alpha})\perp\mathrm{span}(\Omega)$：$\langle\varepsilon_i,\alpha-\hat{\alpha}\rangle=\langle\varepsilon_i,\alpha\rangle-\langle\varepsilon_i,\hat{\alpha}\rangle=0$. 故$\hat{\alpha}$是最佳逼近(定理11.6(2)). 由$(\alpha-\hat{\alpha})\perp\hat{\alpha}$易得

$$\|\hat{\alpha}\|=\|\alpha\|^2-\|\alpha-\hat{\alpha}\|^2\leqslant\|\alpha\|^2,$$

等号成立当且仅当$\alpha=\hat{\alpha}$，这相当于$\alpha\in\mathrm{span}(\Omega)$.

情形2：设$\Omega=\{\varepsilon_1,\varepsilon_2,\cdots\}$是可数集. 先看如下引理.

引理 11.2 Hilbert空间H中级数$\sum_{i=1}^{\infty}k_i\varepsilon_i$与实数级数$\sum_{i=1}^{\infty}|k_i|^2$同时收敛或发散. 且

当收敛时均为**无条件收敛**，而且

$$\left\| \sum_{i=1}^{\infty} k_i \varepsilon_i \right\|^2 = \sum_{i=1}^{\infty} | k_i |^2$$

证明 以 s_n 和 p_n 表示此两级数的部分和. 于是

$$\| s_m - s_n \|^2 = \left\| \sum_{i=n+1}^{m} k_i \varepsilon_i \right\|^2 = \sum_{i=n+1}^{m} | k_i |^2 = \| p_m - p_n \|.$$

故 s_n 与 p_n 同为 Cauchy 序列或否，即知两级数同时收敛或否. $\sum | k_i |^2$ 收敛时是绝对收敛，故是无条件收敛，故 $\sum k_i \varepsilon_i$ 也无条件收敛. 最后的等式由范数的连续性即得. ■

现回到 Ω 为可数集时定理 11.8 的证明. 由已证的情形 1 知

$$\sum_{i=1}^{n} | \langle \varepsilon_i, \alpha \rangle |^2 \leqslant \| \alpha \|^2, \qquad 故 \sum_{i=1}^{\infty} | \langle \varepsilon_i, \alpha \rangle |^2 \leqslant \| \alpha \|^2,$$

由引理 2 知 Fourier 展开 $\hat{\alpha}$ 无条件收敛. 又因 $\langle \varepsilon_i, \alpha - \hat{\alpha} \rangle = \langle \varepsilon_i, \alpha \rangle - \langle \varepsilon_i, \hat{\alpha} \rangle = 0$，故 $(\alpha - \hat{\alpha}) \in (\mathrm{span}\,\Omega)^{\perp} = (\mathrm{cspan}\,\Omega)^{\perp}$，即知 $\hat{\alpha}$ 是 α 的最佳逼近. 由 $(\alpha - \hat{\alpha}) \perp \hat{\alpha}$ 易得

$$\| \hat{\alpha} \| = \| \alpha \|^2 - \| \alpha - \alpha \|^2 \leqslant \| \alpha \|^2,$$

等号成立当且仅当 $\alpha = \hat{\alpha}$，这相当于 $\alpha \in \mathrm{cspan}(\Omega)$.

情形 3：设 $\Omega = \{\varepsilon_i \mid i \in I\}$ 是不可数集. 此时收敛级数仍有如下性质：

$$\Big(\sum_{i \in I} \alpha_i\Big) + \Big(\sum_{i \in I} \beta_i\Big) = \sum_{i \in I} (\alpha_i + \beta_i), \quad k\Big(\sum_{i \in I} \alpha_i\Big) = \sum_{i \in I} (k\alpha_i), \quad \sum_{i \in I} \langle \alpha_i, \beta \rangle = \langle \sum_{i \in I} \alpha_i, \beta \rangle.$$

先概述常用到的级数性质，以下总是设 $\{\alpha_i \mid i \in I\}$ 是内积空间 V 中向量族，I 为不可数集.

引理 11.3 设 $\{a_i\}(i \in I)$ 是内积空间 V 中一个向量族. 若 $\sum_{i \in I} \alpha_i$ 收敛，则对任意 $\varepsilon > 0$ 存在有限集 $S \subset I$，使当有限集 $J \cap S = \varnothing$ 时，$\left\| \sum_{i \in J} \alpha_i \right\| \leqslant \varepsilon$. 若 V 为 Hilbert 空间，则反之亦真.

证明 若 $\sum_{i \in I} \alpha_i$ 收敛，取足够大的有限集 $S \subset I$，使得当有限集 $T \supset S$ 时 $\left\| \sum_{i \in T} \alpha_i - \beta \right\| \leqslant \varepsilon/2$. 则当有限集 $J \cap S = \varnothing$ 时，总有

$$\begin{aligned} \left\| \sum_{i \in J} \alpha_i \right\| &= \left\| \sum_{i \in J} \alpha_i + \sum_{i \in S} \alpha_i - \beta - \Big(\sum_{i \in S} \alpha_i - \beta \Big) \right\| \\ &\leqslant \left\| \sum_{i \in J \cup S} \alpha_i - \beta \right\| + \left\| \sum_{i \in S} \alpha_i - \beta \right\| \leqslant \varepsilon/2 + \varepsilon/2 = \varepsilon. \end{aligned}$$

反之，设 V 为 Hilbert 空间，存在一系列有限集 S_n（n 为正整数），使得有限集 $J \cap S_n = \varnothing$ 时 $\left\| \sum_{i \in J} \alpha_i \right\| \leqslant 1/n$. 记 $\beta_n = \sum_{i \in S_n} \alpha_i$，则 $\{\beta_n\}$ 是 Cauchy 序列，这是因为

$$\| \beta_m - \beta_n \| = \left\| \sum_{i \in S_m - S_n} \alpha_i - \sum_{i \in S_n - S_m} \alpha_i \right\| \leqslant 1/n + 1/m \to 0.$$

因 V 完备，故 β_n 收敛于 $\beta \in V$. 所以当有限集 $T \supset S_n$ 时，

$$\left\|\sum_{i\in T}\alpha_i-\beta\right\|\leqslant\left\|\sum_{i\in S_n}\alpha_i-\beta\right\|+\left\|\sum_{i\in T-S_n}\alpha_i\right\|\leqslant\varepsilon+1/n,$$

即知 $\sum_{i\in I}\alpha_i$ 收敛于 β. ■

引理 11.4 若 $\sum_{i\in I}\alpha_i$ 收敛，则至多有可数项 α_i 非零.

证明 由引理11.3知存在有限集 S_n 使当有限集 $J\cap S_n=\varnothing$ 时 $\left\|\sum_{i\in J}\alpha_i\right\|\leqslant 1/n$. 记 $S=\bigcup S_n$ 为可数集，当 $j\notin S$ 时 $j\notin S_n$(所有 n)，上式化为 $\|\alpha_j\|\leqslant 1/n$(所有 n)，即 $\alpha_n=0$. ■

引理 11.5 设 $\Omega=\{\varepsilon_i\mid i\in I\}$ 是 Hilbert 空间 H 中正交族. 则级数 $\sum_{i\in I}k_i\varepsilon_i$ 与实数级数 $\sum_{i\in I}|k_i|^2$ 同时收敛或发散. 且当收敛时

$$\left\|\sum_{i\in I}k_i\varepsilon_i\right\|^2=\sum_{i\in I}|k_i|^2$$

证明 由引理11.4和引理11.2即得. ■

引理 11.6 设 $\{k_i\mid i\in I\}$ 为非负实数族(可以不可数)，则

$$\sum_{i\in I}k_i=\sup_{\text{有限}S\subset I}\left\{\sum_{i\in S}k_i\right\}$$

(即当一方有限时另一方也有限，且双方相等).

证明 设右方为 $r<\infty$. 对 $\varepsilon>0$ 有 S 使 $r\geqslant\sum_{i\in S}k_i\geqslant r-\varepsilon$. 故当有限集 $T\supset S$ 时 $r\geqslant\sum_{i\in T}k_i\geqslant\sum_{i\in S}k_i\geqslant r-\varepsilon$，即知左方收敛于 r. 反之，若知左方收敛，右方上界有限，即得. ■

引理 11.7 设 I 为可数集，则对 Hilbert 空间中的级数 $\sum_{i\in I}\alpha_i$，以下等价：(1) 无条件收敛于 β；(2) 任意排列级数项的顺序均收敛于 β.

证明 不妨设 $I=\mathbb{N}$ 为自然数集. 设(1)成立. π 是 I 的置换. 任给 $\varepsilon>0$，存在有限集 $S\subset I$，使当有限集 $T\supset S$ 时 $\left\|\sum_{i\in T}\alpha_i-\beta\right\|\leqslant\varepsilon$. 记 $I_n=\{1,\cdots,n\}$. 取 n 使 $\pi I_n\supset S$. 则当 $m\geqslant n$ 时，$\pi I_m\supset\pi I_n\supset S$，故知(2)成立，即

$$\left\|\sum_{i\in I_m}\alpha_{\pi i}-\beta\right\|=\left\|\sum_{j\in\pi I_m}\alpha_j-\beta\right\|\leqslant\varepsilon.$$

反之设(2)成立. 若 $\sum_{i\in I}\alpha_i$ 不是无条件收敛，则有 $\varepsilon>0$，对任意有限集 $S\subset I$，存在有限集 $J\cap S=\varnothing$ 使 $\left\|\sum_{i\in J}\alpha_i\right\|>\varepsilon$. 故有 I 的互不相交的有限子集 $J_n(n=1,2,\cdots)$ 使 $\left\|\sum_{i\in J_n}\alpha_i\right\|>\varepsilon$，且 $\max(J_n)=M_n<m_{n+1}=\min(J_{n+1})$. 取 I 的置换 π 使：(i) $\pi[m_n,M_n]\subset[m_n,M_n]$；(ii) 记 $J_n=\{j_{n1},\cdots,j_{ns_n}\}$，则 $\pi(m_n)=j_{n1},\pi(m_n+1)=j_{n2},\cdots,\pi(m_n+s_n-1)=j_{ns_n}$. 于是

$$\left\|\sum_{i=m_n}^{m_n+s_n-1}\alpha_{\pi i}\right\|=\left\|\sum_{i\in J_n}\alpha_i\right\|>\varepsilon.$$

即知 $\sum_{i\in I}\alpha_{\pi i}$ 的部分和不是 Cauchy 序列，与(2)矛盾. 从而得知 $\sum_{i\in I}\alpha_i$ 是无条件收敛. 设其无条件收敛于 β'，则由已证知 $\sum_{i\in I}\alpha_i$ 任意排序也收敛于 β'，故 $\beta'=\beta$. ■

回到 Ω 不可数时定理 11.8 的证明. 对 $\alpha\in H$,由有限情形的 Bessel 不等式知

$$\sup_{\text{有限}S\subset I}\sum_{i\in S}|\langle\varepsilon_i,\alpha\rangle|^2\leqslant\|\alpha\|^2.$$

由引理 11.6 知 $\sum_{i\in I}|\langle\varepsilon_i,\alpha\rangle|^2$ 收敛. 由引理 11.5 知 Fourier 展开 $\hat{\alpha}$ 收敛，且 $\|\hat{\alpha}\|^2=\sum_{i\in I}|\langle\varepsilon_i,\alpha\rangle|^2$. 由引理 11.4 知 $\hat{\alpha}$ 是可数个 $\langle\varepsilon_i,\alpha\rangle\varepsilon_i$ 的和，故 $\hat{\alpha}\in\operatorname{cspan}(\Omega)$. 其余证明与 Ω 可数情形完全相同.

再考虑定理 11.8(2). Ω 是 Hilbert 基相当于 $\operatorname{cspan}(\Omega)=H$，故(i)蕴含(ii)(唯一的最佳逼近为 α 自身)，又蕴含(iii). 而(ii)蕴含(i)(因 $H=\{\hat{\alpha}\}\subset\operatorname{cspan}(\Omega)$). (i)和(iii)等价，因为恰当 $\alpha\in\operatorname{cspan}(\Omega)$(即 $\alpha=\hat{\alpha}$)时 Bessel 不等式的等号成立. (ii)显然蕴含(iv). 而(iv)中令 $\alpha=\beta$ 知 Bessel 不等式的等号成立，即(ii)成立. ■

正交向量族可用 Gram-Schmidt 正交化得到. 例如，$L^2([-1,1])$ 中 $\{1,x,x^2,\cdots\}$ 为极大线性无关组，经 Gram-Schmidt 正交化可得 $L^2([-1,1])$ 的 Hilbert 基(称为 Legendre 多项式，见习题).

11.5 等距同构于 $\ell^2(I)$

定理 11.9 设 H 为 $F(=\mathbb{R}$ 或 $\mathbb{C})$上 Hilbert 空间. (1) H 的所有 Hilbert 基的元素个数(基数)相同(称为 H 的 Hilbert 维数，记为 $\operatorname{hdim}(H)$).

(2) 两个 Hilbert 空间等距同构当且仅当其 Hilbert 维数相等.

(3) 设 H 有可数 Hilbert 基，则 H 等距同构于(**平方可和**序列集):

$$\ell^2=\ell^2(\mathbb{N})\quad(\text{即满足}\sum|a_n|^2<\infty\text{ 的 }F\text{ 的序列集}).$$

(4) 设 $\operatorname{hdim}(H)=|I|$(即 I 是基数等于 $\operatorname{hdim}(H)$ 的任一集合)，则 H 等距同构于

$$\ell^2(I)=\{y\mid y\text{ 为 }I\text{ 到 }F\text{ 的映射，且}\sum_{i\in I}|y_i|^2<\infty\}.$$

这里记 $y(i)=y_i$, $\ell^2(I)$ 称为**平方可和**函数集. 内积定义为 $\langle y,z\rangle=\sum_{i\in I}\overline{y}_iz_i$.

(注意，由引理 4 知，$y\in\ell^2(I)$ 只能有可数个取值 y_i 非零).

证明 (1)设 $\{\varepsilon_i\mid i\in I\}$ 和 $\{e_j\mid j\in J\}$ 是 H 的两个 Hilbert 基，只需对 I,J 为无限集情形证明. 每个 e_j 有 Fourier 展开

$$e_j=\sum_{i\in I_j}\langle\varepsilon_i,e_j\rangle\varepsilon_i,$$

其中 $i\in I_j$ 是可数个非零项(即 ε_i 与 e_j 不正交). 易知 $\bigcup_{j\in J} I_j=I$(因无 ε_i 可正交于所有 e_j). 因 $|I_j|\leqslant|\mathbb{N}|$(可数基数), 故

$$|I|=|\bigcup_{j\in J} I_j|\leqslant|\mathbb{N}||J|=|J|.$$

由对称性知 $|J|\leqslant|I|$. 即 $|J|=|I|$.

(4) 与 $\ell^2=\ell^2(\mathbb{N})$ 类似可证明 $\ell^2(I)$ 为 Hilbert 空间. 其 Hilbert 基为 $\Omega=\{\delta_i\mid i\in I\}$, 其中 $\delta_i\in\ell^2(I)$ 定义为 $\delta_i(j)=\delta_{ij}=1$ 或 0 (依 $i=j$ 与否). 事实上, 若 $y\in\ell^2(I)$, 由上节引理 11.4 知只能有可数个 y_i 非零, 记为 $\{y_1,y_2,\cdots\}$. 令 $y'=\sum_{i=1}^{\infty}y_i\delta_i$, 则 $y'\in\operatorname{cspan}(\Omega)$, 且 $y'_i=y_i$(所有 $i\in I$), 故 $y'=y$. 故 Ω 是 Hilbert 基.

设 Hilbert 空间 H 有基 $\{\varepsilon_i\mid i\in I\}$. 作映射 $\sigma: H\to\ell^2(I)$, 将 $\alpha=\sum_{i\in I}\langle\varepsilon_i,\alpha\rangle\varepsilon_i$ 映射到 $\sigma(\alpha)=\sum_{i\in I}\langle\varepsilon_i,\alpha\rangle\delta_i$ (由引理 11.5, α 的级数收敛导致 $\sum_{i\in I}|\langle\varepsilon_i,\alpha\rangle|^2$ 收敛. 这又导致 $\sigma(\alpha)$ 的级数收敛). 易知 σ 是线性双射, 且是等距映射:

$$\|\sigma(\alpha)\|^2=\langle\sigma(\alpha),\sigma(\alpha)\rangle=\sum_{i\in I}|\langle\varepsilon_i,\alpha\rangle|^2=\|\alpha\|^2.$$

这就证明了(4), 其余由此可知. ■

11.6　有界函数与 Riesz 表示

对有限维内积空间 V, V 上线性函数(或称泛函)全体 V^* 称为其对偶空间. 每个 $f\in V^*$ 总可表示为 $f=f_\alpha=\langle\alpha,\cdot\rangle$, $\alpha\in V$, 即 $f_\alpha(x)=\langle\alpha,x\rangle$. 此时称 f 可由向量 α 表示. 但是对无限维 Hilbert 空间 H, 将证明: 线性函数 f 可由某向量表示 $\Leftrightarrow f$ 连续 $\Leftrightarrow f$ 有界(定义如下). 因此将 H 上有界(即连续)线性函数集 H^c 称为 H 的(有界)对偶空间.

称线性映射 $f: H\to H'$ 是**有界的**, 是指存在 M 使

$$\|f(x)\|\leqslant M\|x\|\qquad(\text{对任意非零 } x\in H).$$

记满足此式的最小 M 为 $\|f\|$, 称为 f 的**范数**. 有界线性函数(也称泛函) $f: H\to F$ 全体记为 H^c, 称为 H 的**(有界)对偶空间**. 注意范数满足

$$\|f\|=\sup_{x\neq0}\frac{\|f(x)\|}{\|x\|}=\sup_{\|x\|=1}\|f(x)\|=\sup_{\|x\|\leqslant1}\|f(x)\|,$$

这是因为对 $\|y\|=k<1$, 令 $y=kx$, 则 $\|x\|=1$, $\|f(y)\|=k\|f(x)\|<\|f(x)\|$. 可以证明, H 上的有界线性函数集 H^c 对上述范数成为 Banaha 空间, 即完备赋范线性空间(对任意内积空间或赋范空间 H 皆然).

注意, 可由 $\alpha\in H$ 表示的函数 $f_\alpha=\langle\alpha,\cdot\rangle$ 必是有界的:

$$|f_\alpha(x)|=|\langle\alpha,x\rangle|\leqslant\|\alpha\|\cdot\|x\|\qquad(\text{对所有 } x\neq0).$$

注意当 $\alpha=x$ 时等号成立. 故 $\|f_\alpha\|=\sup|f_\alpha(x)|/\|x\|=\|\alpha\|$.

定理 11.10 设 $f: H\to H'$ 为 Hilbert 空间的线性映射，则

$$f\text{ 有界}\Leftrightarrow f\text{ 连续}\Leftrightarrow f\text{ 在某一点 }x_0\in H\text{ 连续}.$$

证明 (1)若 f 在 x_0 连续，则 $\|f(x)-f(y)\|=\|f(x-y+x_0)-f(x_0)\|\to 0$ (当 $x\to y$，即 $(x-y+x_0)\to x_0$)，即知 f 连续. (2)若 f 有界则 $\|f(x)-f(x_0)\|=\|f(x-x_0)\|\leqslant\|f\|\cdot\|x-x_0\|\to 0$，故 f 在 x_0 连续，即 f 连续. 反之若 f 连续，则存在 $\delta>0$，当 $\|x\|\leqslant\delta$ 时 $\|f(x)\|\leqslant 1$. 特别当 $\|x\|=\delta$ 时，$\|f(x)\|\leqslant\delta^{-1}\|x\|$. 故当 $\|y\|=1$ 时，$\|\delta y\|=\delta$，$\|f(\delta y)\|\leqslant\delta^{-1}\|\delta y\|$，$\|f(y)\|\leqslant\delta^{-1}\|y\|$. 这说明 f 有界. ■

定理 11.11(Riesz 表示定理) 对 Hilbert 空间 H 上的有界(即连续)线性函数 $f\in H^c$，存在唯一的 $\alpha\in H$ 使 $f=f_\alpha=\langle\alpha,\cdot\rangle$，即 $f_\alpha(x)=\langle\alpha,x\rangle$. 而且 $\|f_\alpha\|=\|\alpha\|$.

证明 若 $f=0$，取 $\alpha=0$ 即可. 若 $f\neq 0$ 则 $K=\ker(f)\neq H$，且由 $f\neq 0$ 及 f 连续知 K 是闭子空间. 故 $H=K\oplus K^{\perp}$. 函数 f 即是线性映射 $f: H\to F$，故

$$K^{\perp}\cong H/K=H/\ker(f)=\mathrm{Im}(f)=F.$$

任取非零 $\beta\in K^{\perp}$，令

$$\alpha=\frac{\overline{f(\beta)}}{\langle\beta,\beta\rangle}\beta\in K^{\perp},$$

则

$$f(\alpha)=\frac{\overline{f(\beta)}}{\langle\beta,\beta\rangle}f(\beta)=\frac{\overline{f(\beta)}f(\beta)}{\langle\beta,\beta\rangle\langle\beta,\beta\rangle}\langle\beta,\beta\rangle=\langle\alpha,\alpha\rangle.$$

每个 $x\in H$ 可唯一表为 $x=x_0+x_1$，其中 $x_0\in K, x_1\in K^{\perp}=F$，故 $x_1=k\alpha$. 所以

$$f(x)=f(x_0+x_1)=f(x_1)=kf(\alpha)=k\langle\alpha,\alpha\rangle=\langle\alpha,k\alpha\rangle=\langle\alpha,x_1\rangle=\langle\alpha,x\rangle.$$

这说明 $f=f_\alpha=\langle\alpha,\_\rangle$. 等式 $\|f_\alpha\|=\|\alpha\|$ 已经证明. ■

由 Riesz 表示定理，易知 $(\mathbb{R}^n)^c=(\mathbb{R}^n)^*=\mathbb{R}^n$，$(\ell^2)^c=\ell^2$，$(L^2)^c=L^2$. 更一般地可证：

$$(\ell^p)^c=\ell^q,\qquad (L^p)^c=L^q\quad(1/p+1/q=1),\qquad (\ell^1)^c=\ell^\infty.$$

习 题 11

1. 证明 Hermite 型 $h(\alpha,\beta)$ 与 $H(\alpha)=h(\alpha,\alpha)$ 的极化等式也可写为：

$$h(\alpha,\beta)=\frac{1}{4}[H(\alpha+\beta)-H(\alpha-\beta)+\mathrm{i}H(\alpha-\mathrm{i}\beta)-H(\alpha+\mathrm{i}\beta)].$$

2. 对酉空间上半双线性型 h，证明以下等价(任意 α,β)：

(1) h 是 Hermite 型；　(2) $H(\alpha)=h(\alpha,\alpha)$为实数；

(3) $\operatorname{Re} h(\alpha,\beta)=\frac{1}{4}[H(\alpha+\beta)-H(\alpha-\beta)]$；

(4) $\operatorname{Im} h(\alpha,\beta)=\frac{1}{4}[H(\alpha-\mathrm{i}\beta)-H(\alpha+\mathrm{i}\beta)]$.

3. 以 $C[0,1]$记$[0,1]\subset\mathbb{R}$上复值连续函数集，它是复线性空间，定义

$$h(f,g)=\int_0^1 \overline{f(x)}g(x)r(x)\mathrm{d}x \qquad (f,g,r\in C[0,1]).$$

试证明：h 是 $C[0,1]$上的半双线性型，h 是 Hermite 型当且仅当 $r(x)$总取实值，h 非负当且仅当 $r(x)$非负，$r(x)$正定当且仅当 $r(x)$非负且在任意非平凡区间上均不恒为零.

4. 证明，如下定义给出 $C[0,1]$上的半双线性型：

$$h(f,g)=\int_0^1\int_0^1 \overline{f(x)}g(y)r(x,y)\mathrm{d}x\mathrm{d}y,$$

其中 $r(x,y)$为连续函数. 证明 h 是 Hermite 型当且仅当 $r(x,y)$是 Hermite 函数，即 $r(x,y)=\overline{h(y,x)}$.

5. 试证明$(C[a,b],d_s)$的取上限范数不满足平行四边形等式.

6. 试证明 Hölder 不等式和 Minkowski 不等式(关于积分的和级数的).

7. 设 h 是内积空间 V 上非负 Hermite 型. $H(\alpha)=h(\alpha,\alpha)$. 证明

$$|h(x,y)|\leqslant (H(x)H(y))^{1/2} \qquad (\text{Schwarz 不等式}).$$

如果 h 正定，则上式等号成立当且仅当 x,y 线性相关；而 $h(x,y)=(H(x)H(y))^{1/2}$ 成立当且仅当有 $a\geqslant 0$ 使 $x=ay$ 或 $y=ax$.

8. 复线性空间 V 上非负的 Hermite 型 h 称为半内积. 而半范数 $p(x)=\|x\|$ 的定义是在范数定义中改正定性为半正定性. 证明半范数满足

$$p(x\pm y)\geqslant |p(x)-p(y)|.$$

9. 内积空间中，$\|x+y\|=\|x\|+\|y\|$ 当且仅当有 $a\geqslant 0$ 使 $x=ay$ 或 $y=ax$.

10. $\mathbb{R}^n$和$\mathbb{C}^n$对如下三种范数的定义均是 Banach 空间($a=(a_j)$)：

$$\|a\|_1=\sum_{j=1}^n |a_j|,\quad \|a\|_\infty=\max_{1\leqslant j\leqslant n}\{|a_j|\},\quad \|a\|=\left(\sum_{j=1}^n |a_j|^2\right)^{1/2}.$$

11. 内积空间 V 中，若 $\alpha\perp\beta$，则 $\|\alpha+\beta\|^2=\|\alpha\|^2+\|\beta\|^2$(勾股定理).

12. 对内积空间 V 及其子集 S，证明：(1) $\{0\}^\perp=V, V^\perp=\{0\}$. (2) $S^\perp$是闭子空间. (3) $S^\perp=\operatorname{span}(S)^\perp=\operatorname{cspan}(S)^\perp$，其中 cspan$(S)$是 span$(S)$的闭包.

13. 设 W_1,W_2 为 Hilbert 空间 H 的正交子空间. 证明：$W_1\oplus W_2$ 闭当且仅当 W_1,W_2 均闭.

14. 证明 $\ell^2(I)$为 Hilbert 空间(I 为任意集合).

15. 证明：$L^2([-1,1])$中$\{1,x,x^2,\cdots\}$为极大线性无关组，经 Gram-Schmidt 正交化可得 Hilbert 基(Legendre 多项式)：

$$p_n(x)=(2^n n!)^{-1}\left(\frac{2n+1}{2}\right)^{1/2}\frac{\mathrm{d}^n}{\mathrm{d}x^n}(x^2-1)^n, \qquad (n=0,1,2,\cdots).$$

第12章

张量积与外积

12.1 引言与概述

张量是向量与线性映射的推广. 它的(坐标)分量形式是行向量和矩阵的推广. 主要就是由线性推广到多线性. 本章内容在现代数学和物理中有广泛的应用. 在代数、分析、几何及物理等不同领域中,张量和外积的引入和侧重形式往往不同,本章将尽量简单、严格地给出其数学基础,并理清各种不同定义之间的关系.

本节先作浅近的介绍,对于部分读者可能已足够. 严格深入的论述留待以后各节.

张量积和外积概念，与“通常”乘积最大的区别，也是理解的难点，在于：预先不知乘积结果为何物. 这与通常的乘法很不同：例如 199×788，我们起码知道结果是一个整数. 所谓一种乘积运算(或是别的运算)，实际上是一个映射. 例如整数间的乘积，就是一个映射 π: $\mathbb{Z}\times\mathbb{Z}\to\mathbb{Z}, (a,b)\longmapsto ab$. 而线性函数与向量的“内积”，就是映射 δ: $V^*\times V\to F, (f,\alpha)\longmapsto\langle f,\alpha\rangle=f(\alpha)$. 所以，(线性空间 V_1 和 V_2 的)张量积是一个映射

$$\tau:\quad V_1\times V_2\to T.$$

我们不但需要知道映射 τ 的对应规则(即运算规则)，而且，首要地，需要知道 T 为何物，要知道“乘往哪里去”. 所以定义张量积时，要同时定义 T 和 τ 两者（T 称为 V_1 和 V_2 的张量积空间,τ 称为张量积运算). T 的定义并不唯一，但在同构的意义下是唯一的.

张量积的最通俗的“定义”是这样：设域 F 上线性空间 V_1 和 V_2 的维数为 m 和 n，基为$\{\varepsilon_i\}$和$\{e_i\}$. 令 T 为 mn 维线性空间，以$\{\varepsilon_i\otimes e_j\}$为基. 并令映射

$$\tau:\quad V_1\times V_2\to T,\quad \Big(\sum_{i=1}^m a_i\varepsilon_i, \sum_{j=1}^n b_je_j\Big)\longmapsto\sum_{i=1}^m\sum_{j=1}^n a_ib_j(\varepsilon_i\otimes e_j),$$

则记 $T=V_1\otimes V_2$，称为 V_1 和 V_2 的张量积(空间)；记 $\tau(\alpha,\beta)=\alpha\otimes\beta$，称为 α 与 β 的张量积. $T=V_1\otimes V_2$ 中元素均称为张量,是形如 $\alpha\otimes\beta$ 这种元素(称为**主张量**)的线性组合.(这里$\otimes$只是一种记号. 上述不是严格的定义). 多个线性空间 $V_1,\cdots,V_r$ 的张量积与此完全类似. 例如,$F^2\otimes F^3$ 是 6 维空间，同构于 F^6. 我们可以认为 $T=F^2\otimes F^3=F^6$ 或 $M_{2\times3}(F)$. 于是张量积运算为

$$(a_1,a_2)\otimes(b_1,b_2,b_3)=(a_1b_1, a_1b_2, a_1b_3, a_2b_1, a_2b_2, a_2b_3).$$

外积的通俗“定义”：设 V 为 n 维线性空间,基为$\{\varepsilon_i\}$. 令 W 为 $n(n-1)/2$ 维线性空

间，以$\{\varepsilon_i \wedge \varepsilon_j \mid i<j\}$为基．约定$\varepsilon_i \wedge \varepsilon_i = 0$，$\varepsilon_i \wedge \varepsilon_j = -\varepsilon_j \wedge \varepsilon_i (i,j=1,\cdots,n)$．令

$$\omega: V \times V \to W, \quad \left(\sum_{i=1}^n a_i\varepsilon_i, \sum_{j=1}^n b_j\varepsilon_j\right) \longmapsto \sum_{i=1}^n\sum_{j=1}^n a_ib_j(\varepsilon_i \wedge \varepsilon_j) = \sum_{i<j}(a_ib_j - a_jb_i)\varepsilon_i \wedge \varepsilon_j,$$

则记$W=V\wedge V$称为V的二重外积（空间），记$\omega(\alpha,\beta)=\alpha\wedge\beta$称为$\alpha$与$\beta$的外积（这里$\wedge$只是一种记号）．多重外积$V\wedge\cdots\wedge V$完全类似．例如，$F^2\wedge F^2$是一维空间，基为$\varepsilon_1\wedge\varepsilon_2$，可以认为$W=F^2\wedge F^2=F$．于是

$$(a_1,a_2) \wedge (b_1,b_2) = \det\begin{bmatrix} a_1 & a_2 \\ b_1 & b_2 \end{bmatrix}.$$

而$W=F^3\wedge F^3$是三维，基是$\varepsilon_1\wedge\varepsilon_2$，$\varepsilon_1\wedge\varepsilon_3$，$\varepsilon_2\wedge\varepsilon_3$．易算得$(a_1,a_2,a_3)\wedge(b_1,b_2,b_3)$的坐标为$\begin{bmatrix} a_1 & a_2 & a_3 \\ b_1 & b_2 & b_3 \end{bmatrix}$的3个二阶子式$(a_1b_2-a_2b_1,\ a_1b_3-a_3b_1,\ a_2b_3-a_3b_2)$．

本章要给出各种定义、性质和例子．有些同样适合于无限维线性空间或模．

以下总是设$V_1,\cdots,V_r,V$及W是域F上的线性空间．记

$$\prod_{i=1}^r V_i = V_1 \times \cdots \times V_r$$

为$(v_1,\cdots,v_r)$全体$(v_i\in V_i)$，当$V_1=\cdots=V_r=V$时，也记

$$V\times\cdots\times V = V^r.$$

需要特别注意的是，$V_1\times\cdots\times V_r$中的各个元素之间现在不假定有任何运算关系，互相不能运算．

映射

$$f: \prod_{i=1}^r V_i \longrightarrow W$$

称为**多线性映射**或**多线性型**（multilinear mapping, form），是指f对每一个分量均是线性的（当其余分量固定时），也就是说对任意$i(i=1,\cdots,r)$均有

$$f(v_1,\cdots,v_i+v_i',\cdots,v_r) = f(v_1,\cdots,v_i,\cdots,v_r) + f(v_1,\cdots,v_i',\cdots,v_r),$$
$$f(v_1,\cdots,cv_i,\cdots,v_r) = cf(v_1,\cdots,v_i,\cdots,v_r) \tag{12.1.1}$$

（对任意$c\in F$，v_i，$v_i'\in V_i$）．这种多线性映射全体记为

$$L(V_1,\cdots,V_r;W) \quad 或 \quad L(V_1\times\cdots\times V_r;W),$$

它对如下运算是F上的线性空间：

$$(f+g)(v_1,\cdots,v_r) = f(v_1,\cdots,v_r) + g(v_1,\cdots,v_r),$$
$$(cf)(v_1,\cdots,v_r) = cf(v_1,\cdots,v_r) \tag{12.1.2}$$

（对任意f，$g\in L(V_1,\cdots,V_r;W)$，$c\in F$，$v_i\in V_i$）．

例如，$L(V;F)=V^*$是V到F的线性函数全体，即V的**对偶空间**．$L(V;W)$是V到W的线性映射全体．$L(V_1,V_2;F)$是**双线性函数**全体．在第2章曾说明，取行列式运算det可

看作方阵集到 F 的映射.现在考虑方阵的各行,可以把 det 看作 $F^n\times\cdots\times F^n$ 到 F 的映射(把行向量组$(\alpha_1,\cdots,\alpha_n)$映为它们所成方阵的行列式),于是知有

$$\det\in L(F^n,\cdots,F^n;F).$$

对于 $v\in V$ 和 $f\in V^*$,常记

$$f(v)=fv=\langle f,v\rangle=v(f).\tag{12.1.3}$$

每个向量 v 也可看作 V^* 上的线性函数.有限维线性空间 V 可看作 V^* 的对偶空间,即 $V=V^{**}=L(V^*;F)$.所以 V 和 V^* 有完全对等(对偶)的地位,关于 V 的讨论也适用于 V^*,反之亦然.

张量积刻画之一(不可交换的形式积):向量 $v_1\in V_1,\cdots,v_r\in V_r$ 的**张量积**是一种"纯粹的形式积",记为 $v_1\otimes\cdots\otimes v_r$,它只不过具有(最起码应有的"多线性")性质:

$$v_1\otimes\cdots\otimes(v_i+v_i')\otimes\cdots\otimes v_r=v_1\otimes\cdots\otimes v_i\otimes\cdots\otimes v_r+v_1\otimes\cdots\otimes v_i'\otimes\cdots\otimes v_r,$$
$$v_1\otimes\cdots\otimes(cv_i)\otimes\cdots\otimes v_r=c(v_1\otimes\cdots\otimes v_i\otimes\cdots\otimes v_r).$$
$$(\text{对任意 } i,\ c\in F,\ v_i,v_i'\in V_i)\tag{12.1.4}$$

全体 $v_1\otimes\cdots\otimes v_r(v_i\in V_i)$在 F 上(由线性组合)生成的线性空间记为

$$V_1\otimes\cdots\otimes V_r\quad\text{或}\quad\bigotimes_{i=1}^{r}V_i,$$

称为 $V_1,\cdots,V_r$ 的**张量积**(空间),其中元素称为**张量**.

也就是说,张量是形如 $v_1\otimes\cdots\otimes v_r$ 的一些元素的线性组合.(12.1.4)式相当于下述映射是多线性的:

$$\tau:\prod V_i\longrightarrow\bigotimes V_i,\qquad(v_1,\cdots,v_r)\longmapsto v_1\otimes\cdots\otimes v_r.\tag{12.1.5}$$

若 V_1 和 V_2 的基分别为$\{\varepsilon_1,\cdots,\varepsilon_m\}$和$\{e_1,\cdots,e_n\}$,可以证明 $V_1\otimes V_2$ 的基为$\{\varepsilon_i\otimes e_j\mid 1\leqslant i\leqslant m,1\leqslant j\leqslant n\}$.特别知张量积的维数

$$\dim(V_1\otimes V_2)=(\dim V_1)(\dim V_2).\tag{12.1.6}$$

作为对照,我们可以回忆,曾用"纯粹的形式和"(外直和)构作出空间 $V_1\oplus V_2$,其维数为

$$\dim(V_1\oplus V_2)=\dim V_1+\dim V_2.$$

由于张量积仅仅有"多线性"(即(12.1.4)式或(12.1.5)式),而别的多线性结构往往还会有特殊限制,所以可以想见,后者应可由张量积再加限制而得到,即有如下定理.

张量积刻画之二(万有性):张量积 $V_1\otimes\cdots\otimes V_r$ 是唯一(同构意义下)具有下述性质的线性空间(见图 12.1):对任一多线性映射 $f\in L(V_1,\cdots,V_r;W)$,存在张量积空间上唯一的线性映射 $f_*\in L(V_1\otimes\cdots\otimes V_r;W)$,使

$$f(v_1,\cdots,v_r)=f_*(v_1\otimes\cdots\otimes v_r).\tag{12.1.7}$$

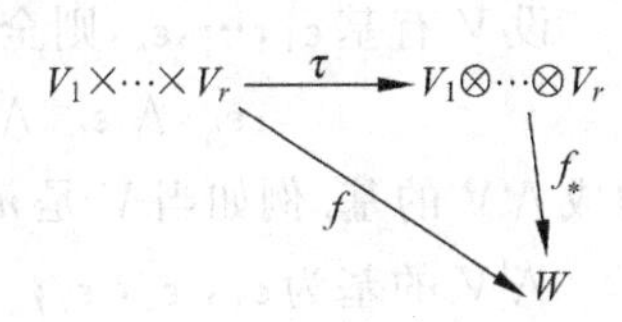

图 12.1

当 V_1 和 V_2 均为有限维时,有很自然的同构

$$\varphi:V_1^*\otimes V_2^*\cong(V_1\otimes V_2)^*,$$

$$\varphi(f_1 \otimes f_2)(v_1 \otimes v_2) = f_1(v_1) f_2(v_2).$$

把同构 φ 视为等同，则有下面的刻画.

张量积刻画之三(多线性映射)：对有限维线性空间 $V_1,\cdots,V_r$，张量积 $V_1^* \otimes \cdots \otimes V_r^*$ 可等同于多线性函数全体 $L(V_1,\cdots,V_r;F)$. 也就是说，$f_1 \otimes \cdots \otimes f_r$ 可由下式定义为多线性映射(函数)：

$$(f_1 \otimes \cdots \otimes f_r)(v_1,\cdots,v_r) = f_1(v_1)\cdots f_r(v_r), \tag{12.1.8}$$

且其全体生成 $L(V_1,\cdots,V_r;F)$(这里 $f_i \in V_i^*$，$v_i \in V_i$). 完全同样地，张量积 $V_1 \otimes \cdots \otimes V_r$ 可等同于对偶空间上多线性函数全体 $L(V_1^*,\cdots,V_r^*;F)$.

张量积的运算满足结合律以及对于和的分配律，即

$$(v_1 \otimes v_2) \otimes v_3 = v_1 \otimes v_2 \otimes v_3 = v_1 \otimes (v_2 \otimes v_3),$$

$$(v_1 + v_2) \otimes v_3 = v_1 \otimes v_3 + v_2 \otimes v_3.$$

张量积不满足交换律，即使在 $V \otimes V$ 中，一般仍有 $v_1 \otimes v_2 \neq v_2 \otimes v_1$.

现简述外积(也称交错积).

外积刻画之一(交错形式积)：空间 V 中向量 $v_1,\cdots,v_r$ 的外积是一种"形式积"，记为 $v_1 \wedge v_2 \cdots \wedge v_r$，只满足如下("多线性"和交错性)性质：

(1) $v_1 \wedge \cdots \wedge (v_i + v_i') \wedge \cdots \wedge v_r = v_1 \wedge \cdots \wedge v_i \wedge \cdots \wedge v_r + v_1 \wedge \cdots \wedge v_i' \wedge \cdots \wedge v_r$，

$$v_1 \wedge \cdots \wedge (cv_i) \wedge \cdots \wedge v_r = c(v_1 \wedge \cdots \wedge v_i \wedge \cdots \wedge v_r), \tag{12.1.9}$$

(2) 当 $v_i = v_j (i \neq j)$ 时，

$$v_1 \wedge \cdots \wedge v_i \wedge \cdots \wedge v_j \wedge \cdots \wedge v_r = 0 \tag{12.1.10}$$

(对任意 $v_i,\ v_i' \in V, c \in F$). 全体 $v_1 \wedge \cdots \wedge v_r (v_i \in V)$ 生成的 F 上的线性空间记为 $\wedge^r V$，称为 V 的 r 次外积或外幂，而且对任意 r 和 s，定义两外积之积为

$$(v_1 \wedge \cdots \wedge v_r) \wedge (v_{r+1} \wedge \cdots \wedge v_{r+s}) = v_1 \wedge \cdots \wedge v_{r+s}. \tag{12.1.11}$$

注意由(12.1.10)式可知，交换一对因子会使外积变号：

$$v_1 \wedge \cdots \wedge v_i \wedge \cdots \wedge v_j \wedge \cdots \wedge v_r = -v_1 \wedge \cdots \wedge v_j \wedge \cdots \wedge v_i \wedge \cdots \wedge v_r \tag{12.1.12}$$

(对任意 $v_1,\cdots,v_r \in V$). 当 F 为数域时，由(12.1.12)式也可推知(12.1.10)式.

设 V 有基 $\varepsilon_1,\cdots,\varepsilon_n$，则全体

$$\varepsilon_{i_1} \wedge \varepsilon_{i_2} \wedge \cdots \wedge \varepsilon_{i_r} \quad (1 \leqslant i_1 < i_2 < \cdots < i_r \leqslant n) \tag{12.1.13}$$

构成 $\wedge^r V$ 的基. 例如当 V 是 $n=3$ 维时，有：

$\wedge^1 V$ 的基为 $\varepsilon_1, \varepsilon_2, \varepsilon_3$；　三维.

$\wedge^2 V$ 有基 $\varepsilon_1 \wedge \varepsilon_2, \varepsilon_2 \wedge \varepsilon_3, \varepsilon_1 \wedge \varepsilon_3$；　三维.

$\wedge^3 V$ 有基 $\varepsilon_1 \wedge \varepsilon_2 \wedge \varepsilon_3$；　一维.

$\wedge^4 V = \wedge^5 V = \cdots = 0$.

上述对外积的刻画说明，外积是在张量积定义的基础上再加上交错性的限制. 外积也有"万有性"及"等同于(交错)多线性映射"方面的刻画. 更具特点的是如下刻画.

外积刻画之二(交错张量)：外积(向量)空间 $\wedge^r V$ 可等同于 $\bigotimes_{i=1}^{r} V$ 中交错张量全体 $AT^r(V)$，但二者的乘法不可简单等同，要经一个算子的变换. 这里一个张量称为交错的，是指它决定的多线性函数(在张量积刻画之三中)是交错的，即当两变元分量相等时取值为 0；也相当于张量的坐标分量有交错性.

例 12.1 在三维欧几里得空间的积分中，$\mathrm{d}x\mathrm{d}y$ 为面积元素(可理解为无限小一块平面的面积. 这里我们设 x,y,z 为坐标变量，$\mathrm{d}x,\mathrm{d}y,\mathrm{d}z$ 为微分). 如果不仅考虑面积的大小(绝对值)，而且考虑其方向(即其法线方向是指向"内"或"外")，那就要区分正、负面积元. 于是规定 $\mathrm{d}x$ 和 $\mathrm{d}y$ 相"乘"的次序改变时，面积元要改变正负号 . 为了与原来可交换的乘积相区别，这后一种"乘积"记为 $\mathrm{d}x\wedge\mathrm{d}y$，称为外积. 因此有

$$\mathrm{d}x \wedge \mathrm{d}y = -\mathrm{d}y \wedge \mathrm{d}x,$$

或者说 $\mathrm{d}x\wedge\mathrm{d}x=0$. 对于 $\mathrm{d}x,\mathrm{d}y,\mathrm{d}z$ 的乘积都作同样定义，例如

$$\mathrm{d}x \wedge \mathrm{d}y \wedge \mathrm{d}z = -\mathrm{d}x \wedge \mathrm{d}z \wedge \mathrm{d}y.$$

$$\mathrm{d}x \wedge \mathrm{d}y \wedge \mathrm{d}x = 0.$$

用前述"外积刻画之一"可作清楚解释. 考虑某种三元函数集 F(例如 x,y,z 的有理(式)函数全体 F，是一个域)，以 $\mathrm{d}x,\mathrm{d}y,\mathrm{d}z$ 为基在函数域 F 上生成的空间记为 V. 于是 V 的一次外积(幂) $\wedge^1 V=V$，是三维空间. 二次外积(幂) $\wedge^2 V$ 也是三维，以 $\mathrm{d}x\wedge\mathrm{d}y,\mathrm{d}y\wedge\mathrm{d}z,\mathrm{d}x\wedge\mathrm{d}z$ 为基. 三次外积(幂) $\wedge^3 V$ 是一维，基为 $\mathrm{d}x\wedge\mathrm{d}y\wedge\mathrm{d}z$. r 次外积(幂) $\wedge^r V$ 中的元素即为 r 次外微分形式($r=1,2,3$).

在顾及到面积元(及长度和体积元)等的方向性时，积分要对外微分形式进行(而不是对 $f\mathrm{d}x\mathrm{d}y$ 等微分进行). 这样的积分理论统一简洁. $\wedge^1 V=V$ 中元素称为一次外微分形式，例如 $f_1\mathrm{d}x+f_2\mathrm{d}y+f_3\mathrm{d}z$. $\wedge^2 V$ 中元素 $g_1\mathrm{d}x\wedge\mathrm{d}y+g_2\mathrm{d}y\wedge\mathrm{d}z+g_3\mathrm{d}x\wedge\mathrm{d}z$ 称为二次外微分形式，$\wedge^3 V$ 中元素 $f\mathrm{d}x\wedge\mathrm{d}y\wedge\mathrm{d}z$ 称为三次外微分形式. 外微分形式之间可以相加(不同次的为形式上相加)，也可按分配律相乘(称为外积)，例如

$$\begin{aligned}
&(f_1\mathrm{d}x + f_2\mathrm{d}y + f_3\mathrm{d}z) \wedge (g_1\mathrm{d}x + g_2\mathrm{d}y)\\
&= f_1g_1\mathrm{d}x \wedge \mathrm{d}x + f_1g_2\mathrm{d}x \wedge \mathrm{d}y + f_2g_1\mathrm{d}y \wedge \mathrm{d}x + f_2g_2\mathrm{d}y \wedge \mathrm{d}y\\
&\quad + f_3g_1\mathrm{d}z \wedge \mathrm{d}x + f_3g_2\mathrm{d}z \wedge \mathrm{d}y\\
&\quad = (f_1g_2 - f_2g_1)\mathrm{d}x \wedge \mathrm{d}y - f_3g_1\mathrm{d}x \wedge \mathrm{d}z - f_3g_2\mathrm{d}y \wedge \mathrm{d}z.
\end{aligned}$$

$$\begin{aligned}
&(f\mathrm{d}x + g\mathrm{d}y) \wedge (h\mathrm{d}x \wedge \mathrm{d}z + u\mathrm{d}y \wedge \mathrm{d}z)\\
&= fh\mathrm{d}x \wedge \mathrm{d}x \wedge \mathrm{d}z + fu\mathrm{d}x \wedge \mathrm{d}y \wedge \mathrm{d}z + gh\mathrm{d}y \wedge \mathrm{d}x \wedge \mathrm{d}z + gu\mathrm{d}y \wedge \mathrm{d}y \wedge \mathrm{d}z\\
&\quad = (fu - gh)\mathrm{d}x \wedge \mathrm{d}y \wedge \mathrm{d}z.
\end{aligned}$$

12.2 张 量 积

仍设 $V_1,\cdots,V_r,V,W$ 为域 F 上线性空间. 记 $V_1\times V_2\times\cdots\times V_r=\prod_{i=1}^{r}V_i$ 为 $(v_1,\cdots,v_r)$ $(v_i\in V_i)$ 全体.

以 $V_1\times\cdots\times V_r$ 中元素全体为基(自由)生成的 F 上的线性空间记为 M. 也就是说, M 的每个元素均形如

$$\sum_v a_v(v_1,\cdots,v_r), \tag{12.2.1}$$

是有限多个 $(v_1,\cdots,v_r)=v$ 的线性组合 $(v_i\in V_i)$; 而 M 中的两个元素相等当且仅当所有的对应组合系数均相等(即 $\sum\limits_v a_v(v_1,\cdots,v_r)=\sum\limits_v b_v(v_1,\cdots,v_r)$ 当且仅当 $a_v=b_v$ 对所有 $v=(v_1,\cdots,v_r)\in\prod V_i$ 成立). 也可以说, 上述线性组合中的运算是形式上的. 例如 $a(v_1,\cdots,v_2)$ 与 $(av_1,\cdots,av_r)$ 一般并不相等. 而和 $(v_1,\cdots,v_r)+(v_1',\cdots,v_r')$ 一般不能再化简, 并不等于 $(v_1+v_1',\cdots,v_r+v_r')$.

再考虑 M 的子空间 N, 由如下元素全体生成 $(v_i,v_i'\in V_i, c\in F, i=1,\cdots,r)$:

$$(v_1,\cdots,v_i+v_i',\cdots,v_r)-(v_1,\cdots,v_i,\cdots,v_r)-(v_1,\cdots,v_i',\cdots,v_r),$$
$$(v_1,\cdots,cv_i,\cdots,v_r)-c(v_1,\cdots,v_i,\cdots,v_r). \tag{12.2.2}$$

记商空间 M/N 为

$$T=M/N=V_1\otimes\cdots\otimes V_r, \tag{12.2.3}$$

记模 N 的自然映射为

$$\tau:M\longrightarrow T,$$
$$\tau(v_1,\cdots,v_r)=v_1\otimes\cdots\otimes v_r, \tag{12.2.4}$$

(按商空间的记号即为 $\overline{(v_1,\cdots,v_r)}=(v_1,\cdots,v_r)+N=v_1\otimes\cdots\otimes v_r$). 称 (T,τ) 为 $V_1,\cdots,V_r$ 的**张量积**(tensor product), 有时简称 T 为张量积. T 中元素称为**张量**(tensor). $v_1\otimes\cdots\otimes v_r$ 称为向量 $v_1,\cdots,v_r$ 的**张量积**(这样的元素称为**主张量**).

显然, $T=V_1\otimes\cdots\otimes V_r$ 中的元素(即张量)均为有限多个主张量 $v_1\otimes\cdots\otimes v_r$ $(v_i\in V)$ 的线性组合. 由于 $\tau(N)=0$, 即 N 中元素在映射 τ 下的象均为 0, 故由(12.2.2)式可知, 张量积有如下性质(对任意 $v_i, v_i'\in V_i, c\in F, i=1,\cdots,r$).

$$v_1\otimes\cdots\otimes(v_i+v_i')\otimes\cdots\otimes v_r=v_1\otimes\cdots\otimes v_i\otimes\cdots\otimes v_r+v_1\otimes\cdots\otimes v_i'\otimes\cdots\otimes v_r,$$
$$v_1\otimes\cdots\otimes(cv_i)\otimes\cdots\otimes v_r=c(v_1\otimes\cdots\otimes v_i\otimes\cdots\otimes v_r). \tag{12.2.5}$$

τ 限制到 $V_1\times\cdots\times V_r$ 后的映射仍记为 τ, 也就是说模 N 引起如下映射

$$\tau: V_1 \times \cdots \times V_r \longrightarrow T, \qquad (12.2.6)$$
$$(v_1, \cdots, v_r) \longmapsto v_1 \otimes \cdots \otimes v_r.$$

张量积的性质(12.2.5)正好意味着此映射 τ 是多线性的. 我们要证明 τ 是最"纯粹"的多线性映射,其他(带有特殊性的)多线性映射均可由 τ 再继续映射得到. 为此引入以下定义.

定义 12.1 设 T 是 F 上线性空间,且

$$\tau: V_1 \times \cdots \times V_r \longrightarrow T$$

是多线性映射. 如果对于 F 上任意的线性空间 W 和任意的多线性映射

$$f: V_1 \times \cdots \times V_r \longrightarrow W,$$

均存在唯一线性映射

$$f_*: T \longrightarrow W$$

使得复合映射

$$f_* \circ \tau = f,$$

则称(T,τ)(也简称 T)具有万有性(universal)或泛性(对于定义在 $V_1 \times \cdots \times V_r$ 上的多线性映射集而言).

定理 12.1 (1) 记商空间 $M/N = T$, 模 N 自然映射为 $\tau: V_1 \times \cdots \times V_r \to T$. 则$(T,\tau)$具万有性.

(2) 具万有性的(T,τ)在同构意义下是唯一存在的. 也就是说,设(T,τ)具万有性,那么(T',τ')具万有性当且仅当有线性空间的同构

$$\rho: T \cong T' \quad 使 \quad \tau' = \rho \circ \tau.$$

系 1 设如定义 12.1 或定理 12.1,则有线性空间的同构

$$\tau^*: \quad L(T;W) \cong L(V_1, \cdots, V_r; W)$$
$$f_* \longmapsto f_* \circ \tau.$$

定理 12.1 证明 (1) 设 $f: V_1 \times \cdots \times V_r \to W$ 是多线性映射,可唯一地拓展为 M 到 W 的线性映射. 于是 f 把(12.2.2)式中元素(即 N 的生成元)均映为 0,从而 $f(N)=0$. 故 M 模 N 的一个同余类 $\bar{\alpha} = \alpha + N$ 中元素全都映射为同一个元素: $f(\bar{\alpha}) = f(\alpha + N) = f(\alpha) + f(N) = f(\alpha)$(对任意 $\alpha \in M$). 故可由 $f_*(\bar{\alpha}) = f(\alpha)$ 定义映射 $f_* \in L(T;W)$. 且由 $\tau\alpha = \bar{\alpha}$ 易知 $f_* \circ \tau = f$. 另一方面,若另有 f_*' 使 $f_*' \circ \tau = f$,则 $f_* \circ \tau = f = f_*' \circ \tau$,故

$$f_*(v_1 \otimes \cdots \otimes v_r) = f_* \circ \tau(v_1, \cdots, v_r) = f_*' \circ \tau(v_1, \cdots, v_r)$$
$$= f_*'(v_1 \otimes \cdots \otimes v_r)$$

对 T 的生成元 $v_1 \otimes \cdots \otimes v_r$ 均成立,故 $f_* = f_*'$.

(2) 由(T,τ)的万有性(把 T' 作为 W,τ' 作为 f),知存在 $\tau_*' = \rho \in L(T;T')$ 使 $\tau' = \rho \circ \tau$.

如果(T',τ')也具万有性，则同样可知存在$\rho'\in L(T';T)$使得$\tau=\rho'\circ\tau'$. 故$\tau=\rho'\circ(\rho\circ\tau)=(\rho'\circ\rho)\circ\tau$. 即$\rho'\circ\rho=1$为恒等映射. 同理$\rho\circ\rho'=1$. 故$\rho'=\rho^{-1}$，$T'\cong T$.

反之，设有同构ρ：$T\cong T'$使$\tau'=\rho\circ\tau$. 对任意$f\in L(V_1,\cdots,V_r;W)$，由T的万有性知有$f_*\in L(T;W)$使$f=f_*\circ\tau$. 令$f'_*=f_*\circ\rho^{-1}\in L(T';W)$，则显然$f=f_*\circ\tau=f_*\circ\rho^{-1}\circ\rho\circ\tau=f'_*\circ\tau'$. 即知$(T',\tau')$具万有性($f'_*$的唯一性可像(1)中$f_*$的唯一性同样证明). ■

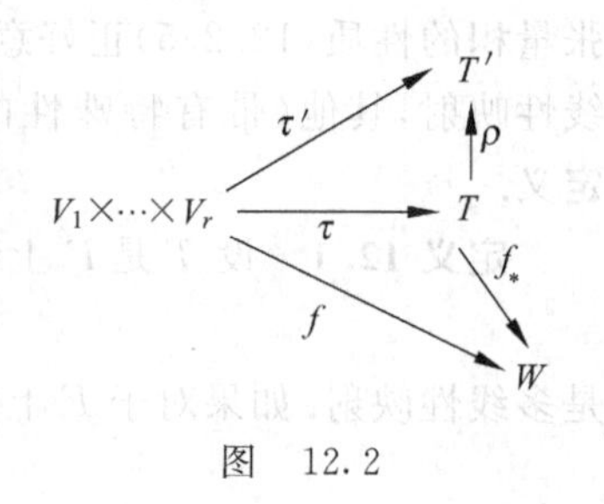

图　12.2

系1证明：τ^*：$g\longmapsto g\circ\tau$显然是线性的：$(g_1+g_2)\circ\tau(v_1,\cdots,v_r)=(g_1+g_2)(v_1\otimes\cdots\otimes v_r)=g_1(v_1\otimes\cdots\otimes v_r)+g_2(v_1\otimes\cdots\otimes v_r)=g_1\circ\tau(v_1,\cdots,v_r)+g_2\circ\tau(v_1,\cdots,v_r)$. T的万有性说明τ^*是满射(对任意f存在着f_*使$\tau^*(f_*)=f_*\circ\tau=f$)，且是单射(上述$f_*$是唯一的). ■

由定理12.1知道，具万有性的T在同构意义下就是M/N. 由此可见万有性是张量积的本质性质. 所以引入以下定义.

定义12.2　若(T,τ)具万有性，则称(T,τ)或T为$V_1,\cdots,V_r$的一个张量积. 张量积在同构意义下唯一，记为$V_1\otimes\cdots\otimes V_r$. 记$\tau(v_1,\cdots,v_r)$为$v_1\otimes\cdots\otimes v_r$，称为向量$v_1,\cdots,v_r$的张量积. 有时为了区别，称本节开始的商空间$M/N$为典型张量积.

张量积的定义12.2也可改述如下. 设$V_1,\cdots,V_r,T$为F上向量空间，若对任意$v_1\in V_1,\cdots,v_r\in V_r$有多元运算$\otimes$：

$$(v_1,\cdots,v_r)\longmapsto v_1\otimes\cdots\otimes v_r\in T,$$

且是多线性的，而且对任一多线性映射f：$V_1\times\cdots\times V_r\to W$，唯一存在线性映射$f_*$：$T\to W$使

$$f_*(v_1\otimes\cdots\otimes v_r)=f(v_1,\cdots,v_r),$$

则运算$\otimes$称为张量积. T称为$V_1,\cdots,V_r$的张量积(空间)且记为$T=V_1\otimes\cdots\otimes V_r$.

定理12.2　设V_i是d_i维，则$V_1\otimes\cdots\otimes V_r$的维数是$d_1d_2\cdots d_r$. 设$V_i$有基$\varepsilon_{i1},\cdots,\varepsilon_{id_i}$，则$V_1\otimes\cdots\otimes V_r$以下列元素全体为基：

$$\varepsilon_{1j_1}\otimes\cdots\otimes\varepsilon_{rj_r}\quad(1\leqslant j_i\leqslant d_i,\quad 1\leqslant i\leqslant r).\tag{12.2.7}$$

例如，$\mathbb{R}^3\otimes\mathbb{R}^2$的基为$\varepsilon_1\otimes\varepsilon_1$，$\varepsilon_1\otimes\varepsilon_2$，$\varepsilon_2\otimes\varepsilon_1$，$\varepsilon_2\otimes\varepsilon_2$，$\varepsilon_3\otimes\varepsilon_1$，$\varepsilon_3\otimes\varepsilon_2$.

证明　显然(12.2.7)式中张量集生成$V_1\otimes\cdots\otimes V_r$：

$$v_1\otimes\cdots\otimes v_r=\Big(\sum_{j_1=1}^{d_1}c_{1j_1}\varepsilon_{1j_1}\Big)\otimes\cdots\otimes\Big(\sum_{j_r=1}^{d_r}c_{rj_r}\varepsilon_{rj_r}\Big)$$

$$= \sum_{j_1=1}^{d_1} \cdots \sum_{j_r=1}^{d_r} (c_{1j_1} \cdots c_{rj_r}) \varepsilon_{1j_1} \otimes \cdots \otimes \varepsilon_{rj_r}.$$

只需再证(12.2.7)式中张量是线性无关的.为此只需证明它们在某线性映射下的象是线性无关的.为使符号简单,以下只明显写出 $r=2$ 的情形.设 V_1, V_2 是 m 和 n 维空间.现取定 mn 个不定元 x_{ij} ($i=1,\cdots,m, j=1,\cdots,n$),以其为基生成 F 上线性空间 $W = \sum_{i=1}^{m}\sum_{j=1}^{n} Fx_{ij}$,是 mn 维.首先注意,任意指定$(\varepsilon_{1i}, \varepsilon_{2j})$到任一空间 W 的映射象($i=1,\cdots,m$, $j=1,\cdots,n$),就可以唯一决定一个双线性映射 $f: V_1 \times V_2 \to W$;这是由于 f 的一般象

$$f(v_1, v_2) = f\Big(\sum_{i=1}^{m} c_{1i}\varepsilon_{1i}, \sum_{j=1}^{n} c_{2j}\varepsilon_{2j}\Big) = \sum_{i=1}^{m}\sum_{j=1}^{n} c_{1i}c_{2j} f(\varepsilon_{1i}, \varepsilon_{2j})$$

由 $f(\varepsilon_{1i}, \varepsilon_{2j})$决定.现在指定

$$f(\varepsilon_{1i}, \varepsilon_{2j}) = x_{ij} \quad (i=1,\cdots,m, j=1,\cdots,n),$$

于是定义了一个双线性映射 $f: V_1 \times V_2 \to W$.再由张量积的万有性,知存在线性映射

$$f_*: V_1 \otimes V_2 \longrightarrow W$$

使 $f_*(\varepsilon_{1i} \otimes \varepsilon_{2j}) = f(\varepsilon_{1i}, \varepsilon_{2j}) = x_{ij}$.由于$\{x_{ij}\}$在 W 中线性无关,故其原象$\{\varepsilon_{1i} \otimes \varepsilon_{2j}\}$是线性无关的. ■

例 12.2(基域扩张)　在一些情况下,常希望把线性空间 V 的基域 F 扩大为某一个域 E,即需要 E 中元素可对 V 中向量有"数乘".张量积可使我们做到这一点.以 $F=\mathbb{R}, E=\mathbb{C}$ 为例说明如下.V 和$\mathbb{C}$ 均为$\mathbb{R}$ 上线性空间,故有张量积$\mathbb{C} \otimes V$,这也是$\mathbb{R}$ 上的 $2n$ 维线性空间.现在我们规定复数$\lambda \in \mathbb{C}$ 与张量 $\alpha \otimes v \in \mathbb{C} \otimes V$ 的"数乘"为

$$\lambda(\alpha \otimes v) = (\lambda\alpha) \otimes v \tag{12.2.8}$$

(对任意 $\lambda, \alpha \in \mathbb{C}, v \in V$).于是容易验证$\mathbb{C} \otimes V$ 是$\mathbb{C}$ 上 n 维线性空间.设 $\varepsilon_1, \cdots, \varepsilon_n$ 是 V 在$\mathbb{R}$ 上的基,于是由定理 12.2 知道$\mathbb{C} \otimes V$ 在$\mathbb{R}$ 上(即作为$\mathbb{R}$ 上线性空间)有基 $1 \otimes \varepsilon_1, \cdots, 1 \otimes \varepsilon_n$, $\mathrm{i} \otimes \varepsilon_1, \cdots \mathrm{i} \otimes \varepsilon_n$(这里 $\mathrm{i} = \sqrt{-1}$).故$\mathbb{C} \otimes V$ 在$\mathbb{C}$ 上以下列元素为生成元:

$$1 \otimes \varepsilon_1, \cdots, 1 \otimes \varepsilon_n. \tag{12.2.9}$$

事实上它们是$\mathbb{C} \otimes V$ 在$\mathbb{C}$ 上的基.这只要证明它们在$\mathbb{C}$ 上线性无关.若有复数 $\lambda_k = a_k + \mathrm{i}b_k$ 使

$$\sum_{k=1}^{n} \lambda_k (1 \otimes \varepsilon_k) = 0,$$

则显然有

$$\sum_{k=1}^{n} a_k (1 \otimes \varepsilon_k) + \sum_{k=1}^{n} b_k (\mathrm{i} \otimes \varepsilon_k) = 0.$$

由于$\mathbb{C} \otimes V$ 在$\mathbb{R}$ 上基为 $1 \otimes \varepsilon_k, \mathrm{i} \otimes \varepsilon_k$ ($k=1,\cdots,n$),故知 $a_k = b_k = 0$ ($k=1,\cdots,n$).故 $\lambda_1 = \cdots = \lambda_n = 0$.故知(12.2.9)式中张量是$\mathbb{C} \otimes V$ 在$\mathbb{C}$ 上基.

复空间$\mathbb{C}\otimes V$称为由实空间V作基域(或系数)扩张得到. 设$\mathscr{A}$是V的线性变换,则$\mathscr{A}$很自然地决定(或看作是)$\mathbb{C}\otimes V$(作为$\mathbb{C}$上空间)的一个线性变换$\mathscr{A}_e$,即定义

$$\mathscr{A}_e(1\otimes\varepsilon_j)=1\otimes(\mathscr{A}\varepsilon_j)\quad(j=1,\cdots,n).\tag{12.2.10}$$

$\mathscr{A}$和$\mathscr{A}_e$的方阵表示是同一个方阵A(在上述对应基下): $\mathscr{A}$的方阵表示为$A=(a_{ij})$相当于$\mathscr{A}\varepsilon_j=\sum_{k=1}^{n}a_{kj}\varepsilon_k$, 故

$$\mathscr{A}_e(1\otimes\varepsilon_j)=1\otimes\mathscr{A}\varepsilon_j=1\otimes\Big(\sum_{k=1}^{n}a_{kj}\varepsilon_k\Big)=\sum_{k=1}^{n}a_{kj}(1\otimes\varepsilon_k).$$

这样就便于研究$\mathscr{A}$.

例 12.3 矩阵的张量积仍可写为矩阵形式. 设$A=(a_{ij})\in M_{m\times n}(F)$, $B=(b_{ij})\in M_{m'\times n'}(F)$,则$A$与$B$的 **Kronecker** 积定义为$mm'\times nn'$矩阵

$$(a_{ij}B)=\begin{bmatrix}a_{11}B & \cdots & a_{1n}B\\ \vdots & & \vdots\\ a_{m1}B & \cdots & a_{mn}B\end{bmatrix}.\tag{12.2.11}$$

我们要证明这就是A与B的张量积(定义12.2意义下),即$A\otimes B=(a_{ij}B)$, $M_{m\times n}(F)\otimes M_{m'\times n'}(F)=M_{mm'\times nn'}(F)$(这里$M_{m\times n}(F)$表示$m\times n$矩阵全体). 也就是说,作映射

$$\sigma\colon M_{m\times n}(F)\times M_{m'\times n'}(F)\longrightarrow M_{mm'\times nn'}(F),\tag{12.2.12}$$
$$(A,B)\longmapsto(a_{ij}B),$$

则$(M_{mm'\times nn'}(F),\sigma)$为$M_{m\times n}(F)$与$M_{m'\times n'}(F)$的张量积,即具有万有性.

为了证明,由定理12.1可知,只需证明存在着同构$\rho\colon T\to M_{mm'\times nn'}(F)$使$\sigma=\rho\circ\tau$,其中$(T,\tau)$为某一张量积(比如说典型张量积$M/N$,如本节开始所述). 现由$(T,\tau)$的万有性,由万有性的定义可知,对于上述映射$\sigma$,应存在唯一线性映射

$$\sigma_*\colon T\longrightarrow M_{mm'\times nn'}(F)\tag{12.2.13}$$

使得$\sigma_*\circ\tau=\sigma$. 只需再证明σ_*是同构,然后令$\rho=\sigma_*$即可. 由定理12.2知T的维数也是$mm'\times nn'$,故只需再证σ_*把T的基映为基. 取$M_{m\times n}(F)$的基为$\{E_{ij}\}$,其中E_{ij}只有(i,j)位元素非零,为1. 类似地,取$M_{m'\times n'}(F)$的基为$\{\hat{E}_{ks}\}$,于是由定理12.2知T的基为$\{E_{ij}\otimes\hat{E}_{ks}\}$. 从而

$$\sigma_*(E_{ij}\otimes\hat{E}_{ks})=\sigma_*\circ\tau(E_{ij},\hat{E}_{ks})=\sigma(E_{ij},\hat{E}_{ks})$$

为E_{ij}与$\hat{E}_{ks}$的 Kronecker 积,它只有(i,j)位置块非零而为$\hat{E}_{ks}$. 显然这些 Kronecker 积$\sigma(E_{ij},\hat{E}_{ks})$之间是线性无关的($i=1,\cdots,m;j=1,\cdots,n;k=1,\cdots,m';s=1,\cdots,n'$).

由上例的证明可总结出如下结论: 若线性空间V_1和V_2分别有基$\{\varepsilon_1,\cdots,\varepsilon_m\}$和$\{e_1,\cdots,e_n\}$,有双线性映射$\sigma\colon V_1\times V_2\to W$使得$\{\sigma(\varepsilon_i,\varepsilon_j)\}$是$W$的基($1\leqslant i\leqslant m$, $1\leqslant j\leqslant n$),则(W,σ)是V_1与V_2的张量积.

例 12.4 设V_1, V_2为域F上有限维线性空间. 设映射

$$\sigma: V_1 \times V_2 \longrightarrow L(V_1^*; V_2), \tag{12.2.14}$$

$$\sigma(v_1, v_2)(f) = f(v_1)v_2,$$

则$(L(V_1^*;V_2),\sigma)$具有万有性(对于$V_1\times V_2$上的双线性映射集).换句话说,$(L(V_1^*;V_2),\sigma)$是V_1与V_2的一个张量积.

为了证明,我们设(T,τ)为V_1与V_2的(典型)张量积.只需证明存在线性空间的同构$\rho: T\to L(V_1^*;V_2)$使$\sigma=\rho\circ\tau$即可.由T的万有性知存在$\sigma_*: T\to L(V_1^*;V_2)$使$\sigma=\sigma_*\circ\tau$,即$f(v_1)v_2=\sigma(v_1,v_2)(f)=\sigma_*\circ\tau(v_1,v_2)(f)=\sigma_*(v_1\otimes v_2)(f)$,其中$f\in V_1^*$为$V_1$上线性函数.若$\sigma_*(v_1\otimes v_2)=0$,则$f(v_1)v_2=0$对任意$f$成立;如果$v_2\neq 0$,则$f(v_1)=0$,从而$v_1=0$(因$f$任意).这说明$\sigma_*$是单射,所以也是满射(因为$T$与$L(V_1^*;V_2)$的维数相等).由定理12.1(2)知,证明完成($\rho=\sigma_*$).当然也可直接证明$(L(V_1^*;V_2),\sigma)$具万有性.

例 12.5　$v_1\otimes v_2\otimes\cdots\otimes v_r=0$当且仅当某一个$v_i=0\ (i=1,\cdots,r)$,这里设$v_i$是线性空间$V_i$中向量.事实上,若所有的$v_i\neq 0(i=1,\cdots,r)$,由于$v_i$可扩充为$V_i$的基(或说$v_i$含于$V_i$的某基中),故由定理12.2知,$v_1\otimes\cdots\otimes v_r$是$V_1\otimes\cdots\otimes V_r$的基中一元素,当然是非零的.上述事实可表述为:张量积是无零因子的.

定理 12.3　对任意线性空间V_1,V_2,V_3,有以下线性空间的自然同构:

$$(1)\ (V_1\otimes V_2)\otimes V_3\cong V_1\otimes(V_2\otimes V_3)\cong V_1\otimes V_2\otimes V_3, \tag{12.2.15}$$

$$(2)\ (V_1\oplus V_2)\otimes V_3\cong(V_1\otimes V_3)\oplus(V_2\otimes V_3), \tag{12.2.16}$$

分别由以下对应给出(对任意$v_i\in V_i$):

$$(1)\ (v_1\otimes v_2)\otimes v_3\longmapsto v_1\otimes(v_2\otimes v_3)\longmapsto v_1\otimes v_2\otimes v_3, \tag{12.2.15$'$}$$

$$(2)\ (v_1+v_2)\otimes v_3\longmapsto(v_1\otimes v_3)+(v_2\otimes v_3). \tag{12.2.16$'$}$$

证明　主要是利用张量积的万有性构作出各同构映射,以下以(1)为例说明.对每个$x\in V_1$有双线性映射

$$\lambda_x: V_2\times V_3\longrightarrow(V_1\otimes V_2)\otimes V_3, \tag{12.2.17}$$

$$(y,z)\longmapsto(x\otimes y)\otimes z.$$

由张量积的万有性知有线性映射

$$\lambda_x^*: V_2\otimes V_3\longrightarrow(V_1\otimes V_2)\otimes V_3, \tag{12.2.18}$$

$$y\otimes z\longmapsto(x\otimes y)\otimes z.$$

又由双线性映射

$$\mu: V_1\times(V_2\otimes V_3)\longrightarrow(V_1\otimes V_2)\otimes V_3, \tag{12.2.19}$$

$$(x,y\otimes z)\longmapsto(x\otimes y)\otimes z.$$

由万有性诱导出线性映射

$$\mu_*: V_1\otimes(V_1\otimes V_3)\longrightarrow(V_1\otimes V_2)\otimes V_3 \tag{12.2.20}$$

使 $\mu_*(x\otimes(y\otimes z))=(x\otimes y)\otimes z$. 易证 μ_* 即为(1)中所需同构. 其余情形类似. ∎

上述定理12.3中的同构通常看作等同. 因此张量积满足**结合律**及**分配律**. 另一方面, 由此又可定义任意两个**张量的积**(常称为张量积), 即对任意两个张量空间 $V_1\otimes\cdots\otimes V_r$ 和 $V_{r+1}\otimes\cdots\otimes V_{r+s}$ 中任意两个张量

$$t = v_1\otimes\cdots\otimes v_r,\quad u = v_{r+1}\otimes\cdots\otimes v_{r+s},$$

定义 t 和 u 的积为

$$t\otimes u = v_1\otimes\cdots\otimes v_r\otimes v_{r+1}\otimes\cdots\otimes v_{r+s},\tag{12.2.21}$$

它是 $V_1\otimes\cdots\otimes V_r\otimes\cdots\otimes V_{r+s}$ 中元素. 由定理12.3中的自然同构(视为等同)可知, 这里定义的张量之间的乘积就是张量之间的张量积, 满足结合律. 而且多个空间的张量积, 可由多次两个空间的张量积得到:

$$((V_1\otimes V_2)\otimes V_3)\otimes V_4 = V_1\otimes V_2\otimes V_3\otimes V_4.\tag{12.2.22}$$

值得注意的是张量积不满足交换律. 例如若 e_1,e_2 是 V 的基, 则 $V\otimes V$ 以 $\{e_1\otimes e_1, e_1\otimes e_2, e_2\otimes e_1, e_2\otimes e_2\}$ 为基, 当然 $e_1\otimes e_2\neq e_2\otimes e_1$. 这一点不要与如下事实混淆. 像在定理12.3中一样, 易证对任意两个线性空间 V_1 和 V_2 有自然同构:

$$\sigma:\ V_1\otimes V_2\cong V_2\otimes V_1,\ v_1\otimes v_2\longmapsto v_2\otimes v_1.\tag{12.2.23}$$

不过我们一般不能将(12.2.23)式中的同构视为等同, 这是因为 $V_1\otimes V_2$ 和 $V_2\otimes V_1$ 两集合可能有非空交(例如当 $V_1\cap V_2$ 非空时), 设若 α 在此交中而 $\alpha\neq\sigma(\alpha)$, 那么将 σ 视为等同就会产生混乱.

12.3　线性变换及对偶

设 V_i, V_i' 为域 F 上线性空间 $(i=1,\cdots,r)$, 并设有线性映射

$$\varphi_i:\ V_i\longrightarrow V_i'\qquad (i=1,\cdots,r).$$

将证明有张量积空间之间的线性映射

$$T(\varphi_1,\cdots,\varphi_r):\ V_1\otimes\cdots\otimes V_r\longrightarrow V_1'\otimes\cdots\otimes V_r',$$
$$v_1\otimes\cdots\otimes v_r\longmapsto\varphi_1(v_1)\otimes\cdots\otimes\varphi_r(v_r).$$

我们将着重讨论两种重要情形:

(1) $V_i=V_i'$, 于是 φ_i 和 $T(\varphi_1,\cdots,\varphi_r)$ 均为线性变换;

(2) $V_i'=F$, 于是上述映射均为线性函数. 为使符号简单明了, 以下讨论 $r=2$ 的情形, 对一般的 r 可以同样论述. 设 V_i 和 V_i' 为有限维线性空间.

引理12.1　设 φ_i 是 V_i 到 V_i' 的线性映射 $(i=1,2)$, 则 $V_1\otimes V_2$ 到 $V'_1\otimes V'_2$ 有唯一的线性映射 $T(\varphi_1,\varphi_2)$ 满足

$$T(\varphi_1,\varphi_2)(v_1\otimes v_2)=\varphi_1(v_1)\otimes\varphi_2(v_2)\qquad(\text{对任意 } v_i\in V_i).$$

(将看到 $T(\varphi_1,\varphi_2)$ 实即 $\varphi_1\otimes\varphi_2$)

证明 由 φ_1 和 φ_2 决定了多线性映射 f: $V_1\times V_2\longrightarrow V'_1\otimes V'_2$, $(v_1,v_2)\longmapsto\varphi_1(v_1)\otimes\varphi_2(v_2)$. 于是由张量积的万有性知存在唯一的线性映射 f_*: $V_1\otimes V_2\longrightarrow V'_1\otimes V'_2$, $v_1\otimes v_2\longmapsto\varphi_1(v_1)\otimes\varphi_2(v_2)$. 令 $T(\varphi_1,\varphi_2)=f_*$ 即可.

定理 12.4 以 $\mathrm{End}(V)$ 记 V 的线性变换全体. 设 V_1,V_2 为有限维线性空间, 则有线性空间的自然同构

$$\mathrm{End}(V_1)\otimes\mathrm{End}(V_2)\cong\mathrm{End}(V_1\otimes V_2),$$
$$\varphi_1\otimes\varphi_2\longmapsto T(\varphi_1,\varphi_2).$$

说明 上述同构常视为等同, 因此可写为

$$\mathrm{End}(V_1)\otimes\mathrm{End}(V_2)=\mathrm{End}(V_1\otimes V_2),$$
$$\varphi_1\otimes\varphi_2=T(\varphi_1,\varphi_2),\qquad(\varphi_1\otimes\varphi_2)(v_1\otimes v_2)=\varphi_1(v_1)\otimes\varphi_2(v_2).$$

即线性变换的张量积等于张量积的线性变换.

证明 设 $\alpha_1,\cdots,\alpha_m$ 为 V_1 的基, $\beta_1,\cdots,\beta_n$ 为 V_2 的基, 于是 $\{\alpha_i\otimes\beta_j\}$ 是 $V_1\otimes V_2$ 的基. 对每个指标 i, 有 V_1 的唯一线性变换 E_{ij} 使 $E_{ij}(\alpha_j)=\alpha_i$, $E_{ij}(\alpha_s)=0$ ($s\neq j$ 时); 同样对每个指标 k, 有 V_2 的唯一线性变换 G_{kl} 使 $G_{kl}(\beta_l)=\beta_k$, $G_{kl}(\beta_t)=0$ ($t\neq k$ 时). 而且 $\{E_{ij}\}$, $\{G_{kl}\}$ 分别是 $\mathrm{End}(V_1)$ 和 $\mathrm{End}(V_2)$ 的基. 于是

$$\begin{aligned}T(E_{ij},G_{kl})(\alpha_s\otimes\beta_t)&=E_{ij}(\alpha_s)\otimes G_{kl}(\beta_t)\\&=\begin{cases}\alpha_i\otimes\beta_k, & 若(s,t)=(j,l),\\0, & 否则.\end{cases}\end{aligned}$$

这就说明了 $\{T(E_{ij},G_{kl})\}$ 是 $\mathrm{End}(V_1\otimes V_2)$ 的基. 而已知 $\{E_{ij}\otimes G_{kl}\}$ 是 $\mathrm{End}(V_1)\otimes\mathrm{End}(V_2)$ 的基. 故对应 $E_{ij}\otimes G_{kl}\longmapsto T(E_{ij},G_{kl})$ 就决定了定理中的同构映射. ■

系 1 定理 12.4 中的同构视为等同后有

$$(\varphi_1\otimes\varphi_2)(\psi_1\otimes\psi_2)=(\varphi_1\psi_1)\otimes(\varphi_2\psi_2),$$

对任意 $\varphi_1\otimes\varphi_2,\psi_1\otimes\psi_2\in\mathrm{End}(V_1)\otimes\mathrm{End}(V_2)=\mathrm{End}(V_1\otimes V_2)$ 成立.

练习 记号如系 1, 试证明:

(1) $\varphi_1\otimes\varphi_2=1$(恒等变换)当且仅当 $\varphi_1=a$, $\varphi_2=b$, $ab=1$ ($a,b\in F$);

(2) $\varphi_1\otimes\varphi_2$ 可逆当且仅当 φ_1 和 φ_2 均可逆; 且此时有 $(\varphi_1\otimes\varphi_2)^{-1}=\varphi_1^{-1}\otimes\varphi_2^{-1}$;

(3) $\mathrm{Im}(\varphi_1\otimes\varphi_2)=(\mathrm{Im}\,\varphi_1)\otimes(\mathrm{Im}\,\varphi_2)$;

(4) $\ker(\varphi_1\otimes\varphi_2)=(\ker\varphi_1)\otimes V_2+V_1\otimes(\ker\varphi_2)$.

现在考虑本节开始所说的情形(2) $V'_i=F$. 于是对线性函数 φ_i: $V_i\to F$ ($i=1,2$), 有线性函数 $T(\varphi_1,\varphi_2)$: $V_1\otimes V_2\to F$, $T(\varphi_1,\varphi_2)(v_1\otimes v_2)=\varphi_1(v_1)\varphi_2(v_2)$.

定理 12.5　设 V_1, V_2 为有限维线性空间，则有线性空间的自然同构

$$V_1^* \otimes V_2^* \cong (V_1 \otimes V_2)^*,$$

$$f_1 \otimes f_2 \longmapsto T(f_1, f_2).$$

说明　上述同构常视为等同，因此可写为

$$V_1^* \otimes V_2^* = (V_1 \otimes V_2)^*,$$

$$f_1 \otimes f_2 = T(f_1, f_2), \qquad (f_1 \otimes f_2)(v_1 \otimes v_2) = f_1(v_1) f_2(v_2),$$

也就是说，对偶的张量积即为张量积的对偶. 或者可以说，$V_1^* \otimes V_2^*$ 与 $V_1 \otimes V_2$ 互为对偶空间，两者之间的内积（作用）为

$$\langle f_1 \otimes f_2,\ v_1 \otimes v_2 \rangle = (f_1 \otimes f_2)(v_1 \otimes v_2) = f_1(v_1) f_2(v_2).$$

由上节系 1 知 $(V_1 \otimes V_2)^* = L(V_1 \otimes V_2;\ F) \cong L(V_1, V_2;\ F)$，因此我们有下面的结论.

系 2　当 V_1 和 V_2 为有限维时，有线性空间的自然同构

$$V_1^* \otimes V_2^* \overset{\theta}{\cong} L(V_1, V_2;\ F),$$

$$\theta(f_1, f_2)(v_1, v_2) = (f_1 \otimes f_2)(v_1 \otimes v_2) = f_1(v_1) f_2(v_2).$$

（有的作者因此把张量积 $V_1^* \otimes V_2^*$ 定义为 $L(V_1, V_2;\ F)$；亦即把张量积 $V_1 \otimes V_2$ 定义为$L(V_1^*, V_2^*;\ F)$.

定理 12.5 的证明　任取 $(f_1, f_2) \in V_1^* \times V_2^*$，有多线性映射 $f \in L(V_1, V_2; F)$ 由下式定义：$f(v_1, v_2) = f_1(v_1) f_2(v_2)$. 由张量积的万有性知，有唯一的 $f_* \in (V_1 \otimes V_2)^*$ 使 $f_*(v_1 \otimes v_2) = f(v_1, v_2)$. 故有多线性映射

$$\varphi:\ V_1^* \times V_2^* \longrightarrow (V_1 \otimes V_2)^*,$$

$$(f_1, f_2) \longmapsto f_*.$$

再由张量积的万有性，知有唯一的线性映射

$$\varphi_*:\ V_1^* \otimes V_2^* \longrightarrow (V_1 \otimes V_2)^*$$

使 $\varphi_*(f_1 \otimes f_2) = \varphi(f_1, f_2) = f_*$. 只需再证 φ_* 是同构. 为此任取 V_i 的基 $\{\varepsilon_{ij}\}$ $(j=1,\cdots,d_i)$，它在 V_i^* 的对偶基设为 $\{f_{ij}\}$. 于是知 $V_1^* \otimes V_2^*$ 的基为 $\{f_{1j} \otimes f_{2k}\}$ $(j=1,\cdots,d_1, k=1,\cdots,d_2)$. 而 $V_1 \otimes V_2$ 的基为 $\{\varepsilon_{1j'} \otimes \varepsilon_{2k'}\}$. 由 φ_* 的定义知

$$\begin{aligned}(\varphi_*(f_{1j} \otimes f_{2k}))(\varepsilon_{1j'} \otimes \varepsilon_{2k'}) &= f_{1j}(\varepsilon_{1j'}) f_{2k}(\varepsilon_{2k'}) \\ &= \delta_{jj'} \delta_{kk'},\end{aligned}$$

只有当 $(j,k) = (j',k')$ 时取值为 1，其余情形为 0. 这就说明 $\{\varphi_*(f_{1j} \otimes f_{2k})\}$ 是与 $\{\varepsilon_{1j'} \otimes \varepsilon_{2k'}\}$ 对偶的 $(V_1 \otimes V_2)^*$ 的基. 故 φ_* 把基映为基，是同构. ■

设 ρ_i 是群 G 到 V_i 的线性表示（$i=1,2$. 如 9.10.2 节）. 由定理 12.4 可定义表示的张量积 $\rho_T = \rho_1 \otimes \rho_2$，作为 G 到 $T = V_1 \otimes V_2$ 的表示，定义为 $(\rho_1 \otimes \rho_2)\sigma = (\rho_1 \sigma) \otimes (\rho_2 \sigma)$，即

$$\sigma(\alpha \otimes \beta) = \sigma(\alpha) \otimes \sigma(\beta),$$

亦即$((\rho_1\otimes\rho_2)\sigma)(\alpha\otimes\beta)=(\rho_1\sigma)(\alpha)\otimes(\rho_2\sigma)(\beta)$(对$\sigma\in G$). 这对应于方阵的张量积，取迹即知$\chi_T(\sigma)=\chi_1(\sigma)\chi_2(\sigma)$,也记为$\chi_T=\chi_1\chi_2$，这里$\chi_T,\chi_1,\chi_2$为$\rho_T,\rho_1,\rho_2$的特征.

特别设$V=V_1=V_2$,ρ是G到V的表示. $T=V\otimes V$有一自然(对称)自同构θ:

$$\theta(\alpha\otimes\beta)=\beta\otimes\alpha\qquad(\text{任意 }\alpha,\beta\in V).$$

θ是对合变换(即$\theta^2=1$)，其方阵为$\mathrm{diag}(I_s,-I_t)$. 因此有直和分解

$$V\otimes V=\mathrm{Sym}^2(V)\oplus\mathrm{Alt}^2(V),$$

其中$\mathrm{Sym}^2(V)$和$\mathrm{Alt}^2(V)$分别为满足$\theta t=t$和$\theta t=-t$的$t\in V\otimes V$全体，分别有基$\{\varepsilon_i\otimes\varepsilon_j+\varepsilon_j\otimes\varepsilon_i\}(i\leqslant j)$和$\{\varepsilon_i\otimes\varepsilon_j-\varepsilon_j\otimes\varepsilon_i\}(i<j)$，维数$n(n\pm1)/2$，均是$G$的不变子空间(对$G$到$V\otimes V$的表示$\rho_T=\rho\otimes\rho$)，因此诱导出$\rho_T$的子表示$\rho_+^2$和$\rho_-^2$，称为$\rho$的**对称平方**、**交错平方**. 记$\rho,\rho_+^2$和$\rho_-^2$的特征为$\chi,\chi_+^2$和$\chi_-^2$，则对$\sigma\in G$有

$$\chi_+^2(\sigma)=(\chi(\sigma)^2+\chi(\sigma^2))/2,\quad \chi_-^2(\sigma)=(\chi(\sigma)^2-\chi(\sigma^2))/2,\quad \chi^2=\chi_+^2+\chi_-^2.$$

上述可稍作扩展：设ρ_i是G_i到V_i的表示$(i=1,2)$，定义群直积$G_1\times G_2$到张量空间$T=V_1\otimes V_2$的表示$\rho_T=\rho_1\otimes\rho_2$：$(\rho_1\otimes\rho_2)(\sigma_1,\sigma_2)=(\rho_1\sigma_1)\otimes(\rho_2\sigma_2)$，则相应的特征满足$\chi_T(\sigma_1,\sigma_2)=\chi_1(\sigma_1)\chi_2(\sigma_2)$. 若$\rho_1,\rho_2$不可约,则$\rho_1\otimes\rho_2$不可约. $G_1\times G_2$的每个不可约表示均同构于$\rho_1\otimes\rho_2$，其中ρ_i是G_i的不可约表示. 证明均见《高等代数解题方法》.

12.4 张量及其分量

在几何和物理中,常用的是张量的坐标分量形式和不同坐标系之间的转换,本节将予仔细讨论. 此外本节还介绍张量的各种运算及张量代数.

本节总设V为域F上的n维线性空间,V^*为其对偶空间. 主要讨论如下形式的张量积：

$$T_q^p(V)=V\otimes\cdots\otimes V\otimes V^*\otimes\cdots\otimes V^*\qquad(p\text{ 重 }V,\ q\text{ 重 }V^*)$$

称为V的$(\boldsymbol{p},\boldsymbol{q})$**型张量积**(空间),其中元素(张量)称为$p$次**反变**且$q$次**共变**张量. 反变(contravariant)也称为**逆变**;共变(covariant)也称为**协变**. 也常记

$$T^p(V)=T_0^p(V)=\otimes^pV,$$
$$T_q(V)=T_q^0(V)=\otimes^qV^*.$$

记$T^1(V)=V$, $T^0(V)=F$.

设$e_1,\cdots,e_n$是V的基,$f^1,\cdots,f^n$是它在V^*中的对偶基. 由定理12.2知$T_q^p(V)$有如下的基

$$e_{i_1}\otimes\cdots\otimes e_{i_p}\otimes f^{j_1}\otimes\cdots\otimes f^{j_q}\quad(1\leqslant i_1,\cdots,i_p,j_1,\cdots,j_q\leqslant n)\tag{12.4.1}$$

故任意(p,q)型张量$t\in T_q^p(V)$可唯一地表为

$$t=\sum\xi_{j_1\cdots j_q}^{i_1\cdots i_p}\,e_{i_1}\otimes\cdots\otimes e_{i_p}\otimes f^{j_1}\otimes\cdots\otimes f^{j_q}.\tag{12.4.2}$$

数组 $\{\xi_{j_1\cdots j_q}^{i_1\cdots i_p}\}$ 称为张量 t 对于基 $e_1,\cdots,e_n$ 的**坐标**或**分量**. 有的作者把此分量组就称为**张量**,也把张量 t 称作张量 ξ. $i=(i_1,\cdots,i_p)$ 和 $j=(j_1,\cdots,j_q)$ 分别称为**反变**和**共变指标**.

在张量计算中常采用**爱因斯坦约定**(Einstein convention): 和号 $\sum$ 后面,上下成对地出现相同的指标时,这个指标称为**哑指标**(dummy index);对于一个哑指标 i,约定可省去关于它的求和号 $\sum\limits_{i=1}^{n}$ 而自动对它求和. 例如,在上述(12.4.2)式中,$i_1,\cdots,i_p,j_1,\cdots,j_q$ 均为哑指标,式中对它们的求和号 $\sum$ 可省去不写(本书为了便于学习,一般并不省去求和号).

现设 $\bar{e}_1,\cdots,\bar{e}_n$ 是 V 的另一基,其对偶基为 $\bar{f}^1,\cdots,\bar{f}^n$. 设与原来基之间转换关系为

$$\bar{e}_i=\sum_j a_i^j e_j,\quad \bar{f}^i=\sum_j b_j^i f^j. \tag{12.4.3}$$

由基的对偶性可知,有 $a_i^j=f^j\bar{e}_i, b_j^i=\bar{f}^i(e_j)$ 及

$$\delta_j^i=\bar{f}^i(\bar{e}_j)=\sum b_k^i a_j^m f^k e_m=\sum_k b_k^i a_j^k. \tag{12.4.4}$$

这里 $\delta_j^i=\delta_{ij}=0$ 或 1(依 $i\neq j$ 或 $i=j$). (12.4.4)式相当于方阵乘积

$$BA=I, \tag{12.4.4$'$}$$

其中 $B=(b_j^i), A=(a_j^i)$ 的 (i,j) 位置元素为 b_j^i 和 a_j^i. 于是也就有 $AB=I$,即

$$\delta_j^i=\sum_k a_k^i b_j^k. \tag{12.4.4$''$}$$

于是(12.4.3)式相当于 $(\bar{e}_1,\cdots,\bar{e}_n)=(e_1,\cdots,e_n)A, (\bar{f}^1,\cdots,\bar{f}^n)^{\mathrm{T}}=B(f^1,\cdots,f^n)^{\mathrm{T}}$. 由 $A^{-1}=B$ 知

$$e_i=\sum_j b_i^j\bar{e}_j,\quad f^i=\sum_j a_j^i\bar{f}^j. \tag{12.4.3$'$}$$

现在设(12.4.2)式中的张量 t 对基 $\bar{e}_1,\cdots,\bar{e}_n$ 的分量表示为

$$t=\sum\bar{\xi}_{m_1\cdots m_q}^{k_1\cdots k_p}\bar{e}_{k_1}\otimes\cdots\otimes\bar{e}_{k_p}\otimes\bar{f}^{m_1}\otimes\cdots\otimes\bar{f}^{m_q}. \tag{12.4.5}$$

把(12.4.3)式代入(12.4.5)式,再与(12.4.2)式比较,则得到张量 t 在不同基下的分量变换法则. 当然也可把(12.4.3′)式代入(12.4.2)式,再与(12.4.5)式比较,得到等价的法则.

定理 12.6 设 (p,q) 型张量 t 对基 $\{e_i\}$ 和 $\{\bar{e}_i\}$ 的分量表示分别为 ξ 和 $\bar{\xi}$ 如(12.4.2),(12.4.5)式,则对不同基的分量间变换法则如下:

$$\xi_{j_1\cdots j_q}^{i_1\cdots i_p}=\sum a_{k_1}^{i_1}\cdots a_{k_p}^{i_p}b_{j_1}^{m_1}\cdots b_{j_q}^{m_q}\bar{\xi}_{m_1\cdots m_q}^{k_1\cdots k_p}, \tag{12.4.6}$$

$$\bar{\xi}_{m_1\cdots m_q}^{k_1\cdots k_p}=\sum a_{m_1}^{j_1}\cdots a_{m_q}^{j_q}b_{i_1}^{k_1}\cdots b_{i_p}^{k_p}\xi_{j_1\cdots j_q}^{i_1\cdots i_p}. \tag{12.4.6$'$}$$

对于(1,0)型张量(即向量)t,(12.4.6)式即为$\xi^i=\sum_k a^i_k\bar{\xi}^k$,就是向量的坐标变换公式.

张量的乘积 在12.2节末已有定义,对本节的情形可稍作扩展：对于(p,q)和(r,s)型的两个张量

$$t_1=v_1\otimes\cdots\otimes v_p\otimes f_1\otimes\cdots\otimes f_q\in T^p_q(V), \tag{12.4.7}$$

$$t_2=u_1\otimes\cdots\otimes u_r\otimes g_1\otimes\cdots\otimes g_s\in T^r_s(V), \tag{12.4.8}$$

定义t_1和t_2的(张量)积为$(p+r,q+s)$型张量

$$t_1\otimes t_2=v_1\otimes\cdots\otimes v_p\otimes u_1\otimes\cdots\otimes u_r\otimes f_1\otimes\cdots\otimes f_q\otimes g_1\otimes\cdots\otimes g_s. \tag{12.4.9}$$

(当$t_1=1\in T^0(V)$时,约定$1\otimes t_2=t_2\otimes 1=t_2$).而对于任意形式的$(p,q)$型张量$t'$(它必是形如(12.4.7)式的张量的线性组合)和(r,s)型张量t''(它必是形如(12.4.8)式的张量的线性组合),规定按分配律和(12.4.9)式求它们的积$t'\otimes t''$.显然上述积的定义是合理的.

容易求得张量的乘积的坐标分量形式.设$t'\in T^p_q(V)$,$t''\in T^r_s(V)$,和$t'\otimes t''\in T^{p+r}_{q+s}(V)$的分量分别为

$$\xi^{i_1\cdots i_p}_{j_1\cdots j_q},\quad \eta^{k_1\cdots k_r}_{m_1\cdots m_s},\quad \zeta^{l_1\cdots l_{p+r}}_{n_1\cdots n_{q+s}}, \tag{12.4.10}$$

则由上述乘积定义显然有

$$\zeta^{i_1\cdots i_p k_1\cdots k_r}_{j_1\cdots j_q m_1\cdots m_s}=\xi^{i_1\cdots i_p}_{j_1\cdots j_q}\eta^{k_1\cdots k_r}_{m_1\cdots m_s}. \tag{12.4.11}$$

即积的分量等于分量的积.此外易知张量间的乘法满足结合律.

* **张量代数** 线性空间族$T^p_q(V)(p,q=0,1,2,\cdots)$的外直和空间记为$T(V)$.也就是说,$T(V)$的每个元素是有限个各种型张量的形式和(当然其中同型的张量可按原来意义求和).上述定义的张量间的乘积可按分配律扩展到$T(V)$中.于是$T(V)$是一个线性空间同时又是一个环,它是域F上的代数,称为**张量代数**.$T(V)$的每个元素就是有限个不同型的$e_{i_1}\otimes\cdots\otimes e_{i_p}\otimes f^{j_1}\otimes\cdots\otimes f^{j_q}$的线性组合,其中$p,q$为各种可能的非负整数,$1\leqslant i_k$,$j_k\leqslant n$(这里设$\{e_i\}$是$V$的基,$\{f^j\}$是其对偶基).

以$\otimes V=T^\infty(V)$记各$T^p(V)$ $(p=0,1,2,\cdots)$的外直和空间.显然$\otimes V$是$T(V)$的子代数(既是子空间又是子环),称为V上的**反变张量代数**.其元素是有限个$e_{i_1}\otimes\cdots\otimes e_{i_p}$的线性组合,其中$p$为非负整数,$1\leqslant i_k\leqslant n$(因此$\otimes V$也被说成是$e_1,\cdots,e_n$的非交换多项式集).

* **缩约** 考虑张量$t=v_1\otimes\cdots\otimes v_p\otimes f_1\otimes\cdots\otimes f_q\in T^p_q(V)$,对于因子中的任一对$v_k$,$f_m$,可以求出$\langle f_m,v_k\rangle=f_m(v_k)\in F$(内积或函数值)；而$t$去掉此二因子后变为$(p-1,q-1)$型张量.因此我们有一个线性映射

$$G^k_m: T^p_q(V)\longrightarrow T^{p-1}_{q-1}(V), \tag{12.4.12}$$

$G^k_m(v_1\otimes\cdots\otimes v_p\otimes f_1\otimes\cdots\otimes f_q)=f_m(v_k)(v_1\otimes\cdots\otimes v_{k-1}\otimes v_{k+1}\otimes\cdots\otimes v_p\otimes f_1\otimes\cdots\otimes f_{m-1}\otimes$

$f_{m+1} \otimes \cdots \otimes f_q$).

映射 G_m^k 称为缩约(contraction). 设$\{e_i\}$为 V 的基,其对偶基为$\{f^j\}$,因此有

$$f^{j_m}(e_{i_k}) = \delta_{i_k}^{j_m}. \tag{12.4.13}$$

故若 t 的分量是 $\xi_{j_1\cdots j_q}^{i_1\cdots i_p}$,即 t 如(12.4.2)式,则由定义知 G_m^k 是将张量的第 k 因子(向量)与第 $p+m$ 因子(函数)作内积缩约并求值,故

$$G_m^k(t) = \sum \xi_{j_1\cdots j_m\cdots j_q}^{i_1\cdots i_k\cdots i_p} f^{j_m}(e_{i_k}) e_{i_1} \otimes \cdots \otimes e_{i_{k-1}} \otimes e_{i_{k+1}} \otimes \cdots \otimes e_{i_p} \otimes f^{j_1} \otimes \cdots$$
$$\otimes f^{j_{m-1}} \otimes f^{j_{m+1}} \otimes \cdots \otimes f^{j_q}.$$

注意由(12.4.13)式知只有 $i_k = j_m$ 的那些项非零,因此上述 $G_m^k(t)$的表达式中系数为

$$\eta_{j_1\cdots j_{m-1}j_{m+1}\cdots j_q}^{i_1\cdots i_{k-1}i_{k+1}\cdots i_p} := \sum \xi_{j_1\cdots j_m\cdots j_q}^{i_1\cdots i_k\cdots i_p} \delta_{i_k}^{j_m} = \sum_{s=1}^{n} \xi_{j_1\cdots j_{m-1}s j_{m+1}\cdots j_q}^{i_1\cdots i_{k-1}s i_{k+1}\cdots i_p}.$$

这也就是 $G_m^k(t) \in T_{q-1}^{p-1}(V)$的分量,但应注意指标中跳过了 i_k 和 j_m. 为了按通常习惯顺序运用指标,我们把指标 $i_{k+1},\cdots,i_p$ 依次改记为 $i_k,\cdots,i_{p-1}$;把 $j_{m+1},\cdots,j_q$ 依次改记为 $j_m,\cdots,j_{q-1}$. 于是就得到: 若 t 的分量为 $\xi_{j_1\cdots j_q}^{i_1\cdots i_p}$,则 t 的缩约 $G_m^k(t) \in T_{q-1}^{p-1}(V)$的分量为

$$\eta_{j_1\cdots j_{q-1}}^{i_1\cdots i_{p-1}} = \sum_{s=1}^{n} \xi_{j_1\cdots j_{m-1}s j_m\cdots j_{q-1}}^{i_1\cdots i_{k-1}s i_k\cdots i_{p-1}}.$$

12.5 外 积

仍设 V 是域 F 上的线性空间,设 $T^r(V) = \otimes^r V$ 是 r 次(反变)张量空间,即 V 的 r 重张量积(幂).

定义 12.3 张量空间 $T^r(V)$中如下元素(称为含平方因子元素):

$$x_1 \otimes \cdots \otimes x_r \quad (\text{其中有 } x_i = x_j \text{ 对某 } 1 \leqslant i \neq j \leqslant r \text{ 成立}), \tag{12.5.1}$$

全体生成的线性子空间记为 K. 商空间记为

$$T^r(V)/K = \wedge^r(V),$$

称为 V 的 r 重**外积**(幂)空间. 模 K 的自然映射记为

$$\omega:\ T^r(V) \longrightarrow \wedge^r(V), \tag{12.5.2}$$
$$t \longmapsto \bar{t} = t + K.$$

而且记

$$\omega(v_1 \otimes \cdots \otimes v_r) = v_1 \wedge \cdots \wedge v_r, \tag{12.5.3}$$

称为向量 $v_1,\cdots,v_r \in V$ 的**外积**

外积(exterior product)也称为**交错积**(alternating product)或**楔积**(wedge product). $\wedge^r V$ 中元素称为 r-**向量**. $\wedge^r(V^*)$中元素称为 r-**余向量**(r-covector)或 r-**形式**(r-form). 这里 V^* 是 V 的对偶空间. 有时也记 $\wedge^r(V)$为 $\wedge^r V$.

引理 12.2　外积有如下性质(对任意 $v_1,\cdots,v_r$ 和 $v_i'\in V, c\in F$)：

(1) 多线性：对任意 $i=1,\cdots,r$ 有

$v_1\wedge\cdots\wedge(v_i+v_i')\wedge\cdots\wedge v_r=v_1\wedge\cdots\wedge v_i\wedge\cdots\wedge v_r+v_1\wedge\cdots\wedge v_i'\wedge\cdots\wedge v_r$；

$v_1\wedge\cdots\wedge(cv_i)\wedge\cdots\wedge v_r=c(v_1\wedge\cdots\wedge v_i\wedge\cdots\wedge v_r)$.

(2) 交错性：当 $v_i=v_j\,(i\neq j)$ 时，有 $v_1\wedge\cdots\wedge v_r=0$.

证明　(1) 由张量积的多线性即知. (2) 由定义 12.3 中含平方因子元素属于 K 即知. ■

确切地说，引理 **12.2** 中所说的多线性和交错性是对如下映射而言：

$$\omega':\ V^r\to\wedge^r(V),$$
$$(v_1,\cdots,v_r)\longmapsto v_1\wedge\cdots\wedge v_r. \tag{12.5.4}$$

定义 12.4　设 V 和 W 为 F 上线性空间，且设 $f: V^r\to W$ 为多线性映射. 若当 $v_i=v_j$ (对任意 $1\leqslant i\neq j\leqslant r$)时总有 $f(v_1,\cdots,v_r)=0$，则称 f 是**交错的**.

交错映射 f 必是斜(反)对称的，后者是指在交换任一对 v_i, v_j 的位置后 f 就改变符号，即

$$f(v_1,\cdots,v_i,\cdots,v_j,\cdots,v_r)=-f(v_1,\cdots,v_j,\cdots,v_i,\cdots,v_r) \tag{12.5.5}$$

对任意 $1\leqslant i\neq j\leqslant r$ 成立. 反之，当 V 的基域 F 的特征不为 2(即 $2\neq 0$)时，斜对称性也蕴含交错性. 这可证明如下(设 $r=2$ 以使记号清楚)：若 f 是交错的，则

$$\begin{aligned}0&=f(u+v,u+v)=f(u,u)+f(u,v)+f(v,u)+f(v,v)\\&=f(u,v)+f(v,u),\end{aligned} \tag{12.5.6}$$

即知 $f(u,v)=-f(v,u)$. 反之若 f 是斜对称的，则令 $u=v$ 知 $f(v,v)=-f(v,v)$，即知 $2f(v,v)=0$.

定理 12.7(外积的万有性)　设 V 和 W 是域 F 上线性空间. 对任意交错的多线性映射 $f: V^r\to W$，存在着唯一的线性映射 $f': \wedge^r(V)\to W$，使得 $f'(v_1\wedge\cdots\wedge v_r)=f(v_1,\cdots,v_r)$ 对任意 $v_1,\cdots,v_r\in V$ 成立. 特别地，取 $W=F$，则对应 $f'\longmapsto f=f'\circ\omega'$ 给出线性空间的自然同构：

$$(\wedge^r V)^*\cong AL(V^r;F),$$

其中 $AL(V^r;W)$ 表示交错的多线性映射全体(由 V^r 到 W)(见图 12.3).

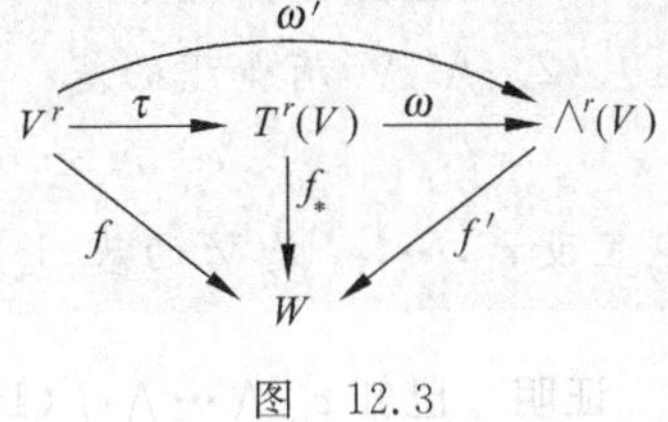

图　12.3

证明　由张量积 $(T^r(V),\tau)$ 的万有性，知道存在唯一的线性映射 $f_*: T^r(V)\to W$，使 $f_*(v_1\otimes\cdots\otimes v_r)=f(v_1,\cdots,v_r)$. 因 f 是交错的，故知 $T^r(V)$ 中含平方因子元素 $\subset\ker f_*$，即知 $\ker\omega=K\subset\ker f_*$. 因此对于 $T^r(V)$ 中的每一个同余类 $t+K$，其中的所有张量(不仅在 ω

下的象相同)在 f_* 下的象也都相同.故 f_* 自然地决定了一个映射 f': $\wedge^r(V)\to W$,使得 $f'(v_1\wedge\cdots\wedge v_r)=f_*(v_1\otimes\cdots\otimes v_r)=f(v_1,\cdots,v_r)$.其余均显然. ■

现在考查 $\wedge^r V$ 的基.设 $e_1,\cdots,e_n$ 是 V 的基,则已知 $e_{i_1}\otimes\cdots\otimes e_{i_r}(1\leqslant i_1,\cdots,i_r\leqslant n)$ 构成 $T^r(V)$ 的基.由此可知 $e_{i_1}\wedge\cdots\wedge e_{i_r}(1\leqslant i_1,\cdots,i_r\leqslant n)$ 构成 $\wedge^r V$ 的一个生成元系.注意当 $r>n$ 时 $e_{i_1}\wedge\cdots\wedge e_{i_r}$ 全为 0(因总有某 $e_{i_k}=e_{i_j},k\neq j$),故此时 $\wedge^r(V)=0$.因此只要考虑 $\wedge^0 V,\wedge^1 V,\cdots,\wedge^n V$(自然 $\wedge^0 V=F$, $\wedge^1 V=V$).考虑这些线性空间的外直和

$$\wedge(V)=\bigoplus_{r=0}^{n}\wedge^r(V),\tag{12.5.7}$$

也就是说,$\wedge(V)$中的元素是如下元素的(有限)线性组合(r 可不同):

$$v_1\wedge\cdots\wedge v_r\quad(0\leqslant r\leqslant n;\ v_i\in V,1\leqslant i\leqslant r),\tag{12.5.8}$$

自然 $\wedge(V)$ 是线性空间.下面设法定义其中的乘法.首先对于 $w_1=v_1\wedge\cdots\wedge v_r, w_2=u_1\wedge\cdots\wedge u_s\in\wedge V$,定义 w_1 和 w_2 的(外)积为

$$w_1\wedge w_2=v_1\wedge\cdots\wedge v_r\wedge u_1\wedge\cdots\wedge u_s\tag{12.5.9}$$

(当 $w_1=1\in\wedge^0 V$ 时,约定 $1\wedge W_2=W_2\wedge 1=W_2$).然后对于 $\wedge V$ 中任意元素(它们是(12.5.8)式中元素的线性组合),由分配律和(12.5.9)式决定它们的(外)积.值得注意的是,上述积的定义是由张量之间的积(见(12.4.9)式)通过 ω 诱导出的;也就是说,对任意两张量 t_1 和 t_2(分别属于 $T^r(V)$和 $T^s(V)$)总有

$$\omega(t_1\otimes t_2)=\omega(t_1)\wedge\omega(t_2).\tag{12.5.10}$$

事实上,不妨设 $t_1=v_1\otimes\cdots\otimes v_r+k_1$, $t_2=u_1\otimes\cdots\otimes u_s+k_2$,其中 k_1 和 k_2 为含平方因子元素.于是

$$t_1\otimes t_2=v_1\otimes\cdots\otimes v_r\otimes u_1\otimes\cdots\otimes u_s+k_3,\tag{12.5.11}$$

其中 $k_3=v_1\otimes\cdots\otimes v_r\otimes k_2+k_1\otimes u_1\otimes\cdots\otimes u_s+k_1\otimes k_2$,它的每一项均含平方因子,故有(12.5.10)式.由此也可知 $\wedge(V)$中的乘法满足结合律,因为张量间的乘法是满足结合律的.因此,$\wedge V$ 既是线性空间又是环(且数乘与乘法可交换),是 F 上的代数.

定义 12.5 $\wedge(V)$称为 V 的**外代数**(exterior algebra)或 **Grassmann 代数**.

定理 12.8 设 V 是 F 上 n 维线性空间.

(1) $\dim\wedge^r(V)=C_n^r$ (当 $1\leqslant r\leqslant n$) 或 0(当 $r>n$);

$\dim\wedge(V)=2^n$.

(2) $\wedge^r(V)$有如下的基

$$e_{i_1}\wedge\cdots\wedge e_{i_r}\quad(1\leqslant i_1<i_2<\cdots<i_r\leqslant n)\tag{12.5.12}$$

这里设 $e_1,\cdots,e_n$ 是 V 的基,$1\leqslant r\leqslant n$.

证明 已知 $e_{i_1}\wedge\cdots\wedge e_{i_r}(1\leqslant i_1,\cdots,i_r\leqslant n)$生成 $\wedge^r V$.但当有重因子(即 $i_k=i_s,k\neq s$)时

此外积为 0；而交换任意两个因子则此外积变号，故知(12.5.12)式中外积是 $\wedge^r V$ 的生成元，只需再证它们线性无关. 先看 $r=n$ 情形，于是(12.5.12)式中仅有一个外积 $e_1\wedge\cdots\wedge e_n$，只需证它非零. 由行列式理论知道，存在着非零的交错多线性映射

$$f: V^n \longrightarrow F \tag{12.5.13}$$

使 $f(e_1,\cdots,e_n)=1$. 事实上，若 $V=F^n$ 为行向量空间，则取 $f=\det$ 为行列式映射即可. 对一般的 V，由同构 $\sigma: V\cong F^n$ 与 det 复合即得到所需的(12.5.13)式中的 f：

$$V^n \xrightarrow{\cong} (F^n)^n \xrightarrow{\det} F. \tag{12.5.14}$$

现由(12.5.13)式及定理 12.7 知，存在唯一的线性映射

$$f': \wedge^n(V) \to F \tag{12.5.15}$$

使 $f'(e_1\wedge\cdots\wedge e_n)=f(e_1,\cdots,e_n)=1\neq 0$，故知 $e_1\wedge\cdots\wedge e_n\neq 0$，定理得证.

再看 $r<n$ 情形. 设(12.5.12)式中外积可组合为

$$\sum_{(i)} C_{(i)} e_{i_1}\wedge\cdots\wedge e_{i_r}=0, \tag{12.5.16}$$

这里记 $(i)=(i_1,\cdots,i_r)$，$1\leqslant i_1<i_2<\cdots<i_r\leqslant n$，$C_{(i)}\in F$. 任取数组 $(j)=(j_1,\cdots,j_r)$，其中 $1\leqslant j_r<\cdots<j_r\leqslant n$，补为 $\{1,\cdots,n\}$ 的排列 $(j_1,\cdots,j_r,j_{r+1},\cdots,j_n)=j_1\cdots j_n$，以 $e_{j_{r+1}}\wedge\cdots\wedge e_{j_n}$ 与(12.5.16)式两边作(外)乘积，则除去 $(i)=(j)$ 这一项之外，其余各项均含重因子(从而为 0)，故知

$$C_{(j)} e_{j_1}\wedge\cdots\wedge e_{j_r}\wedge e_{j_{r+1}}\wedge\cdots\wedge e_{j_n}=0.$$

由此可知 $C_{(j)}=0$(因为 $e_{j_1}\wedge\cdots\wedge e_{j_n}=\pm e_1\wedge\cdots\wedge e_n\neq 0$ 已证得). 由于 (j) 的任意性，即知(12.5.16)式中的系数均为 0，即知(12.5.12)式中外积线性无关，确是 $\wedge^r V$ 的基. 由此即得定理 12.8. ■

例如 $n=3$ 时，$\wedge(V)=F\oplus\wedge^1 V\oplus\wedge^2 V\oplus\wedge^3 V$，维数为 2^3，基为 $1,e_1,e_2,e_3,e_1\wedge e_2$，$e_1\wedge e_3,e_2\wedge e_3,e_1\wedge e_2\wedge e_3$.

定理 12.9　设 V 与 V^* 是域 F 上互为对偶的有限维线性空间，则有线性空间的自然同构

$$\begin{aligned}\psi:\quad & \wedge^r(V^*)\cong(\wedge^r(V))^*,\\ & \psi(f_1\wedge\cdots\wedge f_r)(v_1\wedge\cdots\wedge v_r)=\det(f_i(v_j))\end{aligned} \tag{12.5.17}$$

(这里 $f_i\in V^*$，$v_j\in V$，$1\leqslant i,j\leqslant r$).

上述自然同构 ψ 可视为等同，从而 $\wedge^r V$ 与 $\wedge^r V^*$ 互为对偶，内积(作用)为

$$\langle f_1\wedge\cdots\wedge f_r,\ v_1\wedge\cdots\wedge v_r\rangle=\det(f_i(v_j)). \tag{12.5.17$'$}$$

注意右方内积的值为行列式，与张量空间与其对偶的内积颇不同. 事实上，由定理 12.8 的证明我们已经看到，交错多线性映射与行列式密不可分.

将定理12.9与定理12.7中的同构复合则得下面的结论.

系 1　对有限维线性空间 V 有自然同构

$$\lambda:\quad \wedge^r(V^*)\cong AL(V^r;F),$$

$$\lambda(f_1\wedge\cdots\wedge f_r)(v_1,\cdots,v_r)=\det(f_i(v_j)).\tag{12.5.18}$$

由系1可知,若 λ 视为等同,则 $\wedge^r V^*$ 中每个 r-形式是空间上的一个交错多线性映射.

定理12.9的证明　设 $\{e_i\}$,$\{f^i\}$ 是 V 及 V^* 的基,互为对偶.于是 $f^{i_1}\wedge\cdots\wedge f^{i_r}$ $(i_1<\cdots<i_r)$ 是 $\wedge^r V^*$ 的基,而 $e_{j_1}\wedge\cdots\wedge e_{j_r}$ $(j_1<\cdots<j_r)$ 是 $\wedge^r V$ 的基.且

$$\begin{aligned}\psi(f^{i_1}\wedge\cdots\wedge f^{i_r})(e_{j_1}\wedge\cdots\wedge e_{j_r})&=\det(f^{i_k}(e_{j_s}))\\&=\det(\delta^{i_k}_{j_s}).\end{aligned}\tag{12.5.19}$$

若要 $r\times r$ 方阵 $D=(\delta^{i_k}_{j_s})$ $(1\leqslant k,s\leqslant r)$ 的各行均为非零行,则 $i_1,\cdots,i_r$ 各数要分别等于 $j_1,\cdots,j_r$ 中的某一数(例如第1行的第2元素非零相当于 $i_1=j_2$),注意这些数都是递增排序的,故知 $i_1=j_1$, $i_2=j_2$, $\cdots$, $i_r=j_r$,即知 $D=I$.故

$$\det(\delta^{i_k}_{j_s})=\begin{cases}0, & 当(i_1,\cdots,i_r)\neq(j_1,\cdots,j_r),\\1, & 当(i_1,\cdots,i_r)=(j_1,\cdots,j_r).\end{cases}\tag{12.5.20}$$

由(12.5.19)式知此等式说明 $\{\psi(f^{i_1}\wedge\cdots\wedge f^{i_r})\}$ $(i_1<\cdots<i_r)$ 是 $\{e_{j_1}\wedge\cdots\wedge e_{j_r}\}$ $(j_1<\cdots<j_r)$ 的对偶基.定理得证. ■

系 2　设 $f\in\wedge^r V^*$ 和 $w\in\wedge^r V$ 的坐标表示分别为

$$f=\sum_{i_1<\cdots<i_r}f_{i_1\cdots i_r}f^{i_1}\wedge\cdots\wedge f^{i_r},$$

$$w=\sum_{i_1<\cdots<i_r}w^{i_1\cdots i_r}e_{i_1}\wedge\cdots\wedge e_{i_r},$$

则

$$\psi(f)w=(f,w)=\sum_{i_1<\cdots<i_r}f_{i_1\cdots i_r}w^{i_1\cdots i_r}.\tag{12.5.21}$$

12.6　交错张量

本节将从另一角度刻画外积,即将其看作交错张量.这在几何分析等不少领域有广泛应用.总设 F 为数域或特征为0的域(由此每个自然数均可作分母),设 V 是 F 上 n 维线性空间,V^* 是其对偶空间.

首先回忆,$T^r(V^*)$ 中张量可看作 V^r 上多线性函数,即有线性空间的自然同构:

$$\theta:\ T^r(V^*)\longrightarrow L(V^r;F),\tag{12.6.1}$$

$$\theta(f_1\otimes\cdots\otimes f_r)(v_1,\cdots,v_r)=f_1(v_1)\cdots f_r(v_r).\tag{12.6.1$'$}$$

若 $\theta(t)$ 是交错映射,则称 t 为**交错张量**.另一方面 $\wedge^r(V^*)$ 中的元素(r-形式)也可看作 V^r

上的交错多线性映射，即有线性空间的自然同构

$$\lambda:\ \wedge^r(V^*) \longrightarrow AL(V^r;F), \tag{12.6.2}$$

$$\lambda(f_1 \wedge \cdots \wedge f_r)(v_1,\cdots,v_r) = \det(f_i(v_j)), \tag{12.6.2$'$}$$

其中 $AL(V^r;F)$表示 V^r 上交错多线性函数(映射)全体. 由此可知，r-形式 $\wedge^r(V^*)$可与交错张量全体(记为 $AT^r(V^*)$)等同. 也就是说，$\pi=\theta^{-1}\circ\lambda$ 是此两线性空间的自然同构：

$$\pi = \theta^{-1}\circ\lambda:\ \wedge^r(V^*) \xrightarrow{\cong} AT^r(V^*). \tag{12.6.3}$$

特别应注意的是，不易简单明显写出上述对应的 π. 这是由于 θ 和 λ 的象的作用截然不同，也就是说

$$\lambda(f_1 \wedge \cdots \wedge f_r) \neq \theta(f_1 \otimes \cdots \otimes f_r),$$

$$\pi(f_1 \wedge \cdots \wedge f_r) \neq f_1 \otimes \cdots \otimes f_r.$$

为了求得 π 的正确对应，由(12.6.1)和(12.6.2)式可知对任意$(v_1,\cdots,v_r)\in V^r$ 有

$$\begin{aligned}\lambda(f_1 \wedge \cdots \wedge f_r)(v_1,\cdots,v_r) &= \det(f_i(v_j))\\ &= \sum_{\sigma_1\cdots\sigma_r}(-1)^{\tau(\sigma_1\cdots\sigma_r)} f_{\sigma_1}(v_1)\cdots f_{\sigma_r}(v_r)\\ &= \Big(\sum_{\sigma_1\cdots\sigma_r}(-1)^{\tau(\sigma_1\cdots\sigma_r)}\theta(f_{\sigma_1}\otimes\cdots\otimes f_{\sigma_r})\Big)(v_1,\cdots,v_r)\\ &= \theta(\mathscr{A}(f_1\otimes\cdots\otimes f_r))(v_1,\cdots,v_r),\end{aligned} \tag{12.6.4}$$

其中

$$\mathscr{A}(f_1\otimes\cdots\otimes f_r) = \sum_{\sigma_1\cdots\sigma_r}(-1)^{\tau(\sigma_1\cdots\sigma_r)} f_{\sigma_1}\otimes\cdots\otimes f_{\sigma_r}, \tag{12.6.5}$$

上述 $\sigma_1\cdots\sigma_r$ 过(遍历)$1\ 2\cdots r$ 的排列. 因此由(12.6.4)式可知 $\pi=\theta^{-1}\lambda$ 的作用应为：

$$\pi(f_1 \wedge \cdots \wedge f_r) = \mathscr{A}(f_1\otimes\cdots\otimes f_r), \tag{12.6.6}$$

这就是(12.6.3)式中同构的正确对应. 例如当 $r=2$ 时，有

$$\pi(f_1 \wedge f_2) = \mathscr{A}(f_1\otimes f_2) = f_1\otimes f_2 - f_2\otimes f_1.$$

由(12.6.5)式定义的 $\mathscr{A}$ 可扩展为 $T^r(V^*)$的一个线性变换，因为 $T^r(V^*)$中元素均为形如 $f_1\otimes\cdots\otimes f_r$ 的元素(称为主元素)的线性组合.

定义 12.6 由(12.6.5)式定义的张量空间 $T^r(V^*)$的线性变换 $\mathscr{A}$ 称为**交错化算子**(alternizer).

我们已经证明了下面定理.

定理 12.10 设 V 是数域 F 上有限维线性空间，则有外积空间与交错张量空间的自然线性空间同构

$$\pi:\quad \wedge^r(V^*)\cong AT^r(V^*)\subset T^r(V^*),$$

$$\pi(f_1\wedge\cdots\wedge f_r)=\mathscr{A}(f_1\otimes\cdots\otimes f_r).$$

定理 12.10′　设 V 是数域 F 上有限维线性空间，则有如下线性空间的自然同构

$$\pi:\quad \wedge^r(V)\cong AT^r(V)\subset T^r(V), \tag{12.6.3′}$$

$$\pi(v_1\wedge\cdots\wedge v_r)=\mathscr{A}(v_1\otimes\cdots\otimes v_r), \tag{12.6.6′}$$

其中 $AT^r(V)$ 是交错张量全体，$\mathscr{A}$ 为 $T^r(V)$ 的线性变换，定义为

$$\mathscr{A}(v_1\otimes\cdots\otimes v_r)=\sum_{\sigma_1\cdots\sigma_r}(-1)^{\tau(\sigma_1\cdots\sigma_r)}v_{\sigma_1}\otimes\cdots\otimes v_{\sigma_r}. \tag{12.6.5′}$$

定理 **12.10** 及 **12.10′**中的自然同构 π 常被视为等同，因此外积空间的元素（r-向量及 r-形式）常等同于交错张量，即

$$f_1\wedge\cdots\wedge f_r=\mathscr{A}(f_1\otimes\cdots\otimes f_r), \tag{12.6.7}$$

$$v_1\wedge\cdots\wedge v_r=\mathscr{A}(v_1\otimes\cdots\otimes v_r). \tag{12.6.7′}$$

对交错化算子 $\mathscr{A}$，(12.6.5)式中的记号显得不方便，应引入新记号进一步讨论. 集合 $\{1,2,\cdots,r\}$ 到自身的一个双射称为一个 r 级**置换**. r 级置换全体记为 S_r. 对每个置换 $\sigma\in S_r$，整数 $k(1\leqslant k\leqslant r)$ 的象记为

$$\sigma(k)=\sigma_k, \tag{12.6.8}$$

每个置换 σ 对应于一个排列 $\sigma_1\sigma_2\cdots\sigma_r$. 记

$$sg(\sigma)=(-1)^{\tau(\sigma)}=(-1)^{\tau(\sigma_1\cdots\sigma_r)}. \tag{12.6.9}$$

也就是说，$sg(\sigma)=1$ 或 -1 依 $\sigma_1\cdots\sigma_r$ 是偶或奇排列而定（分别亦称 σ 为偶或奇置换）. 对于 V^r 上的函数 f 和 $\sigma\in S_r$，记 $\rho=\sigma^{-1}$，而由下式定义 σf（仍为 V^r 上的函数）：

$$(\sigma f)(v_1,\cdots,v_r)=f(v_{\rho_1},\cdots,v_{\rho_r}). \tag{12.6.10}$$

于是当 $f=\theta(f_1\otimes\cdots\otimes f_r)$ 时，有

$$\begin{aligned}(\sigma\theta(f_1\otimes\cdots\otimes f_r))(v_1,\cdots,v_r)&=\theta(f_1\otimes\cdots\otimes f_r)(v_{\rho_1},\cdots,v_{\rho_r})\\&=f_1(v_{\rho_1})\cdots f_r(v_{\rho_r})=f_{\sigma_1}(v_1)\cdots f_{\sigma_r}(v_r),\end{aligned}$$

最后的等号是经对换重排各因子得到. 上式右边即为 $\theta(f_{\sigma_1}\otimes\cdots\otimes f_{\sigma_r})(v_1,\cdots,v_r)$，故有

$$\sigma\theta(f_1\otimes\cdots\otimes f_r)=\theta(f_{\sigma_1}\otimes\cdots\otimes f_{\sigma_r}). \tag{12.6.11}$$

事实上常将 θ 看作等同（即视张量为多线性映射），因而很自然地有下述关于**置换 σ 作用到张量积的定义**：

$$\sigma(f_1\otimes\cdots\otimes f_r)=f_{\sigma_1}\otimes\cdots\otimes f_{\sigma_r}. \tag{12.6.12}$$

也就是说，置换 σ 对张量积的作用是置换其因子（的下标）. 由(12.6.12)式可线性地把 σ 的作用扩展到 $T^r(V^*)$（或 $T^r(V)$，类似地）上去，也就是令 $\sigma(t_1+t_2)=\sigma(t_1)+\sigma(t_2)$.

用上述置换对函数 f 作用的定义和语言，“函数 f 是**交错的**”可表述为

$$\delta f=-f \tag{12.6.13}$$

对任一对换 $\delta\in S_r$ 成立（对换是互换一对数的置换）；也可表述为

$$\sigma f = sg(\sigma) f \tag{12.6.14}$$

对任一置换 $\sigma\in S_r$ 成立(这是由于一个置换可由一系列对换复合而得,对换的个数与此置换的奇偶性相同). 同样地,张量 $t\in T^r(V^*)$ 是交错张量当且仅当 $\delta t=-t$(对任意对换 $\delta\in S_r$);又当且仅当 $\sigma t=sg(\sigma)t$(对任意置换 $\sigma\in S_r$). 例如当 $r=2$ 时, $t=f_1\otimes f_2-f_2\otimes f_1$ 是交错张量:

$$\delta t = f_{\delta_1}\otimes f_{\delta_2} - f_{\delta_2}\otimes f_{\delta_1} = f_2\otimes f_1 - f_1\otimes f_2 = -t.$$

于是交错化算子 $\mathscr{A}$ 的定义(即(12.6.5)式)可写为

$$\mathscr{A}(f_1\otimes\cdots\otimes f_r) = \sum_{\sigma\in S_r} sg(\sigma)\sigma(f_1\otimes\cdots\otimes f_r). \tag{12.6.5$''$}$$

或者更一般的对任一张量 $t\in T^r(V^*)$,交错化算子 $\mathscr{A}$ 的作用(定义)为

$$\mathscr{A}(t) = \sum_{\sigma\in S_r} sg(\sigma)\sigma(t). \tag{12.6.5$'''$}$$

引理 12.3 (1) $\mathscr{A}$ 的象均为交错张量.

(2) 若 $t\in T^r(V^*)$ 为交错张量,则 $\mathscr{A}(t)=(r!)t$.

证明 (1) 由(12.6.5)式和(12.6.4)式知

$$\theta\mathscr{A}(f_1\otimes\cdots\otimes f_r)(v_1,\cdots,v_r) = \det(f_i(v_j)).$$

显然当有某 $v_k=v_s(k\neq s)$时,上述行列式为0. 故 $\mathscr{A}(f_1\otimes\cdots\otimes f_r)$是交错张量. 由此可知 $\mathscr{A}$ 的任意象(是 $\mathscr{A}(f_1\otimes\cdots\otimes f_r)$的线性组合)是交错的.

(2) 由于 t 交错,故 $\sigma t=sg(\sigma)t$,故

$$\mathscr{A}t = \sum_{\sigma} sg(\sigma)\sigma(t) = \sum_{\sigma}(sg(\sigma))^2 t = \sum_{\sigma} t = (r!)t. \qquad \blacksquare$$

由引理 12.3 可知,$\mathscr{A}$ 的象恰为交错张量全体(若 t 为交错张量则 $\mathscr{A}(t/r!)=t$),亦即

$$\mathscr{A}(T^r(V^*)) = AT^r(V^*), \tag{12.6.15}$$

$$\mathscr{A}(T^r(V)) = AT^r(V). \tag{12.6.16}$$

常常将定理 12.10 和 12.10$'$的自然同构 π 视为等同(即得(12.6.7)和(12.6.7$'$)式). 从而说外积空间 $\wedge^r V^*$ 或 $\wedge^r V$ 中的元素就是 $T^r V^*$ 或 $T^r V$ 中的交错张量. 但应注意的是, $\mathscr{A}$ 不能视为等同,外积(运算规律)不同于张量积. 既使对于交错张量 $t\in T^r V^*$,它对应的 $\wedge^r V^*$ 中元素 $\pi(w)$(或视为 w)也是 $\mathscr{A}t=(r!)t$, 而非 t 自身.

现在看交错张量的坐标分量. 取 V 的基$\{e_i\}$,则 $\wedge^r V$ 的基为$\{e_{i_1}\wedge\cdots\wedge e_{i_r}\}$ $(i_1<\cdots<i_r)$. 而 $T^r(V)$的基为$\{e_{i_1}\otimes\cdots\otimes e_{i_r}\}$ $(1\leqslant i_1,\cdots,i_r\leqslant n)$. 设 t 为交错张量(在 $T^r(V)$中), $\pi(w)=\mathscr{A}t=(r!)t$, $w\in\bigwedge^r V$. 于是 r-向量 w 可唯一表为

$$w = \sum_{i_1<\cdots<i_r} a^{i_1\cdots i_r} e_{i_1}\wedge\cdots\wedge e_{i_r}. \tag{12.6.17}$$

而张量 t 可唯一表为

$$t = \sum_{i_1,\cdots,i_r} \xi^{i_1\cdots i_r} e_{i_1}\otimes\cdots\otimes e_{i_r}. \tag{12.6.18}$$

显然，t 是交错的当且仅当 $\xi^{i_1\cdots i_r}$ 对其指标 $i_1,\cdots,i_r$ 是交错的（即对换任一对指标则其变号）。以 $\mathscr{A}$ 作用于(12.6.18)式两边有

$$\pi(w)=(r!)t=\mathscr{A}t=\sum_{i_1,\cdots,i_r}\xi^{i_1\cdots i_r}\pi(e_{i_1}\wedge\cdots\wedge e_{i_r}),\tag{12.6.19}$$

或视 π 为等同时写为

$$w=(r!)t=\mathscr{A}t=\sum_{i_1,\cdots,i_r}\xi^{i_1\cdots i_r}e_{i_1}\wedge\cdots\wedge e_{i_r}.\tag{12.6.19'}$$

因此得到 w 的两种表示(12.6.17)式和(12.6.19′)式。注意两者是不同的，(12.6.17)式是对外积空间基的坐标分量形式，(12.6.19′)式是由张量分量形式得到。例如当 $r=2$ 时，令 $t=\frac{1}{2}e_1\otimes e_2-\frac{1}{2}e_2\otimes e_1$ 为交错张量，$w=e_1\wedge e_2\in\wedge^2V$，则显然有

$$\begin{aligned}\pi(w)&=\pi(e_1\wedge e_2)=\mathscr{A}(e_1\otimes e_2)=e_1\otimes e_2-e_2\otimes e_1=2t.\\&=\mathscr{A}(t)\end{aligned}$$

以 $\mathscr{A}$ 作用于 t，则(12.6.19)式和(12.6.19′)式分别为

$$\pi(w)=2t=\mathscr{A}(t)=\frac{1}{2}\pi(e_1\wedge e_2)-\frac{1}{2}\pi(e_2\wedge e_1).$$

$$w=2t=\mathscr{A}(t)=\frac{1}{2}e_1\wedge e_2-\frac{1}{2}e_2\wedge e_1.$$

现在考虑外代数 $\wedge V$ 中的乘法。若 V 是 n 维空间，则由上节已知

$$\wedge V=\wedge^0V\oplus\wedge^1V\oplus\cdots\oplus\wedge^nV,$$

且已定义了 $\wedge V$ 中的乘法（即(12.6.9)式）：对 $w_1=v_1\wedge\cdots\wedge v_r$，$w_2=u_1\wedge\cdots\wedge u_s$，其（外）积定义为

$$w_1\wedge w_2=v_1\wedge\cdots\wedge v_r\wedge u_1\wedge\cdots\wedge u_s\in\wedge^{r+s}V\subset\bigwedge V.\tag{12.6.20}$$

现在我们可将 $\wedge^rV$ 等同于交错张量子空间 $AT^r(V)$，于是 $\wedge V$ 中元素可看作交错张量的（形式）和，此时(12.6.20)式中的外乘法可由张量积和算子 $\mathscr{A}$ 得到下面的定理。

定理 12.11　对交错张量 $t_1\in AT^r(V)$ 和 $t_2\in AT^s(V)$，定义它们的**外积**为

$$t_1\wedge t_2=\frac{1}{r!s!}\mathscr{A}(t_1\otimes t_2),\tag{12.6.21}$$

则 $AT(V)=AT^0(V)\oplus AT^1(V)\oplus\cdots\oplus AT^n(V)$ 是一个代数。而且若将 $\wedge^rV$ 与 $AT^r(V)$ 视为等同（即定理 12.10 中 π 视为等同），则(12.6.21)与(12.6.20)式中积的定义一致，**外代数** $\wedge V$ 与 $AT(V)$ 完全等同。

证明　按(12.6.19′)式记

$$w_1=\mathscr{A}t_1=(r!)t_1=\sum_{(i)}\xi_1^{(i)}e_{i_1}\wedge\cdots\wedge e_{i_r},$$

$$w_2 = \mathscr{A}t_2 = (s!)t_2 = \sum_{(j)} \xi_2^{(j)} e_{j_1} \wedge \cdots \wedge e_{j_s},$$

其中$(i)=i_1\cdots i_r$; $(j)=j_1\cdots j_s$; $1\leqslant i_1,\cdots,i_r\leqslant n; 1\leqslant j_1,\cdots j_s\leqslant n$. 由(12.6.18)式知张量 t_1 和 t_2 的分量即为 $\xi_1^{(i)}$ 和 $\xi_2^{(j)}$. 由(12.6.20)式中外积定义有

$$\begin{aligned}
w_1 \wedge w_2 &= \sum_{(i)} \sum_{(j)} \xi_1^{(i)} \xi_2^{(j)} e_{i_1} \wedge \cdots \wedge e_{i_r} \wedge e_{j_1} \wedge \cdots \wedge e_{j_s} \\
&= \sum_{(i)} \sum_{(j)} \xi_1^{(i)} \xi_2^{(j)} \mathscr{A}(e_{i_1} \otimes \cdots \otimes e_{i_r} \otimes e_{j_1} \otimes \cdots \otimes e_{j_s}) \\
&= \mathscr{A}\Big(\sum_{(i)} \sum_{(j)} \xi_1^{(i)} \xi_2^{(j)} e_{i_1} \otimes \cdots \otimes e_{i_r} \otimes e_{j_1} \otimes \cdots \otimes e_{j_s} \Big) \\
&= \mathscr{A}\Big(\Big(\sum_{(i)} \xi_1^{(i)} e_{i_1} \otimes \cdots \otimes e_{i_r} \Big) \otimes \Big(\sum_{(j)} \xi_2^{(j)} e_{j_1} \otimes \cdots \otimes e_{j_s} \Big) \Big) \\
&= \mathscr{A}(t_1 \otimes t_2).
\end{aligned}$$

此即为(12.6.21)式. ■

在几何、分析和物理中,线性空间 V 常取为一个流形 M 上一点 P 处的**切空间** τ_P,这是一个曲面 M 上点 P 处的切面 τ_P 的推广,切面的坐标原点取为 P 点. 于是考虑 $V=\tau_P$ 上的(r,s)型张量空间

$$T^r_s(\tau_P) = T^r(\tau_P) \otimes T^s(\tau_P^*).$$

当 P 点在 M 上变动时,$T^r_s(\tau_P)$总体称为张量丛;而其中的一个张量 t_P 称为张量场. M 在 P 点的局部坐标设为$(x^1,\cdots,x^n)$,通常把切空间 τ_P 的基记为$\left(\frac{\partial}{\partial x^1}\right)_P,\cdots,\left(\frac{\partial}{\partial x^n}\right)_P$. 它在 τ_P^*(称为余切空间)中的对偶基则记为$(\mathrm{d}x^1)_P,\cdots,(\mathrm{d}x^n)_P$(下标 P 常省略). 而 r 次共变交错张量全体记为 $AT^r(\tau_P^*)$或 $\wedge^r\tau_P^*$,其中的共变交错张量称为 r-(外)微分形式. 1-微分形式也称为 Pfaff 形式. 当顾及到积分区域的定向时,r-重积分应理解为 r-外微分形式的积分. 例如沿曲线的积分是 1-外微分形式的积分,曲面积分是 2-外微分形式的积分,等等. 系数(基域)常扩展到函数域.

* Clifford 代数是外代数的推广. 设 V 是域 F 上 n 维线性空间,Q 是 V 上二次型,$\otimes V$ 是 V 上(反变)张量代数. 以 K_Q 表示$\otimes V$ 中所有形如 $v\otimes v-Q(v)$的元素及其(张量积的)倍元生成的子空间($v\in V$),则商空间 $C_Q=\otimes V/K_Q$ 在自然乘积下是一代数,称为 Clifford 代数. 当 $Q=0$ 时,C_Q 就是外代数$\wedge V$.

习 题 12

1. 设 V 为域 F 上线性空间,证明如下映射是线性空间的同构:

$$\theta:\quad V\otimes F^n \longrightarrow V^n,$$

$$v\otimes(c_1,\cdots,c_n)\longmapsto(c_1v,\cdots,c_nv).$$

2. 设 $V_1 \otimes V_2$ 中 $\sum_{i=1}^{s} x_i \otimes y_i = 0$，且 $x_1,\cdots,x_s$ 线性无关，则 $y_1 = \cdots = y_s = 0$.

3. 设 S,V,W 是域 F 上有限维线性空间，若线性映射 $\varphi: S \longrightarrow V$ 是单射，则 $\varphi \otimes 1_W: S \otimes W \longrightarrow V \otimes W$ 也是单射.

4. 复数全体$\mathbb{C}$可看作实数域$\mathbb{R}$上线性空间(二维)，也可看作$\mathbb{C}$上线性空间. 作为这两种线性空间，$\mathbb{C}$与自身的张量积分别记为

$$\mathbb{C} \otimes_{\mathbb{R}} \mathbb{C} \quad 和 \quad \mathbb{C} \otimes_{\mathbb{C}} \mathbb{C}.$$

试问$\mathbb{C} \otimes_{\mathbb{R}} \mathbb{C}$与$\mathbb{C} \otimes_{\mathbb{C}} \mathbb{C}$是否相等？分别求出它们的基. 它们中的哪些运算不同，有何不同？

5. 设 V 是$\mathbb{C}$上 n 维空间，于是 V 自然是$\mathbb{R}$上 $2n$ 维空间. V 作为$\mathbb{R}$和$\mathbb{C}$上空间的与自身的内积分别记为 $V \otimes_{\mathbb{R}} V$ 和 $V \otimes_{\mathbb{C}} V$，试问二者是否相同，基有何关系，哪些运算不同？

6. 试证明有如下线性空间的自然同构：

$$\mathrm{Hom}(V_1 \otimes V_2, V_3) \cong \mathrm{Hom}(V_1, \mathrm{Hom}(V_2, V_3)),$$

其中 $\mathrm{Hom}(V_1, V_2)$ 是 V_1 到 V_2 的线性映射全体，V_i 是域 F 上线性空间($i=1,2,3$).（提示：对每个 $f \in L(V_1 \times V_2; V_3)$，设定 $x \in V_1$ 则有线性映射 $V_2 \longrightarrow V_3, y \longmapsto f(x,y)$）.

7. 设 V_1 和 V_2 是域 F 上两个线性空间，维数分别为 m 和 n. 设 U 是 F 上 mn 维线性空间，且满足如下条件：

(1) 存在 $V_1 \times V_2$ 到 U 的一个双线性映射 σ；

(2) 若 $\alpha_1,\cdots,\alpha_m$ 和 $\beta_1,\cdots,\beta_n$ 是 V_1 与 V_2 的基，则 $\{\sigma(\alpha_i,\beta_j)\}$ 是 U 的一个基；

试证明 (U,σ) 是 V_1 和 V_2 的(一个)张量积.

8. 设 V_1, V_2 和 U 是 F 上线性空间，维数分别为 m, n 和 mn. 分别取它们的基 $\{\alpha_i\}, \{\beta_j\}, \{\gamma_{ij}\}$. 对 $v_1 = \sum_{i=1}^{m} a_i \alpha_i$ 和 $v_2 = \sum_{j=1}^{n} b_j \beta_j$，定义

$$\sigma(v_1, v_2) = \sum_{i=1}^{m} \sum_{j=1}^{n} a_i b_j \gamma_{ij} \in U.$$

试证明 (U,σ) 是 V_1 和 V_2 的一个张量积.

9. 设 (T,τ) 是 V_1 和 V_2 的张量积(见定义 12.1)，试说明 $\tau: V_1 \times V_2 \longrightarrow T$ 是否为满射，为什么？

10. 说明张量积无交换律，即一般 $v_1 \otimes v_2 \neq v_2 \otimes v_1$.

11. 设如第8题，且 $m, n \geqslant 2$. 试证明 $\alpha_1 \otimes \beta_1 + \alpha_2 \otimes \beta_2$ 不是主张量(即不能表示为 $v_1 \otimes v_2$ ($v_i \in V_i$)).

12. 设 A, B 为 m, n 阶方阵，试求 $\mathrm{tr}(A \otimes B)$，$\det(A \otimes B)$，及 $A \otimes B$ 的全部特征值(设 A, B 的特征值已知，基域为$\mathbb{C}$)；并证明 $A \otimes B$ 与 $B \otimes A$ 相似.

13. 设 V 是域 F 上 n 维线性空间，E 是 F 的 d 次扩域(即 $E \supset F$，且 E 作为 F 上线性空间有维数 d). 证明 $E \otimes V$ 是 E 上线性空间，其中数乘定义为 $k(x \otimes v) = (kx) \otimes v$. 且若 $\alpha_1, \cdots, \alpha_n$ 是 V 在 F 上的基，则 $1 \otimes \alpha_1, \cdots, 1 \otimes \alpha_n$ 是 $E \otimes V$ 在 E 上的基($E \otimes V$ 称为 V 的基域到 E 的扩展).

14. 设 V 是$\mathbb{R}$上欧几里得空间，内积为 $g(\alpha,\beta) = \langle \alpha, \beta \rangle$. 试证明 $T^r(V)$ 中可定义内积

$$\langle \alpha_1 \otimes \cdots \otimes \alpha_r, \beta_1 \otimes \cdots \otimes \beta_r \rangle = \langle \alpha_1, \beta_1 \rangle \cdots \langle \alpha_r, \beta_r \rangle.$$

设 $e_1, \cdots, e_n$ 是 V 的标准正交基，试求 $T^r(V)$ 的标准正交基.

15. 设 $\mathscr{A}$ 和 $\mathscr{B}$ 是 V_1 和 V_2 的线性变换，在基 $\alpha_1, \cdots, \alpha_m$ 和 $\beta_1, \cdots, \beta_n$ 下的方阵表示分别为 A 和 B. 于是 $\alpha_1 \otimes \beta_1, \cdots, \alpha_1 \otimes \beta_n, \alpha_2 \otimes \beta_1, \cdots, \alpha_2 \otimes \beta_n, \cdots, \alpha_m \otimes \beta_1, \cdots, \alpha_m \otimes \beta_n$ 是 $V_1 \otimes V_2$ 的基. 试证明 $\mathscr{A} \otimes \mathscr{B}$ 作为 $V_1 \otimes V_2$ 的线性变换在上述基下的方阵表示为 $A \otimes B$.

16. 设 $v_1, \cdots, v_r \in V$ 是线性空间 V 中 r 个向量. 试证明：$v_1 \wedge \cdots \wedge v_r = 0$ 当且仅当 $v_1, \cdots, v_r$ 线性相关.

17. 设 W 是 V 的一个子空间，基为 $\alpha_1, \cdots, \alpha_r$，令 $\omega = \alpha_1 \wedge \cdots \wedge \alpha_r$. 试证明 ω 不随 W 的基的不同选取而变化(不计非零常数倍意义下)，且 ω 与 W 相互决定：

$$W = \{\alpha \in V \mid \alpha \wedge \omega = 0\}.$$

(在一定意义上，ω 可称为 W 的"外积法线"，ω 的长度是基中向量张成的 r 维平行体的体积——如果进一步假定 V 是欧几里得空间的话. $\omega \in \bigwedge^r V$ 的坐标(在定理 12.8(2)中)称为子空间 W 的 Plücker 坐标，它在不计非零常数倍意义下唯一).

18. 对每个线性映射 $\mathscr{A}$: $V \to V'$(这里 V 和 V' 是 F 上线性空间)，试证明如下是线性映射：

$$\wedge(\mathscr{A}): \bigwedge(V) \to \bigwedge(V'),$$

$$\wedge(\mathscr{A})(v_1 \wedge \cdots \wedge v_r) = \mathscr{A}v_1 \wedge \cdots \wedge \mathscr{A}v_r,$$

(对任意 $v_1, \cdots, v_r \in V$). 进而证明 $\wedge(\mathscr{A})$ 还保持外代数中的(外)乘法：$\wedge(\mathscr{A})(w \wedge u) = (\wedge(\mathscr{A})w) \wedge (\wedge(\mathscr{A})u)$ 对任意 $w, u \in \bigwedge(V)$ 成立.

19. 记号如第 18 题，若 $V' = V$，即 $\mathscr{A}$ 是 V 的线性变换，则 $\wedge(\mathscr{A})$ 给出 $\bigwedge^r(V)$ 的线性变换，且证明：

(1) $(\wedge(\mathscr{A}))(\wedge\mathscr{B}) = \wedge(\mathscr{A}\mathscr{B})$;

(2) 若 $\mathscr{A}$ 可逆则 $\wedge(\mathscr{A})$ 也可逆，且

$$(\wedge(\mathscr{A}))^{-1} = \wedge(\mathscr{A}^{-1}).$$

20. 设 $\mathscr{A}$ 为张量空间的交错化算子(见定义 12.6)，试证明 $\mathscr{A}$ 与任意 $\sigma \in S_r$ 可交换，即

$$\mathscr{A} \circ \sigma = \sigma \circ \mathscr{A} = sg(\sigma)\mathscr{A}.$$

21. 设 $\mathscr{A}$ 如第 20 题，证明 $\ker \mathscr{A} = K$ 为 $T^r(V)$ 中含平方因子元素生成的子空间.

22. 有的作者按如下方式定义交错化算子 $\hat{\mathscr{A}}$: $T^r(V) \to T^r(V)$，即对 $t \in T^r(V)$ 令

$$\hat{\mathscr{A}}(t) = \frac{1}{r!}\sum_{\sigma \in S_r} sg(\sigma)\sigma(t).$$

证明 $\ker \hat{\mathscr{A}} = \ker \mathscr{A} = K$，且当 t 为交错张量时有 $\hat{\mathscr{A}}(t) = t$，从而 $\hat{\mathscr{A}}^2 = \hat{\mathscr{A}}$.

23. 设 $w_1 \in \bigwedge^r(V)$，$w_2 \in \bigwedge^s(V)$，试证明

$$w_1 \wedge w_2 = (-1)^{rs} w_2 \wedge w_1.$$

24. 多线性映射 f: $V^r \to W$ 称为对称的，是指

$$f(\cdots, v_i, \cdots, v_j, \cdots) = f(\cdots, v_j, \cdots, v_i, \cdots)$$

对任意 $v_i, v_j \in V$ 和 $1 \leqslant i, j \leqslant n$ 成立. 证明这相当于 $\sigma f = f$ 对任意 $\sigma \in S_r$ 成立.

25. 设 V 是域 F 上线性空间, M 为 $T^r(V)$ 中如下形式的元素全体生成的子空间:

$$x_1 \otimes \cdots \otimes x_r - x_{\sigma_1} \otimes \cdots \otimes x_{\sigma_r}$$

(σ 过 S_r; $\sigma_k = \sigma(k)$, $x_i \in V$). 定义商空间

$$S^r(V) = T^r(V)/M,$$

称为 V 的 r 重**对称积**(幂). 记模 M 的自然映射为

$$\zeta: \quad T^r(V) \longrightarrow S^r(V), \; t \longmapsto t + M,$$

记

$$\zeta(v_1 \otimes \cdots \otimes v_r) = v_1 \cdots v_r (\text{或 } v_1 \vee \cdots \vee v_r),$$

称为 $v_1, \cdots, v_r$ 的**对称积**. 试证明:

(1) 对称积是对称的(或称交换的), 即

$$v_1 \cdots v_i \cdots v_j \cdots v_r = v_1 \cdots v_j \cdots v_i \cdots v_r \quad (\text{对任意 } i, j);$$

(2) 对称积有多线性(或称分配律), 即

$$v_1 \cdots (v_i + v_i') \cdots v_r = v_1 \cdots v_i \cdots v_r + v_1 \cdots v_i' \cdots v_r;$$

(3) 如下复合映射是对称映射:

$$V^r \to T^r(V) \longrightarrow S^r(V),$$

$$(v_1, \cdots, v_r) \longmapsto v_1 \otimes \cdots \otimes v_r \longmapsto v_1 \cdots v_r,$$

$$v_1 \cdots (cv_i) \cdots v_r = cv_1 \cdots v_i \cdots v_r.$$

26. (对称积的万有性) 设如上题. 对任一线性空间 W 和对称多线性映射 $f: V^r \to W$, 必存在唯一的线性映射 $f_s: S^r(V) \to W$ 使 $f_s(v_1 \cdots v_r) = f(v_1, \cdots, v_r)$ 对任意 $v_1, \cdots, v_r \in V$ 成立.

27. 记号如上题. 令

$$S(V) = \bigoplus_{r=0}^{\infty} S^r(V)$$

为外直和空间, 约定 $S^0(V) = F$. 由 $T(V) = \bigoplus_{r=0}^{\infty} T^r(V)$ 中的乘法定义 $S(V)$ 中的乘法, 即令

$$\zeta(t_1 \otimes t_2) = \zeta(t_1)\zeta(t_2)$$

(或记为 $\zeta(t_1) \vee \zeta(t_2)$, ζ 见第 25 题). 证明 $S(V)$ 是一个代数(称为**对称代数**).

28. 记号如上题. 设 V 的基为 $e_1, \cdots, e_n$ (注意 $V = S^1(V) \subset S(V)$). 证明对称代数 $S(V)$ 与 F 上 n 元多项式(形式)代数 $F[X_1, \cdots, X_n]$ 同构, 即如下映射是双射且保持加法, 数乘和乘法:

$$\varphi: \quad S(V) \longrightarrow F[X_1, \cdots, X_n],$$

$$e_i \longmapsto X_i \quad (i = 1, \cdots, n).$$

29. 如下定义的 $T^r(V)$ 的线性变换 $\mathscr{S}$ 称为**对称化算子**:

$$\mathscr{S}(t) = \sum_{\sigma \in S_r} \sigma(t).$$

证明这相当于定义

$$\mathscr{S}(v_1 \otimes \cdots \otimes v_r) = \sum_{\sigma \in S_r} v_{\sigma_1} \otimes \cdots \otimes v_{\sigma_r},$$

且 $\ker \mathscr{S}=M$（M 如第 25 题）.

30. 设 V 是域 F 上的 n 维线性空间. 试证明 $\bigwedge^{(n-1)}(V)$ 中每个元素（即 $(n-1)$-向量）均为可因子分解的（可表为 $v_1\wedge\cdots\wedge v_r$ $(v_1,\cdots,v_r\in V)$ 形式的 r-向量称为**可因子分解的**，也称为主 r-向量）.

31. 设 V 是 $\mathbb{Q}$ 上四维线性空间，$e_1,\cdots,e_4$ 为其基，试证明 $w=e_1\wedge e_2+e_3\wedge e_4$ 不可因子分解（定义见上题）.

32. (1) 两个酉方阵的张量积仍为酉方阵；

(2) 两个 Hermite 方阵的张量积仍为 Hermite 方阵；

(3) 两个正定方阵的张量积仍为正定方阵.

附　　录

这里介绍集合，映射(函数)等基本知识与记号，也进一步介绍无限集合及拓扑空间的一些常用知识.供读者在学习中参考.

1　集合与映射

1.1　一些对象被作为一个整体来考虑时，称这些对象为**集合**(set)或简称为**集**，其中的每个对象称为该集合中的一个**元素**(element)或称为**元**.当 a 是集合 S 中的元素时，称为 a **属于** S，或 S **包含** a，记为 $a\in S$ 或 $S\ni a$.否则记为 $a\notin S$ 或 $S\not\ni a$.不含任何元素的集合称为**空集**，记为$\varnothing$.若集合 A 的元素均属于 B，且集合 B 的元素均属于 A，则认为 $A=B$.当集合 A 的元素是 $a,b,c\cdots$时，写为 $A=\{a,b,c,\cdots\}$.由具有性质 $C(x)$的对象 x 全体所成集合表示为$\{x\mid C(x)\}$　或　$\{x:C(x)\}$.只有有限个元素的集合称为**有限集(合)**，否则称为**无限(穷)集(合)**.

若集合 A 的元素全属于 B，则称 A 是 B 的**子集合**(subset)，或称 B 包含 A，记为 $A\subset B$ 或 $B\supset A$；否则记为 $A\not\subset B$ 或 $B\not\supset A$.若 $A\subset B$ 而 $A\neq B$，则称 A 为 B 的**真子集(合)**，记为 $A\subsetneq B$ 或 $B\supsetneq A$.空集认为是任意一个集合的子集.

由属于 A 或 B 的元素全体组成的集合称为 A 与 B 的**并(集)**(union)，记为 $A\cup B$.由属于 A 且属于 B 的元素组成的集合称为 A 与 B 的**交(集)**(intersection)，记为 $A\cap B$.由属于 A 而不属于 B 的元素全体组成的集合以 $A-B$ 表示，称为 A 与 B 的**差集**(difference set)，有时也记为 $A\backslash B$.例如$\{1,2\}-\{2,3,4\}=\{1\}$.当 $A\supset B$ 时 $A-B$ 称为B 在 A 中的**补集**(complement).

固定一个集合 S(S 中的元素有时也称为点)而考虑 S 的子集合及元素.此时记 S 的子集 A 在 S 中的补集为 A^c 或 $\overline{A}$. S 的子集对$\cup$和$\cap$满足如下规律：

(1)(**交换律**)　$A\cup B=B\cup A$，$A\cap B=B\cap A$；

(2)(**结合律**)　$(A\cup B)\cup C=A\cup(B\cup C)$，$(A\cap B)\cap C=A\cap(B\cap C)$；

(3)(**分配律**)　$A\cap(B\cup C)=(A\cap B)\cup(A\cap C)$，

$A\cup(B\cap C)=(A\cup B)\cap(A\cup C)$；

(4)(**吸收律**) $A\cup(A\cap B)=A$，$A\cap(A\cup B)=A$；

(5)(**De Morgan 律**) $\overline{A\cup B}=\overline{A}\cap\overline{B}$，$\overline{A\cap B}=\overline{A}\cup\overline{B}$.

1.2 族或系(family)也是指一些被考虑的对象的全体，常指以集合为元素的集合."族"的使用范围较之"集合"更广泛更少限制(由于数学基础的理论严格性的需要，不宜使用"所有的集合组成的集合"之类的词句来定义一个集合.)

1.3 集合 A 与 B 的**直积**(direct product)(或称为**笛卡儿积**，cartesian product)定义为

$$A\times B=\{(a,b)\mid a\in A,b\in B\}.$$

这里 (a,b) 是 a 和 b 的有序对(ordered pair)，即 $(a,b)=(c,d)$ 当且仅当 $a=c$ 及 $b=d$. 类似地(或归纳地)定义有限个集合 $A,B,\cdots,E,F$ 的直积为 $A\times B\times\cdots\times E\times F=(A\times B\times\cdots\times E)\times F=\{(a,b,\cdots,e,f)\mid a\in A,b\in B,\cdots,f\in F\}$.

1.4 从集合 A 到集合 B 的一个**映射**是指一个规则，按照这个规则 A 中的每一个元素均对应于 B 中唯一的一个元素. **映射**(mapping，或 map)也称为**函数**(function)(特别当 B 中元素可看作"数"的时候)，也称为**变换**(transformation)(特别当 $A=B$ 时). 常用 f，g,φ,ψ,σ 等表示映射. 从 A 到 B 的映射 f 写为 $f\colon A\to B$，或 $A\xrightarrow{f}B$. 当 f 把 $a\in A$ 对应到 $b\in B$ 时，写为 $f(a)=b$ 或 $f\colon a\longmapsto b$. b 称为 a 的**象**(image). A 中所有元素的象集

$$f(A)=\{f(a)\mid a\in A\}$$

称为 $\boldsymbol{f}$ **的象(集)**，记为 $\operatorname{Im}(f)$. $\operatorname{Im}(f)$ 是 B 的子集，但不一定等于 B. 当 $\operatorname{Im}(f)=B$ 时称 f 为**满射**(surjection)或为 A 到 B **上的映射**(onto-mapping). 若 $f(a)=b$，则称 a 是 b 的一个原象，b 的原象全体常记为 $f^{-1}(b)=\{a\in A\mid f(a)=b\}$，称为 b 的**原象(集)**(inverse image). A 称为 f 的**定义域**(domain). 从 A 到 B 的两个映射相等(记为 $f=g$)，是指对所有的 $a\in A$ 均有 $f(a)=f(b)$.

在上述映射的定义中要注意：(1) 必须对 A 中的每一个元素均有象(而并不要求 B 中的每个元素均为象)；(2) 每个元素 $a\in A$ 的象必须是唯一的，即 $f(a)$ 是"单值"的(但是对每个 $b\in B$ 其原象不一定是唯一的).

对于映射 $f\colon A\to B$，若当 $a_1\neq a_2$ 时总有 $f(a_1)\neq f(a_2)$(对任意 $a_1,a_2\in A$)，则称 f 为**单射**(injection)(有人也称为一一映射). 这也相当于：若 $f(a_1)=f(a_2)$，则必有 $a_1=a_2$. 或相当于每一个 $b\in\operatorname{Im}(f)$ 只有唯一的原象. 若 f 既是单射又是满射，则称 f 为**双射**(bijection)或**一一对应**. 若 $A\subset B$ 且令 $f(a)=a$，则确定一个映射 $f\colon A\to B$，称为**包含映射**(inclusion mapping)或**嵌入**(embedding)，常记为 $f\colon A\to B$.

设 f,g 为两个映射，定义域分别为 A 和 A'. 若 $A\subset A'$ 且对所有的 $a\in A$ 均有 $f(a)=g(a)$，则称 f 是 g 在 A 上的**限制**(restriction)，记为 $f=g|_A$；同时称 g 为 f 到 A' 上的**延拓**(extension)或拓展.

对于映射 $f\colon A\to B$，若 $A=B$ 且 $f(a)=a$ 对任意 a 成立，则称 f 为**恒等映射**，记为

$f=1_A$ 或 $f=1$. 若 $f(A)=\{b_0\}$ 由一个元素组成，则称 f 为**常值映射**(constant mapping).

1.5　设有映射 $f: A\to B$ 和 $g: B\to C$，由 $h(a)=g(f(a))$ 所确定的映射 $h: A\to C$ 称为 f 与 g 的**复合**(**映射**)(composition)，记为 $h=g\circ f$ 或 $h=gf$，所以 h 也称为 f 与 g 的**积**(product). 对于映射的这种(复合)积，**结合律**总是满足的：$f_3(f_2f_1)=(f_3f_2)f_1$，这里设映射为 $f_1: A\to B$，$f_2: B\to C$，$f_3: C\to D$.

若 $f: A\to B$ 是双射，则可定义 $g: B\to A$ 使 $gf=1_A$，$fg=1_B$. 此映射 g 称为 f 的**逆**，记为 $g=f^{-1}$.

多个映射的复合常用**映射图**来表示. 附图 1 的意义为有三个映射 $f: A\to B$，$g: B\to C$，$h: A\to C$. 称此图为**交换图**的含意为 $h=g\circ f$. 一般来说，称一个映射图是**交换图**的含意为：任一个集合的元素经任一可能途径(复合)映射后结果的象均相同.

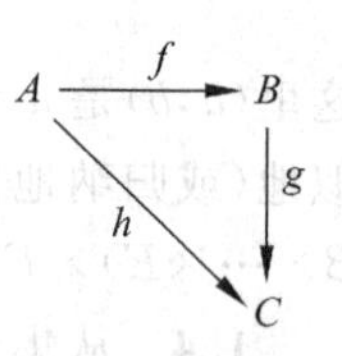

附图　1

1.6　设 $f: A\to B$ 是一映射，则有如下事实：

(1) f 有左逆当且仅当 f 为单射；

(2) f 有右逆当且仅当 f 为满射.

f 的一个**左逆**(left inverse)按定义就是一个映射 $g: B\to A$ 使 $gf=1_A$. 同样，一个映射 h: $B\to A$ 若使 $fh=1_B$，则称为 f 的**右逆**. 上述事实可证明如下. (1) 若 f 有左逆 g，则对于 $f(a_1)=f(a_2)$ 在左边乘以 g，则知 $a_1=a_2$，故 f 为单射. 反之若 f 为单射，则对任一个 $b\in f(A)$ 有唯一的 $a\in A$ 使 $f(a)=b$，于是令 $g(b)=a$. 而对于任意 $y\in B-f(A)$，令 $g(y)=a_0$ 为 A 中任一固定元素. 于是对任意 $a\in A$ 有 $(gf)(a)=g(f(a))=a$，即 g 为 f 的左逆. (2) 若 f 为满射，定义 $g: B\to A$ 如下，对每个 $b\in B=f(A)$ 定义 $g(b)$ 为 b 的任一个原象. 于是 $(fg)b=f(g(b))=b$，故 g 为 f 的右逆. 反之若 f 有右逆 g，则 B 中任一个 $b=(fg)b=f(g(b))\in \mathrm{Im}f$. 故 f 为满射(注意 f 的左、右逆均不一定唯一).

由此易知，若 f 既有左逆 g 又有右逆 h，则由 $g(b)=g((fh)(b))=((gf)h)(b)=h(b)$ 知 $g=h$，即为 f 的逆；f 是双射. 且映射的逆总是唯一的.

1.7　集合 S 中的一个**二元运算**(binary operation)是指一个映射 $f: S\times S\to S$. 于是对任意 $(a,b)\in S\times S$，有唯一的 $f(a,b)\in S$. 例如 $S=\mathbb{Z}$ 为整数集时，$f(a,b)=a+b$ 是一个二元运算.

1.8　等价关系. 设 S 是一个集合，我们称 R 是 S 中一个(二元)**关系**，如果对任意 a，$b\in S$ 规定了 aRb 或 $a\bar{R}b$(读为"a 关系于 b"，"a 非关系于 b"，分别称为 a 与 b 有关系 R 或无关系 R). 例如，当 $S=\mathbb{Z}$ 时，$>$(大于)，$<$(小于)，$=$(等于)都是二元关系.

S 中满足如下三个条件的关系 R 称为**等价关系**：

(1) (反身性) aRa 对任意 $a\in S$ 成立；

(2) (对称性) 若 aRb，则 bRa(对任意 $a,b\in S$)；

(3) (传递性) 若 aRb 且 bRc，则 aRc(对任意 $a,b,c\in S$).

集合 S 的元素可按其等价关系 R 分类，相互有关系 R 的分入同一类(称为一个 R-等价类). 等价类集记为 S/R. 例如，设 S 是一群人，则"同龄"是一个等价关系，S 可分为同龄类.

2 无限集与选择公理

数学中难免遇到无限集合，它有着与有限集合很不相同的特点.

2.1 选择公理

设有无限个非空集合 $S_a(a\in A, A$ 为无限集)，能否从每一个集合 S_a 中均选取一个元素呢? 一般数学著作中都认为是可能的，这就是**选择公理**. 形式化地叙述，**选择公理**(axiom of choice)是指：设 $\{S_a \mid a\in A\}$ 是一族非空集合(其中 A 为一个(指标)集合，非空)，则存在一个从 A 到 $\bigcup_a S_a$ 的映射 f 使得对每个 $a\in A$ 总有 $f(a)\in S_a$. 换句话说，从每个 S_a 选取了 $f(a)(a\in A)$. 这也相当于说笛卡儿积 $\prod_a S_a$ 是非空集(其中的一个元素 $\prod_a y_a(y_a\in S_a)$ 事实上就是一个"选取").

选择公理与良序公理(定理)及 Zorn 引理均等价. **良序公理**为：对任意集合，均可适当规定其元素的序，使其任意非空子集均有最小元素. **Zorn 引理**为：对偏序集 S，若其中每个链 T 在 S 中均有上界(即存在 $s\in S$ 使 $t\leqslant s$ 对所有 $t\in T$ 成立)，则 S 至少有一个极大元素. 这里 S 为**偏序集**是指，在 S 中确定了一个关系 $x\leqslant y$，且此关系有反身性(即总有 $x\leqslant x$)，传递性(即 $x\leqslant y$ 和 $y\leqslant z$ 导致 $x\leqslant z$)和反称性(即若 $x\leqslant y$ 且 $y\leqslant x$ 则 $x=y$). 值得注意的是，偏序集 S 中可以存在着元素 x, y 使得既非 $x\leqslant y$，也非 $y\leqslant x$. 子集 $T\subset S$ 称为**链**是指对 T 中任意二元 t_1 和 t_2，必有 $t_1\leqslant t_2$ 或 $t_2\leqslant t_1$ 之一成立.

有一些定理必须用选择公理或与其等价的其他结果才能证明. 与本书有关的是如下定理：**任一非零线性空间 V 均有基**. 易由 Zorn 引理证明：设 S 是 V 的线性无关子集全体，$t_1\subset t_2\subset\cdots$ 是 S 中一个链($t_i\in S$)，令 $t=\bigcup t_i$，它仍为线性无关子集. 故 S 中每个链均有上界. 所以 S 中有极大元 b，即是 V 的基(极大线性无关子集).

1940 年—1963 年，Gödel 和 Cohen 证明了现在通常采用的集合论(即被广泛接受的 ZF 集合论公理系统)不能判定选择公理的真和伪. 数学界一般都承认选择公理.

2.2 基数与可列集

有限集的"元素个数"这一概念，推广到无限集即称为基数.

如果两个集合 S_1 和 S_2 之间存在着双射(即一一对应)，则称它们有相同的**基数或势**(cardinal number)，记为 $|S_1|=|S_2|$ 或 $\# S_1=\# S_2$. 若集合 S 与 $\{1,2,\cdots,n\}$ 之间存在双射(n 为正整数)，则称 S 的基数为 n，记为 $|S|=n$ 或 $\# S=n$. 空集的基数定义为 0. 基数为正整数的非空集合称为**有限集(合)**. 不是有限集的非空集合称为**无限集(合)**或无穷集.

与正整数集 $\mathbb{N}$ 之间存在双射的集合 S 称为**可列集**或**可数集**(countable or denumerable set)，也称 S 的基数为"可列无限"，记为 $\boldsymbol{d}$ 或 $\aleph_0$(读为"阿列夫零"，阿列夫(aleph)是希伯来首个字母). 例如整数集 $\mathbb{Z}$ 和有理数集 $\mathbb{Q}$ 均为可列集. 有趣的是，可列集能与其一个真子集一一对应. 例如 $k\longmapsto k+1$ 给出 $\mathbb{N}$ 与 $\mathbb{N}-\{1\}$ 间的双射. 这是无限集的特有性质. 每个无限集均含有一个可列子集，故"可列无限"$\boldsymbol{d}$ 是最小的无限基数.

并不是所有无限集均为可列的. 康托尔(Cantor)早就证明：实数集 $\mathbb{R}$ 不是可列集. 这很容易用"**对角线法**"证明：假若所有实数可列为序列 $x_1,x_2,x_3,\cdots$，记 x_i 的十进表示的小数部分为 $(x_i)=(a_{i1}a_{i2}a_{i3}\cdots)$. 于是以 $(x_1),(x_2),(x_3),\cdots$ 为行排为一个无限"矩阵". 其对角线上数为 $a_{11},a_{22},a_{33},\cdots$，并令

$$b_n=a_{nn}-1(若\ a_{nn}\geqslant 1)\quad 或\ 1(若\ a_{nn}=0),$$

于是总有 $b_n\neq a_{nn}$. 令实数

$$b=0.b_1b_2b_3b_4\cdots\cdots.$$

显然 $b\neq x_n$(对任意 n)，这是因为二者的第 n 位小数 b_n 和 a_{nn} 不同，故 $\mathbb{R}$ 不可列.

$\mathbb{R}$ 的基数记为 $\boldsymbol{c}$，称为**连续统**(continuum). 可以证明实数轴上 0 到 1 间线段上点集的基数也为 $\boldsymbol{c}$. 复数集 $\mathbb{C}$ 的基数也为 $\boldsymbol{c}$. 实数无限序列集的基数也为 $\boldsymbol{c}$.

设 A,B 为两个集合，交为空集，基数分别为 $\boldsymbol{m}$ 和 $\boldsymbol{n}$，则集合 $A\cup B, A\times B$ 的基数分别记为 $\boldsymbol{m}+\boldsymbol{n}$ 和 $\boldsymbol{mn}$，称为此二基数的**和与积**. 而 B 到 A 的映射全体记为 A^B，其基数记为 $\boldsymbol{m}^{\boldsymbol{n}}$，称为 $\boldsymbol{m}$ 的 $\boldsymbol{n}$ **次幂**. 由集合的性质可知和与积满足交换律、结合律、分配律；幂满足指数律；即有 $\boldsymbol{m}+\boldsymbol{n}=\boldsymbol{n}+\boldsymbol{m}$，$(\boldsymbol{m}+\boldsymbol{n}_1)+\boldsymbol{n}_2=\boldsymbol{m}+(\boldsymbol{n}_1+\boldsymbol{n}_2)$，$\boldsymbol{mn}=\boldsymbol{nm}$，$(\boldsymbol{mn}_1)\boldsymbol{n}_2=\boldsymbol{m}(\boldsymbol{n}_1\boldsymbol{n}_2)$，$\boldsymbol{m}(\boldsymbol{n}_1+\boldsymbol{n}_2)=\boldsymbol{mn}_1+\boldsymbol{mn}_2$，$\boldsymbol{m}^{\boldsymbol{n}_1+\boldsymbol{n}_2}=\boldsymbol{m}^{\boldsymbol{n}_1}\boldsymbol{m}^{\boldsymbol{n}_2}$，$(\boldsymbol{m}_1\boldsymbol{m}_2)^{\boldsymbol{n}}=\boldsymbol{m}_1^{\boldsymbol{n}}\boldsymbol{m}_2^{\boldsymbol{n}}$，$(\boldsymbol{m}^{\boldsymbol{n}_1})^{\boldsymbol{n}_2}=\boldsymbol{m}^{\boldsymbol{n}_1\boldsymbol{n}_2}$.

特别地，设集合 B 的基数为 $\boldsymbol{n}$，则 B 到二元集 $\{0,1\}$ 的映射全体所成集合的基数为 $2^{\boldsymbol{n}}$，这也是 B 的子集合全体所成集(即幂集 $\mathscr{P}(B)$)的基数. Cantor 证明总有 $\boldsymbol{n}<2^{\boldsymbol{n}}$，即 B 到 $\{0,1\}^B$ 有单射且不可能有双射. 将实数用二进位表示，也易证明 $2^{\boldsymbol{d}}=\boldsymbol{c}$，其中 $\boldsymbol{d},\boldsymbol{c}$ 分别为可列无限和连续统. 那么，$2^{\boldsymbol{d}}=\boldsymbol{c}$ 是否就是大于 $\boldsymbol{d}$ 的最小基数呢？换句话说，是否有一个集合的基数为 $\boldsymbol{x}$ 使 $\boldsymbol{d}<\boldsymbol{x}<\boldsymbol{c}$ 呢？康托尔猜想没有(1878). 这就是著名的**连续统假设**. 1940 年—1963 年 Gödel 和 Cohen 证明了：连续统假设的真伪在现在广为接受的集合论(ZFC 公理系统)中是不可判定的，说明集合论还有待发展.

关于集合 S 的基数 $|S|$，有以下重要定理：

(1) **Schröder-Bernstein 定理**：对任意集合 S,T，若 $|S|\leqslant|T|$ 且 $|T|\leqslant|S|$，则 $|S|=|T|$.

(2) **Cantor 定理**：以 $\mathscr{P}(S)$记 S 的幂集(即子集合全体)，则$|S|<|\mathscr{P}(S)|=2^{|S|}$.

(3) 以 $\mathscr{P}_0(S)$记 S 的有限子集全体. 若 S 为无限集，则$|S|=|\mathscr{P}_0(S)|$.

(4) 若集合 S,T 之中有一个是无限集，则$|S\cup T|=|S\times T|=\max\{|S|,|T|\}$.

(5) $\boldsymbol{c}^d=(2^d)^d=2^d=\boldsymbol{c}$.

Cantor 定理的证明有趣且简单： 只需证任一单射 $f: S\to\mathscr{P}(S)$不是满射. 记 $X=\{s\in S \mid s\notin f(s)\}\in\mathscr{P}(S)$，则 $X\notin \mathrm{Im}f$(若 $f(x)=X$，则按 X 的定义知，$x\in X$ 导至 $x\notin X$，而 $x\notin X$ 导至 $x\in X$).

3 拓扑空间

集合 X 中的一些子集合被规定为开集(或邻域等，满足一定条件)之后，就称 X 为拓扑空间(其元素也称为点). **拓扑学**(topology，原意为地志、风土志学)，与抽象代数几乎同时产生和发展，同为现代数学的重要基础.

拓扑空间 拓扑空间 X 即为一非空集合，满足如下 5 个等价条件之一：

(I) **开集条件**： X 有子集族 τ 满足(**开集公理**)： (1)$X,\varnothing\in\tau$； (2) 若 $U_1,U_2\in\tau$，则 $U_1\cap U_2\in\tau$； (3)若 $U_a\in\tau$ ($a\in A$，任意集合)，则 $\bigcup_{a\in A}U_a\in\tau$.

(称 τ 为**拓扑**或**开集系**，其成员称为**开集**. 开集公理也可叙述为： (1)全集 X 和空集$\varnothing$为开集， (2)有限个开集的交为开集， (3)任意多开集的并为开集).

(II) **邻域条件**： 任一点 $x\in X$ 对应着 X 的一个子集族 $\mathscr{N}(x)$(称为 x 的**邻域系**，其成员称为 x 的**邻域**)，满足(**邻域公理**)：(1)每个 $U\in\mathscr{N}(x)$均含 x；(2)若 $U_1,U_2\in\mathscr{N}(x)$，则 $U_1\cap U_2\in\mathscr{N}(x)$；(3)若 $U\in\mathscr{N}(x)$，$U\subset V\subset X$，则 $V\in\mathscr{N}(x)$；(4) 每个 $U\in\mathscr{N}(x)$均含子集 $W\in\mathscr{N}(x)$使“U 是任一点 $y\in W$ 的邻域”.

(III) **闭集条件**：X 有子集(称为**闭集**)族 $\mathscr{C}$ 满足(**闭集公理**)：(1)$X,\varnothing\in\mathscr{C}$；(2)若 $C_1,C_2\in\mathscr{C}$，则 $C_1\cup C_2\in\mathscr{C}$；(3)若 $C_a\in\mathscr{C}$ ($a\in A$，任意集合)，则 $\bigcap_{a\in A}C_a\in\mathscr{C}$.

(IV) **开核条件**：每个 $S\subset X$ 包含子集 S^{i}(也记为 $\mathrm{Int}S$，称为 S 的**开核**，其点称为**内点**)，满足(**开核公理**)：(1)$X^{\mathrm{i}}=X$；(2)$(S_1\cap S_2)^{\mathrm{i}}=S_1^{\mathrm{i}}\cap S_2^{\mathrm{i}}$；(3)$S^{\mathrm{i}}\subset S$；(4)$S^{\mathrm{ii}}=S^{\mathrm{i}}$.

(V) **闭包条件**：每个 $S\subset X$ 属于某 $S^{\mathrm{b}}\subset X$(也记为 $\overline{S}$ 或 $\mathrm{cl}(S)$，称为 S 的**闭包**，其点称为 S 的**触点**)，满足(**闭包公理**)：(1)$\varnothing^{\mathrm{b}}=\varnothing$；(2)$(S_1\cup S_2)^{\mathrm{b}}=S_1^{\mathrm{b}}\cup S_2^{\mathrm{b}}$；(3)$S^{\mathrm{b}}\supset S$；(4)$S^{\mathrm{bb}}=S^{\mathrm{b}}$.

这样定义的拓扑空间，按不同的定义方式记为(X,τ)，$(X,\mathscr{N}(x))$，$(X,\mathscr{C})$，(X,i)，或(X,b). 这些不同形式的定义都是一致的，其关系如下：

(1) U 为开集$\Leftrightarrow U$ 是其所有点的邻域$\Leftrightarrow$任一点 $x\in U$ 有开邻域含于 U

$\Leftrightarrow U$ 的开核为自身$\Leftrightarrow U$ 的余集为闭集.

(2) S 为 x 的邻域$\Leftrightarrow S$ 含开集 $U \ni x \Leftrightarrow S$ 的开核含 $x \Leftrightarrow x$ 不属于 S 余集的闭包.

(3) C 为闭集$\Leftrightarrow$余集 $X-C$ 为开集$\Leftrightarrow$闭包 $\bar{C}=C \Leftrightarrow C$ 含其所有聚点.

(4) A 的开核$=A$ 所含最大开集$=A$ 所含开集的并="有一邻域属于 A"的点全体.

(5) A 的闭包=含 A 的最小闭集=含 A 的闭集的交="任一邻域与 A 有交"的点全体.(X 第一可数时,A 的闭包即其点列的极限全体.)

(6) $S^{i}=S^{cbc}$,$S^{b}=S^{cic}$.　($S^{c}=X-S$ 表示 S 的余集)

例 1　平凡拓扑空间 X:只有全集 X 和空集$\varnothing$为开集.

例 2　离散拓扑空间 X:每个点 $x \in X$(和每个子集)都是开集.

例 3　(度量拓扑)　设在集合 X 中定义了**距离(度量)**d,即 X 上一个二元实函数,满足:(1)(正定性)$d(x,y) \geqslant 0$ 且仅当 $x=y$ 时为 0;(2)(对称性)$d(x,y)=d(y,x)$;(3)(三角形不等式)$d(x,z) \leqslant d(x,y)+d(y,z)$(任意 $x,y,z \in X$). 对每点 $x \in X$ 定义 **ε 邻域(开球邻域)**

$$U(x,\varepsilon)=\{y \in X \mid d(x,y)<\varepsilon\} \quad (\text{任意 } \varepsilon>0).$$

以 ε 邻域的并集(可无限多 ε 邻域作并)为开集,决定 X 的一个拓扑,称为**度量拓扑**. 有如下等价定义:

(1) U 为开集 $\Leftrightarrow U$ 含其每点的某 ε 邻域.

(2) U 是 x 的邻域 $\Leftrightarrow U$ 含 x 的某 ε 邻域.

(3) C 为闭集 $\Leftrightarrow$ 若 x 的任一 ε 邻域均含 C 的点,则 $x \in C$.

(4) x 是 A 的内点 $\Leftrightarrow A$ 含 x 的某 ε 邻域.

(5) $x \in \bar{A}$ 是 A 的触点 $\Leftrightarrow A$ 交 x 的所有 ε 邻域 $\Leftrightarrow x$ 是 A(中点列)的极限(点).

度量拓扑即是以所有 ε 邻域为邻域基(或拓扑基)定义的拓扑. 例如欧几里得空间.

拓扑基　设(X,τ)为拓扑空间. (I) **拓扑基** τ_0 即是一开集族($\subset \tau$),由其成员(称为**基本开集**)的并可得到任意开集. τ_0 满足(**拓扑基公理**):1)τ_0 覆盖 X;2)(交点邻域条件)τ_0 中任两集的交 $W_1 \cap W_2$ 中任一点 x,必含于 τ_0 中某集合 $W_3 \subset W_1 \cap W_2$ 中. 反之,若集合 X 有子集族 τ_0 满足拓扑基公理,则 τ_0 可(并)生成一拓扑 τ(即开集为 τ_0 中集的并). 生成同一拓扑的基 τ_0 和 τ'_0 称为**等价**(其充要条件为:对任意 $U \in \tau_0$ 和 $x \in U$,存在 $U' \in \tau'_0$ 使 $x \in U' \subset U$;反之亦然). 例如度量空间以开球全体为基. (II) **子基**(subbase)τ_{00} 即是一开集族,由其有限个成员的交可得到基 τ_0 中任意开集. 子基 τ_{00} 覆盖 X. 反之若集合 X 被子集族 τ_{00} 覆盖,则 τ_{00} 可(交并-)生成一拓扑 τ(即开集由 τ_{00} 中集的有限交和任意并得到).

基本邻域系　设$(X,\mathcal{N}(x))$为拓扑空间. 若邻域系的子族 $\mathcal{N}_0(x)$ 满足(基本邻域更小性):"对任一 $V \in \mathcal{N}(x)$,总有 $U \in \mathcal{N}_0(x)$ 使 $U \subset V$",则称 $\mathcal{N}_0(x)$ 为**基本邻域系**(**或邻域系的基,局部基**),其成员称为**基本邻域**. 这种 $\mathcal{N}_0(x)$ 满足(**基本邻域系公理**):1)$\mathcal{N}_0(x)$ 的成员均含 x;2)$\mathcal{N}_0(x)$ 中任两集的交含有 $\mathcal{N}_0(x)$ 中的集合;3) 任一个 $V \in \mathcal{N}_0(x)$ 中含

$W \in \mathcal{N}_0(x)$ 使“W 中任一点 y 含于某 $U_y \in \mathcal{N}_0(x)$ 中且 $U_y \subset V$”. 反之，若集合 X 的每点 x 对应有子集族 $\mathcal{N}_0(x)$ 满足基本邻域系公理，规定“x 的邻域为含 $\mathcal{N}_0(x)$ 中某成员的集合”，则确定 X 为拓扑空间. 如果两个系 $\{\mathcal{N}_0(x)\}$ 和 $\{\mathcal{N}'_0(x)\}$ 确定的拓扑相等，则称二者**等价**，这相当于前者的任一成员包含后者的某成员，反之亦然. 例如，开邻域全体构成基本邻域系. 度量空间中 ε 邻域(开球邻域)全体是基本邻域系.

聚点 $x \in X$ 为子集 A 的**聚点**(可能 $x \notin A$)，是指 x 的任一开邻域含 $A-\{x\}$ 的点，等价于 x 含于 $A-\{x\}$ 的闭包(当 X 第 1 可数时，等价于 x 是 $A-\{x\}$ 中点列的极限点；进而 X 为第 1 可数且 T_1 时(如度量拓扑)，等价于 x 为 A 的互异点构成的点列的极限). 聚点集 A' 称**导集**. 非聚点称为**孤立点**. $\overline{A} = A' \cup A$，即闭包 = 导集 $\cup$ 原集(触点 = 聚点和原集点). A 为闭集 $\Leftrightarrow A' \subset A$(即 $\overline{A} = A$). A 的闭包的余集称为 A 的**外部**(即非触点集)，闭包与余集闭包之交为**边界**. 若闭包 $\overline{A} = X$ 则称 A 在 X 中**稠密**. 点列 $\{a_n\}$ **收敛**于 a(称为**极限**)是指：对于 a 的任一邻域 U_a，存在 n_0，使当 $n \geqslant n_0$ 时 $a_n \in U_a$. 点 x 称为 A 的**完全**(**最大**)**聚点**，是指 x 的任一邻域 U 与 A 的交的基数等于 A 的基数. 一点 $\{x\}$ 为闭集(**一点闭集**)当且仅当 $X-\{x\}$ 中任一点 y 有开邻域不含 x. X 中任一点为闭集相当于 X 为 T_1.

连续函数 设 $f: X \to Y$ 为拓扑空间之间的映射. (I) 称 f 在点 $a \in X$ 为**连续**的是指 f 满足等价条件之一：(1) 任给 $f(a)$ 的邻域 V，存在 a 的邻域 U 使 $f(U) \subset V$；(2) $f(a)$ 的邻域的原象总是 a 的邻域；(3) $\overline{A} \ni a$ 则 $\overline{f(A)} \ni f(a)$. (II) 称 f **连续**是指 f 在任意 $a \in X$ 连续. 以下皆 f 连续的等价条件：(1) 开集的原象为开集；(2) 基本开集的原象为开集；(3) 闭集的原象为闭集；(4) 闭包的象含于象的闭包；(5)(当 X 第 1 可数 Hausdorff 时) 点列连续，即对收敛于任意 x 的任意点列 $\{x_n\}$，$\{f(x_n)\}$ 收敛于 $f(x)$. (III) 连续双射的逆也连续时，称为**同胚**(homemorphic) 映射. 从紧空间到 Hausdorff 空间的连续双射必是同胚.

使开集的象为开集的映射称为**开映射**. 类似定义**闭映射**.

集合 X 上的拓扑 τ_1 **强于** τ_2，是指 $\tau_1 \supset \tau_2$(即 τ_1 的开集多). 这等价于：τ_1 的闭集多，或 τ_1 的邻域多，或恒等映射 $(X,\tau_1) \to (X,\tau_2)$ 连续.

诱导/商拓扑 设有映射 $f: X \to Y$. 按“开集的原象为开集”的规定，可由 Y 的拓扑决定 X 的一个拓扑，也可由 X 的拓扑决定 Y 的一个拓扑，均称为**诱导拓扑**(分别称为初始(左移)、后终(右移)拓扑). 这是保证 f 连续的 X 的最弱拓扑，Y 的最强拓扑. 特别地：

(I) Y 到其子集 X(由包含映射 f) 诱导的拓扑称为**相对拓扑**(**限制拓扑，拓扑子空间**)，其开集系、闭集系、邻域系、拓扑基、子集的闭包等分别是 Y 的相应物与 X 的交.

(II) X 到其商集(等价类集) Y 的诱导拓扑称为**商拓扑**.

积/和拓扑 设各集 X_i 上有拓扑 τ_i，拓扑基为 τ_{i0} $(i \in I)$. (I) 设 $X = \prod X_i$. 使投

射 $p_i: X \to X_i$ 均连续的 X 的最弱拓扑称为**积拓扑**；$\prod X_i$ 以各 X_i 开集的投射原象(**开盘**)全体为子基；当 I 有限时，$\prod X_i$ 以各 τ_{i0} 中开集的笛卡儿积(**开方体**)全体为拓扑基. 可数个第 1 可数 Hausdorff 空间的积 X 中，点列$\{x_n\}$收敛于 x 当且仅当各投射分量$\{p_i(x_n)\}$收敛于 $p_i(x)$.

(II) 设 $X = \cup X_i$，且各 X_i 在交(诱导的)拓扑相等. 使包含映射 $f_i: X_i \to X$ 均为开映射的 X 的最弱拓扑称为**和拓扑**,其开集即为"与各 X_i 的交均为开集"的集合. 当各 X_i 互不相交时,称为**直和拓扑**,各 X_i 在 X 既开且闭.

可数公理　(1) 若 X 的每点都有可数基本邻域系,称 X **第一可数**. 此时聚点是极限点. 例如度量拓扑. (2) 若 X 有可数拓扑基,则称 X **第二可数**(或**完全可分**). 例如欧几里得空间. (3) 若 X 有可数的稠密子集，则称 X **可分**. 第二可数蕴含第一可数及可分.

分离公理 对 X 的任意互异点 x, y: (0) 当有一方的邻域不含另一方时(等价于若 $x \neq y$ 则闭包不同),称 X 为 T_0(或 Kolmogorov). (1) 各有邻域不含对方时(等价于 X 的任一点为闭集),称 X 为 T_1(Frechet, Kuratowski). T_1 蕴含 T_0. (2) 各有(开)邻域不相交时,称 X 为 T_2(或 **Hausdorff 的，分离的**). 此时收敛序列只有唯一极限点. 例如度量空间. T_2 蕴含 T_1. (3)X 的点均有闭集邻域系时，称 X 满足 T_3(Vietoris).(相当于：对任意闭集 C 与(其外)点 x，存在不相交的开集 $U_1 \supset C$, $U_2 \ni x$). $T_3 + T_0$ 称**正则**，蕴含 Hausdorff. (4)X 的无交闭集可由开集分离时，称 X 满足 T_4(Tietze-1)(相当于闭集 C 的开邻域含有 C 的某开邻域的闭包). $T_4 + T_1$ 称**正规**(例如度量空间，紧 Hausdorff 空间). 正规蕴含正则；(5) 互不交于对方闭包的两集合可由开集分离时，称 X 为 T_5(Tietze-2). $T_5 + T_1$ 称**完全正规**(等价于任意子空间正规)，蕴含正规. 例如度量空间.

紧致性　这是 $\mathbb{R}^n$ 中有界集的推广. 若拓扑空间 X 的任意开覆盖有有限子覆盖,则称 X 为**紧(致)**的. 等价于以下每一条：(1) 若一闭集族的任意有限子族有交，则全族有交；(2) 无限子集总有完全聚点；(3) 有向点族总有收敛子族(点族有向是指：点族有半序，且其有限子集上方有界(不一定属于此子集)). 子集 A 是**紧子集**是指作为子拓扑空间 A 是紧的(相当于 A 的"开集属于 X 的开覆盖"总有有限子覆盖). 紧拓扑空间的闭子集是紧的. Hausdorff 空间中紧子集是闭的. 故紧 Hausdorff 空间正规. 紧 X 上的连续映射 f: $X \to Y$ 的象 $f(X)$ 紧；再若 Y 为 Hausdorff，则 f 为闭映射；再若 f 为双射，则 f 为同胚. 直积空间是紧的当且仅当各分空间是紧的. 紧 Hausdorff 空间是正规的，可赋予距离等价于第 2 可数. 离散空间中仅有限集是紧的. 非紧的 X 可增点 ∞ 而"**一点紧化**"：开集为原开集，以及含 ∞ 的子集而余集在 X 中紧闭者.

紧性有如下推广：(1)X 为 **Lindelöf** 的，若其任意开覆盖总有可数子覆盖. (2)X 为**仿紧**的，若其任意开覆盖对局部(即任一点的某邻域)总有有限开覆盖的加细("加细"即其每个开集属于某原开集).

紧性以下渐弱的有：(1) **列紧**，即任意点列有收敛子列(第 2 可数时等于紧). (2) **可**

数紧，即可数开覆盖总有有限子覆盖(第一可数时等价于列紧．第1分离时等价于无限子集有聚点)．(3) **伪紧**的，即实值连续函数总有界（比可数紧弱；正规空间中二者等价．完备一致空间(例如完备的度量空间)中与紧性等价)

若 X 的任一点有紧邻域，则称 X **局部紧**．Hausdorff 空间 X 局部紧等价于：(1) 每个开邻域含紧邻域；或(2) X 的一点紧化是 Hausdorff；或(3) X 同胚于某紧 Hausdorff 空间的开集．

连通性　拓扑空间 X 的子集 Y 称为**连通**的，是指 Y 不是 Y 的两个非空不交开子集(或同为闭子集)的并．等价于：不存在 Y 上取值恰为两点的连续实函数．连通空间上的连续函数的象是连通的．

维数　设 X 为正规拓扑空间．若对任意有限开覆盖 $X = G_1 \cup \cdots \cup G_s$ 总存在开覆盖 $X = H_1 \cup \cdots \cup H_s$ 使得 $H_i \subset G_i$ 且任意 $n+2$ 个 H_i 无交点($i = 1, \cdots, s$)，则称 $\dim X \leqslant n$．如果进而知不成立 $\dim X \leqslant n-1$，则称 $\dim X = n$，即(Lebesgue) 维数是 n．

度量拓扑　度量拓扑空间是第一可数、Hausdorff、完全正规、仿紧的．反之，满足第 2 可数的 T_1 空间是度量空间当且仅当它正则．度量拓扑空间 X 有以下性质：

(1) X 第 2 可数性 $\Leftrightarrow$ 可分性 $\Leftrightarrow$ Lindelöf 性．

(2) X 紧 $\Leftrightarrow$ 可数紧 $\Leftrightarrow$ 列紧 $\Leftrightarrow$ 非空闭集套 $C_1 \supset C_2 \cdots$ 含公共点 $\Leftrightarrow$ 无限子集有聚点．

紧的度量空间 X 有性质：(1) X 上的实值函数有最大最小值，(2) **全有界**(即对任一个 ε 存在有限 ε 覆盖(即覆盖集的直径小于 ε))，(3) 可分，(4) 对 X 的任意开覆盖 $\{U_a\}$，存在 Lebesgue 数 δ，使直径小于 δ 的子集必含于某 U_a 中．度量空间中紧性等价于全有界且完备；紧子集总是有界闭集(其逆对欧几里得空间成立)．

度量拓扑空间的有限直积 $X = \prod_i X_i$ 中，**距离** $d((x_i), (y_i))$ 定义为 $\left(\sum_i d_i(x_i, y_i)^p\right)^{1/p}$，或 $\max\{d_i(x_i, y_i)\}$，引入的度量拓扑均与直积拓扑一致($p \geqslant 1$)．可数直积中距离定义为 $\sum_i 2^{-i} d_i(x_i, y_i)/(1 + d_i(x_i, y_i))$，其度量拓扑也与直积拓扑一致．但不可数直积中不可能有度量拓扑与直积拓扑一致．

对于任意第 2 可数 T_1 拓扑：若正则，必是度量拓扑(**可度量化**)；反之亦然．

n 维可分度量空间 X 可嵌入到欧几里得空间 $\mathbb{R}^{2n+1}$ (即 X 同胚于 $\mathbb{R}^{2n+1}$ 的子空间)．

度量空间 X 的点列 $\{x_n\}$ 称为 **Cauchy 序列**，是指：任给 $\varepsilon > 0$，存在自然数 N，使得当 $m, n > N$ 时总有 $d(x_m, x_n) < \varepsilon$．如果 X 的任一个 Cauchy 点列均收敛(于 X 的某一点)，则 X 称为**完备的**．X 紧当且仅当它完备且全有界．**Baire 定理**：若 X 是完备度量空间或是局部紧正则空间，则在 X 稠密的可数个开子集的交仍在 X 稠密．

习题答案与提示

习 题 1

1. 均非群. **2.** 否；有理数域. **4.** $a+b, a+b, a+b$.

6. $3|n \Leftrightarrow n$ 的各位数之和可被 3 整除；

$9|n \Leftrightarrow n$ 的各位数之和可被 9 整除；

$4|n \Leftrightarrow n$ 的后两位数可被 4 整除；

$5|n \Leftrightarrow n$ 的个位数可被 5 整除；

$8|n \Leftrightarrow n$ 的后三位数可被 8 整除；

$7|n \Leftrightarrow 7|a_0 - a_1 + \cdots + (-1)^m a_m$，这里 $n = a_0 + 1000a_1 + \cdots + 1000^m a_m$，$0 \leqslant a_i < 1000\ (i = 0, \cdots, m)$；

$11|n \Leftrightarrow n$ 的奇、偶位数字和的差可被 11 整除；13 与 7 同.

7. $2^6 \times 10 \equiv -1$. **8.** $p, (a+b)^{p^k} = a+b$.

10. (1) $5x^6 + 5x^5 + 6x^4 + 5x^3 + 4x^2 + x + 3$；(2) $5x^9 + 6x^7 + 4x^6 + x^5 + x^4 + 4x^3 + 2x + 4$. **11.** 否.

12. (1) $q(x) = x^4 + 6x^3 + 12x^2 + 25x + 52$，$r(x) = 107$；

(2) $q(x) = \sum_{i=0}^{n-1} a^i x^{n-1-i}$，$r(x) = a^n - 1$；

(3) $q(x) = x^3 - x - 1$，$r(x) = x^2 + 2x$.

13. (1) $d(x) = (f, g) = x^2 - x$，$u(x) = -x - 1$，$v(x) = x^2$；

(2) $d(x) = (f, g) = x^2 - 1$，$u(x) = -\frac{1}{3}$，$v(x) = \frac{1}{3}(x^2 + 1)$；

(3) $d(x) = (f, g) = x + 2$，$u(x) = -\frac{1}{8}(3x - 5)$，$v(x) = \frac{1}{8}(3x^2 + 4x + 3)$.

14. (1) $(f_1, g_1, f_2, g_2) = (d_1, d_2) = x - 1$，

$u_1(x) = x + 1$，$u_2(x) = -x^2$，$u_3(x) = -\frac{1}{3}$，$u_4(x) = \frac{1}{3}(x^2 + 1)$；

(2) $(f_1, g_1, f_2, g_2) = (d_1, d_2) = 1$，

$u_1(x) = -\frac{1}{9}$，$u_2(x) = \frac{1}{9}(x^2 + 1)$，$u_3(x) = \frac{1}{24}(3x^2 - 11x + 10)$，

$u_4(x) = -\frac{3x^3 + 2x^2 - 5x - 6}{24}$.

15. $\begin{cases} a = 0 \\ b = 2 \end{cases}$ 或 $\begin{cases} a = \pm\frac{\sqrt{2}}{4} \\ b = 3 \end{cases}$. **16.** $x^3 \equiv 1$. **20.** u 用 g 除.

21. 提示：$k(a,b)=xa+yb>ab, x=qb+r, 0<r\leqslant b$.

29. 提示：不妨设此根为 x_0，且 $v(x_0)\neq 0$，则

$$f(u(x),v(x))=(u(x)-w_0v(x))f_1(u(x),v(x)),$$

而 $f_1(u(x_0),v(x_0))\neq 0$.

30. $r\dfrac{(x-b)(x-c)}{(a-b)(a-c)}+s\dfrac{(x-a)(x-c)}{(b-a)(b-c)}+t\dfrac{(x-a)(x-b)}{(c-a)(c-b)}$.

31. $f(x)=\dfrac{5}{16}x^7-\dfrac{21}{16}x^5+\dfrac{35}{16}x^3-\dfrac{35}{16}x$.　**32.** $n=3$，$p\neq 0, q=0$.

33. $x^{2n}-1=(x-1)(x+1)\prod\limits_{k=1}^{n-1}\left(x^2-2x\cos\dfrac{k\pi}{n}+1\right)$,

$x^{2n+1}-1=(x-1)\prod\limits_{k=1}^{n}\left(x^2-2x\cos\dfrac{2k\pi}{2n+1}+1\right)$,

$x^{2n}+1=\prod\limits_{k=1}^{n}\left(x^2-2x\cos\dfrac{2k-1}{2n}\pi+1\right)$,

$x^{2n+1}+1=(x+1)\prod\limits_{k=1}^{n}\left(x^2-2x\cos\dfrac{2k-1}{2n+1}\pi+1\right)$.

34. 提示：在 $x^{2n+1}-1=(x-1)\prod\limits_{k=1}^{n}\left(x^2-2x\cos\dfrac{k\pi}{2n+1}+1\right)$中命 $x=-1$.

35. 提示：在 $x^{4(n-1)}+x^{4(n-2)}+\cdots+x^4+1=\prod\limits_{k=1}^{n-1}\left(x^2-2\mathrm{i}x\sin\dfrac{k\pi}{2n}-1\right)\left(x^2+2\mathrm{i}x\sin\dfrac{k\pi}{2n}-1\right)$中命 $x=1$.

36. $n\mid m$.　**37.** $a=-22$, $b=40$. $\{-5,-2,1,4\}$.　**38.** $p^3r=q^3$.

39. $3(x^2+4x+7)$, $\dfrac{1}{6}(3x^3+2x^2+6x+30)$.　**40.** $2\cdot 3(x+1)(2x-1)$.

41. 均不可约.　**42.** 视为在 $F[X][Y]$，本原且一次.

43. x^3+2x^2+8x+2, $x^{17}-37$, x^4+21.

45. 设 $f=gh\cdots u$, $p\mid a_0=g_0h_0\cdots u_0$(常数项之积)，可设 $p\mid g_0$，$p\mid g_1$，…，$p\nmid g_r$. $p\nmid h_0,\cdots,u_0$. 由 $g_rh_0\cdots u_0\not\equiv 0 \pmod p$ 知 $r\geqslant k$.

46. 设 $f=g_1g_2=\left(\sum b_ix^i\right)\left(\sum c_ix^i\right)p\mid a_0=b_0c_0$，可设 $p\mid b_0,\cdots,p\nmid b_s$. 由 $p\mid a_s=b_sc_0+\cdots+b_0c_s$ 知 $p\mid c_0$ 同样知 $p\mid c_1\cdots,p\nmid c_{2n-s+1}$. 若 $s\leqslant n$ 由上式知 $p^2\mid c_0$ 矛盾. 若 $s>n$ 则 $t=2n-s+1\leqslant n$，$p^2\mid a_t$.

49. 设 x_i 是 $f(x)$ 的复根，则 $|x_i|>1(i=1,\cdots,n)$. 反证法：若 $f=gh$，其中 $g(x)=\sum\limits_{i=0}^{s}g_ix^i$, $h(x)=\sum\limits_{j=0}^{t}h_jx^j$，则 $a_0=g_0h_0$. $|g_0|>|g_s|\geqslant 1$，$|h_0|>|h_t|\geqslant 1$.

$|a_0|=|g_0||h_0|\geqslant(|g_s|+1)(|h_t|+1)=|a_n|+|g_s|+|h_t|+1\geqslant$

$|a_n|+2\sqrt{|a_n|}+1=(\sqrt{|a_n|}+1)^2$，故 $\sqrt{|a_0|}-\sqrt{|a_n|}\geqslant 1$ 且 $a_0=g_0h_0$ 为合数. 与假设矛盾.

50. 若有整数根 x 则 $x\equiv 0,\pm 1 \pmod 3$，故上述之一应 $\equiv 0$.

53. (1) 38，(2) 59，(3) -18，(4) 592，(5) -942.

54. (1) $\sigma_1\sigma_2-\sigma_3+\sigma_2^2+\sigma_1\sigma_3+\sigma_3^2+2\sigma_2\sigma_3$；(2) $\sigma_1^3\sigma_3+\sigma_2^3+8\sigma_3^2-6\sigma_1\sigma_2\sigma_3$；

(3)$\sigma_1^2\sigma_3-2\sigma_2\sigma_3$；(4)$\sigma_2^2\sigma_4+2\sigma_4^2-2\sigma_1\sigma_3\sigma_4$.

55. $x^6-1=(x-1)(x+1)(x^2+x+1)(x^2-x+1)$,

$x^8-1=(x-1)(x+1)(x^2+1)(x^4+1)$,

$x^{12}-1=(x-1)(x+1)(x^2+1)(x^2+x+1)(x^2-x+1)(x^4-x^2+1)$,

$x^{32}-1=(x-1)(x+1)(x^2+1)(x^4+1)(x^8+1)(x^{16}+1)$.

57. 提示：(4) $s=\{1+\deg f\mid f\in A\}$ 有最小元.

58. (7) 用不可约性质，由 Bezout 等式求逆；

(8) $p(\alpha)=p(\bar{x})=\overline{p(x)}=0$；(9) $E=\mathbb{C}$.

59. 均不可约. **60.** 不存在. **61.** 不存在. **62.** 提示：利用 Bezout 等式.

习 题 2

1. (1) 5，(2) 24，(3) 12. **2.** (1) $i=8,k=3$，(2) $i=8$，$k=6$. **3.** $\dfrac{n(n-1)}{2}$.

4. C_n^2-k. **5.** $\dfrac{n!}{2}C_n^2$. **7.** $k=5$，$i=1$. **8.** $(-1)^{\frac{n(n-1)}{2}}$. **9.** 乘$(-1)^n$. **10.** 不变.

11. (1) 180，(2) $(-1)^{n-1}n!$，(3) $(-1)^{\frac{(n-1)(n-2)}{2}}n!$，(4) $(-1)^n\alpha_n$. **12.** 8，-6.

13. 0. **14.** (1) a^3，(2) -42，(3) 1000，(4) 416，(5) 0，(6) -8，(7) 0，(8) -55.

15. (1) 1，(2) 1，(3) 1.

16. (1) $n(-1)^{\frac{n(n-1)}{2}}$，(2) $\prod\limits_{i=1}^{n}(a_i-b_i)$，(3) $(\alpha-\beta)^{n-1}[\alpha+(n-1)\beta]$，(4) $(n-1)!$.

17. 乘$[1+(-1)^{n-1}]$.

18. 0. **19.** 0. **20.** 用 $\det A=\det A^{\mathrm{T}}$. **21.** 用 $\det A^{\mathrm{T}}=\det A$. **22.** $n(-1)^{n-1}$.

23. 把第 $n+1$ 列写成$\begin{pmatrix}\alpha\\ b\end{pmatrix}+\begin{pmatrix}0\\ c-b\end{pmatrix}$.

24. (1) -160，(2) $(a+b+c+d)V_4(a,b,c,d)$，(3) $-\sum\limits_{k=1}^{n}\alpha_k\beta_k$，

(4) $x^n+(-1)^{n-1}y^n$，(5) $\left(\sum\limits_{k=1}^{n}x_k\right)V_n(x_1,\cdots,x_n)$，(6) $(-1)^n\prod\limits_{1\leqslant k<i\leqslant n}(x_i-x_k)^2$.

25. 对行列式的展开各项求导.

26. 把 $\det A$ 加边，左边加一列$(x_1,\cdots,x_{n-1},1)^{\mathrm{T}}$，上面加一行，元素全为 1，然后按第一行展开.

27. 对阶数用归纳法.

28. (1) $(3,-4,-1,1)^{\mathrm{T}}$，(2) $\left(\dfrac{7}{3},\dfrac{4}{3},\dfrac{1}{3},-\dfrac{2}{3}\right)^{\mathrm{T}}$，(3) $(-2,0,1,-1)^{\mathrm{T}}$，(4) $(2,-2,1,-1)^{\mathrm{T}}$.

29. 设 $f(x)=c_0+c_1x+\cdots+c_{n-1}x^{n-1}$，证 c_k 存在且唯一.

34. $(-1)^{n-1}(n-1)2^{n-2}$；提示：从每一行减去前一行，再把最后一列加到其余各列.

35. 把第一列中元素为-1的行都乘-1后，各行减第一行得$\begin{vmatrix}1 & \alpha\\ 0 & A_{n-1}\end{vmatrix}$，$A_{n-1}$的元素由 2，$-2$，0 组成.

36. (1) $n^n(n+1)$, (2) $(a-b)^{-1}(a^{n+1}-b^{n+1}), (a\neq b)$,

(3) $\left[2\prod_{i=1}^{n}x_i-\prod_{i=1}^{n}(x_i-1)\right]V_n(x_1,\cdots,x_n)$, (4) $\lambda^n-a_0\lambda^{n-1}-\cdots-a_{n-2}\lambda-a_{n-1}$,

(5) 1；利用 $C_n^{m+1}-C_n^m=C_{n-1}^m$, (6) $a_1b_n\prod_{i=1}^{n-1}(a_{i+1}b_i-a_ib_{i+1})$.

37. 按第一行展开.

38. $[\sigma_{n-k-1}^2-\sigma_{n-k}\sigma_{n-k-2}]V_n(a_1,\cdots,a_n)$，其中 $\sigma_k=\sum_{1\leqslant i_1<\cdots<i_k\leqslant n}a_{i_1}\cdots a_{i_k}$.

39. 记 A 的 i 行元素之和为 s_i，则 $b_{ij}=s_i-a_{ij}$，把 $\det B$ 升阶，第一列为 $(1,s_1,\cdots,s_n)^{\mathrm{T}}$ 第一行其余元素写 0，$\det B=\Delta_{n+1}$，用第一列乘 -1 加到第 $2,\cdots,n+1$ 列上去.

40. 把 $\det A$ 升阶，第一行写 $(1,x,\cdots,x)$，第一列其余元素为 0，$\det A=\Delta_{n+1}$，再第一行乘 -1 加到各行上去.

41. 把 $\det A$ 加边成 Δ_{n+1}，Δ_{n+1} 的第一列为 $(1,a_{1n},\cdots,a_{nn})^{\mathrm{T}}$，第一行其余元素为 0，则 $\det A=\Delta_{n+1}$. 把 Δ_{n+1} 的第 1 列加到第 n 列上，第 j 列加到第 $j-1$ 列上 $(j=n,n-1,\cdots,3)$，然后按第一行展开，每项再按第 n 列展开.

42. (1) $0,(n>2)$, (2) $0,(n>2)$, (3) $(\lambda-1)^{n-1}\left[\lambda-1+\dfrac{n(n+1)}{2}\right]$;

(4) $f(\xi_1)\cdots f(\xi_n)$，$\xi_1,\cdots,\xi_n$ 分别为 μ 的 n 次根，$f(x)=a_0+a_1x+\cdots+a_{n-1}x^{n-1}$，

(5) 同(4)，$\mu=-1$，$f(x)=a_1+a_2x+\cdots+a_nx^{n-1}$.

43. 用 $\det AB=\det A\cdot\det B$，这里 $B=A^{\mathrm{T}}$，$\det A=V_n(\lambda_1,\cdots,\lambda_n)$.

44. 用公式 $|I_m+AB|=|I_n+BA|$ 或用加边法.　**45.** 提示：同 44 题的方法.

习　题　3

1. (1) $(1,2,-2)^{\mathrm{T}}$, (2) $\left(\dfrac{1}{2},-2,3,\dfrac{2}{3},-\dfrac{1}{5}\right)^{\mathrm{T}}$,

(3) $t_1(17,-5,0,1)^{\mathrm{T}}+t_2(-26,7,1,0)^{\mathrm{T}}+(6,-1,0,0)^{\mathrm{T}}$, (4) 无解.

2. $a=0,b=2$；$t_1(5,-6,0,0,1)^{\mathrm{T}}+t_2(1,-2,0,1,0)^{\mathrm{T}}+t_3(1,-2,1,0,0)^{\mathrm{T}}+(-2,3,0,0,0)^{\mathrm{T}}$.

3. (1) $\lambda=0$, $\mathrm{r}(A)=2$, (2) $\lambda=3$, $\mathrm{r}(A)=2$.　**5.** (1) 3, (2) 3, (3) 2.

7. (1) $t_1(1,0,-3,0)^{\mathrm{T}}+t_2(0,1,-4,0)^{\mathrm{T}}+(0,0,1,1)^{\mathrm{T}}$, (2) 无解, (3) $(3,2,1)^{\mathrm{T}}$.

8. $\lambda=8$ 时，解为 $t_1\left(\dfrac{1}{2},1,0,0\right)^{\mathrm{T}}+t_2(1,0,-2,1)^{\mathrm{T}}+(-2,0,3,0)^{\mathrm{T}}$；

$\lambda\neq8$ 时，解为 $t(0,-2,-2,1)^{\mathrm{T}}+(0,4,3,0)^{\mathrm{T}}$.

9. 考虑 $A^{\mathrm{T}}Ax=0$ 与 $Ax=0$ 是同解方程组

11. (1) 相关, (2) 相关, (3) 相关, (4) 无关, (5) 无关, (6) 相关, (7) 无关.

12. (1) α_1,α_3, (2) $\alpha_1,\alpha_2,\alpha_3$, (3) $\alpha_1,\alpha_2,\alpha_3$, (4) 自身, (5) 自身, (6) $\alpha_1,\alpha_2,\alpha_4$, (7) 自身.

13. (1) $(0,1,2,-2)$, (2) $(1,2,3,4)$.

14. 证 (1) $\alpha_1,\cdots,\alpha_s$ 线性无关, (2) 任意 $\alpha\in S$，均有 $\alpha=\sum_{k=1}^{s}\mu_k\alpha_k$.

15. 记 $\beta_i=(a_{i_1},\cdots,a_{i_s})\ (i=1,\cdots,s)$，证 $\beta_1,\cdots,\beta_s$ 线性无关.

17. 反证法，若有两个，则 $\alpha_1,\cdots,\alpha_k$ 线性相关.

18. $\lambda_1\alpha_1+\lambda_2\alpha_2+\lambda_3\alpha_3=0$，必 $\lambda_3=0$，所以 λ_1,λ_2 中有一非零.

19. 组合 $\lambda_1(a+b)+\lambda_2(b+c)+\lambda_3(c+a)=0$ 仅当 $\lambda_1=\lambda_2=\lambda_3=0$ 成立.

23. 线性无关行(列)的个数 $<\mathrm{r}(A)$ 时，不一定非零.

25. $x^2+y^2+z^2-x-2=0$，中心 $\left(\frac{1}{2},0,0\right)$，$R=\frac{3}{2}$.

26. $2x^2+7y^2+y-8=0$，椭圆，中心 $\left(0,-\frac{1}{14}\right)$，半轴长 $\frac{15}{28}\sqrt{14}$ 和 $\frac{15}{14}$.

27. $m=n=3$，$\mathrm{r}(A)=2$，$\mathrm{r}(A,b)=3$，且 A 的任意两行线性无关.

28. 四面共点，且其中任意三个面也只共点.

29. $\mathrm{r}(A)=\mathrm{r}(A,d)$，$d=(d_1,d_2,d_3,d_4)^{\mathrm{T}}$.

32. $t_1(-1,3,1,0)^{\mathrm{T}}+t_2(3,-2,0,1)^{\mathrm{T}}$. **33.** (1) $\lambda=-1$；(2) $\lambda\neq 3$，且 $\lambda\neq-1$.

34. $t=-3$. **35.** $x=(0,1,0)^{\mathrm{T}}+c(-3,1,2)^{\mathrm{T}}$. c 任取.

37. 证 $ABCx=0$ 与 $BCx=0$ 同解. **38.** 归纳法，用 37 题取 $C=A$.

39. A 的列是解子空间的基；B 的列是 C 的列在该基上的坐标. C 的列向量组线性无关的充要条件是它们的坐标列线性无关.

40. 反证法，设所有的 α_k 均与 $\beta_2,\cdots,\beta_m$ 线性相关.

44. (1) $n^nb^{n-1}+(1-n)^{n-1}a^n$，

(2) $b^{k-1}\left[n^{n_1}b^{n_1-k_1}+(-1)^{n_1-1}(n-k)^{n_1-k_1}k^{k_1}a^{n_1}\right]^d$，其中 $n=n_1d,k=k_1d$.

45. (1) $3(2^n+3)$，(2) $(-1)^n2^n$，(3) 0.

46. (1) $(\pm2,\pm3)$，$(\pm3,\pm2)$，$\left(\pm\sqrt{\frac{13}{2}},\mp\sqrt{\frac{13}{2}}\right)$，

(2) $(1,0)$，$\left(\frac{1\pm\sqrt{1-4a^2}}{2},a\right)$，(3) $t(2,1,1)$，$t\in\mathbb{N}$.

48. (1) $\Delta(f)=n^na^{n-1}$；(2) $\Delta(f)=n^{n-2}$；(3) $\mathrm{disc}(f)=a^{n-1}\dfrac{(n+1)^{n+1}a+n^n(1-a)^{n+1}}{(1+na)^2}$.

习 题 4

2. P_1A 把 A 的二，三行互换；P_2A 把 A 的第二行乘上 2 倍；P_3A 把 A 的第三行乘上 C 倍加到第二行上去；NA 把 A 各行上移，第三行为 0；AN 把 A 的各列后移，第一列为 0.

5. $\pm I$，$\begin{bmatrix}a & b\\ c & -a\end{bmatrix}$ 其中 $a^2=1-bc$.

6. $A^{n-1}=\begin{bmatrix}0 & \cdots & 0 & *\\ \vdots & \ddots & & 0\\ \vdots & & \ddots & \vdots\\ 0 & \cdots & \cdots & 0\end{bmatrix}$，$A^n=0$. **7.** 用 $\mathrm{tr}\,AB=\mathrm{tr}\,BA$.

8. (1) $-\frac{1}{85}\begin{bmatrix} 3 & 7 & -28 \\ 17 & -17 & -17 \\ -13 & -2 & 8 \end{bmatrix}$, (2) $\begin{bmatrix} 1 & -3 & 11 & -38 \\ 0 & 1 & -2 & 7 \\ 0 & 0 & 1 & -2 \\ 0 & 0 & 0 & 1 \end{bmatrix}$, (3) $\frac{1}{4}A$, (4) $\begin{bmatrix} d & -b \\ -c & a \end{bmatrix}$,

(5) $\begin{bmatrix} 1 & -a & 0 & \cdots & 0 \\ 0 & \ddots & \ddots & \ddots & \vdots \\ \vdots & \ddots & \ddots & \ddots & 0 \\ \vdots & & \ddots & \ddots & -a \\ 0 & \cdots & \cdots & 0 & 1 \end{bmatrix}$, (6) $\begin{bmatrix} 1 & -2 & 1 & 0 & \cdots & 0 \\ 0 & \ddots & \ddots & \ddots & \ddots & \vdots \\ \vdots & \ddots & \ddots & \ddots & \ddots & 0 \\ \vdots & & \ddots & \ddots & \ddots & 1 \\ \vdots & & & \ddots & \ddots & -2 \\ 0 & \cdots & \cdots & \cdots & 0 & 1 \end{bmatrix}$.

9. (1) $\begin{bmatrix} \frac{1}{2} & -11 & 7 \\ 1 & -27 & 17 \\ \frac{3}{2} & -35 & 22 \end{bmatrix}$, (2) 无解, (3) $\begin{bmatrix} 1 & 1 & 1 \\ 1 & 2 & 3 \\ 2 & 3 & 1 \end{bmatrix}$, (4) $\begin{bmatrix} 1 & \cdots & \cdots & 1 \\ 0 & \ddots & & \vdots \\ \vdots & \ddots & \ddots & \vdots \\ 0 & \cdots & 0 & 1 \end{bmatrix}$.

10. (1) $\begin{bmatrix} a & b \\ 0 & a \end{bmatrix}$($a$、$b$ 任意), (2) $\begin{bmatrix} a & b & c & d \\ & a & b & c \\ & & a & b \\ & & & a \end{bmatrix}$($a$、$b$、$c$、$d\in F$).

(3) $\begin{bmatrix} a_1 & b_1 & a_3 & b_3 \\ 0 & a_1 & 0 & a_3 \\ a_4 & b_4 & a_2 & b_2 \\ 0 & a_4 & 0 & a_2 \end{bmatrix}$($a_i, b_i\in F$), (4) $\begin{bmatrix} B_{11} & 0 \\ 0 & B_{22} \end{bmatrix}$($B_{11}, B_{22}\in M_2(F)$).

12. $b_{ki}=0\ (k\neq i)$, $b_{jk}=0\ (k\neq j)$, $b_{ii}=b_{jj}$, 其余元素任意.

13. $\mathrm{diag}\,(B_{11}I, B_{22}I, \cdots, B_{ss}I)$.　**15.** 计算 A^2 的对角线元素.

16. 反证法, 若 $A+I$ 可逆, 则 $A=I$.　**20.** $A=P\begin{bmatrix} I_1 & 0 \\ 0 & 0 \end{bmatrix}Q$.

23. $\left(\prod_{i=1}^{n} p_i\right)\left(1-\sum_{k=1}^{n} p_k\right)$.　**24.** $1+\sum_{k=1}^{n} x_k y_k$.　**26.** (1) $\begin{bmatrix} 1 & 0 & 0 \\ 0 & 0 & 0 \\ 0 & 0 & 0 \end{bmatrix}$, (2) $\begin{bmatrix} 1 & 0 & 0 \\ 0 & 1 & 0 \\ 0 & 0 & 1 \end{bmatrix}$.

27. (1) $P=\begin{bmatrix} 1 & 0 & 0 \\ -2 & 0 & 1 \\ -3 & 1 & 0 \end{bmatrix}$, $Q=\begin{bmatrix} 1 & 3 & -13 \\ 0 & 0 & 1 \\ 0 & -1 & 5 \end{bmatrix}$; (2) $P=\begin{bmatrix} 1 & 0 & 0 \\ 0 & 1 & 0 \\ -1 & -1 & 1 \end{bmatrix}$, $Q=\begin{bmatrix} 0 & 0 & 1 \\ 0 & 1 & 0 \\ 1 & 0 & 0 \end{bmatrix}$.

28. 用初等变换把分块矩阵化为准下三角阵.

29. 对 A 的前 k 列展开, 并用例 2.13.　**30.** 作 $A=(B,C)$, 并利用 29 题.

31. 用 $A=P\begin{bmatrix} I_r & 0 \\ 0 & 0 \end{bmatrix}Q$.　**32.** B 的列是 $Ax=0$ 的解.

33. 分情况讨论. **36.** $PAQ=\begin{bmatrix} I_r & 0 \\ 0 & 0 \end{bmatrix}$, $PAP^{-1}=PAQQ^{-1}P^{-1}$.

37. (1) $\begin{bmatrix} \frac{1}{a}-\frac{b}{a}y_2-\frac{c}{a}y_3 \\ y_2 \\ y_3 \end{bmatrix}$, y_2,y_3 任取, $\frac{1}{|a|^2+|b|^2+|c|^2}\begin{bmatrix} \bar{a} \\ \bar{b} \\ \bar{c} \end{bmatrix}$;

(2) $\left(\frac{1}{a}-\frac{b}{a}y_2-\frac{c}{a}y_3, y_2, y_3\right)$, y_2,y_3 任取, $\frac{1}{|a|^2+|b|^2+|c|^2}(\bar{a},\bar{b},\bar{c})$;

(3) $\begin{bmatrix} \frac{1}{a} & 0 & \frac{1}{a}y_{12} \\ 0 & \frac{1}{b} & \frac{1}{b}y_{22} \\ y_{31} & y_{32} & y_{33} \end{bmatrix}$, y_{ij} 任取, $\begin{bmatrix} |a|^2\bar{a} & 0 & 0 \\ 0 & |b|^2\bar{b} & 0 \\ 0 & 0 & 0 \end{bmatrix}$;

(4) $\begin{bmatrix} \frac{1}{a}-\frac{b}{a}y_3-\frac{2}{a}y_2+\frac{2b}{a}y_4 & \frac{1}{a}y_2-\frac{b}{a}y_4 \\ y_3-2y_4 & y_4 \end{bmatrix}$, y_2,y_3,y_4 任取, $\frac{1}{5(|a|^2+|b|^2)}\begin{bmatrix} \bar{a} & 2\bar{a} \\ \bar{b} & 2\bar{b} \end{bmatrix}$;

(8) $\begin{bmatrix} y_3 & y_{nn} \\ I_{n-1} & y_2 \end{bmatrix}$, y_2,y_3,y_{nn} 任取, $\begin{bmatrix} 0 & 0 \\ I_{n-1} & 0 \end{bmatrix}$;

(9) $\begin{bmatrix} y_3 & y_4 \\ 1 & y_2 \end{bmatrix}$, y_2,y_3,y_4 任取, $\begin{bmatrix} 0 & O_{n-1} \\ 1 & 0 \end{bmatrix}$.

38. $\det C^{\mathrm{T}}C=\sum\limits_{1\leqslant k_1<\cdots<k_r\leqslant n}\det C^{\mathrm{T}}\begin{pmatrix} 1 & \cdots & r \\ k_1 & \cdots & k_r \end{pmatrix}\det C\begin{pmatrix} k_1 & \cdots & k_r \\ 1 & \cdots & r \end{pmatrix}$.

39. X 由 $C^{\mathrm{T}}x=0$ 的线性无关解组成,最多为 $n-r$ 列.

40. C 是列独立阵, $\lambda_1 CA_{j1}+\cdots+\lambda_s CA_{js}=0\Leftrightarrow\lambda_1 A_{j1}+\cdots+\lambda_s A_{js}=0$.

41. 利用相抵标准形,令 $\frac{1}{2}(A+I)=P\begin{pmatrix} I_r & 0 \\ 0 & 0 \end{pmatrix}Q$. **42.** 同上令 $A=P\begin{pmatrix} I_r & 0 \\ 0 & 0 \end{pmatrix}Q$.

43. 归纳. 注意 $\begin{pmatrix} 1 & 0 \\ 0 & P_{n-1} \end{pmatrix}\begin{pmatrix} 1 & 0 \\ \alpha & I \end{pmatrix}=\begin{pmatrix} 1 & 0 \\ P_{n-1}\alpha & I \end{pmatrix}\begin{pmatrix} 1 & 0 \\ 0 & P_{n-1} \end{pmatrix}$.

44. 归纳: $\begin{pmatrix} I & 0 \\ -\alpha A_1^{-1} & 1 \end{pmatrix}\begin{pmatrix} A_1 & \beta \\ \alpha & a_{nn} \end{pmatrix}=\begin{pmatrix} A_1 & \beta \\ 0 & b_{nn} \end{pmatrix}=\begin{pmatrix} L_1 T_1 & \beta \\ 0 & b_{nn} \end{pmatrix}=\begin{pmatrix} L_1 & 0 \\ 0 & 1 \end{pmatrix}\begin{pmatrix} T_1 & L_1^{-1}\beta \\ 0 & b_{nn} \end{pmatrix}$.

45. 由 44. **46.** $A=0$ 或 $\alpha\beta^{\mathrm{T}}$, 其中 $\alpha^{\mathrm{T}}\beta=0$.

习 题 5

1. (2) 用两种方法计算 $(1+1)(x+y)$. **2.** (3) V 是无限维的.

3. (1) 不是, (2) 不是, (3) 不是, (4) 是, (5) 不是.

5. (1) $(1,2,3)^{\mathrm{T}}$, (2) $(1,1,1)^{\mathrm{T}}$. **7.** 不是.

8. 数乘中(1). **9.** 不是. **10.** 证加法,数乘封闭.

11. 当 $W_1 \cup W_2 = W_1$ 或 W_2 时，是 V 的子空间，否则不是.

12. (1) 加法，数乘封闭.

(2) $\begin{bmatrix}1 & 0\\0 & -1\end{bmatrix}, \begin{bmatrix}\mathrm{i} & 0\\0 & -\mathrm{i}\end{bmatrix}, \begin{bmatrix}0 & 1\\0 & 0\end{bmatrix}, \begin{bmatrix}0 & \mathrm{i}\\0 & 0\end{bmatrix}, \begin{bmatrix}0 & 0\\1 & 0\end{bmatrix}, \begin{bmatrix}0 & 0\\\mathrm{i} & 0\end{bmatrix}$.

(3) $\begin{bmatrix}1 & 0\\0 & -1\end{bmatrix}, \begin{bmatrix}\mathrm{i} & 0\\0 & -\mathrm{i}\end{bmatrix}, \begin{bmatrix}0 & 1\\-1 & 0\end{bmatrix}, \begin{bmatrix}0 & \mathrm{i}\\\mathrm{i} & 0\end{bmatrix}$.

13. 定义加法，数乘如前，验证封闭性和 8 条性质；证 $\{x_i y_j\}$ 线性无关，且任 $\alpha \in V$ 可由 $\{x_i y_j\}$ 线性表出.

14. 两个子空间的基之并线性相关，任意 $\alpha \in W_1 + W_2$ 分解不唯一.

15. (1) 基 $(1,0,\cdots,0,1),(0,1,0,\cdots,0)\cdots(0,\cdots,0,1,0)$，$n-1$ 维.

(2) 基 $(1,0,\cdots,0),(0,0,1,0,\cdots,0)\cdots(0,\cdots,0,1,0)$，($n$ 为偶)或 $(0,\cdots,0,1)$(n 为奇)；维数是 $\left[\dfrac{n+1}{2}\right]$.

(3)，(2)中的 $\left[\dfrac{n+1}{2}\right]$ 个加 $(0,1,0,1,\cdots,0,1)$ 或 $(0,1,0,1,0,\cdots,0)$ 视 n 为偶、奇；维数是 $1+\left[\dfrac{n+1}{2}\right]$.

(4) 基为 $(1,0,1,0,\cdots)$ 和 $(0,1,0,1,\cdots)$；维数是 2.

16. 基 $F_{ij} = E_{ij} + E_{ji} \quad i \leqslant j. \quad \begin{matrix} i=1,\cdots,n \\ j=i,\cdots,n. \end{matrix}$ ；维数是 $\dfrac{n(n+1)}{2}$.

17. 基 $G_{ij} = E_{ij} - E_{ji} \quad i < j, \quad \begin{matrix} i=1,\cdots,n-1 \\ j=i+1,\cdots,n. \end{matrix}$ 维数是 $\dfrac{n(n-1)}{2}$.

18. 基 $(1,0,\cdots,0,-1),(0,1,0,\cdots,0,-1),\cdots(0,\cdots,0,1,-1)$；维数是 $n-1$.

19. (1) 设 $Ax=0$，由 $\mathrm{r}(A) = 4 - \mathrm{r}(\alpha_1,\alpha_2,\alpha_3) = 2$，可设 A 为 2×4 矩阵把 α_i 代入 $Ax=0$ 中得 A，不唯一，

(2) 同(1)，$\mathrm{r}(A)=3$.

20. P,Q 可逆时，φ 是同构映射.

23. (1) $(x_1, 0, x_2, x_3)$，

(2) $(x_1+4x_2+3x_3, x_1+2x_2+x_3, x_1+x_2, x_1+x_2)$，

(3) $(2x_1-x_2, 2x_1-x_2+x_3, 2x_1-x_2+2x_3, x_3)$.

24. (1) $\ker\varphi = \{(0,y) \mid y \in \mathbb{R}\}$, $\operatorname{Im}\varphi = \mathbb{R}$， (2) $\ker\varphi = \{(x,y) \mid y=x\}$, $\operatorname{Im}\varphi = \mathbb{R}$，

(3) $\ker\varphi = \{0\}$, $\operatorname{Im}\varphi = \left\{(a,b,c)^{\mathrm{T}} \,\middle|\, \dfrac{5}{2}a - \dfrac{1}{2}b = c\right\}$.

(4) $\ker\varphi = W$, $\operatorname{Im}\varphi = \mathbb{R}$($W$ 过 x 轴时，$\operatorname{Im}\varphi = \varnothing$).

29. (1) $\alpha_1,\alpha_2,\beta_1$；$\beta_1+\beta_2 = 2\alpha_1+\alpha_2$， (2) $\alpha_1,\alpha_2,\alpha_3,\beta_2$；$-2\alpha_1+\alpha_2+\alpha_3$ 和 $5\alpha_1-\alpha_2-2\alpha_3$，

(3) $\alpha_1,\alpha_2,\alpha_3,\beta_1$；$\alpha_1+\alpha_2+\alpha_3$ 和 $2\alpha_1+2\alpha_2$.

30. 充分性用反证法. **34.** (2) $\dim L = n$， (3) $\dim L_k = n+1-k$.

36. (1) $E = \{\overline{g(x)} \mid \deg g < n\}$，$n$ 维，$\{\overline{x^i}\}$ 为基. (2) Bezout 等式 $ug+vp=1$，$\bar{u}\,\bar{g}=\bar{1}$，

(4) $\bar{x}$. (5)无(2).

37. (1) $W_1+W_2 = \langle e_{11}, e_{21}, e_{22}, e_{13}+e_{31}, e_{32}, e_{33}\rangle$；(2) $W_3 = \langle e_{12}, e_{13}, e_{23}\rangle$.

习 题 6

2. (1) $A_1=\begin{bmatrix}1&-1\\5&5\\2&6\end{bmatrix}$, $\ker\varphi=\{0\}$, $\operatorname{Im}\varphi=\lambda\begin{bmatrix}1\\5\\2\end{bmatrix}+\mu\begin{bmatrix}-1\\5\\6\end{bmatrix}$, $\dim(\operatorname{Im}\varphi)=2$;

(2) $A_2=\begin{bmatrix}0&2\\10&0\\8&-4\end{bmatrix}$; (3) $\alpha=(\alpha_1,\alpha_2)\begin{bmatrix}3\\-1\end{bmatrix}$, $\mathscr{I}(\varphi\alpha)=A_1\begin{bmatrix}3\\-1\end{bmatrix}=\begin{bmatrix}4\\10\\0\end{bmatrix}$, $A\alpha=\begin{bmatrix}4\\10\\0\end{bmatrix}$.

3. (1) $\mathscr{A}$在基 e_1,e_2 下的方阵表示是 A, (2) $(1,-\mathrm{i})^{\mathrm{T}}$, $(1,\mathrm{i})^{\mathrm{T}}$, (3) $\begin{bmatrix}1&1\\-\mathrm{i}&\mathrm{i}\end{bmatrix}$.

4. 验证 $A^2-(a+d)A+(ad-bc)I=0$.

7. (3) 存在$\beta\neq0,\beta\in V$,使$\mathscr{B}^{n-1}\beta\neq0$,而$\mathscr{B}^n\beta=0$,从而$\beta,\mathscr{B}\beta,\cdots\mathscr{B}^{n-1}\beta$线性无关.

8. 零方阵,I_2,$\begin{bmatrix}1&0\\0&0\end{bmatrix}$均满足$A^2=A$. **9.** I_2,$2^{50}\begin{bmatrix}1&0\\0&-1\end{bmatrix}$. **15.** 零空间,$\mathbb{R}^{(2)}$.

16. (1) $\mathbb{R}^{(2)}$中不存在 x 使 $Ax=\lambda x$,

(2) $\left(1,-\dfrac{1+\sqrt{7}\mathrm{i}}{2}\right)^{\mathrm{T}}$, $\left(1,\dfrac{-1+\sqrt{7}\mathrm{i}}{2}\right)^{\mathrm{T}}$ 均满足 $Ax=\lambda x$.

17. 是,是,不是.

18. 在 W 中取基 $b_1,\cdots,b_r$,扩充为 V 的基 $b_1,\cdots,b_r,b_{r+1},\cdots,b_n$. 定义 $\mathscr{A}$ 满足 $\mathscr{A}b_i=b_i$ $i=1,\cdots,r$, $\mathscr{A}b_j=0$, $j=r+1,\cdots,n$.

19. w 中取基$b_1,\cdots,b_r$,扩充为V的基$b_1,\cdots,b_r$, $b_{r+1},\cdots,b_n$, $\mathscr{A}b_i=0$, $i=1,\cdots,r$, $\mathscr{A}b_j=b_j$,$j=r+1,\cdots,n$,满足 $\ker\mathscr{A}=w$.

20. 由 $\lambda^n\det(\lambda I_m-AB)=\lambda^m\det(\lambda I_n-BA)$. **21.** $(1,1,2)^{\mathrm{T}}$, $(1,2,0)^{\mathrm{T}}$, $(1,0,2)^{\mathrm{T}}$, $\operatorname{diag}(3,-1,-1)$.

22. 在$\mathbb{R}$上不相似于对角阵,在$\mathbb{C}$上相似于 $\operatorname{diag}(2,\mathrm{i},-\mathrm{i})$. **23.** $a=b=c=0$.

25. 特征值是实数,且有两线性无关实特征向量. **26.** $\mathrm{r}(N)=0$ 或 1, $\lambda_1=\lambda_2=0$.

28. φ与A 特征值相同,记$A=(a_{ij})$,则 φ 在基$\{E_{ij}\}$上的方阵 $B=(a_{ij}I_n)$, $\det(\lambda I-B)=(\det(\lambda I-A))^n$.

29. A有三个实特征值时可实相似于上三角阵,$P_A(\lambda)=0$ 有一个实根,两个共轭复根时,A有三个互异特征值.

30. $(a_{ij}I)$, $(a_{ij}I)-\operatorname{diag}(A^{\mathrm{T}},\cdots,A^{\mathrm{T}})$, $\operatorname{diag}(B^{\mathrm{T}},\cdots,B^{\mathrm{T}})$, $(a_{ij}B^{\mathrm{T}})$. 注意方阵 $X=\begin{bmatrix}x_1\\\vdots\\x_n\end{bmatrix}$ 的坐标列为 $\hat{X}=\begin{bmatrix}x_1^{\mathrm{T}}\\\vdots\\x_n^{\mathrm{T}}\end{bmatrix}$. 再由 $\varphi(X)=\hat{\varphi}\hat{X}$ 即易得 $\hat{\varphi}$(φ 的方阵表示).

33. 任意 $\alpha=\sum\limits_{i=1}^{3}a_i\alpha_i$, $\varepsilon\ \alpha=a_3\alpha_3$, $\begin{bmatrix}0&0&0\\0&0&0\\0&0&1\end{bmatrix}$.

41. (1) $\lambda_1=\lambda_2=\lambda_3=-1$, $c(1,1,-1)^{\mathrm T}$, $c\neq 0$,

(2) $\lambda_1=\lambda_2=\lambda_3=2$, $c_1(1,2,0)^{\mathrm T}+c_2(0,0,1)$, c_1,c_2 不同时为 0,

(3) $\lambda_1=\lambda_2=1$, $c_1(2,1,0)^{\mathrm T}+c_2(1,0,-1)^{\mathrm T}$, c_1,c_2 不同时为 0;$\lambda_3=-1$, $c(3,5,6)$, $c\neq 0$,

(4) $\lambda_1=1$, $c(1,2,1)^{\mathrm T}$, $\lambda_2=2+3\mathrm i$, $c(3-3\mathrm i,5-3\mathrm i,4)^{\mathrm T}$, $\lambda_3=2-3\mathrm i$, $c(3+3\mathrm i,5+3\mathrm i,4)^{\mathrm T}$, 以上 $c\neq 0$,

(5) $\lambda_1=\lambda_2=1$, $c_1(1,0,1,0)^{\mathrm T}+c_2(0,0,0,1)^{\mathrm T}$, $\lambda_3=\lambda_4=0$, $c_1(0,1,0,0)+c_2(0,0,1,0)$, c_1,c_2 不同时为 0.

43. (1) $(1,1,1)^{\mathrm T},(1,1,0)^{\mathrm T},(1,0,-3)^{\mathrm T},\mathrm{diag}(1,2,2)$,

(2) $\mathscr A$ 没有对角阵表示,

(3) $(1,1,0,0)^{\mathrm T},(1,0,1,0)^{\mathrm T},(1,0,0,1)^{\mathrm T},(1,-1,-1,-1)^{\mathrm T},\mathrm{diag}(2,2,2,-2)$,

(4) $\mathscr A$ 没有对角阵表示,

(5) $(1,0,0,1)^{\mathrm T},(0,1,1,0)^{\mathrm T},(0,-1,1,0)^{\mathrm T},(-1,0,0,1)^{\mathrm T},\mathrm{diag}(1,1,-1,-1)$.

44. 记 $H=\begin{bmatrix} & & 1\\ & \iddots & \\ 1 & & \end{bmatrix}_k$, $n=2k$ 时, $P=\begin{bmatrix} I_k & -H_k\\ H_k & I_k\end{bmatrix}$, $P^{-1}AP=\begin{bmatrix} I_k & \\ & -I_k\end{bmatrix}$, $n=2k+1$,

$$P=\begin{bmatrix} I_k & 0 & -H_k\\ 0 & 1 & 0\\ H_k & 0 & I_k\end{bmatrix},\ P^{-1}AP=\begin{bmatrix} I_{k+1} & \\ & -I_k\end{bmatrix}.$$

47. A 的特征值为 ± 1, 又相似于对角阵.

51. 0 空间, $\mathbb R^{(n)}$ 及 $\alpha_1,\cdots,\alpha_n$ 中任取一个, 2 个, $\cdots$, $n-1$ 个向量生成. 共有 $1+\mathrm C_n^1+\mathrm C_n^2+\cdots+\mathrm C_n^{n-1}+1=2^n$ 个.

52. 若 λ_0 是 $\mathscr A$ 的特征值, 则 V_{λ_0} 是 $\mathscr B$ 的不变子空间, V_{λ_0} 中有 α 满足条件.

53. 易证 $B^k=P^{-1}A^kP$. **54.** 两个方阵相似的必要条件是特征值相同.

56. $AP-PB=0$ 是 F 上齐次线性方程组, P 的系数作变元. K 上有解故 F 上有非零解. 基础解系为 F 上阵 $\{P_i\}$. 由题设有 $x_i\in K$ 使 $\det\left(\sum_{i=1}^{s}x_iP_i\right)\neq 0$. 左为 F 上 x_i 的多项式 $f(x_1,\cdots,x_s)$. 只需再证有 $c_i\in F$ 使 $f(c_1,\cdots,c_s)\neq 0$. 否则由归纳假设知 $f(x_1,\cdots,x_{s-1},c)$ 系数皆 0. 而 $f=\sum\left(\sum_{i_s}a_iX^{i_s}\right)x_1^{i_1}\cdots x_{s-1}^{i_{s-1}}$, 故 $\sum_{i_s}a_ic^{i_s}=0(\forall c)$, 故 $a_i=0(\forall i=(i_1,\cdots,i_s))$, 即 $f=0$ 矛盾.

58. 对 n 归纳. **59.** 利用定理 6.12.

60. $\sigma\alpha_1=\begin{pmatrix}7 & 0\\ 15 & 0\end{pmatrix}$, $\sigma\alpha_2=\begin{pmatrix}7 & 7\\ 15 & 15\end{pmatrix}$, $\sigma\alpha_3=\begin{pmatrix}17 & 7\\ 37 & 15\end{pmatrix}$, $\sigma\alpha_4=\begin{pmatrix}17 & 17\\ 37 & 37\end{pmatrix}$.

习 题 7

1. 990101. **2.** (1) $x\equiv 331(\mathrm{mod}\ 648)$, (2) $x\equiv 57(\mathrm{mod}\ 180)$.

3. $e_1=45$, $e_2=36$, $e_3=100$.

4. $(\lambda-1)(\lambda-2),(\lambda-1)(\lambda-2)^2,\lambda^2+1,\lambda^2(\lambda-1)^2,\lambda(\lambda-2)(\lambda+2)$.

5. 特征值全为 0.

7. λ^{n+1}. **8.** $\lambda(\lambda-1)$. **9.** $T(B)$在基E_{ij}上的方阵表示为$T=(a_{ij}I)_{n^2\times n^2}$.

10. 不一定.

11. $(\lambda-2)(\lambda^2+1)$, $W_1=\langle(1,0,2)'\rangle$, $A_1=(2)$, $W_2=\langle(0,0,-1)^{\mathrm{T}},(2,2,3)^{\mathrm{T}}\rangle$,

$A_2=\begin{bmatrix}0 & -1\\ 1 & 0\end{bmatrix}$.

12. $D=\begin{bmatrix}1 & 1 & 0\\ 0 & 2 & 0\\ -2 & 2 & 2\end{bmatrix}$, $N=\begin{bmatrix}2 & 0 & -1\\ 2 & 0 & -1\\ 4 & 0 & -2\end{bmatrix}$.

15. 用第 6 章 30 题. **19.** 对空间的维数用归纳法.

21. (1) $\lambda_{1,2}=0$, $\lambda_3=1$, $W_1=\langle(-1,-1,0)^{\mathrm{T}},(1,2,3)^{\mathrm{T}}\rangle$, $W_2=\langle(1,1,1)^{\mathrm{T}}\rangle$.

(2) $\lambda_{1,2}=-1$, $\lambda_3=3$, $W_1=\langle(-1,-1,0)^{\mathrm{T}},(1,2,1)^{\mathrm{T}}\rangle$, $W_2=\langle(1,2,2)^{\mathrm{T}}\rangle$.

(3) $\lambda_{1,2,3}=-1$, 整个空间.

(4) $\lambda_{1,2}=0$, $\lambda_{3,4}=2$, $W_1=\langle(1,0,0,0)^{\mathrm{T}},(0,1,0,1)^{\mathrm{T}}\rangle$, $W_2=\langle(1,0,1,0)^{\mathrm{T}},(1,0,0,1)^{\mathrm{T}}\rangle$.

23. (1) $\lambda\in\mathbb{R}$, $V_\lambda=\mathbb{R}e^{\lambda x}$. (2) $e^{\lambda x}\mathbb{R}[x]$.

24. (1) $\begin{bmatrix}0 & 0 & 0\\ 1 & 0 & 0\\ 0 & 0 & 1\end{bmatrix}$, (2) $\begin{bmatrix}-1 & 0 & 0\\ 1 & -1 & 0\\ 0 & 0 & 3\end{bmatrix}$, (3) $\begin{bmatrix}-1 & 0 & 0\\ 1 & -1 & 0\\ 0 & 0 & -1\end{bmatrix}$, (4) $\begin{bmatrix}0 & 0 & 0 & 0\\ 1 & 0 & 0 & 0\\ 0 & 0 & 2 & 0\\ 0 & 0 & 1 & 2\end{bmatrix}$

29. $\deg m(\lambda)=2$, $\mathbb{R}(1,-1,3)^{\mathrm{T}}+\mathbb{R}(3,-3,-6)^{\mathrm{T}}$.

30. $m_\alpha(\lambda)=\lambda^3-4\lambda^2+(5+2i)\lambda-(2+2i)$, $m_\beta(\lambda)=\lambda-1$.

31. $F[\mathscr{A}^2]\alpha\subset F[\mathscr{A}]\alpha\subset V$,反过来不对,如$A=\begin{bmatrix}0 & 1\\ 0 & 0\end{bmatrix}$.

33. 设$F[\mathscr{A}]\alpha=V$, $\mathscr{B}\alpha=f(\mathscr{A})\alpha$, $\deg f<n$,则$\mathscr{B}=f(\mathscr{A})$.

36. (2) $C_{\varepsilon_1/W}=(\lambda-c)^3$, $C_{\varepsilon_2/W}=(\lambda-c)^2$, $C_{\varepsilon_3/W}=(\lambda-c)$, $C_{\varepsilon_4/W}=1$.

39. $\alpha_1=(1,0,0)^{\mathrm{T}}$, $\alpha_2=(2,1,0)^{\mathrm{T}}$.

46. $(\lambda-2)^4$; $a=b=1$时, $(\lambda-2)^4$, $\alpha_1=\varepsilon_1$; $a=b=0$时, $(\lambda-2)^2$, $\alpha_1=\varepsilon_1$, $\alpha_2=\varepsilon_3$, $\alpha_3=\varepsilon_4$; $a=0,b=1$时, $(\lambda-2)^2$, $\alpha_1=\varepsilon_1$, $\alpha_2=\varepsilon_3$.

52. $\begin{bmatrix}2 & 0 & 0 & 0 & 0\\ 1 & 2 & 0 & 0 & 0\\ 0 & 0 & 2 & 0 & 0\\ 0 & 0 & 0 & -7 & 0\\ 0 & 0 & 0 & 0 & -7\end{bmatrix}$. **53.** 10 种. **54.** $\begin{bmatrix}0 & 0 & 0 & 0\\ 1 & 0 & 0 & 0\\ 0 & 1 & 0 & 0\\ 0 & 0 & 1 & 0\end{bmatrix}$.

63. (1) $\begin{bmatrix}2 & 0 & 0\\ 1 & 2 & 0\\ 0 & 1 & 2\end{bmatrix}$, (2) $\begin{bmatrix}1 & 0 & 0\\ 1 & 1 & 0\\ 0 & 0 & 1\end{bmatrix}$, (3) $\begin{bmatrix}0 & 0 & 0\\ 1 & 0 & 0\\ 0 & 0 & 1\end{bmatrix}$, (4) $\begin{bmatrix}-1 & 0 & 0\\ 1 & -1 & 0\\ 0 & 0 & -1\end{bmatrix}$,

(5) $\begin{bmatrix} -3 & 0 & 0 \\ 1 & -3 & 0 \\ 0 & 0 & -3 \end{bmatrix}$，(6) $\begin{bmatrix} 1 & 0 & 0 \\ 1 & 1 & 0 \\ 0 & 0 & 1 \end{bmatrix}$，(7) $\begin{bmatrix} 1 & 0 & 0 & 0 \\ 1 & 1 & 0 & 0 \\ 0 & 1 & 1 & 0 \\ 0 & 0 & 0 & 1 \end{bmatrix}$ (8) $\begin{bmatrix} 2 & 0 & 0 & 0 \\ 1 & 2 & 0 & 0 \\ 0 & 0 & 2 & 0 \\ 0 & 0 & 1 & 2 \end{bmatrix}$.

64. (1) $\begin{bmatrix} 1 & 0 \\ 0 & \lambda^2 \end{bmatrix}$，(2) $\begin{bmatrix} \lambda+1 & 0 \\ 0 & (\lambda+1)(\lambda^2-2) \end{bmatrix}$，(3) $\begin{bmatrix} 1 & 0 \\ 0 & \lambda(\lambda+5) \end{bmatrix}$，

(4) $\begin{bmatrix} \lambda-1 & 0 \\ 0 & (\lambda+1)(\lambda-1)^3 \end{bmatrix}$，(5) $\begin{bmatrix} 1 & 0 & 0 \\ 0 & \lambda & 0 \\ 0 & 0 & 0 \end{bmatrix}$，(6) $\begin{bmatrix} 1 & 0 & 0 \\ 0 & 1 & 0 \\ 0 & 0 & (\lambda-2)^3 \end{bmatrix}$.

65. $W=L(\varepsilon_1,\mathscr{A}\varepsilon_1,\mathscr{A}^2\varepsilon_1)=\langle\varepsilon_1,\varepsilon_3,\varepsilon_4\rangle$.

71. 在$\mathbb{Q}$上：A：$\lambda-2,(\lambda-2)^2$；B：$\lambda-3,(\lambda-3)^2$；C_1,C_3：$\lambda-1,(\lambda-1)^2$；C_2：$(\lambda-1)^3$；D_1：$\lambda-1,(\lambda-1)^3$；D_2：$(\lambda-1)^2,(\lambda-1)^2$；$D_3$：$(\lambda-1)^2,\lambda^2-2\lambda-503$；

在$\mathbb{R},\mathbb{C}$上：D_3：$(\lambda-1)^2,\lambda-1-6\sqrt{14},\lambda-1+6\sqrt{14}$.

72. $C_A=\begin{bmatrix} 2 & 0 & 0 \\ 0 & 0 & -4 \\ 0 & 1 & 4 \end{bmatrix}$，$C_B=\begin{bmatrix} 3 & 0 & 0 \\ 0 & 0 & -9 \\ 0 & 1 & 6 \end{bmatrix}$，$C_{C_i}=\begin{bmatrix} 1 & 0 & 0 \\ 0 & 0 & -1 \\ 0 & 1 & 2 \end{bmatrix}$，$i=1,3$，

$C_{C_2}=\begin{bmatrix} 0 & 0 & 1 \\ 1 & 0 & -3 \\ 0 & 1 & 3 \end{bmatrix}$，$C_{D_1}=\begin{bmatrix} 1 & 0 & 0 & 0 \\ 0 & 0 & 0 & 1 \\ 0 & 1 & 0 & -3 \\ 0 & 0 & 1 & 3 \end{bmatrix}$，$C_{D_2}=\begin{bmatrix} 0 & -1 & 0 & 0 \\ 1 & 2 & 0 & 0 \\ 0 & 0 & 0 & -1 \\ 0 & 0 & 1 & 2 \end{bmatrix}$，

$C_{D_3}=\begin{bmatrix} 0 & 0 & 0 & 503 \\ 1 & 0 & 0 & -1004 \\ 0 & 1 & 0 & 498 \\ 0 & 0 & 1 & 4 \end{bmatrix}$；$J_A=\begin{bmatrix} 2 & 0 & 0 \\ 0 & 2 & 0 \\ 0 & 1 & 2 \end{bmatrix}$，$J_B=\begin{bmatrix} 3 & 0 & 0 \\ 0 & 3 & 0 \\ 0 & 1 & 3 \end{bmatrix}$，

$J_{C_i}=\begin{bmatrix} 1 & 0 & 0 \\ 0 & 1 & 0 \\ 0 & 1 & 1 \end{bmatrix}$，$i=1,3$，$J_{C_2}=\begin{bmatrix} 1 & 0 & 0 \\ 1 & 1 & 0 \\ 0 & 1 & 1 \end{bmatrix}$，$J_{D_1}=\begin{bmatrix} 1 & 0 & 0 & 0 \\ 0 & 1 & 0 & 0 \\ 0 & 1 & 1 & 0 \\ 0 & 0 & 1 & 1 \end{bmatrix}$，

$J_{D_2}=\begin{bmatrix} 1 & 0 & 0 & 0 \\ 1 & 1 & 0 & 0 \\ 0 & 0 & 1 & 0 \\ 0 & 0 & 1 & 1 \end{bmatrix}$，$J_{D_3}=\begin{bmatrix} 1 & 0 & 0 & 0 \\ 1 & 1 & 0 & 0 \\ 0 & 0 & 0 & 503 \\ 0 & 0 & 1 & 2 \end{bmatrix}$，$G_{D_3}=\begin{bmatrix} 0 & -1 & 0 & 0 \\ 1 & 2 & 0 & 0 \\ 0 & 0 & 0 & 503 \\ 0 & 0 & 1 & 2 \end{bmatrix}$.

73. $\widetilde{J}_{D_3}=\begin{bmatrix} 1 & 0 & 0 & 0 \\ 1 & 1 & 0 & 0 \\ 0 & 0 & 1+6\sqrt{14} & 0 \\ 0 & 0 & 0 & 1-6\sqrt{14} \end{bmatrix}$，$\widetilde{G}_{D_3}=\begin{bmatrix} 0 & -1 & 0 & 0 \\ 1 & 2 & 0 & 0 \\ 0 & 0 & 1+6\sqrt{14} & 0 \\ 0 & 0 & 0 & 1-6\sqrt{14} \end{bmatrix}$.

75. (1) $\begin{bmatrix} 3\cdot 2^{100}-2\cdot 3^{100} & -2^{101}+2\cdot 3^{100} \\ 3\cdot 2^{100}-3^{101} & -2^{101}+3^{101} \end{bmatrix}$, (2) $2^{50}\begin{bmatrix} -24 & 25 \\ -25 & 26 \end{bmatrix}$.

(3) $\begin{bmatrix} \frac{7}{4} & \frac{1}{4} \\ -\frac{1}{4} & \frac{9}{4} \end{bmatrix}$, (4) $\begin{bmatrix} \frac{12}{5} & \frac{2}{5} \\ \frac{3}{5} & \frac{13}{5} \end{bmatrix}$, (5) $\begin{bmatrix} -3+4e & -2e+2 \\ -6+6e & -3e+4 \end{bmatrix}$,

(6) $\begin{bmatrix} 3 & -15 & 6 \\ 1 & -5 & 2 \\ 1 & -5 & 2 \end{bmatrix}$, (7) $\begin{bmatrix} 1 & -1 \\ 1 & -1 \end{bmatrix}$, (8) $\begin{bmatrix} \cos c & \sin c \\ -\sin c & \cos c \end{bmatrix}$.

79. 设 $A,B\in M_n(\mathbb{R})$，$AB=BA$，因 n 奇，所以 A 有奇重实特征值 λ 使根子空间 W_λ 的维数为奇数. 限制到 W 后，B 有实根 μ，其特征子空间 V_μ 是二者不变子空间，A 在其上有特征向量 x，公有.

习 题 8

14. (1) $y_1^2+y_2^2-y_3^2$；(2) $y_1^2+4y_2^2-5y_3^2$；(3) $y_1^2-y_2^2$. (4) $y_1^2-y_2^2$；

(5) $y_1^2+2y_2^2-\frac{7}{2}y_3^2$；(6) $y_1^2+\cdots+y_n^2-y_{n+1}^2-\cdots-y_{2n}^2$；

(7) 当 n 为偶数，即 $n=2k$ 时为 $y_1^2-y_2^2+\cdots+y_{n-1}^2-y_n^2$，当 n 为奇数，即 $n=2k+1$ 时为 $y_1^2-y_2^2+\cdots+y_{n-2}^2-y_{n-1}^2$；

(8) $y_1^2+\frac{3}{4}y_2^2+\frac{4}{6}y_3^2+\cdots+\frac{n+1}{2n}y_n^2$；

(9) $2y_1^2+\frac{3}{2}y_2^2+\frac{4}{3}y_3^2+\cdots+\frac{n}{n-1}y_n^2$.

20. (1) $\begin{bmatrix} 1 & 0 & 0 \\ 0 & -1 & 0 \\ 0 & 0 & -1 \end{bmatrix}$； (2) $\begin{bmatrix} I_n & 0 \\ 0 & -I_n \end{bmatrix}$； (3) $\begin{bmatrix} I_n & 0 \\ 0 & -I_n \end{bmatrix}$；(4) $\begin{bmatrix} I_{n+1} & 0 \\ 0 & -I_n \end{bmatrix}$； (5) I_4.

21. $A=P^{-1}\begin{bmatrix} I_r & 0 \\ 0 & 0 \end{bmatrix}P=P^{-1}\begin{bmatrix} I_r & 0 \\ 0 & 0 \end{bmatrix}(P^{-1})^{\mathrm{T}}P^{\mathrm{T}}P$.

24. $f(x_1,\cdots,x_n)=x^{\mathrm{T}}A^{\mathrm{T}}Ax$，证明 $\mathrm{r}(A^{\mathrm{T}}A)=\mathrm{r}(A)$：只需证明 $A^{\mathrm{T}}Ax=0$ 与 $Ax=0$ 同解：若 $Ax=0$，则 $A^{\mathrm{T}}Ax=0$，若 $A^{\mathrm{T}}Ax=0$ 则 $x^{\mathrm{T}}A^{\mathrm{T}}Ax=0$，所以 $Ax=0$.

25. 设 $Hx=\begin{bmatrix} h_1 \\ \vdots \\ h_{p+q} \end{bmatrix}$，$H\in M_{(p+q)\times n}(\mathbb{R})$，$x\in\mathbb{R}^{(n)}$. 经非退化线性变换 $y=Bx$ 化 $f(x_1,\cdots,x_n)=y_1^2+\cdots+y_{p'}^2-y_{p'+1}^2-\cdots-y_{p'+q'}^2$. 记 $A=HB^{-1}=(a_{ij})_{(p+q)\times n}$，则 $Hx=Ay$. 若 $p'>p$，则 n 个未知量，$p+(n-p')<n$ 个方程的方程组 $h_1=\cdots=h_p=y_{p'+1}=\cdots=y_{p'+q'}=\cdots=y_n=0$ 有非零解 $(y_1,\cdots,y_n)$，故 $0<y_1^2+\cdots+y_{p'}^2=-h_{p+1}^2-\cdots-h_{p+q}^2\leqslant 0$ 矛盾. 故 $p'\leqslant p$，同理可证 $q'\leqslant q$.

26. $(n+1)(n+2)/2$.

27. 取向量集合 $S=\{x\in V\,|\,x^{\mathrm{T}}x=1\}$，$V$ 表示实数域上 n 维向量空间. 根据数学分析的理论可知：x_1，

$x_2,\cdots,x_n$ 的实函数 $|x^{\mathrm{T}}Ax|$ 在 S 上是有界的，取一个上界 c，则 c 即符合要求．

28. 应用定理 6.11．　**29.** (1) 是；(2) 不是；(3) 是；(4) 是．

30. (1) $-\frac{4}{5}<t<0$；(2) 不论 t 取何值，所得二次型都不正定．

31. (1) $\lambda>2$；(2) $0>\lambda>-1$；(3) $\lambda=2$：半正定；$\lambda=-1$：半负定．

32. $-\frac{a}{n-1}<\lambda<a$．　**33.** (1) $\begin{bmatrix}1 & 0\\ 0 & -I_{n-1}\end{bmatrix}$，$n\geqslant 2$；　(2) $\begin{bmatrix}1 & 0\\ 0 & -I_{n-1}\end{bmatrix}$，$n\geqslant 2$．

34. (1) 正定；(2) 正定；(3) 不定．　**35.** $\lambda>1$．

43. $n\sum_{i=1}^{n}x_i^2-\left(\sum_{i=1}^{n}x_i\right)^2=\sum_{1\leqslant i<j\leqslant n}(x_i-x_j)^2$．

44. x_0 可取作形式 αx_1+x_2，α 为适当的实数．

45. 设 $A=P^{\mathrm{T}}P$，P 可逆．$a_{ij}=\sum_{k=1}^{n}p_{ki}p_{kj}$，$i,j=1,\cdots,n$，则 $X^{\mathrm{T}}CX=\sum_{k=1}^{n}x^{(k)\mathrm{T}}Bx^{(k)}$，这里 $x^{(k)}=(p_{k1}x_1,\cdots,p_{kn}x_n)^{\mathrm{T}}$．

46. $f(y_1,\cdots,y_n)=-|A|y^{\mathrm{T}}A^{-1}y$，这里 $y=(y_1,\cdots,y_n)^{\mathrm{T}}$．

47. 用归纳法．　**48.** 对 $B^{\mathrm{T}}B$ 应用第 47 题．

49. 存在 $\beta+\mathrm{i}\gamma\neq 0$，使 $(\beta+\mathrm{i}\gamma)(A+\mathrm{i}B)=0$，乘开可得，$\beta A\beta^{\mathrm{T}}+\gamma A\gamma^{\mathrm{T}}=0$，由 $A\geqslant 0$，知 $\beta A\beta^{\mathrm{T}}=\gamma A\gamma^{\mathrm{T}}=0$，且存在 Q 使 $A=QQ^{\mathrm{T}}$，则 $\beta Q=0$，$\gamma Q=0$，从而得 $\beta A=0$，$\gamma A=0$．

50. 无限制条件时无最小值，在限制条件 $x_n=1$ 下的最小值为 $\frac{n+1}{2n}$．

51. (1) A 是半正定或半负定的；(2) $\dim S=n-r$．

52. 任意 $\alpha\in\mathbb{R}^{(3)}$，设 $\alpha=x_1\varepsilon_1+x_2\varepsilon_2+x_3\varepsilon_3$，则 $f_1(\alpha)=x_1$，$f_2(\alpha)=x_2$，$f_3(\alpha)=x_3$ 是 $\varepsilon_1,\varepsilon_2,\varepsilon_3$ 的对偶基．

习　题　9

3. (1) ① $\varepsilon_1=\frac{1}{\sqrt{10}}(1,2,2,-1)^{\mathrm{T}}$，$\varepsilon_2=\frac{1}{\sqrt{26}}(2,3,-3,2)^{\mathrm{T}}$，$\varepsilon_3=\frac{1}{\sqrt{10}}(2,-1,-1,-2)^{\mathrm{T}}$；

② $\varepsilon_1=\frac{1}{\sqrt{7}}(1,1,-1,-2)^{\mathrm{T}}$，$\varepsilon_2=\frac{1}{\sqrt{39}}(2,5,1,3)^{\mathrm{T}}$；

③ $\varepsilon_1=\frac{1}{\sqrt{15}}(2,1,3,-1)^{\mathrm{T}}$，$\varepsilon_2=\frac{1}{\sqrt{23}}(3,2,-3,-1)^{\mathrm{T}}$，$\varepsilon_3=\frac{1}{\sqrt{127}}(1,5,1,10)^{\mathrm{T}}$；

④ $\varepsilon_1=(1,0,0,0)^{\mathrm{T}}$，$\varepsilon_2=(0,1,0,0)^{\mathrm{T}}$，$\varepsilon_3=(0,0,1,0)^{\mathrm{T}}$，$\varepsilon_4=(0,0,0,1)^{\mathrm{T}}$．

4. $\varepsilon_1=\left(-\frac{2}{3},\frac{2}{3},\frac{1}{3},0\right)^{\mathrm{T}}$，$\varepsilon_2=\left(\frac{\sqrt{3}}{3},\frac{\sqrt{3}}{3},0,-\frac{\sqrt{3}}{3}\right)^{\mathrm{T}}$．

5. $\begin{cases}-6x_1+9x_2+x_3=0\\ x_2+x_4=0\end{cases}$．

12. (1) $e_1=\left(-\frac{2}{3},\frac{1}{3},\frac{2}{3}\right)$，$e_2=\left(\frac{2}{3},\frac{2}{3},\frac{1}{3}\right)$，$e_3=\left(\frac{1}{3},-\frac{2}{3},\frac{2}{3}\right)$，$\mathrm{diag}(18,9,-9)$；

(2) $e_1=\left(\frac{1}{\sqrt{2}},\frac{1}{\sqrt{2}},0\right)$, $e_2=\left(-\frac{\sqrt{2}}{6},\frac{\sqrt{2}}{6},\frac{2\sqrt{2}}{3}\right)$, $e_3=\left(\frac{2}{3},-\frac{2}{3},\frac{1}{3}\right)$, $\mathrm{diag}(9,9,27)$,

(3) $e_1=\left(\frac{1}{\sqrt{2}},0,-\frac{1}{\sqrt{2}}\right)$, $e_2=\left(\frac{1}{\sqrt{6}},-\frac{2}{\sqrt{6}},\frac{1}{\sqrt{6}}\right)$, $e_3=\left(\frac{1}{\sqrt{3}},\frac{1}{\sqrt{3}},\frac{1}{\sqrt{3}}\right)$, $\mathrm{diag}(1,1,4)$.

14. 所求标准正交基在基 $\alpha_1,\alpha_2,\alpha_3$ 下的坐标为

(1) $e_1=\left(\frac{1}{\sqrt{3}},\frac{1}{\sqrt{3}},\frac{1}{\sqrt{3}}\right)$, $e_2=\left(\frac{1}{\sqrt{2}},0,-\frac{1}{\sqrt{2}}\right)$, $e_3=\left(\frac{1}{\sqrt{6}},-\frac{2}{\sqrt{6}},\frac{1}{\sqrt{6}}\right)$;

(2) $e_1=\left(\frac{1}{\sqrt{2}},\frac{1}{\sqrt{2}},0\right)$, $e_2=(0,0,1)$, $e_3=\left(-\frac{1}{\sqrt{2}},\frac{1}{\sqrt{2}},0\right)$;

(3) $e_1=\frac{1}{\sqrt{7}}(-1,1+\sqrt{2},\sqrt{2}-1)$, $e_2=\frac{1}{\sqrt{42}}(6,-1-\sqrt{2},\sqrt{2}-1)$, $e_3=\frac{1}{\sqrt{6}}(0,1-\sqrt{2},1+\sqrt{2})$.

19. 用正交变换将二次型化成平方和 $\lambda_1y_1^2+\lambda_2y_2^2+\cdots+\lambda_ny_n^2$,然后进行讨论.

20. 若 $AB=BA$,则 A,B 可用同一个正交矩阵化为对角形.

21. 证 S_1S_2 是实对称阵且特征值非负. **22.** $S=P^{\mathrm{T}}P$, P 可逆,应用 9.1 节系 4.

23. 注意内积 $\left(\sum_{i=1}^{m}x_i\alpha_i,\sum_{i=1}^{m}x_i\alpha_i\right)=(x_1,\cdots,x_m)G\begin{bmatrix}x_1\\ \vdots\\ x_m\end{bmatrix}$.

28. $\begin{bmatrix}-36&-37&-15\\30&30&14\\26&27&9\end{bmatrix}$. **29.** $\begin{bmatrix}4&-2&2\\2&-1&1\\1&2&1\end{bmatrix}$.

31. 参考 9.2 节系 1～3 的证明. **32.** 不妨设 $A=I$,对 B 应用 9.2 节系 1.

33. 模仿 Gram-Schmidt 正交化过程. **34.** 由定理 9.5,参见系 4 证明.

35. 用例 9.9 及 CD 与 DC 的迹和特征值均相同.

39. $AB=PP^{\mathrm{T}}QQ^{\mathrm{T}}$ 与 $P^{\mathrm{T}}QQ^{\mathrm{T}}P$ 有相同的特征值,而后者为半正定的。

41. 应用定理 9.11.

49. $E_{11},\cdots,E_{1n},\cdots,E_{n1},\cdots,E_{nn}$.

52. $T=\begin{bmatrix}\frac{1}{\sqrt{|a|^2+|c|^2}} & \frac{\bar{a}b-\bar{c}d}{|ad-bc|\sqrt{|a|^2+|c|^2}}\\ 0 & \frac{\sqrt{|a|^2+|c|^2}}{|ad-bc|}\end{bmatrix}$.

53. (1) 必要性应用反证法,正交化.

56. $\langle E_{12},\cdots,E_{1n},E_{21},E_{23},\cdots,E_{2n},\cdots,E_{n1},\cdots,E_{n,n-1}\rangle$.

57. $\begin{bmatrix}e^{\mathrm{i}\alpha}\cos\theta & e^{\mathrm{i}\beta}\sin\theta\\ -e^{\mathrm{i}\alpha_1}\sin\theta & e^{\mathrm{i}\beta_1}\cos\theta\end{bmatrix}$ $\alpha-\alpha_1=\beta-\beta_1$, $0\leqslant\theta<2\pi$.

59. $\mathscr{E}^*=\mathscr{E}$. **60** $T_M^*=T_{M^{\mathrm{T}}}$. **63.** $\mathscr{H}_1=\frac{\mathscr{A}+\mathscr{A}^{\mathrm{H}}}{2}$, $\mathscr{H}_2=\frac{\mathrm{i}}{2}(\mathscr{A}^{\mathrm{H}}-\mathscr{A})$.

64. $(x_1-2x_2,-\mathrm{i}x_1-x_2)^{\mathrm{T}}$. **65.** $T_p^*=T_{p^{\mathrm{H}}}$.

70. $\alpha_1=\left(\frac{1}{\sqrt{2}},\frac{1}{\sqrt{2}}\right)^{\mathrm{T}}$, $\alpha_2=\left(\frac{1}{\sqrt{2}},-\frac{1}{\sqrt{2}}\right)^{\mathrm{T}}$.

72. 设方阵为 $N=\mathrm{diag}(\lambda_1,\cdots,\lambda_n)$, $m_i=\prod_k(x-\lambda_k)/(x-\lambda_i)$,令 $f=\sum\bar{\lambda}_i m_i(x)/m_i(\lambda_i)$,则 $f(N)=$

$\bar{N}$是$\mathscr{N}^*$的方阵表示.

73. 提示：利用$\mathscr{A}$在V中标准正交基下的方阵为规范方阵，及对任意n阶方阵A,B有$\mathrm{tr}AB=\mathrm{tr}BA$.

习　题　10

1. 展开$g(\alpha+\beta,\alpha+\beta)$. 若斜称则$g(\alpha,\alpha)=-g(\alpha,\alpha)$，域特征 2 时，不能得出交错.

5. (1) 记$v=\langle\alpha,\beta\rangle\gamma-\langle\alpha,\gamma\rangle\beta$，则$\langle\alpha,v\rangle=0$，由正交关系对称性知$\langle v,\alpha\rangle=0$，即$\langle\alpha,\beta\rangle\langle\gamma,\alpha\rangle=\langle\alpha,\gamma\rangle\langle\beta,\alpha\rangle$. 令$\alpha=\beta$得："若$\langle\gamma,\alpha\rangle\neq\langle\alpha,\gamma\rangle$，则$\alpha$迷向(任意$\alpha,\gamma$)".

(2) 设g非对称，则某$\langle\gamma,\alpha\rangle\neq\langle\alpha,\gamma\rangle$，$\alpha,\gamma$迷向. 若$g$也非交错，则某$\langle\beta,\beta\rangle\neq0$，$\beta$非迷向，由(1)中命题知$\langle\beta,x\rangle=\langle x,\beta\rangle$(任意$x$). 故$\langle\alpha+\beta,\gamma\rangle\neq\langle\gamma,\alpha+\beta\rangle$，$\alpha+\beta$迷向. 但由(1)中$\langle\alpha,\beta\rangle\langle\gamma,\alpha\rangle=\langle\alpha,\gamma\rangle\langle\beta,\alpha\rangle$和$\langle\beta,\alpha\rangle=\langle\alpha,\beta\rangle$及$\langle\gamma,\alpha\rangle\neq\langle\alpha,\gamma\rangle$知$\langle\beta,\alpha\rangle=\langle\alpha,\beta\rangle=0$. 故$0=\langle\alpha+\beta,\alpha+\beta\rangle=\langle\beta,\beta\rangle$，$\beta$迷向，矛盾.

8. (1) A是X_{ij}的有理式域上的交错阵. 由第 6 题知$\det A=(f/g)^2$，可设f,g为互素多项式. 故$g^2\det A=f^2$，由多项式环上的唯一因子分解知$g=\pm1$.

(4) $\mathrm{Pf}(A_2)=X_{12}$. $\mathrm{Pf}(A_4)=X_{12}X_{34}+X_{13}X_{42}+X_{14}X_{23}$.

10. (6) $\sigma\psi_\varepsilon\sigma^{-1}(x)=\sigma(\sigma^{-1}x-\varepsilon2\langle\sigma^{-1}x,\varepsilon\rangle/\langle\varepsilon,\varepsilon\rangle)=x-\sigma\varepsilon2\langle x,\sigma\varepsilon\rangle/\langle\sigma\varepsilon,\sigma\varepsilon\rangle)=\psi_{\sigma\varepsilon}(x)$.

11. (3) 设$V=F\alpha+F\beta$，则$\langle a\alpha+b\beta,a\alpha+b\beta\rangle=2ab$，故$a\alpha+b\beta$迷向需$ab=0$.

(4) 设$V=F\alpha+F\beta$，$\langle\alpha,\alpha\rangle=\langle\beta,\beta\rangle=0$，两种可能：(1)$\rho(F\alpha)=F\alpha$，$\rho(F\beta)=F\beta$；或(2)$\rho(F\alpha)=F\beta$，$\rho(F\beta)=F\alpha$. 若(1)，则$\rho\alpha=a\alpha$，$\rho\beta=b\beta$，$ab=ab\langle\alpha,\beta\rangle=\langle\sigma\alpha,\sigma\beta\rangle=\langle\alpha,\beta\rangle=1$. 故$\rho$为旋转且$\rho\to a\in F^*$. 若(2)，则$\rho\alpha=a\beta$，$\rho\beta=b\alpha$，$ab=ab\langle\alpha,\beta\rangle=\langle\sigma\beta,\sigma\alpha\rangle=\langle\beta,\alpha\rangle=1$. 故$\rho$的行列式为$-1$且$\sigma(\alpha+a\beta)=a\beta+a(b\alpha)=\alpha+a\beta$，$\sigma(\alpha-a\beta)=a\beta-a(b\alpha)=-(\alpha-a\beta)$，为反射.

12. 由$\langle\alpha+\beta,\alpha+\beta\rangle-\langle\alpha-\beta,\alpha-\beta\rangle=4\langle\alpha,\beta\rangle$，故若保长度则保内积.

13. (1) 类时向量$\alpha=\alpha_0+te$满足$\langle\alpha,\alpha\rangle=\langle\alpha_0,\alpha_0\rangle-t^2<0$，故$|\langle\alpha_0,\alpha_0'\rangle|\leqslant(\langle\alpha_0,\alpha_0\rangle\langle\alpha_0',\alpha_0'\rangle)^{1/2}<|tt'|$. 从而$\langle\alpha,\alpha'\rangle=\langle\alpha_0,\alpha_0'\rangle-tt'\neq0$.

(2) 光向量α'满足$\langle\alpha',\alpha'\rangle=\langle\alpha_0',\alpha_0'\rangle-t'^2=0$，故与(1)类似可得.

(3) 若光向量α与α'正交，则$\langle\alpha_0,\alpha_0'\rangle-tt'=0$，即$\langle\alpha_0,\alpha_0'\rangle^2=\langle\alpha_0,\alpha_0\rangle\langle\alpha_0',\alpha_0'\rangle$，由欧几里得空间的 Schwarz 不等式知$\alpha$与$\alpha'$线性相关.

(4) 设$\alpha=\alpha_0+te$为光向量，正交补为V_α. 由(2)知V_α不含类时向量，即内积半正定. 若$\beta\in V_\alpha$使$\langle\beta,x\rangle=0$(所有$x\in V_\alpha$)，则$\langle\beta,\beta\rangle=0$，即$\beta$为光(迷向)向量，由(3)知$\beta=k\alpha$，故$V_\alpha$的零积空间由$\alpha$生成.

14. 设$\alpha_i=\alpha_{0i}+t_ie$类时，$\alpha_2=e$，$\langle\alpha_i,\alpha_i\rangle<0$. 由$\langle\alpha_1,e\rangle<0$，$\langle\alpha_3,e\rangle<0$可推出$\langle\alpha_1,\alpha_3\rangle=\langle\alpha_{01},\alpha_{03}\rangle-t_1t_3<0$：$\langle\alpha_i,\alpha_i\rangle=\langle\alpha_{0i},\alpha_{0i}\rangle-t_i^2<0$，$t_i<0$，$\langle\alpha_{01},\alpha_{03}\rangle^2\leqslant\langle\alpha_{01},\alpha_{01}\rangle\langle\alpha_{03},\alpha_{03}\rangle\leqslant t_1^2t_3^2$.

15. 设$n=\dim V$，$\sigma=\psi_1\cdots\psi_s$，$s\leqslant n$，$\psi_i$是沿$\varepsilon_i$的对称(反射). 每个$\psi_i$有$n-1$维不动子空间$W_i$，它们的交$W$为$\geqslant n-s$维子空间(由$\dim W_1\cap W_2=\dim W_1+\dim W_2-\dim(W_1+W_2)$). 每个$\psi_i$是反常正交变换，偶数个相乘才可为旋转. 故若$n$为奇数而$\sigma$为旋转，必有$s\leqslant n-1$. 若$n$为偶数而$\sigma$为反常，也必有$s\leqslant n-1$. 故不动空间$W$的维数$\geqslant1$.

17. 记$E_{-i}=(I-2E_{ii})=\mathrm{diag}(1,\cdots,1,-1,1,\cdots,1)$，则$P_{ij}=P_{ij}(1)P_{ji}(-1)P_{ij}(1)E_{-i}$，且$P_{ij}(a)E_{-i}=$

$E_{-i}P_{ij}(-a), P_{ji}(a)E_{-i}=E_{-i}P_{ji}(-a), E_{-i}P_{uv}(a)=P_{uv}(a)E_{-i}$（对 $u,v\neq i$）. 故由上题知 $P_bP_gAQ_gQ_b=\mathrm{diag}(d_1,\cdots,d_n)$，$P_g, Q_g$ 是 $P_{ij}(a)$ 形阵之积，P_b, Q_b 是 E_{-i} 形阵之积. 故 $P_gAQ_g=\mathrm{diag}(c_1,\cdots,c_n)$，$\det A=c_1\cdots c_n=1$. c_i 是 R 中可逆元（$R=\mathbb{Z}$ 时 $c_i=\pm 1$）. 因

$$\begin{bmatrix} c^{-1} & \\ & c \end{bmatrix}\to\begin{bmatrix} c^{-1} & \\ c^{-1} & c \end{bmatrix}\to\begin{bmatrix} & -c \\ c^{-1} & c \end{bmatrix}\to\begin{bmatrix} & -c \\ c^{-1} & \end{bmatrix}\to\begin{bmatrix} 1 & -c \\ c^{-1} & 0 \end{bmatrix}\to\begin{bmatrix} 1 & 0 \\ c^{-1} & 1 \end{bmatrix},$$

故 $\mathrm{diag}(c^{-1},c)$ 是 $P_{ij}(a)$ 形阵之积，$\mathrm{diag}(c^{-1},c,1,\cdots,1)$ 亦然. 在 $P_gAQ_g=\mathrm{diag}(c_1,\cdots,c_n)$ 右方陆续乘以 $\mathrm{diag}(c_1^{-1},c_1,1,\cdots,1)$，$\mathrm{diag}(1,(c_1c_2)^{-1},c_1c_2,1,\cdots,1)$ 等即得.

19. 对码字 α，错 r 位的错码共 C_n^r 个，故可纠正为 α 的错码集 E_α 有 s_e 个错码. 2^k 个码字中的每一个都是这样，而且这些错码集 E_α 互不相交，故 $2^ks_e\leqslant 2^n$.

20. 只需证 $w(C)\geqslant 3$. 若有重量为 1 的码 $x\in C$（只第 i 分量为 1），则 $Hx=0$ 是 H 的第 i 列，H 有零列. 同样若 x 的重量为 2，第 i,j 分量为 1，则 H 的第 i,j 列相同.

21. (2) $C(x)$ 是 $\mathbb{F}_2^n[x]$ 的主理想，生成元 $g(x)$，即是 $C(x)$ 作为 R 的理想的生成元. 也可取 $C(x)$ 中最低次 $g(x)$，用带余除法知 $g(x)$ 是理想生成元. x^n-1 也是码字（即零），应是 $g(x)$ 的倍. 也可由带余除法证明.

习　题　11

1. $H(k\alpha)=\bar{k}kH(\alpha)$，$H(\pm\mathrm{i}\alpha)=H(\alpha)$.

2. (2)推(3)用极化等式. (3)推(4)由 $\mathrm{Im}h(\alpha,\beta)=-\mathrm{Re}h(\alpha,-\mathrm{i}\beta)$.

6. (1) 证积分 Hölder 不等式　设 $|f|\geqslant|g|$，$|f+g|^p\leqslant(2|f|)^p\leqslant 2^p(|f|^p+|g|^p)\in L^1$，故 $f+g\in L^p$. 考虑曲线 $y=x^{p-1}$（即 $x=y^{q-1}$）. 对 $s,t\geqslant 0$，利用图形的面积有

$$st\leqslant\int_0^s y\mathrm{d}x+\int_0^t x\mathrm{d}y=s^p/p+t^q/q.$$

令 $\hat{f}=f/\|f\|_p$，$\hat{G}=g/\|g\|_q$，则 $\|\hat{f}\|_p=\|\hat{g}\|_q=1$. 令 $s=|\hat{f}|$，$t=|\hat{g}|$，代入上式再积分得 $\int_E|\hat{f}\hat{g}|\,\mathrm{d}x\leqslant 1/p+1/q=1$. 将 $\hat{f},\hat{g}$ 代入即得.

(2) 证函数 Minkowski 不等式　　可设 $p>1$. 故 $f+g\in L^p$. 由 Hölder 不等式知

$$\begin{aligned}\|(f+g)^p\|_1&=\|(f+g)(f+g)^{p/q}\|_1\\&=\|(|f|\cdot|f+g|^{p/q})\|_1+\|(|g|\cdot|f+g|^{p/q})\|_1\\&\leqslant\|f\|_p\cdot\|(f+g)^{p/q}\|_q+\|g\|_p\cdot\|(f+g)^{p/q})\|_q\\&=(\|f\|_p+\|g\|_p)\cdot\|(f+g)^{p/q})\|_q,\end{aligned}$$

因 $\|(f+g)^{p/q}\|_q=\|(f+g)^p\|_1^{1/q}$，而 $1-1/q=1/p$，即得 $\|f+g\|_p\leqslant\|f\|_p+\|g\|_p$.

(3) 级数 Hölder 不等式可由积分的不等式得出. 也可在上述证明中令 $s=\hat{f}=a_i/\|a\|_p$，$t=\hat{g}=b_i/\|b\|_q$，代入再对 i 求和即得.

(4) 级数 Minkowski 不等式可依照积分的得出.

7. $0\leqslant H(x+ty)=H(x)+2t\mathrm{Re}h(x,y)+t^2H(y)=f(t)$，$(\mathrm{Re}h(x,y))^2-H(x)H(y)\leqslant 0$. 取 $|c|=1$ 使 $|h(x,y)|=ch(x,y)$，$u=cy$ 代入即得 Schwarz 不等式. 若 h 正定，$h(x,y)=(H(x)H(y))^{1/2}$，平方取

实部知 $f(t)$ 有重根 t_0，$H(x+t_0y)=0$，$x=-t_0y$. 由 $-t_0h(y,y)=h(x,y)\geqslant 0$ 知 $-t_0\geqslant 0$.

12. (2) 设 $S^{\perp}$ 中 $a_n\to a\in \mathrm{cl}(S^{\perp})$，则 $\langle a,S\rangle=\lim\limits_{n\to\infty}\langle a_n,S\rangle=0$. (3) 显然 $S^{\perp}\supset \mathrm{span}(S)^{\perp}\supset \mathrm{cspan}(S)^{\perp}$. 设 $a\in S^{\perp}$，$s=(s_n)\in \mathrm{cspan}(S)$，$s_n\in \mathrm{span}(S)$，有 $\langle a,s\rangle=\lim\limits_{n\to\infty}\langle a,s_n\rangle=0$，$a\in \mathrm{cspan}(S)^{\perp}$.

习 题 12

1. 由 $V\otimes F\cong V$.

2. 表非零的 y_i 为 V_2 的基 $\beta_1,\cdots,\beta_n$ 的线性组合，因 x_i 是 V_1 基的一部分，故 $\sum\limits_{i=1}^{n}x_i\otimes y_i$ 展开后是 $x_i\otimes\beta_j$ 的线性组合，系数必均为 0.

3. 单射 φ 有左逆 ψ，$\psi\circ\varphi=1$，故 $(\psi\otimes 1_w)\circ(\varphi\otimes 1_w)=(\psi\circ\varphi)\otimes(1_w\circ 1_w)=1_{s\otimes w}$，即 $\varphi\otimes 1_w$ 也有左逆，从而为单射.

4. 不同. 后者允许数乘的"数"为"复数". **5.** 与第 4 题类似.

6. 题中提示说明：每个 f 定义了 $\mathrm{Hom}(V_1, \mathrm{Hom}(V_2,V_3))$ 中一元素. 反之，任一线性映射 φ: $V_1\to \mathrm{Hom}(V_2,V_3)$ 定义了一双线性映射：$(x,y)\longmapsto \varphi(x)y$. 故 $L(V_1\times V_2;V_3)$ 自然地与 $\mathrm{Hom}(V_1,\mathrm{Hom}(V_2,V_3))$ 有一一对应. 而前者与 $\mathrm{Hom}(V_1\otimes V_2,V_3)$ 有一一对应.

7. 对每个 $f\in L(V_1\times V_2;W)$，令 $f_*(\sigma(\alpha_i,\beta_j))=f(\alpha_i,\beta_j)$，则定义了 $f_*\in L(U,W)$，故 (U,σ) 具万有性.

8. 显然 σ 是双线性映射：$V_1\times V_2\to U$. 再由第 7 题(或直接验证万有性)即得.

9. τ 不是满射，τ 的象(称为主张量)生成 T.

10. 由 $V_1\otimes V_2$ 的基可知. **11.** 用反证法或待定系数方法.

12. $\mathrm{tr}(A\otimes B)=(\mathrm{tr}\,A)(\mathrm{tr}\,B)$，$\det(A\otimes B)=|A|^n|B|^m$，参见第 6 章第 30 题.

14. 仿照书上 12.3 节. $T^r(V)$ 的标准正交基为 $e_{i_1}\otimes\cdots\otimes e_{i_r}$ $(1\leqslant i_1,\cdots,i_r\leqslant n)$.

16. 若 v_r 是 $v_1,\cdots,v_{r-1}$ 的线性组合，则展开后各项均有平方因子，故为 0. 若 $v_1,\cdots,v_r$ 线性无关，则可扩充为 V 的基，从而 $v_1\wedge\cdots\wedge v_r$ 是 $\wedge^rV$ 的基中一元素，故非零.

17. 设另有基 $(\beta_1,\cdots,\beta_r)=(\alpha_1,\cdots,\alpha_r)A$，由计算可知 $\beta_1\wedge\cdots\wedge\beta_r=|A|\omega$. 再由 16 题即得.

20.
$$(\mathscr{A}\circ\sigma)(t)=\sum_{\tau}sg(\tau)\tau\sigma(t)=sg(\sigma)\sum_{\tau}sg(\tau)sg(\sigma)\tau\sigma(t)=sg(\sigma)\sum_{\tau}sg(\tau\sigma)(\tau\sigma)(t)$$
$$=sg(\sigma)\sum_{\rho}sg(\rho)\rho(t)=sg(\sigma)\mathscr{A}(t).$$

21. 直接验证或由引理 12.2 可得. **22.** 由 $\hat{\mathscr{A}}=\dfrac{1}{r!}\mathscr{A}$ 即得.

23. 表 w_i 为 $e_{i_1}\wedge\cdots\wedge e_{i_r}$ 的线性组合. **24～27.** 仿照书上 12.6 节.

28. 设 P_r 为 $X_1,\cdots,X_n$ 的 r 次齐次多项式全体. 定义 ρ_r: $V^r\to P_r$ 如下，若 $v_i=a_{i1}e_1+\cdots+a_{in}e_n$ $(i=1,\cdots,r)$，则令 $\rho_r(v_1,\cdots,v_r)=\prod\limits_{i=1}^{r}(a_{i1}x_1+\cdots+a_{in}x_n)$. 由 $S^r(V)$ 的万有性知有 ρ_r^*：$S^r(V)\to P_r$ 使 $\rho_r^*(e_{i_1}\cdots e_{i_r})=X_{i_1}\cdots X_{i_r}$，后者在 P_r 中线性无关，故 $\{e_{i_1}\cdots e_{i_r}\}$ 在 $S^r(V)$ 中线性无关，故 ρ_r 是同构. 即得题中同构.

30. 设 $\{e_i\}$ 为 V 的基，$w_i=e_1\wedge\cdots\wedge e_{i-1}\wedge e_{i+1}\wedge\cdots\wedge e_n$ (无因子 e_i)，则 $\{w_i\}$ 是 $\wedge^{(n-1)}(V)$ 的基. 每个

$(n-1)$-向量可表为 $\omega=k_1w_1+\cdots+k_nw_n$. 对 V 中每个 $\alpha=x_1e_1+\cdots+x_ne_n$ 有 $\alpha\wedge\omega=(e_1\wedge\cdots\wedge e_n)(k_1x_1-k_2x_2+\cdots+(-1)^{n-1}k_nx_n)$. 故 $W=\{\alpha\in V|\alpha\wedge\omega=0\}$ 是 $n-1$ 维子空间. 由第 17 题知 ω 应是 W 的"外积法线", 故 $\omega=(k\alpha_1)\wedge\cdots\wedge\alpha_{n-1}$, 其中 $\{\alpha_i\}$ 是 W 的基.

31. $W=\{\alpha\in V\mid\alpha\wedge w=0\}$ 所含 $\alpha=x_1e_1+\cdots+x_4e_4$ 满足 $x_3(e_1\wedge e_2\wedge e_3)+x_4(e_1\wedge e_2\wedge e_4)+x_1(e_1\wedge e_3\wedge e_4)+x_2(e_2\wedge e_3\wedge e_4)=0$, 故 $W=0$. 由第 17 题知 W 不可因子分解.

参考文献

A. 基础参考文献

1. Lipschutz S. Theory and Problems of Linear Algebra. New York: McGraw-Hill, 1991(向读者推荐此书,易读且深刻).
2. Berberian S K. Linear Algebra. Oxford, USA: Oxford Univ. Press, 1992 (易读,内容丰富,有简单张量积介绍).
3. Hoffman K, Kunze R. Linear Algebra. New Jersey, USA: Prentice-Hall, 1971
4. 许以超. 代数学引论. 上海科技出版社,1981
5. 李炯生,查建国. 线性代数. 合肥:中国科学技术大学出版社,1989
6. Brown W C. A Second Course in Linear Algebra. New York: J. Wiley & Sons, 1988
7. Griffel D H. Linear Algebra and its Applications. New York: Marcei Dekker, 1985
8. 许甫华,张贤科. 高等代数解题方法. 北京:清华大学出版社,2001

B. 进一步参考文献

1. Greub W. Linear Algebra. Graduate Texts in Math. 23, New York: Springer, 1981
2. Jacob B. Linear Algebra. New York: W. H. Freeman & comp. 1990
3. Jacobson N. Lectures in Abstract Algebra Ⅱ. Linear Algebra. Graduate Texts in Math. 31, New York: Springer 1953(这是一本流传广影响大的书,有的院校作研究生教材).
4. Birkhoff G, Lane S. A Survey of Modern Algebra. New York: Macmillan, 1977(非常引人兴趣、内容丰富、易读的书,有多项式、无限集).
5. Maclane S, Birkhoff G. Algebra. New York: Macmillan, 1979(内容深刻,有张量积及外积详论).
6. Roman S. Advanced Linear Algebra. Graduate Texts in Math. 135, New York: Springer, 1992
7. Weidmann J. Linear Operators in Hilbert Space. Graduate Texts in Math. 68, New York: Springer, 1976
8. 聂灵沼,丁石孙. 代数学引论. 北京:高等教育出版社,1988(抽象代数很好的引论书).
9. Lang S. Algebra(3rd ed). Berlin: Springer, 2002(抽象代数公认最权威的教材).
10. 张贤科. 代数数论导引(第2版). 北京:高等教育出版社,2006(研究生教学用书(教育部)).
11. 张贤科. 古希腊名题与现代数学. 北京:科学出版社,2007.

符号说明

符号	说明
AL	交错多线性映射(12.6)
$\mathrm{Aut}(V,g)$	(V,g)的自同构群(9.11)
$\mathscr{A}$	线性变换(6.3);交错化算子(12.6)
$\mathscr{A}^*$	$\mathscr{A}$的伴随变换(8.6,9.3,9.9)
$\mathbb{C}$	复数域(1.1)
C_n^k	等于$n!/(k!(n-k)!)$
$C(f)$	$f(\lambda)$的友阵(7.2,7.5,7.9)
$C_{\alpha/W}$	向量α到W的导子(7.5)
$\deg(f)$	多项式f的次数(1.3)
$\dim(V)$	V的维数(5.1)
$\mathrm{End}(V)$	V上线性变换全体(6.3)
E_{ij}	只在(i,j)位上为1其余元素为0的矩阵
F	一个域(本书作为基域)
$\mathbb{F}_p$	p元有限域(1.2)
F^n	域F上n维行向量空间(3.3)
$F^{(n)}$	域F上n维列向量空间(3.3)
$F[X]$	域F上多项式形式环(1.3)
$F[\lambda]$	域F上多项式形式环(以λ为不定元,6.6,7)
$F(X)$	F上有理式(形式)域,有理函数域(1.3)
$F[[X]]$	F上形式幂级数环(1.12)
$F[X_1,\cdots,X_n]$	F上n元多项式环(1.10)
$F[\mathscr{A}]$	线性变换$\mathscr{A}$的多项式全体(6.3,7.2)
$F\alpha_1+\cdots+F\alpha_s$	向量$\alpha_1,\cdots,\alpha_s$的线性组合全体(以F中数为组合系数)
$\mathrm{Hom}(V_1,V_2)$	V_1到V_2的线性映射全体(6.2)
$J_k(c)$	k阶约当块(7.6,7.9)
$J(p(\lambda)^k)$	广义约当块(7.6,7.9)
$\ker\varphi$	映射φ的核(13.1,4.5,5.2)
$L(V_1,\cdots,V_r;W)$	$V_1,\cdots,V_r$到W的多线性映射集(12.1)
$M_{m\times n}(F)$	F上$m\times n$矩阵全体(线性空间)(4.1)
$M_n(F)$	F上n阶方阵全体(环,代数)(4.1)

$m(\lambda)$	极小多项式(7.2)
$m_\alpha(\lambda)$	α 的最小零化子(7.4)
$\mathbb{N}$	自然数全体(1.1)
$\mathbb{Q}$	有理数域(1.1)
$\mathbb{R}$	实数域(1.1)
$\mathrm{span}\{\alpha_1,\cdots,\alpha_s\}$	$\alpha_1,\cdots,\alpha_s$ 张成(生成)的子空间
V	常表示线性空间
V^*	V 的对偶空间(8.5,12.1)
V/W	V 模 W 的商空间(5.5)
$\mathbb{Z}$	整数环
$\mathbb{Z}/m\mathbb{Z}$	整数模 m 同余类环(1.2)
δ_{ij},δ_j^i	Kronecker delta(8.5,12.4)
λ	(1)常数(1~6 章)；(2) 不定元(第 7 章)
λ-矩阵	元素为多项式(λ 为不定元)的矩阵(7.7)
σ_i	初等对称多项式(1.11)
$\tau(i_1\cdots i_n)$	排列 $i_1\cdots i_n$ 的逆序数
Ω	常表示正交方阵
$\langle\alpha,\beta\rangle$	α 与 β 的内积(8.6,9.1,9.7)
$a\|b$	a 整除 b (1.2,1.4)
$\varphi\circ\psi$	映射 φ 与 ψ 的复合(13.1,5.2)
$A\times B$	集合 A 与 B 的直积(笛卡儿积)(13.1)
$V_1\oplus V_2$	空间 V_1 与 V_2 的直和(5.4,7.1,12.2)
$V_1 \boxplus V_2$	空间 V_1 与 V_2 的正交直和 10.1
$V_1\otimes V_2$	空间 V_1 与 V_2 的张量积(12.1,12.2)
$v_1\otimes\cdots\otimes v_r$	向量 $v_1,\cdots,v_r$ 的张量积(12.2)
$T^r(V)$	空间 V 的 r 重张量积(12.3)
$\bigwedge^r(V)$	空间 V 的 r 重外积(12.4)
$v_1\wedge\cdots\wedge v_r$	向量 $v_1,\cdots,v_r$ 的外积(12.4)
$W^\perp$	W 的正交(补)子空间(8.5,9.1,9.8)
$\equiv$	同余于(1.2,7.1)
$\sim$	相抵于(4.3),(线性)等价于(3.3)
$\approx$	相合于(8.1)
$\cong$	同构于(5.2)
$A\to B$	集合 A 映射到 B (13.1)
$a\longmapsto b$	元素 a 映射到 b (13.1)
$A\Rightarrow B$	命题 A 蕴含 B

英-中文名词索引

参见"章.节". 习题作每章最后一节. 附录作第 13 章.

abelian group 阿贝尔群, Abel 群 1.1, 9.10
adjoint matrix, classical (古典)伴随方阵 2.5
adjoint transformation 伴随变换 8.6, 9.3, 9.9, 10.3
advanced (linear) algebra 高等代数学 0.0
affine classification 仿射分类 8.8
affine transformation 仿射变换 6.3, 8.8
algebra 代数 6.3, 11.4, 11.6
algebra of all square matrices 全方阵代数 6.3
algebraic cofactor 代数余子式 2.4
algebraic complementary minor 代数余子式 2.4
algebraic multiplicity 代数重数 6.6
algebraically closed field 代数封闭域 1.8, 7.2, 10.2
alternating form 交错型 8.6, 10.1-2
alternating function 交错函数 2.3, 12.5
alternating matrix 交错方阵 8.4, 10.1-2
alternating product 交错积 12.5
alternating square 交错平方 12.3
alternating tensor 交错张量 12.1, 12.6
alternizer 交错化(算)子 12.5
annihilating polynomial 零化多项式 7.2,7.3, 7.4
annihilator 零化子 7.5
anti-symmetric matrix 反对称矩阵 8.4
arrangement 排列 2.1, 2.4
augmented matrix 增广矩阵 3.1, 3.2
automorphism 自同构 5.2, 9.10, 9.11
axiom of choice 选择公理 13.2
Banach space 巴拿赫空间 11.1
basis 基 3.5, 5.1, 7.12, 11.3, 12.2
Bessel's identity 贝塞耳等式 11.4
Bessel's inequality 贝塞耳不等式 9.12.55, 11.4
best approximation 最佳逼近 4.7, 11.3, 11.4
Bezout equality 贝如等式 1.5, 1.6
bilinear form 双线性型 8.1, 8.6, 10.1, 12.1
Binet-Cauchy theorem 比内-柯西定理 2.6
bounded function 有界函数 11.6
cancellation law 消去律 1.3
canonical group 典型群 9.11
canonical injection 典型(正则)嵌入 5.4 ,7.3
canonical projection 典型(正则)投影 5.4, 6.7.32, 7.3
cardinality 势, 基数 5.1, 13.2
Cartan-Dieudonne theorem 嘉当-迪厄多内定理 10.3
Cartesian product 笛卡儿积 13.1
Cauchy sequence 柯西序列 11.1, 13.3
Cauchy-Schwarz inequality 柯西-许瓦尔兹不等式 9.1, 9.8, 11.1
Cayley-Hamilton theorem 凯莱-哈密顿定理 7.3
change of basis 基变换 5.3, 9.1, 9.8
character 特征(标) 9.10
characteristic matrix (=eigenmatrix)
characteristic of a field 域的特征 1.2, 1.7, 10.1
characteristic polynomial (=eigenpolynomial)
characteristic space (=eigenspace)
characteristic value (=eigenvalue)
characteristic vector (=eigenvector)

Chinese remainder theorem 孙子定理 7.1
class function 类函数 9.10
classical adjoint matrix 古典伴随方阵 2.5
classical groups 典型群 9.11
Clifford algebra 克利福德代数 12.6
closure 封闭性，闭包 1.1，13.1
code 码 10.6
codeword 码字 10.6
coefficient matrix 系数矩阵 3.2
coefficient of matrix 矩阵的系数 2.2
cofactor 余子式 2.4
cogredient 相合 8.2，8.7，9.2，9.11
column independent matrix 列独立矩阵 4.4
column rank 列秩 3.4
column space 列空间 3.5，4.5，4.7
column vector 列向量 2.2，3.3
common divisor 公因子 1.5
common eigenvector 公共特征向量 9.10
common invariant subspace 公共不变子空间 9.10
commutative diagram 交换图 13.1
commutative matrices 可交换矩阵 7.11
companion matrix 友阵 7.2，7.4，7.9
complementary subspace 补子空间 5.4
complementary minor 余子式 2.4
complete 完备的 11.1，13.3
completion 完备化 11.1，13.3
complex field 复数域 1.1，9.7，9.8，11.1
component of a tensor 张量的分量 12.4
conductor 导子 7.5
congruence 同余(1.2)，相合(8.2，9.2，9.7)
congruence of matrices 矩阵的相合 8.2，8.7，9.2
congruent class 同余类 1.2，5.5
conjugate class 共轭类 9.10
conjugate completing-square 共轭配平方 11.3
conjugate-transpose 共轭转置 9.7
continuum 连续统 13.2
Contor theorem 康托尔定理 13.2
contraction of a tensor 张量的缩约 12.4
contravariant tensor 反(逆)变张量 12.4
convergence 收敛 11.1，13.3
coordinate 坐标 5.1，5.3，9.1
co-submatrix 余子方阵 2.4
coset 陪集 3.5，5.5
coprime (＝relatively prime)
countable 可数，可列 8.9，11.4，13.2
covariant tensor 协(共)变张量 12.4
covector 余向量 12.5
Cramer rule 克拉姆法则 2.5
cyclic code 循环码 10.6
cyclic decomposition 循环分解 7.5，7.12
cyclic determinant 循环行列式 2.7
cyclic matrix 循环方阵 2.7，7.13
cyclic subspace 循环子空间 7.3，7.4
cyclic vector 循环向量 7.4
De Morgan law 德·摩根律 13.1
degenerate 退化 8.6
degree 次数 1.10，9.10
dense 稠密 11.1，13.3
denumerable (＝countable)
determinant 行列式 2.2
determinant divisor 行列式因子 7.8
diagonal matrix 对角形矩阵 2.2，3.2
diagonal method 对角线法 13.2
diagonal of matrix 方阵的对角线 2.2
diagonalizable 可对角化 6.7，7.3，7.9
differential of determinant 行列式的微分 2.8.25
dimension 维数 3.5，5.1，5.5，6.1，8.9，11.2
dimension theorem 维数定理 4.5，5.5，6.1
direct product 直积 8.9，13.1
direct sum 直和 5.4，7.1，8.9，10.1
discriminant 判别式 1.11，3.7
distance 距离 9.1，9.8，11.1，11.3
distributive law 分配律 1.1，12.2
divisible criterion 整除判则 1.2

division with remainder 带余除法 1.2，1.4
divisor 因子 1.4
domain 定义域 13.1；整环 1.3，1.6，7.12
dressing-undressing principle 脱衣原则 3.2
dual basis 对偶基 6.2，8.5
dual of tensor product 张量积的对偶 12.3
dual space 对偶空间 8.5-6，8.9，11.6，12.1
dummy index 哑指标 12.4
echelon（form）阶梯形 3.1，3.2
eigenmatrix 特征方阵 6.6，7.8，7.12，7.9
eigenpolynomial 特征多项式 6.6，7.2
eigenspace 特征(子)空间 6.6，6.7
eigenvalue 特征值 6.6
eigenvector 特征向量 6.6
Einstein convention 爱因斯坦约定 12.4
Eisenstein criterion 艾森斯坦判别法 1.9
element 元(素) 1.1，5.1，12.4，13.1
element of a matrix 矩阵的元素 2.2
elementary divisor 初等因子 7.9，7.12
elementary matrix 初等方阵 4.3，6.2
elementary operation 初等变换 2.7，3.1，4.3
elementary λ-matrix 初等 λ-矩阵 7.8
elimination method of unknows 消去(元)法 3.7
ellipse 椭圆 9.5
ellipsoid 椭球 9.5
elliptic hypersurface 椭圆型超曲面 8.8，9.5
empty set 空集 13.1，13.3
endomorphism of linear space（＝transformation of linear space）
entry of a matrix 矩阵的系数 2.2
equations of higher degree 高次方程组 3.7
equivalence of matrices 矩阵的相低 4.2，6.1
equivalence of λ-matrix λ-矩阵的相低 7.8
equivalence relation 等价关系 13.1
Euclidean algorithm 辗转相除法 1.5
Euclidean domain 欧几里得整环 ED 1.6
Euclidean geometry 欧几里得几何学 9.3
Euclidean space 欧几里得空间 9
expansion of determinant 行列式展开 2.2，2.4
extension field 扩域 1.1，6.8.56，7.2，7.9
extension of base field 基域扩张 12.2
exterior algebra 外代数 12.5
exterior product 外积 12.1，12.5
external direct sum 外直和 5.4
factor-zero theorem 因子-零点定理 1.7
factorization 因子分解，析因 1.6
family of transformations 变换族 9.10
Fermat's little theorem 费尔马小定理 1.2
Fibonacci number 费波那契数 2.8.37
field 域 1.1，1.2，1.7
finite field 有限域 1.2，10.1
finitely generated 有限生成的 5.1，7.12
first isomorphism theorem 第一同构定理 5.5
formal power series 形式幂级数 1.12.56
Fourier expansion 傅里叶展开 11.4
free module 自由模 7.12
free variable 自由变量 3.1
free unknows 自由未知元 3.1
freely generate 自由生成 12.2
Frobenius inequality 弗罗贝尼乌斯不等式 4.4，4.5
fundamental system of solutions 基础解系 3.5
fundamental theorem 基本定理
  arithmetic 算术的 1.6
  of algebra（古典)代数学的 1.8
  of dual space 对偶空间的 8.5
  of linear maps 线性映射的 5.5
  of modules over PID PID 上模的 7.12
  of symmetric polynomials 对称多项式的 1.11
function of matrix 矩阵函数 7.10
functional 泛函，函数 8.5
Gauss lemma 高斯引理 1.9
Gaussian elimination 高斯消元法 3.1
general linear group 一般线性群 9.11
general solution 一般解 3.1

generalized eigenspace 广义特征子空间 7.3
generalized eigenvector 广义特征向量 7.3
generalized inverse (=pseudoinverse)
generalized Jordan block 广义约当块 7.8
generating-function method 母函数方法 2.7
geometric multiplicity 几何重数 6.6
Gram matrix 格拉姆方阵 9.1
Gram-Schmidt orthogonalization 格拉姆-施密特正交化 9.1, 9.8, 11.4
Grassmann algebra 格拉斯曼代数 12.5
greatest common divisor 最大公因子 1.5
group 群 1.1, 9.10, 9.11
group of permutations 置换群 2.1
Hadamard inequality 阿达马不等式 8.10.48
Hamel basis 哈默尔基 11.2, 11.4
Hamilton's quaternion 哈密顿四元数 6.4
Hamming code 汉明码 10.6.20
Hermitian form 埃尔米特型 9.7, 11.1
Hermitian inner product 埃尔米特内积 9.7
Hermitian matrix 埃尔米特方阵 9.7, 9.9
Hermitian operator 埃尔米特变换 9.9
Hilbert basis 希尔伯特基 11.2, 11.4, 11.5
Hilbert sequence 希尔伯特序列 11.1
Hilbert space 希尔伯特空间 11
Hölder's inequality 赫尔德不等式
homogeneous equations 齐次方程 3.1
homomorphism 同态，线性映射 6.1, 7.12, 12.3
hyper-parallelepiped 超平行(六面)体 9.1
hyperbola 双曲线 8.7, 9.5
hyperbolic 双曲型 9.5
hyperbolic pair 双曲对 10.1-2
hyperbolic plane 双曲平面 10.1-5
hyperbolic subspace 双曲子空间 10.5
hypersurface 超曲面 8.7, 9.5
ideal 理想 1.6, 1.12.57, 7.12
idempotent matrix 幂等方阵 4.4, 4.7, 7.13
idempotent operator 幂等变换 7.13
identify 等同 12
identity element 单位元，恒元，幺(元) 1.1
identity map 恒等映射 6.3
identity matrix 单位方阵 2.2
indeterminate 不定元 1.3, 1.10, 7.2
index of inertia 惯性指数 8.2
inner product 内积 8.5-7, 9.1, 9.7, 10.1,11.1
inner product space 内积空间 9, 11.1
integer number 整数 1.1, 1.6
integral domain 整环 1.3, 7.12
interior 内部，开核 13.3
internal direct sum 内直和 5.4
intersection 交 5.4, 13.1
invariant factor 不变因子 7.5, 7.8, 7.12
invariant subspace 不变子空间 6.5, 9.10
involution 对合 4.7, 7.13
irreducible 不可约的 1.6, 9.10
isometric 等距的，等度量的 10.3-5, 11.1-5
isomorphism 同构 5.2, 5.5, 9.1, 9.3, 9.10
isotropic 迷向 10.1, 10.3, 10.5-6
Jordan and von Neumann theorem 约当-冯·诺伊曼定理 11.1
Jordan block 约当块 7.6, 7.9
Jordan canonical form 约当标准形 7.6, 7.9
Jordan chain 约当链 7.6, 7.9
Kronecker delta 克罗内克 δ 8.5, 12.4
Kronecker product 克罗内克积 12.2
Lagrange interpolation 拉格朗日插值 1.7
Laplace expansion 拉普拉斯展开 2.4
leading term 首项 1.3, 1.10
least common multiple 最小公倍 1.6
least-square method 最小二乘法 4.7
Lebesgue space 勒贝格空间 11.1
left degenerate 左退化 8.6
left evaluation 左取值 7.7
left inverse 左逆 4.4, 13.1

Legendre polynomial 勒让德多项式 11.4，11.7.15
length 长度 9.1，9.8，11.1
lexicographic ordering 字典排序法 1.10
limit 极限 11.1，13.3
linear algebra 线性代数 6.3
linear combination 线性组合 3.3，5.1，11.4
linear functional 线性函数(泛函) 8.5
linear map (mapping) 线性映射 4.5，5.2，6.2
linear operator (＝linear transformation)
linear representation 线性表示 6.4，9.10
linear space 线性空间 3.3，5.1，10.1，11.1
linear transformation 线性变换 4.5，6.3，9.3，9.10，12.3
linearly dependent 线性相关 3.3，5.1
linearly equivalent 线性等价 3.3
linearly generate 线性生成(表出) 3.3，5.1，11.4
linearly independent 线性无关(独立) 3.3，5.1
long division 长除法 1.4
Lorentz group 洛伦兹群 9.11
Lorentz transformation 洛伦兹变换 9.11
lower triangular matrix 下三角形矩阵 2.2
matrix 矩阵，方阵 3.1，4.1，4.4，4.5，7.7，7.8，7.10
matrix representation 矩(方)阵表示 6.1，6.4
matrix with polynomial entries 多项式系数矩阵 7.7
method of completing the square 配方法 8.2，11.3
method of least square 最小二乘法 4.7
metric space 度量空间 11.1，13.3
metric vector space 度量向量空间 11.1
minimal annihilator 最小零化子 7.4
minimal polynomial 极小多项式 7.3
minor 子式 2.4
Minkowski inequality 闵可夫斯基不等式 11.1
Minkowski world 闵可夫斯基时空 9.11，10.6
Minkowski-Hasse theorem 闵可夫斯基-哈塞定理 10.2
modulo 模，按……分类，作商集 1.2，5.5
module 模(代数系统) 6.5，7.12
monic 首一 1.5
monomial 单项式 1.10
Moore-Penrose pseudoinverse 摩尔-彭若斯广义逆 4.6，4.7
multilinear map 多线性映射 2.3，12.1
multiple 倍 2.4
multiple factor 重因子 1.7
multiple roots 重根 1.7
multiplicative identity(＝unity) 乘法单位元 1.1
natural basis (＝standard basis) 自然基 5.1
natural isomorphism 自然同构 8.5，12.2
natural map 自然映射 5.5
net convergence 网收敛 11.4
Newton formula 牛顿公式 1.12.52
nilpotent matrix 幂零矩阵 7.6，7.10
norm 范数 9.1，9.8，11.1
normal form 规范型 9.9
normal matrix 规范矩阵 9.3，9.9
normal operator 规范变换 9.3，9.9
normed (linear) space 赋范(线性)空间 11.1
nondegenerate 非退化 8.6
n-tuple *n*-数组 3.3
null 零(内)积的 10.1
nullity 零度 6.1
number field 数域 1.1
number of inverse-orders 逆序数 2.1
operation 运算 1.1，4.1，6.3
operator of linear space 线性空间的变换 6.3
ordered basis 有序基 5.1，6.1，6.3
orthogonal basis 正交基 9.1，9.8，10.1-3，11.2，
orthogonal complement 正交补 9.1
orthogonal direct sum 正交直和 9，10
orthogonal geometry 正交几何 10

orthogonal group 正交群 9.11
orthogonal matrix 正交方阵 9.1，9.3
orthogonal operator 正交变换 9.3，10.2
orthogonalizaton 正交化 9.1,9.8
orthogonally cogredient 正交相合 9.2
orthogonally equivalent 正交相抵 8.3
orthogonally similar 正交相似 9.2
orthonormal basis 标准正交基 9.1，9.8，10，11.2
p-norm *p*-范数 11.1
parabola 抛物线 8.7，9.5
parallelogram law 平行四边形等式 9.1，9.8,11.1
parity 奇偶性 2.1，12.6
Parseval equoality 帕塞瓦尔等式 11.4
partial fraction 部分分式 1.12.25
partially ordered set 偏序集,半序集 13.2
permutation 置换 2.1，12.5
perturbation method 摄动法 4.4
Pfaffian 普法夫(多项式) 10.6.8
Pfaff form 普法夫形式 12.6.8
Plücker coordinate 普吕克坐标 12.7.17
polar decomposition 极分解 9.4，9.11，11.7
polarization identity 极化恒等式 8.7，9.7，11.7
polynomial in several indeterminates 多元多项式 1.9，1.10
positive definite 正定 8.3，9.4
power series of matrix 方(矩)阵幂级数 7.10
power set 幂集 8.9，13.2
primary decomposition 孙子(准素)分解 7.1，7.3
primitive polynomial 本原多项式 1.9
primitive root of unity 本原单位根 1.8，2.7
principal ideal domain 主理想整环，PID 1.6，7.8，7.12
principal minor 主子式 8.3
projection 投影(变换)，6.3，6.8.31-32，7.3，9.12，11.3
projection theorem 投影定理 11.3
proper subspace 真子空间 5.1
pseudoinverse 广义逆 4.6，4.7
quadratic form 二次型 8.1，8.7
quadratic hypersurface 二次超曲面 8.8，9.5
quasi-diagonal 准对角形 4.2
quaternion (number) 四元数 6.4
quaternion algebra 四元数代数 6.4
quotient 商 1.2，1.4
quotient module 商模 7.12
quotient ring 商环 1.2，1.12.58，10.6.21
quotient space 商空间 5.5，5.6.36
quotient topology 商拓扑 13.3
r-covector *r*-余向量 12.5
r-form *r*-形式 12.5
r-vector *r*-向量 12.5
radical of space 空间的根 10.1，10.4
rank 秩 3.2，3.4，4.5，5.1
Rayleigh theorem 瑞利定理 9.6
rational canonical form 有理标准型 7.5，7.9
rational form field 有理式形式域 1.3
rational function field 有理函数域 1.3
real Jordan canonical form 实约当标准形 7.9
recurrence, recursion 递归，循环 2.7
reducible 可约的 1.6，9.10
reflection 反射 10.3-4，10.6
reflexive law 反身性 1.2，9.7
regular character 正则特征(标) 9.10
regular equation 正则方程 4.7
regular representation 正则表示 9.10
relatively prime 互素 1.5，7.1，7.3
remainder theorem 余数定理 1.7
representation of group 群表示 9.10
resolution of the identity 单位分解 7.1,7.3
restriction 限制 6.5，9.10，13.1，13.3
resultant 结式 3.7
Riesz representation 黎兹表示 8.5，8.9，10.6，11.6

right degenerate 右退化 8.6
ring 环 1.1，1.3，1.10，4.1,7.12
ring of equivalent classes 同余类环 1.2
ring without zero divisor 无零因子环 1.3
root of unity 单位根 1.8，2.7
root subspace 根子空间 7.3
root vector 根向量 7.3
rotation 旋转 9.3，10.3，10.6.11
row independent matrix 行独立矩阵 4.4
row rank 行秩 3.4
row space 行空间 3.5，4.6
row vector 行向量 2.2，3.3
scalar matrix 纯量方阵 4.1
scalar multiplication 数乘 3.3
scalar operation 纯量变换，数乘变换 6.3
Schmidt orthogonalization 施密特正交化 9.1
Schröder-Bernstein theorem 施劳德-伯恩斯坦定理 13.2
Schur's theorem 舒尔定理 9.6
second isomorphism theorem 第二同构定理 5.5
self-adjoint 自伴随 8.6，9.3
semi-positive 半正定 8.3，9.4
semi-simple 半单 7.9，9.10
separable 可分的 13.3
separation axiom 分离公理 13.3
sesquilinear form 半双线性型 9.7，11.1
sign 符号 2.1，12.6
signature 符号差 8.2
similar，similarity 相似 6.7，9.2,9.8
simultaneous diagonalization 同时对角化 7.3，9.10
single root 单根 1.7
singular matrix 奇异方阵 3.2
skew-symmetric 斜(对)称 8.4
Smith normal form 史密斯标准形 7.8，7.12
solution space 解空间 3.5，4.5
span 张成，生成 3.5，5.1，11.3
spectral resolution 谱分解 9.2，9.9，9.11
spectral value set 谱值组 7.10
square matrix 方阵 3.1，4.1
standard basis (＝natural basis)
structure of solutions 解的结构 3.5
submatrix 子矩阵 2.4
sum of subspaces 子空间的和 5.4
sup-metric 上限度量 11.1
support (set) 支集 8.9
Sylvester elimination 西尔维斯特消元 3.7
Sylvester inequality 西尔维斯特不等式 4.4，4.5
Sylvester interpolation 西尔维斯特插值 7.10
symmetric algebra 对称代数 12.7.27
symmetric bilinear form 对称双线性型 8.1，8.7，10.1
symmetric group 对称群 2.1，6.4
symmetric polynomial 对称多项式 1.11
symmetric product 对称积 12.7.25
symmetric square 对称平方 12.3
symmetric transformation 对称变换 9.3，10.3
symmetrizer 对称化(算)子 12.7.29
symmetry 对称，反射 10.3
symplectic geometry 辛几何 9.11，10
symplectic group 辛群 9.11，10.1
system of linear equations 线性方程组 2.5
tangent space 切空间 12.6
tensor 张量 12.2，12.4
tensor algebra 张量代数 12.4
tensor bundle 张量丛 12.6
tensor field 张量场 12.6
tensor product 张量积 12.1，12.2
tensor product of matrices 矩阵的张量积 12.2
third isomorphism theorem 第三同构定理 5.5
topological space 拓扑空间 11.1，13.3
torsion module 扭模 7.12
trace of matrix 方阵的迹 4.1，9.10
transformation of linear space 线性空间的变换

6.3
transition matrix 过渡矩阵 5.3
transitivity 传递性 1.2，9.7
transpose 转置 2.3
transposition 对换 2.1
triangle inequality 三角形不等式 9.1，9.8，11.1
unconditional convergence 无条件收敛 11.4
unique factorization domain 唯一析因整环
UFD 1.6，1.9
unit (＝invertible element) 单位(＝可逆元) 1.1
unitary equivalence 酉相抵 9.11
unitary form 酉型 9.9
unitary group 酉群 9.11
unitary matrix 酉方阵 9.8，9.9
unitary operator，transformation 酉变换 9.9
unitary similarity 酉相似 9.9
unitary space 酉空间 9.7
universality 万有性 12.1，12.2，12.5
upper triangular matrix 上三角形矩阵 2.2
Vandermonde determinant 范德蒙德行列式 2.6，2.7
vector 向量，矢量 3.3，5.1，8.9，11.1，12.1，12.5
wedge product 楔积，外积 12.5
weight 重量，权 10.6.18
Witt's cancellation theorem 维特消去定理 8.2
Witt's extension theorem 维特延拓定理 10.4
Witt index 维特指数 10.5
zero divisor 零因子 1.2，1.3
zero theorem 零点定理 1.7
Zorn lemma 佐恩引理 13.2
λ-matrix λ-矩阵 7.7

中-英文名词索引

音序排列，参见"章.节"．习题作每章最后一节．附录作第 13 章．

阿贝尔群，Abel 群 abelian group 1.1，9.10
阿达马不等式 Hadamard inequality 8.8.48
爱因斯坦约定 Einstein convention 12.4
艾森斯坦判别法 Eisenstein criterion 1.9
巴拿赫空间 Banach space 11.1
半单 semi-simple 7.9，9.10
半双线性型 sesquilinear form 9.7，11.1
半序集（＝偏序集）
半正定 semi-positive 8.3，9.4
伴随变换 adjoint transformation 8.6，9.3，9.9，10.3
伴随方阵(古典) adjoint matrix，classical 2.5
倍 multiple 2.4
贝如等式 Bezout equality 1.5，1.6
贝塞耳不等式 Bessel's inequality 9.12.55，11.4
贝塞耳等式 Bessel's identity 11.4
本原单位根 primitive root of unity 1.8，2.7
本原多项式 primitive polynomial 1.9
比内-柯西定理 Binet-Cauchy theorem 2.6
变换族 family of transformations 9.10
标准正交基 orthonormal basis 9.1，9.8，10，11.2
不变因子 invariant factor 7.5，7.8，7.12
不变子空间 invariant subspace 6.5，9.10
不定元 indeterminate 1.3，1.10，7.2
不可约的 irreducible 1.6，9.10
补子空间 complementary subspace 5.4
部分分式 partial fraction 1.12.25
佐恩引理 Zorn lemma 13.2
长除法 long division 1.4
长度 length 9.1，9.8，11.1
超曲面 hypersurface 8.7，9.5
超平行(六面)体 hyper-parallelepiped 9.1
乘法单位元 multiplicative identity(＝unity) 1.1
重根 multiple roots 1.7
重因子 multiple factor 1.7
稠密 dense 11.1，13.3
初等变换 elementary operation 2.7，3.1，4.3
初等方阵 elementary matrix 4.3，6.2
初等因子 elementary divisor 7.9，7.12
初等 λ-矩阵 elementary λ-matrix 7.8
传递性 transitivity 1.2，9.7
纯量(数乘)变换 scalar operation 6.3
纯量方阵 scalar matrix 4.1
次数 degree 1.10，9.10
代数 algebra 6.3，11.4，11.6
代数重数 algebraic multiplicity 6.6
代数封闭域 algebraically closed field 1.8，7.2，10.2
代数余子式 algebraic cofactor，algebraic complementary minor 2.4
带余除法 division with remainder 1.2，1.4
单根 single root 1.7
单位(＝可逆元) unit (＝invertible element) 1.1
单位根 root of unity 1.8，2.7
单位方阵 identity matrix 2.2
单位分解 resolution of the identity 7.1，7.3
单位元，恒元，幺(元) identity element 1.1

单项式 monomial 1.10
导子 conductor 7.5
德·摩根律 De Morgan law 13.1
等价关系 equivalence relation 13.1
等距的，等度量的 isometric 10.3-5，11.1-5
等同 identify 12
笛卡儿积 Cartesian product 13.1
第一同构定理 first isomorphism theorem 5.5
第二同构定理 second isomorphism theorem 5.5
第三同构定理 third isomorphism theorem 5.5
递归，循环 recurrence，recursion 2.7
典型群 classical (canonical) groups 9.11
典型(正则)嵌入 canonical injection 5.4，7.3
典型(正则)投影 canonical projection 5.4，6.7.32，7.3
定义域 domain 13.1
度量空间 metric space 11.1，13.3
度量向量空间 metric vector space 11.1
对称(反射) symmetry 10.3
对称变换 symmetric transformation 9.3，10.3
对称代数 symmetric algebra 12.7.27
对称多项式 symmetric polynomial 1.11
对称化(算)子 symmetrizer 12.7.29
对称积 symmetric product 12.7.25
对称群 symmetric group 2.1，6.4
对称平方 symmetric square 12.3
对称双线性型 symmetric bilinear form 8.1，8.7，10.1
对合 involution 4.7，7.13
对换 transposition 2.1
对角线法 diagonal method 13.2
对角形矩阵 diagonal matrix 2.2，3.2
对偶基 dual basis 6.2，8.5
对偶空间 dual space 8.5-6，8.9，11.6，12.1
多线性映射 multilinear map 2.3，12.1
多项式系数矩阵 matrix with polynomial entries 7.7
多元多项式 polynomial in several indeterminates 1.9，1.10
埃尔米特变换 Hermitian operator 9.9
埃尔米特方阵 Hermitian matrix 9.7，9.9
埃尔米特内积 Hermitian inner product 9.8
埃尔米特型 Hermitian form 9.7，11.1
二次超曲面 quadratic hypersurface 8.8，9.5，9.7
二次型 quadratic form 8.1，8.7
反对称矩阵 anti-symmetric matrix 8.4
反射 reflection，symmetry 10.3-4，10.6
反身性 reflexive law 1.2，9.7
泛函，函数 functional 8.5
范德蒙德行列式 Vandermonde determinant 2.6，2.7
范数 norm 9.1，9.8，11.1
仿射变换 affine transformation 6.3，8.8
仿射分类 affine classification 8.8
方阵 square matrix 3.1，4.1
方阵表示 matrix representation 6.1，6.4
方阵的对角线 diagonal of matrix 2.2
方阵的迹 trace of matrix 4.1，9.10
方阵幂级数 power series of matrix 7.10
非退化 nondegenerate 8.6
费波那契数 Fibonacci number 2.8.37
费尔马小定理 Fermat's little theorem 1.2
分离公理 separation axiom 13.3
分配律 distributive law 1.1，12.2
封闭性 closure 1.1
复数域 complex field 1.1，9.7，9.8，11.1
赋范(线性)空间 normed (linear) space 11.1
符号 sign 2.1，12.6
符号差 signature 8.2
傅里叶展开 Fourier expansion 11.4
弗罗贝尼乌斯不等式 Frobenius inequality 4.4，4.5
高斯消元法 Gaussian elimination 3.1
高斯引理 Gauss lemma 1.9

公共不变子空间 common invariant subspace 9.10
公共特征向量 common eigenvector 9.10
公因子 common divisor 1.5
共轭类 conjugate class 9.10
共轭配平方 conjugate completing-square 11.3
共轭转置 conjugate-transpose 9.7
高次方程组 equations of higher degree 3.7
高等代数学 advanced (linear) algebra 0.0
格拉姆-施密特正交化 Gram-Schmidt orthogonalization 9.1，9.8，11.4
格拉姆方阵 Gram matrix 9.1
格拉斯曼代数 Grassmann algebra 12.5
根向量 root vector 7.3
根子空间 root subspace 7.3
古典伴随方阵 classical adjoint matrix 2.5
惯性指数 index of inertia 8.2
广义特征向量 generalized eigenvector 7.3
广义特征子空间 generalized eigenspace 7.3
广义逆 pseudoinverse，generalized inverse 4.6，4.7
广义约当块 generalized Jordan block 7.8
规范变换 normal operator (transformation) 9.3，9.9
规范型 normal form 9.9
规范矩阵 normal matrix 9.3，9.9
过渡矩阵 transition matrix 5.3
哈密顿四元数 Hamilton's quaternion 6.4
哈默尔基 Hamel basis 11.2，11.4
汉明码 Hamming code 10.6.20
行独立矩阵 row independent matrix 4.4
行空间 row space 3.5，4.6
行列式 determinant 2.2
行列式的微分 differential of determinant 2.8.25
行列式因子 determinant divisor 7.8
行列式展开 expansion of determinant 2.2，2.4
行向量 row vector 2.2，3.3
行秩 row rank 3.4
恒等映射 identity map 6.3
赫尔德不等式 Hölder's inequality 11.1，11.7.6
互素 relatively prime，coprime 1.5，7.1，7.3
环 ring 1.1，1.3，1.10，4.1，7.12
基 basis 3.5，5.1，7.12，11.3，12.2
基本定理 fundamental theorem
　对称多项式的 of symmetric polynomials 1.11
　对偶空间的 of dual space 8.5
　(古典)代数学的 of algebra (classical) 1.8
　算术的 arithmetic 1.6
　线性映射的 of linear maps 5.5
　主理想环上模的 of modules over PID 7.12
基变换 change of basis 5.3，9.1，9.8
基础解系 fundamental system of solutions 3.5
基数 cardinality 5.1，13.2
基域扩张 extension of base field 12.2
极分解 polar decomposition 9.4，9.11，11.7
极化恒等式 polarization identity 8.7，9.7，11.7
极限 limit 11.1，13.3
极小多项式 minimal polynomial 7.3
几何重数 geometric multiplicity 6.6
奇偶性 parity 2.1，12.6
嘉当-迪厄多内定理 Cartan-Dieudonne theorem 10.3
交 intersection 5.4，13.1
交错方阵 alternating matrix 8.4，10.1-2
交错函数 alternating function 2.3，12.5
交错化(算)子 alternizer 12.5
交错积 alternating product 12.5
交错型 alternating form 8.6，10.1-2
交错平方 alternating square 12.3
交错张量 alternating tensor 12.1，12.6
交换图 commutative diagram 13.1
阶梯形 echelon (form) 3.1，3.2
结式 resultant 3.7
解的结构 structure of solutions 3.5
解空间 solution space 3.5，4.5

距离 distance 9.1，9.8，11.1，11.3
矩阵，方阵 matrix 3.1，4.1，4.4，4.5，7.7，7.8，7.10
矩阵的系数 entry (coefficient) of a matrix 2.2
矩阵的相似 equivalence of matrices 4.2，6.1
矩阵的相合 congruence of matrices 8.2，8.7，9.2
矩阵的相似 similarity of matrices 6.7，9.2，9.8
矩阵的元素 element of a matrix 2.2
矩阵的张量积 tensor product of matrices 12.2
矩阵函数 function of matrix 7.10
凯莱-哈密顿定理 Cayley-Hamilton theorem 7.3
康托尔定理 Contor theorem 13.2
可对角化 diagonalizable 6.7，7.3，7.9
可分的 separable 13.3
可交换矩阵 Commutative matrices 7.11
克拉姆法则 Cramer rule 2.5
克利福德代数 Clifford algebra 12.6
克罗内克 δ Kronecker delta 8.5，12.4
克罗内克积 Kronecker product 12.2
可数，可列 countable，denumerable 8.9，11.4，13.2
可约的 reducible 1.6，9.10
柯西-许瓦尔兹不等式 Cauchy-Schwarz inequality 9.1，9.8，11.1
柯西序列 Cauchy sequence 11.1，13.3
空集 empty set 13.1，13.3
空间的根 radical of space 10.1，10.4
扩域 extension field 1.1，6.8.56，7.2，7.9
拉格朗日插值 Lagrange interpolation 1.7
拉普拉斯展开 Laplace expansion 2.4
勒贝格空间 Lebesgue space 11.1
勒让德多项式 Legendre polynomial 11.4，11.7.15
类函数 class function 9.10
理想 ideal 1.6，1.12.57，7.12
黎兹表示 Riesz representation 8.5，8.9，10.6，11.6
连续统 continuum 13.2
列独立矩阵 column independent matrix 4.4
列空间 column space 3.5，4.5，4.7
列向量 column vector 2.2，3.3
列秩 column rank 3.4
零点定理 zero theorem 1.7
零度 nullity 6.1
零化多项式 annihilating polynomial 7.2，7.3，7.4
零化子 annihilator 7.5
零(内)积的 null 10.1
零因子 zero divisor 1.2，1.3
洛伦兹变换 Lorentz transformation 9.11
洛伦兹群 Lorentz group 9.11
码 code 10.6
码字 codeword 10.6
幂等变换 idempotent operator 7.13
幂等方阵 idempotent matrix 4.4，4.7，7.13
幂集 power set 8.9，13.2
幂零矩阵 nilpotent matrix 7.6，7.10
迷向 isotropic 10.1，10.3，10.5-6
闵可夫斯基-哈塞定理 Minkowski-Hasse theorem 10.2
闵可夫斯基不等式 Minkowski inequality 11.1
闵可夫斯基时空 Minkowski world 9.11，10.6
模(按……分类) modulo 1.2，5.5
模(代数系统) module 6.5，7.12
摩尔-彭若斯广义逆 Moore-Penrose pseudoinverse 4.6，4.7
母函数方法 generating-function method 2.7
n-数组 n-tuple 3.3
内部，开核 interior 13.3
内积 inner product 8.5-7，9.1，9.7，10.1，11.1
内积空间 inner product space 9，11.1
内直和 internal direct sum 5.4
逆变张量 contravariant tensor 12.4
逆序数 number of inverse-orders 2.1
牛顿公式 Newton formula 1.12.52

扭模 torsion module 7.12
欧几里得空间 Euclidean space 9
欧几里得几何学 Euclidean geometry 9.3
欧几里得整环 Euclidean domain, ED 1.6
p-范数 p-norm 11.1
帕塞瓦尔等式 Parseval equality 11.4
排列 arrangement 2.1, 2.4
判别式 discriminant 1.11, 3.7
抛物线 parabola 8.7, 9.5
陪集 coset 3.5, 5.5
配方法 method of completing the square 8.2, 11.3
偏序集,半序集 partially ordered set 13.2
平行四边形等式 parallelogram law 9.1, 9.8, 11.1
谱分解 spectral resolution 9.2, 9.9, 9.11
谱值组 spectral value set 7.10
普法夫(多项式) Pfaffian 10.6.8
普法夫形式 Pfaff form 12.6
普吕克坐标 Plücker coordinate 12.7.17
齐次方程 homogeneous equations 3.1
奇异方阵 singular matrix 3.2
切空间 tangent space 12.6
全方阵代数 algebra of all square matrices 6.3
群 group 1.1, 9.10, 9.11
群表示 representation of group 9.10
r-向量 r-vector 12.5
r-形式 r-form 12.5
r-余向量 r-covector 12.5
瑞利定理 Rayleigh theorem 9.6
约当-冯·诺伊曼定理 Jordan and von Neumann theorem 11.1
约当标准形 Jordan canonical form 7.6, 7.9
约当块 Jordan block 7.6, 7.9
约当链 Jordan chain 7.6, 7.9
三角形不等式 triangle inequality 9.1, 9.8, 11.1
上三角形矩阵 upper triangular matrix 2.2
上限度量 sup-metric 11.1
商 quotient 1.2, 1.4
商环 quotient ring 1.2, 1.12.58, 10.6.21
商空间 quotient space 5.5, 5.6.36
商模 quotient module 7.12
商拓扑 quotient topology 13.3
摄动法 perturbation method 4.4
矢量(=向量)
势 cardinality 5.1, 13.2
实约当标准形 real Jordan canonical form 7.9
施劳德-伯恩斯坦定理 Schröder-Bernstein theorem 13.2
施密特正交化 Schmidt orthogonalization 9.1
史密斯标准形 Smith normal form 7.8, 7.12
首项 leading term 1.3, 1.10
首一 monic 1.5
收敛 convergence 11.1, 13.3
数乘 scalar multiplication 3.3
数域 number field 1.1
舒尔定理 Schur's theorem 9.6
双曲对 hyperbolic pair 10.1-2
双曲平面 hyperbolic plane 10.1-5
双曲线 hyperbola 8.7, 9.5
双曲型 hyperbolic 9.5
双曲子空间 hyperbolic subspace 10.5
双线性型 bilinear form 8.1, 8.6, 10.1, 12.1
四元数 quaternion (number) 6.4
四元数代数 quaternion algebra 6.4
孙子定理 Chinese remainder theorem 7.1
孙子(准素)分解 primary decomposition 7.1, 7.3
特征(标) character 9.10
特征多项式 eigenpolynomial, characteristic polynomial 6.6, 7.2
特征方阵 eigenmatrix, characteristic matrix 6.6, 7.8, 7.12, 7.9
特征空间 eigenspace, characteristic space 6.6, 6.7
特征向量 eigenvector, characteristic vector 6.6
特征值 eigenvalue, characteristic value 6.6

同构 isomorphism 5.2，5.5，9.1，9.3，9.10
同时对角化 simultaneous diagonalization 7.3，9.10
同态 homomorphism 6.1，7.12，12.3
同余 congruence 1.2
同余类 congruent class 1.2，5.5
同余类环 ring of equivalent classes 1.2
投影（变换） projection 6.3，6.8.31-32，7.3，9.12，11.3
投影定理 projection theorem 11.3
退化 degenerate 8.6
脱衣原则 dressing-undressing principle 3.2
椭球 ellipsoid 9.5
椭圆 ellipse 9.5
椭圆型超曲面 elliptic hypersurface 8.8，9.5
拓扑空间 topological space 11.1，13.3
外代数 exterior algebra 12.5
外积 exterior product 12.1，12.5
外直和 external direct sum 5.4
万有性 universality 12.1，12.2，12.5
完备的 complete 11.1，13.3
完备化 completion 11.1，13.3
网收敛 net convergence 11.4
唯一析因整环 unique factorization domain，UFD 1.6，1.9
维特消去定理 Witt's cancellation theorem 8.2
维特延拓定理 Witt's extension theorem 10.4
维特指数 Witt index 10.5
维数 dimension 3.5，5.1，5.5，6.1，8.9，11.2
维数定理 dimension theorem 4.5，5.5，6.1
无零因子环 ring without zero divisor 1.3
无条件收敛 unconditional convergence 11.4
希尔伯特基 Hilbert basis 11.2，11.4，11.5
希尔伯特空间 Hilbert space 11
希尔伯特序列 Hilbert sequence 11.1
西尔维斯特不等式 Sylvester inequality 4.4，4.5
西尔维斯特插值 Sylvester interpolation 7.10
西尔维斯特消元 Sylvester elimination 3.7
系数矩阵 coefficient matrix 3.2
下三角形矩阵 lower triangular matrix 2.2
限制 restriction 6.5，9.10，13.1，13.3
线性变换 linear transformation，operator 4.5，6.3，9.3，9.10，12.3
线性表示 linear representation 6.4，9.10
线性代数 linear algebra 6.3
线性等价 linearly equivalent 3.3
线性方程组 system of linear equations 2.5
线性函数（泛函） linear function，functional 8.5
线性空间 linear space 3.3，5.1，10.1，11.1，4.5，6.3，9.3，9.10，12.3
线性生成（表出） linearly generate 3.3，5.1，11.4
线性无关（独立） linearly independent 3.3，5.1
线性相关 linearly dependent 3.3，5.1
线性映射 linear map（mapping） 4.5，5.2，6.2
线性组合 linear combination 3.3，5.1，11.4
向量 vector 3.3，5.1，8.9，11.1，12.1，12.5
相抵 equivalent 4.3
相合 cogredient，congruent 8.2，8.7，9.2，9.11
相似 similar 6.7，9.2，9.8
消去（元）法 elimination method of unknows
消去律 cancellation law 1.3
楔积（外积） wedge product 12.5
协（共）变张量 covariant tensor 12.4
斜（对）称 skew-symmetric 8.4
辛几何 symplectic geometry 9.11，10
辛群 symplectic group 9.11，10.1
形式幂级数 formal power series 1.12.56
旋转 rotation 9.3，10.3，10.6.11
选择公理 axiom of choice 13.2
循环方阵 cyclic matrix 2.7，7.13
循环分解 cyclic decomposition 7.5，7.12
循环行列式 cyclic determinant 2.7
循环码 cyclic code 10.6
循环向量 cyclic vector 7.4

循环子空间 cyclic subspace 7.3，7.4
哑指标 dummy index 12.4
一般解 general solution 3.1
一般线性群 general linear group 9.11
因子 divisor 1.4
因子-零点定理 factor-zero theorem 1.7
因子分解，析因 factorization 1.6
有界函数 bounded function 11.6
有理标准型 rational canonical form 7.5，7.9
有理函数域 rational function field 1.3
有理式形式域 rational form field 1.3
有限生成的 finitely generated 5.1，7.12
有限域 finite field 1.2，10.1
有序基 ordered basis 5.1，6.1，6.3
酉变换 unitary operator，transformation 9.9
酉方阵 unitary matrix 9.8，9.9
酉空间 unitary space 9.7
酉群 unitary group 9.11
酉相抵 unitary equivalence 9.11
酉相似 unitary similarity 9.9
酉型 unitary form 9.9
友阵 companion matrix 7.2，7.4，7.9
右退化 right degenerate 8.6
域 field 1.1，1.2，1.7
域的特征 characteristic of a field 1.2，1.7，10.1
余数定理 remainder theorem 1.7
余向量 covector 12.5
余子方阵 co-submatrix 2.4
余子式 cofactor，complementary minor 2.4
元(素) element 1.1，5.1，12.4，13.1
运算 operation 1.1，4.1，6.3
增广矩阵 augmented matrix 3.1，3.2
辗转相除法 Euclidean algorithm 1.5
张成，生成 span 3.5，5.1，11.3
张量 tensor 12.2，12.4
张量代数 tensor algebra 12.4
张量丛 tensor bundle 12.6
张量场 tensor field 12.6
张量的分量 component of a tensor 12.4
张量的缩约 contraction of a tensor 12.4
张量积 tensor product 12.1，12.2
张量积的对偶 dual of tensor product 12.3
真子空间 proper subspace 5.1
正定 positive definite 8.3，9.4
正交变换 orthogonal operator 9.3，10.2
正交补 orthogonal complement 9.1
正交方阵 orthogonal matrix 9.1，9.3
正交化 orthogonalizaton 9.1,9.8
正交基 orthogonal basis 9.1，9.8，10.1-3，11.2
正交几何 orthogonal geometry 10
正交群 orthogonal group 9.11
正交相抵 orthogonally equivalent 8.3
正交相合 orthogonally cogredient，congruent 9.2
正交相似 orthogonally similar 9.2
正交直和 orthogonal direct sum 9,10
正则表示 regular representation 9.10
正则特征(标) regular character 9.10
正则方程 regular equation 4.7
整除判则 divisible criterion 1.2
整环 (integral) domain 1.3，7.12
整数 integer number 1.1，1.6
支集 support (set) 8.9
置换 permutation 2.1，12.5
置换群 group of permutations 2.1
秩 rank 3.2，3.4，4.5，5.1
直和 direct sum 5.4，7.1，8.9，10.1
直积 direct product 8.9，13.1
重量，权 weight 10.6.18
主理想整环 principal ideal domain，PID 1.6，7.8，7.12
主子式 principal minor 8.3
转置 transpose 2.3
准对角形 quasi-diagonal，block-diagonal 4.2
子矩阵 submatrix 2.4

子空间的和 sum of subspaces 5.4
子式 minor 2.4
字典排序法 lexicographic ordering 1.10
自伴随 self-adjoint 8.6，9.3
自同构 automorphism 5.2，9.10，9.11
自然基 natural basis，standard basis 5.1
自然同构 natural isomorphism 8.5，12.2
自然映射 natural map 5.5
自由变量 free variable 3.1
自由模 free module 7.12
自由生成 freely generate 12.2
自由未知元 free unknows 3.1
最大公因子 greatest common divisor 1.5
最佳逼近 best approximation 4.7，11.3，11.4
最小公倍 least common multiple 1.6
最小二乘法 method of least square 4.7
最小零化子 minimal annihilator 7.4
坐标 coordinate 5.1，5.3，9.1
左逆 left inverse 4.4，13.1
左取值 left evaluation 7.7
左退化 left degenerate 8.6
λ-矩阵 λ-matrix 7.7
λ-矩阵的相抵 equivalence of λ-matrix 7.8

作者缀语

代数和数论相关的大学基础课和研究生课教材及读物，作者已出版一套. 包含五类12本：

《高等代数学》和《高等代数解题方法》（皆两版），《高等线性代数》；

《初等数论》；

《抽象代数》；

《代数数论导引》（两版，英国阿尔法出版社英文版）；

《古希腊名题与现代数学》《数学诗话》.

其中前两类在大学一二年级学习，抽象代数在三年级学习，《代数数论导引》为教育部推荐研究生教材，其前、后部分可由高年级和硕士生、博士生分别学习，最后两本为课外读物和治学方法介绍.

这套教材的特点是简洁不繁琐，观点较先进，由浅入深，达到了一定的深度，跳出了一些因循. 前部分都很浅显，像初等数论前 4 章中学生可读. 后续内容渐充实，附有选读内容和附录，以提升实力和眼界. 都是基于在清华大学、中国科学技术大学，南方科技大学等长期教学和学习科研，参阅国内外文献，融入感悟思考写成. 因此基本掌握本套教材（不要求全会）即能游刃有余地进入相关专业领域，或进入科研前沿. 希望更多年轻人尽早进入科技前沿振兴国家科学.